TRAITÉ PRATIQUE

DU

CHAUFFAGE ET DE LA VENTILATION

TRAITÉ PRATIQUE

DU

CHAUFFAGE ET DE LA VENTILATION

PRINCIPES, APPAREILS, INSTALLATIONS

CHEMINÉES, POÊLES, CALORIFÈRES, CHAUFFAGES A AIR CHAUD,

A EAU CHAUDE ET A VAPEUR

CHAUFFAGE ET VENTILATION DES MAISONS PARTICULIÈRES, ÉGLISES,

ÉCOLES, LYCÉES, BANQUES, MAGASINS,

ÉTABLISSEMENTS PUBLICS, THÉATRES, HOPITAUX, CASERNES,

SERRES, BAINS, AMPHITHÉATRES, ATELIERS, ETC.

PAR

Ph. PICARD

INGÉNIEUR DES ARTS ET MANUFACTURES

Avec 505 figures dans le texte

PARIS

LIBRAIRIE POLYTECHNIQUE, BAUDRY ET Cᶦᵉ, ÉDITEURS

15, RUE DES SAINTS-PÈRES, 15

MÊME MAISON A LIÈGE, RUE DE LA RÉGENCE, 21

1897

TABLE DES MATIÈRES

PRÉFACE

Ce *Traité pratique du Chauffage et de la Ventilation* ne vient pas, comme on pourrait le craindre, faire double emploi avec les traités classiques, même récents parus sur le même sujet.

Notre but, en effet, a été de produire un ouvrage à la portée de tous, afin que chacun puisse se rendre compte de ce qu'il est possible de réaliser actuellement comme chauffage et ventilation ; et que, par suite de la comparaison avec ce qui se fait, allant enfin de l'avant, ingénieurs, architectes, constructeurs et propriétaires se liguent pour faire disparaître comme appareils de chauffage dans les locaux habitables, les cheminées à foyer ouvert, la série des poêles en fonte à combustion vive ou lente, les calorifères à air chaud ; et pour munir ces mêmes locaux d'appareils de ventilation autres que les fissures de portes et de fenêtres mal ajustées.

Le traité, comme son titre l'indique, comprend deux grandes divisions : la première englobe le chauffage, la seconde la ventilation.

Pour les techniciens nous rappelons, dans les préliminaires de la première partie, sous la forme succinte de l'aide-mémoire, les formules qui servent de base à la détermination des différents appareils dont il est parlé dans le cours de l'ouvrage ; mais en appendice nous avons dressé des tables indiquant les résultats numériques tirés des formules citées, et employés, dans la pratique, par les meilleures maisons de construction ; résultats qui, pris séparément, peuvent être discutés mais dont l'ensemble, très exact, est conforme à ce qui ressort des diverses expériences faites sur la matière.

Après ce formulaire sur la transmission de la chaleur, et l'écoulement des gaz et des vapeurs, formulaire encadré dans les notions générales sur la chaleur elle-même et les fluides qui peuvent servir à la véhiculer, vient l'étude des procédés de chauffage actuellement employés.

Les cheminées avec foyer se présentent d'abord, puis les poëles de tous systèmes.

Dans ces deux premières subdivisions, nous avons guidé nos considérations sur l'emploi judicieux des appareils en nous plaçant tout d'abord au point de vue primordial, pour nous, de l'hygiène ; nous avons ensuite examiné la question d'économie qui, pour beaucoup, n'est pas moins importante, et avons essayé de conclure à ceux de ces appareils que l'on peut employer, à la rigueur, car nous sommes partisan de leur suppression absolue.

Toutes les descriptions sont, du reste, accompagnées de croquis et dessins en facilitant la compréhension. Nous examinons ensuite les installations de chauffage par l'air chaud, l'eau chaude et la vapeur avec ou sans pression.

Dans chacun de ces chapitres nous indiquons comment l'on doit déterminer les divers éléments de chaque installation, opérer le montage des différentes parties : générateur, canalisation, récepteur.

Les coefficients pratiques permettant de se rendre compte et même de fixer les dimensions des appareils employés sont donnés à leur place ainsi que les descriptions de ceux de ces appareils les plus récents, fournis par les meilleures maisons de construction de Paris.

De nombreux dessins schématiques, intercalés dans le texte, en facilitent la compréhension; souvent, en effet, une silhouette frappe mieux l'esprit qu'une longue description.

La première partie se termine par la série des considérations qui doivent guider dans le choix des appareils suivant la nature et la destination du local à chauffer.

Dans cette subdivision chacun pourra se rendre compte de ce qu'il y a de mieux à faire, comme hygiène, dans le cas qui l'intéresse, sauf à voir, en consultant les subdivisions précédentes, et en faisant établir, par un technicien, un avant-projet sur des conditions d'exécution bien définies, ce que le budget dont il dispose lui permet de réaliser.

La voie suivie dans la partie Chauffage l'est aussi dans celle Ventilation.

Tout d'abord nous examinons les divers modes de ventilation existants et concluons d'une façon générale aux cas où chacun d'eux semble le mieux s'appliquer.

Après quelques mots sur la ventilation naturelle et son effet restreint, nous étudions la ventilation artificielle et passons en revue les diverses machines capables de mettre l'air en mouvement et utilisables pour ce qui nous occupe, ce sont les ventilateurs, les jets de vapeur et d'air comprimé.

Nous décrivons, avec croquis à l'appui, ceux de ces appareils donnant les meilleurs résultats et nous indiquons comment il faut en faire l'achat.

Enfin, nous terminons, la partie Ventilation par le développement de la série des considérations qui doivent guider dans le choix du système de ventilation suivant l'usage des locaux à ventiler.

Dans cette dernière subdivision comme dans la correspondante de la partie Chauffage, on pourra trouver peut-être que nous nous répétons souvent en indiquant toujours, comme à employer, le chauffage à vapeur à basse pression, et en recommandant continuellement de percer de nombreux orifices d'arrivée et de sortie d'air pour avoir une bonne ventilation ; il n'en est rien, car en réalité chaque étude d'un local avec destination définie forme un chapitre, et nous eussions été incomplet en ne concluant pas pour chacun d'eux ; on ne saurait, du reste, trop répéter ce qui est un principe pour avoir le résultat que l'on cherche.

Nous avons mis toute notre attention à avoir partout une phrase châtiée, sans mots inutiles, sans longueurs, nette et claire, plutôt courte, mais disant bien ce que nous pensions. Nous espérons avoir réussi et serons heureux, si, grâce à notre *Traité pratique du Chauffage et de la Ventilation*, le nombre des immeubles, réellement chauffés et ventilés, augmente ; si nous voyons enfin le propriétaire fournir la chaleur à ses locataires, comme il leur fournit déjà l'eau et le gaz.

Nous ne voulons pas terminer cette préface sans adresser nos très sincères remerciements à MM. Grouvelle, Kœrting frères, Leroy (maison d'Anthonay), Hamelle, Pilter, Desgoffes et de Georges, qui ont bien voulu mettre gracieusement à notre disposition des dessins avec descriptions des appareils qu'ils fabriquent nous facilitant ainsi extrêmement la tâche que nous avions entreprise.

Nous n'oublierons pas, non plus, M. V.-Ch.Joly qui nous a donné l'autorisation de prendre dans le traité qu'il a fait paraître en 1873, les croquis qui trouvaient leur place dans le texte de notre ouvrage.

Ph. PICARD.

TRAITÉ PRATIQUE

DE

CHAUFFAGE ET DE VENTILATION

PRÉLIMINAIRES

DE LA CHALEUR

Définition. — La chaleur n'a été, pendant longtemps, définie que par les effets que nous en ressentons, c'est-à-dire par les sensations que, suivant leur température, le contact ou le voisinage des corps fait éprouver à nos sens, à nos organes.

On admet aujourd'hui que la chaleur est le résultat des mouvements vibratoires des molécules des corps, lesquels deviennent plus ou moins chauds suivant que les vibrations de leurs molécules sont plus ou moins rapides.

Cette hypothèse permet de comprendre que la chaleur puisse se transformer en travail mécanique et réciproquement.

Des expériences nombreuses ont prouvé que l'unité de chaleur pouvait produire un travail de 424 kilogrammètres et réciproquement que 424 kilogrammètres pouvaient produire une quantité de chaleur égale à une unité de chaleur.

Dilatation des corps. — La chaleur a, sur les corps, un effet remarquable, celui de les faire changer de volume ; c'est le phénomène appelé *dilatation*.

Si l'on chauffe un corps à une certaine température, son volume augmente et sa densité diminue ; si, au contraire, on laisse la température d'un corps chaud s'abaisser, son volume diminue et sa densité augmente.

C'est par suite de ce phénomène que, dans une enceinte chauffée, il y a un continuel mouvement de l'air renfermé dans cette enceinte, mouvement dont l'observation permet de déterminer le meilleur emplacement à donner à l'appareil de chauffage.

Mesure des variations de la quantité de chaleur. — Thermomètre. — La mesure, toute de convention, de l'accroissement ou de la diminution de la quantité de chaleur, de la *température* d'un corps, mesure qui permet de comparer entre elles les sources calorifiques, est basée sur le phénomène de la dilatation des corps.

L'unité de mesure est le *degré*, et l'instrument de mesure est le *thermomètre*.

Echelles thermométriques. — On distingue trois *échelles thermométriques* : 1° *l'échelle* dite de *Réaumur*; 2° *l'échelle centigrade* ou de *Celsius*; 3° *l'échelle* de *Farenheit*.

Le *degré centigrade* est, dans un thermomètre quelconque, la centième partie de la quantité dont s'est dilaté un poids constant de fluide (alcool, mercure, hydrogène) porté de la température de la glace fondante à celle de la vapeur d'eau bouillante à la pression normale de 760 mm. de mercure.

Le zéro de l'échelle centigrade correspond au zéro de l'échelle Réaumur et au degré **32** de l'échelle de Farenheit; le point **100°** correspond à **80°** Réaumur et à **212°** Farenheit.

Soient C le degré centigrade, R le degré Réaumur et F le degré Farenheit; on a, entre les différentes échelles, les relations suivantes :

$$(1) \qquad C = \frac{5}{4} R = \frac{5}{9}(F - 32)$$

$$(2) \qquad R = \frac{4}{5} C = \frac{4}{9}(F - 32)$$

$$(3) \qquad F = 32 + \frac{9}{5} C = 32 + \frac{9}{4} R$$

Emission. — Si un corps est plongé dans un milieu ayant une température inférieure à la sienne, il perd, par sa surface, une certaine quantité de chaleur par suite du phénomène dit *d'émission*.

Sources de chaleur. — On a tout d'abord considéré un très grand nombre de sources de chaleur, mais, à la suite d'études très approfondies, on a reconnu que toutes ont un lien commun qui les rattache à la lumière solaire, la seule source véritable, directe ou indirecte, de chaleur pour la terre.

La chaleur émanant du soleil n'a pu toutefois être utilisée jusqu'à présent dans les applications industrielles. Il a fallu chercher des moyens spéciaux, praticables partout, permettant de produire rapidement et économiquement la chaleur nécessaire à l'économie humaine, pour conserver les organes essentiels dans des conditions normales.

Production de la chaleur. — **Combustion.** — **Combustibles.** — Le procédé le plus employé pour produire de la chaleur est la *combustion* de certains corps.

La combustion n'est autre que la combinaison chimique de deux corps, le *combustible* et le *comburant*, combinaison qui se produit généralement avec dégagement de lumière et de chaleur.

Le combustible est essentiellement un composé de carbone et d'hydrogène; le comburant est l'oxygène puisé dans l'air atmosphérique, qui en contient $1/5$ de son volume environ.

Les combustibles, qui, d'après cela, semblent très nombreux, ne le sont pas en réalité, parce qu'il faut pouvoir se les procurer à peu de frais, ce qui exige qu'on puisse, ou les trouver abondamment dans la nature, ou les produire par des procédés simples.

Chaleur dégagée par un foyer. — La température du milieu où s'opère la combustion dépend de la chaleur du combustible, de celle du comburant, de leurs proportions relatives, de leur température initiale, du milieu où s'opère la combustion, etc.

La chaleur dégagée par un foyer n'est employée qu'en partie à élever la température des gaz de la combustion; l'autre partie est absorbée par les parois de l'enceinte où s'opère celle-ci. Cette enceinte devra donc être construite de façon que la chaleur ainsi perdue soit réduite au minimum.

Conditions d'une bonne combustion. — On doit toujours, au point de vue économique, chercher à ce qu'un combustible dégage son maximum de chaleur, et, pour cela, il est indispensable que sa combustion soit complète, ce qui oblige :

1º à fournir à ce combustible la quantité d'air nécessaire à sa combustion ; un manque d'air amène une combustion incomplète, un excès d'air abaisse la température de la combustion ;

2º à assurer le mélange intime du combustible et du comburant (air) ;

3º à ce que la température du milieu où s'opère la combustion soit très élevé.

Le combustible étant *gazeux* ou *liquide*, il faut, si l'on veut une température très élevée, le diviser en jets ou lames, ces jets étant très minces et entourés d'air, et le mélanger avec l'air avant de l'enflammer. Plus le jet est épais, plus la flamme est longue.

Le combustible étant solide, on doit le brûler en petits fragments, en l'étendant sur une grille dont les barreaux laissent entre eux un passage suffisant à l'air.

Quantité d'air nécessaire à la combustion. — La quantité d'air à fournir à un combustible est fonction de sa composition chimique, et peut être déterminée exactement si on connaît celle-ci.

Pour brûler 1 kg. de carbone il faut, en effet, 11 kgs 594 ou 8 m³ 967 d'air.

Pour brûler 1 kg. d'hydrogène il faut, 34 kgs 784 ou 26 m³ 850 d'air.

Dans la pratique industrielle, pour la houille, le poids d'air introduit varie de 12 à 24 kgs ; et pour réaliser une bonne combustion il faut se tenir entre 15 et 18 kgs soit 11 m³ 691 à 13 m³ 921 d'air.

Puissance calorifique d'un combustible. — La valeur commerciale d'un combustible est fonction de la quantité de chaleur, qu'il dégage par sa combustion.

Cette quantité de chaleur se compte en *calories*.

Calorie. — La *calorie* est la quantité de chaleur nécessaire pour élever de 1° centigrade la température de 1 kg. d'eau distillée.

La puissance calorifique d'un combustible se mesure par le nombre de calories dégagées dans la combustion complète de 1 kg. de ce corps.

Elle a été déterminée par l'expérience, pour un grand nombre de combustibles.

De ces expériences Dulong à déduit la formule empirique suivante, très simple à appliquer, et donnant des résultats suffisants dans la pratique.

$$N = 8080\,C + 34472\left(H - \frac{0}{8}\right)$$

N est la puissance calorifique du combustible qui, par kg. contient en grammes C de carbone, H d'hydrogène et O d'oxygène.

Dans le cas où la vapeur d'eau produite n'est pas condensée, il faut remplacer le coefficient 34462 par 29000.

Complexité du phénomène de la combustion. — Lois. — Le phénomène de la combustion est généralement fort complexe, car outre la combinaison chimique, il se produit des changements de volume et d'état physique qui dégagent ou absorbent de la chaleur.

Toutefois, la chaleur produite dans la combinaison de deux corps, est toujours égale et de signe contraire à la chaleur de décomposition.

La quantité de chaleur dégagée par un combustible est indépendante de l'activité de la combustion et de la proportion d'oxygène qui se trouve dans le comburant.

Dans le phénomène complexe d'une combinaison chimique, la chaleur dégagée est la somme algébrique des quantités de chaleur produites par chacun des phénomènes en particulier.

DES COMBUSTIBLES

On distingue, d'après leur état physique, les *combustibles gazeux*, les *combustibles liquides* et les *combustibles solides*.

On les classe encore en *combustibles naturels* et *combustibles artificiels*.

Les premiers sont ceux que la nature nous fournit, propres à être employés sans aucune préparation préliminaire ; les seconds dérivent de combustibles naturels traités, soit par carbonisation, soit par distillation, soit par agglomération.

Les principaux combustibles sont :

Combustibles naturels	Solides	Bois, tannée, tourbe, combustibles fossiles (lignites, houilles, anthracites).
	Liquides	Huiles de pétrole, de naphte, etc.
Combustibles artificiels	Solides	Charbon de bois, charbon de tourbe, coke.
	Liquide	Huile lourde.
	Gazeux	Gaz d'éclairage, gaz des hauts-fourneaux, gaz des gazogènes.

COMBUSTIBLES NATURELS SOLIDES

Bois. — Le premier combustible qui ait été employé est le *bois*, composé de cellulose et de matières incrustantes différant dans les diverses essences.

Le bois contient une quantité d'eau très variable, qui peut atteindre 45 0/0 dans celui provenant des coupes fraîches, et qui descend rarement au-dessous de 25 p.0/0 après dessiccation naturelle pendant 15 à 18 mois.

Les cendres provenant de la combustion des bois écorcés varient de 0,5 à 0,9 0/0, celles provenant des branchages et des écorces de 2,5 à 3 0/0.

La puissance calorifique des bois est en moyenne de 3500 calories ; elle descend à 2500 calories pour le bois contenant 30 0/0 d'eau, laquelle diminue de plus beaucoup la température de la combustion.

Classification commerciale des bois. — Commercialement on distingue :

1° Les *bois durs* (chêne, hêtre, orme, frêne, charme), qui restent compacts au feu, produisent d'abord de la flamme puis se consument, sous forme de charbon, d'autant plus lentement que les morceaux sont plus gros ;

2° Les *bois légers* (sapin, bouleau, peuplier, tremble) qui se fendillent, donnent beaucoup de flamme et se consument très rapidement.

Quelquefois aussi les bois de chauffage sont classés en :

1° *Bois neufs*, ceux amenés au lieu de consommation par bateau ou par wagon ; 2° *bois flottés*, ceux transportés par eau en bûches isolées ou en trains flottants ; 3° *bois pelards*, ceux simplement écorcés.

Le bois de chauffage se vend au poids ou au volume ; dans les deux cas il est toujours difficile de se rendre compte exactement de la quantité de matière combustible que l'on achète.

Tannée. — La *tannée* est l'écorce de chêne qu'on a utilisée dans le tannage des peaux ; elle peut servir de combustible, après avoir été pressée et moulée sous formes de mottes.

La quantité d'eau qu'elle contient descend rarement au-dessous de 30 0/0 : les cendres varient de 10 à 15 0/0 ; la puissance calorifique moyenne est 1360 calories.

Tourbe. — La *Tourbe* est un corps noirâtre et spongieux provenant de la décomposition par le temps de plantes herbacées ; elle contient de 8 à 15 0/0 de cendres, et de 25 à 30 0/0 d'eau ; elle brûle avec une odeur désagréable qui en limite l'emploi ; sa puissance calorifique est de 3000 à 3600 calories.

Combustibles fossiles. — Après les combustibles solides de formation organique récente viennent les combustibles fossiles : *lignites, houilles, anthracite*.

Lignites. — On divise les lignites en :

1° *Lignite ligneux*, corps transitoire entre le bois et la houille, donnant 2 à 10 0/0 de cendres et contenant 65 0/0 environ de matières volatiles ; il dégage, en brûlant, une odeur désagréable ; sa puissance calorifique varie de 4000 à 4800 calories.

2° *Lignite parfait*, qui a l'aspect de la houille, brûle avec une flamme longue et blanche, se consume vite et ne donne pas de coke ; il contient 55 0/0 environ de matières volatiles, et a une puissance calorifique de 5500 à 6600 calories.

Houilles. — La *houille*, qui ne porte plus trace de son origine végétale, est le véritable combustible industriel.

Les houilles sont nombreuses ; elles se divisent en deux grandes classes :

Les *houilles grasses*, qui se boursouflent sous l'action de la chaleur et fondent en s'agglutinant ; elles donnent de la fumée et ont besoin qu'on les fourgonne ;

Les *houilles maigres*, qui ne se boursouflent pas, ne fondent pas, ne demandent pas à être fourgonnées et se chargent en couches plus épaisses que les premières.

Au point de vue des usages industriels, on distingue :

La *houille sèche à longue flamme*, qui brûle avec une flamme blanche, longue, claire, s'allume facilement, et donne par la distillation 50 à 60 0/0 de coke pulvérulent et fritté. La qualité ordinaire fournit de 10 à 12 0/0 de cendres et a une puissance calorifique de 7000 à 7500 calories.

La *houille à gaz*, qui se rapproche de la précédente, donne de 60 à 68 0/0 de coke fondu très fendillé et a une puissance calorifique de 7500 à 8000 calories.

La *houille maréchale*, surtout employée pour la forge et les foyers soufflés, qui s'agglutine facilement, a une flamme longue et fuligineuse, donne de 68 à 74 0/0 de coke fondu et compact, et possède une puissance calorifique de 8000 à 8500 calories.

La *houille demi-grasse*, brûlant avec une flamme courte, blanche, peu fuligineuse ; moins collante que la houille grasse, elle convient pour les grilles (chaudières, calorifères, etc.). Elle fournit 74 à 82 0/0 de coke très compact, développe beaucoup de chaleur et a une puissance calorifique de 8200 à 8600 calories. (La houille de Charleroi en est le type.)

La *houille maigre à courte flamme*, qui renferme peu de gaz, est difficile à allumer et convient pour les poêles à combustion lente.

Elle donne de 80 à 90 0/0 de coke fritté et pulvérulent et a une puissance calorifique de 8000 à 8400 calories. Elle a une valeur commerciale moindre que les précédentes.

Qualité d'une houille. — Quelle que soit la houille employée, pour être de bonne qualité, elle doit ne pas donner plus de 6 à 7 0/0 de cendres et ne pas contenir plus de 1/2 à 3 0/0 d'eau. Les cendres ne doivent pas être trop fusibles, car elles forment alors des mâchefers qui empêchent l'arrivée de l'air et arrêtent la combustion ; il les faut plutôt friables, ce qui évite le travail de décrassage.

Classification commerciale des houilles. — On distingue généralement dans le commerce le *gros*, la *gailleterie*, le *menu* et le *tout venant*.

Dans certaines mines, où l'on pousse la division plus loin, on vend la houille sous les dénominations de *gros*, *gaillette*, *gailleterie*, *gailletin*, *noisette*, *tête de noisette*, *fines grenues* et *fines poussières*.

La *gailleterie* passe entre les barreaux d'une grille, dont l'espacement est de 4 à 5 centimètres.

Le *tout venant* renferme de 30 à 35 0/0 de gailleterie et convient pour les chaudières à vapeur.

Anthracite. — L'anthracite, qui demande un tirage actif, s'allume difficilement et se consume lentement avec une flamme bleue et courte; il donne de 90 à 92 0/0 de coke en poussière et a une puissance calorifique de 7800 à 8300 calories. On l'emploie pour les foyers à combustion lente et les gazogènes à gaz pauvres.

COMBUSTIBLES ARTIFICIELS SOLIDES

Charbon de bois. — Le *charbon de bois* provient de la distillation du bois en vase clos. C'est un corps noir, spongieux, léger et friable, ayant une puissance calorifique de 6000 à 6800 calories.

Charbon de tourbe. — Le charbon de tourbe est en général très gazeux ; il brûle facilement mais lentement. Il donne une odeur piquante et désagréable. Avec 15 à 18 0/0 de cendres, sa puissance calorifique est de 6400 à 6800 calories.

Coke. — Le *coke* provient de la distillation de la houille ; il a une puissance calorifique de 6800 à 7600 calories suivant la proportion de cendres qu'il donne en brûlant, laquelle peut varier de **2** à **16** 0/0.

Briquettes de houille. — Les *briquettes de houille* sont produites par l'agglomération de débris de houille au moyen d'un agglutinant, goudron ou brai. Les briquettes ne renferment pas plus de 7 0/0 de cendres; elles valent la bonne gailleterie comme usage.

Charbon moulé. — Le *charbon de Paris* est formé par l'agglomération de charbon de bois, de coke, de tourbe, etc., au moyen de goudron.

COMBUSTIBLES LIQUIDES

Après les combustibles solides viennent les combustibles liquides :

L'*huile de pétrole*, dont la puissance calorifique varie de 10600 à 11000 calories, corps très inflammable qui a encore été peu employé au chauffage ;

L'*huile lourde*, provenant de la distillation du goudron, qui a une puissance calorifique de 8900 calories et est aussi très peu employée jusqu'à présent.

COMBUSTIBLES GAZEUX

Il y a enfin les combustibles gazeux :

Le *gaz d'éclairage*, qui a une puissance calorifique de 11100 calories et est le produit de la distillation de la houille en vase clos ;

Le *gaz des hauts-fourneaux*, ayant une puissance calorifique de 6 à 700 calories ;

Le *gaz des gazogènes*, ayant une puissance calorifique de 8 à 900 calories.

Le *gaz d'éclairage* n'est employé au chauffage que pour les usages domestiques, les autres sont utilisés dans l'industrie.

TRANSMISSION DE LA CHALEUR

La chaleur produite par la combustion arrive à nos sens en se transmettant de différentes manières, à travers les fluides qui entourent son centre de production.

La transmission se fait suivant certaines lois qu'il est utile de connaître, car elles permettent de conclure aux dispositions à prendre pour réaliser la meilleure utilisation du combustible, et, par conséquent, pour profiter du maximum de chaleur allié au minimum de dépense.

Lorsque deux corps de températures différentes se trouvent dans une même enceinte, ou, lorsque les deux faces d'un même corps sont à des températures différentes, l'équilibre tend toujours à s'établir, par suite de la transmission de la chaleur des molécules les plus chaudes aux molécules froides.

Différents modes de transmission de la chaleur. — Cette transmission peut s'effectuer :

1° par *conductibilité* : alors les positions respectives des molécules ne changent pas ; c'est ce qui arrive pour les corps solides ;

2° par *mélange* : les positions respectives des molécules changent, c'est la transmission entre fluides ;

3° par *convection* ou par *contact* : c'est celle qui s'opère entre un solide et un fluide ;

4° par *radiation* ou *à distance* : les rayons calorifiques émis sont alors transmis par les vibrations de l'éther.

Les divers modes de transmission sont soumis à des lois plus ou moins approchées, dont nous ne donnerons que les expressions utilisées dans la pratique.

Corps bons et mauvais conducteurs. — Tous les corps possèdent la propriété de recevoir et de transmettre la chaleur, mais à des degrés différents, ce qui a amené à les classer en corps *bons conducteurs* et en corps *mauvais conducteurs*.

Conductibilité. — La transmission de la chaleur par *conductibilité* est celle que l'on envisage principalement dans les applications usuelles. C'est grâce à la connaissance des coefficients de conductibilité, que l'on peut choisir, à bon escient, les matériaux de construction des habitations, lesquels doivent être mauvais conducteurs, et les métaux devant former les parois des appareils de chauffage qui doivent être bons conducteurs.

Quantité de chaleur transmise par conductibilité. — La quantité de chaleur, qui, par conductibilité, passe d'une face à l'autre d'une paroi, est proportionnelle à la surface de transmission, à la différence des températures des deux faces, au temps pendant lequel se fait la transmission et en raison inverse de l'épaisseur :

$$M = Sc\ \frac{t - t'}{e}\ z$$

M Chaleur transmise en calories.

S Surface de transmission en m^2.

$t\ t'$ Températures des deux faces de la paroi en degrés centigrades.

e Épaisseur de la paroi en mètres.

z Temps compté en heures.

c Coefficient variable avec chaque corps et dit *coefficient de conductibilé*.

La température y de la tranche de paroi située à une distance x de la face de température t est :

$$y = t - \frac{x}{e}\ (t - t')$$

Mélange. Quantité de chaleur transmise. — Quand la transmission de la chaleur se fait par mélange (chauffage par barbotage) la température, après le mélange des deux fluides, dans le cas où il n'y a aucune action extérieure produite, telle que changement d'état, combinaison ou décomposition chimique, refroidissement, etc., est le résultat de la chaleur transmise M qui a pour expression :

$$M = \frac{PC \times pc}{PC + pc}\ (T - t) \quad \text{et la température du mélange}\quad x = \frac{PCT + pct}{PC + pc}$$

ou s'il y a changement d'état (chauffage par barbotage de la vapeur d'eau).

$$M = \frac{P \times pc}{P + pc} (606,5 + 0,305\ T - t) ; \quad x = \frac{P(606,5 + 0,305\ T) + pct}{P + pc}$$

P, p sont les poids des fluides chaud et froid ou P le poids de vapeur condensé à 0°.

C, c les chaleurs spécifiques, c'est-à-dire les nombres de calories nécessaires pour élever de 1° C, la température de 1 kg. des corps considérés. (voir table à la fin de l'ouvrage).

T, t les températures du fluide chaud et froid.

Radiation et convection. Quantité de chaleur transmise. — Quand un corps chaud est placé dans une enceinte moins chaude que lui, il y a entre ce corps et l'enceinte une transmission de chaleur *par radiation* et *par convection*.

D'après Newton, la quantité de chaleur transmise est proportionnelle à l'excès de la température de la surface du corps sur celle de l'enceinte, ainsi qu'à la surface de transmission et au temps :

$$M = KS (T - \theta)\ \tau.$$

Cette loi suppose le coefficient de proportionnalité constant et ne fait pas de distinction entre la radiation et la convection, aussi n'est-elle approximativement exacte que lorsque l'excès de la température du corps sur celle de l'enceinte ne dépasse pas 25°.

Dulong et Petit, après de nombreuses expériences, ont pu déterminer la valeur de ce coefficient de proportionnalité :

$$K = mr + nf$$

avec

$$m = \frac{124.72\ a^\theta \left(a^{t-\theta} - 1\right)}{t - \theta}$$

$$n = \frac{0,552\ (t - \theta)^{1,233}}{t - \theta}$$

r coefficient de radiation ;

f coefficient de convection, qui dépend de la forme de la surface, est sensiblement proportionnel à la différence des températures et à la vitesse des fluides.

Cette formule est applicable quand les excès de température ne dépassent pas 1000°.

Quand ils ne dépassent pas 20 à 25°.

$$m = 1 \quad n = 1$$

et la loi de Newton peut s'écrire :

$$M = (r + f) \, S \, (t - \theta) \, ;$$

Ces lois, traduites en formules d'application simple, permettent de résoudre, avec des approximations suffisantes pour la pratique, tous les problèmes de la transmission de la chaleur : leur examen, en tenant compte des valeurs des coefficients divers de conductibilité, chaleur spécifique, radiation, convection, permettra de conclure aux matériaux à employer et aux meilleures dispositions à donner aux appareils pour profiter du maximum de chaleur fournie par les combustibles.

Cas particuliers des formules de Newton et de Dulong et Petit. — La formule de Dulong et Petit ou celle de Newton se présentent sous les formes suivantes dans les cas les plus usuels de la pratique :

1° *Deux enceintes de températures différentes, mais constantes, sont séparées par une paroi à faces parallèles ; a. la chaleur transmise, en une heure, à travers les parois, de l'enceinte la plus chaude à la plus froide :*

$$M = SQ \, (t - \theta)$$

avec
$$\frac{1}{Q} = \frac{1}{K} + \frac{e}{c_1} + \frac{1}{K'}$$
$$K = mr + nf$$
$$K' = m'r' + n'f'$$

t et θ sont les températures des enceintes ;

e épaisseur, c_1 coefficient de conductibilité de la paroi ;

r et f coefficients de radiation et de convection pour l'une des faces de la paroi ;

r' et f' coefficients de radiation et de convection pour l'autre face.

Les températures de chacune des faces de la paroi sont :

$$t_1 = t - \frac{Q}{K}(t - \theta)$$

$$t_2 = \theta + \frac{Q}{K'}(t - \theta)$$

b. Si la paroi est cylindrique :

R et R′ étant les rayons intérieur et extérieur de la surface cylindrique.

$$\frac{1}{Q} = R'\left(\frac{1}{KR} + \frac{1}{c_1}\log_e\frac{R}{R'} + \frac{1}{K'R}\right)$$

Dans le cas d'une paroi métallique $\frac{e}{c_1}$ est négligable.

c. Si la surface de la paroi est nervée d'un côté, le rapport des chaleurs transmises à travers la paroi lisse et la paroi nervée est :

$$\frac{M}{M'} = \frac{1 + \dfrac{K}{K'}\dfrac{S}{S'}}{1 + \dfrac{K}{K'}},$$

$M_1 S_1 K_1$ se rapportent à la surface nervée ;
M.S.K et K′   »   à la surface lisse.

2° *La paroi séparant deux fluides en mouvement qui circulent dans le même sens*, il peut être utile de déterminer la surface de paroi nécessaire pour refroidir le fluide chaud à une température déterminée T, les relations suivantes permettent de résoudre le problème :

$$r = \frac{\alpha.P.C}{\beta\,p\,c}\quad t = t_0 + r(T_0 - T)\ ;\quad \frac{1}{Q} = \frac{1}{K} + \frac{e}{c_1} + \frac{1}{K'},$$

$$S = \frac{\alpha PC}{(1+r)Q}\ \log_e\ \frac{T_0 - t_0}{T - t}$$

P, C, p, c ; sont les poids et les chaleurs spécifiques des fluides chaud et froid ;

T_0, t_0 ; les températures à l'origine des deux fluides.

c_1 le coefficient de conductibilité de la paroi ;

α et β sont des coefficients qui tiennent compte de ce qu'une partie de la chaleur abandonnée par le fluide chaud est perdue et non transmise par la paroi, de même qu'une partie seulement de la chaleur transmise sert à élever la température du fluide froid. On a : $\alpha < 1, \beta > 1$.

La détermination des températures T et t à l'extrémité de la surface S et de la chaleur transmise se fait à l'aide des formules :

$$r = \frac{\alpha PC}{\beta pc} \; ; \quad \frac{1}{Q} = \frac{1}{K} + \frac{e}{c_1} + \frac{1}{K'} \; ; \quad m = \frac{(1 + r)Q}{\alpha \, p \, c}$$

$$T = \frac{t_0 + rT_0}{1 + r} + \frac{T_0 - t_0}{1 + r} \, e^{-mS}$$

$$t = \frac{t_0 + rT_0}{1 + r} - r \, \frac{T_0 - t_0}{1 + r} \, e^{-mS}$$

$$M = \alpha \, PC \, (T_0 - T)$$

Le e de e^{-mS} est la base des logarithmes népériens et a pour valeur **2,7182818** (Log $e = 0{,}4312945$).

Ce cas s'applique au calorifère à air chaud et le rendement ρ ou rapport de la chaleur communiquée au fluide froid à la chaleur maximum que l'on peut transmettre, ce maximum correspondant à $T = t_0$;

$$\rho = \frac{\alpha}{\beta} \cdot \frac{1 - e^{-mS}}{1 + r}$$

3° *Si les deux fluides circulent en sens inverse l'un de l'autre et que l'on veuille déterminer les températures de sortie des deux fluides* T et t_0 *à l'extrémité de la surface S et la chaleur transmise*, on a :

$$r = \frac{\alpha.P.C}{\beta.p.c} \; ; \quad \frac{1}{Q} = \frac{1}{K} + \frac{e}{c_1} + \frac{1}{K'} \; ; \quad m = \frac{(1-r)Q}{\alpha.P.C.}$$

$$T_1 = \frac{T_0 (1 - r) + t \, (e^{mS} - 1)}{e^{mS} - r}$$

$$t_0 = \frac{e^{mS} t_1 (1 - r) + rT_0 \, (e^{mS} - 1)}{e^{mS} - r}$$

$$M = \alpha.P.C \, (T_0 - T_1)$$

et le rendement de l'appareil dans ces conditions :

$$\rho = \frac{\alpha}{\beta} \cdot \frac{e^{mS} - 1}{e^{mS} - r}$$

Dans ce cas les températures à l'origine des fluides sont To et t.

4° *Si la paroi sépare une enceinte à température constante d'un fluide en mouvement, les mêmes relations sont applicables.*

a. Le fluide froid reste à une température constante :

$$\frac{1}{Q} = \frac{1}{K} + \frac{e}{c_1} + \frac{1}{K'} \; ; \quad m = \frac{Q}{\alpha . P . C .}$$

$$T = t_0 + (T_0 - t_0) \, e^{-mS}$$

$$\varphi = \frac{\alpha}{\beta} (1 - e^{-mS})$$

b. Le fluide chaud reste à une température constante :

$$\frac{1}{Q} = \frac{1}{K} + \frac{e}{c_1} + \frac{1}{K'} \; ; \quad m = \frac{Q}{\beta . p . c .}$$

$$t = T_0 - (T_0 - t_0) \, e^{-mS}$$

$$c = \frac{t_1 - t_0}{T - t_0}$$

Ces relations, les seules trouvant leur emploi dans la pratique, ont été données dépouillées de toute démonstration et sous leur forme la plus simple.

On peut, de leur examen, conclure dès maintenant :

1° Qu'au delà d'une certaine limite il n'y a pas intérêt à augmenter la surface ; la quantité de chaleur transmise devenant faible en même temps que les refroidissements et les dépenses d'installation et d'entretien deviennent plus élevés ;

2° Qu'il y a intérêt, pour obtenir le rendement maximum. à ce que les deux fluides circulent en sens inverse l'un de l'autre, à faire ce que l'on appelle le *chauffage méthodique*.

TRANSPORT DE LA CHALEUR.

Température nécessaire au corps humain. — Les conditions climatériques de la France, où la température varie de 20° au-dessous de zéro à 40° au-dessus, sont telles qu'il est absolument nécessaire, pour maintenir le corps humain à sa température normale (37 à 38°), de recourir à des moyens artificiels de chauffage.

Le travail de digestion, le mouvement. les vêtements appropriés aux diverses saisons nous aident à compenser, en partie, les pertes

de chaleur provenant de l'excès de notre température sur celle de
de l'extérieur.

C'est pourquoi il est suffisant de conserver une température relativement faible dans les locaux que nous habitons ;

14 à 15°C dans les ateliers et les casernes ;
16 à 17°   dans les bureaux ;
16 à 18°   dans les hôpitaux, dans les amphithéâtres de cours ;
19 à 20°   dans les théâtres ;
12 à 14°   dans les églises ;
15 à 16°   dans les crèches, salles d'asile, écoles, prisons ;
17 à 19°   dans les salles d'assemblée.

Moyens de maintenir la température du corps humain. — Pendant l'automne et l'hiver, ces températures ne peuvent être maintenues qu'en empruntant de la chaleur à la source dont il a été parlé : la combustion.

Souvent, la chaleur produite dans une enceinte spéciale (le *foyer*, que l'on étudiera plus loin au point de vue des qualités qu'il doit avoir) sera utilisée assez loin ou dans d'autres locaux que celui où est placé l'appareil de production : il faut donc pouvoir communiquer cette chaleur à des *récepteurs* ou *véhicules* pouvant la transporter assez rapidement afin que ce qui s'en perdra dans le parcours soit à peu près nul.

Il est évident, *à priori*, que ces véhicules ne pourront être que des fluides, et encore sera-t-il nécessaire qu'ils se trouvent facilement et à peu de frais dans la nature.

Ils seront donc de ce fait peu nombreux et se présentent de suite à notre esprit : ce ne peuvent être que l'air, l'eau et la vapeur d'eau, qui tous trois existent tout formés et en abondance.

Ces fluides doivent d'abord recevoir une quantité importante de chaleur qu'ils apporteront, en circulant dans des conduites appropriées, aux endroits à chauffer ; car, par suite du principe de l'équilibre des températures, ils transmettront la chaleur qu'ils possèdent, cause de leur excès de température sur celle de l'enceinte à chauffer.

Les *conduites* ou *canaux de circulation* ne seront évidemment pas quelconques ; ils seront, comme nature des matériaux, forme, chemin parcouru, fonction des fluides transportés, de la manière dont ces fluides chauffent les enceintes, c'est-à-dire du mode de transmission de chaleur qui se produira ; il est donc nécessaire d'étudier les diverses propriétés des véhicules de chaleur indiqués : air, eau, vapeur d'eau.

AIR

Ses propriétés. — L'air est le fluide gazeux qui nous entoure, que nous respirons et qui, par son oxygène, fournit le comburant nécessaire pour transformer le sang veineux, c'est-à-dire vicié, en sang artériel, c'est-à-dire pur, propre à la vie.

Il contient environ 21 0/0 d'oxygène et 79 0/0 d'azote, gaz inerte, irrespirable venant contre-balancer la trop grande affinité de l'oxygène pour les combustibles. (En ces derniers temps, on a découvert dans l'air un troisième gaz, l'*argon*, dont les propriétés semblent être absolument négatives.)

La pression normale de l'air, correspond au poids d'une colonne de mercure de 0 m. 760 de hauteur, il pèse 1 gr. 293 par décimètre cube ; sa chaleur spécifique est 0 c. 2377, son coefficient de dilatation 0,00267 ; il est très compressible ; nous ne le connaissons, qu'à l'état gazeux.

Sa chaleur spécifique élevée, qui permet de lui fournir, sous un poids restreint, une grande quantité de chaleur, son coefficient de dilatation important qui a pour conséquence une diminution de densité et une vitesse d'écoulement notables, en font un auxiliaire souvent avantageux pour le transport du calorique ; toutefois la distance à laquelle on peut l'utiliser économiquement est faible.

A cause de son faible poids, il en faut un volume important pour emmagasiner une quantité notable de chaleur, ce qui nécessite des conduites de circulation de forte section, ayant un grand périmètre de parois et donnant lieu, dans les enceintes traversées mais non à chauffer, à des pertes par conductibilité appréciables.

Les frottements contre les surfaces des parois sont grands, et comme l'air ne peut être élevé à une température supérieure à 90°, pour la conservation des meubles placés dans les locaux chauffés, la distance de transport est faible ; elle est fonction de la puissance du foyer, mais dépasse rarement 12 à 15 mètres.

Mode de chauffage par l'air. — Le chauffage au moyen de l'air se fait par mélange ; l'air chaud, vu sa densité plus faible que celle de l'air de l'enceinte à chauffer, tend à pénétrer dans celle-ci où il vient déboucher et se mélange à l'air froid, dont il élève la température.

EAU

Ses propriétés. — L'eau est un fluide liquide composé de deux volumes d'hydrogène pour un volume d'oxygène, soit de 16 gr. d'oxygène et 2 gr. d'hydrogène.

C'est, après l'air, le fluide le plus répandu sur le globe terrestre, dont il occupe environ les 3/4 de la surface.

Dans la détermination des densités des solides et des liquides, on l'a pris comme terme de comparaison ; sa densité est prise égale à 1, à $+ 4°$ C.

Sa chaleur spécifique a été aussi prise pour l'unité.

Son coefficient de dilatation varie avec la température suivant une loi complexe.

L'eau entre en ébullition à 100° sous la pression atmosphérique équilibrée par une colonne de mercure de 760 mm. de hauteur, et passe alors à l'état de vapeur.

L'eau a une propriété remarquable et spéciale ; elle augmente de volume, elle se dilate en passant de l'état liquide à l'état solide. C'est un inconvénient qui oblige à préserver les conduites des atteintes du froid.

Mode de chauffage par l'eau. — Employée à l'état liquide, comme véhicule de chaleur, on ne peut pas, en principe, chauffer l'eau à une température atteignant 100° : dans les chauffages dits par thermo-siphons, fonctionnant à l'air libre, on ne dépasse pas la température de 90°.

L'eau circule alors dans des conduites en métal de gros diamètre, ayant par conséquent de fortes pertes par conductibilité.

La circulation s'établit en vertu de la différence des densités de l'eau chaude et de l'eau froide.

La transmission de chaleur, dans le cas où le véhicule est l'eau sans changement d'état, se fait par conductibilité et rayonnement des parois de la conduite.

L'eau, ayant une chaleur spécifique élevée, emmagasine, sous un faible poids, une grande quantité de chaleur ; les tuyaux sont de sections relativement faibles, comparées à celles des conduites de chauffage par l'air ; toutefois il y a des pertes notables en route au travers des parois dans les enceintes traversées et non à chauffer ; on diminue ces pertes en entourant ces tuyaux de corps mauvais conducteurs formant des enveloppes dites isolantes.

Pour éviter de donner, aux conduites de chauffage par l'eau, une section trop grande, on utilise l'eau sous pression : les conduites sont alors fermées et non en communication avec l'air.

L'eau est chauffée à une température atteignant jusqu'à 600° ; la pression, dans les canalisations, correspondant à celle de l'eau à cette température, il n'y a pas de changement d'état.

Avec l'eau on peut chauffer dans un rayon beaucoup plus grand qu'avec l'air ; toutefois, pour réaliser une installation économique, pratique, et surtout élastique, il y a à prendre de nombreuses précautions que l'on indiquera lors de l'étude détaillée de ce procédé.

VAPEUR D'EAU

Ses propriétés. — Le troisième et dernier véhicule de chaleur, utilisé dans le chauffage de nos habitations, est la vapeur d'eau.

Lorsque l'on chauffe de l'eau dans un vase ouvert, il se produit presque immédiatement, dans le sein du liquide, de petites bulles fines qui sont formées d'air ; puis, en continuant à chauffer, lorsque la température de la masse a atteint 100°, de grosses bulles viennent crever à la surface et l'eau entre en ébullition, en se transformant en vapeur, dont la température reste constante à 100°, sous la pression de 760 m/m. de mercure.

Si le vase est hermétiquement clos, la température de la masse liquide peut dépasser 100°, sans que l'eau entre en ébullition ; l'espace libre du vase se remplit de vapeur dont la pression s'exerce sur la surface de la masse liquide et empêche la formation de bulles au sein du liquide.

De ce que la température reste constante pendant toute la durée de l'ébullition, on conclut qu'il y a une quantité de chaleur emmagasinée par le liquide, chaleur employée uniquement à produire le changement d'état ; c'est ce que l'on appelle la *chaleur latente de vaporisation*.

A égalité de température, la vapeur d'eau contient donc beaucoup plus de chaleur que l'eau qui l'a produite. C'est grâce à cette chaleur latente que la vapeur est le meilleur et le plus économique des véhicules de chaleur, celui qui peut être employé pour la distribution dans les grands rayons.

La chaleur totale de vaporisation de l'eau à T° est donnée par la relation

$$Q = 606,5 + 0,305\,T$$

Mode de chauffage par la vapeur d'eau. — La vapeur d'eau, employée comme véhicule de chaleur, circule dans des conduites en métal et chauffe par conductibilité et rayonnement.

La vitesse d'écoulement de la vapeur étant assez considérable, la section des conduites est faible, ce qui permet de les placer partout sans encombrer les appartements et sans choquer la vue ; de plus, la vapeur se prête facilement à toutes les exigences d'une installation domestique où les locaux, d'après leur destination, doivent être chauffés à des températures diverses, à des moments différents, et cela quelle que soit la distance qui sépare ces locaux du lieu de production de la chaleur. Le rayon de distribution de la chaleur par la vapeur peut atteindre 200 à 250 mètres.

ÉCOULEMENT DES FLUIDES VÉHICULES DE CHALEUR

Vitesses d'écoulement d'un liquide dans divers cas. — Si, dans un vase ouvert à l'air, on met un liquide s'élevant jusqu'à

une certaine hauteur et qu'à la partie inférieure du vase on perce
un orifice de petite dimension. le liquide s'échappe à l'extérieur
avec une vitesse théorique :

$$V = \sqrt{2gh} = \sqrt{2g} \times \sqrt{h}$$

g étant la valeur de l'accélération due à la pesanteur soit 9 m. 8060
à Paris ($\sqrt{2g} = 4,4286$).

h la distance entre le centre de la veine fluide qui s'écoule et le
niveau du liquide dans le vase. Cette hauteur s'appelle *la pression*
ou *la charge* du liquide ; c'est elle qui produit l'écoulement.

Si le vase est hermétiquement clos à sa partie supérieure, et que
sur la surface du liquide s'exerce une pression supplémentaire,
dont l'excès sur la pression atmosphérique ou de l'enceinte où se
fait l'écoulement soit E, la charge est :

$$H = h + E$$

h et E doivent être mesurés de la même façon, c'est-à-dire en
hauteur du fluide qui s'écoule.

Considérons maintenant un tube vertical fermé et rempli d'eau ;
si l'on vient à chauffer ce tube à la partie inférieure il s'établit à
l'intérieur une circulation active provenant de ce que le liquide
chaud, ayant une densité moindre que le liquide froid, tend à s'é-
lever tandis que celui-ci tend à descendre.

Ici, il y a encore une pression ou charge cause du mouvement,
et cette charge est égale à la hauteur d'eau correspondant à la
différence des poids des deux colonnes chaude et froide.

Pertes de charge dans les conduites. — Quel que soit le fluide
utilisé comme véhicule de chaleur, il circule dans des conduites de
distribution, dont l'importance ou la section est fonction et de la
distance du local à chauffer au foyer de production de chaleur et
de la température à fournir dans ce local.

Les fluides, dans les conduites, subissent des *pertes de charge*,
la *charge* étant la cause de la circulation qui s'établit.

Ces pertes de charge proviennent des frottements du fluide contre
les parois des conduites et des sinuosités du parcours de ces conduites.

Des différentes causes amenant les pertes de charge. — Il est intéressant de déterminer la nature des matériaux et la forme de cette canalisation de façon à réduire au minimum les pertes de charge.

Indiquons comment l'on peut déterminer celles-ci, en faisant ressortir la valeur des pertes pour les différentes causes : *frottement, changements de direction, de section*, etc.

Frottement. — Le *frottement* se manifeste de la périphérie de la conduite au centre.

Les molécules en contact avec les parois de la conduite éprouvent, du fait de leur frottement contre celles-ci, un retard de vitesse qui donne à son tour naissance à un frottement de moindre importance entre les molécules de diverses vitesses. La vitesse se trouvera donc maxima au centre, et ira en diminuant jusqu'à la périphérie du tuyau de circulation.

s étant la section de la conduite, la vitesse moyenne dans celle-ci est celle qui, multipliée par la section, donne le volume de fluide écoulé.

L'influence du frottement peut être pratiquement mise en évidence en branchant sur la conduite, et à des distances différentes à partir du récipient de fluide, des manomètres ou indicateurs de pression. Les hauteurs mamométriques vont constamment en diminuant de l'origine à la fin de la conduite.

La perte de charge, due au frottement, est proportionnelle à la longueur, au périmètre, inversement proportionnelle à la section du tuyau et proportionnelle à la vitesse du fluide.

Le coefficient de proportionnalité dépend de la nature plus ou moins rugueuse de la surface intérieure des parois, des modes d'assemblages, des diamètres des tuyaux, etc...; on l'appelle le *coefficient de frottement.*

Changements de direction. — Lorsqu'un fluide s'écoule par une conduite changeant brusquement de direction en un point, il se produit des perturbations dans l'écoulement à l'endroit du coude; il y a des remous, qui produisent aussi une perte de charge.

Les expériences, en très petit nombre du reste, qui ont été faites pour apprécier les influences de ces changements de direction, ont amené à conclure que la perte de charge, provenant de ce fait, est proportionnelle au carré de la vitesse du fluide dans le tuyau, le coefficient de proportionnalité dépendant de l'angle du coude.

Jusqu'à un angle de 20° la perte est peu sensible.

Quand *deux coudes à angle droit* se suivent à peu de distance, il peut se présenter trois cas :

1° Les *deux coudes sont dans un même plan, mais la conduite revient sur elle-même* : l'influence des deux coudes sur la charge est la même que s'il n'y en avait qu'un (fig. 1, *a*) ;

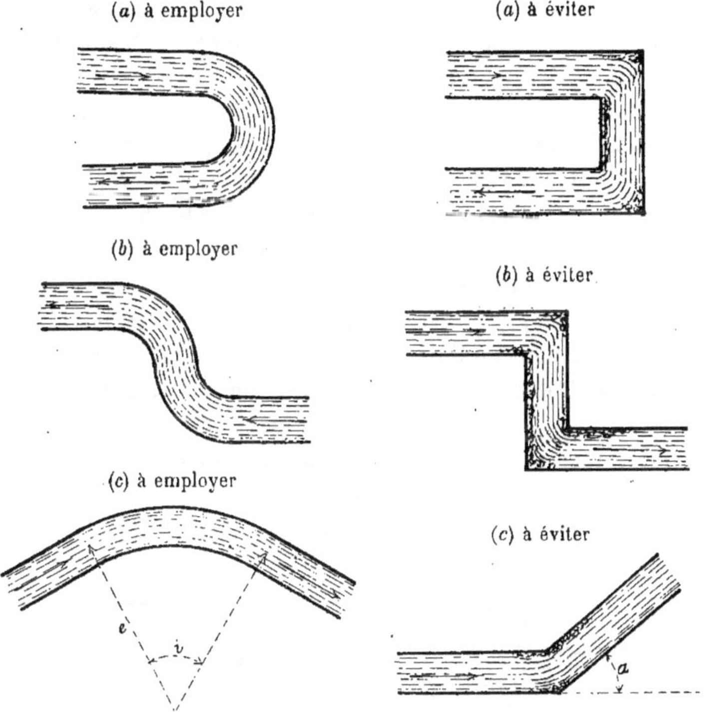

Fig. 1. — Dispositions des conduites d'écoulement des fluides.

2° Les *deux coudes sont dans le même plan mais la conduite, après déviation à angle droit, reprend sa direction primitive* : la perte de charge est la somme des pertes causées par chacun des coudes pris séparément (fig. 1, *b*);

3° Enfin les *deux coudes sont dans deux plans perpendiculaires* ; la perte de charge pour les deux coudes est une fois et demie celle qui correspondrait à un seul coude.

Le coefficient de proportionnalité, entrant dans l'expression de la perte de charge, est non seulement fonction de l'angle du coude, mais encore fonction de la forme de ce coude ; quand le coude est arrondi la perte de charge est moindre que lorsque le coude est à angles ou arêtes vives.

D'après les expériences de Weissbach, dans le cas de coudes arrondis, la perte de charge dépend, non plus seulement de l'angle du coude, mais aussi du rapport du diamètre du tuyau au rayon de courbure du coude.

La perte de charge produite par les coudes des conduites est généralement importante ; il faut réduire ceux-ci au minimum comme nombre et faire les raccordements des directions angulaires au moyen de courbes du plus grand rayon possible (fig. 1).

Changements de section. — Lorsque la conduite change brusquement de section, il se forme, à l'endroit de ce changement, des tourbillons et remous produisant encore une perte de charge.

Le fluide peut, dans le sens de son mouvement, passer d'une section dans une autre plus petite, il y a alors une *contraction* de la veine fluide et la perte de charge est proportionnelle au carré de la vitesse du fluide, le coefficient de proportionnalité dit de *résistance* dépend de la forme du raccordement.

Fig. 2. — Disposition des conduites d'écoulement des fluides.

On aura toujours intérêt à faire celui-ci en tronc de cône, car alors le coefficient de résistance est fonction de l'angle au sommet du cône (fig. 2).

Le passage se faisant d'une petite section dans une plus grande, la perte de charge est proportionnelle au carré de la différence des vitesses dans deux sections.

Le raccordement doit encore être fait par un tronc de cône dont l'angle au sommet sera aussi faible que possible.

Fig. 3. — Disposition des conduites d'écoulement des fluides.

Les conduites peuvent, par suite de nécessités spéciales d'installation, être rétrécies sur une partie de leur longueur, la perte de charge entre les deux extrémités de la partie de plus faible section est produite par la contraction à l'entrée du rétrécissement, le frottement dans le tuyau de petit diamètre, le rélargissement à l'autre extrémité. Ces trois causes de perte donnent une influence considérable aux diminutions de section.

Toutefois si la partie rétrécie a une faible longueur (cas d'un registre ou d'une vanne à papillon placée sur une conduite), l'influence du frottement disparaît et il ne reste que les effets de contraction et d'élargissement qui sont analogues à ceux d'un changement de direction (fig. 4).

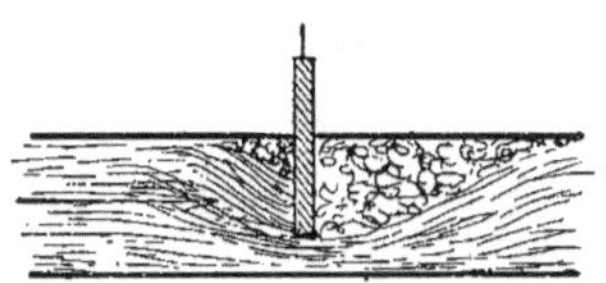

Fig. 4. — Disposition des conduites d'écoulement des fluides. Effet d'un registre.

L'effet d'un registre est d'autant moins sensible que les autres résistances sont plus grandes.

Dans certains appareils industriels, les gaz passent dans un grand nombre de tuyaux de faible section, formant ce que l'on appelle un faisceau tubulaire (fig. 5), la perte de charge par frottement est celle qui a lieu pour un seul des petits tubes, car la vitesse étant commune à chacun d'eux la résistance par frottement est la même pour un seul que pour un nombre quelconque formant faisceau.

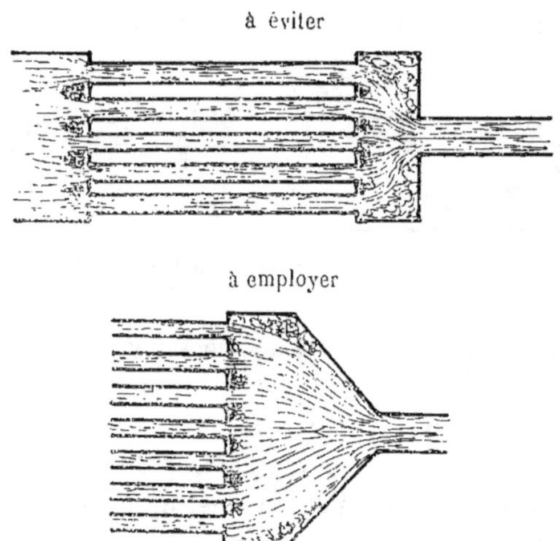

Fig. 5. — Disposition des conduites d'écoulement des fluides.

Pour avoir la perte de charge totale, il y a à tenir compte, en outre, d'une contraction et d'un élargissement de la conduite avant et après le faisceau tubulaire.

Le passage dans un faisceau tubulaire produit un accroissement de résistance considérable.

La canalisation peut quelquefois être élargie sur une partie de sa longueur ; les pertes de charge se déterminent alors de la même façon que dans le cas du rétrécissement, car elles ont les mêmes causes, mais se produisent en sens inverse.

Pertes de charge à travers un combustible. — Quand l'air arrive sous une grille chargée de combustible, il subit une perte de charge, de par la résistance qu'il rencontre à son passage.

Cette perte est fonction de la vitesse de l'air, de la nature et de l'état du combustible ; elle est beaucoup plus importante avec de la fine grenue qu'avec du coke, avec un combustible en ignition qu'avec un combustible froid, avec un combustible gras, qu'avec un combustible demi-gras ou maigre.

Elle varie du reste à chaque instant et diminue à mesure que le combustible se transforme en coke.

Ces remarques ont leur importance pour la détermination des foyers.

Nécessité de réduire les pertes de charge. Conditions à réaliser. — Il est indispensable de réduire au minimum, dans une conduite de chauffage, les résistances au mouvement des fluides, résistances qui obligent, pour donner un résultat demandé, à augmenter la vitesse et par conséquent la charge à l'origine et la dépense.

Dans ce but, il faut en principe augmenter la section des conduites ; il arrive toutefois un moment où, à cause des frais d'installation, de l'espace occupé, des surfaces exposées au refroidissement, et des pertes de chaleur qui s'accroissent, les dépenses augmentent si l'on prend une section plus forte.

Il existe donc, dans chaque cas particulier, une section d'économie maxima que l'on doit rechercher et qui ne peut du reste être déterminée que par tâtonnement.

Quelle que soit la section employée, on doit toujours chercher à se rendre de l'origine au point de distribution par le chemin le plus direct, sinon le plus court, c'est-à-dire qu'il faut éviter les coudes, et, si on est obligé d'en employer, les arrondir avec un rayon aussi grand que possible.

Les changements de section doivent être réduits au plus petit nombre, et les raccordements entre les conduites de différents diamètres, faits au moyen de troncs de cônes allongés dont les angles au sommet sont déterminés : 30° environ pour passer d'une grande section à une plus petite ; et 70° pour passer d'une petite section à une plus grande.

Les conduites doivent être de préférence de forme circulaire. Si elles ont une section rectangulaire, les angles intérieurs seront arrondis.

Les surfaces de contact de la conduite avec le fluide seront toujours lisses et régulières.

Branchements des conduites. — Si la conduite se divise en plusieurs branchements. il faut, pour que chacun d'eux donne bien passage à la quantité de fluide que l'on désire, prendre des dispositions spéciales à l'endroit de la bifurcation.

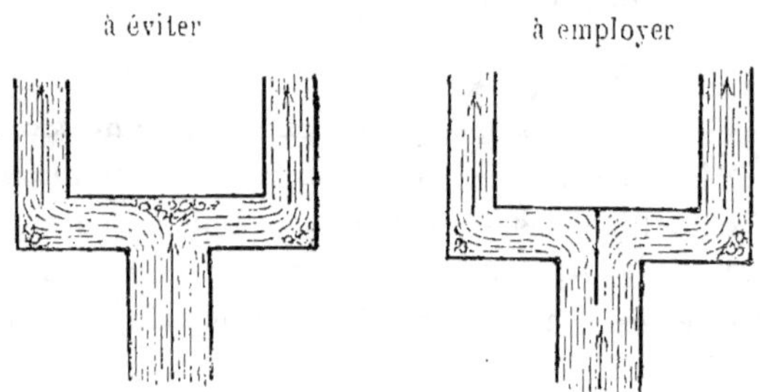

Fig. 6. — Disposition des conduites d'écoulement des fluides.

Dans le cas d'une division en deux branchements (fig. 6) il faut disposer une cloison intérieure dans la maîtresse conduite, afin de séparer les courants avant le changement de direction.

Si les bifurcations sont formées par une série de conduites secondaires parallèles, on sépare par une cloison, avant le changement de direction, chacune des fractions de courant devant passer dans chaque branchement (fig. 7).

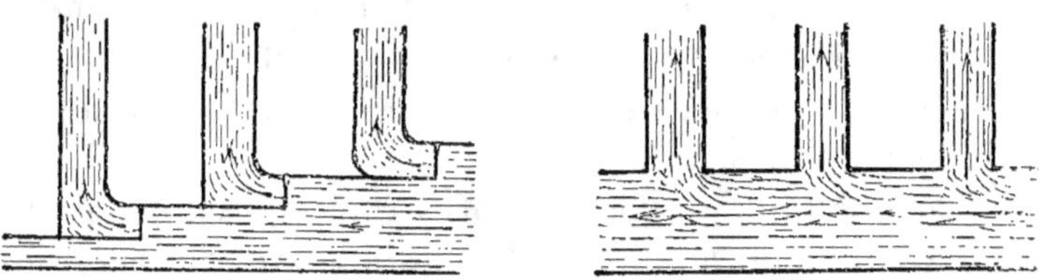

Fig. 7. — Disposition des conduites d'écoulement des fluides.

De même, lorsque plusieurs courants doivent se réunir en un seul, il y a lieu de prendre certaines dispositions spéciales au point de rencontre.

Les fluides à réunir ne doivent être mis en contact que lorsqu'ils ont déjà pris la même direction (fig. 8). C'est ainsi que, pour plusieurs foyers venant déverser leurs fumées dans un même conduit, il ne faudra pas faire déboucher perpendiculairement les divers tuyaux de fumée dans le carneau principal, mais on devra au préalable les infléchir pour que les courants ne se mélangent que lorsqu'ils ont pris des directions parallèles (fig. 9).

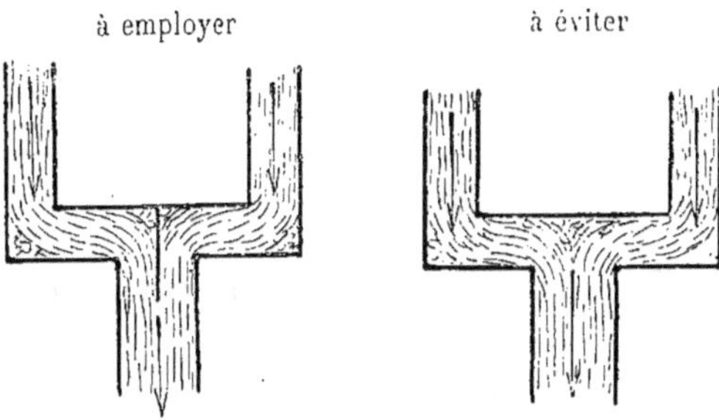

Fig. 8. — Disposition des conduites d'écoulement des fluides.

Pertes de charge dans le cas de la vapeur d'eau. — Le fluide considéré étant la vapeur d'eau, la valeur de la perte de charge est plus complexe qu'avec l'air et l'eau. En supposant la conduite rectiligne et de section constante les pertes sont de deux sortes :

1° celles dues au frottement de la vapeur contre les parois ;

2° celles résultant de la condensation de la vapeur produite par suite du refroidissement par la surface du tuyau.

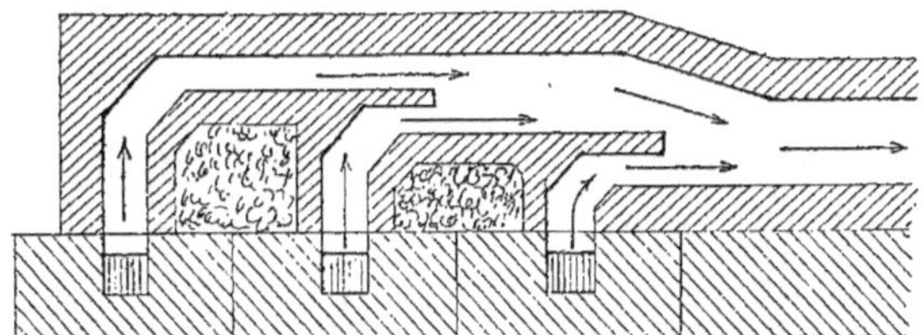

Fig. 9.—Disposition à employer pour réunir plusieurs foyers à une même cheminée

Cette dernière perte de charge peut s'écrire, la canalisation étant cylindrique :

$$E_r = \frac{4 \times 10,334\, nlw}{1000 D v d}.$$

n. Pression de la vapeur en atmosphères à l'origine.

l, D. Longueur et diamètre de la conduite.

d. Densité de la vapeur.

v. Vitesse moyenne dans la conduite.

w. Poids de la vapeur condensée par seconde et par m² de surface de tuyau.

Comme d'autre part la perte de charge due au frottement est connue

$$E_f = \frac{4Kl}{D} \frac{dv^2}{2g}$$

K étant le coefficient de frottement pour la vapeur, d sa densité par rapport à l'eau.

$$g = 9 \text{ m. } 8060,$$

on peut déterminer la somme des deux pertes, leur influence respective et la vitesse moyenne d'écoulement correspondant au minimum de ces pertes. Cette vitesse est fournie par la relation :

$$v = 53,92 \sqrt{\frac{w(1+\alpha t)^2}{Kn}}$$

α est le coefficient de dilatation de la vapeur à la température t correspondant à la pression n atmosphères.

La perte de charge (minimum) qui est la conséquence de cette vitesse

$$E = 3 \frac{4Kl}{D} d \frac{v^2}{2g}$$

Le coefficient K semble être voisin de **0,0322**, soit cinq fois celui de l'air qui est **0,006** environ.

DU CHAUFFAGE

Des différents modes de chauffage. — Dans les lieux habités, appartements, bureaux, ateliers, magasins, il est indispensable de maintenir, par un moyen quelconque, une température déterminée, indispensable pour que les fonctions vitales s'accomplissent normalement.

On réalise ce but par l'emploi des appareils de chauffage.

Ceux-ci peuvent être placés dans le local à chauffer, et l'élévation de température est obtenue soit presque totalement par le rayonnement (c'est le cas des cheminées ordinaires), soit par conductibilité (c'est le cas des poêles en céramique ou en fonte).

L'appareil de chauffage est quelquefois loin des locaux à chauffer, et l'élévation de température résulte du mélange de deux fluides, l'un chaud et l'autre froid : c'est le cas du chauffage à air chaud ou de la conductibilité et du rayonnement ; surtout, des surfaces métalliques, placées dans chaque local, et dans lesquelles circule un fluide ou véhicule préalablement chauffé ; c'est le cas des chauffages à eau chaude à basse pression (*thermosiphon*), ou à haute pression (*microsiphon*), de la vapeur à haute pression ou à basse pression (*thermocycle*).

Constitution des appareils de chauffage. — Quel que soit le mode employé, un appareil de chauffage comprend toujours trois parties ;

1° Le *foyer* dans lequel s'effectue la combustion et d'où se dégage la chaleur.

2° Le *récepteur ou véhicule de chaleur*, qui reçoit le calorique dégagé dans le foyer, pour le transmettre, à son tour, aux corps qui doivent s'échauffer, etc.

3° Le *tuyau de fumée*, dit *cheminée*, qui donne issue dans l'atmosphère aux gaz de la combustion, détermine en même temps le tirage et par conséquent l'aspiration, sous la grille et sur le combustible, de la quantité d'air nécessaire à la combustion.

Le combustible ne peut être mis dans le local à chauffer sans être entouré d'une enveloppe spéciale, car la combustion produisant du gaz oxyde de carbone, poison violent, et de l'acide carbonique, gaz asphyxiant, il ne faut pas que ces produits se mélangent à l'air que respirent les personnes placées dans le local chauffé; il est donc nécessaire d'avoir une enceinte spéciale où s'effectuera la combustion, c'est le *foyer*.

Ces gaz délétères doivent être évacués de façon à ne pas nuire à la santé publique, il faut donc établir des conduits spéciaux d'écoulement dans l'atmosphère, afin de les rejeter à des hauteurs telles que leur mélange avec l'air respirable se fasse sans inconvénient, c'est le rôle de la *cheminée* et des *carneaux de fumée*.

Quant au *récepteur*, ce peut être ou l'air de la pièce même à chauffer ou un des fluides dont il a été parlé précédemment, mais il existe toujours.

Soins à apporter dans l'établissement d'un appareil de chauffage. — L'action de la chaleur sur les matériaux est double, elle est destructive par elle-même et par les efforts de pression, de traction, de flexion, etc... dont elle est la cause.

Les appareils de chauffage doivent donc être établis avec soin, les matériaux employés choisis avec discernement, de façon que les mouvements qui se produisent fatalement par les effets de la dilatation ne compromettent ni la solidité, ni la bonne marche de l'appareil.

Ils doivent toujours être facilement visitables et nettoyables; dans les conduits de fumée, il se dépose, en effet, des poussières solides, suies, cendres, qu'il faut pouvoir enlever, sans quoi elles arriveraient à boucher les carneaux ou bien à prendre feu et à donner naissance à ce que l'on appelle le feu de cheminée.

Enfin un appareil de chauffage doit être fait dans le but de la plus grande économie de combustible, le foyer disposé au point de vue des formes et des dimensions de façon à réaliser la combustion aussi complète que possible, et le récepteur afin d'utiliser la plus grande quantité de la chaleur produite.

Qualités d'un appareil de chauffage. — Le chauffage des lieux habités est, pour l'ingénieur, l'un des problèmes les plus difficiles à résoudre ; il est des plus complexes vu les qualités indispensables qu'il a à remplir.

De grands progrès ont déjà été réalisés, et l'on commence à comprendre qu'une des premières conditions de vitalité de l'individu se trouve dans un bon chauffage, au point de vue de l'hygiène surtout.

On demande à un système de chauffage :

1° *D'être économique d'installation* ; il n'est, en effet, pas habituel de sacrifier une somme un peu importante pour l'installation des appareils de chauffage.

On préfère faire des dépenses pour des ornements extérieurs, ayant leur valeur, au point de vue de la décoration des villes, mais pouvant souvent être réduits et laisser disponibles des crédits que l'on pourrait employer plus utilement.

2° *D'être très élastique*, c'est-à-dire de se prêter aux variations de la température extérieure, lesquelles peuvent être assez brusques et quelquefois très importantes.

Il est nécessaire de maintenir dans l'intérieur des locaux une température constante alors que celle de l'extérieur est variable, il faut donc pouvoir augmenter ou diminuer le chauffage suivant les nécessités externes.

3° *D'être peu encombrant*, car dans les villes, où le terrain est cher, les logements et appartements sont généralement restreints de surface et il est indispensable que les accessoires (le chauffage en est un) prennent le minimum d'espace.

4° *D'être artistique*, c'est-à-dire de pouvoir être établi dans des pièces meublées luxueusement sans nuire à l'ornementation produite par les meubles, tapisseries, tentures, etc.

5° *D'être hygiénique,* par conséquent de laisser à l'air des locaux toutes ses propriétés au point de vue de la respiration, de ne pas lui mélanger des fumées ou gaz délétères, le dessécher ni le saturer d'humidité, de ne pas être cause de courants froids dangereux s'établissant dans les locaux chauffés, etc.

6° *D'être économique d'exploitation,* c'est-à-dire de dépenser peu de combustible, d'être construit de façon à ne pas être sujet à des réparations importantes, placé pour ne pas détériorer l'ameublement des locaux qu'il chauffe.

7° *De bien chauffer.* Ceci semble être une ironie. Cettte qualité est cependant difficile à réaliser comme on le verra en examinant, dans leurs principes d'établissement et de construction, les différents appareils de chauffage ; il en est peu, en effet, qui chauffent bien, c'est-à-dire qui remplissent le but qu'on leur demande.

Puissance d'un appareil de chauffage. — Un système de chauffage doit être économique dans son installation : il faut donc qu'il produise seulement la chaleur indispensable au chauffage des locaux ; il est nécessaire, par conséquent, de déterminer cette quantité de chaleur, et pour cela, de savoir comment elle est utilisée.

Quand on chauffe une enceinte à température variable par une source de chaleur constante, la température dans l'enceinte devient elle-même invariable, on dit alors que le régime est établi.

Si le séjour dans le local est intermittent, il faut d'abord fournir la chaleur nécessaire à l'état de régime, puis quand celui-ci existe, il doit être maintenu et l'équilibre entre la chaleur fournie et la chaleur perdue doit être assuré.

La chaleur perdue comprend les pertes de chaleur à travers les parois séparant l'enceinte à chauffer de locaux froids, et la chaleur absorbée par l'air de ventilation.

L'air de ventilation est celui que l'on est obligé de prendre à l'extérieur pour maintenir, aussi pur que possible, c'est-à dire apte à fournir aux organes l'élément de reformation qui leur est indispensable, l'atmosphère des locaux habités.

Cet atmosphère doit, dans ce but, renfermer une proportion d'acide carbonique assez proche de celle que contient normalement l'air ordinaire, soit au maximum, quatre à six millièmes ; il ne doit pas être saturé de vapeur d'eau ni porter en suspension de matières organiques.

Une personne adulte fait en moyenne 17 ou 18 aspirations par minute, ce qui correspond environ à 500 litres d'air vicié expiré par heure. Cet air se mélange à celui des locaux dont il ne peut être séparé, c'est pourquoi il est nécessaire, dans une enceinte habitée, de fournir, pour la respiration, au moins 12 à 1500 litres d'air pur par heure et par individu occupant l'enceinte.

Chaque personne, par les transpirations pulmonaire et cutanée, expire une quantité de vapeur d'eau voisine de 62 grammes, en même temps qu'elle fournit à l'air ambiant et servant à l'échauffer, une moyenne de 70 calories disponibles.

Au moment de l'éclairage, il y a en outre production, par les appareils (bougies, lampes, becs de gaz, etc.), d'une certaine proportion de gaz délétères et d'une quantité importante de chaleur ; le renouvellement de l'air doit donc être tel que la température dans le local ne dépasse pas sensiblement les limites indiquées antérieurement, en même temps que l'atmosphère en reste salubre.

Ce renouvellement ne doit pas toutefois être trop important, car il serait alors cause de courants pouvant être pernicieux.

De calculs et d'observations faites, il semble résulter qu'il est nécessaire de fournir par heure dans :

les hôpitaux, 60 à 70 mètres cubes d'air par personne,
les salles de chirurgie, 100 à 150 mètres cubes,
les ateliers, 50 à 60 mètres cubes,
les écoles d'enfants, 12 à 15 mètres cubes,
les classes d'adultes, 25 à 30 mètres cubes,
les salles de spectacles, 40 à 50 mètres cubes,
les ateliers insalubres, 90 à 100 mètres cubes.

Suivant la destination des locaux à chauffer, il y a lieu de tenir compte de ces quantités d'air pur à fournir qu'il faudra charger de la chaleur nécessaire afin que, malgré ce renouvellement, la température dans les locaux soit et reste bien celle indiquée.

La chaleur que doit fournir l'appareil de chauffage est donc mathématiquement égale à la différence entre la somme des quantités de chaleur emportée par la ventilation et perdue au travers des parois, et la somme des quantités de chaleur apportées par la respiration des individus et par le fonctionnemt des appareils d'éclairage.

Ces dernières ayant été indiquées, il reste à déterminer les quantités de chaleur perdue.

La chaleur transmise par conductibilité, convection et rayonnement, à travers les parois, entre une enceinte chauffée et les enceintes environnantes, à des températures moins élevées, est fonction de la différence des températures des deux enceintes. Il est par suite nécessaire de savoir la température des locaux voisins de celui à chauffer.

Si la paroi sépare l'enceinte chauffée de l'atmosphère il y a lieu de connaître la température de celui-ci, laquelle dépend de l'époque et du climat.

L'appareil de chauffage devant pouvoir fournir la chaleur nécessaire dans les moments les plus froids, on calcule les pertes de chaleur en prenant comme température de l'air extérieur la moyenne des deux ou trois jours les plus froids de l'hiver.

Pour se rendre compte de la quantité de combustible indispensable, on prend la moyenne de la température pendant le temps où celle extérieure est descendue au-dessous de $10°$, c'est en effet à partir de ce point que le chauffage des locaux devient nécessaire.

Pour les locaux non chauffés il y a lieu de distinguer entre ceux donnant sur l'air extérieur et munis de fermetures évitant l'accès constant de celui-ci ; car on suppose alors que leur température est la moyenne entre celle du local chauffé et celle de l'atmosphère ; et les locaux placés entre deux enceintes chauffées pour lesquels on admet comme température la moyenne entre celles des enceintes les entourant.

Ces hypothèses approximatives suffisent dans la pratique.

Elles sont aussi faites pour les plafonds et les planchers ; toutefois pour ceux-ci l'on a préféré établir des coefficients de transmission spéciaux avec lesquels les locaux chauffés sont supposés à la température de l'air extérieur.

Il y a exception pour les planchers séparant le rez-de-chaussée de la cave.

On sait, en effet, que dans les caves et sous-sols un peu profonds, la température est, en toute saison, à peu près constante et voisine de $10°$; on a adopté ce chiffre comme base, ce qui revient à dire qu'un plancher de rez-de-chaussée sépare toujours un local à chauffer à la température déterminée d'un local maintenu à une température de $10°$.

Ainsi on connaît toujours la valeur de la différence des températures $(t - \theta)$ entrant dans les formules ci-après.

La transmission de la chaleur entre deux enceintes est régie par la loi de Newton (la température entre ces enceintes ne dépassant pas 20 à $25°$) et par la loi de transmission de la chaleur par conductibilité.

On constate, qu'entre la paroi et l'air de l'enceinte chauffée, il y a une transmission par rayonnement et convection ; entre les deux faces de la paroi il y a transmission par conductibilité ; et entre la face de paroi et l'air extérieur il y a transmission par convection et rayonnement.

L'expression donnant la valeur de la chaleur transmise pendant une heure est donc :

$$M = SQ\,(t - \theta)$$

avec

$$\frac{1}{Q} = \frac{1}{K} + \frac{1}{K'} + \frac{e}{c_1}$$

et

$$K = r + f\,;\; K' = r' + f'$$

$t - \theta$ est connu ; il en est de même de $\dfrac{e}{c_1}$ car l'épaisseur, la nature, et par conséquent le coefficient de conductibilité des matériaux sont indiqués ; il ne reste que K et K' ; les coefficients de radiation sont fixes et fonction de la nature de la surface des parois ; il n'y a donc que f et f' de dépendances complexes qui sont inconnus.

Les expériences faites étant peu nombreuses et leurs résultats seulement approximatifs, chaque constructeur emploie les siens ; toutefois, on admet généralement que, s'il n'y a pas mouvement mécanique de l'air ; pour des parois verticales, à l'intérieur $f = 4$, et à l'extérieur $f = 5$.

Ces valeurs sont assez hypothétiques, puisqu'elles dépendent de l'agitation de l'atmosphère, laquelle est variable.

On trouvera à la fin de l'ouvrage, à la suite des valeurs des coefficients de conductibilité, rayonnement, etc., une table des valeurs de Q employées ordinairement par les premières maisons de construction de France et de l'étranger (Allemagne), permettant de calculer les pertes de chaleur par les parois dans les cas usuels.

La surface S est toujours facile à déterminer, c'est celle de la paroi séparant les deux enceintes de températures différentes, l'une d'elles pouvant être l'atmosphère.

La quantité de chaleur à fournir à l'air de ventilation est aussi de détermination facile : on connaît, d'après la destination du local le nombre de mètres cubes d'air à donner par heure, on sait quelles sont et la densité de l'air et sa chaleur spécifique, la quantité de chaleur nécessaire est donc fournie par la relation :

$$M_1 = V \delta c (t - \theta) = 0,307 \ V (t - \theta) ;$$

t est la température de l'enceinte chauffée, θ celle de l'enceinte ou de l'atmosphère où l'on prend l'air de renouvellement, $\delta = 1.293$; $c = 0,2377$, V est le volume en mètres cubes de l'air à fournir pendant une heure.

Les surfaces refroidissantes sont les murs, les cloisons, les vitres, les planchers, les plafonds etc.

Outre les pertes précédentes, il y a encore lieu de tenir compte de celles inévitables dans le transport de la chaleur depuis le lieu de sa production jusqu'aux locaux chauffés ou d'utilisation, laquelle, dans une bonne installation, ne doit pas dépasser $\frac{1}{10}$ de la chaleur totale fournie par le combustible ; elle atteint cependant parfois $\frac{3}{10}$.

Pour faciliter la détermination des pertes de chaleur, on peut dresser un tableau (voir à la fin de l'ouvrage) permettant de détailler chaque perte et de se rendre un compte exact de son importance.

Ce tableau est général et peut servir pour tous les systèmes de chauffage.

Nécessité du réglage des appareils de chauffage. — Une installation de chauffage doit être très élastique, car la variation de la température est très importante dans nos climats.

L'appareil de chauffage doit être disposé de façon à fournir la chaleur nécessaire lors des jours les plus froids, il en résulte que, lorsque la température extérieure sera supérieure à ce minimum, l'appareil sera trop puissant, donnera une quantité de chaleur trop grande et produira une température élevée pouvant avoir des conséquences néfastes pour l'individu ; de même, lorsque les appareils d'éclairage fonctionneront, ce qui n'a lieu qu'à certaines heures, la chaleur apportée par ceux-ci, venant s'ajouter à celle produite par le chauffage, il y a excès de température dans le local occupé ; il est donc indispensable de pouvoir, à certains moments, diminuer et même supprimer l'arrivée de chaleur dans certains locaux.

C'est là une question primordiale d'hygiène et de salubrité, mais c'est là aussi une des grandes difficultés du problème du chauffage.

En étudiant chaque système on verra les moyens employés pour réaliser cette condition et les résultats qu'ils ont donnés.

Les autres qualités énumérées comme devant être exigées d'un système de chauffage, tombant sous le sens, il n'y a pas lieu de s'y arrêter.

On peut dire toutefois que le jour où les appareils de chauffage posséderont vraiment les deux qualités : hygiène et économie tant d'installation que d'exploitation, il y aura pour beaucoup de personnes une grande amélioration des conditions de l'existence.

Dans les grandes villes il sera possible d'établir des systèmes permettant de chauffer, avec un seul foyer, tous les locaux d'un immeuble ; cette chaleur pourra être vendue aux locataires comme l'est l'eau, à l'heure actuelle, et la classe laborieuse, retenue par son travail hors de chez elle pendant toute la journée, sachant trouver en rentrant, sans attente, sans avoir à préparer un feu, la chaleur qui ranime, réjouit, fait trouver bon le far niente, empêche les enfants de pleurer sous la morsure du froid, la classe laborieuse sera plus fidèle à son foyer et la procréation, faite en dehors de l'exaltation alcoolique, redeviendra la source de la force et de la richesse pour le pays.

APPAREILS UTILISÉS POUR LE CHAUFFAGE
DES HABITATIONS

Bien que les appareils de chauffage actuels demandent, pour être à la portée de tous et dans de bonnes conditions, de grandes améliorations, on peut dire que c'est en Europe que la science pratique des applications de la chaleur est le plus avancée.

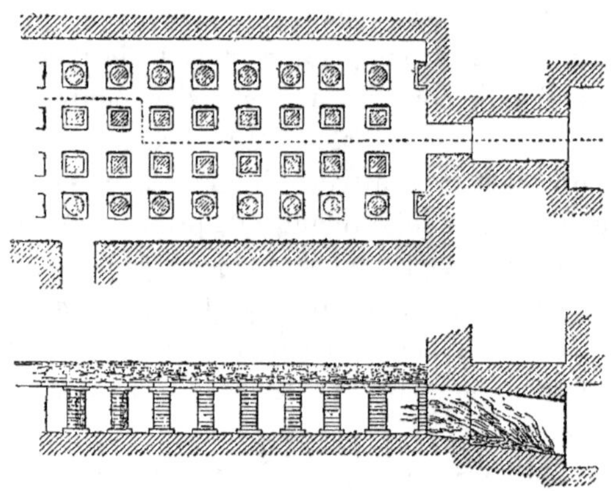

Fig. 10. — Hypocaustrum romain.

En Asie, où le climat rigoureux nécessite d'avoir recours aux procédés artificiels de la combustion pour la production de la chaleur, les appareils employés sont encore des plus rudimentaires ; en Chine on trouve surtout le *kang* ou lit de briques construit sur toute la largeur du local à chauffer et élevé au-dessus du sol de 0 m. 60 environ ; ce lit qui est creux comme un four, a un foyer

ouvert à l'intérieur avec orifice de sortie à l'extérieur, on le chauffe
avec du sorgho et des détritus végétaux de toutes sortes.

Dans les classes laborieuses on emploie encore un appareil semblable au brasero.

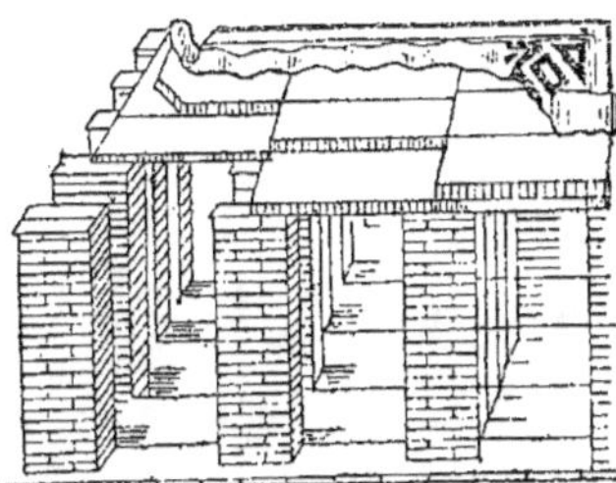

Fig. 11. — Vue souterraine d'un hypocaustrum.

En Perse, les classes aisées possèdent de grandes cheminées
très ornementées, en forme de hottes, adossées aux murs et dans
lesquelles on brûle de grandes bûches verticalement ; les classes
pauvres se contentent d'un vase de métal placé dans un trou creusé
au centre de la pièce et rempli
d'un combustible quelconque ; la
table est au-dessus de ce vase, de
façon qu'assis l'on puisse s'étendre
et se réchauffer les pieds au risque, du reste, d'être suffoqué par
les gaz de la combustion.

Dans l'ancienne Rome on retrouve le chauffage par *hypocaus-
tra* (fig. **10** et **11**) c'est-à-dire par
de vastes foyers placés au-dessous
des constructions et communiquant leur chaleur aux pavés et
mosaïques qui couvrent le sol. On
a souvent discuté la question de

Fig. 12. — Laconicum romain.

savoir si les Romains connaissaient les cheminées, certaines ruines
permettent de conclure à l'affirmative (fig. **12**).

Ce n'est toutefois que vers le moyen âge que l'on a eu l'idée de
la cheminée ; en 1619 paraît le premier ouvrage complet de F.

Keslar sur les poëles et en **1624** l'ouvrage de Savot contenant déjà beaucoup des principes actuels.

Aujourd'hui les appareils de chauffage sont tous compris dans cinq classes :

Les cheminées à foyer découvert :

Les poëles avec foyer ;

Les calorifères à air chaud ;

Les appareils à eau chaude ;

Les appareils à vapeur.

DES TUYAUX DE FUMÉE OU CHEMINÉES

Les appareils de chauffage, qu'ils soient placés dans l'enceinte à chauffer ou dans un local central, sont toujours munis d'un accessoire pour l'évacuation des gaz de la combustion.

Cet accessoire qui est le tuyau de fumée, appelé ordinairement cheminée, doit être établi avec certaines précautions indispensables pour son bon fonctionnement.

La cheminée a pour but de faire affluer, dans le foyer, sur le combustible, l'air nécessaire à la combustion.

C'est un simple tuyau vertical qui communique par ses deux extrémités, et plus ou moins directement, avec l'atmosphère, et dans lequel se meuvent les gaz de la combustion. Ces gaz chauds, de densité inférieure à celle de l'air de l'atmosphère, ont une tendance à s'écouler dans celui-ci et produisent à la base de la cheminée un appel et par conséquent un mouvement ascendant dans le tuyau, mouvement plus ou moins rapide suivant la hauteur de la cheminée et l'excès de température des gaz chauds sur l'air extérieur. Cet appel porte le nom de *tirage* de la cheminée.

Les gaz de la combustion sont généralement un mélange très complexe, de composition variable d'après la nature du combustible et la quantité d'air employé à la combustion ; toutefois, à température et à pression égales leur densité est très voisine de celle de l'air.

Il existe une température qui donne le maximum pour le poids des gaz écoulés et qui, par conséquent, correspond au maximum de tirage. Cette température semble être voisine de 300°.

Section de la cheminée. — La vitesse des gaz dans la cheminée est proportionnelle à la racine carrée de la hauteur de la cheminée et de l'excès de leur température sur celle du milieu où se fait l'écoulement ; le poids des gaz est proportionnel à la section et à la racine carrée de la hauteur de la cheminée.

Les deux valeurs V et P sont du reste facilement exprimées par les relations :

$$V = \sqrt{\frac{2g\mathrm{H}\alpha(t-\theta)}{(1+\alpha\theta)(1+\mathrm{R})}}$$

$$P = 1000\, S\, \frac{d_0}{1+\alpha t} \sqrt{\frac{2g\mathrm{H}\alpha(t-\theta)}{(1+\alpha\theta)(1+\mathrm{R})}}$$

d_0 est la densité de l'air à 0°, soit 1 gr. 293 ;

$g = 9,806$; θ température de l'air ambiant ($\sqrt{2g} = 4,4286$) ; t température des gaz ; α coefficient de dilatation de l'air de la combustion de θ à t^o ; R somme des résistances totales dues au frottement, aux changements de direction, etc. ; H et S hauteur et section de la cheminée.

Il faut, pour avoir les valeurs de V et de P, connaître H et S. H est généralement, pour les habitations, fonction de la hauteur du bâtiment et de l'étage auquel se trouve situé le foyer (pour les industries, cheminées d'usines, H varie de 25 à 40 mètres et est déterminé d'après les conditions d'économie de construction), de plus les sinuosités de la cheminée sont connues et, par conséquent, aux frottements près, la valeur de R.

La section S est fonction du combustible brûlé dans le foyer, si s est la section de la grille et p le poids du combustible (houille ou analogue), brûlé par mètre carré de grille, on tire la section S par tâtonnements, de la relation :

$$ps = 500\, S\, \sqrt{\frac{\mathrm{H}}{1+\mathrm{R}}}$$

relation qui a été simplifiée en remarquant que $1+\mathrm{R}$ ne diminue pas au-dessous de 12 et ne dépasse pas 40, soit une valeur moyenne de 25, et est devenue :

$$S = \frac{p\,s}{100\sqrt{H}} \quad \text{(relation de Montgolfier)}.$$

La valeur $p\,s$ du poids de combustible à brûler par heure est fonction de la puissance que doit avoir l'appareil de chauffage et de la puissance calorifique de la houille ou analogue brûlé.

À égalité de puissance d'appareil de chauffage, la section de la cheminée, pour le bois, doit être de **23 0/0** plus grande que pour la houille.

La section S, déterminée par la relation de Montgolfier, la plus pratique, suffisamment exacte, est la section du sommet.

Section des carneaux de fumée. — La cheminée est généralement précédée de conduits ou carneaux disposés autour du récepteur de chaleur et dont il est intéressant de pouvoir déterminer la section S_1.

Cette section, en un point quelconque, doit être égale à la section S de la cheminée au sommet multipliée par la racine carrée du rapport inverse des modules de température, soit :

$$S_1 = S \sqrt{\frac{1 + at_1}{1 + at}}$$

t et t_1 sont les températures des gaz au sommet de la cheminée et dans la section considérée du carneau.

Ces quelques considérations et formules permettent de déterminer d'une façon suffisante, pour le résultat qu'on lui demande, la section de la cheminée.

Des causes qui peuvent influencer le tirage des cheminées. — Diverses causes extérieures peuvent influer sur le tirage des cheminées. Ce sont :

1° *Le voisinage de l'atmosphère* ; par suite de la transmission de chaleur se faisant, à travers les parois de la cheminée, entre les gaz de la combustion et l'air, il y a un refroidissement de ces gaz dont la conséquence est la diminution du tirage ;

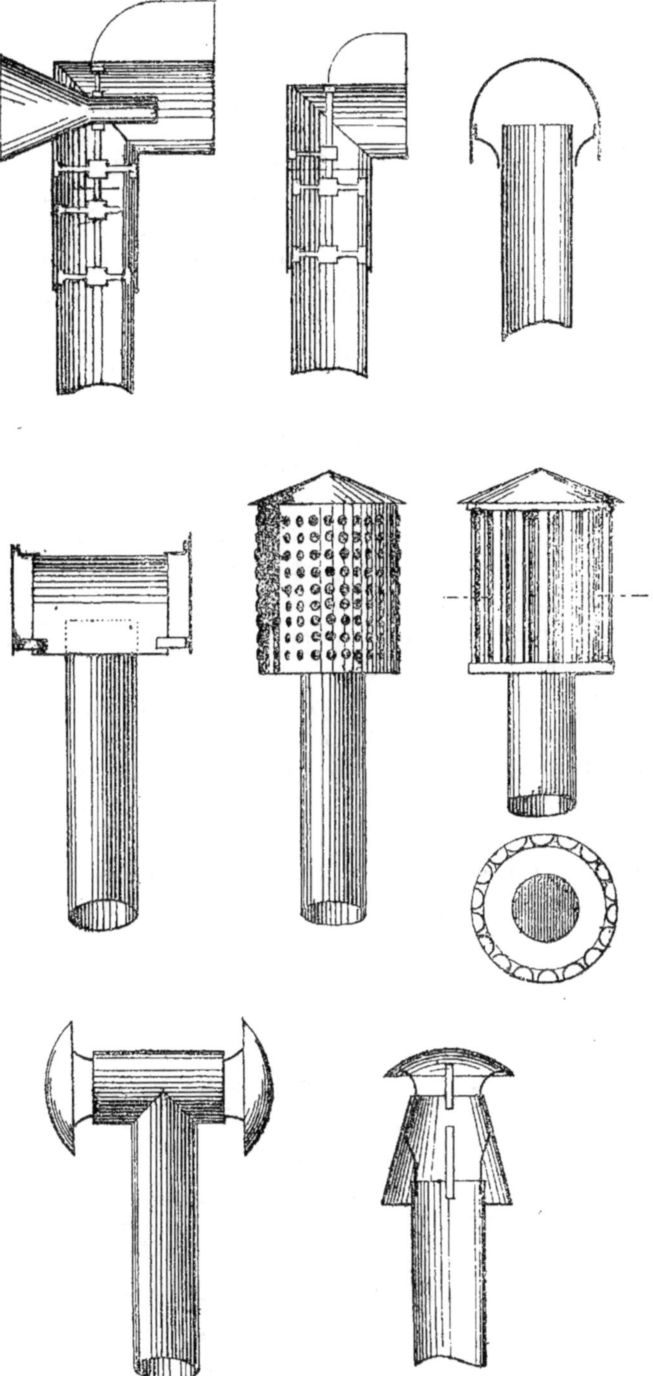

Fig. 13. — Mitres de différentes formes pour protéger les cheminées contre l'action du vent.

2° *L'action du vent* qui, suivant sa direction, peut avoir une influence favorable ou défavorable ; le vent venant horizontalement
est sans effet, dirigé de bas en haut il augmente le tirage, mais
dirigé de haut en bas il vient frapper sur le courant gazeux
s'échappant de la cheminée et diminue le tirage ; il peut même refouler les gaz dans la cheminée et inonder de fumée le local où est
placé le foyer. Il existe un grand nombre d'appareils ou mitres
(fig. 13) ayant pour but d'éviter cette cause de fumée ;

3° *Le degré hygrométrique de l'air* ; suivant que l'atmosphère est
plus ou moins chargé de vapeur d'eau, la cheminée a un tirage
moins ou plus fort ;

4° *La section de la cheminée* qui a une influence primordiale sur
le tirage. Si cette section est trop considérable, il peut se produire
dans la cheminée deux courants, l'un montant, l'autre descendant,
et les gaz peuvent en partie être reflués vers la base, d'où cause de
fumée dans le local du foyer.

Pour éviter la production de la fumée il faut donner à la cheminée une section déterminée d'après les nécessités de l'installation et munir cette cheminée, à son sommet, d'un appareil propre à
annihiler les effets du vent.

Réglage du tirage des cheminées. — Le tirage des cheminées doit pouvoir être modifié, c'est même l'un des moyens de ralentir l'activité de la combustion et de diminuer la chaleur produite
par le foyer.

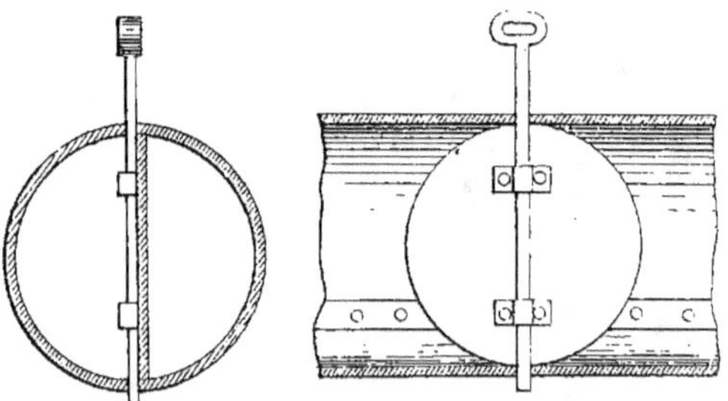

Fig. 14. — Registre de réglage pour tuyaux de fumée.

Le procédé le plus employé pour obtenir ce résultat est le registre, plaque de fonte ou de tôle placée en un point de la che-

minée et que l'on peut manœuvrer de l'extérieur de façon à diminuer plus ou moins la section de passage des gaz.

Le registre le plus simple est celui employé pour les tuyaux de
poële (fig. 14); c'est un disque en tôle légèrement elliptique fixé
sur une tige en fer qui traverse le tuyau de part en part, est prolongée d'un côté à l'extérieur pour se terminer par une manette permettant de faire tourner le disque autour de la tige et de fermer
presque complètement si besoin est, la section du conduit.

Pour les grands fourneaux, calorifères, chaudières, à eau et à vapeur, on emploie des dispositions différentes.

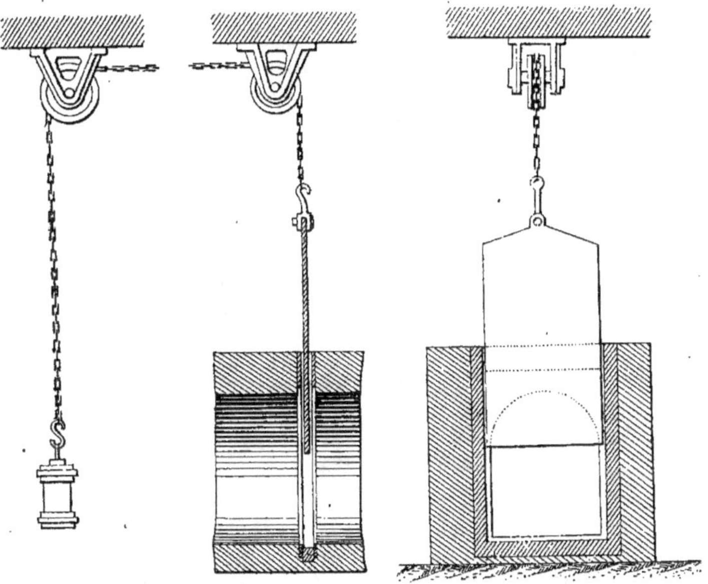

Fig. 15. — Registre de réglage pour carneau de fumée.

Dans la maçonnerie du carneau de fumée, on scelle un cadre
dans lequel peut glisser une plaque métallique rectangulaire (fig. 15)
pouvant fermer la section du carneau. Ce registre influe sur le
tirage de deux manières :

1° Par la diminution de section qu'il permet d'obtenir ;

2° Par les rentrées d'air qui se produisent toujours par le jeu
entre les glissières du cadre et le registre.

Cet air prend la place d'une partie des gaz de la combustion et refroidit ceux avec lesquels il se mélange.

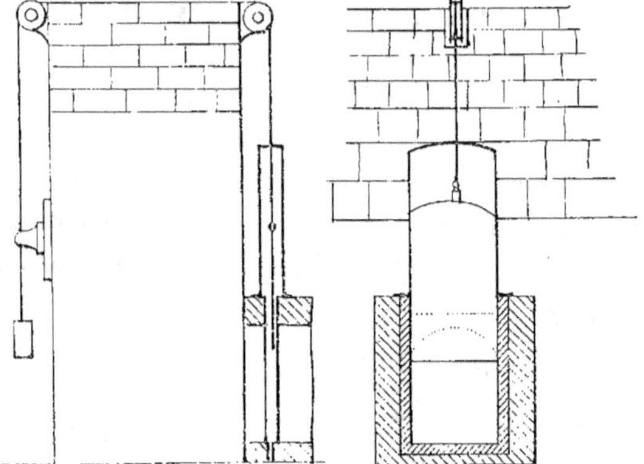

Fig. 16. — Registre pour carneau de fumée.

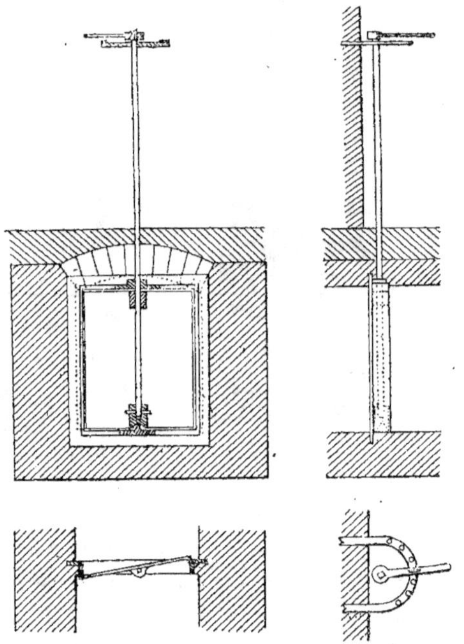

Fig. 17. — Registre tournant pour carneaux de fumée.

Toutefois ces rentrées d'air, qui ne peuvent être supprimées, même quand le registre est complètement ouvert, sont généralement nuisibles, aussi emploie-t-on souvent une disposition un peu différente.

A l'endroit du registre, on ménage au-dessus du carneau un coffre en tôle dans lequel le registre peut venir se loger tout entier ; les rentrées d'air ne peuvent alors se produire que par l'ouverture nécessaire au passage de la tige ou chaîne de manœuvre (fig. 16).

Le mouvement du registre peut, pour les grands foyers, être tournant (fig. 17), comme pour un poêle, ou alternatif. Dans tous les cas, le registre étant placé à l'arrière du foyer, on établit un système de chaînes et de contre-poids permettant sa manœuvre de l'avant du foyer.

CHEMINÉES A FOYER DÉCOUVERT

Aperçu historique (fig. 18 à 28). — Dans les cinq classes d'appareils de chauffage actuellement employées, les deux premières, c'est-à-dire les cheminées à foyer découvert et les poëles avec foyer, forment une grande division à part en ce qu'ils sont placés directement dans les locaux à chauffer, tandis que les appareils des trois autres classes sont généralement éloignés de ces locaux. A cause de cette particularité ils doivent satisfaire à des conditions spéciales.

En France, on désigne, par cheminée, indistinctement le foyer proprement dit, l'ornement en marbre ou autre qui surmonte ce foyer et le tuyau de fumée.

La cheminée à foyer découvert est l'appareil de chauffage qui a été le moins perfectionné depuis son origine, remontant au XVIe siècle.

On a cependant cherché un grand nombre de moyens pour réaliser les qualités indispensables qu'on lui demande, mais les inventeurs ont toujours tourné dans le même cercle sans aboutir. La cheminée n'utilise généralement que la chaleur rayonnante et encore l'utilise-t-elle mal, car elle ne fournit que de 5 à 10 0/0 de la chaleur totale contenue dans le combustible ; c'est donc un procédé de chauffage extrêmement onéreux.

C'est de la fin du premier quart du XVIIe siècle, que date vraiment la cheminée actuelle.

C'est à ce moment que l'on commence à employer les tuyaux de cheminée, à isoler du mur la plaque de fond du foyer, et à user des chambres de chaleur pour utiliser le mieux possible le combustible.

On isole aussi l'âtre du plancher, et on termine la chambre de chaleur par des bouches placées sur le devant de la cheminée (fig. 18 à 20).

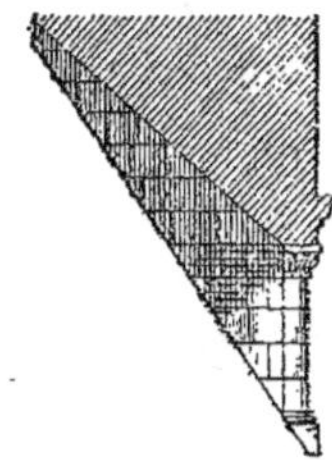

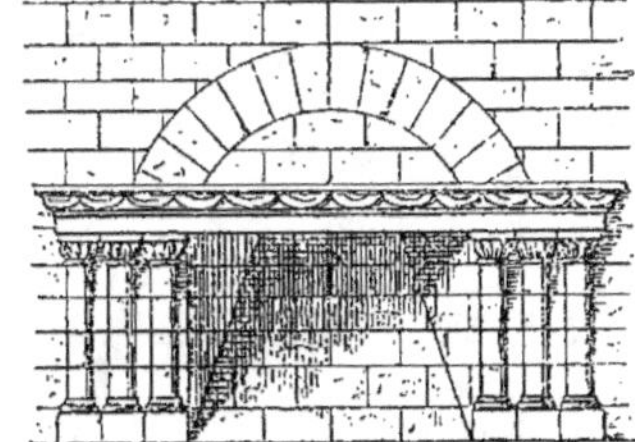

Fig. 18. — Cheminée anglaise du XVe siècle.

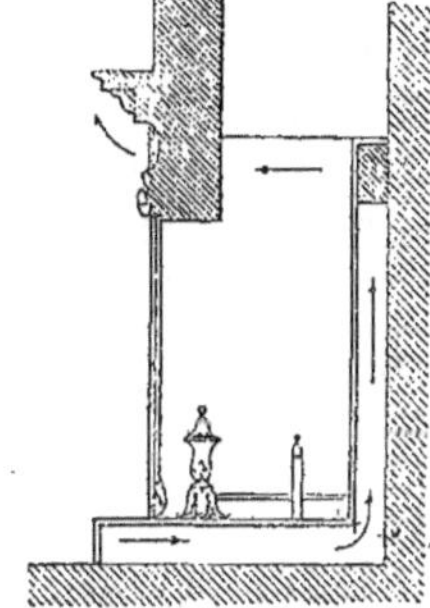

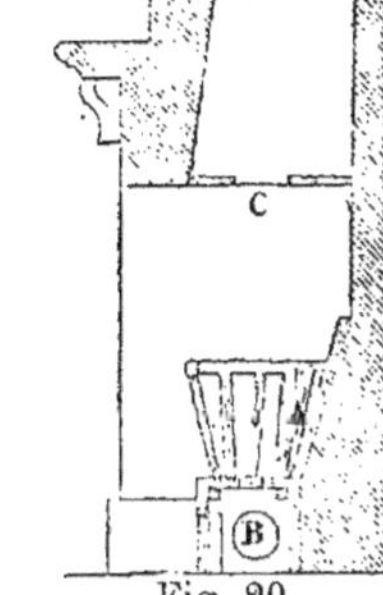

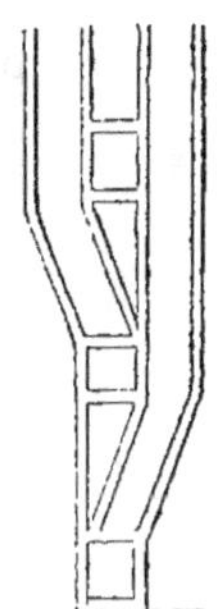

Fig. 19.
Cheminée de Savot (1621).

Fig. 20.
Cheminée de Winter (1658).

Fig. 21.
Cheminées dévoyées

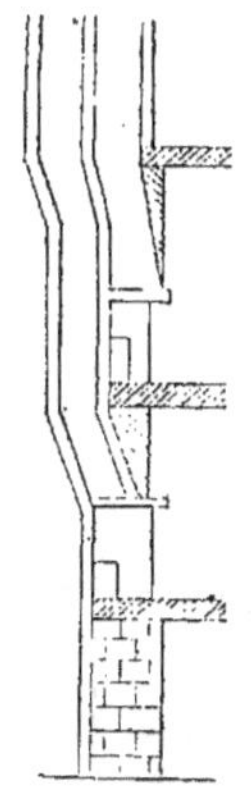

Fig. 22.
Cheminées
adossées.

Vers la fin du XVIIe siècle, paraît l'habitude de dévoyer latéralement (fig. 21) les tuyaux de fumée, que jusqu'alors on avait adossés (fig. 22) les uns en avant des autres.

De cette époque aussi datent les indications des précautions à prendre à l'endroit du foyer dans la construction de la cheminée.

Enfin, au XVIIIe siècle, on commence à donner aux foyers une forme elliptique (fig. 23), dont l'avantage est d'utiliser plus complètement la radiation du calorique, et on divise la chambre de chaleur de façon que l'air froid, avant de sortir par les bouches de chaleur, circule tout autour du foyer.

On place ces bouches sur les côtés, et l'on prend

l'air à l'extérieur par deux ouvertures ou ventouses distinctes, l'une formant l'extrémité du conduit d'amenée d'air nécessaire à

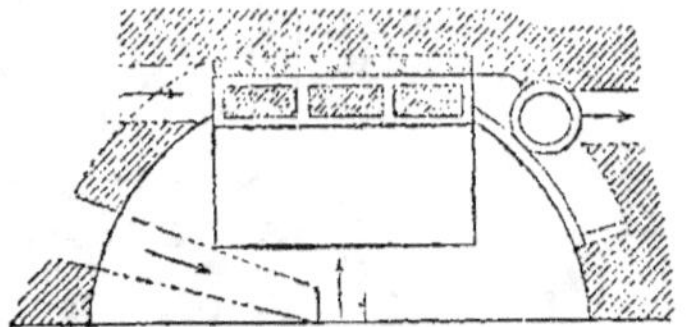

Fig. 23. — Cheminée de Gauger à forme elliptique.

la combustion, l'autre permettant la rentrée de l'air à chauffer pour le faire déboucher dans le local chauffé dont il renouvelle l'atmosphère d'une façon rationnelle (fig. 24).

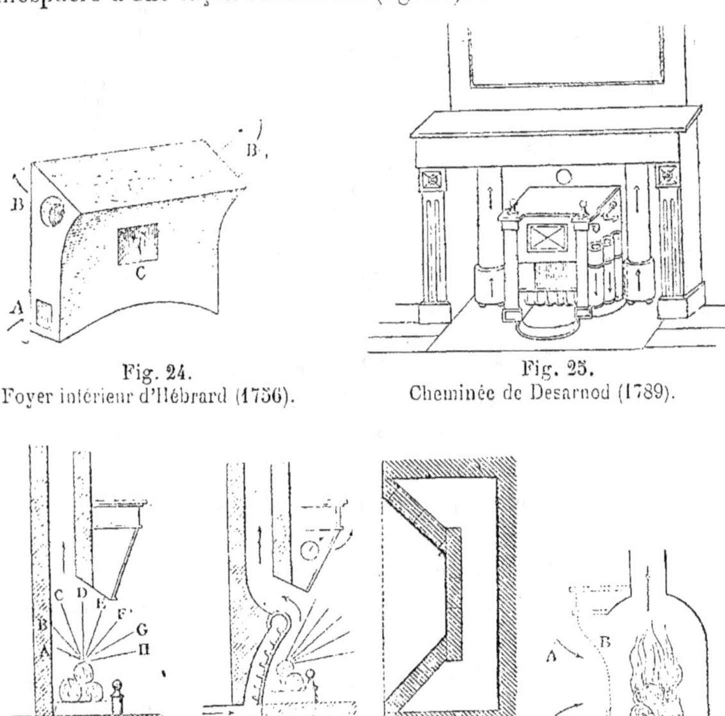

Fig. 24.
Foyer intérieur d'Hébrard (1756).

Fig. 25.
Cheminée de Desarnod (1789).

Fig. 26.
Cheminée
ordinaire.

Fig. 27.
Cheminée
perfectionnée,

Fig. 28.
Cheminée de
Rumfort (1790).

Théorie de la
cheminée.

Il faut dire que de nos jours, dans les cheminées actuelles, on oublie souvent cette précaution, oubli dont les conséquences sont nuisibles comme on le verra plus loin.

Depuis 1713, on a apporté peu de perfectionnements à la cheminée précédente, sauf cependant l'inclinaison et le rétrécissement du foyer, l'addition, aux parois formant la chambre de chaleur, de nervures destinées à augmenter la surface chauffante (fig. 26).

Conditions de salubrité pour le chauffage par cheminée. — Indépendamment de la question d'économie, que ne remplira jamais la cheminée, celle-ci doit, comme tous les appareils de chauffage, être salubre.

Pour cela, il est nécessaire qu'on puisse réduire au minimum l'air appelé de l'extérieur pour la combustion et le faire arriver non au-dessus, mais au-dessous du combustible. Il est bon que cet air soit au préalable réchauffé autour du foyer, puis circule dans le local à chauffer, avant d'être utilisé à la combustion.

Les ventouses doivent avoir une section suffisante pour laisser passer la quantité d'air nécessaire au remplacement de celui enlevé par le tirage de la cheminée ; les portes et les fenêtres ne doivent pas servir d'entrées pour l'air de ventilation.

La forme du foyer n'est pas indifférente ; l'appareil doit renvoyer dans le local chauffé le plus grand nombre de rayons calorifiques.

Pour avoir le plus d'économie relative, il est bon d'aménager le foyer de façon à pouvoir, par une simple modification de la grille, brûler du bois, du coke, de la houille, etc.

L'air de ventilation doit toujours arriver au bas de la chambre de chaleur, pour envelopper tout le foyer et s'élever en s'échauffant sur toutes les faces de cette chambre et particulièrement en haut du foyer, où se trouve le maximum de chaleur.

Avant de rentrer dans le tuyau de fumée proprement dit, il est nécessaire que les gaz de la combustion parcourent un chemin suffisant pour se débarrasser de toute la chaleur inutile au tirage.

Les entrées d'air et les sorties de gaz de la combustion doivent être réglables au moyen de registres faciles de manœuvre et de visite.

Enfin, l'appareil doit être aménagé en vue d'un nettoyage de toutes ses parties.

Causes spéciales de fumée dans les cheminées. — Les cheminées étant placées dans les locaux chauffés, la fumée, qui a les plus grands inconvénients, peut être due aux causes suivantes :

1° *L'absence de prises d'air ou ventouses*. L'air du local qui sert à la combustion est évacué dans l'atmosphère, par le tuyau de fumée, Il est nécessaire de remplacer cet air sous peine de voir la combustion ne plus se continuer, les gaz déjà produits se refroidir et rentrer dans la pièce.

Un grand nombre de techniciens oublient les ventouses, ce qui, indépendamment de la production de fumée, est cause d'entrées d'air, aspiré par la cheminée, se faisant par les jeux et les fissures des fenêtres et des portes, et produisant des courants froids souvent cause de refroidissements, bronchites, etc., pour les personnes qui occupent le local chauffé.

On a vu comment devaient être placées ces entrées d'air. Il peut n'être pas possible de les aménager, et de réserver dans l'épaisseur des planchers les conduites d'amenée de l'air extérieur au foyer ; alors on fait ces prises sur une pièce voisine ou sur un corridor, on les place en haut et on divise l'air par des vasistas à vitres perforées et vitres pleines de façon à pouvoir en régler l'introduction.

2° *Le trop d'ouverture du foyer*, c'est pourquoi l'on a abandonné les grandes cheminées anciennes à jambages très écartés et à manteau très élevé.

3° *Les allumages simultanés de deux ou plusieurs foyers*, soit dans un même local, soit dans des locaux voisins se communiquant. Si ces foyers ont un tirage inégal et que les ventouses soient toutes de même section, il y a appel d'un foyer sur l'autre et production de fumée dans la pièce.

Ces causes sont spéciales aux cheminées à foyer découvert et viennent s'ajouter à celles provenant directement du tuyau de fumée : hauteur insuffisante de celui-ci, sa sortie contre un mur

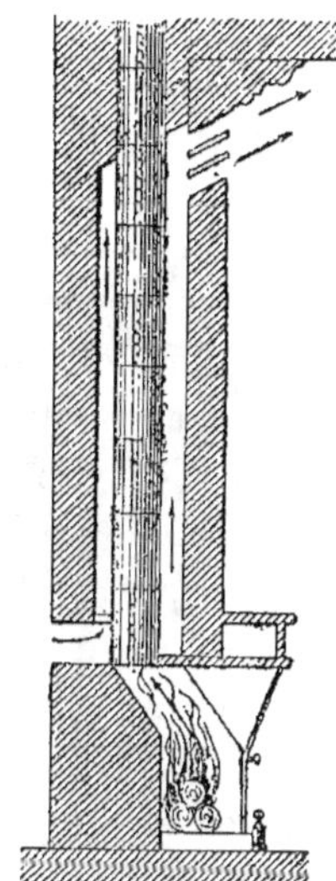

Fig. 30. — Utilisation de la chaleur des conduits de fumée.

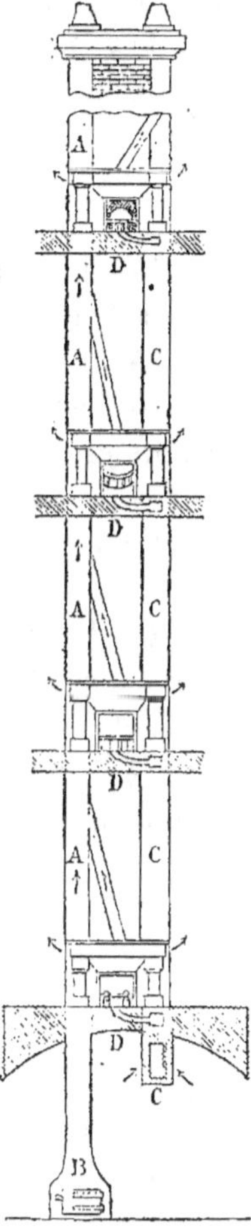

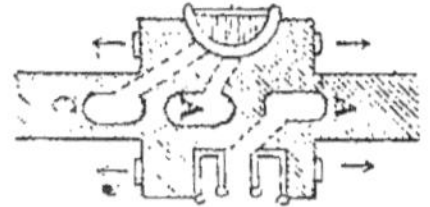

Fig. 29. — Tuyau unique de fumée pour plusieurs cheminées.

élevé, sa section trop faible ou trop grande, l'action du vent, du soleil sur la souche, partie du tuyau de fumée dépassant le toit du bâtiment.

Il faut éviter d'avoir un tuyau de fumée commun à plusieurs cheminées (fig. 29), car ce peut être une cause de fumée.

Si plusieurs cheminées viennent dégager leurs gaz de combustion dans un tuyau unique d'évacuation, et que quelques-uns seulement des foyers soient allumés, les autres n'étant pas isolés du tuyau unique de fumée par la fermeture de trappes spéciales, l'air froid aspiré par le tirage du conduit de fumée vient refroidir les gaz de la combustion des foyers allumés, et diminue suffisamment le tirage pour que ces gaz reviennent dans les locaux chauffés ; les coups de vent peuvent de plus faire rétrograder les gaz de la combustion dans les locaux non chauffés possédant un foyer, et causer ainsi des accidents graves d'empoisonnement ou d'asphyxie.

Utilisation de la chaleur des gaz de combustion dans les cheminées. — La cheminée étant bien installée, c'est-à-dire conformément à toutes les indications qui précèdent, les gaz de la combustion s'échappent encore très chauds dans l'atmosphère et il y a une perte considérable de chaleur. Une partie de celle-ci peut-être utilisée (fig. 30) en entourant le tuyau de fumée, qui alors est métallique, d'une gaine qui monte dans la hauteur de chaque étage, communiquant à sa partie basse avec l'extérieur, et à sa partie haute avec l'intérieur.

Ce dernier orifice est alors aménagé de manière que l'air chauffé au contact du tuyau de fumée et venant servir à la ventilation de la pièce chauffée s'échappe en lamelles dirigées vers le plafond.

Ce procédé, dans les habitations à nombreux étages, est toutefois peu pratique car les doubles tuyaux sont trop encombrants, difficiles de nettoyage et de réparation.

Section des tuyaux de fumée. — La section des tuyaux de fumée doit être au moins de 80 cm.^{2} par foyer ; cette section varie pratiquement de 4 à 9 dm.^{2}.

Il faut de 5 à 6 dm.^{2} par 100 m^3 de la capacité du local.

Ces tuyaux se font en terre cuite ou en tôle ; s'ils traversent des cloisons en planches, ils ne peuvent être métalliques sans être isolés par un manchon en terre cuite. Généralement on les place dans l'épaisseur des murs de refend, rarement dans celle des murs de face ou des murs mitoyens.

On les constitue par des wagons ou par des briques cintrées de formes spéciales.

Quand les tuyaux de fumée sont simplement adossés à un mur, on les construit avec des poteries spéciales, dites boisseaux, dont la

section est rectangulaire ou circulaire ; le côté de la section de ces
conduits varie de 0,16 à 0,30 m.

Quand les conduits sont en briques, isolés, et d'une hauteur supérieure à 4,50 m., ils ont 0,22 m. d'épaisseur sur deux de leurs parois
et 0,04 m. sur les deux autres.

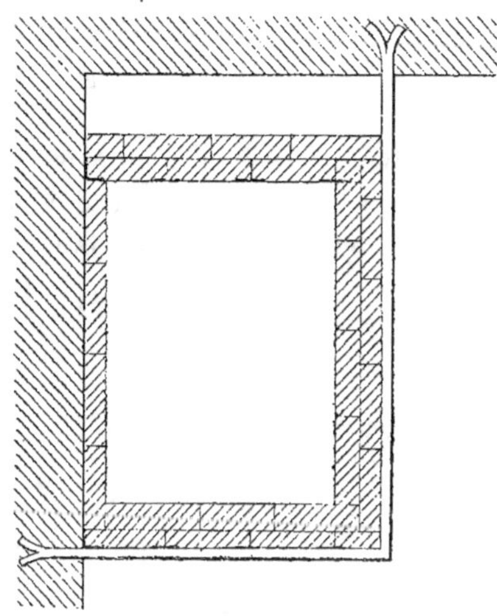

Fig. 31. — Construction d'un conduit de fumée suspendu.

Aucun conduit de fumée ne doit passer à moins de 0,16 m. d'une
pièce de bois quelconque de la construction.

Entre le chambranle d'une porte et le tuyau le plus voisin il faut
une distance de 0,36 m. ; entre le parement vertical du mur et le
premier tuyau de fumée 1,50 m.

Il est bon de terminer le tuyau de fumée, au-dessus du toit, par
une mitre réduisant la section de passage des gaz de 1/3 environ, afin
d'augmenter la vitesse de ces gaz à la sortie, et de pouvoir les rejeter
à une température de 140 à 150°. Ces mitres peuvent de plus
avoir une forme spéciale, dans le but de parer aux inconvénients du
vent, du soleil, etc.

Même dans les constructions modernes étudiées, chauffées par
des cheminées, on n'utilise pas plus de 20 à 25 0/0 de la puissance
calorifique du combustible brûlé.

La cheminée à foyer découvert est donc un appareil de luxe ne pouvant produire les chaleurs qui ont été indiquées comme nécessaires à obtenir dans les plus grands froids ; aussi ne se calcule-t-elle jamais comme puissance calorifique puisque la question d'économie ne peut se concilier avec son emploi.

CONSTRUCTION DES CHEMINÉES

Après avoir passé en revue toutes les précautions à prendre dans la construction des cheminées, il est nécessaire d'indiquer comment on les construit, et quels sont les appareils employés le plus ordinairement.

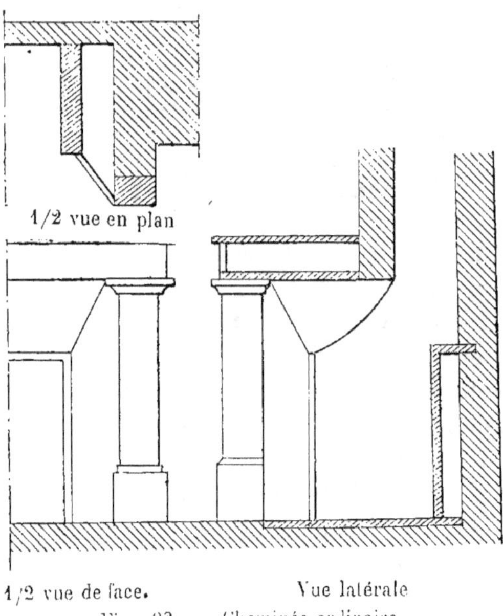

Fig. 32. — Cheminée ordinaire.

Il n'y a pas lieu de parler de la grande cheminée large et haute, que la pratique a condamnée, et que l'on ne retrouve plus que dans la campagne, dans les anciennes constructoins.

La cheminée la plus simple (fig. 32), *celle à ne jamais employer*, à cause de son rendement déplorable (**10** à **12 0/0**), comporte une façade, qui peut être en marbre ou en pierre, que l'on ap-

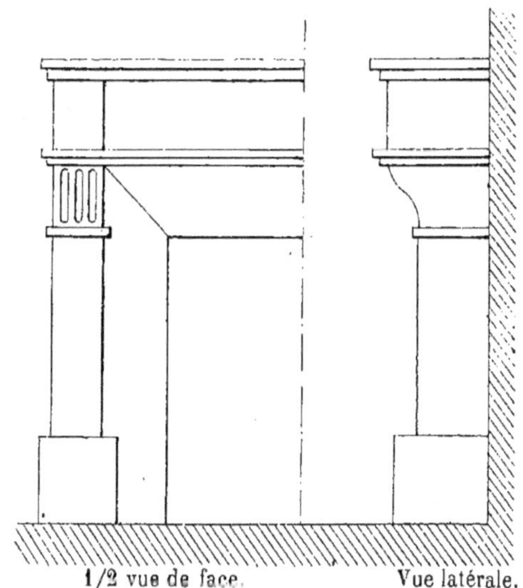

Fig. 33. — Cheminée ordinaire.

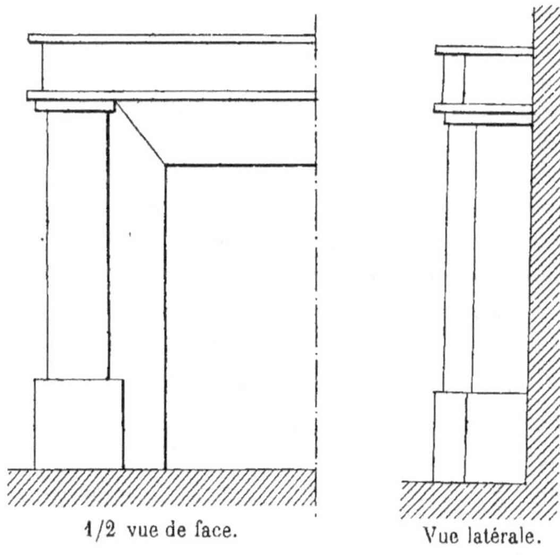

Fig. 34. — Cheminée à capucine.

pelle le chambranle, composé de deux montants sur lesquels vient reposer une traverse ; le tout est surmonté d'une tablette supérieure. Entre les montants et le mur, il reste un espace vide que l'on complète soit avec du plâtre, soit avec une plaque de marbre de 0,11 d'épaisseur.

On peut du reste orner les cheminées avec des cadres en marbre faisant saillie intérieure (fig. 33), ou à capucine (fig. 34), ou à cadre proprement dit (fig. 35).

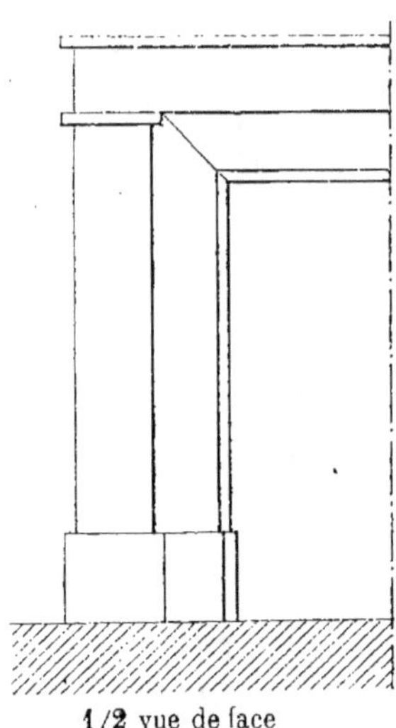

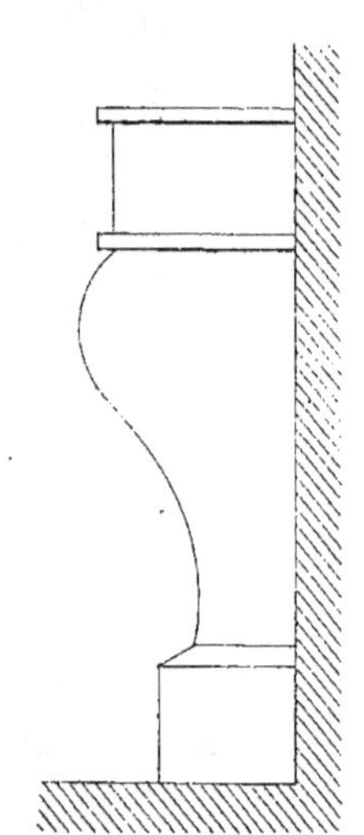

1/2 vue de face   Vue latérale d'une cheminée.
Fig. 35. — Cheminée à cadre.   Fig. 36.

Les dimensions suivantes sont généralement adoptées : largeur 1 m. à 1,50 m. pour petits appartements; la tablette de dessus est à une hauteur du sol variant de 0,98 à 1,30 m.; la largeur de la tablette est comprise entre 0,27 et 0,43 m.; la profondeur du foyer est de 0,45 à 0,80 m. La largeur de l'âtre est de 0,40 à 0,50 m.; les côtés de l'âtre sont construits en briques réfractaires et la paroi du fond de l'âtre est fermée par une cloison en briques réfractaires de 0,11 m.

L'âtre peut être fermé en avant au moyen d'un rideau glissant dans un châssis composé de deux montants en fer laminé ou en tôle qui forment de chaque côté une coulisse verticale.

Dans ces rainures glisse le rideau, ensemble de plusieurs feuilles de tôles retenues par une chaîne passant sur deux galets et munie de

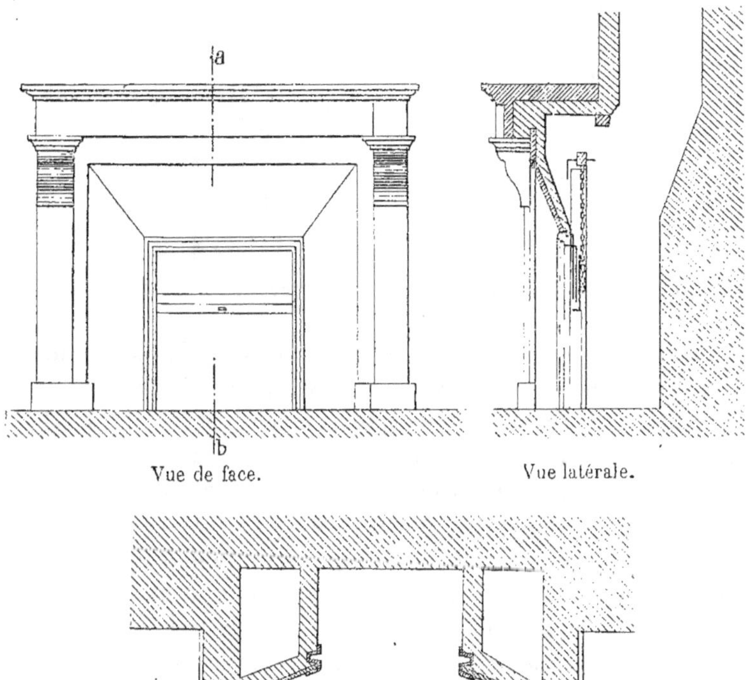

Vue de face.   Vue latérale.

Vue en plan.
Fig. 37. — Cheminée avec rideau.

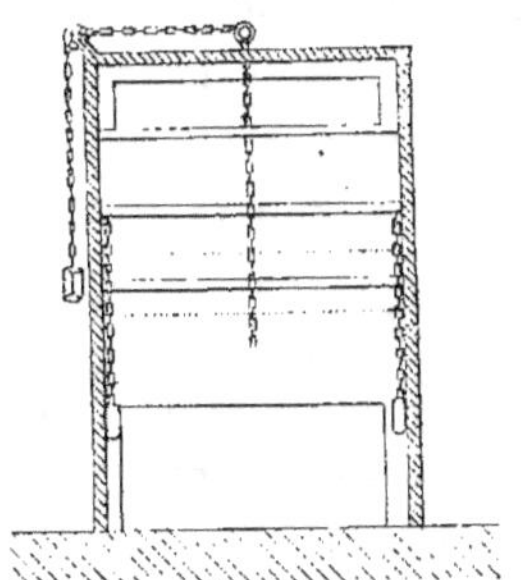

Fig. 38. — Rideau pour cheminée.

contrepoids pour équilibrer le poids du rideau (fig. 37 et 38).

Les contre-poids peuvent glisser dans deux tubes placés dans le vide compris entre les montants du chambranle et le mur (fig. 39).

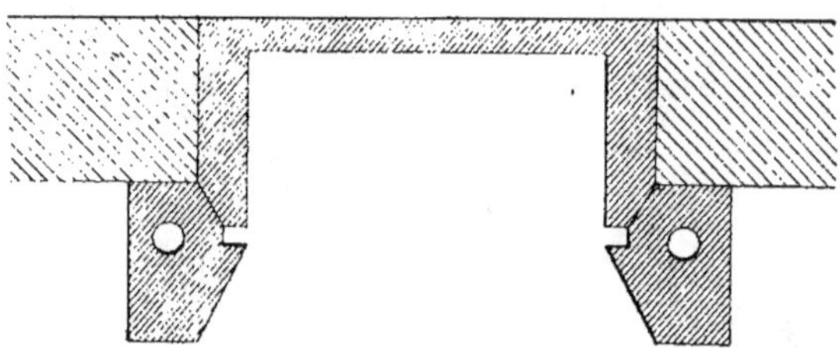

Fig. 39. — Cheminée avec tubes pour contre poids du rideau.

En avant des montants, à 0,20 m. environ en arrière du chambranle, est placé un cadre en cuivre faisant saillie de chaque côté ; ce cadre mouluré est maintenu par des crampons en fer ; il est relié latéralement aux montants du chambranle et en haut à la traverse par une maçonnerie en plâtre ou par des plaques de faïence et même de marbre, qui forment ce qu'on appelle les contre-cœurs.

La paroi en briques du fond de l'âtre est souvent remplacée par une plaque de fonte au bois de 0,015 à 0,020 m. d'épaisseur, isolée du mur par un espace qu'il est bon de ne pas garnir à la partie supérieure ; la plaque de fonte est reliée au mur, à sa partie haute, par des crampons de fer.

Entre l'âtre et la première poterie, il est nécessaire de ménager un évasement ou gousset.

Afin que la tablette de dessus ne vienne pas à chauffer, on met sur la traverse deux ou trois linteaux qui portent une tablette en plâtre coupée aux dimensions de la cheminée ; c'est sur elle que repose la tablette supérieure, généralement en marbre.

La surface supérieure de l'âtre est en carreaux de terre cuite ; on met en avant une dalle en pierre ou en marbre isolant le plancher de l'âtre. Cette dalle fait une saillie de 0,25 à 0,30 m. sur les montants du chambranle, et on l'entoure de trois planches formant raccordement avec le parquet.

Cette dalle, improprement appelée foyer de la cheminée, est placée sur une aire formée par des plâtras réduits en poudre sur lesquels on a coulé du plâtre clair.

La cheminée, ainsi construite, ne chauffe absolument que par rayonnement et n'utilise que 5 0/0 de la chaleur totale produite dans l'âtre par la combustion du combustible. Elle est sans ventouses et occasionne dans le local chauffé une série de courants d'air provenant des fissures des fenêtres et des portes, généralement placées loin de la cheminée, dans les murs parallèles ou perpendiculaires à celui contre lequel celle-ci est adossée.

CHEMINÉES AVEC CIRCULATION D'AIR

On a modifié l'aménagement intérieur de l'âtre de façon à mieux utiliser la chaleur rayonnante. On l'a, pour cela, réduit comme section

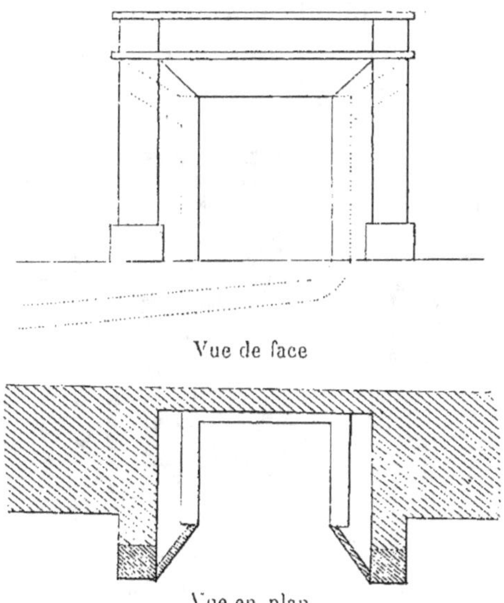

Fig. 40. — Cheminée avec circulation d'air.

à la partie supérieure et on a donné une forme concave à la plaque du fond ; puis on a ménagé un coffre en tôle, en communication avec l'air extérieur qui peut y circuler, se réchauffant au contact des parois du coffre, pour s'échapper ensuite dans le local par des grilles placées latéralement (fig. 40 et 41).

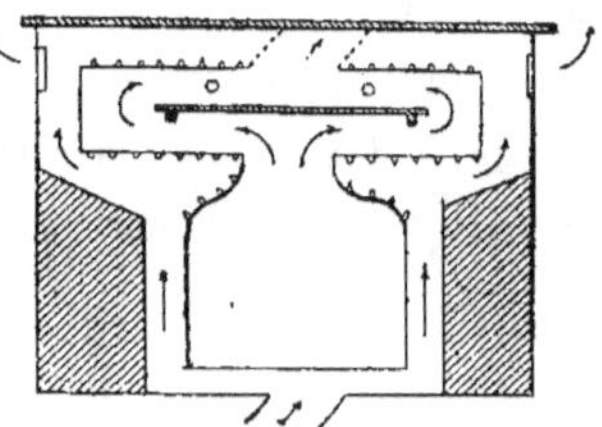

Fig. 41. — Cheminée à tambour en tôle et circulation d'air.

On a étudié un assez grand nombre de formes pour ces coffres en tôle ; ils doivent évidemment avoir une grande surface de paroi chauffée par le combustible. Peu de ces appareils sont pratiques surtout à cause des difficultés de pose ou de nettoyage. Il en est cependant deux assez employés.

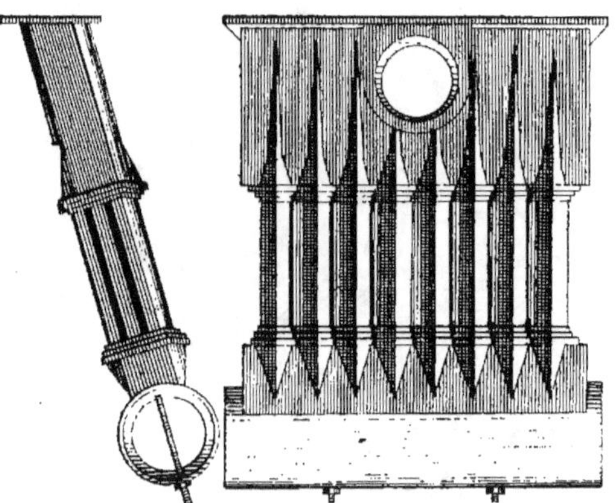

Fig. 42. — Appareil Fondet.

Appareil Fondet. — L'appareil Fondet (fig. 42) est formé de tubes en fonte à section carrée ; ils sont placés en quinconce, inclinés d'arrière en avant dans le fond de la cheminée, relient deux capacités dont celle du haut est en relation avec deux bouches placées latéralement.

Des tampons de nettoyage sont aménagés à la partie inférieure du coffre qui communique avec l'air extérieur.

Les gaz de la combustion circulent entre les tubes.

Ceux-ci s'encrassent très vite, leur nettoyage est difficile et la transmission au travers des parois est rapidement diminuée.

Vue en plan

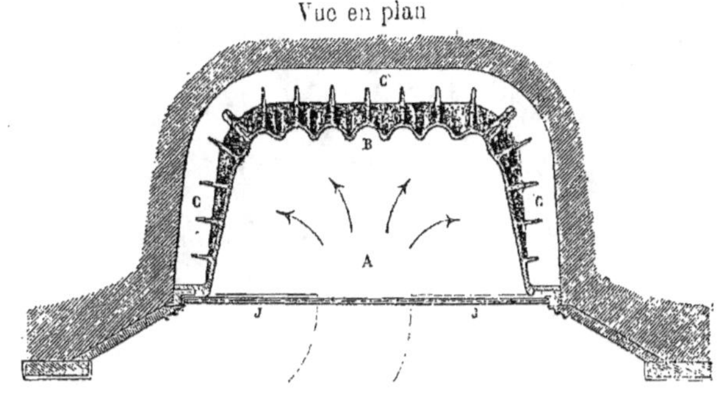

Vue de face

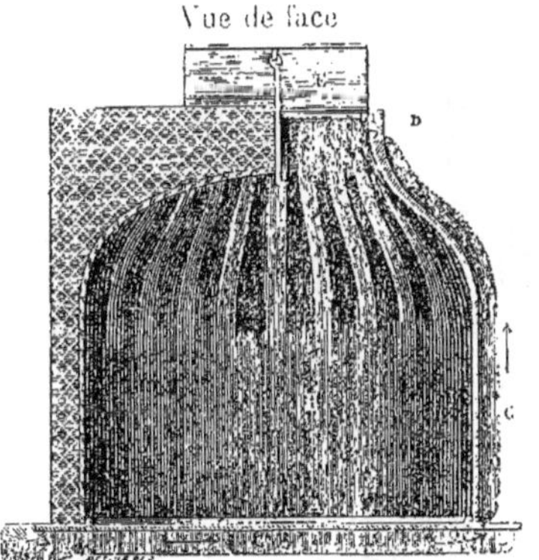

Fig. 43. — Appareil Joly.

Appareil V. Ch. Joly (fig. 43). — C'est le plus logique et le plus économique des appareils destinés à placer dans les cheminées dans le but d'utiliser le maximum de chaleur produite dans le foyer. Il permet l'emploi de tous les combustibles en y disposant soit des chenets, soit une grille.

Il se compose d'un coffre en fonte disposé de façon que l'air arrive au-dessous de la plaque inférieure, dite plaque d'âtre, laquelle

est surmontée d'une coquille nervée extérieurement, ondulée intérieurement et formant réflecteur ; cette coquille est disposée avec rétrécissement à la partie haute de façon à assurer un bon tirage.

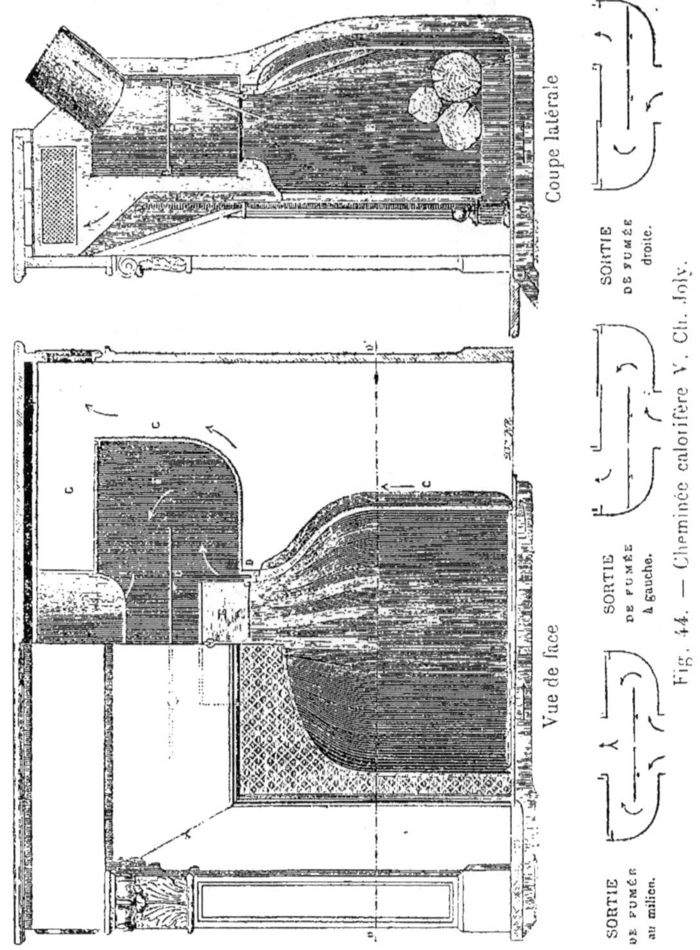

Fig. 44. — Cheminée calorifère V. Ch. Joly.

L'air froid se chauffe en s'élevant le long des nervures et se répand
dans le local par des bouches placées à la partie supérieure de la
cheminée, c'est-à-dire là où il est le plus chaud.

Avec cet appareil les contre-cœurs et l'âtre des cheminées sont supprimés ; il n'y a aucune construction en brique à faire autour de l'appareil, et l'on obtient un renouvellement d'air considérable à une température moyenne.

Lorsque la prise d'air ne peut être faite extérieurement et venir sur la plaque d'âtre au travers du plancher, on ménage, pour la remplacer, une ouverture latérale, dans la plinthe de la cheminée. Il n'y a plus de tuyaux parcourus par les fumées ou par l'air, par suite plus de difficulté de nettoyage.

Il existe toutefois sur le côté des tampons permettant le nettoyage des nervures, lequel est d'ailleurs toujours facile.

L'appareil Joly, tout en conservant son aspect extérieur, a aussi été aménagé de façon à devenir un véritable calorifère à air chaud, et ceci sans augmenter la dépense de combustible (fig. 44).

Sur la coquille de l'appareil simple s'emboite un cadre en fonte supportant une trappe à fermeture conique. Dans la feuillure supérieure du cadre viennent se poser des tuyaux ou des tambours en tôle dans lesquels circulent les gaz de la combustion, abandonnant une partie de leur chaleur.

Les tambours sont fermés par une buse de sortie et par deux plaques mobiles formant couvercles et permettant de diriger la fumée à volonté suivant la position des tuyaux dans les murs.

Une chicane mobile permet le nettoyage sans démonter l'appareil.

Les bouches de chaleur sont placées latéralement au-dessous de la tablette et au-dessus d'une plaque en tôle fermant par devant la chambre de chaleur dans laquelle est réservé un libre passage à l'air chauffé, au contact des tambours, avant qu'il ne pénètre dans le local.

Dans les deux appareils Joly existe un rideau à l'intérieur pour faciliter l'allumage et cacher le foyer aux moments où on ne l'utilise pas.

Appareils divers pour cheminées. — Outre les dispositions Fondet et Joly, les deux plus appliquées, il existe un grand nombre d'appareils créés dans le même but (fig. 45 à 50).

Leur prix élevé, la complication qu'ils entraînent dans la construction, les difficultés de nettoyage, font qu'ils sont peu employés.

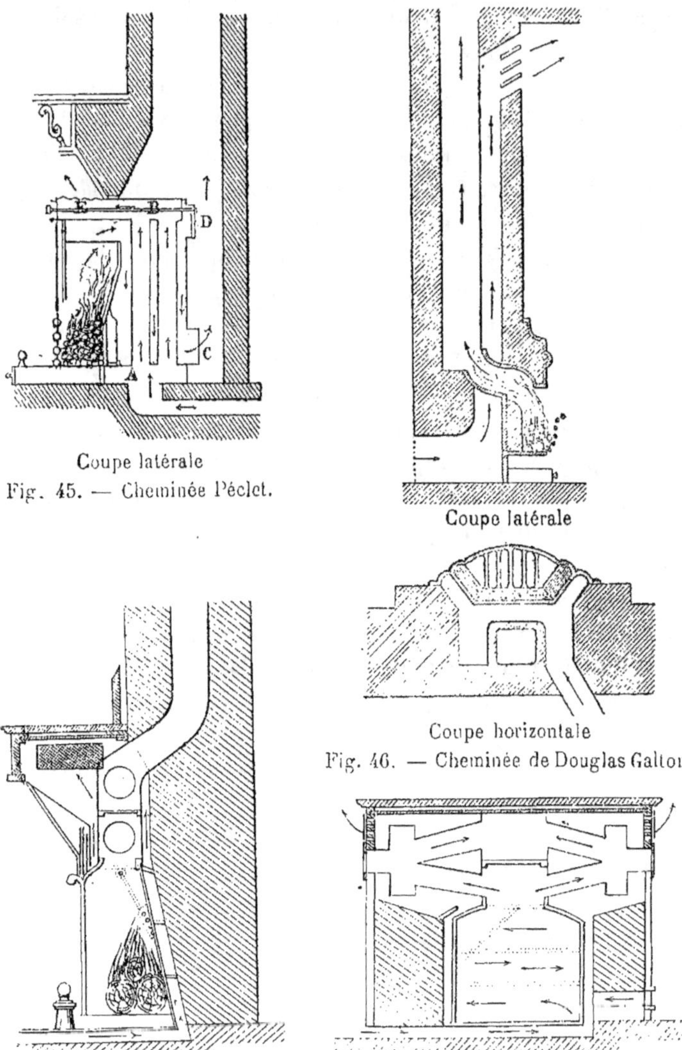

Coupe latérale
Fig. 45. — Cheminée Péclet.

Coupe latérale

Coupe horizontale
Fig. 46. — Cheminée de Douglas Galton.

Coupe latérale

Coupe parallèle à la façade
Fig. 47. — Cheminée Bourdon.

Ce sont : les cheminées Péclet (fig. 45) dans lesquelles le ramonage

est presque impossible ; Descroizille qu'il faut démonter complètement pour le nettoyage ; Douglas Galton (fig. 46) et Bourdon (fig.

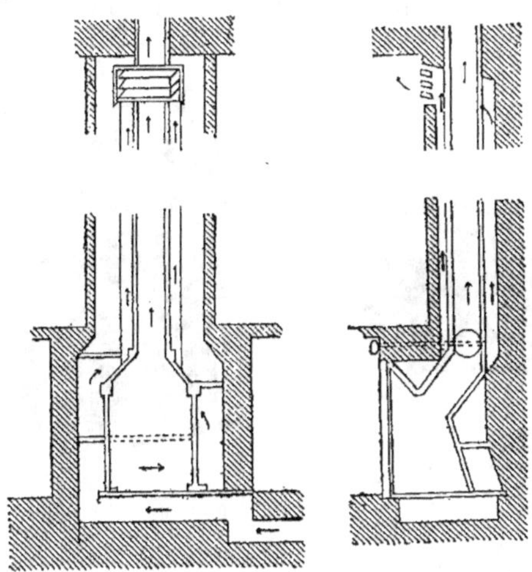

Coupe parallèle à la façade   Coupe latérale
Figg. 48. — Cheminée du cap. Belmas.

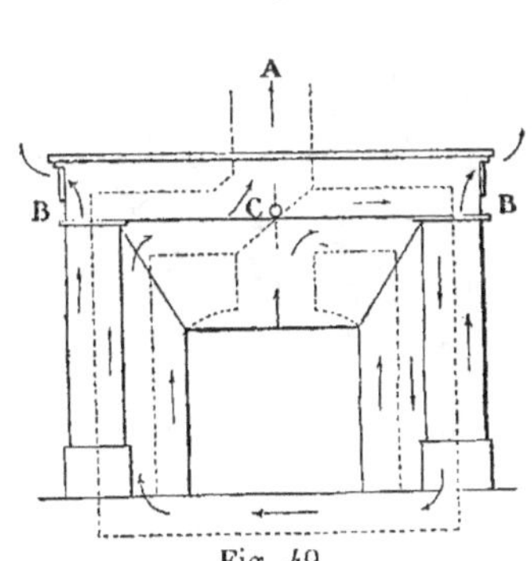

Fig. 49.
Cheminée à circulation de fumée.

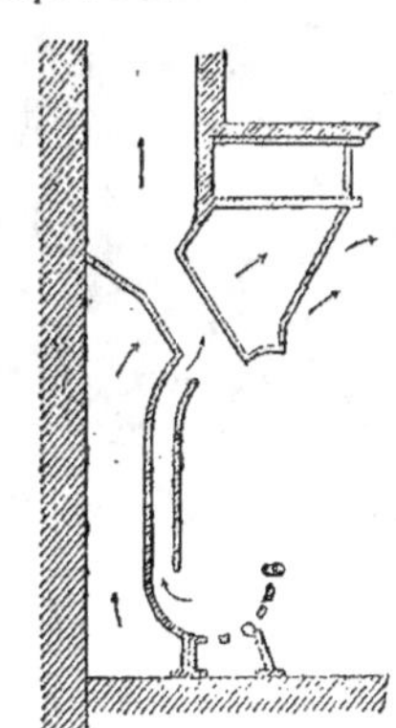

Fig. 50.
Cheminée Mousseron. (Coupe latérale).

47) se rapprochant assez de la cheminée Joly mais plus compliquées
comme construction.

Foyers métalliques pour cheminées. — Dans le but d'augmenter le chauffage par les cheminées, on a étudié un grand nombre de foyers en fonte (fig. 51 à 58) s'adaptant facilement dans les cheminées existantes et dans lesquels on peut brûler de la houille et du coke.

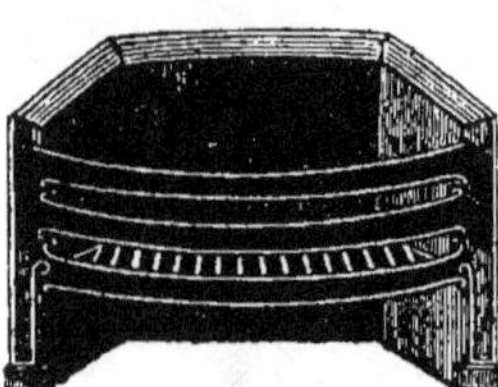

Fig. 51.

Grille simple pour cheminée à foyer ouvert

Fig. 52.

Foyer économique simple pour cheminée.

Fig. 53.

Foyer économique, avec courant d'air
chaud, pour cheminée à foyer ouvert.

Fig. 54.

Foyer intérieur moderne.

On a muni ces appareils de souffleurs ou de grilles en fonte, en toile métallique (fig. 57), ou en fonte avec panneaux de mica laissant voir le feu, tout en empêchant l'air de se rendre dans le tuyau de fumée en passant au-dessus du combustible.

Ces souffleurs peuvent être retirés entièrement, à la main ou à l'aide de procédés mécaniques. c'est-à-dire être relevés en partie ou entièrement, pour laisser passer une certaine quantité d'air au-dessus du charbon et diminuer ainsi le tirage.

Fig. 55. — Cheminée anglaise moderne.

Fig. 56.
Cheminée (avec circulation d'air)
pour la houille.

Fig. 57. — Cheminée à houille avec
souffleur mécanique.

Fig. 58. — Foyer normand avec grille
de devant à barreaux verticaux.

Toutes ces cheminées en fonte donnent une assez grande quantité de chaleur par rayonnement, surtout si elles avancent dans la pièce (fig. 58) (type normand). Mais si la cheminée elle-même n'est pas construite suivant les règles précédemment indiquées, ces appareils n'enlèvent aucun des inconvénients inhérents aux cheminées ordinaires de construction défectueuse.

Cheminée dite à la prussienne. — Il existe encore la cheminée portative ou cheminée poêle dite à la prussienne (fig. 59), l'un

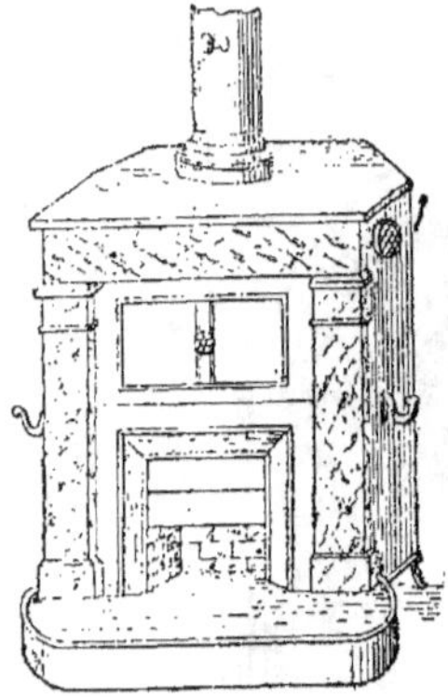

Fig. 59. — Cheminée dite à la prussienne.

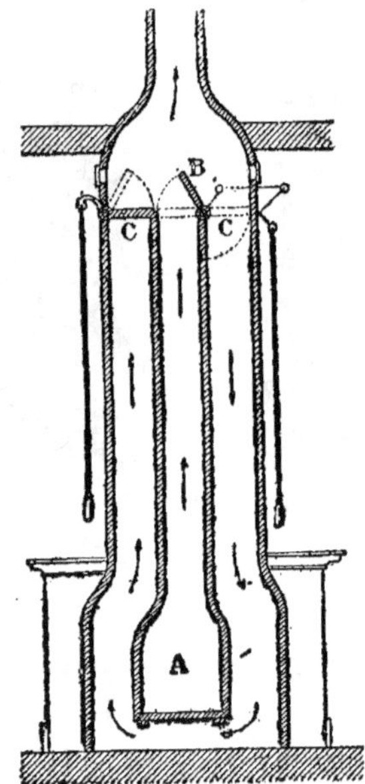

Fig. 60. — Cheminée du marquis de Montalembert.

des appareils de chauffage les plus salubres et les plus économiques ayant l'avantage du foyer ouvert avec ceux du poêle.

On y trouve le feu apparent, un foyer en briques réfractaires, un tablier pour l'allumage, des parois latérales réfléchissantes, une double enveloppe avec circulation de fumée autour du foyer,

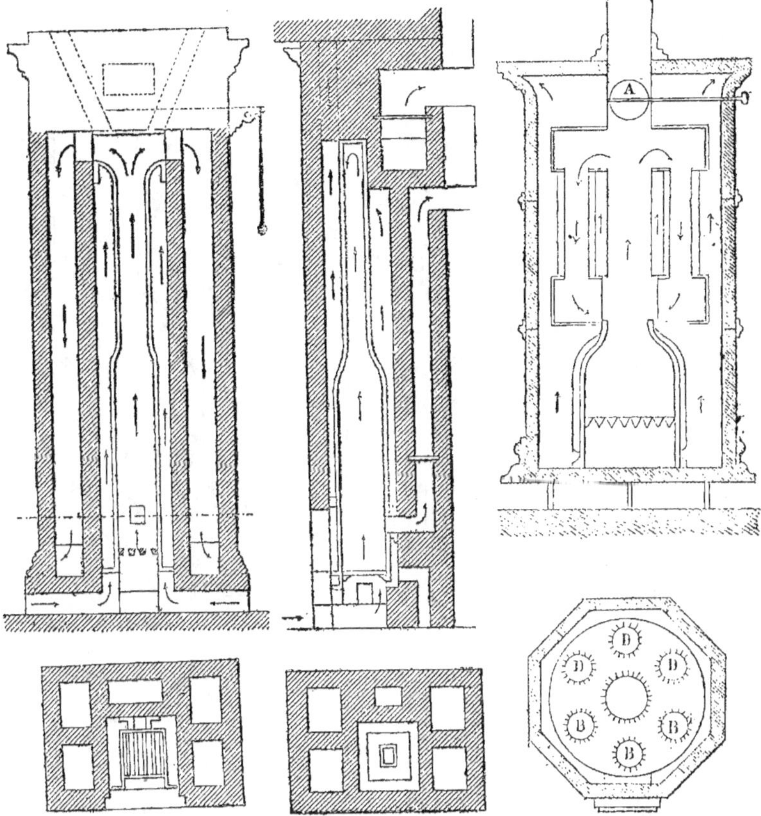

Fig. 61 et 62. — Cheminées russe et suédoise.

Fig. 63. — Cheminée de Nancy pour appartement.

une prise d'air extérieur, des bouches de chaleur latérales et un appel suffisant de l'air vicié par un tuyau de 0,10 à 0,20 m. de diamètre.

Appareil Arnott (fig. 64). — Afin de ne charger le foyer de la cheminée qu'une fois par jour, Arnott a construit un appareil spécial se composant d'une caisse prismatique en fonte que l'on peut loger dans l'âtre d'une cheminée ordinaire.

Le fond de la caisse est formé d'une plaque mobile que l'on peut soulever ou abaisser à volonté et maintenir à toute hauteur au moyen d'un cliquet et d'une tige dentée fixée au-dessous de la plaque.

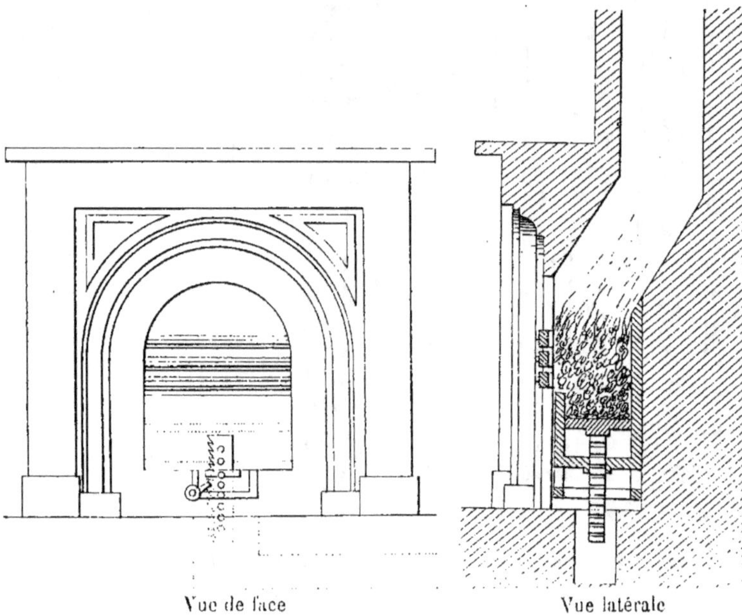

Fig. 64. — Appareil Arnott.

En avant et au dessus de la caisse se trouve une grille formée de quelques barreaux horizontaux.

Avec cette disposition, la combustion s'opère seulement sur la hauteur de la grille par laquelle l'air peut s'introduire ; à mesure que le charbon se consume, on soulève la plaque mobile et le charbon du fond de la caisse vient à la hauteur de la grille remplacer le charbon consumé.

On charge la caisse chaque matin après avoir complètement baissé la plaque mobile.

Cheminées à gaz. — On utilise aussi le gaz pour le chauffage des cheminées et l'on fait des appareils en fonte émaillée, décorée, ou revêtue de carreaux céramiques qui peuvent être placés dans les cheminées existantes.

Ces appareils se composent (fig. 65) :

Fig. 65. — Cheminée à gaz.

1° D'un brûleur à la surface duquel s'opère la combustion du gaz préalablement mélangé à l'air nécessaire.

2° D'une brique en amiante ou en bourre d'amiante comprimée, placée en arrière et au-dessus du brûleur.

3° De réflecteurs en cuivre rouge poli, placés en avant de la brique à droite, à gauche, en bas et en haut ; ces réflecteurs reçoivent la chaleur absorbée et renvoyée par l'amiante et la réfléchissent dans l'appartement.

Indépendamment de la chaleur utilisée par le rayonnement, les

gaz, produits de la combustion complète, abandonnent, avant de
se rendre dans le tuyau de fumée, la plus grande partie de leur

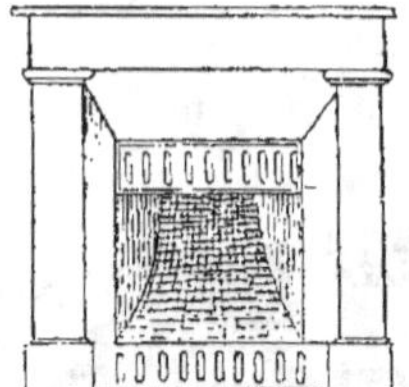

Fig. 66. — Cheminée à gaz à foyer rayonnant en cuivre.

calorique, au profit de l'air qui entre à la partie inférieure du réflecteur du haut, pour sortir par la galerie ajourée placée en avant et
à la partie supérieure de l'appareil.

Fig. 67. — Foyer rayonnant à amiante.

Dans les foyers rayonnants à amiante, construits par la Cie parisienne du gaz, la brique d'amiante est remplacée par une plaque

en terre réfractaire garnie de touffes d'amiante ; l'amiante est portée au rouge par une nappe de flamme verticale qu'on obtient au moyen de deux rampes à flammes bleues placées au bas de la plaque.

Fig. 68. — Foyer rayonnant à boules.

L'appareil est muni, par derrière, d'une boîte de chaleur autour de laquelle s'échauffe l'air extérieur qui pénètre par les parties ajourées de la base du foyer pour s'échapper à une température élevée par la bouche de chaleur ménagée à la partie supérieure.

Les rampes sont commandées par deux robinets, et construites de façon à donner un fractionnement de la cheminée selon qu'on les ouvre ensemble ou séparément (fig. 67).

Dans le foyer rayonnant à boules, la plaque de pierre réfractaire garnie d'amiante est remplacée par une plaque vernie devant laquelle est une grille contenant quelques boules réfractaires (fig. 68).

Quels que soient les appareils à gaz employés, il faut, d'une façon générale, qu'ils soient munis de tuyaux de dégagement. Sans cette précaution ils vicieraient l'air et donneraient naissance à des dépôts de buée humide qui altéreraient les papiers de tenture, couleurs, dorures, etc., en même temps qu'elle enlèverait une grande partie des qualités à l'air respirable.

Les appareils de chauffage au gaz suppriment l'emmagasinement du combustible, le transport aux étages supérieurs, les inconvénients de la suie, des cendres, des copeaux, des pincettes, de la fumée, tout l'attirail encombrant et salissant du chauffage ordinaire.

Ils sont tout de suite en activité et cessent de l'être aussitôt qu'on le veut.

Qualités et défauts de la cheminée. — Il résulte de cette revue rapide des cheminées à foyer découvert que ces appareils sont les plus agréables, les plus gais, et les plus riants ; ils sont aussi les plus hygiéniques parce que le chauffage se fait par rayonnement direct, et que la cheminée produit une ventilation énergique.

Malheureusement l'emploi en est extrêmement onéreux, la température est très inégalement répartie dans les appartements, les ventouses sont presque toujours insuffisantes et l'air froid appelé par le tirage s'étend en nappe en glissant sur le plancher, et produit des courants fort désagréables ; il y a d'assez grandes chances d'incendie et d'accidents pour les enfants.

C'est un moyen de chauffage à la portée seulement de la plus petite portion de la population, la classe aisée ; aussi est-il nécessaire, pour la classe travailleuse, de recourir à d'autres appareils.

Toutefois, dans les logements, comme dans les appartements, on ne devra jamais supprimer les cheminées, dans les chambres à coucher surtout, tant à cause de la décoration qu'elles permettent, que parce qu'elles sont un appareil de ventilation indispensable à l'hygiène pendant le sommeil.

Construction du plancher au droit d'une cheminée. — Les cheminées entraînent avec elles de grandes chances d'incendie, par suite de la possibilité de la chute de matières incandescentes pouvant mettre le feu au plancher, au droit de l'âtre.

Il ne faut pas de bois à l'emplacement de la cheminée ; il faut au moins 1 m. entre la solive dite d'enchevêtrure et le mur de refend. On constitue le plancher ainsi (fig. 69) : de chaque côté, à 0,20 m. des parois extérieures de la cheminée, on place deux

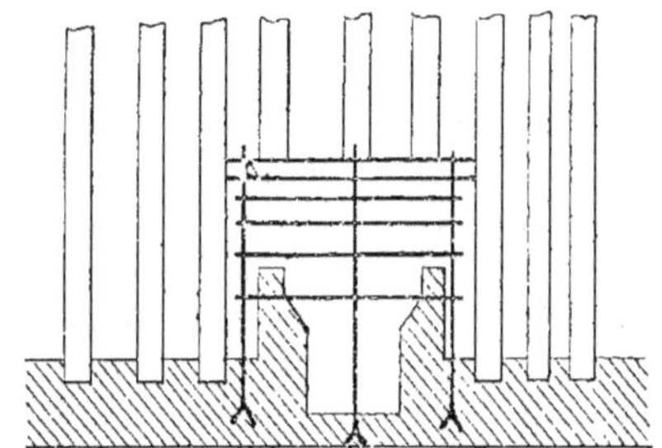

Fig. 69. — Plancher au droit d'une cheminée.

chevêtres, assemblées dans l'enchevêtrure et dans le mur de refend ; on forme ainsi la trémie, espace compris entre le mur, les chevêtres et l'enchevêtrure. Pour remplir cette trémie, on met deux pièces de fer coudées pouvant s'appuyer sur la solive d'enchevêtrure et scellées dans le mur par l'autre extrémité ; sur ces deux chevêtres en fer on place des fentons, fers carrés de 0,012 à 0,014 m. de côté ; on constitue ainsi un grillage en fer sur lequel on établit le plancher de plâtre et de plâtras.

Ordonnance du 15 septembre 1875. — L'administration s'est inquiétée du danger d'incendie existant avec les appareils de chauffage et les a réglementés par l'ordonnance suivante datant du 15 septembre 1875 :

Article 1er. — Toutes les cheminées et tous les autres foyers ou appareils de chauffage fixes ou mobiles, ainsi que leurs tuyaux ou conduits de fumée, doivent être établis et disposés de manière à éviter les dangers du feu et à pouvoir être visités et nettoyés facilement et entretenus en bon état.

Art. 2. — Il est interdit d'adosser les foyers de cheminée, les poêles, les fourneaux et appareils de chauffage à des pans de bois ou à des cloisons contenant du bois.

On doit toujours laisser, entre le parement extérieur du mur entourant ces foyers et les dits pans de bois et cloisons, un isolement ou une charge de plâtre d'au moins seize centimètres.

Les foyers industriels et ceux d'une importance majeure doivent avoir des isolements ou charges de plâtre proportionnés à la chaleur produite et suffisants pour éviter tout danger de feu.

Art. 3. — Les foyers de cheminée et de tous appareils fixes de chauffage, sur plancher en charpente de bois, doivent avoir en-dessous des trémies en matériaux incombustibles.

La longueur des trémies sera au moins égale à la largeur des cheminées y compris la moitié de l'épaisseur des jambages, leur largeur sera de un mètre au moins à partir du foyer jusqu'au chevêtre.

Cette prescription s'applique également aux autres appareils de chauffage.

Art. 4. — Les fourneaux potagers doivent être disposés de telle sorte que les cendres qui en proviennent soient retenues par des cendriers fixes construits en matériaux incombustibles et ne puissent tomber sur les planchers.

Ces fourneaux doivent être surmontés d'une hotte si le conduit de fumée n'aboutit pas au foyer.

Art. 5. — Les poêles mobiles et autres appareils de chauffage également mobiles doivent être posés sur une plateforme en matériaux incombustibles dépassant d'au moins vingt centimètres la face de l'ouverture du foyer. Ils devront, de plus, être élevés sur pieds, de telle sorte que, au-dessous de la plate-forme, il y ait un vide de huit centimètres au moins.

Art. 6. — Les conduits de fumée faisant partie de la construction et traversant les habitations doivent être construits conformément aux lois, ordonnances et arrêtés en vigueur.

Toute face intérieure de ces tuyaux doit être à seize centimètres au moins des bois de charpente.

Quant aux conduits de fumée mobiles, en métal ou autres, existant dans le local où est le foyer, et aux conduits de fumée montant extérieurement, ils doivent être établis de façon à éviter tout danger de feu. Ils doivent être dans tout leur parcours à seize centimètres au moins de tout bois de charpente, de menuiserie et autres.

Les conduits de chaleur des calorifères et autres foyers sont soumis aux mêmes conditions d'isolement que les conduits de fumée.

Art. 7. — Tout conduit de fumée traversant les étages supérieurs ou les habitations doit avoir une section horizontale ou capacité suffisante pour l'importance du foyer qu'il dessert.

Tout conduit de fumée de foyer industriel doit, autant que possible, être à l'extérieur, mais, dans le cas contraire, il doit avoir des dimensions telles ou être construit de telle sorte que la chaleur produite ne puisse le détériorer ou être la cause d'une incommodité grave et de nature à altérer la santé dans les habitations.

Les conduits de fumée des fourneaux en fonte des restaurateurs, traiteurs, rôtisseurs, charcutiers, et ceux des fours des boulangers, pâtissiers, ceux des forges, des moufles, des calorifères, chauffant plusieurs pièces, doivent notamment être établis dans ces conditions particulières.

Art. 8. — Tout conduit de fumée doit, à moins d'autorisation spéciale, desservir un seul foyer et monter dans toute la hauteur du bâtiment, sans ouverture d'aucune sorte dans tout son parcours. En conséquence, il est formellement interdit de pratiquer des ouvertures dans un conduit de fumée traversant un étage, pour y faire arriver de la fumée, des vapeurs ou des gaz, ou même de l'air.

Art. 9. — Les conduits de fumée fixes ou mobiles doivent être entretenus en bon état.

A cet effet, les conduits de fumée fixes en maçonnerie doivent toujours être apparents sur une de leurs faces au moins ou disposés de façon à pouvoir être facilement visités ou sondés.

Tout conduit de fumée brisé ou crevassé doit être tout de suite réparé et refait au besoin.

Après un feu de cheminée, le conduit de fumée, où le feu se sera déclaré, devra être visité dans tout son parcours par un architecte ou constructeur et sera au besoin réparé ou refait.

Les tuyaux mobiles doivent toujours être apparents dans toutes leurs parties.

Art. 10. — Il est enjoint aux propriétaires et locataires de faire nettoyer ou ramoner les cheminées et tous tuyaux conducteurs de fumée assez fréquemment, pour prévenir les dangers du feu.

Les conduits et tuyaux de cheminées ou de foyers ordinaires dans lesquels on fait habituellement du feu doivent être nettoyés ou ramonés deux fois au moins pendant l'hiver.

Les conduits et tuyaux de tous foyers qui sont allumés tous les jours, doivent être nettoyés ou ramonés tous les deux mois au moins.

Les tuyaux et conduits des grands fourneaux de restaurateurs, des fours de boulanger, de pâtissier, ou autres foyers industriels semblables, doivent être nettoyés ou ramonés tous les mois au moins.

Art. 11. — Il est défendu de faire usage du feu pour nettoyer les cheminées, les poêles, les tuyaux et conduits de fumée quels qu'ils soient.

Le nettoyage des cheminées ne se fera par un ramoneur que si ces cheminées et leurs tuyaux ont partout un passage d'au moins soixante-cinq sur vingt-cinq.

Le nettoyage des cheminées et tuyaux ayant une dimension moindre se fera soit à la corde avec hérisson, ou écouvillon, soit par tout autre instrument bien confectionné ou tout autre mode accepté par l'administration.

Cette ordonnance a été faite et pour prévenir les causes d'incendie et aussi pour assurer l'hygiène de l'habitation en ce qui concerne le chauffage ; la salubrité de l'habitation dépend en grande partie de la pureté de l'air qu'on y respire.

Tout ce qui vicie l'air exerce une influence fâcheuse sur la santé des habitants.

Les tuyaux de fumée brisés ou en mauvais état peuvent être la cause d'altération de la santé, d'asphyxie même en laissant échapper des gaz délétères qui vicient l'air de l'habitation.

Notamment, dans les chambres où l'on couche, il faut veiller à ce que les tuyaux de fumée soient en bon état.

Il ne faut pas oublier, non plus, que tout foyer mobile, brasero ou autre, alors même qu'on n'y brûle que de la braise ou du combustible ne produisant pas de fumée, est dangereux, s'il n'est, par un tuyau, en communication directe avec l'air extérieur.

DES POËLES AVEC FOYER

GÉNÉRALITÉS

Ces appareils, comme ceux de la classe précédente, sont placés directement dans les locaux à chauffer.

Le nom générique de poëles comprend tous les appareils comprenant un foyer placé dans une enveloppe aménagée de façon à forcer l'air à passer sur le combustible.

L'enveloppe est généralement en métal (tôle et fonte) ou en terre cuite, faïence, etc., suivant que l'on veut une transmission de chaleur rapide ou lente.

Tandis que le métal peut atteindre une haute température et modifier l'air dans ses propriétés hygiéniques, la faïence reste à une température relativement faible et ne se laisse pas traverser par les gaz délétères de la combustion ; mais sous l'influence d'une forte chaleur elle peut se fendre et se disjoindre.

Dans ces derniers temps, on a fait des appareils en fonte à combustion intérieure lente ; généralement cette fonte est doublée de matériaux réfractaires.

Les poëles sont d'un coût d'installation minime et économiques de fonctionnement, car ils utilisent de 80 à 90 0/0 de la chaleur du combustible.

La véritable cause de cette économie tient à l'absence presque totale de ventilation comparée à celle produite par un foyer ouvert. Le poële, en effet, est, à ce point de vue, le contraire de la cheminée ; il donne de la chaleur sans ventilation, alors que celle-ci donne de la ventilation sans chaleur ; de plus il dessèche l'air, l'altère dans sa composition et le mélange souvent de gaz délétères.

Défauts spéciaux de poëles. — Les défauts principaux des poëles sont :

1° De ne pas ventiler l'appartement ;

2° D'avoir la partie de leur enveloppe avoisinant le foyer, souvent portée au rouge ;

3° De dessécher l'air ;

4° De ne pas avoir la gaicté et la salubrité du foyer ouvert.

Choix d'un poële. — Dans le choix d'un poële il faut toujours préférer celui qui :

1° Est d'un nettoyage facile, sans poussière ; tel, que, par une grille mobile, par exemple, on puisse faire tomber les cendres et résidus de la combustion dans un cendrier fermé ;

2° A son foyer entouré de matériaux réfractaires avec enveloppe de fonte munie de nervures, pour augmenter la surface de chauffe ou de contact entre l'appareil et l'air à chauffer ;

3° Possède une prise d'air extérieur passant autour du poële, et sur laquelle est placée la clef de réglage du feu ;

4° Est muni d'un réservoir d'eau placé au-dessus, de façon à saturer l'air chaud de l'humidité nécessaire ;

5° A une capacité suffisante et disposée pour que la combustion du foyer soit vive ou lente à volonté.

Division des poëles. — Les poëles se groupent en trois classes :

1° Les poëles sans tuyau de fumée ou braseros, toujours dangereux et à proscrire (fig. 70 à 72).

2° Les poëles avec tuyau de fumée et sans euveloppe, tel que le poële dit de corps de garde (fig. 73 à 82).

3° Les poëles avec tuyau de fumée et avec enveloppe (fig. 83 à 110).

POELES SANS TUYAU DE FUMÉE

Parmi les appareils de la première catégorie, on cite le brasero Moussoron. C'est un cylindre en tôle, revêtu intérieurement d'une chemise réfractaire ; au centre est une pièce ou grille en fonte percée de trous au travers desquels arrive l'air qui passe sur le combustible placé sur cette grille. Une coupole rabat les gaz dans une cuvette pleine d'eau.

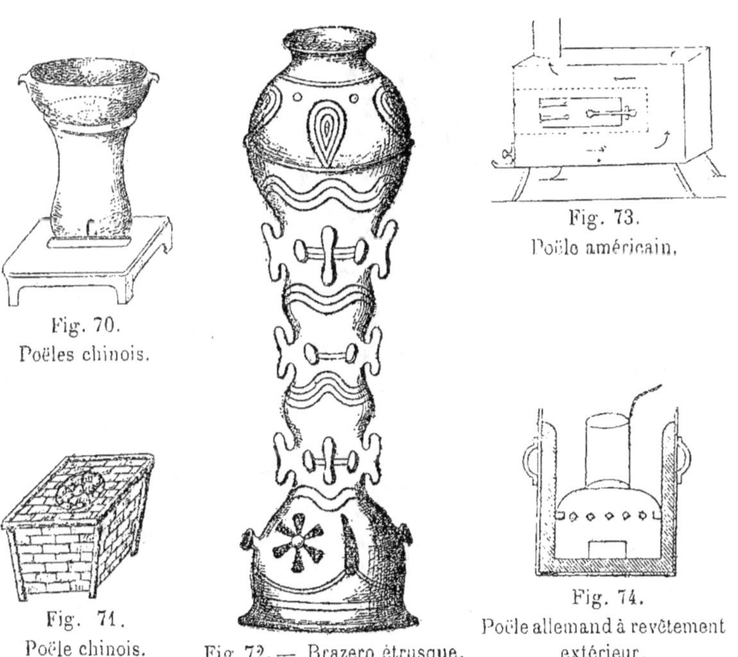

Fig. 70.
Poëles chinois.

Fig. 71.
Poële chinois.

Fig. 72. — Brazero étrusque.

Fig. 73.
Poële américain.

Fig. 74.
Poële allemand à revêtement
extérieur.

Il est inutile de montrer que cet appareil est forcément insalubre, et qu'il peut être dangereux à cause du mélange possible des gaz de la combustion avec l'atmosphère du local.

POELES AVEC TUYAU DE FUMÉE ET SANS ENVELOPPE

Poële de corps de garde et dérivés. — La seconde classe comprend :

Le poêle lyonnais dit de corps de garde (fig. 75). C'est une cloche ovoïde divisée en deux parties par la grille ; chaque partie porte une ouverture, celle du haut pour mettre la charge de combustible, celle du bas pour le cendrier. A la partie supérieure et sur le dessus est placé le tuyau de dégagement des gaz de la combustion ; ce tuyau sert de surface de chauffe.

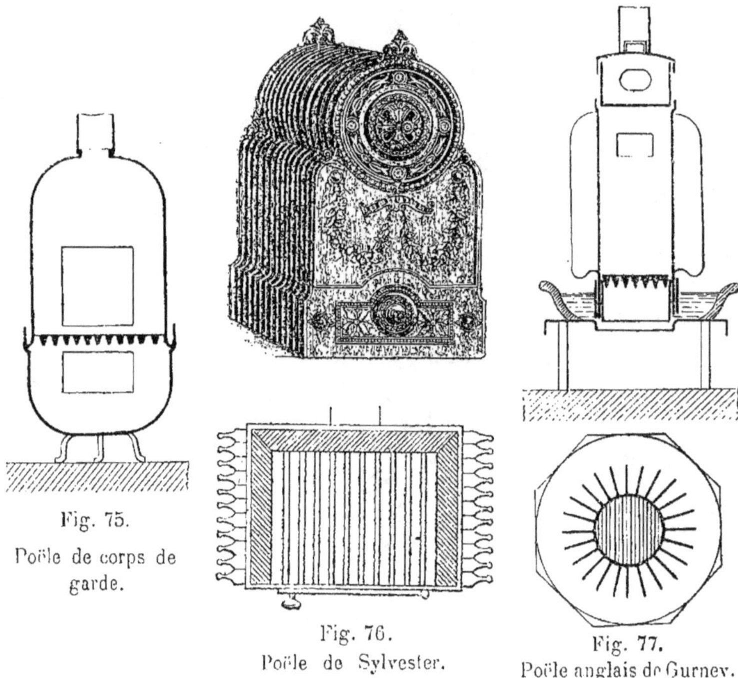

Fig. 75.
Poêle de corps de garde.

Fig. 76.
Poêle de Sylvester.

Fig. 77.
Poêle anglais de Gurney.

Cet appareil, très simple, est très insalubre ; il a tous les défauts : il dessèche l'air, la partie métallique rougit, la chaleur rayonnante est insupportable et telle que l'on ne peut approcher du poêle.

On a essayé de remédier à ces défauts en enveloppant la cloche d'une chemise de tôle, l'intervalle libre étant parcouru par de l'air pris soit dans le local soit au dehors par une ventouse spéciale.

Le rougissement de la fonte est presque évité par cette disposition, mais le rayonnement horizontal est supprimé en grande partie ; l'air chaud s'élève directement vers le plafond et il y a des différences considérables de températures entre le sol et le plafond.

La cloche a aussi été munie de nervures, ce qui augmente la surface de transmission et évite que la fonte ne soit portée au rouge, sans cependant supprimer le rayonnement horizontal (poêle Sylvester, fig. 76).

A la partie inférieure, on a de plus ménagé une cuvette que l'on remplit d'eau, afin de rendre l'atmosphère moins sèche ; c'est le poêle Gurney, qui a le défaut de répandre de mauvaises odeurs (fig. 77).

Fig. 78. — Poêle cuisinière en fonte.

Fig. 79. — Poêle cuisinière avec four.

Poêles à cuisson des aliments. — Les poêles employés, généralement par la classe pauvre et aménagés à double fin de chauffer et de servir à la cuisson des aliments appartiennent à cette catégorie.

Ces poêles ont des formes variables et nombreuses (fig. 78 à 80).

Ils sont généralement rectangulaires, montés sur quatre pieds ; le foyer peut brûler de la houille ou du bois à volonté ; ils ont, sur le dessus, un ou plusieurs trous utilisables pour les besoins de la cuisine, sur le côté, un four avec une porte rectangulaire, sur l'autre côté une chaudière avec robinet à la partie basse et ouverture d'introduction de l'eau à la partie supérieure.

Ils portent une buse soit horizontale, soit verticale, toujours placée à l'arrière et pouvant se raccorder avec un tuyau métallique d'évacuation des fumées, tuyau formant surface de chauffe.

Les cendres sont reçues dans un tiroir mobile situé au dessous du foyer ; l'air pour la combustion est pris dans le local même, le tirage étant réglé par un registre placé sur le tuyau de fumée, ce qui est toujours mauvais et peut être dangereux.

Ces poêles sont loin de remplir les conditions de salubrité indispensables ; ils ont une grande partie des défauts du poêle de corps de garde, et permettent d'ajouter à cela l'inconvénient des mauvaises odeurs, de l'atmosphère enfumée par les opérations de la cuisine.

Ils sont très répandus à cause de leur double usage et de leur économie de fonctionnement, mais on ne saurait trop souhaiter qu'ils disparaissent de nos logements d'ouvriers.

Fig. 80. — Poêle cuisinière avec four et chaudière à eau.

Poêles-cheminées aménagés pour la cuisson des aliments. — Afin d'obtenir le même but, mais en ayant un appareil plus luxueux, on construit des cheminées avec ou sans socle (fig. 81

et **82**), ou montées sur pieds, avec ou sans four, possédant une buse sur le dessus ou derrière, et un souffleur pour le réglage du tirage.

Ces cheminées sont construites pour brûler de la houille et du coke ; elles ont un foyer généralement spacieux, garni de briques réfractaires et donnent ainsi un chauffage plus salubre que les poêles ordinaires.

Fig. 81.

Poêle cheminée avec foyer, garni en briques réfractaires, souffleur formant tablette et trou pour la cuisine.

Fig. 82.

Poêle cheminée avec foyer, garni en briques réfractaires, couvercle, trous et four pour la cuisson des aliments.

La partie supérieure peut se relever et démasquer une plaque percée d'un ou plusieurs trous fermés par des tampons et sur lesquels ont peut faire la cuisine.

Quand elles ont un souffleur, celui-ci, en s'attachant à la grille, peut former tablette capable de recevoir des objets à chauffer.

Quand elles ont un four autour duquel circule la flamme, la porte de chargement du combustible se trouve sur le côté.

Ces appareils, meubles de cuisine et de chauffage en même temps, ont encore le défaut de prendre l'air nécessaire à la combustion dans le local chauffé, mais ils permettent le réglage logique de l'entrée de cet air de combustion ; ils ont la gaieté du feu apparent tout en ayant le rendement du poêle ordinaire. Ils se font en fonte plus ou moins ornementée, émaillée de diverses couleurs et ne manquent pas d'un certain cachet de luxe tout en restant d'un prix abordable aux petites bourses.

POELES AVEC ENVELOPPE ET TUYAU DE FUMÉE

Poëles à combustion lente sans circulation d'air. — Viennent ensuite les poëles ne se chargeant qu'à de longs intervalles (fig. 85 à 90).

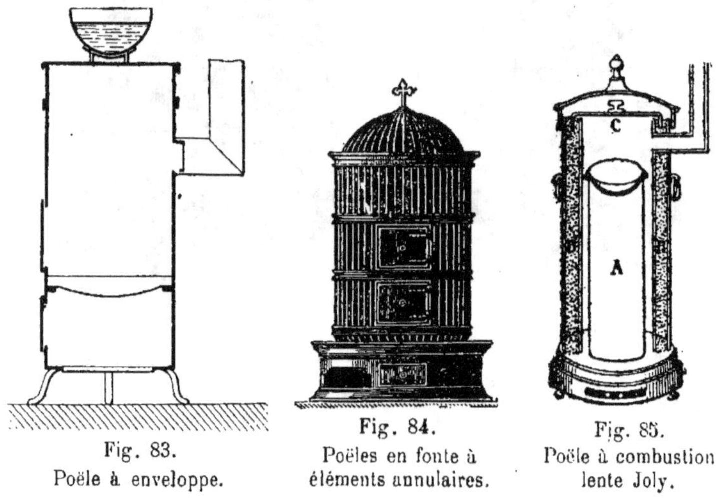

Fig. 83.
Poële à enveloppe.

Fig. 84.
Poëles en fonte à
éléments annulaires.

Fig. 85.
Poële à combustion
lente Joly.

Les modèles en sont nombreux : le poële Walker ou Phénix (fig. 86), est formé par une trémie tronconique placée au dessus d'une grille horizontale et remplie de combustible ; cette trémie est entourée d'une enveloppe cylindrique en fonte.

L'air nécessaire à la combustion arrive par la porte du cendrier, et les produits de la combustion se dégagent entre la trémie et l'enveloppe extérieure pour se rendre dans la cheminée.

Afin de faciliter l'allumage et d'avoir à volonté une combustion rapide, la partie supérieure de la trémie est percée de trous permettant aux gaz de s'en aller par la cheminée.

Le poêle Choubersky, qui a été très employé, se compose de deux cylindres concentriques en tôle.

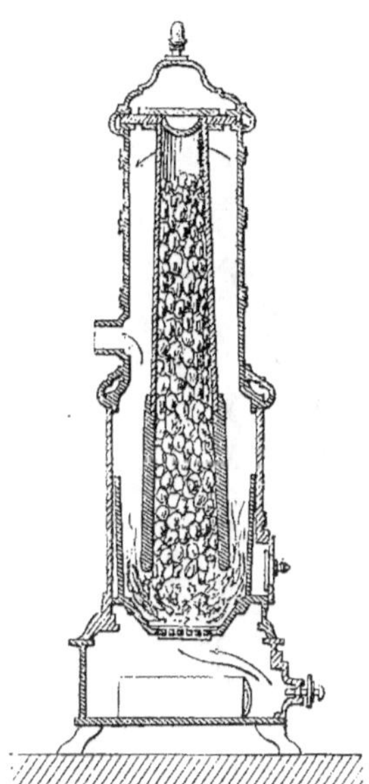

Fig. 86.
Poêle système Walker.

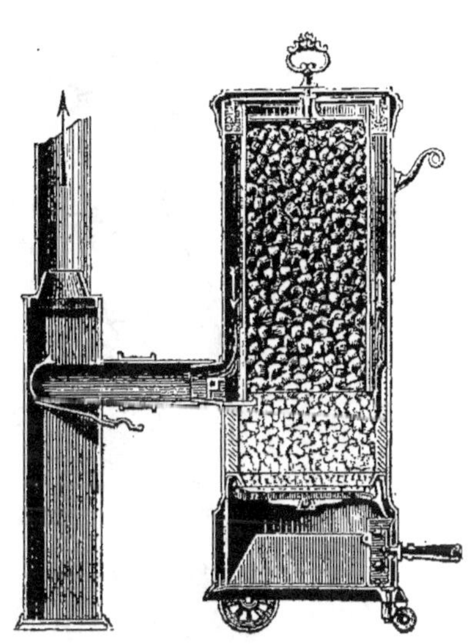

Fig. 87.
Poêle roulant à feu continu, sans circulation d'air, avec foyer garni de briques réfractaires.

A la partie inférieure du cylindre intérieur se trouve une cuvette en fonte fermée par une grille horizontale à barreaux mobiles portant une poignée à l'extérieur pour permettre l'enlèvement des machefers.

La construction de ces appareils a beaucoup été améliorée. Ils se ramènent tous à deux types spéciaux composés :

Le premier, d'un cylindre intérieur en tôle forte (fig. 87 et 88) pouvant être doublé de briques réfractaires et servant de réservoir de combustible, d'un foyer tout en fonte facile à remplacer en cas d'usure, et d'une enveloppe extérieure en tôle ou en fonte munie d'une base, d'un chapiteau et d'un couvercle en fonte ; une grille de foyer, pourvue d'un mouvement de va-et-vient permet un nettoyage prompt et facile; cette grille est disposée pour basculer dans le cendrier lorsqu'on désire vider complètement le foyer ; le cen-

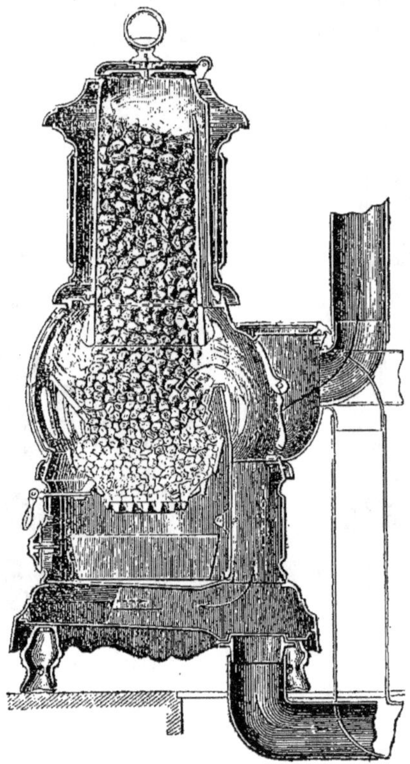

Fig. 88.
Poële à feu continu et visible avec conduit
de fumée pouvant circuler dans le sol.

drier, est muni d'une porte pouvant fermer hermétiquement une boîte d'une seule pièce en fonte sur laquelle repose le foyer, de sorte que l'entrée de l'air nécessaire à la combustion peut être réglée par un clapet à vis, tandis que la buse d'évacuation est toujours ouverte.

Entre les deux cylindres extérieur et intérieur, et à leur partie
supérieure, est ménagée une rainure que l'on remplit de sable et
dans laquelle le couvercle s'emboîte formant joint hermétique.

Le deuxième type se compose d'un cylindre en tôle, garni intérieurement de briques réfractaires (fig. 89) sur toute sa hauteur
et faisant l'office de réservoir de combustible en même temps que
de foyer.

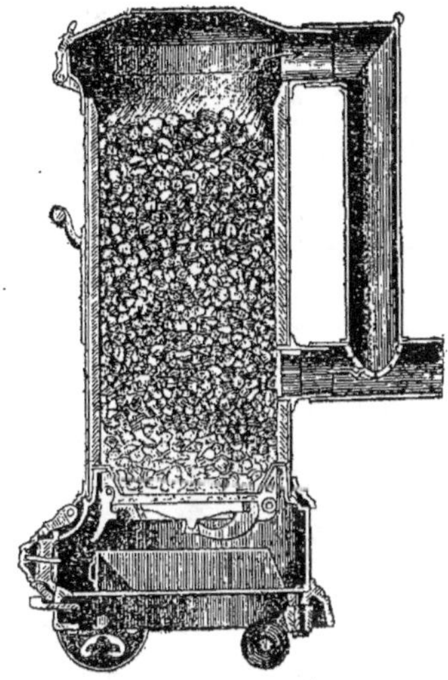

Fig. 89. — Poêle roulant à combustion complète, avec grille à mouvement de
va-et-vient, réglage de l'entrée d'air et combustion vive ou lente à volonté.

Ce cylindre est complété à sa partie supérieure par une tête
en fonte ordinaire, dans laquelle se trouve une ouverture fermée par
une porte à charnière et disposée de façon à permettre le chargement
du combustible sans sortie des gaz, et à sa partie inférieure par une
buse en fonte ordinaire, hermétiquement fermée comme dans le
type précédent, de manière à pouvoir régler l'entrée de l'air par le
clapet à vis.

Ces deux types de poêles à combustion complète peuvent être
montés sur des roulettes pour être déplacés à volonté ; ils sont alors
pourvus de poignées et la roulette de devant est munie d'un frein
automatique ; la buse est à fermeture automatique et peut s'emboî-
ter dans une plaque à coulisse ou dans une boîte à fumée.

Dans quelques-uns (fig. 89), cette buse communique avec l'intérieur du foyer par deux ouvertures placées à des hauteurs différentes ; l'ouverture supérieure est toujours ouverte, celle inférieure peut être fermée aux trois quarts au moyen d'une clef manœuvrant un registre.

On peut alors avoir une combustion vive sur toute la hauteur en fermant l'ouverture inférieure, le cylindre étant plein de combustible ; cette combustion vive est limitée à la hauteur de l'ouverture inférieure, les deux ouvertures étant ouvertes et la valve d'entrée d'air presque complètement fermée.

De plus, on peut toujours réaliser une combustion complète en ménageant dans les poêles du premier type, entre la brique et l'enveloppe, un conduit spécial amenant l'air chaud à la partie supérieure du foyer.

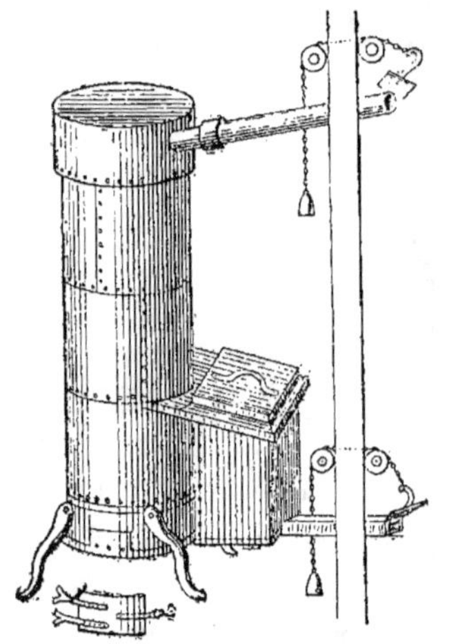

Fig. 90. — Poële allemand de Keslar.

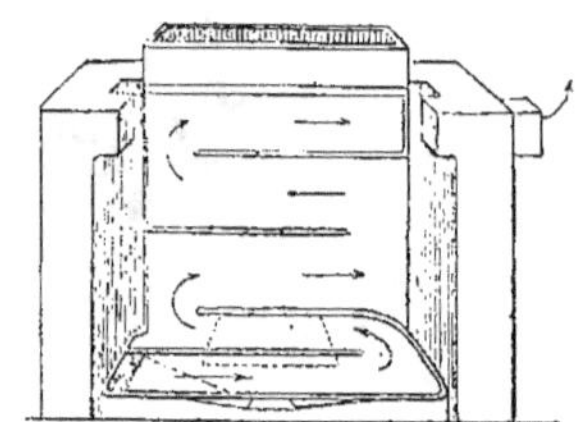

Fig. 91.
Poële Gauger à doubles parois (1713).

POELES AVEC ENVELOPPE ET TUYAU DE FUMÉE A CIRCULATION D'AIR

La troisième classe des poêles est celle des appareils avec enveloppe et tuyau de fumée (fig. 90 à 101).

Ces appareils sont de véritables calorifères, c'est-à-dire qu'ils élèvent la température, non seulement par rayonnement, mais encore par émission d'air chauffé le long de leurs parois.

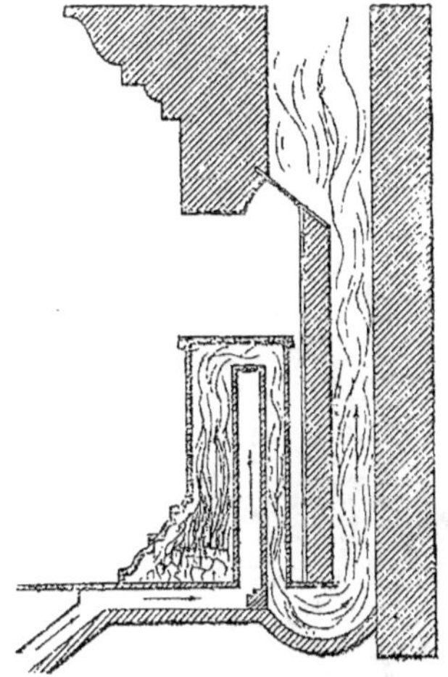

Fig. 92. — Poële de Franklin.

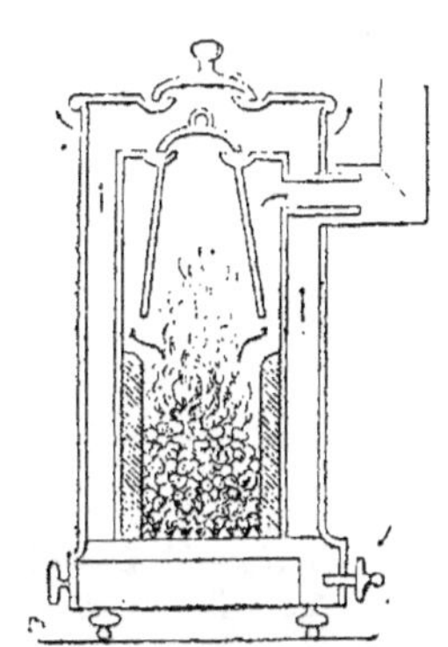

Fig. 93. — Poële du docteur Arnott.

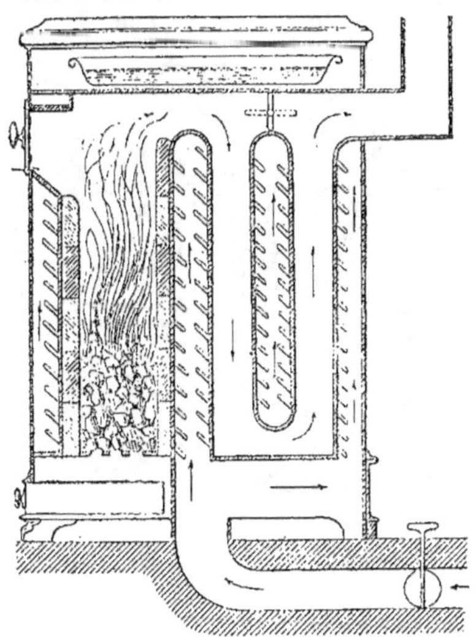

Fig. 94. — Poële de Musgrave.

Le premier poële appartenant à cette classe a été proposé par le docteur Arnott en 1855 (fig. 95). On y voit : l'arrivée de l'air réglée

7

par un tampon, c'est-à-dire la combustion lente, le chargement du combustible par le haut, au moyen d'un couvercle portant dans une rainure sablée, la garniture du foyer avec briques réfractaires, la double enveloppe en tôle, avec circulation d'air dans l'intervalle entre ces deux enveloppes, l'évacuation, à la partie supérieure du poêle, de l'air chauffé.

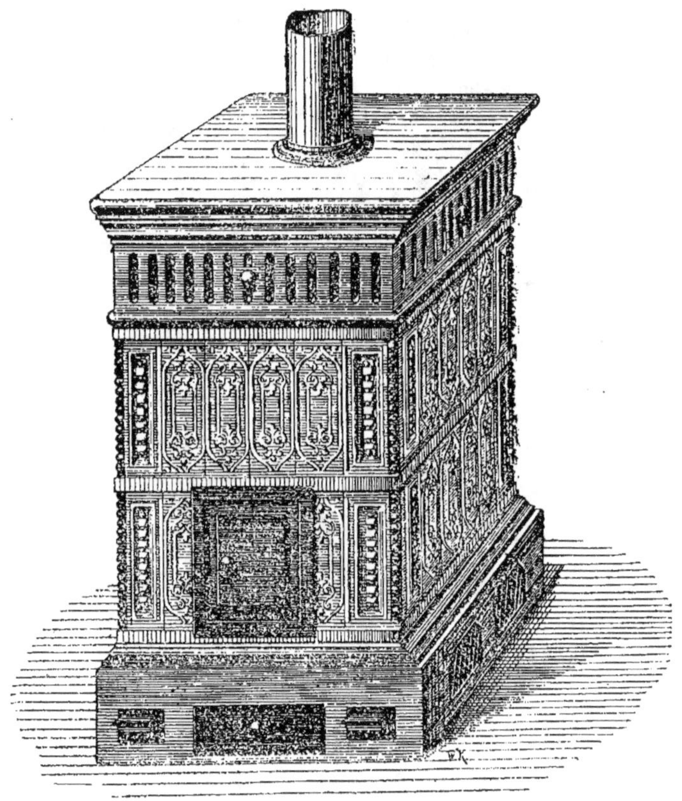

Fig. 95. — Poële calorifère à enveloppe céramique.

En faisant une prise d'air extérieur, on trouve réuni ce que l'on peut exiger d'un poêle : d'avoir une forme sobre et simple, de tenir peu de place, d'entretenir longtemps la combustion, de renouveler l'air de la pièce.

Vient après le poële de Belfast (fig. 94) avec intérieur garni de briques réfractaires, départ des fumées par le haut pour l'allu-

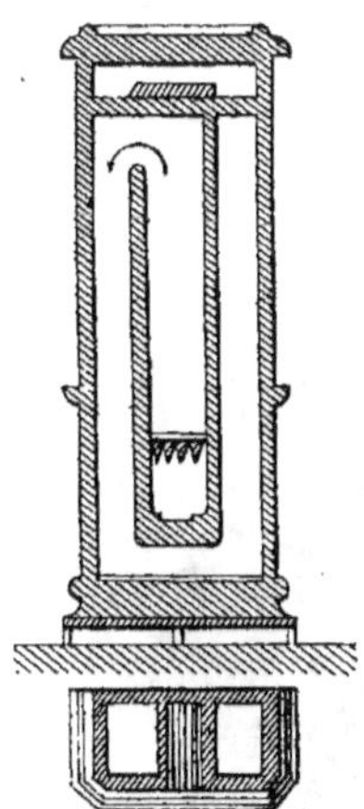

Fig. 97.
Poële en terre cuite.

mage, flammes renversées et parois métalliques à nervures pour augmenter la transmission, cuvette pour l'humidification de l'air chauffé, qui débouche dans le local au haut de l'appareil.

Les poëles de cette classe se font en fonte ou en produits céramiques (faïence, terre cuite) fig. 95 à 97), avec circulation de fumée intérieure.

Il y a un registre permettant, lors de l'allumage du feu, une ascension directe de la fumée très chaude afin d'établir le tirage, ce registre peut-être fermé ensuite, pour forcer les gaz à se renverser et à parcourir des tubes verticaux et des tambours autour desquels se chauffe l'air de ventilation du local.

Il est inutile de dire que c'est une erreur de considérer les poëles dits de faïence comme étant plus salubres que les poëles en métal ; il n'en est rien, ces poëles n'étant généralement composés que de métal recouvert de faïence, laquelle n'a pour but que de donner un aspect plus gai et plus propre, et diminue considérablement la transmission.

M. E. Muller a proposé de remédier à ce défaut en faisant un poële entièrement en terre réfractaire, dans le foyer duquel on peut brûler seulement du coke, la houille donnant un peu trop de chaleur.

Ce poële n'a pas eu d'emploi, par suite de la crainte des dislocations et des fissures qui laisseraient passer les gaz de la combustion et aussi à cause du peu de durée du creuset formant foyer.

M. E. Muller a aussi étudié un poële salubre fondé sur les principes rationnels de ventilation ; l'air pur extérieur, chauffé au contact de l'appareil, s'élève vers le plafond et revient vers le bas sous l'appel du tuyau de fumée, de manière à égaliser la température et à renouver l'air du local.

Les matériaux, terre cuite, tôle et fonte, généralement employés,

sont à rejeter quand il s'agit de les appliquer aux usages des troupes
en campagne ; le fer seul, en raison de ses qualités de résistance, est
alors employable.

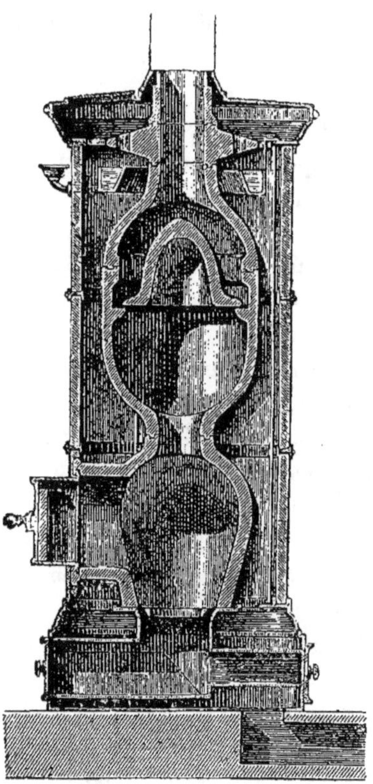

Fig. 97.

Poële en terre réfractaire dit poële
français.

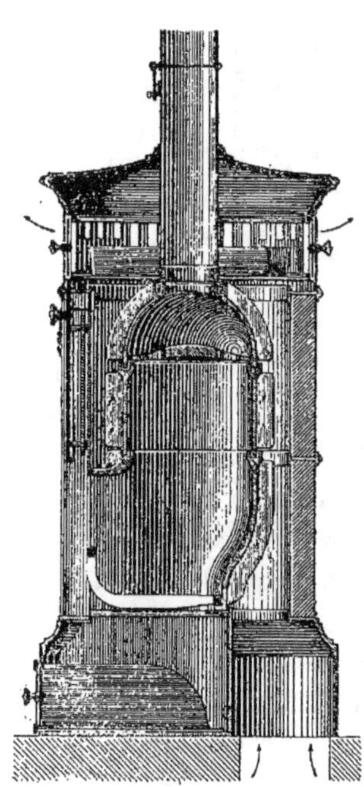

Fig. 98.

Poële calorifère Geneste Herscher.

Le thermo-conservateur Geneste (fig. 99) appartient aussi à la
troisième catégorie des poëles avec enveloppe.

Les gaz de la combustion circulent dans des tubes qui communi
quent à la partie supérieure avec une chambre d'où part le tuyau
de fumée.

L'air, qui peut être pris à l'extérieur, arrive à la partie inférieure de l'appareil, monte en circulant autour de la caisse du foyer et des tubes, et se dégage à la partie supérieure par une galerie ajourée.

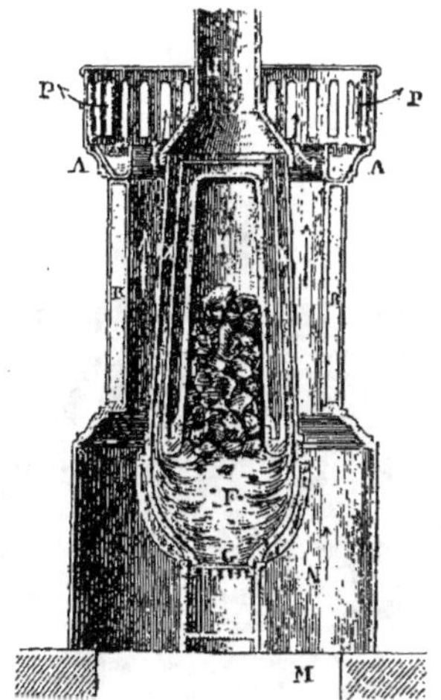

Fig. 99. — Poêle à enveloppe et circulation d'air dit thermo-conservateur Geneste Herscher.

Le foyer est spécialement disposé pour brûler du coke.

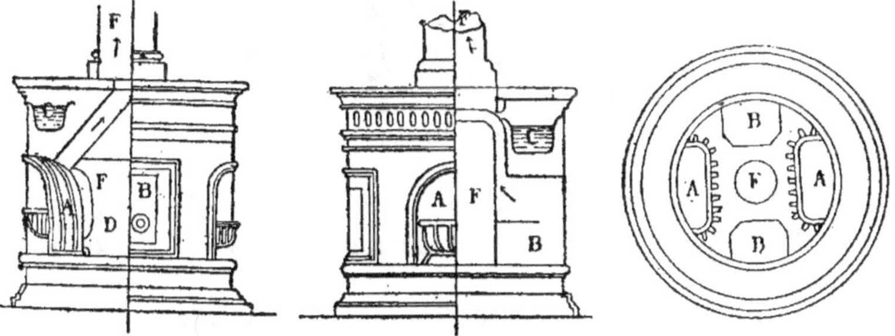

Fig. 100. — Poêle Geneste Herscher pour hôpitaux.

Le poêle spécial pour salles d'hôpital (fig. 100) de MM. Geneste Herscher et Cie a été fait dans le but d'allier les avantages du foyer ouvert avec ceux du poêle.

Les foyers ouverts sont en effet, presque indispensables dans les salles de malades :

1° Pour en assurer la salubrité, à cause de l'évacuation considérable de l'air vicié qu'ils procurent ;

2° Pour entretenir la chaleur des tisanes et des appareils à pansement ;

3° Pour vivifier la salle, qui peut servir de lieu de réunion ;

4° Pour exercer cette influence particulière qu'ont tous les feux apparents sur l'air respirable.

Fig. 101. — Poële parisien pour salle à manger.

Ce poële est disposé avec foyer Joly. Chaque poële comporte : deux foyers réflecteurs, deux étuves pour tisane, deux vases à eau chaude.

L'air arrive à la partie inférieure, s'il est pris à l'extérieur, ou par des ouvertures spéciales, s'il est pris dans la salle ; il se chauffe en montant le long des parois nervées des foyers, et il s'écoule à la partie supérieure par une galerie ajourée.

Poëles à combustion lente avec circulation d'air (fig. 102 à 107. La Société du familistère de Guise construit un grand nombre de types d'appareils à combustion lente, à enveloppe et à circulation d'air.

Ces poêles ne diffèrent de ceux du même genre, dont il a été parlé dans la classe précédente, que par la prise d'air inférieure,

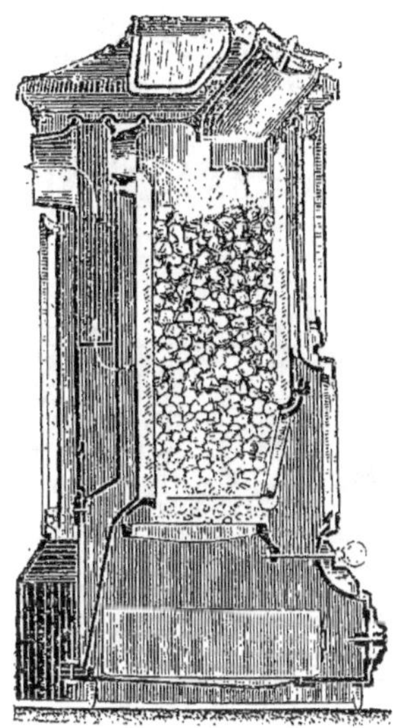

Fig. 102.

Poêle à enveloppe à combustion lente, Dequenne et Cie de Guise.

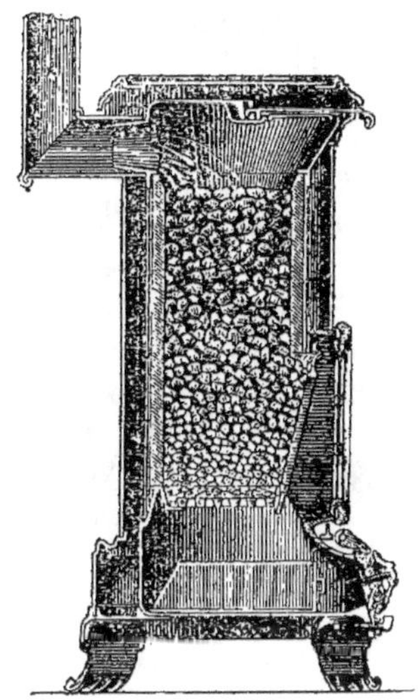

Fig. 103.

Poêle calorifère à enveloppe avec grille verticale et porte garnie de mica, combustion lente et complète.

pouvant prendre l'air à l'extérieur ou dans le local, et par la circulation de cet air dans l'espace compris entre les deux enveloppes cylindriques (fig. 104).

Ils sont à double grille, l'une horizontale, à mouvement de va-et-vient, sur laquelle repose tout le combustible ; l'autre placée verticalement, en avant du foyer, permettant de voir le feu et d'en suivre la marche à travers la porte garnie de mica montée sur l'enveloppe.

Cette grille verticale est amovible pour permettre un nettoyage complet, quand l'appareil ne fonctionne pas.

Tous ces poêles calorifères, dans lesquels on veut avoir une combustion lente, sont aménagés de façon à y utiliser comme combustible le coke, l'anthracite, même la houille.

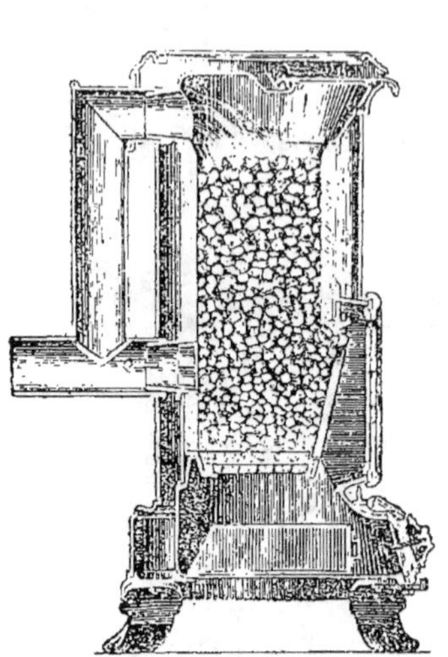

Fig. 104. — Poële calorifère à enveloppe avec grille verticale et porte
garnie de mica, pouvant marcher
et à combustion vive et à combustion lente.

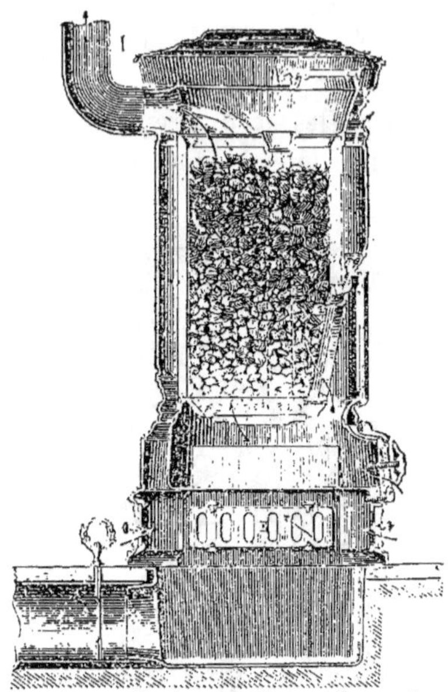

Fig. 105. — Poële calorifère à feu continu
et visible avec émission d'air chauffé.
Réglage du feu en agissant sur l'entrée
de l'air de combustion.

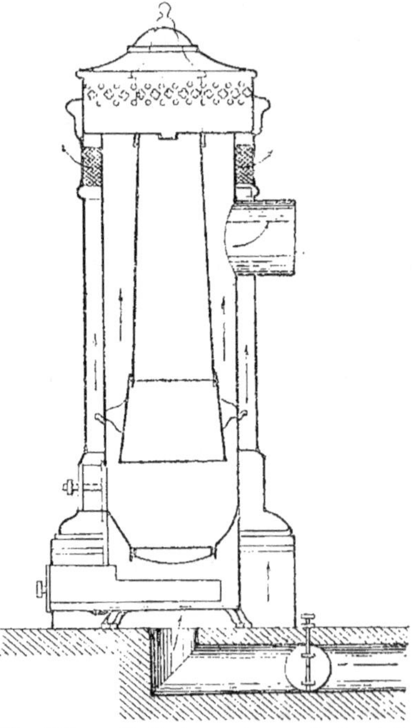

Fig. 106. — Poële à enveloppe et circulation
d'air.

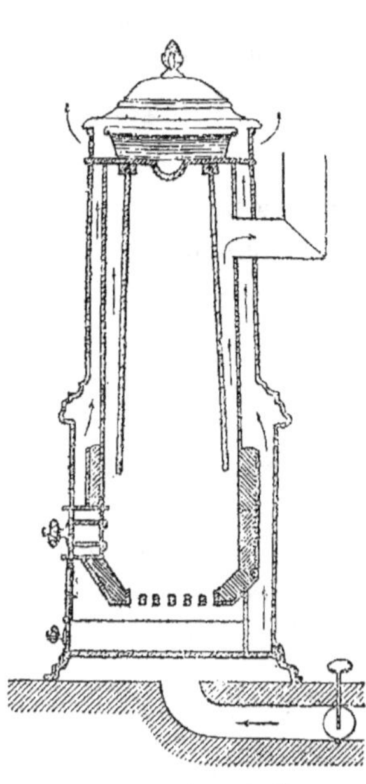

Fig. 107. — Poële calorifère avec
foyer garni de briques réfactaires.

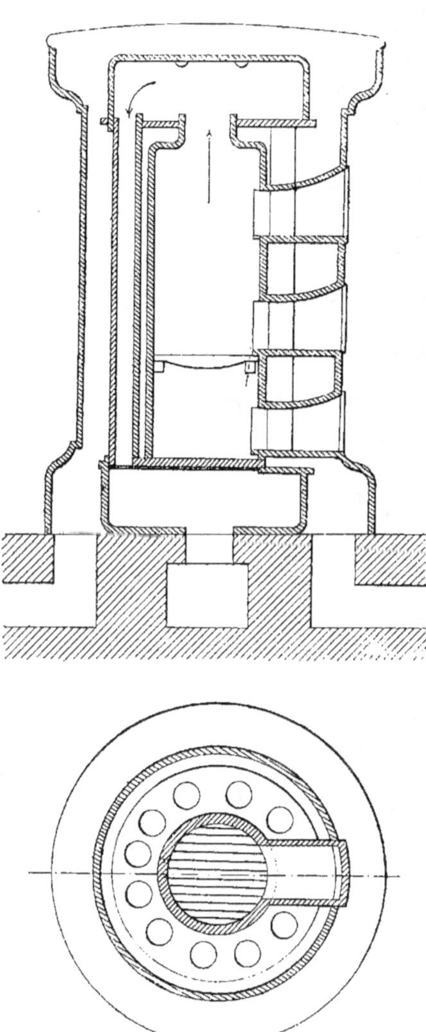

Fig. 108. -- Poële calorifère Chaussenot.

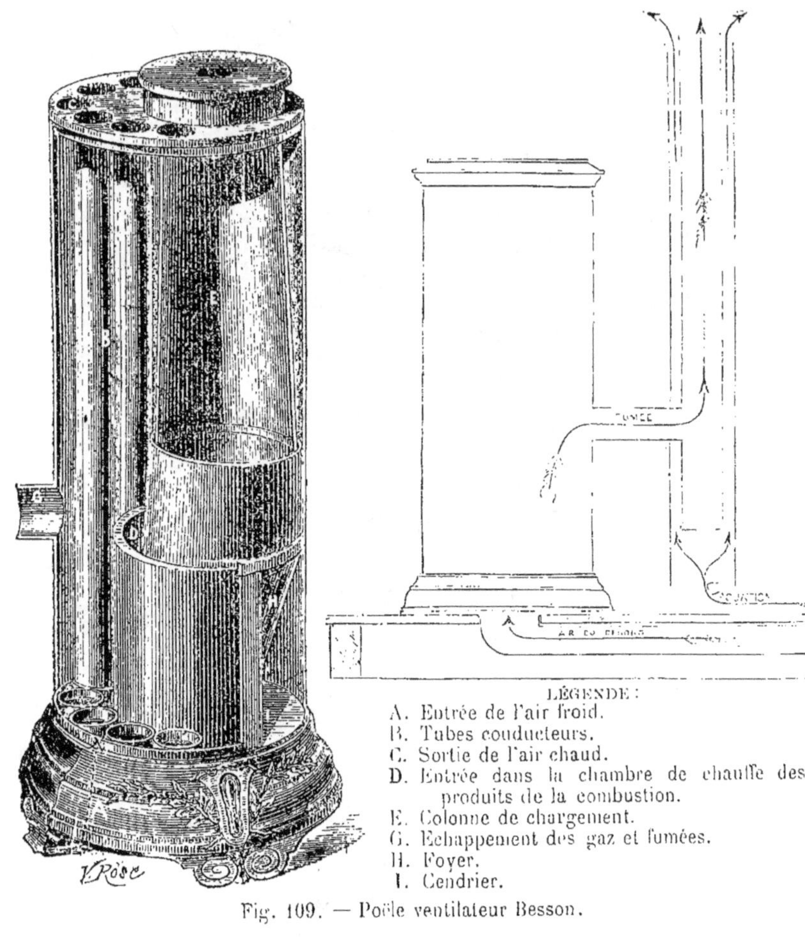

A. Entrée de l'air froid.
B. Tubes conducteurs.
C. Sortie de l'air chaud.
D. Entrée dans la chambre de chauffe des
   produits de la combustion.
E. Colonne de chargement.
G. Echappement des gaz et fumées.
H. Foyer.
I. Cendrier.

Fig. 109. — Poêle ventilateur Besson.

POELES CHAUFFÉS PAR LE GAZ

On a aussi fait des poëles utilisant la chaleur de combustion du gaz (fig. 110 à 114).

Le poële au gaz le plus simple consiste en une enveloppe métallique dans laquelle se trouve, à la partie inférieure, une couronne annulaire simple, double ou triple percée de petits trous et formant bec Bunsen.

A l'intérieur de l'enveloppe se trouvent une série de chicanes en
tôle ralentissant le mouvement ascendant des gaz de la combustion
afin de leur permettre d'abandonner la plus grande partie de la chaleur qu'ils renferment, avant de se dégager dans l'atmosphère par
le tuyau de fumée.

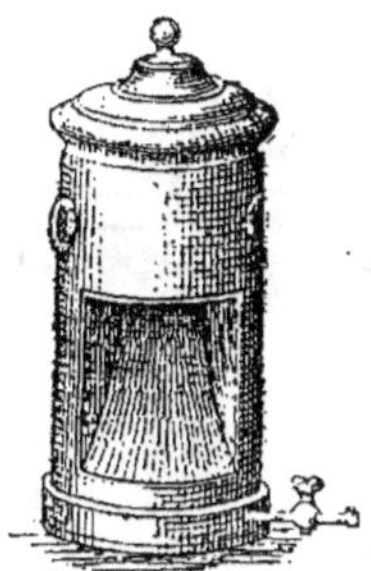

Fig. 110. — Poële à gaz à foyer rayonnant en cuivre.

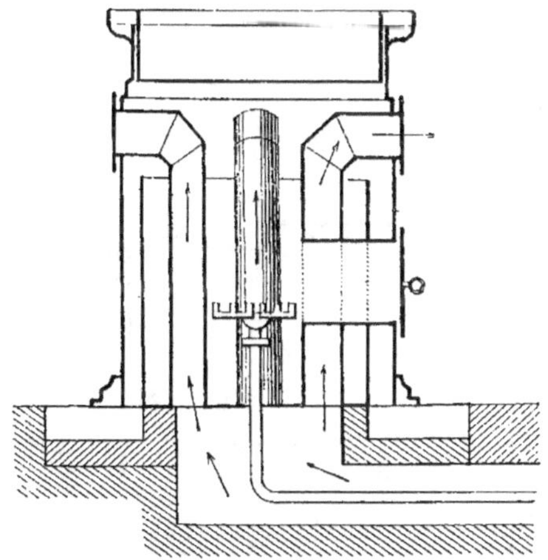

Fig. 111. — Poële calorifère à gaz.

Ce poële appartient à la deuxième catégorie des poëles.

Pour les hôpitaux on construit un poële à gaz appartenant à la
troisième catégorie (fig. 111).

Comme dans le précédent, le gaz arrive par un tuyau central et brûle dans une couronne annulaire formant bec Bunsen.

Les produits de la combustion plongent dans une autre couronne annulaire ; avant de s'échapper au dehors, ils circulent dans un carneau de même forme ménagé dans le plancher, et recouvert de pièces de fonte.

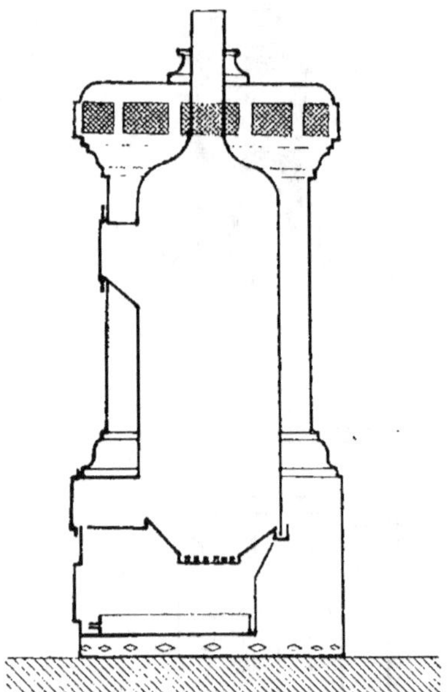

Fig. 112. — Poêle calorifère de la compagnie du Gaz.

L'air frais pris à l'extérieur s'échauffe en circulant dans des tubes verticaux qui débouchent extérieurement à la partie supérieure du poêle.

Ces poêles, dans les salles d'hôpital, sont généralement distants entre eux de 10 mètres.

La Compagnie Parisienne du gaz construit deux poêles calorifères chauffés par le gaz.

Dans le calorifère tambour (fig. 113), le débit est fixe, invariable, proportionné à la dimension et à la masse de l'appareil, ce qui permet d'employer les flammes blanches, sans craindre les fumées et les dépôts charbonneux qui se produisent lorsque la consommation des appareils vient à dépasser la limite normale.

La fixité est obtenue au moyen de rhéomètres.

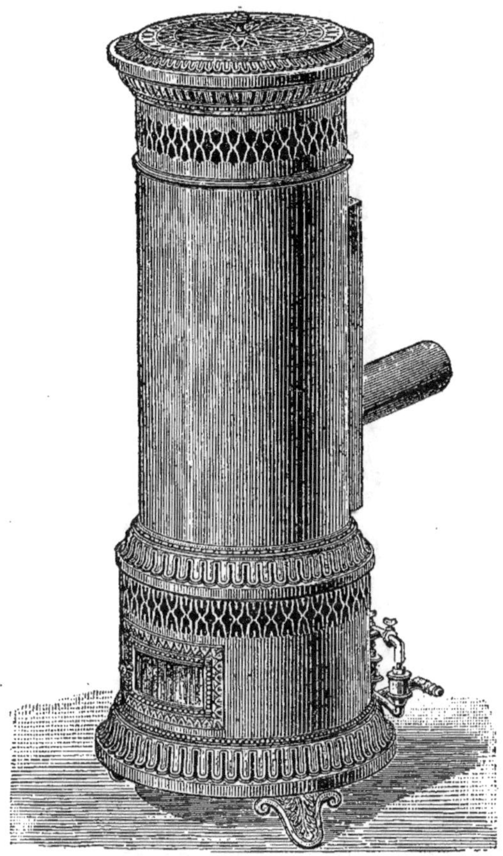

Fig. 113. — Poêle à gaz à tambour.

Les produits de combustion, avant de s'échapper par la cheminée d'évacuation, abandonnent la majeure partie de leur calorique, grâce à une circulation suffisante, et échauffent un courant d'air qui, prenant naissance à la base de l'appareil, traverse des tubes en cuivre et s'échappe, à température élevée, à la partie supérieure du calorifère.

Le calorifère circulaire rayonnant (fig. 114) est établi d'après les mêmes principes que les foyers rayonnants ; la plaque en terre réfractaire est circulaire.

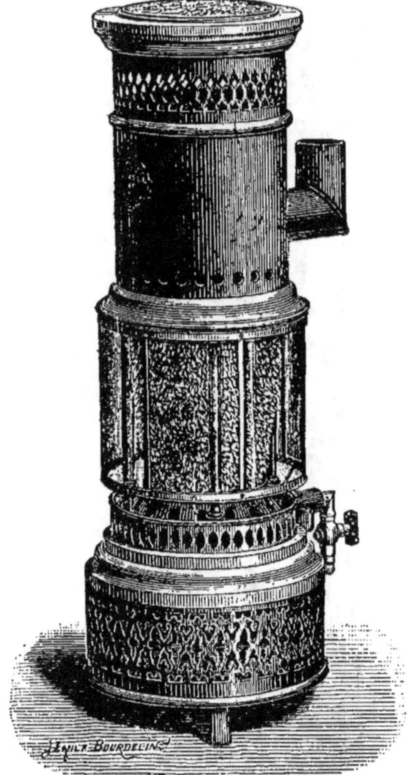

Fig. 114. — Calorifère circulaire rayonnant.

Les flammes, la prise d'air froid et la distribution d'air chaud sont disposées comme dans les foyers rayonnants.

INSALUBRITÉ DES POELES EN FONTE

Les poëles en fonte sont insalubres parce que, portés au rouge, ils peuvent donner lieu à une production d'oxyde de carbone, gaz éminemment toxique, dont la formation peut provenir :

1° De la perméabilité de la fonte par le gaz qui passe de l'intérieur à l'extérieur.

2° De l'action de l'oxygène de l'air sur le carbone de la fonte ;

3° De la décomposition de l'acide carbonique de l'air par suite de son contact avec le métal ;

4° De l'influence de l'acide carbonique formé par la respiration ou par les poussières et les miasmes organiques en suspension dans l'air.

L'air agit sur l'organisme humain par sa température, sa composition, son degré de pureté, son degré d'humidité, et l'insalubrité des poëles est fonction de la nature et du mode de leur construction, du degré de ventilation des locaux où l'on fait le feu, de la position du départ de fumée, du tirage de la cheminée.

Dans la plupart des appareils, la proportion du foyer avec les surfaces de transmission n'est pas observée, le foyer est presque toujours trop grand, ce qui fait que la fonte rougit et devient alors perméable aux gaz ; il y a de plus développement énorme de chaleur insuffisamment et inégalement transmise à toutes les parties de l'appareil, d'où dilatations inégales et production, dans les joints, de fissures livrant passage aux gaz délétères.

En proportionnant la surface du foyer à celle de transmission, en recevant le coup de feu dans une cloche intérieure garnie de briques réfractaires et de nervures métalliques, en entourant le foyer d'une double enveloppe qui établit tout autour un courant d'air très rapide, on remédiera, en grande partie, aux inconvénients précédents.

Les poëles de la troisième classe ont donc seuls chance d'être salubres.

Il est évident que, même ces précautions prises, si le tirage de la cheminée n'est pas bien réglé, les gaz de la combustion pourront passer de l'intérieur du foyer à l'extérieur ; ne seront donc salubres que les poëles qui auront une cheminée suffisante et pour lesquels le réglage se fera en agissant sur les entrées d'air.

Les poëles, ayant généralement un tuyau de fumée de faible section, produisent de la chaleur sans ventilation ; il est donc nécessaire de remédier à cela, ou en utilisant le tuyau de fumée pour renouveler l'air du local par la production d'appels convenables, ou en établissant dans le local des moyens accessoires de ventilation, moyens proportionnés au nombre des personnes présentes, à la température et aux dimensions de la pièce, etc.

Les poêles procurent des maux de tête qui proviennent de la respiration d'un air desséché à l'excès ; il faut à l'air, pour être respirable, une certaine quantité de vapeur d'eau, sinon la peau et les voies respiratoires doivent suppléer à ce manque d'humidité et il en résulte malaise, fatigue, abattement, maux de tête, etc.

On peut éviter cet inconvénient en mettant à chaque appareil des surfaces d'évaporation d'eau en quantité convenable.

Quant au défaut des poêles en fonte de brûler et de carboniser tous les ferments, les molécules organiques, il n'existe pour ainsi dire plus quand on a un appareil à grande circulation d'air, à surfaces de foyer et de transmission proportionnées.

Il résulte donc que les poêles de fonte peuvent donner un chauffage salubre :

1° Si le foyer, est comme dimensions, en harmonie avec la surface de transmission et s'il est disposé de façon qu'aucune de ses parties ne puisse être portée au rouge, dans celles du moins exposées au contact de l'air du local.

2° Si le tuyau de fumée est proportionné, comme section, au foyer et au degré de ventilation que celui-ci doit procurer en même temps qu'il chauffera la pièce ; et si ce tuyau est toujours libre c'est-à-dire s'il ne porte aucune clef soi-disant pour régler le tirage.

3° Si l'appareil est accompagné d'une surface d'évaporation qui maintienne l'atmosphère au degré d'humidité convenable.

Avec ces précautions, on verra disparaître les inconvénients de la fonte, résultat qui est obtenu dans les poêles décrits dans la troisième classe, et, en particulier, dans ceux construits par MM. Dequenne et Cie de Guise.

Dimensions des poêles. — Dans les poêles on compte sur une combustion de 50 kg. de houille par m² de surface de grille et par heure.

On estime qu'il faut **2** dm² de surface de grille par **100** m³ d'air à chauffer et une section de cheminée de 1/5 de la surface de la grille, soit **40** c² par **100** m³ d'air.

La transmission est de **900** à **10500** calories par m² de surface lisse; la surface de chauffe doit être de **30** à **40** fois la surface de la grille, dans ce cas, et de **50** à **100** fois si on emploie des surfaces lamées.

Dans la formule

$$ps = 500\,S\ \sqrt{\dfrac{H}{1+R}}$$

on admet que généralement $\sqrt{\dfrac{H}{1+R}} = 0{,}50$.

Instruction du conseil d'hygiène (*25 mars 1889*). — A la suite de plusieurs accidents arrivés par l'emploi des poêles mobiles, le conseil d'hygiène publique et de salubrité du département de la Seine fit paraître, le **21** mars **1889**, l'instruction suivante sur le mode de chauffage des habitations à Paris :

1º Les combustibles destinés au chauffage et à la cuisson des aliments ne doivent être brûlés que dans les cheminées, poêles et fourneaux qui ont une communication directe avec l'air extérieur, même lorsque le combustible ne donne pas de fumée.

Le coke, la braise et les diverses sortes de charbon qui se trouvent dans ce dernier cas sont considérés à tort, par beaucoup de personnes, comme pouvant être brûlés impunément à découvert dans une chambre abritée.

C'est là un des préjugés les plus fâcheux; il donne lieu tous les jours aux accidents les plus graves, quelquefois même il devient cause de mort. Aussi doit-on proscrire l'usage des braseros, des poêles et des calorifères portatifs de tout genre qui n'ont pas de tuyaux d'échappement du dehors.

Les gaz qui sont produits, pendant la combustion, par ces moyens de chauffage, et qui se répandent dans l'appartement, sont beaucoup plus nuisibles que la fumée de bois.

2º On ne saurait trop s'élever contre la pratique dangereuse de fermer complètement la clef d'un poêle ou la trappe intérieure d'une cheminée qui contient encore de la braise allumée. C'est là une des causes d'asphyxie les plus communes. On conserve, il est vrai, la chaleur dans la chambre, mais c'est aux dépens de la santé et quelquefois de la vie.

3º Il y a lieu de proscrire formellement l'emploi des appareils et poêles économiques à faible tirage, dit poêles mobiles, dans les chambres à coucher et les pièces adjacentes.

4° L'emploi de ces appareils est dangereux dans toutes les pièces dans lesquelles des personnes se tiennent d'une façon permanente et dont la ventilation n'est pas largement assurée par des orifices constamment et directement ouverts à l'air libre.

5° Dans tous les cas, le tirage doit être convenablement garanti par des tuyaux ou cheminées présentant une section et une hauteur suffisantes, complètement étanches, ne présentant aucune fissure ou communication avec les appartements contigus et débouchant au-dessus des fenêtres voisines. Il est indispensable, à cet effet, avant de faire fonctionner le poêle mobile, de vérifier l'isolement absolu des tuyaux ou cheminées qui le desservent.

6° Il ne suffit pas que les poêles portatifs soient munis d'un bout de tuyau destiné à être simplement engagé sous la cheminée de la pièce à chauffer. Il faut que cette cheminée ait un tirage convenable.

7° Il importe, pour l'emploi de semblables appareils, de vérifier préalablement l'état de tirage, par exemple à l'aide de papier enflammé. Si l'ouverture momentanée d'une communication avec l'extérieur ne lui donne pas l'activité nécessaire, on fera directement un peu de feu dans la cheminée avant d'y adapter le poêle ou, au moins, avant d'abandonner ce poêle à lui-même. Il sera bon, d'ailleurs, dans le même cas, de tenir le poêle un certain temps en grande marche (avec la plus grande ouverture du régulateur).

8° On prendra scrupuleusement ces précautions chaque fois que l'on déplacera un poêle mobile.

9° On se tiendra en garde, principalement dans le cas où le poêle est en petite marche, contre les perturbations atmosphériques qui pourraient venir paralyser le tirage et même déterminer un refoulement des gaz à l'intérieur de la pièce. Il est utile, à cet effet, que les cheminées ou tuyaux qui desservent le poêle, soient munis d'appareils sensibles indiquant que le tirage s'effectue dans le sens normal.

10° Les orifices de chargement doivent être clos d'une façon hermétique et il est nécessaire de ventiler largement le local chaque fois qu'il vient d'être procédé à un chargement de combustible.

Règlement préfectoral du 25 janvier 1881. — La ville de Paris est, en outre, pour l'établissement des tuyaux de fumée, soumise au règlement préfectoral du 15 janvier 1881, ainsi conçu :

Art. 1er. — L'établissement des foyers et des conduits de fumée dans les murs mitoyens et dans les murs séparatifs de deux maisons contiguës, qu'elles appartiennent ou non au même propriétaire, ne pourra être autorisé que sous les conditions suivantes :

1º Les languettes de contre-cœur au droit des foyers devront être en briques de bonne qualité et avoir au minimum 22 centimètres d'épaisseur sur une hauteur de 80 centimètres et une largeur dépassant celle du foyer d'au moins 16 centimètres de chaque côté.

2º Les conduits de fumée doivent être construits exclusivement en briques à plat, droites ou cintrées.

3º Ces murs ne pourront recevoir de poutres ni solives que lorsqu'ils seront entièrement pleins dans la partie verticale au-dessous des scellements de ces solives.

4º Les parties supérieures de ces murs, constituant souche de cheminées, porteront un couronnement en pierre pouvant servir de plate-forme et faisant saillie d'au moins 15 centimètres sur chaque face. Elles devront, en outre, être munies d'une main-courante en fer.

Article 2. — Il est permis d'établir des conduits de fumée dans l'intérieur des murs de refend, sous la double condition :

1º Que ces murs auront une épaisseur de 40 centimètres, s'ils sont construits en moellons, ou de 39 centimètres s'ils sont construits en briques, enduits compris.

2º Que les conduits de fumée seront exécutés en briques de bonne qualité droites ou cintrées, ou en wagons de terre cuite.

Article 3. — L'adossement des tuyaux de fumée à des pans de fer ne pourra être autorisé qu'après que l'administration aura reconnu que ces pans de fer dont les dispositions devront lui être soumises, sont établis dans des conditions satisfaisantes de solidité, et, en outre, à charge de maintenir un solin en plâtre de 5 centimètres, non compris l'épaisseur du tuyau entre les pans de fer et les tuyaux de fumée.

Article 4. — Entre la paroi intérieure des tuyaux engagés dans les murs et le tableau des baies pratiquées dans ces murs, il sera toujours réservé un dosseret de maçonnerie pleine ayant au moins 45 centimètres d'épaisseur, enduits compris. Cette épaisseur pourra être réduite à 25 centimètres à la condition que le dosseret soit construit en pierres de tailles ou en briques de bonne qualité.

Article 5. — Tout conduit de fumée présentant une section intérieure de moins de 60 centimètres de longueur sur 25 centimètres de largeur, devra avoir au minimum une section de 4 décimètres carrés, le petit côté des tuyaux rectangulaires n'aura pas moins de 20 centimètres et le grand côté ne pourra dépasser le petit de plus d'un quart.

Article 6. — Les tuyaux de cheminée, non engagés dans les murs, ne seront autorisés que s'ils sont adossés à des piles en maçonnerie ou à des murs en moellons ayant au moins 40 centimètres d'épaisseur, enduits compris, ou à des murs en briques ayant au moins 22 centimètres d'épaisseur, ou, dans le dernier étage, à des cloisons en briques de 11 centimètres d'épaisseur.

Ils devront être solidement attachés au mur tuteur par des ceintures en fer dont l'espacement ne dépassera pas 2 mètres.

Les tuyaux qui présenteront une section de 60 centimètres de longueur sur 25 centimètres de largeur pourront être en plâtre pigeonné à la main.

Ceux de dimensions moindres devront, à moins d'une autorisation spéciale, être construits soit en briques, soit en terre cuite, et recouverts en plâtre.

Article 7. — Les boisseaux en terre cuite, employés comme tuyaux adossés, seront à emboîtement et formeront avec l'enduit en plâtre une épaisseur totale de 8 centimètres.

Article 8. — L'épaisseur des languettes, parois et costières des tuyaux engagés dans les murs, ou adossés, ne pourra jamais être inférieure à 8 centimètres, enduits compris.

Article 9. — Les tuyaux de cheminée ne pourront dévier de la verticale, de manière à former avec elle un angle de plus de 30 degrés. Ils devront avoir une section égale dans toute leur hauteur et seront facilement accessibles à leur partie supérieure.

Article 10. — Ne sont pas assujettis aux prescriptions de construction indiquées dans les articles précédents, notamment en ce qui concerne la nature des matériaux à employer :

1° Les tuyaux de fumée placés à l'extérieur des habitations.

2° Les tuyaux des foyers mobiles ou à flamme renversée, pourvu que les tuyaux de fumée ne sortent pas du local où est le foyer.

3° Enfin les tuyaux de fumée d'usine en tant qu'ils ne traversent pas d'habitation.

CALORIFÈRES A FOYER A AIR CHAUD

Avec les appareils de chauffage précédemment décrits, il est né-nécesaire d'avoir autant de foyers qu'il y a de locaux à chauffer, autant de feux à préparer, à entretenir, autant de sources de malpropreté qu'il y a d'appareils.

Il y a pourtant à ce point de vue exception pour les poêles à combustion lente qui peuvent être déplacés de pièce en pièce, à la condition que chacune d'elles soit pourvue d'une cheminée ; mais, indépendamment des inconvénients de ces déplacements, tant au point de vue de la propreté des appartements que de l'hygiène, on ne peut chauffer que rarement d'une façon logique et simultanément deux pièces distinctes. Enfin l'on ne peut jamais régler le chauffage d'une façon rationnelle et sûre.

Ces inconvénients sont en grande partie évités au moyen d'installations avec un seul foyer de production, placé loin des appartements qu'il n'encombre plus, et dans lesquels il n'est plus une source de sujétions coûteuses et gênantes.

Le premier des appareils, réalisant ces conditions, est celui où le véhicule de chaleur est l'air atmosphérique. C'est le calorifère à air chaud, à foyer, dit encore calorifère de cave.

Une installation de chauffage par l'air chaud comprend :

1° Un calorifère, composé d'un foyer, d'une surface de chauffe et d'une enveloppe.

2° Une double canalisation, l'une pour amener au calorifère l'air froid pris à l'extérieur, l'autre pour conduire cet air, chauffé au contact du calorifère, dans les locaux à chauffer.

FOYERS DES CALORIFÈRES

Le foyer est le récipient dans lequel on brûle le combustible dont il est indispensable d'utiliser la plus grande partie de la chaleur de combustion.

Ce foyer, comme formes et dimensions, doit être étudié pour le résultat que l'on recherche et la nature du combustible dont on dispose ; il doit être solide, étanche, et construit de telle façon que les effets de dilatation ne puissent jamais amener des dérangements permettant le passage à l'extérieur des gaz de la combustion ; que jamais la paroi ne puisse être portée au rouge et devenir ainsi perméable à ces mêmes gaz.

De ce que le foyer ne doit jamais être porté au rouge, il résulte qu'il est nécessaire de le doubler intérieurement en matériaux réfractaires et utile souvent de le munir de nervures destinées à augmenter la surface de chauffe.

L'air qui vient de l'extérieur, se chauffant de bas en haut en s'élevant, les nervures doivent être verticales, afin que le contact du métal et du fluide soit aussi intime que possible, et que le mouvement ascendant de l'air ne soit gêné en rien.

Dans le cas du chauffage par calorifères à air chaud, à foyer, les nervures n'augmentent toutefois pas considérablement la transmission de la chaleur.

Ainsi le rapport de la surface lisse d'un tuyau à la surface développée des nervures de ce tuyau étant 1/4, la chaleur transmise par la surface nervée est 1,33 fois celle transmise par une même longueur de surface lisse.

Si le rapport des surfaces devient 10, le rapport des chaleurs transmises devient 1,66 ; seulement la température des nervures est de 1/3 à 1/6 plus faible que celle du fluide chaud, c'est-à-dire des gaz de la combustion.

Les nervures ont donc comme grand avantage d'élever moins la température de l'air chauffé.

Construction des foyers de calorifères. — Les foyers de calorifères sont généralement formés par une cloche en fonte composée de un ou plusieurs anneaux emboîtés, les joints étant formés par une rainure profonde remplie de sable et de terre à four (fig. 115).

La cloche porte à sa partie basse un cadre destiné à porter la grille en fonte ordinairement de forme circulaire. A la partie haute,

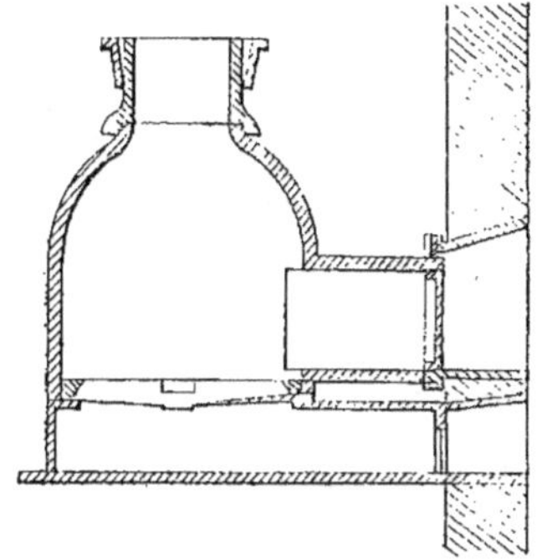

Fig. 115. — Foyer simple de calorifère.

dans une rainure spécialement disposée, vient reposer le tuyau de dégagement des gaz de la combustion, tuyau qui joint la cloche du foyer aux éléments de la surface de chauffe.

La cloche étant placée le plus souvent au milieu de la chambre du calorifère et entourée de ces éléments, se trouve assez éloignée de la façade du fourneau, aussi fait-on venir à l'avant de la cloche deux longues tubulures superposées s'ouvrant dans des embrasures ménagées dans la maçonnerie. Ces deux tubulures sont destinées : celle de dessus, à faire facilement le chargement de la grille ; l'autre, à vider et nettoyer le cendrier, qui doit toujours, en marche, contenir une épaisseur d'eau de 5 à 6 centimètres.

Afin d'éviter que la cloche ne puisse être portée au rouge, par suite de son exposition au rayonnement ardent du foyer, on a essayé de la refroidir, en ménageant dans l'épaisseur de la fonte des conduits verticaux et débouchant, à la hauteur du tuyau de dégagement des gaz de la combustion qui sont parcourus par de l'air pris dans le cendrier. Cette disposition n'a donné que de mauvais résultats, l'air circulant mal dans les conduits, et la cloche, plus

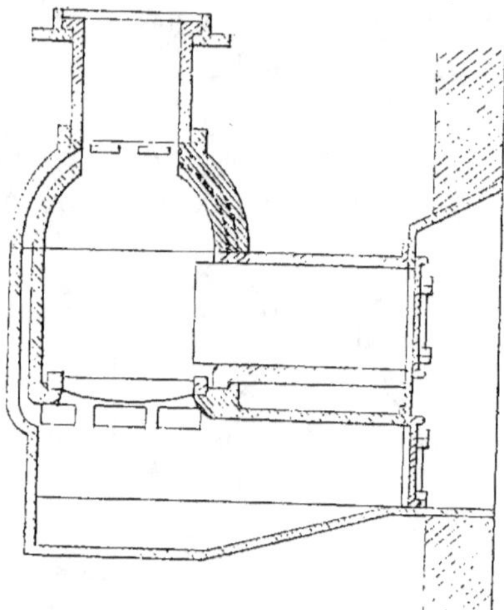

Fig. 116. — Foyer de calorifère avec conduits de circulation d'air.

fragile par suite de sa construction spéciale, se détruisant très rapidement (fig. 116).

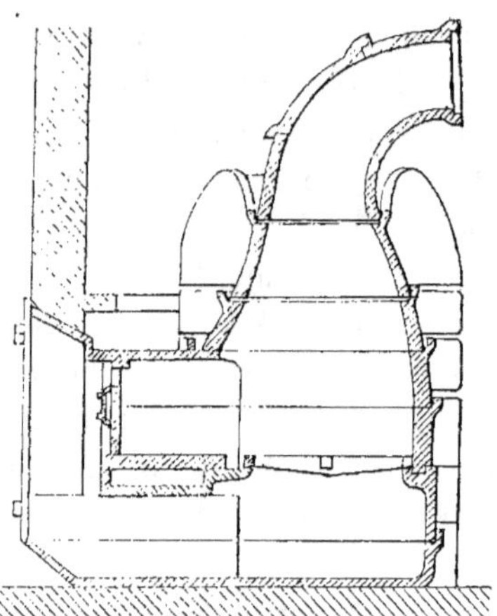

Fig. 117. — Foyer de calorifère à couronnes annulaires nervées.

Le foyer, paraissant avoir plus de durée et éviter le plus complètement l'inconvénient de rougir, est celui formé de plusieurs cou-

ronnes annulaires munies de nervures verticales et dont l'intérieur,
du moins sur la hauteur de la couronne inférieure, est garni d'un
épais revêtement de briques réfractaires (fig. **117**).

La forme cylindrique de la cloche a l'inconvénient d'en compli-
quer le travail de modèle, à cause des tubulures de chargement de
combustible et d'extraction des cendres ; aussi construit-on des
cloches de forme ovoïde ayant la porte de foyer à une extrémité et
l'orifice de dégagement des gaz à l'extrémité opposée.

A l'intérieur, la fonte est munie de nervures peu saillantes et arron-
dies destinées à empêcher l'adhérence trop forte des mâchefers, en
même temps qu'elles donnent de la solidité à la cloche (fig. **118**).

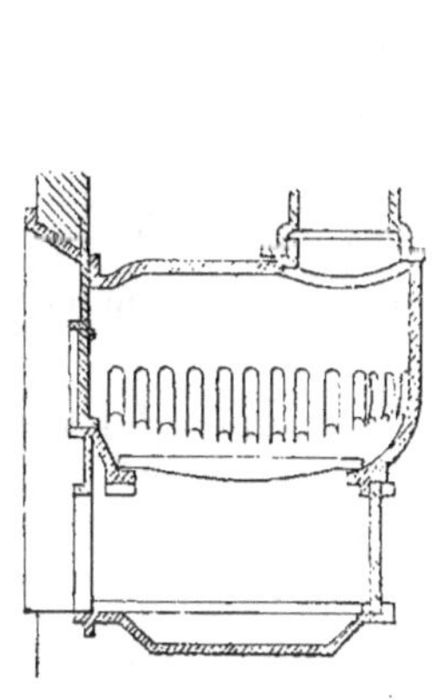

Fig. 118.
Foyer de calorifère à cloche ovoïde.

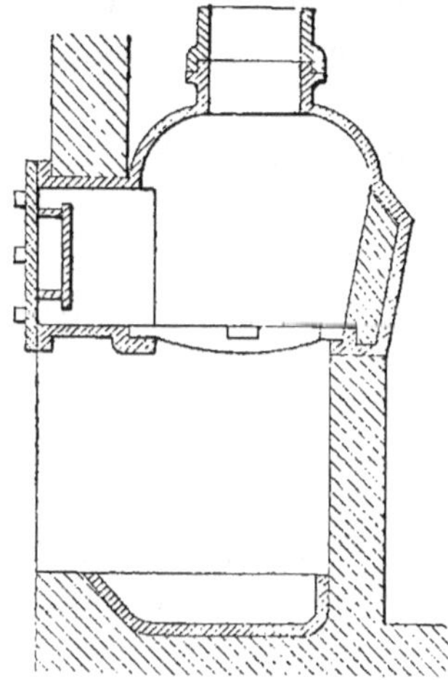

Fig. 119.
Foyer de calorifère (Grouvelle).

La grille de cette forme de foyer est rectangulaire.

En résumé, au point de vue de la durée, toutes les formes de
foyers de calorifères ont des avantages et des inconvénients propres
qui se compensent et leur donnent la même valeur.

Il est bon d'avoir des moyens pour empêcher la fonte de rougir.
Ceux-ci se réduisent à l'emploi des nervures extérieures et du
garnissage réfractaire avec mortier de coulis réfractaire (fig. **119**),
garnissage qui a besoin d'être refait souvent pour être toujours main-

tenu en bon état. Ce garnissage diminue la transmission et affaiblit le rendement du calorifère, mais il vaut mieux sacrifier à l'économie qu'à l'hygiène, l'air qui circule au contact de surfaces rougies s'altérant dans sa composition, contractant de mauvaises odeurs et perdant la plus grande partie de ses qualités hygiéniques.

Le cendrier du foyer de calorifère est ordinairement en fonte ; il repose, ainsi que la cloche du calorifère, sur un massif en maçonnerie, dont l'importance dépend de la nature du terrain sur lequel on se trouve. Toutefois, ce massif doit être construit très solidement, avec de très bons matériaux et de très bons mortiers, car un mouvement dans la maçonnerie amènerait infailliblement une dislocation dans les joints des diverses parties du calorifère, d'où fuites des gaz de la combustion venant se mélanger à l'air de chauffage.

Foyers à alimentation continue. — On est obligé, pour avoir une bonne combustion avec la grille ordinaire, de faire souvent le chargement du foyer. Il en résulte des variations d'entrée d'air sur la grille, entrées qui produisent des fumées et altèrent le régime de marche du foyer en même temps qu'elles rendent onéreuses la dépense de combustible.

On peut annihiler en partie ces inconvénients en prenant la précaution d'ouvrir le registre après le chargement et de le fermer progressivement jusqu'à fermeture presque complète lors du chargement suivant ; mais la sujestion qui en résulte pour le chauffeur, ou la complication de l'appareil, pour réaliser automatiquement ces précautions, ont conduit à chercher des foyers à alimentation continue.

Quelques-uns de ces foyers sont à mouvements mécaniques et ne sont par conséquent utilisables que dans les usines où l'on dispose d'une force motrice ; les autres se composent le plus souvent d'une trémie, placée à l'avant du fourneau pour que le chargement en soit facile ; par son propre poids, le combustible, descend de cette trémie sur une grille à inclinaison variable devant être réglée pour chaque nature de combustible dont l'épaisseur doit toujours être à peu près égale (de 0,08 à 0,10 m. avec des menus ordinaires de houille).

Au bas de la trémie se trouve une porte par laquelle on peut pousser et fourgonner le combustible quand cela est nécessaire (fig. 120).

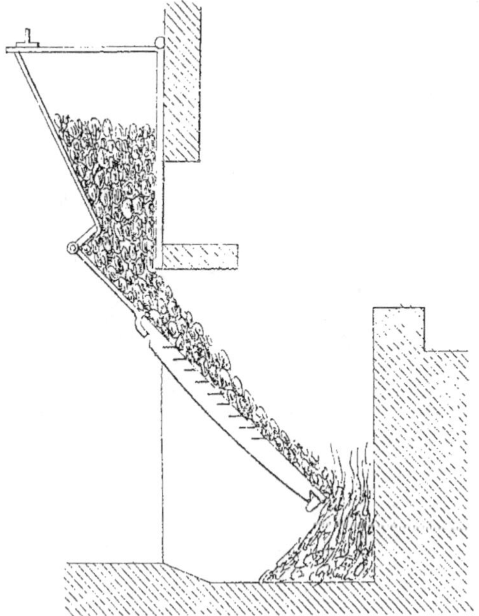

Fig. 120. — Foyer à trémie.

Avec une grande trémie on peut n'effectuer le chargement qu'à de longs intervalles, ce qui est très avantageux dans les installations domestiques.

On ne peut guère avec tous les foyers déjà décrits utiliser que les menus de houille, mais non les poussières de coke, de charbons maigres et en général tous les résidus ordinaires de foyers industriels, résidus qui ont peu de valeur et possèdent cependant encore un pouvoir calorifique important.

M. Michel Perret a combiné dans ce but, diverses dispositions qui sont appliquées assez souvent aux calorifères à air chaud.

Le premier de ces foyers (fig. 121) est celui, dit à étages, composé de quatre ou cinq dalles en terre réfractaire, légèrement cintrées, pour leur donner plus de résistance, et sur lesquelles on étale les menus à brûler. Sur la face du fourneau se trouvent placées les ouvertures pour le chargement et l'étalage du combustible sur les divers étages communiquant entre eux soit à l'avant, soit à l'arrière.

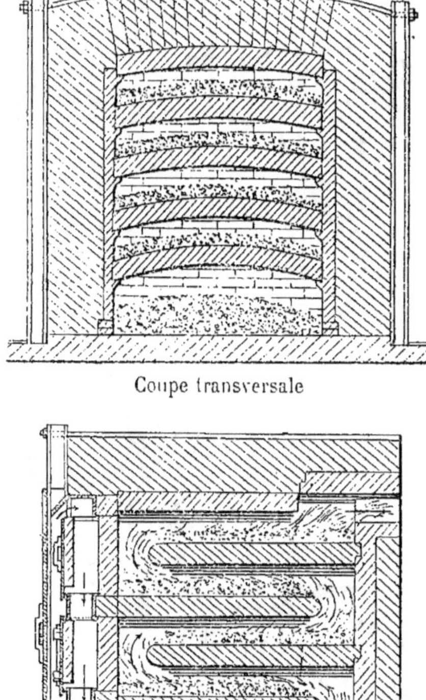

Coupe transversale

Coupe longitudinale

Fig. 121. — Foyer Michel Perret à plaques.

L'air pénètre à la partie inférieure et passe successivement sur les dalles superposées en fournissant l'oxygène nécessaire à la combustion.

Les gaz produits se dégagent par une ouverture à l'étage supérieur et se rendent de là au calorifère où leur chaleur doit être utilisée.

Dans ce foyer, la grille, placée à la partie inférieure, ne sert que pour l'allumage ; le combustible est toujours chargé sur la dalle supérieure, et à mesure que la combustion avance, on le pousse avec

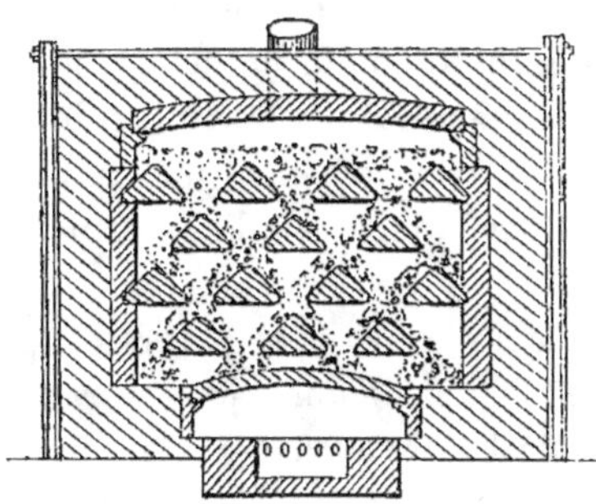

Fig. 122. — Foyer Michel Perret à prismes.

un ringard sur les dalles successives de façon à n'avoir que des cendres incombustibles sur la dalle inférieure.

La deuxième disposition (fig. **122**) a pour but de supprimer le

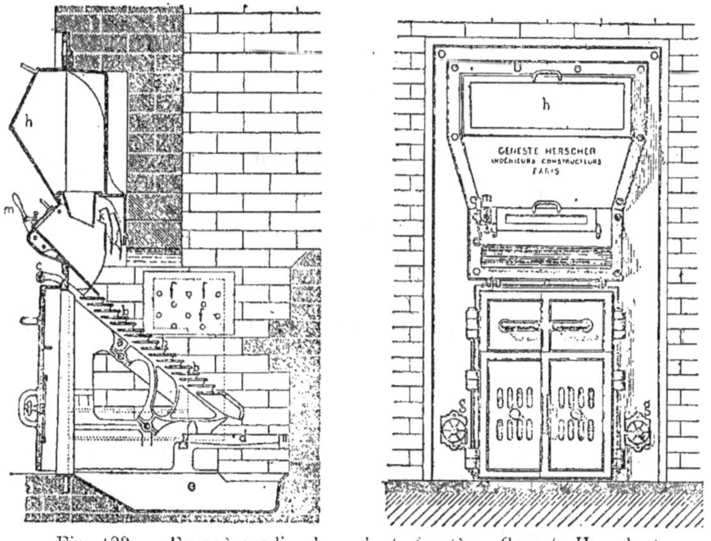

Fig. 123. — Foyer à gradins basculants (système Geneste Herscher).

ringardage indispensable dans la précédente. Les plaques sont remplacées par des prismes triangulaires laissant entre eux des intervalles alternés.

Pour utiliser ces mêmes combustibles menus MM. Geneste Herscher construisent un foyer à gradins basculants (fig. 123), répondant aux conditions d'allumage rapide, de réglage facile, de fonctionnement automatique sans emploi de moyens mécaniques, de simplicité d'entretien, de limitation facile et à volonté de la durée de combustion, de réglage rapide de l'intensité de la combustion.

Ce foyer comprend essentiellement une grille inclinée et basculante, placée au-dessus et en avant d'une petite grille ordinaire horizontale et fixe.

La grille inclinée est constituée par des supports sur lesquels sont disposées, en série, des plaques ajourées, rangées en gradins, très rapprochées l'une de l'autre et formant les barreaux ; chacune de ces plaques peut du reste être remplacée isolément, tout en laissant assurée la solidarité complète de la grille et de ses supports.

La grille inclinée peut basculer ; elle est commandée, à cet effet, par une traverse extérieure, garnie de bois et reliée aux supports par deux bras rigides passant au travers d'ouvertures ménagées dans la façade.

La distribution du combustible se fait au moyen d'une trémie, portant à la partie basse un premier diaphragme mû à la main, et servant à régler l'épaisseur du combustible, et un deuxième diaphragme, mis en mouvement par la grille même, et destiné à arrêter la descente du combustible lorsqu'on renverse la grille.

La porte du cendrier est munie d'ouvertures réglables pour l'introduction de l'air sous la grille.

La façade porte deux ouvertures réglables permettant d'insuffler de l'air chaud sur la grille, afin de compléter la combustion des gaz du foyer.

SURFACE DE CHAUFFE DES CALORIFÈRES

Le foyer est toujours en communication avec la cheminée, mais, afin d'utiliser la plus grande partie de la chaleur produite, il existe, entre le foyer proprement dit et la cheminée, une série de tuyaux ou carneaux de formes diverses, formant surface de chauffe et devant satisfaire aux mêmes desiderata de construction que le foyer lui-même.

Que la surface de chauffe soit formée de tubes en fonte ou de caisses en tôle, il y aura toujours avantage à la munir de nervures, de façon qu'elle présente au contact de l'air l'étendue la plus grande ; si les tubes sont verticaux les ailettes sont axiales, s'ils sont horizontaux les ailettes sont verticales.

Les gaz de la combustion, pris au haut du foyer, doivent aller, dans les conduits formant la surface de chauffe, toujours dans le même sens, et en descendant, afin de réaliser le chauffage méthodique, l'air à chauffer circulant en s'élevant.

Les calorifères à tubes verticaux seront donc généralement à préférer, car la surface de transmission est beaucoup mieux utilisée et la circulation renversée y est réalisée en même temps.

Dans les calorifères à tubes lamés horizontaux, l'air se trouve aussi chauffé également, surtout si l'on dispose les conduits en cercle autour de la cloche du foyer, mais la transmission est gênée en partie par la suie qui se dépose dans les tubes.

Dans ces calorifères, la nappe d'air extérieur est à la partie inférieure, divisée en deux parties : l'une se chauffe au contact de la paroi du foyer, qui est à une température très élevée, l'autre se chauffe au contact du conduit de fumée inférieur, qui est à une température relativement basse ; ces deux lames d'air, en se mélangeant, produisent la masse à la température voulue :

Il est nécessaire de laisser, à la partie supérieure de l'enveloppe, un réservoir d'air chaud d'où partent les conduits de distribution. Ce réservoir peut être relié à la chambre de chaleur proprement dite, par un conduit de très faible longueur et de section égale au total des sections des conduits de chaleur desservis par le calorifère.

Au passage de ce raccordement il y aura, par suite du rétrécissement, un remous facilitant le mélange des colonnes d'air, de façon à avoir une température uniforme, qui doit être voisine de 90° au maximum.

Il est indispensable aussi que les conduits, formant surface de chauffe, soient munis de tampons en nombre suffisant pour en faire le nettoyage et enlever la suie qui diminue rapidement la transmission.

Les surfaces de chauffe des calorifères sont formées, soit de tubes que l'on dispose horizontalement ou verticalement, soit d'une enveloppe en tôle divisée en compartiments par des chicanes.

Les tubes sont unis, ou nervés extérieurement; en tous cas ils doivent porter des tubulures en nombre suffisant pour que le nettoyage en soit facile.

Les gaz de la combustion, en circulant à l'intérieur de ces tubes, déposent de la suie qu'ils contiennent en suspension, diminution considérable de la transmission à travers les parois. C'est pourquoi les calorifères à tubes verticaux sont presque toujours préférables à ceux à tubes horizontaux, les poussières ne pouvant se déposer dans les premiers.

Dans tous les cas, les joints doivent être faits avec beaucoup de soin et placés de telle façon qu'ils ne nuisent pas aux effets de dilatation, s'y prêtent sans crainte de dislocation, et soient facilement visitables.

Pour la disposition des surfaces de chauffe, quelles que soient du reste leur forme, il ne faut pas perdre de vue que :

1° Pour refroidir le mieux possible un fluide, il faut le faire circuler en descendant au contact des surfaces de transmission ;

2° Pour échauffer le mieux possible un fluide, il faut le faire circuler en montant au contact des surfaces de transmission ;

3° Lorsque des gaz chauds à refroidir circulent dans un carneau horizontal, il faut toujours les faire échapper par un orifice percé à la partie inférieure du carneau.

Si par suite de considérations particulières l'on est obligé de faire circuler le fluide chaud en montant, il est nécessaire de le chicaner par des murettes dans le conduit qu'il parcourt.

Détermination des dimensions du foyer et de la surface de chauffe. — Le foyer et la surface de chauffe ne sont pas quelconques; ils doivent être déterminés comme dimensions d'après le résultat que l'on a en vue.

Par le calcul du chauffage à fournir dans chaque local, on a la quantité totale de calories utiles à fournir.

Dans son parcours pour arriver au lieu d'utilisation, l'air perd une certaine quantité de calories ; il y a de même une certaine quantité de chaleur perdue au travers des parois de la chambre de chaleur, et les gaz de la combustion, en s'échappant à une certaine température, emportent encore un certain calorique non utilisé.

Ces diverses pertes peuvent être étudiées et calculées très approximativement, les coefficients de transmission à travers les parois en briques et poteries, les températures de l'air chaud et de l'air extérieur étant connus ; mais cette détermination a une importance relative, un appareil de chauffage devant toujours pouvoir donner un peu plus que les prévisions ; il suffit pour avoir la puissance de l'appareil d'augmenter le nombre de calories utiles de 20 0/0 dans les petites installations à conduits de chaleur peu ou non groupés et de 10 0/0 dans les installations importantes et bien établies.

On estime que, dans un calorifère, on ne peut brûler que 40 à 45 kilogr. de houille par mètre carré de surface de grille et par heure; comme d'après la nature du combustible employé on connaît sa puissance calorifique, on aura donc la quantité totale de houille à brûler et par suite la surface de la grille. Il faut remarquer que dans le calorifère on n'utilise que 50 à 60 0/0 de la chaleur réellement contenue dans le combustible ; en bonne construction on peut admettre 60 0/0.

La surface de la grille étant déterminée, on peut facilement, d'après la forme qu'on veut lui donner, en conclure les dimensions, et par suite celles en longueur et largeur de la cloche du foyer.

La surface de chauffe, au point de vue de l'activité de la transmission, se divise en : surface de chauffe directe, qui est la partie exposée directement au rayonnement du foyer ; et en surface indirecte, qui est celle recevant le contact des gaz chauds de la combustion. La surface indirecte comprend elle-même deux parties, celle en contact avec les gaz encore enflammés, qui ne s'éteignent qu'à une certaine distance du foyer, et celle seulement en contact avec les gaz éteints.

Tandis que la quantité de chaleur transmise par la surface directe est d'environ 10000 calories, celle transmise à la fin de la deuxième portion de la surface indirecte n'est plus que de 300 calories. On compte qu'en moyenne, dans un calorifère bien construit, la transmission est de 3000 à 3500 calories par mètre carré de surface de chauffe, sans distinction entre la surface directe et la surface indirecte.

On peut donc déterminer la surface de chauffe totale du calorifère puisqu'on connaît le nombre total de calories à fournir.

On remarque que cette surface est d'environ 70 à 80 fois celle de la grille ; elle atteint même 100 fois cette surface dans les appareils d'une puissance inférieure à 50000 calories.

La surface de chauffe directe est d'environ 4 à 5 fois, la première partie de la surface indirecte 9 à 12 fois, la deuxième partie 50 à 60 fois celle de la grille.

Il est bon de remarquer que les gaz de la combustion et l'air froid circulant dans le même sens, le rendement n'augmente pas sensiblement au-delà d'une surface de chauffe de 0 m², 90 à 1 m² par kilogramme de houille brûlé à l'heure, tandis que dans les cas des circulations en sens inverse (chauffage méthodique), ce même fait ne se présente que pour des surfaces de chauffe de 1 m² 60 à 1 m² 79 par kilogramme de houille.

Ce rendement maximum n'est guère que de 50 0/0 dans le premier cas et peut dans le second atteindre 60 0/0 du calorique contenu dans le combustible.

Il est utile aussi de déterminer la section de la cheminée devant desservir le calorifère, on peut consommer en moyenne 350 kilogrammes de houille par mètre carré de section de cheminée, on a donc facilement cette section puisqu'on connaît le poids de combustible à brûler ; la section des carneaux reliant l'appareil à la cheminée, est de de 1,40 à 1,60 fois celle de cette même cheminée.

On peut aussi déterminer cette section au moyen de la relation :

$$ps = 500 \, S \sqrt{\frac{\text{H}}{1+\text{R}}}$$

avec

$$\sqrt{\frac{\text{H}}{1+\text{R}}} = 0,75 \qquad \text{d'où } S = \frac{ps}{375}$$

On munit généralement le tuyau de fumée d'un registre destiné à ralentir le tirage à certains moments ; on ne saurait trop s'élever contre cette pratique, qui est souvent cause d'une augmentation de la pression des gaz dans la cloche des calorifères et de leur fuite par les joints ; pour opérer un bon réglage, il faut agir sur l'entrée d'air de combustion, c'est-à-dire sur la porte du cendrier, qui doit être fermée hermétiquement si besoin est.

On peut aussi munir le tuyau de fumée d'une ouverture qui, à l'allumage, servira à activer le tirage, et qui, en cas d'excès de tirage, pourra être utilisée pour laisser entrer de l'air froid dans la cheminée même et en diminuer l'activité.

Enveloppe des calorifères. — Le foyer proprement dit et la surface de chauffe sont entourés d'une enveloppe en maçonnerie pour éviter de trop grandes déperditions de chaleur dans l'enceinte où est placé le calorifère. Cette enveloppe, par les vides qu'elle laisse entre elle et la surface de chauffe, constitue la chambre de chaleur.

C'est entre la face interne de ses parois et la face externe de celle des parties métalliques, cloche, tubes, etc., que s'élève l'air à chauffer.

La chaleur qui se transmet à travers les parois de l'enveloppe étant perdue, il est nécessaire de constituer celle-ci avec des matériaux aussi peu conducteurs que possible et de leur donner une épaisseur importante.

On fait généralement l'enveloppe en briques de Bourgogne, et on lui donne une épaisseur de 0,22.

Ce sont donc quatre murs verticaux de 0,22 de hauteur, ayant la largeur suffisante pour laisser à l'air qui s'échauffe un passage tel que sa vitesse ascensionnelle soit de 1 mètre environ.

Il y a lieu de ménager autant que possible sur le mur de face et indépendamment de la plaque de façade en fonte (laquelle porte les portes de chargement du foyer et du cendrier), les tampons d'ouverture pour le nettoyage des conduits de surface de chauffe, ainsi que les ouvertures des vases de saturation, placés souvent à la partie inférieure de la chambre de chaleur, alors qu'ils devraient se trouver à la partie supérieure et disposés pour être alimentés par un petit réservoir à flotteur.

Lorsqu'on a ainsi toutes les ouvertures autres que celles destinées à recevoir les conduits d'air chaud sur une même face, on peut souvent appuyer le calorifère contre une ou deux cloisons et diminuer notablement la déperdition de chaleur par les parois de l'enveloppe.

Les murs de celle-ci portent, concurremment avec le massif du foyer, les diverses pièces servant de support soit directement, soit par l'intermédiaire de chaînes, et cela afin de ne pas influer sur les mouvements dus à la dilatation, aux tubes de surfaces de chauffe, saturateurs, etc., ainsi que les ferrures servant à soutenir, s'il existe, le cercle formant passage entre la chambre de chaleur inférieure et le réservoir d'air chaud ; les fers à planchers supportent le plafond de l'enveloppe. On garnit généralement ce plafond d'une couche de 0 m. 10 à 0 m. 20 de sable fin pour diminuer autant que possible la transmission et la déperdition de calorique.

PRISE D'AIR EXTÉRIEUR

Une prise, faite extérieurement, amène l'air froid par un carneau en poterie, brique ou métal, à la partie basse de la chambre de chaleur.

Cet air, empruntant la chaleur des parois du foyer et de la surface de chauffe, s'élève jusqu'à la partie supérieure de la chambre de chaleur, d'où il est distribué par une série de conduites dans les divers locaux à chauffer.

Pour que, dans la saison où l'usage du calorifère est inutile, il n'y ait pas amenée d'air plus ou moins propre dans les pièces, le carneau de prise d'air extérieur est muni d'un registre et peut être fermé hermétiquement. Ce carneau est en outre toujours pourvu d'un regard permettant le nettoyage d'une chambre, dite de poussière, ménagée sur son parcours, et ayant pour but de laisser se déposer à cet endroit la plus grande partie des poussières dont l'air peut être chargé.

La prise d'air froid doit avoir une section totale égale à 1,25 fois la somme de toutes les sections des conduits d'air chaud partant de la chambre de chaleur du calorifère.

Cette prise doit être placée loin de toute émanation nuisible et toujours en dessous des pièces à chauffer, si l'on veut être sûr, que, par suite de circonstances particulières, l'appel d'air chaud devenant faible, il ne se produise pas de courant inverse envoyant l'air chaud à l'extérieur justement par la prise d'air.

Pour faire celle-ci, on utilise généralement un des soupiraux de cave, elle se trouve alors à fleur de sol et sujette à tous les engorgements de poussière amenés par le vent; il est donc bon de ne pas l'orienter suivant les vents les plus fréquents et même de mettre deux prises dans deux directions différentes.

Le mouvement descendant de l'air froid étant d'autant plus important que cet air est plus froid, il y a avantage au point de vue de l'appel et de l'hygiène, à ne pas exposer la prise d'air au soleil; le nord et l'est semblent être les orientations à choisir, si elles satisfont aux autres conditions d'air pur, renouvelé facilement, sans mauvaises odeurs ni humidité trop grande ; une pelouse, un bosquet sont de bons endroits pour prendre l'air.

La prise d'air doit avoir son entrée fermée par une grille doublée d'une toile métallique à mailles assez serrées pour éviter que toutes les ordures telles que détritus, papiers, etc., puissent pénétrer dans le conduit. Cette toile métallique doit pouvoir glisser dans un cadre pour être enlevée et nettoyée au besoin.

Le conduit se compose de deux parties, l'une verticale adossée contre le mur de cave, l'autre horizontale, enfouie en général dans le sol, et venant déboucher au bas de la chambre de chaleur du calorifère.

Le conduit de prise d'air se fait en briques avec épaisseurs de parois de 0,06, 0,11 ou 0,22 m., d'après son importance. On l'appuie toujours contre le mur, suivant sa plus grande largeur; dans la partie verticale, en briques de champ, on ne met pas de cornières aux angles ni de fers plats, mais on ménage un châssis vitré à la partie supérieure, en face le soupirail, pour ne pas priver la cave de jour. On fait à la partie inférieure une ouverture fermée pa une porte en tôle avec loquet, permettant de pénétrer dans la prise d'air pour la nettoyer.

On creuse la partie verticale au-dessous du branchement horizontal, de façon à laisser les poussières se déposer en partie dans la chambre ainsi formée. La prise d'air est enduite en plâtre extérieurement.

La partie horizontale du conduit de prise d'air, si elle est dans le sol, est constituée par une voûte avec chape en ciment; si elle est au-dessus du sol, c'est-à-dire en banquette, le plafond en est constitué par des briques reposant sur des fers plats ou $\perp$ (tés) portés par les murs verticaux, qui ont généralement 0,11 m. d'épaisseur ; le plafond a 0,06 seulement.

Dans ce dernier cas, on enduit en plâtre, extérieurement, toutes les parois.

Quand on possède une cave bien saine et bien aérée, on peut y prendre l'air directement; on évite les frais de construction du conduit de prise d'air et on a de l'air déjà à une certaine température, ce qui permet d'économiser du combustible.

CONDUITS DE CHALEUR

Les conduits de chaleur distribuent l'air chaud dans les locaux à chauffer.

Comme ceux-ci doivent pouvoir être chauffés séparément ou simultanément, chaque conduit de chaleur ne doit desservir qu'un local ou des locaux situés au même étage, chauffés à la même température et toujours ensemble ; on le munit d'un registre permettant l'isolement complet entre le calorifère et le local à ne pas chauffer. Ce registre, manœuvré par une clef, se trouve à l'origine du conduit de chaleur, c'est-à-dire à son départ du calorifère.

La chaleur à fournir dans chaque pièce étant variable aux divers instants du jour, avec le nombre de personnes, l'éclairage, la ventilation, etc., l'air chaud s'échappe dans chaque enceinte par une bouche métallique à ouverture variable, afin de laisser passer une quantité d'air chaud allant depuis un maximum, fonction des nécessités de température par les plus grands froids, jusqu'à un minimum qui est zéro.

Section des conduits d'air chaud. — Les conduits de distribution de l'air chaud ont une section, fonction :

1° De la quantité de chaleur à fournir au local qu'ils desservent ;

2° De leurs sinuosités, conséquences du mode de construction du bâtiment et de la place que doit occuper la bouche d'émission d'air dans le local ;

3° De la hauteur de l'étage du bâtiment où se trouve situé ce local ;

4° De leur longueur.

La quantité de chaleur à fournir est variable avec : la grandeur de la pièce, la surface des parois refroidissantes, la nature de ces parois, leur orientation, la température maximum à maintenir dans le local, la ventilation de ce local.

On peut la calculer très approximativement en connaissant le nombre de calories à fournir ; en se fixant la température d'émission de l'air dans la pièce considérée, on conclut facilement le volume d'air à fournir, 1 mètre cube d'air en se refroidissant de 1 degré abandonnant 0 calorie 307.

L'inconnue est donc la température d'émission de l'air. Celle-ci dépend de l'économie d'installation que l'on recherche, des conditions d'hygiène qu'il serait utile de remplir, mais qu'on néglige trop souvent, des soins que nécessitent la conservation du mobilier, la décoration du local, des garanties dont on veut s'entourer contre l'incendie.

La température maximum à laquelle on chauffe l'air est 90°, celle minimum 40 ; on peut choisir entre ces deux limites.

Plus la température de l'air chaud est faible, plus la quantité à fournir en est grande, et par conséquent plus les sections des prises d'air froid, des conduits d'air chaud sont importantes, plus les frais de première installation sont élevés ; meilleures par exemple sont les conditions hygiéniques.

L'air atmosphérique contient toujours, quelques précautions que l'on prenne, des poussières organiques et minérales en suspension ; en le portant à une température élevée, on brûle ces poussières, et il se dégage dans l'enceinte chauffée une odeur fort désagréable, souvent nuisible à l'organisme.

L'air, pour être respirable, doit contenir une certaine quantité d'humidité ; en le chauffant à l'excès, on le dessèche et on lui enlève une partie de ses propriétés, malgré l'habitude que l'on a prise, pour obvier à cet inconvénient, de munir les calorifères de récipients qu'on maintient remplis d'eau.

Enfin, avec de l'air chauffé à trop haute température, les poussières brûlées noircissent les peintures, les salissent à l'entour des bouches d'émission ; l'air trop chaud dessèche et disloque les meubles ; la moindre élévation peut faire prendre le feu aux boiseries, aux tapisseries, etc., par suite de la présence possible de parcelles en ignition que l'air peut apporter avec lui.

Aussi est-il bon de ne pas dépasser une température normale d'émission supérieure à 70° pour éviter en grande partie ces inconvénients. Dans ces conditions, chaque mètre cube d'air émis fournit $(70 - t)\,0{,}307$ calories, t étant la température du local. On a donc facilement le volume de l'air à émettre, lequel est $\dfrac{C}{(70 - t)\,0{,}307}$; C étant le nombre de calories nécessaires dans la pièce.

Il faut pour calculer la section des conduits d'air chaud, connaître la vitesse d'écoulement de celui-ci, laquelle est produite par la charge résultant de la différence de poids entre la colonne d'air extérieur et celle de même hauteur d'air chaud ; cette hauteur est la distance comprise entre le bas du calorifère, à l'endroit d'arrivée de l'air froid, et la bouche d'émission correspondant à cette conduite.

Théoriquement cette vitesse :

$$v = \sqrt{\frac{2g\,\mathrm{H}\alpha\,(t-\theta)}{(1+\alpha\theta)(1+\mathrm{R})}}$$

H est la hauteur de la colonne d'air ;

θ la température extérieure ;

t la température de l'air chaud ;

R les résistances dues, dans la conduite, au frottement, changements de direction, etc., lesquelles varient de 3 à 15.

Pour des conduites en poterie, cette équation fournit le tableau suivant :

Valeurs de H	Valeurs de v (en mètres) pour $t - 0 =$		
	30°	70°	100°
3,00	0,748	1,202	1,547
6,00	10,20	1,830	2,177
9,00	14,70	2,241	2,683
12,00	16,97	2,585	3,083

Ces valeurs ne sont évidemment qu'approximatives, R étant inconnu et ne pouvant être pris qu'arbitrairement; aussi adopte-t-on assez généralement, pour le cas des hauteurs d'étages ordinaires, soit 3 mètres environ, les vitesses suivantes :

Rez-de-chaussée 1 m. 20 moyenne entre (0,75 à 1,70)
Premier étage   1 m. 50   »   »   (1,00 à 2,00)
Deuxième étage 1 m. 75   »   »   (1,25 à 2,50)
Troisième étage 2 m. 00   »   »   (1,35 à 2,75)
Quatrième étage 2 m. 25   »   »   (1,50 à 3,00)

Pour des hauteurs différentes, on se sert de la relation empirique :

$$ v = \frac{1 \sqrt{H_1}}{\sqrt{H}} $$

dans laquelle H est la hauteur de l'étage où la vitesse est 1 ; H_1 la hauteur totale du bas jusqu'à l'étage considéré.

Avec ces vitesses on a la section des divers conduits d'air chaud.

On peut rapidement faire la vérification approximative de ces sections, dans le cas où la hauteur des étages est comprise entre 3 et 4 mètres, en se basant sur les chiffres suivants :

Étages	Émission d'air chaud inférieure à 100 m³	Émission d'air chaud supérieure à 100 m³
Rez-de-chaussée	0 mq.04	0 mq.030
1er étage	0 035	0 025
2e étage	0 030	0 020
3e étage	0 025	0 020
4e étage	0 025	0 020

Dans les cas de conduits de sinuosités ou de longueurs différentes, ayant à fournir une même quantité de chaleur, on augmente un peu la section du conduit le plus long ou le plus sinueux.

Dans le cas d'air émis à 70°, on force les sections ainsi déterminées.

On donne, à la prise d'air froid, une section qui est généralement 1,25 du total des sections des conduits d'air chaud desservis par le calorifère.

Construction des conduits de chaleur. — Les conduits de chaleur se construisent en poteries rectangulaires (boisseaux Gourlier) ou en briques creuses. Il est bon de les accoler ensemble sur la plus grande partie de leur parcours, afin de réduire au minimum les pertes de chaleur résultant de la transmission dans les caves au travers des parois de ces poteries.

Il est préférable de mettre latéralement les conduits desservant les pièces les plus rapprochées et au milieu le conduit pour le local le plus éloigné.

Le parcours des conduits est une conséquence de la place de la bouche de chaleur à desservir, de la situation du calorifère et du mode de construction du bâtiment.

On commence par fixer la place des bouches d'émission dans les enceintes à chauffer.

Ces bouches peuvent être placées soit dans le sol, soit en plinthe : cette dernière position semble préférable, car le récipient en avant de la bouche est moins sujet à recevoir les poussière du balayage.

Dans tous les cas les bouches doivent être opposées aux foyers d'appel s'il en existe, ceux-ci pouvant être des cheminées, des orifices de ventilation, etc. Elles devront pouvoir être fermées par un registre, le système dit à soufflet sera en général à préférer, bien qu'il soit peu élégant, parce qu'il écarte le courant des murs et évite l'altération trop rapide des peintures et boiseries, altération qui se produit toujours plus ou moins.

La place du calorifère dépend, en même temps que de la nature de la construction, de la position respective des différentes bouches.

La longueur horizontale des conduits d'air chaud ne doit en effet pas dépasser 15 à 16 mètres, et pour les bouches du rez-de-chaussée il est prudent de ne pas aller au delà de 12 mètres ; la position du calorifère est donc au centre du polygone ayant les bouches pour sommets.

Si l'on voulait transporter de l'air chaud à une distance de 40 à 50 mètres, il faudrait fournir par le calorifère, pour que le mouvement se produise, une chaleur égale à 3 fois celle nécessaire au chauffage ; en ne dépassant pas 70 à 80° comme température de l'air chaud à la sortie, sans prendre de précautions onéreuses contre le refroidissement (entourage des conduits par une double cloison avec matelas d'air) on ne peut dépasser un distance de 15 à 16 mètres si l'on veut un fonctionnement assuré.

Les conduits joignent la chambre de chaleur aux bouches.

Ils doivent avoir une pente ascendante en partant du calorifère de 0,05 par mètre au minimum et suivre le chemin le plus direct pour arriver à la bouche d'émission. Il faut éviter toutefois de leur faire traverser les murs de refend à l'endroit des solives, au droit des portes, partout, en un mot, où ils peuvent produire une diminution dans la solidité du bâtiment ; s'ils ont une voûte à traverser, le percement ne devra jamais se faire à la clef mais toujours aux reins de la voûte. On doit, tout en ne perdant pas de vue les autres conditions déjà citées, chercher à les faire passer au-dessus des linteaux des ouvertures de cave chaque fois qu'il est possible.

Ceci revient à dire qu'il faut, en général, pour pouvoir réaliser un chauffage économique, étudier celui-ci avant que la construction ne soit faite, c'est-à-dire prévoir les plans d'exécution du bâtiment en conséquence.

Le projet de construction ne doit donc pas être adopté définitivement s'il ne comporte l'installation du chauffage, installation projetée en tenant compte de toutes les conditions à remplir au point de vue de ce chauffage proprement dit sauf à changer certains détails de la construction même s'il est nécessaire.

Le jour où l'on pratiquera ainsi, les maisons chauffées au moyen de l'air chaud seront réellement habitables, ce qui n'arrive que rarement aujourd'hui.

Les conduits de chaleur peuvent être ou suspendus ou en terre-plein.

Quand ils sont suspendus, s'ils sont en poterie, on les soutient par des bandes de fer plat placées sous la poterie, au milieu et longitudinalement ; tous les mètres on met un collier en fer forgé scellé dans le plafond, supportant les fers plats et par conséquent les poteries.

Les fers employés généralement sont de 35/7, 40/9, et 50/11 ; suivant l'importance du groupe de poteries que l'on a réunies côte à côte. Les conduits de chaleur ayant une pente de 0,05 par mètre et aboutissant au niveau du plafond à l'endroit seulement du conduit vertical les réunissant aux bouches d'émission, il reste un vide entre le dessus du conduit et le plafond de la cave. Pour éviter qu'un courant d'air refroidissant ne s'établisse dans cet espace, on élève au moyen de briques creuses les deux parois latérales extérieures jusqu'au raccordement avec le plafond.

Les poteries et ces murettes latérales sont hourdées en plâtre généralement au $\frac{1}{2}$ de léger en plafond et au $\frac{1}{3}$ de léger sur les autres faces.

Quand les conduits de chaleur suspendus sont en briques, on munit les angles inférieurs de cornières (40/40/5, ou 50/50/7) ; les fers plats longitudinaux sont placés sous les joints et les colliers placés de mètre en mètre subsistent et supportent les fers plats et les cornières. Les briques employées sont creuses et ont généralement 0,33 × 0,16 × 0,045 m. ou des dimensions approchantes ; on les hourdit en plâtre au $\frac{1}{2}$ de léger pour les plafonds, au $\frac{1}{3}$ de léger pour les parties verticales ayant moins de 0,35 m. de hauteur, au $\frac{1}{4}$ de léger pour les planchers et les parois verticales ayant plus de 0,35 m. de hauteur.

Les murettes latérales pour éviter les courants d'air entre le plafond de la cave et le plancher des conduits subsistent toujours.

Quand les conduits d'air chaud sont en terre-plein, qu'ils soient en poteries ou en briques, on ne les met pas à même dans le sol. Quand ils ont moins de 10 mètres de longueur, on les fait reposer sur un lit de corps mauvais conducteurs et on les entoure de mâchefers tassés.

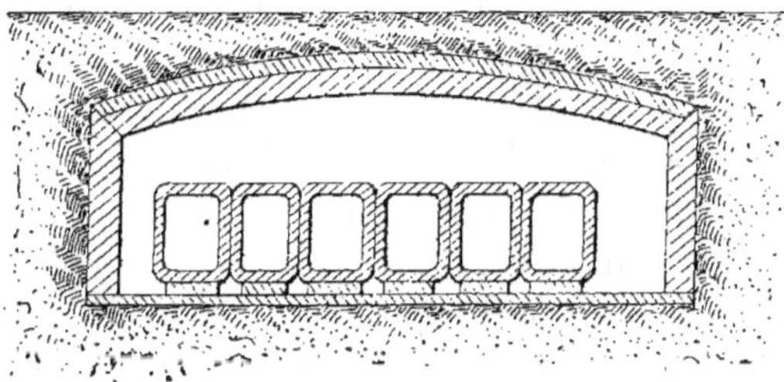

Fig. 124. — Conduits de chaleur en terre-plein.

Quand la longueur dépasse 10 mètres on les enveloppe d'une gaine protectrice pour éviter les déperditions de chaleur (fig. 124). Cette gaine construite en briques pleines de $0,22 \times 0,11 \times 0,055$ a le sol formé par une brique mise à plat, les parois verticales par une brique de 0,11 et la voûte supérieure par une brique de 0,11 revêtue d'une chape en ciment. Le sol et les parois verticales de cette gaine sont intérieurement enduits de plâtre, les poteries formant les conduits de chaleur reposent sur le sol de cette gaine par l'intermédiaire d'une brique mise à plat ; il doit rester au moins un espace vide de 0,05 à 0,06 m. entre les parois extérieures des conduits d'air chaud et les parois intérieures de la gaine.

Les poteries les plus employées sont celles de :

0,30 $\times$ 0,30	section	9 décimètres carrés,
0,22 $\times$ 0,25	»	7,5.
0,19 $\times$ 0,22 ou 0,16 $\times$ 0,24 »		4,1.
0,17 $\times$ 0,19	»	3.2.
0,13 $\times$ 0,16	»	2,1.

elles se trouvent en bouts de 0,33 m. de longueur, leur épaisseur de parois est de 3 millimètres, leurs angles sont arrondis intérieurement, le coefficient de transmission est 3.

Elles sont à bout mâle ou femelle et s'emboîtent les unes dans les autres, en interposant un peu de plâtre dans le joint pour assurer l'étanchéité. Les extrémités mâles doivent se trouver dans le sens du mouvement du fluide.

Quand les conduits sont en briques on arrondit intérieurement les angles au moyen d'un congé en plâtre.

Lorsqu'on a à faire passer un certain nombre de conduits dans un espace restreint comme largeur, tel par exemple que dans l'imposte d'une porte, on fait en tôle la partie de conduits à cet endroit.

On peut aussi, dans certains cas, avoir à juxtaposer des conduits desservant des locaux de différents étages; le local d'étage inférieur doit être alimenté par le conduit supérieur; de même, si la quantité des conduites partant d'un même calorifère est telle qu'on soit obligé de juxtaposer des conduits desservant les pièces d'un même étage, on doit mettre à la partie supérieure ceux qui alimentent les locaux les plus éloignés ; c'est-à-dire ceux donnant l'air le plus chaud.

Les parties horizontales des conduits de chaleur viennent se raccorder à des parties verticales que l'architecte a généralement ménagées dans les murs de refend.

On ne met en effet pas ordinairement de ces conduits dans les murs de face à cause du refroidissement important qui se produirait par les parois.

Souvent même, quand on manque de murs de refend aux endroits voulus, pour desservir toutes les pièces à chauffer, les conduits verticaux sont montés dans les angles en formant goussets ; s'il y en a plusieurs accolés, on les dispose contre les cloisons de façon à former des colonnes que l'on peut moululer et qui servent à l'ornementation, que les conduits soient constitués par des poteries placées côte à côte, ou par une gaine en briques portant des cloisons séparatives ; il ne faut pas oublier qu'un même conduit ne doit jamais fournir de l'air chaud à deux enceintes situées à des étages différents.

Les conduits verticaux sont terminés à leur extrémité par la bouche de chaleur qui peut être plus ou moins ornementée en rapport, comme style, avec l'ameublement.

Les bouches de chaleur se font en fonte ou en cuivre; à cause des parties pleines, fonction des dessins qu'elles forment, la section vide n'est qu'une faible partie de la surface totale de la grille, on se trouve donc obligé de se raccorder au conduit sur plusieurs de ses faces par l'intermédiaire de petites murettes inclinées, en briques, formant un récipient d'émission d'air chaud où se produit un ralentissement de la vitesse de l'air.

Ce récipient est généralement noirci à l'intérieur si on tient à un travail soigné.

La bouche de chaleur doit toujours être à fermeture variable, laquelle peut être constituée soit par une plaque de tôle crénelée coulissant en arrière du cadre (bouche à créneaux), soit par de petites persiennes métalliques intérieures (bouche à persiennes), soit par une porte extérieure à charnières (bouche ronde à charnières), soit par des lames saillantes (bouche à lames saillantes), soit par une coulisse placée extérieurement au conduit (bouche à coulisses), soit enfin par un triangle métallique formant soufflet (bouche à soufflet).

La commande de cette fermeture est faite par un bouton qui lui est fixé et fait saillie à l'intérieur du local.

Les bouches à créneaux et à persiennes se font pour être placées en plinthe ou en parquet, les autres ne sont faites que pour être placées en plinthe.

Elles comportent toutes, pour les fixer, un cadre métallique dans lequel les fermetures sont enchassées ; le scellement de ce cadre dans les murs se fait au plâtre ; dans les boiseries on le fixe par des vis.

CALORIFÈRES EMPLOYÉS ACTUELLEMENT

Les calorifères à cloche de métal et à circulation d'air semblent remonter à Strutt en 1792 et le premier a dû être construit pour chauffer l'hôpital de Derby.

Dans la description qui en est faite par Sylvester on sent déjà l'importance des conduits à large section et la nécessité d'obtenir une grande quantité d'air à température moyenne.

Le marquis de Chabannes, en 1813, propose d'augmenter la surface de chauffe des poêles et des calorifères, en faisant circuler la flamme et la fumée autour de nombreux tuyaux plongés dans les foyers et recevant l'air extérieur par le bas (fig. 125).

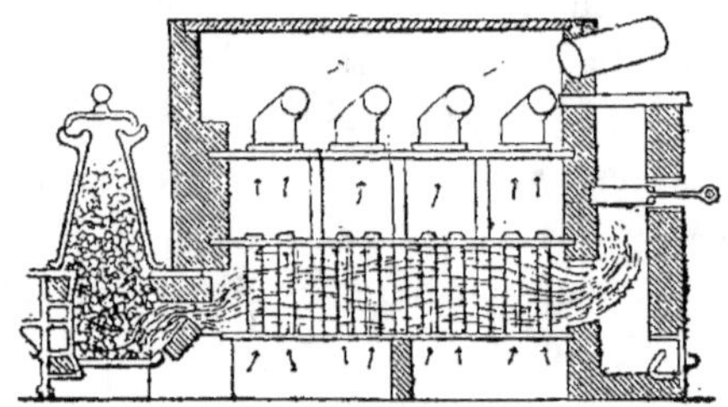

Fig. 125. — Calorifère du marquis de Chabannes.

L'emploi des canelures à l'intérieur des foyers et des nervures ou ailettes à l'extérieur remonte aussi à la même époque à laquelle on trouve en Angleterre, dans l'industrie en particulier, les serpentins (fig. 126), les ailettes (fig. 127), la forme de ruche à miel (fig. 128), et les tubes divisés (fig. 129).

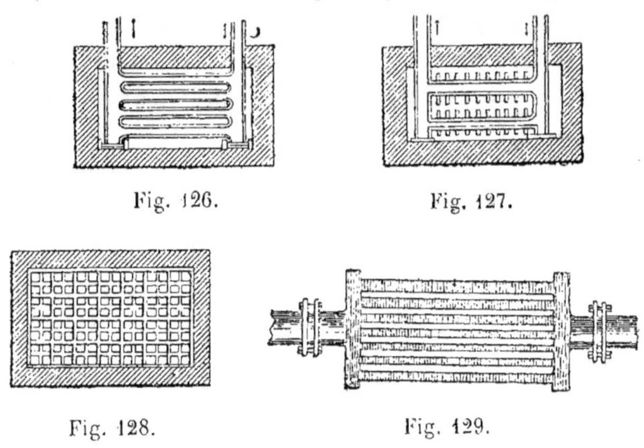

Fig. 126.   Fig. 127.

Fig. 128.   Fig. 129.

En 1835, Sylvester prend un brevet pour les poêles à ailettes, et, en 1865, les applique aux poêles destinés au chauffage de l'air.

Aujourd'hui, parmi les appareils ayant une certaine notoriété, soit par leurs qualités propres, soit par le nom réputé de leurs constructeurs on cite :

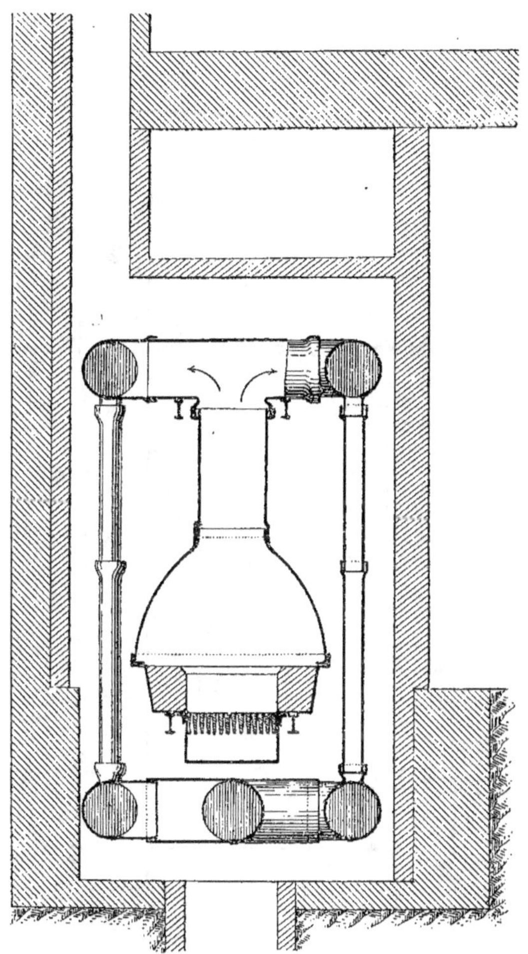

Fig. 130. — Calorifère à tubes verticaux (coupe transversale).

a. **Calorifère à tubes verticaux** (fig. 130). — Le calorifère à tubes verticaux se compose d'une cloche hémisphérique simple, lisse tant à l'intérieur qu'à l'extérieur, garnie tout autour et intérieurement d'un revêtement de briques réfractaires et renfermant la grille circulaire du foyer.

La cloche porte, relié par un joint à emboîtement, un tuyau vertical dans lequel montent les gaz de la combustion.

Fig. 130. — Calorifère à tubes verticaux (coupe longitudinale).

Ce tuyau est terminé par une tubulure horizontale à deux branches, desservant à droite et à gauche deux rangées de tubes verticaux plus petits ; ces tubes se réunissent, à la partie inférieure, dans deux collecteurs horizontaux, conduisant à la cheminée, par un tuyau unique, les gaz de la combustion ; sauf les joints du tuyau vertical, surmontant la cloche, avec la tubulure horizontale supérieure, qui est à rainure et bain de sable. tous sont à emboîtement.

Les collecteurs horizontaux sont munis de tampons pour le nettoyage.

L'air arrive à la partie inférieure du calorifère. circule, en montant, au contact de la cloche et des petits tubes verticaux, et se réunit à la partie supérieure dans la chambre de chaleur.

On trouve dans ce calorifère la garniture du foyer, le mouvement descendant des gaz chauds, l'utilisation presque complète de la surface de chauffe, le mouvement ascendant du fluide froid, le nettoyage facile des conduits horizontaux ; il n'y a pas de saturateur, les joints manquent d'une sécurité absolue, la fonte de la cloche a des chances de rougir.

b. **Calorifère à tubes horizontaux** (fig. 131). — Le calorifère à tubes horizontaux a la cloche simple et le foyer analogue au précédent.

La cloche porte, l'emboîtant directement, le collecteur horizontal supérieur, d'où partent des tuyaux horizontaux disposés en serpentins, venant se réunir sur un collecteur inférieur unique, placé près de la face du calorifère, opposée à celle où se trouve le collecteur supérieur, et conduisant à la cheminée les gaz de la combustion.

Tous les tuyaux sont supportés par des chaînes ce qui vaut mieux que de les faire reposer sur des traverses en fer.

Tous les tuyaux horizontaux collecteurs et éléments de serpentin se prolongent jusqu'à l'extérieur des murs de l'enveloppe et se terminent par des tampons mobiles permettant le ramonage.

L'air froid arrive à la partie inférieure, s'échauffe en s'élevant autour de la cloche et des divers éléments de surface de chauffe, et vient se cantonner à la partie supérieure de la chambre de chaleur d'où il est distribué aux divers locaux.

On trouve dans ce calorifère le mouvement en zigzag mais tou-

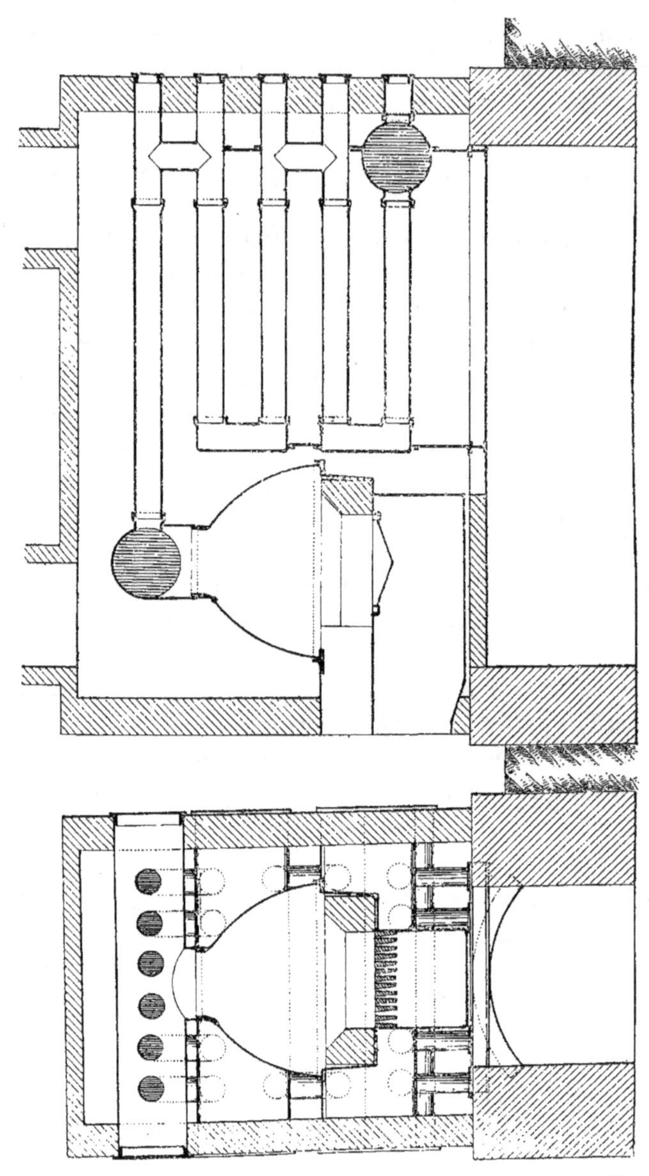

Fig. 431. — Calorifère à tubes horizontaux.

jours descendant des gaz chauds ; le mouvement ascendant du fluide froid, la facilité de nettoyage. La surface de chauffe est

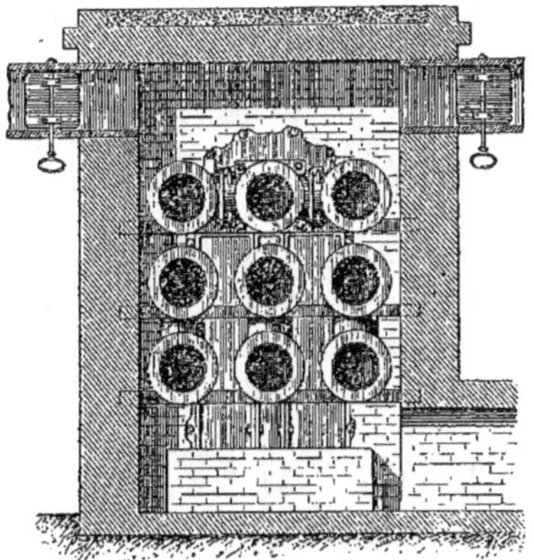

Coupe transversale

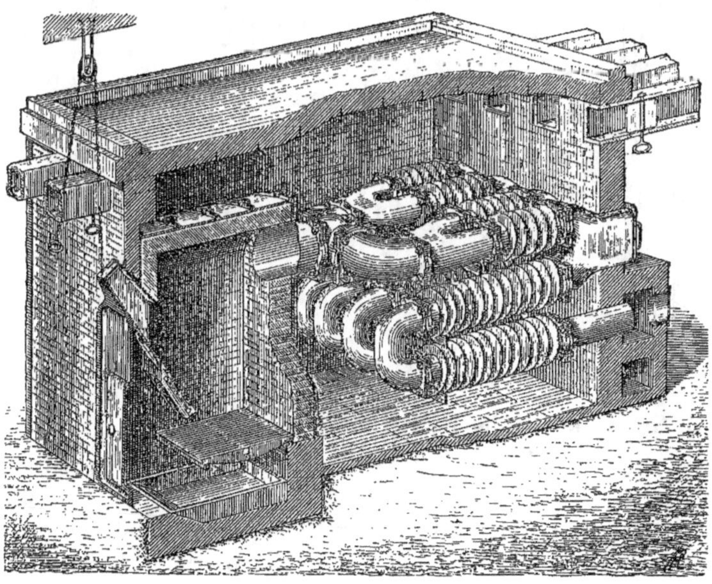

Coupe longitudinale

Fig. 132. — Calorifère Grouvelle à tubes nervés horizontaux.

mal utilisée. la partie supérieure des tubes horizontaux qui est la plus chaude, n'étant que mal léchée par l'air froid,. Si même on n'oblige pas l'air à lécher la surface des tuyaux horizontaux, en disposant ceux-ci en quinconce, les tuyaux supérieurs ont un rendement presque nul.

Tous les joints sont à emboîtement et dislocables, il n'y a pas de saturateur, la cloche peut rougir.

c. **Calorifères Grouvelle** (fig. 132, 133, 134). — Dans les deux calorifères précédents, on a vu que les tubes employés étaient lisses, ce qui en exige un grand nombre et nécessite de leur donner une longueur importante.

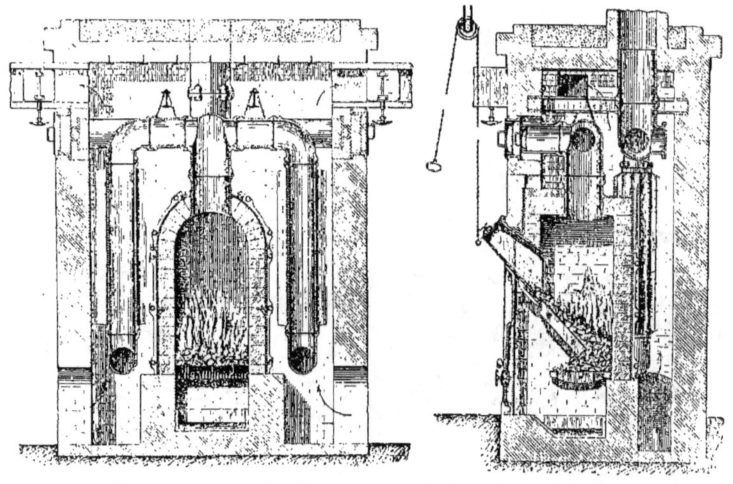

Coupe transversale   Coupe longitudinale

Fig. 133. — Calorifère Grouvelle à tubes nervés verticaux.

M. Grouvelle emploie des tuyaux avec nervures.

Dans le calorifère à *tubes horizontaux* (fig. 132) la cloche est rectangulaire, garnie de briques réfractaires à l'intérieur, le foyer à alimentation continue ; un seul départ horizontal conduit les gaz de la combustion jusqu'à un collecteur transversal d'où partent les tuyaux lamés formant serpentins.

Quand le nombre de serpentins est pair, pour éviter un trop grand nombre de tubulures au collecteur transversal, on les réunit deux à deux sur une même prise formant culotte.

Les tampons de visite sont pris sur les coudes verticaux joignant les éléments horizontaux au serpentin, ce qui en supprime la moi-

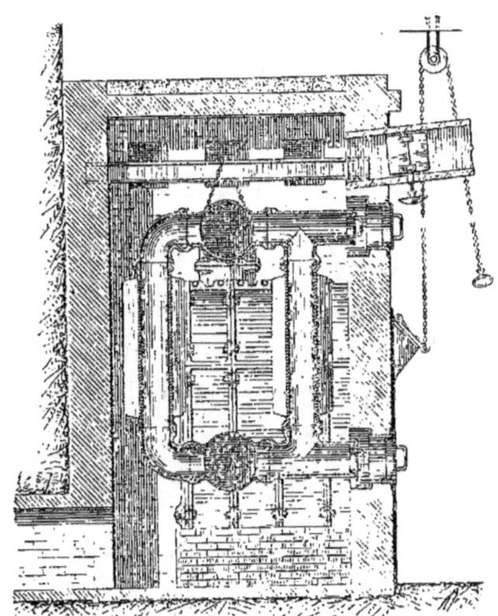

Coupe longitudinale

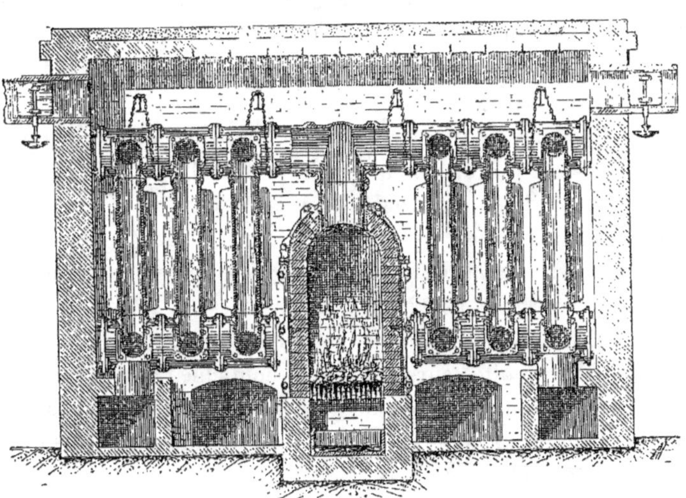

Coupe transversale

Fig. 134. — Calorifère Grouvelle à tubes nervés verticaux.

tié tout en laissant la même facilité au nettoyage ; les derniers éléments horizontaux amènent les fumées dans un collecteur en maçonnerie d'où, en descendant encore, elles passent dans le carneau de la cheminée.

Les tubes lamés sont portés par des barres de fer horizontales scellées dans les parois latérales de l'enveloppe ; tous les joints sont boulonnés.

L'air s'échauffe en s'élevant autour des tubes lamés et de la cloche et vient à la partie supérieure où il est pris par les conduits de chaleur.

Ce calorifère conserve l'un des inconvénients de son similaire à tuyaux lisses, celui de la mauvaise utilisation de la surface de chauffe, inconvénient qui pourrait être diminué en grande partie en employant des tuyaux lamés elliptiques et non circulaires.

Le calorifère à tubes nervés verticaux (fig. 133 et 134) est construit d'après le même principe.

Le foyer est toujours à alimentation continue ; il est rectangulaire, terminé en voûte ; le départ des gaz se fait par un tube placé à la clef ; il se divise en deux branches horizontales, supportées par des chaînes, d'où partent les tubulures de raccordement avec les tubes lamés verticaux ; ces tubulures sont prolongées jusqu'à la façade, où elles sont fermées par des tampons mobiles permettant le ramonage facile.

Deux collecteurs inférieurs réunissent de même chacun la moitié des tubulures de raccordement du bas et conduisent les gaz par un branchement dans un carneau latéral, les deux carneaux venant se réunir à la cheminée.

L'air froid arrive à la partie inférieure, se chauffe au contact des tubes lamés et des collecteurs, et se ramasse à la partie supérieure, où il profite du rayonnement du collecteur supérieur.

Les joints des collecteurs sont tous boulonnés, ceux seuls des tubes verticaux sont à emboîtement. On peut dire que ce calorifère, qui est muni de saturateurs, est un des mieux compris et de meilleur rendement qui existent.

d. **Calorifères Kœrting** (fig. 135, 136, 137). -- MM. Kœrting frères, construisent un *calorifère à tubes lamés horizontaux*, peu

différent de celui de M. Grouvelle, si ce n'est que la cloche proprement dite est supprimée et que le tuyau lamé supérieur est intérieurement garni de briques réfractaires. Ce calorifère n'est ni supérieur, ni inférieur à ses pareils ; il est muni d'un foyer à alimentation continue.

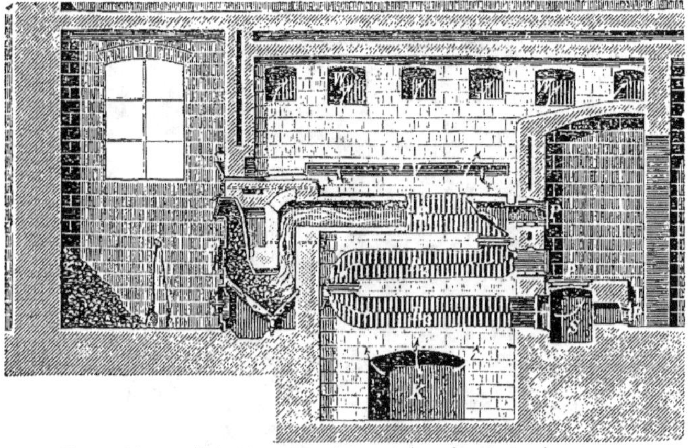

Fig. 135. — Calorifère Kœrting à tubes lamés horizontaux.

Le calorifère composé d'éléments verticaux à ailettes diagonales
comprend trois parties principales (fig. 136 et 137) :

1° Un tuyau distributeur supérieur et horizontal ;

2° Les éléments à ailettes diagonales montés verticalement et
embranchant sur les deux côtés du tuyau horizontal ;

3° Les boîtes à fumée horizontales dans lesquelles débouchent
les éléments par leur partie inférieure.

Le tuyau distributeur supérieur est de forme pentagonale, la face
inférieure est horizontale, les deux côtés sont verticaux et se terminent en forme de toit. Le tuyau possède sur les deux côtés des
ouvertures allongées pour y ajuster les éléments à ailettes.

L'intérieur du tuyau est garni de terre réfractaire.

A la partie supérieure sont disposées des ailettes recouvertes de
tôles minces repliées verticalement au sommet et formant ainsi une
sorte de cheminée afin de produire une circulation uniforme de l'air
le long des ailettes.

Les éléments à ailettes diagonales sont rapprochés entre eux de telle façon que les ailettes de deux éléments voisins se touchent presque.

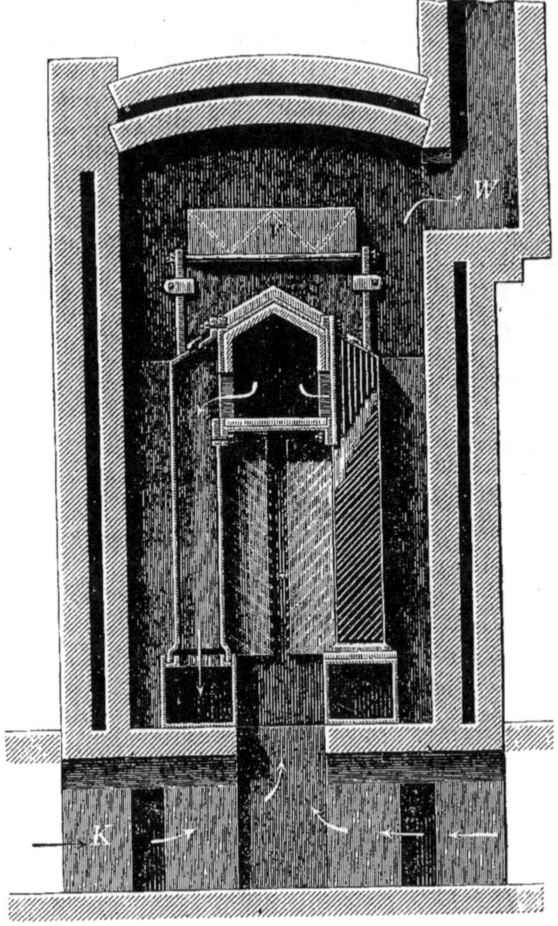

Coupe transversale

Fig. 136. — Calorifère Kœrting avec éléments verticaux à ailettes diagonales.

L'inclinaison sur l'horizontale est combinée de façon que l'air, dans son mouvement ascensionnel, n'ait pas à subir de changement brusque dans sa direction, et que son trajet soit limité à une longueur proportionnée pour qu'il s'échauffe au degré voulu.

La forme plate des éléments offre l'avantage que les gaz chauds qui les parcourent à l'intérieur en couches très faibles, rencontrent une surface de refroidissement très grande relativement à l'épaisseur de leur couche.

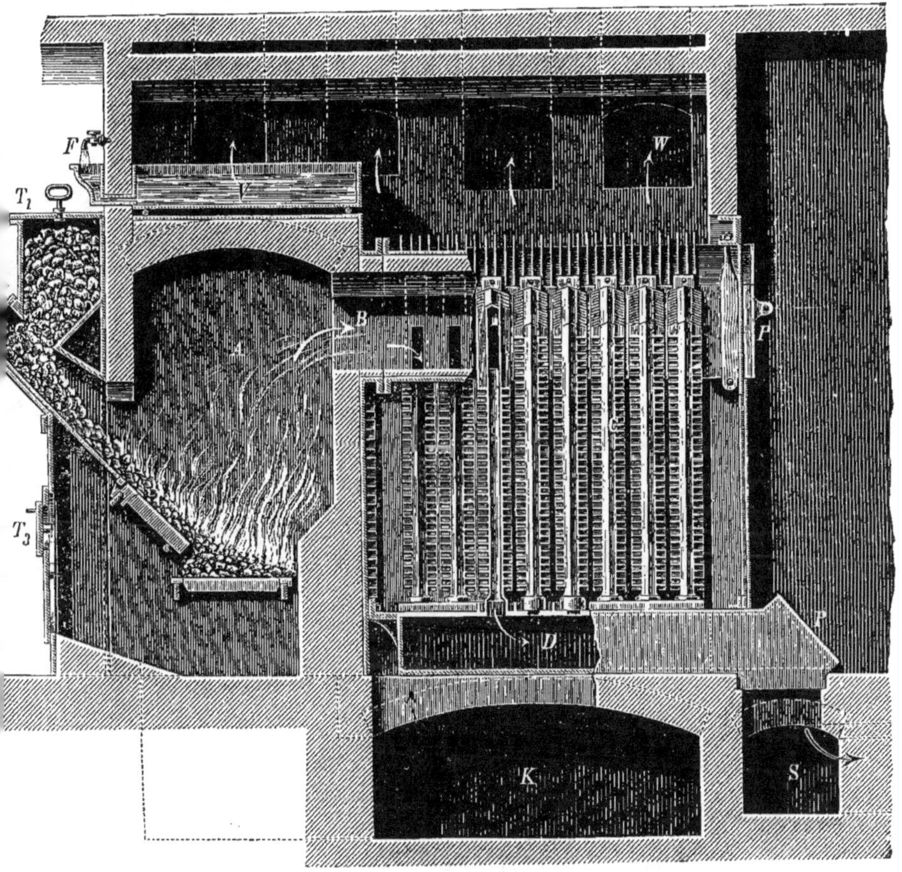

Coupe longitudinale

Fig. 137. — Calorifère Kœrting avec éléments verticaux à ailettes diagonales.

Les éléments verticaux sont assujettis au tuyau supérieur au moyen d'écrous, ils reposent par leur partie inférieure dans des bains de sable.

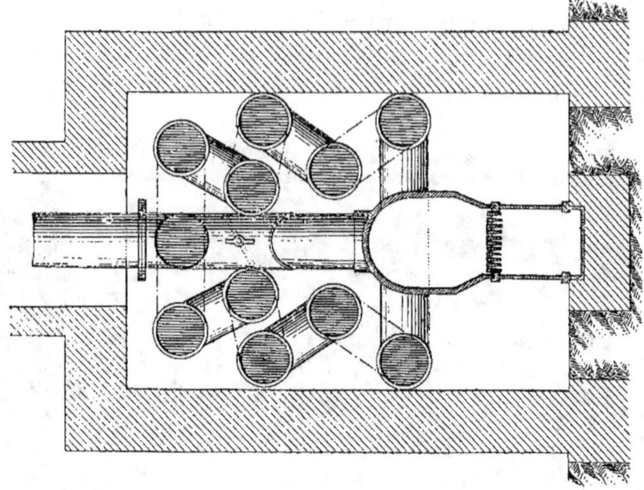

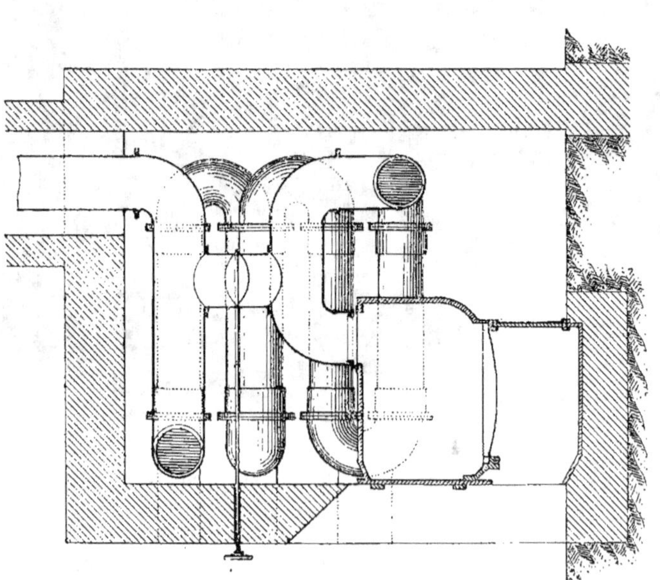

Fig. 188. — Calorifère Réveillac.

Les gaz de combustion passent du foyer dans le tuyau distributeur supérieur, traversent toute la série des éléments placés latéralement, et sont conduits dans les boîtes à fumée d'où ils se rendent à la cheminée.

L'air froid arrive à la partie inférieure du calorifère, entre les boîtes à fumée, dans l'espace intérieur formé par les éléments de chauffage, passe latéralement entre ces derniers, et entre dans la partie extérieure de la chambre de chaleur d'où partent les conduits d'air chaud.

Le foyer est à alimentation continue. La chambre de chaleur est séparée de la chambre de fumée, par laquelle on nettoie l'intérieur du calorifère au moyen d'une porte en fer qui permet d'atteindre tout l'espace compris entre les deux rangées d'éléments ainsi que le canal à air.

Le tuyau distributeur et les boîtes à fumée traversent cette porte et sont munis eux-mêmes d'ouvertures permettant d'enlever la suie.

c. **Calorifère Réveillac** (fig. 138). — Dans le calorifère Réveillac, la cloche est cylindrique ovoïde; les gaz montent d'abord et redescendent presque aussitôt pour se diviser dans deux serpentins placés de part et d'autre de la cloche ; ils remontent par les serpentins, dont les éléments sont en quinconce, et viennent se réunir dans un tuyau unique qui les conduit à la cheminée.

Afin d'établir rapidement le tirage, au moment de l'allumage du foyer, le tuyau vertical de départ des gaz est muni d'un registre tournant, dit pompe d'appel, permettant la communication directe de la cloche et de la cheminée.

L'air arrive à la partie supérieure et se chauffe en s'élevant le long des tuyaux du serpentin et de la cloche.

Dans ce calorifère, la circulation descendante des gaz de la combustion, n'existe pour ainsi dire pas ; l'air et les gaz circulent dans le même sens, en montant; le chauffage n'est donc pas méthodique. Les joints sont boulonnés et solides, la cloche a une forme évitant les tubulures pour le chargement de la grille et le nettoyage du cendrier, mais, même garnie de briques réfractaires, elle a des

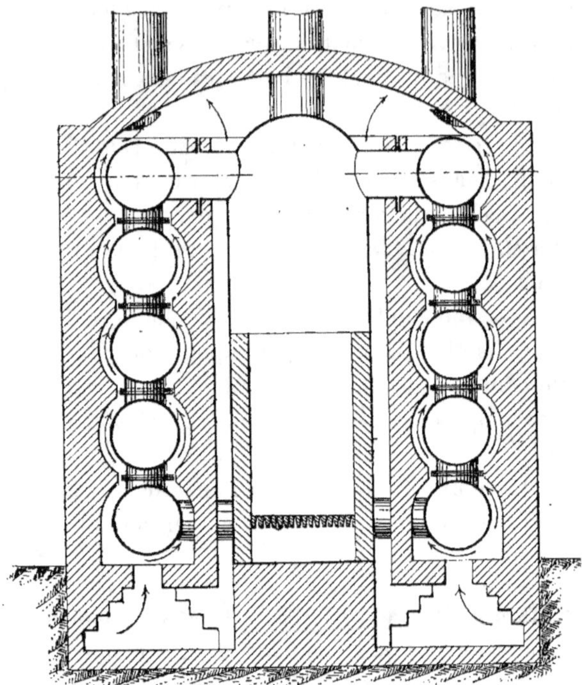

Coupe transversale

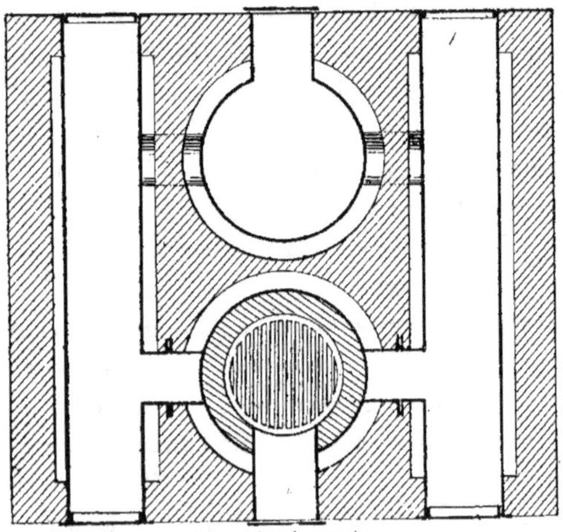

Coupe horizontale

Fig. 139. — Calorifère Duvoir.

chances de rougir. La surface de chauffe étant composée surtout par les éléments horizontaux des serpentins, il y en a une grande partie mal utilisée ; le nettoyage est à peu près impossible, aussi n'est-il cité que pour mémoire afin de montrer ce qui a été fait et ce qu'il ne faut pas employer,

f. **Calorifère Duvoir** (fig. 139). — Le calorifère Duvoir comporte deux cylindres verticaux, dont l'un, garni intérieurement de briques réfractaires sur la moitié de sa hauteur, contient la grille du foyer. Ces deux cylindres sont réunis entre eux par deux séries de tuyaux horizontaux placés de chaque côté des cylindres et fermés aux deux bouts par des tampons mobiles servant au ramonage. Les joints sont à brides et boulonnés.

Les gaz chauds montent donc dans le cylindre du foyer, se divisent à la partie supérieure pour circuler à droite et à gauche dans les serpentins horizontaux et viennent se réunir à la partie inférieure du second cylindre vertical d'où ils remontent à la cheminée.

L'air circule le long des tuyaux horizontaux et des cylindres dans des gaines de maçonnerie spécialement aménagées à cet effet et disposées de façon à forcer l'air à venir lécher les surfaces de chauffe.

Cet appareil n'est autre qu'une combinaison des deux calorifères à tubes horizontaux et à tubes verticaux, il n'a pas tous les avantages de celui-ci, car, abstraction faite du cylindre de foyer, la surface de chauffe verticale la plus considérable n'est qu'une deuxième portion de surface indirecte dans laquelle les gaz chauds circulent dans le même sens que l'air à chauffer, c'est-à-dire en montant ; il n'a pas non plus les inconvénients complets de celui-là, car la forme des gaines d'air chaud permet une utilisation presque complète de la surface de chauffe. Toutefois le mouvement de l'air se trouve gêné, ce qui est toujours mauvais et la construction en maçonnerie devient compliquée et onéreuse.

g. **Calorifère Chaussenot** (fig. 140). — Le calorifère Chaussenot se compose d'une cloche en fonte renfermant le foyer et portant

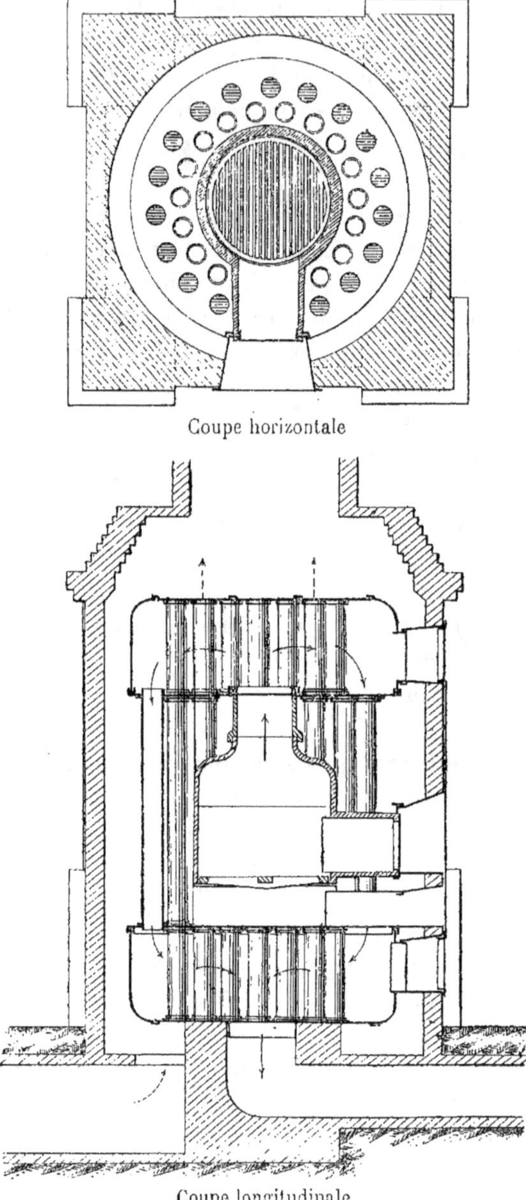

Fig. 140. — Calorifère Chaussenot.

une tubulure débouchant sur la façade du fourneau pour permettre le chargement du combustible.

Uu tuyau vertical, surmontant la cloche, vient la mettre en communication avec une coupole supérieure qui a sa similaire à la partie inférieure du calorifère.

Ces deux coupoles ont des tubulures débouchant sur la façade de l'enveloppe et fermées par des tampons mobiles pour permettre le nettoyage.

Les deux coupoles sont reliées entre elles par une série de tuyaux circulaires placés concentriquement.

Les gaz de la combustion s'élèvent dans la cloche, vont dans la coupole supérieure, d'où ils redescendent par la série de tubes dans la coupole inférieure, qui porte une tubulure la réunissant au carneau d'évacuation des gaz à la cheminée.

L'air froid arrive par le bas et se chauffe en s'élevant le long des tubes ; mais, comme la surface de chauffe serait ainsi mal utilisée, surtout en ce qui concerne la cloche elle-même, il existe à chaque coupole, pour en réunir les parois supérieure et inférieure, une série de tubes verticaux placés concentriquement et intérieurement au cercle formé par les tuyaux de fumée ; ces tubes sont traversés par l'air froid et servent de surface de chauffe en même temps qu'ils permettent à cet air de se chauffer au contact direct des parois de la cloche.

Ce calorifère a comme défaut d'être très compliqué de construction, d'avoir une cloche qui peut rougir, d'abuser des faisceaux tubulaires, surtout pour le parcours de l'air froid ; en un mot, c'est un calorifère à tubes verticaux, qui, par suite de la suppression de la simplicité de construction, perd en grande partie les avantages du calorifère ordinaire similaire.

h. **Calorifère Boyer** (fig. 141). — Le calorifère Boyer n'est qu'une modification du précédent dont il ne supprime pas les difficultés de construction, au contraire.

Les tubes circulaires du calorifère Chaussenot sont remplacés par des tubes aplatis, ce qui en augmentant le nombre des tubes permet pour un même encombrement d'augmenter la surface de chauffe.

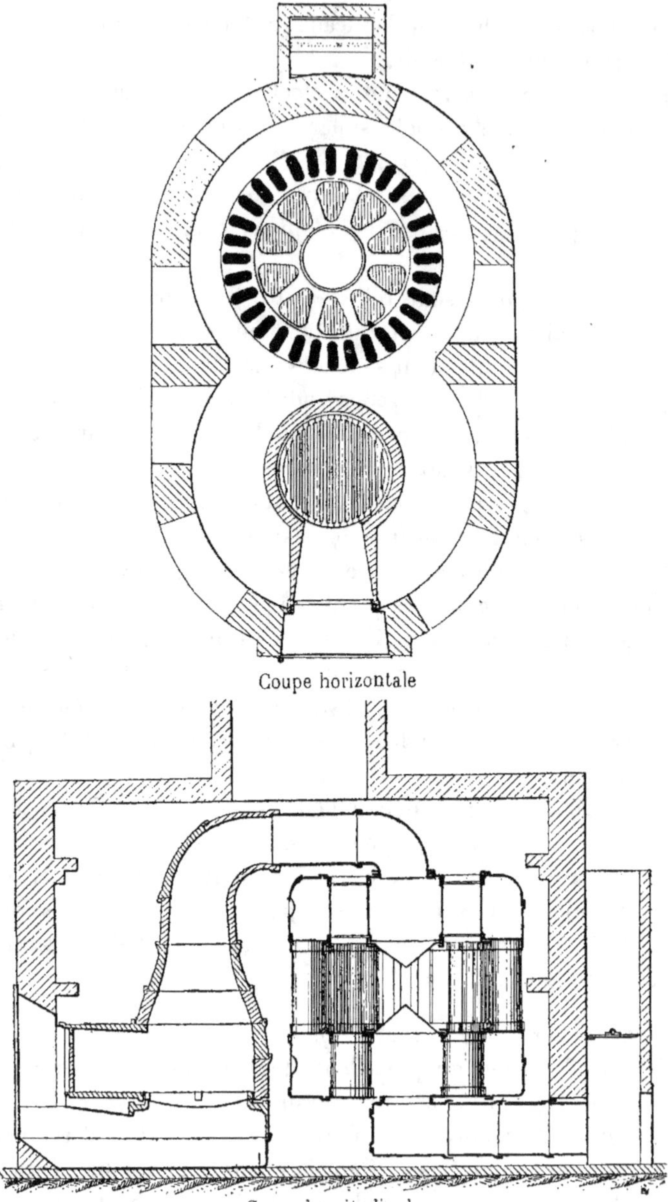

Fig. 141. — Calorifère Boyer.

Les deux coupoles sont en dehors du foyer ; les tubes à air ont
une section trapézoïdale et à angles arrondis ; le foyer est en dehors
de l'appareil à tubes, auquel il est réuni par un gros tuyau unique
doublement courbé à angle droit.

Ce foyer est composé de rondelles superposées, ce qui le rend
plus dilatable et permet de remplacer seulement celles des parties
qui sont détériorées par le feu ; la cloche n'a aucune garniture réfractaire.

L'air arrive au bas de l'enveloppe et circule autour de l'appareil
à tubes et autour de la cloche. L'enveloppe embrasse intérieurement
les contours extérieurs des surfaces de chauffe afin de forcer l'air
à lécher ces surfaces.

Ce calorifère est très encombrant, compliqué de montage et de
construction de l'enveloppe ; il a beaucoup de joints et les remarques faites au sujet du calorifère Chaussenot s'appliquent toutes
à celui de Boyer.

i. **Calorifère Staid** (fig. 142). — Dans tous les appareils décrits
précédemment, les surfaces de chauffe plus ou moins compliquées
sont constituées par des tubes ; il n'en est pas de même dans le calorifère Staid, formé d'un foyer rectangulaire entouré d'une caisse, à
parois ondulées, également rectangulaire.

Les gaz se dégagent librement du foyer, circulent en descendant
au contact des parois ondulées et s'échappent par deux orifices mé-
nagés au bas de la caisse pour se réunir dans un tuyau unique qui
les conduit à la cheminée.

Ce tuyau unique se continue jusqu'à la façade de l'enveloppe et
porte une petite grille sur laquelle on fait un peu de feu au moment
de l'allumage afin d'établir le tirage.

Des tampons mobiles et des tubulures sont disposées pour le
nettoyage de la caisse ondulée dans sa partie inférieure.

L'air circule en montant autour de la caisse ondulée et n'a
aucun contact avec les parois du foyer, ce qui évite les mauvaises
odeurs.

Ce calorifère est bien compris et est très hygiénique; malheureusement il est cher d'installation car il exige un grand développe-

ment pour donner une surface de chauffe d'une certaine puissance.

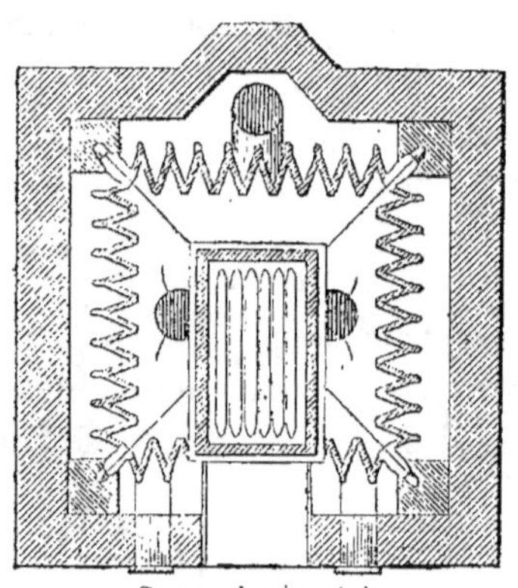

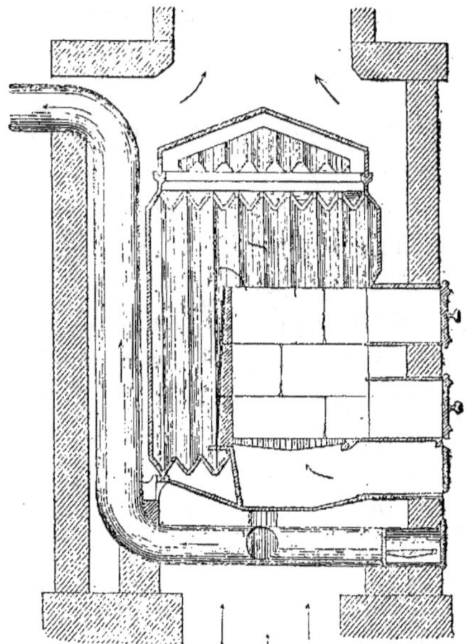

Fig. 142. — Calorifère Staid.

7. **Calorifère Bourdon** (fig. 143). — Le calorifère Ch. Bourdon est muni d'un foyer à alimentation continue, c'est-à-dire comprenant une trémie de chargement et une grille inclinée à la partie inférieure ; les gaz s'échappent dans une caisse rectangulaire autour de tubes pendentifs en fonte fermés à leur partie inférieure, et s'en vont à la cheminée par un tuyau partant de la caisse.

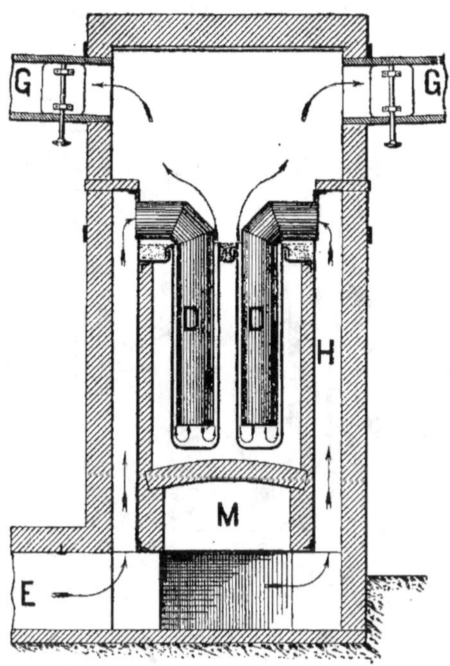

Fig. 143. — Calorifère Bourdon (coupe transversale).

L'air froid, qui arrive à la partie inférieure, circule autour de la caisse rectangulaire et passe dans des tubes en tôle allant jusque près du fond des tubes en fonte formant surface de chauffe. Toutes les parties sont parfaitement dilatables, les joints des tubes sont à bain de sable profond.

k. **Calorifères Geneste Herscher** (fig. 144, 145, 146, 147). — Dans le calorifère Geneste Herscher (fig. 144-145), la cloche est cylindrique et garnie intérieurement d'une chemise en briques réfractaires. Au-dessus de cette cloche se placent des rondelles cylindriques superposées, garnies d'ailettes verticales extérieures, et une coupole, de construction analogue, communiquant par un tuyau doublement recourbé à angle droit, avec une capacité en tôle demi-cylindrique, dite hémicycle, qui, intérieurement, est divisée par deux cloisons formant chicanes et forçant la circulation du gaz.

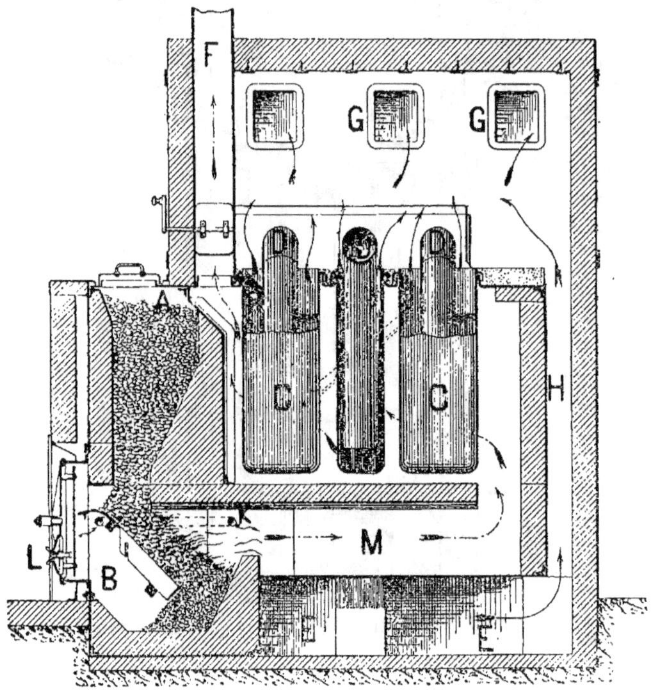

Fig. — 143 *bis*. — Calorifère Bourdon (coupe longitudinale).

Cet hémicycle communique avec la cheminée ; il porte des tubu-lures venant déboucher sur la façade de l'enveloppe et munies de tampons mobiles pour le nettoyage.

A la partie inférieure, et à l'endroit du conduit communiquant avec la cheminée, est un tampon spécial permettant de faire un peu de feu pour augmenter le tirage au moment de l'allumage.

Au bas de la chambre de chaleur sont disposés deux vases remplis d'eau et destinés à jouer le rôle de saturateurs.

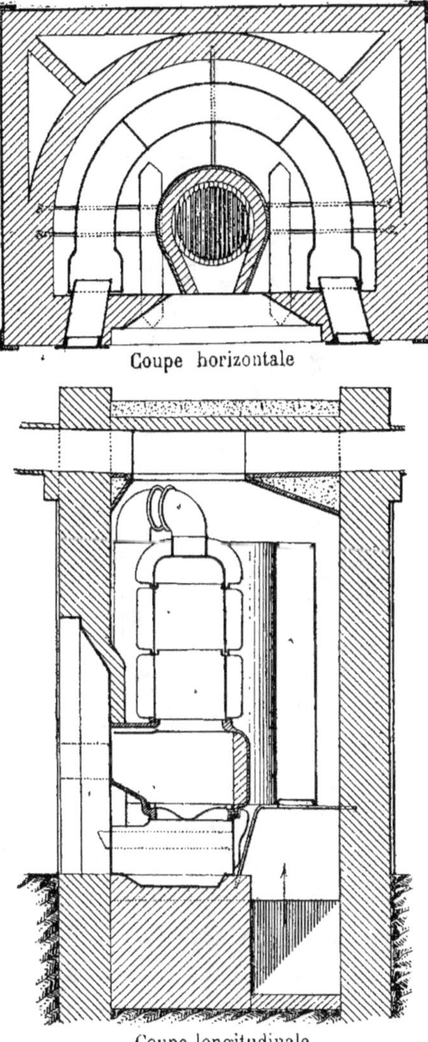

Coupe horizontale

Coupe longitudinale

Fig. 144. — Calorifère Geneste Herscher.

L'air frais arrive au bas de l'appareil et s'échauffe en montant le long de l'hémicycle et de la cloche ; les joints de celle-ci sont à rainures très profondes et à bain de sable, les joints du raccord entre la cloche et l'hémicycle et ceux de l'hémicycle lui-même sont boulonnés.

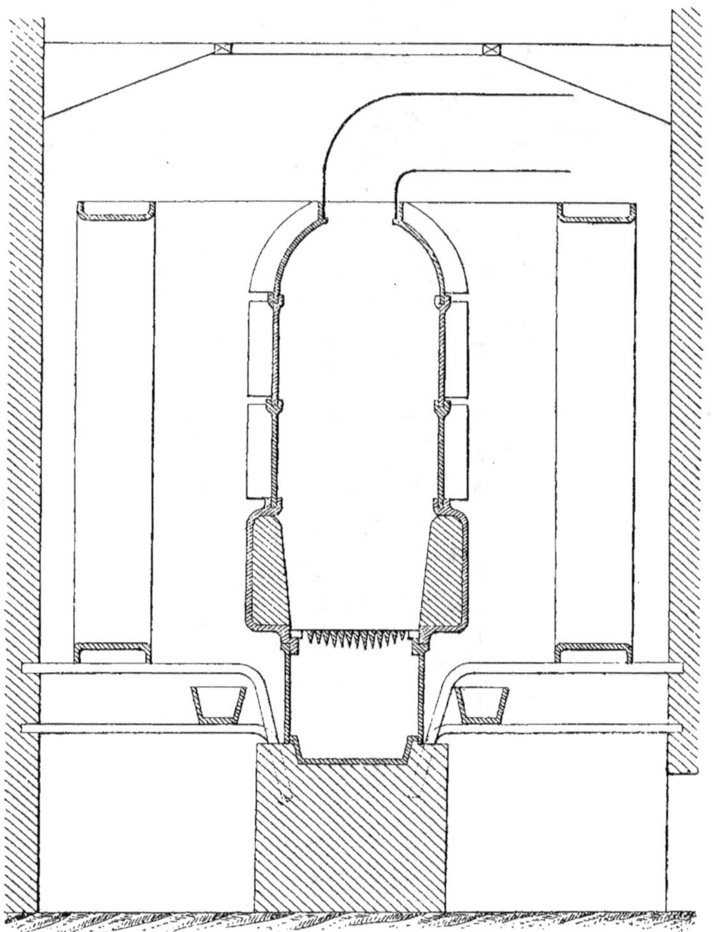

Fig. 145. — Calorifère Geneste Herscher (coupe transversale).

Ce calorifère est très bien compris, simple, facile de montage ; il a toutes les propriétés des calorifères à tubes verticaux, mais avec moins de joints, moins de dislocations possibles ; la cloche est peu exposée à rougir et la surface de chauffe est considérable dans un espace restreint.

Fig. 146. — Calorifère Geneste Herscher, vue de la façade.

C'est le calorifère qui semble le mieux réunir les conditions principales :

Economie d'emploi,

Production de grandes masses d'air à température modérée,

Eléments de surface de chauffe verticaux, d'où circulation rapide de l'air et facilité de transmission de la chaleur,

Facilités de nettoyage et d'entretien,

Joints étanches et dilatation libre,

Parois métalliques non chauffées à l'excès,

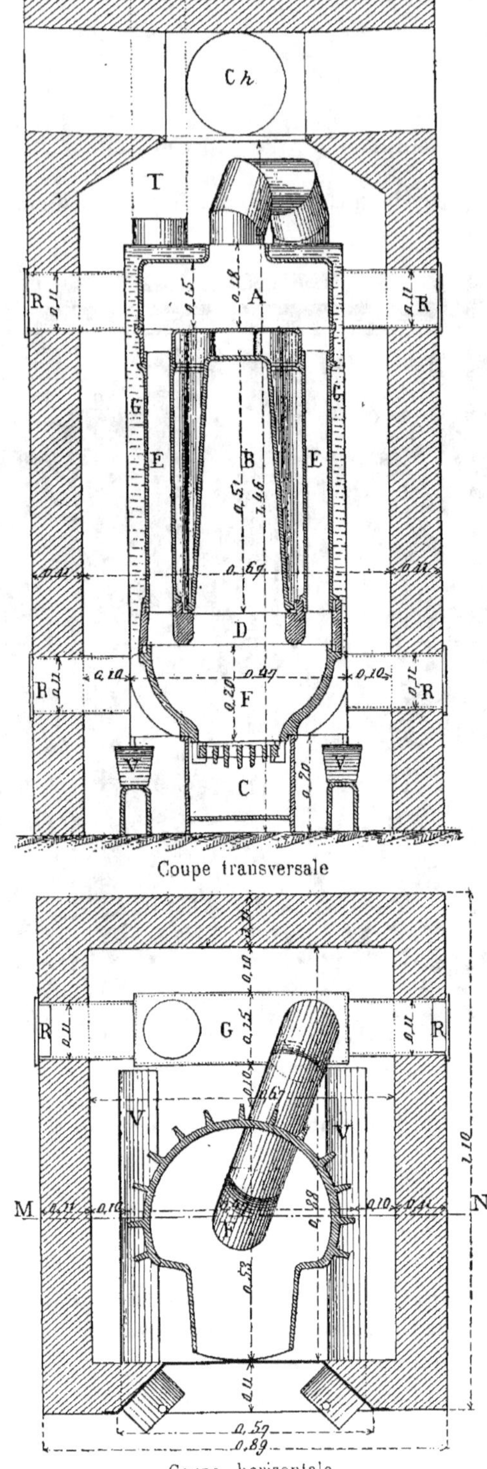

Fig. 147. — Thermo conservateur Geneste Herscher aménagé en calorifère à air chaud.

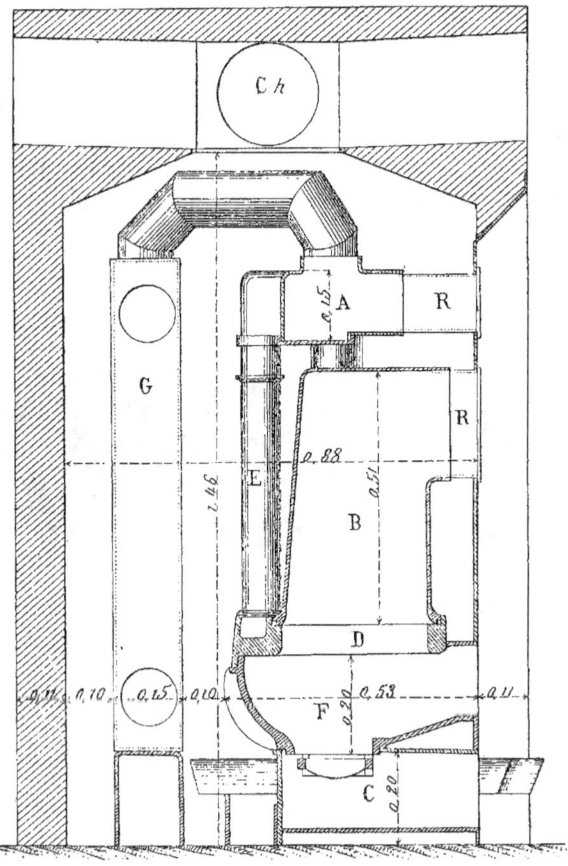

Coupe longitudinale

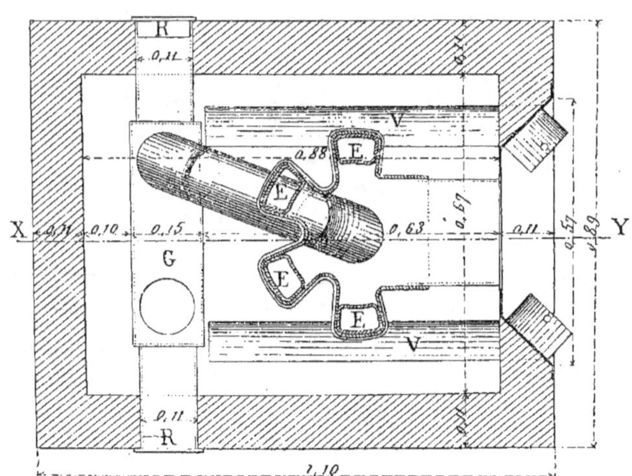

Parois toutes au contact de l'air neuf,

Vases d'humidification.

Pour les petites puissances, MM. Geneste Herscher aménagent leur thermo-conservateur de façon à en faire un calorifère à air chaud (fig. 147).

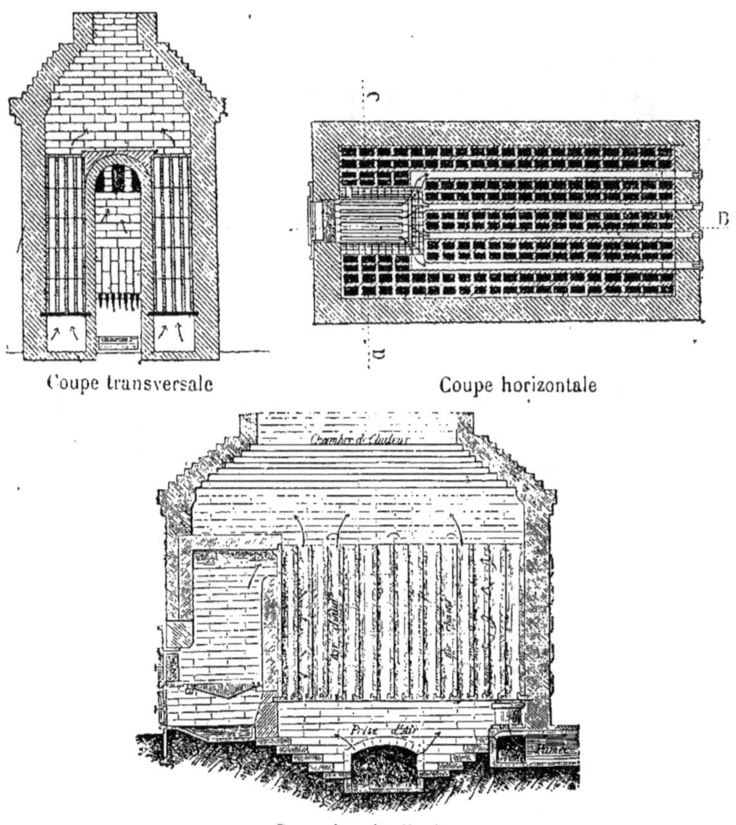

Fig. 148. — Calorifère Gaillard et Haillot.

l. **Calorifères céramiques** (fig. 148, 149). — Les appareils métalliques ont tous plus ou moins l'inconvénient de communiquer une mauvaise odeur à l'air qui circule à leur contact, et leurs joints ne donnent pas une sécurité absolue d'étanchéité; aussi a-t-on cherché à faire des calorifères en céramique.

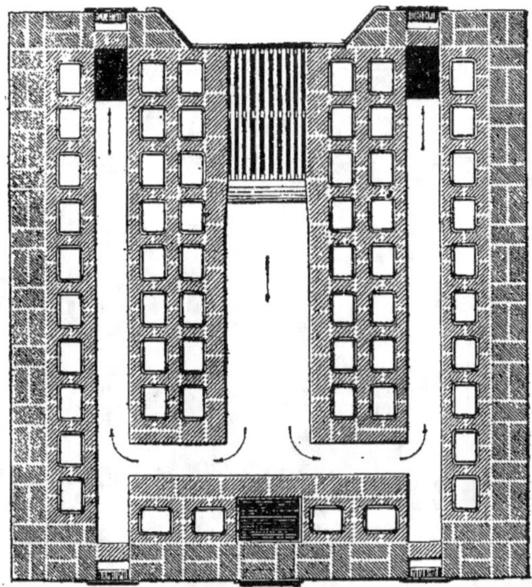

Coupe horizontale

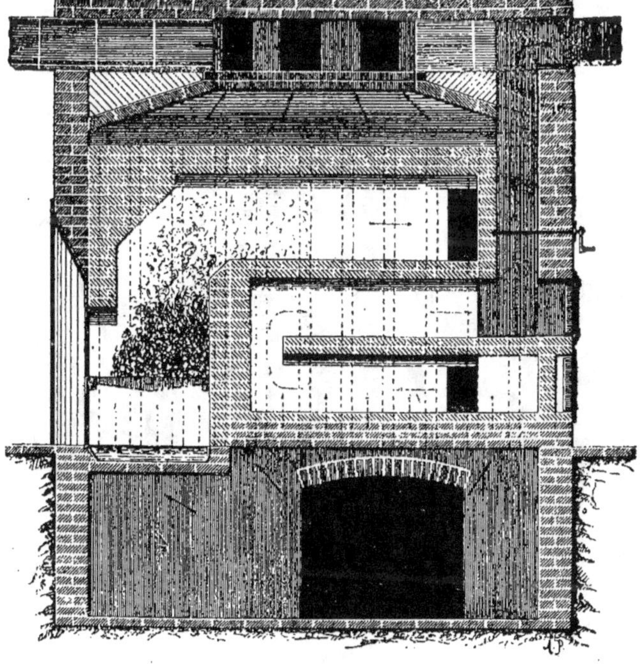

Coupe longitudinale
Fig. 149. — Calorifère céramique.

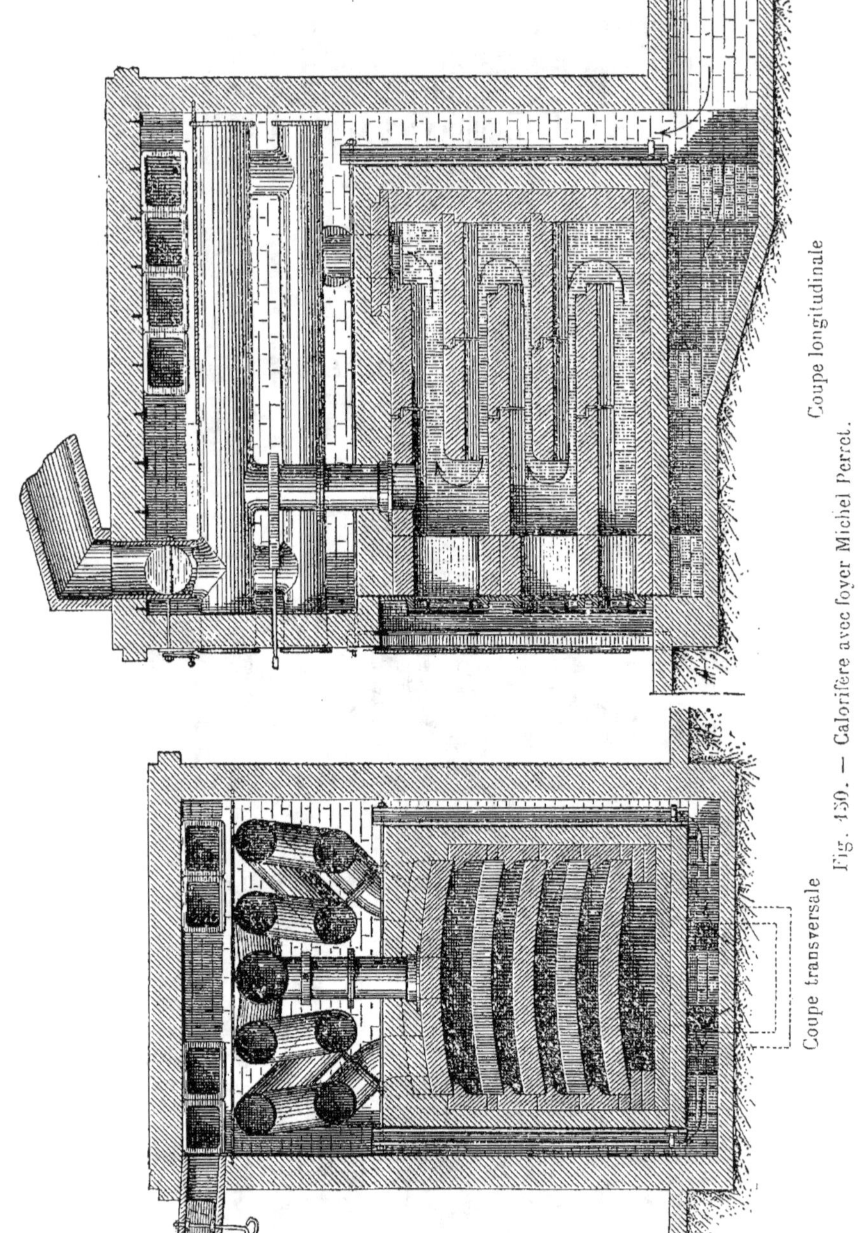

Fig. 150. — Calorifère avec foyer Michel Perret.

Le foyer est placé dans une enceinte en maçonnerie et tout l'espace en dehors du foyer est construit en poteries creuses et sert à la transmission de la chaleur.

Les carneaux de fumée, horizontaux et chicanés dans le sens de la hauteur, aboutissent à un grand collecteur qui conduit les gaz à la cheminée ; ils sont répartis de telle sorte que le mouvement de la fumée se fasse de haut en bas.

L'air arrive à la partie inférieure du calorifère, circule en s'élevant par courants dans les poteries creuses pour se réunir à la partie supérieure de la chambre de chaleur.

Au lieu de poteries creuses, on peut employer des tubes en tôle emboîtés exactement, sans isolement, dans la matière céramique, afin d'éviter tous effets d'endosmose, toute odeur communiquée à l'air chaud par la fumée.

Ce genre de calorifère est très hygiénique ; il fait volant ou réservoir de chaleur et permet de continuer le chauffage longtemps après l'extinction du feu, mais il est très encombrant et manque d'élasticité, ce qui l'a empêché de se répandre pour le chauffage des habitations.

Qualités et défauts des calorifères à foyer. — Les qualités des calorifères à air chaud, à foyer, sont de donner une transmission élevée et par conséquent d'être assez économiques d'installation, économiques aussi d'exploitation car ils peuvent être conduits par tout le monde, faciles de réparation ; leurs défauts sont de donner un air dur, difficile à respirer, souvent mélangé de gaz toxiques, ayant parfois une odeur désagréable, ce qui en condamne l'emploi dans tous les lieux où l'hygiène doit être observée rigoureusement, tels que dans les hôpitaux, les classes d'enfants et d'adultes, les chambres à coucher, partout enfin où il y a agglomération continue d'individus pendant un temps long, partout où l'on doit dormir pendant plusieurs heures.

Il est cependant possible de chauffer ces locaux au moyen de l'air chaud en employant des calorifères à eau ou à vapeur.

CALORIFÈRES A EAU CHAUDE
ET A VAPEUR

De ces calorifères il ne sera parlé ici que succinctement, sauf à y revenir, pour leur détermination, lors de l'étude des chauffages à eau et à vapeur.

Un calorifère à eau ou à vapeur ne diffère des calorifères déjà décrits qu'en ce que le foyer est supprimé et que la surface de chauffe qui peut être formée soit de tubes horizontaux, soit de tubes verticaux unis ou lamés, soit de tôles laissant entre elles un espace vide, est parcourue par le fluide chaud qui est de l'eau ou de la vapeur au lieu d'être des gaz de combustion.

On voit de suite, qu'avec ce système, les inconvénients, au point de vue de l'hygiène, qui provenaient tous des gaz de la combustion et de la possibilité pour la fonte du foyer de rougir, disparaissent entièrement.

Quand on emploie ce système de calorifère, on ne peut guère élever la température de l'air de chauffage de plus de 60° et il est bon de ne compter que sur une élévation de la température de l'air froid de 40° (eau à basse pression) ou 50° (vapeur) ;

Si le calorifère est à vapeur à la pression de 1 kilogramme, la transmission ne dépasse pas, non plus, 1000 calories par heure et par mètre carré de surface de chauffe si les tuyaux sont lisses, et 500 calories si les tuyaux sont à lames ; si le calorifère est à eau à basse pression cette transmission n'atteint que 500 calories par mètre carré de surface de chauffe en tuyaux unis, et 250 calories dans le cas des tuyaux à ailettes, la vitesse de l'air à échauffer n'étant que de 1 mètre environ au contact des surfaces.

En se basant sur ces chiffres, on peut, en opérant comme pour le calorifère à foyer, déterminer très approximativement la surface de chauffe d'un calorifère à vapeur ou à eau.

Le tableau suivant donne les valeurs très approchées de la transmission pour des vitesses de l'air de 1 et 3 m.

Température vapeur ou eau t	Température moyenne de l'air entre sa température à l'entrée dans la surface et sa température à la sortie (θ)	Transmission par heure et mètre carré	
		Vitesse de l'air de 1 mètre	Vitesse de l'air de 3 mètres
150°	30°	1200 calories	2400 calories
120°	30°	900 —	1800 —
100°	25°	750 —	1500 —
80°	20°	600 —	1200 —
60°	20°	400 —	800 —

Les surfaces de transmission sont supposées unies.

La vapeur ou l'eau ayant toujours une certaine pression, supérieure à celle de l'air qui s'échauffe, il est nécessaire que les joints soient faits avec beaucoup de soin, une fuite amenant fatalement un écoulement d'eau et des dégradations à l'enveloppe du calorifère.

Il faut aussi étudier avec attention la disposition des surfaces de chauffe et des tuyaux de distribution de manière qu'en aucun point il ne puisse se former de poches d'eau ; les tuyaux et les surfaces de chauffe doivent toujours avoir une pente dans le sens de l'écoulement de la vapeur ou de l'eau.

Tout ce qui a été dit pour les conduits d'air chaud, prises d'air froid, dans l'étude des calorifères à foyer, s'applique aux calorifères à vapeur et à eau.

Comme dispositions de surface de chauffe, ces calorifères se divisent en :

Calorifère à serpentins (fig. 151), qui se compose d'une série de tubes en S verticaux partant d'un tuyau unique placé à la partie supérieure ; ce tuyau se branche sur un collecteur inférieur qui recueille l'eau condensée dans le cas du calorifère à vapeur et est alors muni d'un purgeur d'eau et de vapeur ou ramène l'eau à la chaudière et passe alors un robinet dans le cas du calorifère à eau.

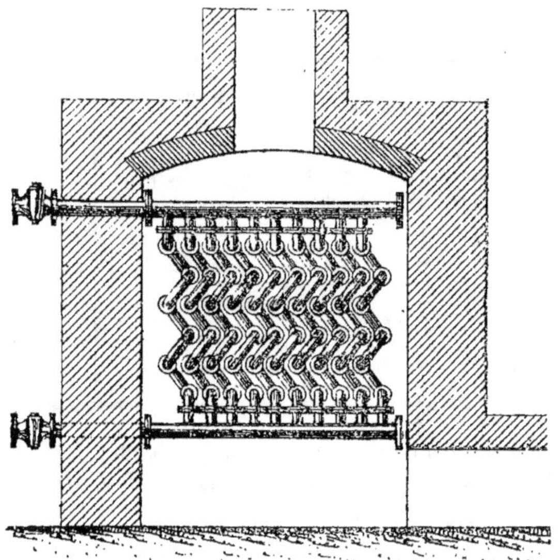

Fig. 151. — Calorifère à serpentins.

L'ensemble de l'appareil est renfermé dans un chambre en maçonnerie à la partie inférieure de laquelle arrive l'air qui s'échauffe en circulant autour des tubes que l'on place en quinconce afin de mieux utiliser la surface de chauffe. De la partie supérieure de l'enveloppe partent les conduits de distribution d'air chaud (fig. 152 et 153).

Calorifère à surfaces planes dans lequel les tuyaux sont remplacés par des surfaces planes formées de deux tôles rivées sur tout le pourtour de la surface ; l'une des deux tôles est emboutie sur tout son périmètre de façon qu'après la rivure faite il reste, entre les deux parois intérieures, l'intervalle nécessaire à la circulation de la vapeur ou de l'eau.

La vapeur ou l'eau est distribuée à chaque surface semblable par

un tube branché sur un canal de distribution placé à la partie supérieure ; à la partie inférieure est une série de petits tubes se réu-

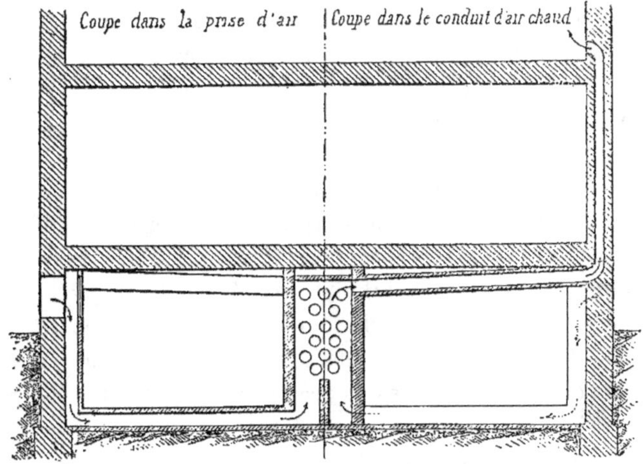

Fig. 152. — Disposition d'un calorifère à eau ou à vapeur.

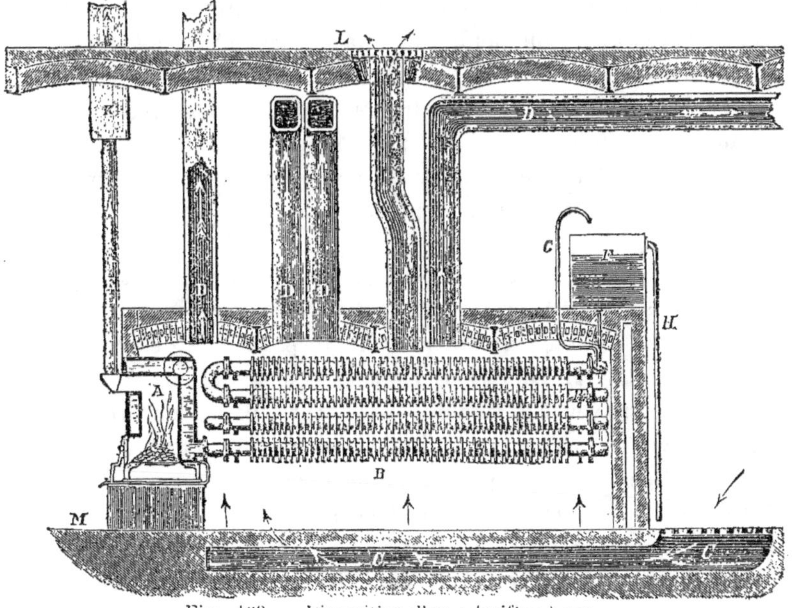

Fig. 153. — Disposition d'un calorifère à eau.

nissant dans un collecteur d'eau condensée ou de retour d'eau comme dans le calorifère précédent.

Cette surface est de même entourée d'une enveloppe généralement en briques et analogue, comme épaisseur de parois et précautions contre le refroidissement, à celle des calorifères à foyer. L'air froid arrive à la partie inférieure.

Calorifère à appareils tubulaires, formé de deux plaques tubulaires horizontales, réunies par des tubes verticaux et fermées tout autour par une enveloppe en tôle rivée sur elles.

Le fluide arrive par une tubulure placée sur la plaque tubulaire supérieure, et le retour ou l'écoulement d'eau condensée se fait par une autre tubulure opposée adaptée à la plaque inférieure.

Une enveloppe en briques entoure le tout ; l'air frais arrive par le bas et s'échauffe au contact du cylindre enveloppant le faisceau et dans les tubes du faisceau.

Calorifere à tubes verticaux ; ceux-ci pouvant être lisses ou munis de nervures afin d'augmenter la surface de chauffe et de donner à l'appareil le plus de puissance possible. Ces tubes sont branchés entre deux collecteurs, celui du haut, par lequel arrive le fluide chaud, celui du bas, par lequel part le fluide refroidi ou l'eau condensée. Le tout est renfermé dans une enveloppe en maçonnerie comme dans le calorifère précédent.

Calorifère à tubes horizontaux ; unis ou munis d'ailettes perpendiculaires à l'axe. Les extré mités sont réunies de manière à former un serpentin, ou bien les tuyaux sont disposés sur des colonnes verticales et nourris comme si chacun fonctionnait seul, ou comme si chaque ligne verticale chauffait isolément ; ils sont encore groupés par lignes horizontales sur des collecteurs permettant à chaque ligne isolément de recevoir le fluide chaud.

Le tout est entouré d'une enveloppe en maçonnerie au bas de laquelle arrive l'air froid, qui vient se réunir à la partie haute formant chambre de chaleur ; de là partent les conduits de distribution d'air chaud.

Les inconvénients, au point de vue de la disposition de ces calorifères, sont ceux qui ont été indiqués pour les surfaces de chauffe, suivant leur forme, dans les calorifères à foyer.

Dans tous les cas un robinet doit commander le collecteur supérieur de distribntion de fluide, et un purgeur ou un autre robinet doit pouvoir fermer le collecteur inférieur.

Avec les calorifères à eau et à vapeur on a un air sain à respirer, en grande quantité, et à température faible, sans mauvaise odeur (pour conserver cette qualité si la surface de chauffe est constituée par des tuyaux en fer, il ne faut pas employer l'eau à haute pression, ni la vapeur à une pression supérieure à 3 kilogrammes), mais leur dépense d'installation est plus grande ; l'assemblage des éléments est dispendieux et demande beaucoup de soins ; les appareils, robinets, purgeurs sont plus délicats et leur réparation nécessite un homme du métier.

CHAUFFAGE PAR L'EAU CHAUDE

Tous les appareils étudiés jusqu'ici ont été considérés au point de vue des économies d'installation et de combustible, de la rapidité et de la variabilité du chauffage, du rayon de distribution de la chaleur, et de la salubrité de l'air chauffé.

Les uns demandent une grande multiplicité de foyers amenant avec eux autant de chances d'incendie et de causes de perte de combustible pour l'allumage ; tous chauffent assez rapidement mais ne permettent pas de porter la chaleur à une grande distance puisqu'avec le calorifère à air chaud on ne peut dépasser 15 mètres sans employer des moyens mécaniques. Tous enlèvent à l'air chauffé une partie plus ou moins grande de ses propriétés hygiéniques, et tous manquent de la qualité de pouvoir facilement multiplier, arrêter ou rétablir au besoin la chaleur, l'apporter là où elle est le plus nécessaire en supprimant les courants froids qui se produisent vers les parois extérieures.

L'eau est le premier véhicule de chaleur qui permette d'obvier à ces défauts. Il est docile, économique, salubre et durable dans ses effets ; il est doué d'une capacité calorifique considérable, obéit aux lois de la pesanteur et permet de transporter la chaleur à des distances assez grandes.

INSTALLATION D'UN CHAUFFAGE A EAU

Une installation de chauffage à eau chaude se compose essentiellement :

1° D'une chaudière à eau du haut de laquelle part une colonne ascendante allant directement à la partie supérieure du bâtiment à chauffer , là se trouve un récipient, dit vase d'expansion, destiné à recevoir l'accroissement de volume de l'eau sous l'action de l'élévation de température ;

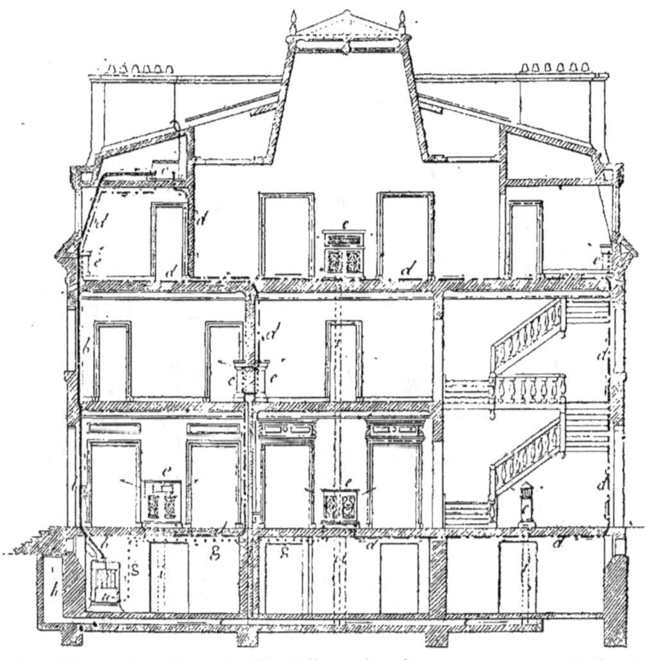

Fig. 154. — Habitation chauffée à l'eau chaude par rayonnement direct,

2° D'une colonne descendante, revenant à la partie basse de la chaudière, et répartissant la chaleur dans les divers locaux à chauffer. Cette répartition peut être faite de deux façons : ou bien la circulation a lieu dans les étages et les pièces mêmes à chauffer en y plaçant les surfaces de chauffe proprement dites (fig. 154) ; ou bien l'eau circule en sous-sol dans des calorifères et élève la température de l'air qui se rend ensuite dans les locaux à chauffer (fig. 155).

Les deux systèmes ont un avantage commun : ils n'exigent qu'un seul foyer pour tout le chauffage ; ils ont en outre chacun leurs avantages propres.

Avec le système des circulations placées directement dans les pièces à chauffer, on peut combattre effectivement et logiquement les pertes de chaleur nécessitant le chauffage. Seulement on a l'inconvénient d'avoir, passant dans les locaux, des tuyaux qui prennent de la place, nécessitent des enveloppes pour les dérober à la vue,

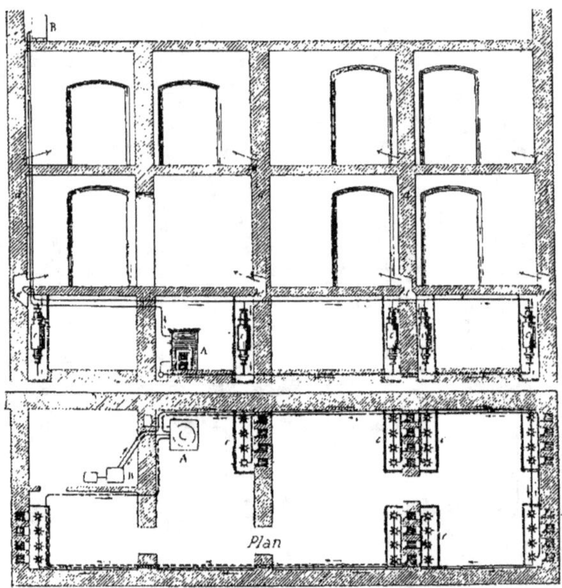

Fig. 155. — Chauffage indirect par l'eau chaude.

et qui ont des joints, pouvant, s'ils ne sont pas faits avec beaucoup de soin, donner lieu à des fuites ennuyeuses et détériorer l'ameublement. On jouit d'un chauffage par rayonnement et convection ; on peut même avoir une émission d'air qui est alors toujours salubre.

Avec le système des hydrocalorifères (fig. 155) (calorifères à eau) dans la cave, on n'a plus, dans les pièces chauffées, que des bouches d'émission d'air, mais la cave a son plafond encombré d'enveloppes, dans lesquelles sont placées les sufaces de chauffe, auxquelles aboutissent les conduits de prise d'air frais, et d'où partent les conduits de distribution d'air chaud.

Entre les diverses enveloppes,les tuyaux de circulation transmettent à l'air même des caves une chaleur inutile et perdue ; l'air ne
se transportant qu'à une faible distance le nombre des calorifères
est souvent considérable et nécessite un service spécial de surveillance et d'entretien.

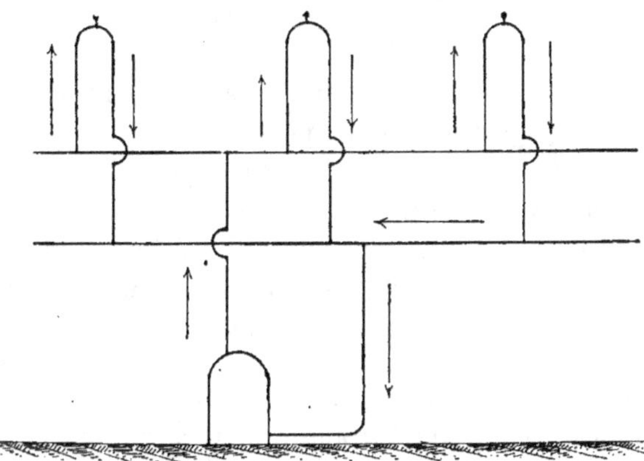

Fig. 156. — Schema du chauffage système Hamelincourt.

Pour une habitation privée, ce système ne sera souvent pas pra-

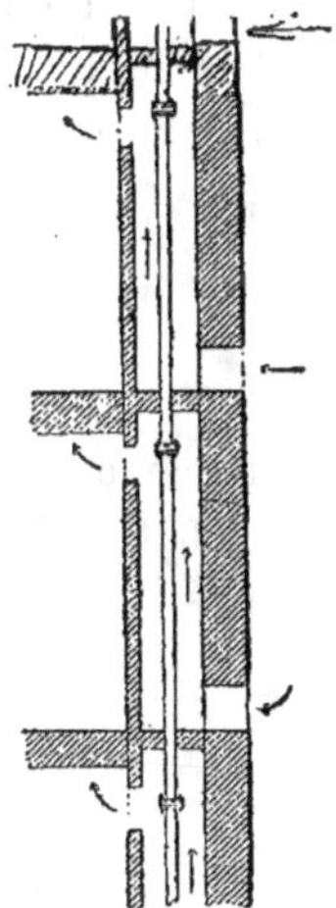

Fig.156 *bis*. — Chauf-
fage, système Ha-
melincourt. Coupe
sur un mur de re-
fend.

tique à cause de sa complication comme maçonnerie, de la dépense de combustible qu'il entraîne, et de l'inconvénient qu'il a de chauffer,
par les déperditions, une grande partie des caves, leur enlevant ainsi les qualités nécessaires
à la conservation des vins.

M. Hamelincourt a supprimé ces inconvénients dans son système de chauffage qui a les
avantages de l'hydrocalorifère. Les tuyaux
formant surface de chauffe sont logés dans
l'épaisseur des murs ou dans des gaines en sail
lie sur les murs (fig. 156, 156 *bis*).

Sur la prise faite à la partie supérieure de la
chaudière et allant au vase d'expansion, sont
branchées des colonnes montant verticalement
jusqu'au sommet du bâtiment et se recourbant
sur elles-mêmes pour former retour et surface

de chauffe concurremment avec la colonne montante elle-même. Les colonnes de retour sont réunies à la partie inférieure, en sous-sol dans une conduite unique rentrant à la chaudière.

Chacun des tuyaux verticaux montants porte à sa partie supérieure un petit robinet de purge d'air qui permet le remplissage.

La surface des deux tuyaux d'une même gaîne, comprise entre deux étages, constitue la surface de chauffe ; l'air entre au niveau du plancher de l'étage inférieur à celui à chauffer, monte dans la gaîne et ressort dans la pièce à chauffer près du sol.

Avec ce système, le rez-de-chaussée ne peut être chauffé qu'en employant des hydrocalorifères pour son service propre.

Quelque système qu'on emploie, la chaudière, le vase d'expansion et les surfaces de chauffe subsistent et doivent avoir les mêmes qualités, fonction de la pression du fluide utilisé.

Division des chauffages à eau. — On distingue trois sortes de chauffage à eau : chauffage à grand volume, chauffage à moyen volume, et chauffage à petit volume d'eau.

Les deux premiers sont des chauffages dits à basse pression parce que la température de l'eau dans la colonne de retour est toujours inférieure à 100° ; le troisième est un chauffage à haute pression, la température de l'eau y variant de 200° à 600°, mais il est bon de ne pas dépasser 250°.

CALCUL D'UN CHAUFFAGE A EAU.

Le mouvement qui se produit dans la circulation du chauffage (fig. 157) est toujours le résultat de la charge provenant de la diffé-

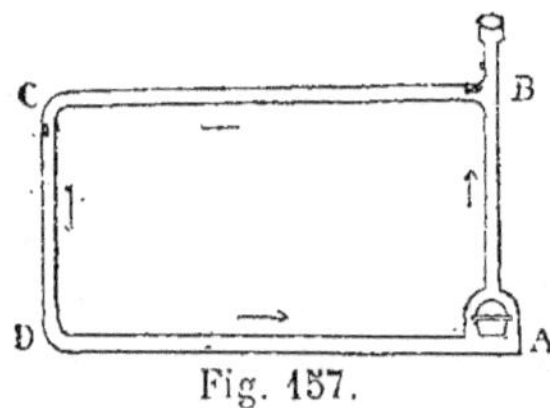

Fig. 157.

rence de poids des deux colonnes montante et descendante d'eau, ces deux colonnes étant à des températures différentes.

La charge est donc variable dans chaque installation, car elle est fonction de la hauteur, depuis le bas de la chaudière, des locaux à chauffer ; il faut toujours utiliser la plus grande hauteur possible.

La charge se détermine facilement si l'on se donne la température à la sortie de la chaudière et la température à la rentrée dans celle-ci.

Dans le chauffage à basse pression ces températures varient à la sortie de la chaudière de 70 à 90° ; à la rentrée de 60 à 70° ; mais tandis que la température de la colonne montante est à peu près constante, celle de la colonne descendante est variable ; aussi pour calculer la charge, doit-on considérer la température moyenne de cette colonne, température qui est égale à la demi-somme des températures de sortie et de rentrée à la chaudière.

Si T et t sont ces températures, $\theta = \dfrac{T+t}{2}$ la température moyenne de la colonne descendante, H en décimètres la hauteur de la colonne liquide depuis la tubulure de rentrée de l'eau à la chaudière jusqu'au point le plus élevé de la circulation considérérée.

$$h = \frac{H}{1 + 0{,}000466\ \theta} - \frac{H}{1 + 0{,}000466\ T}$$

soit en mètres d'eau à θ^{0}

$$E = 0{,}1 \times h(1 + 0{,}000466\ \theta)$$

ou encore en fonction de H, T et t

$$E = \frac{0{,}000466\,H\,(T - t)}{2\,(1 + 0{,}000466\ T)}.$$

H est connu et fonction des étages ;
pour le chauffage à basse pression $\quad T = 90°, t = 60°$
pour le chauffage à moyenne pression $T = 150°, t = 90°$
pour le chauffage à haute pression $\quad T = 200°, t = 100°$
sont les valeurs réalisées dans la pratique.

Avec cette charge E, on peut déterminer les circulations. On peut se donner la longueur, ainsi que le diamètre constant des conduites, c'est ainsi que l'on fait pour les chauffages à moyen et à petit volume, et d'après la quantité de chaleur à fournir on conclura le nombre de circulations ; ou bien on peut arrêter le tracé complet du chauffage, c'est ainsi que l'on opère pour les chauffages à grand volume, et déterminer le diamètre des différentes conduites d'après le volume d'eau à faire écouler.

Dans le cas de chauffage à moyen et petit volume, on connaît la longueur de la conduite, la perte de charge que l'on peut avoir dans la circulation ; cette perte de charge qui est due en majeure partie aux frottements de l'eau contre les parois de la conduite et pour le reste aux changements de direction, etc., est évidemment égale à la charge par mètre de longueur, soit $J = \dfrac{E}{L}$; on connaît aussi le diamètre de la conduite D ; on en déduit la quantité d'eau que l'on peut faire circuler à la seconde et par conséquent le nombre de calories que l'on peut fournir par circulation. Q étant ce débit cherché, on a en en effet la relation :

$$D = \frac{1}{3} \sqrt[5]{\frac{Q^2}{J}} \text{ où } Q = \beta \sqrt{J} \text{ (d'après M. Maurice Lévy)}$$

et la quantité de chaleur que l'on peut fournir à l'heure par la circulation considérée :

$$C = Q \times 3600'' \times (T - t).$$

On trouvera, à la fin de l'ouvrage, une table qui donne la valeur de β et permet d'avoir facilement Q quand on connaît le diamètre de la conduite et la valeur de J.

Il y a un peu de tâtonnement, car, par suite de l'aménagement des locaux, il peut arriver que la longueur de circulation soit telle que la chaleur à fournir C_1, dans son parcours, soit différente de C : il y a alors lieu de modifier L dans le sens voulu, l'augmenter si $C > C_1$, le diminuer si $C < C_1$, et à déterminer à nouveau Q avec la nouvelle longueur, de façon que la quantité de chaleur à fournir par la circulation et celle possible à fournir par le débit obtenu soient égales.

Dans le cas du chauffage à grand volume, le calcul est très compliqué, car les sections des tuyaux sont nombreuses et ne peuvent être déterminées qu'avec beaucoup de tâtonnements.

Il est utile de remarquer toutefois que, bien que les diamètres des conduites soient très différents, ils restent toujours liés par une relation telle que la vitesse par exemple reste uniforme dans toutes les circulations. Le calcul peut être conduit comme suit :

Pour chaque circulation on connaît la charge E par la relation déjà donnée ; en partant du poêle le plus défavorablement placé, on peut, d'après les quantités de chaleur à fournir, déterminer la quantité d'eau Q, à faire circuler par seconde, et l'on a :

$$Q = \frac{\pi D^2}{4}\, v.$$

D étant le diamètre de la conduite et v la vitesse dans cette conduite dont on connaît du reste la longueur L ; la perte de charge par mètre est $\frac{E}{L}$, en supposant la perte due au frottement seulement. On aura le diamètre D par la relation :

$$D = \frac{1}{3}\sqrt[5]{\frac{Q^2}{J}}$$

ce diamètre étant ainsi déterminé, on pourra calculer les pertes vraies dues au frottement, élargissements brusques, changements de direction, etc., puis déterminer la vitesse vraie dans la conduite ou mieux vérifier si l'on a l'égalité :

$$E = \frac{v^2}{2g}\, (LJ_1 + \Sigma r)$$

soit avec :

$$LJ_1 = \frac{4KL}{D}; \; K = 0,006$$

soit en prenant J_1 par mètre dans une table en fonction de D, et en remarquant que le diamètre de la conduite devenant 10 fois plus grand, la charge 10 fois plus petite, le débit devient 100 fois plus grand.

Quand, par tâtonnements, on aura satisfait à cette équation, on se rapprochera de la chaudière, en suivant la conduite, et on déterminera les divers diamètres en s'imposant la condition d'avoir une même vitesse v dans tous les tronçons de la conduite quelles que soient les pertes de charge dans chacun des tronçons.

Méthode de M. Rietschel. — Cette façon de procéder étant très longue, il est généralement plus rapide d'employer la marche suivante due à M. Rietschel (fig. 158).

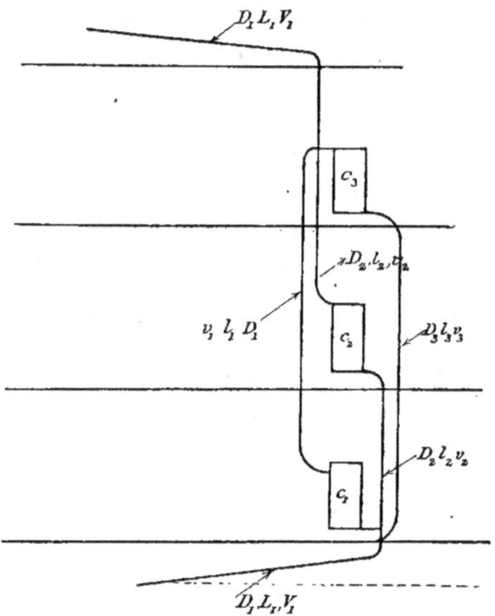

Fig. 158.

On choisit le diamètre du tuyau pour la surface de chauffe ou poële d'eau qui est le plus proche de la chaudière dans la direction verticale et le plus éloigné dans la direction horizontale, c'est ce poële qui est dans les conditions les plus défavorables ; on détermine ensuite la charge effective pour le tuyau principal, distributeur, collecteur et ascendant et on en conclut les diamètres des conduites principales, puis ceux des divers branchements.

On connaît la quantité de chaleur c_1 que doit fournir le poële qui est dans la situation la plus désavantageuse, on prend le diamètre D_1, de la conduite alimentant ce poële d'après la relation empirique :

$$D_1 = 0,00052 \sqrt{c_1}$$

La vitesse dans la conduite est fournie par la relation :

$$v_1 = \frac{c_1}{1000(t-t_0)3600\,\dfrac{\pi D_1^2}{4}\left(\dfrac{d_0+d}{2}\right)}$$

dans laquelle t et t_0, d et d_0 sont les températures et les densités respectives de la colonne ascendante et de la colonne descendante.

Comme on connaît les sinuosités, le coefficient de frottement et la longueur l_1 de la conduite considérée, on peut déterminer la charge effective E_1 par la relation :

$$E_1 = ah = \frac{v_1^2}{2g}\,(l_1 J + \Sigma r_1)$$

avec

$$a = \frac{d - d_0}{\left(\dfrac{d + d_0}{2}\right)}$$

Σr_1 étant les résistances des sinuosités que l'on peut prendre égales à :

1 pour un coude rectangulaire ;
0,3 à 0,5   —   circulaire ;
0,5 à 0,8   —   un arc de retour ;
0,5 à 1   —   soupape ouverte ;
0,1 à 0,3   —   robinet ou tiroir ;
1   pour un élargissement brusque.
J la valeur du frottement par mètre de conduite.

La vitesse de l'eau pouvant être supposée la même dans toutes les parties de la conduite, tuyau ascendant, distributeur et collecteur, on peut déterminer le diamètre de ces diverses parties, car on connaît toujours la quantité de chaleur à fournir par chacune d'elles, leur longueur respective et la charge ou la perte de charge correspondante ; la relation générale

$$ah = E\frac{v^2}{2g}\left[(Jl_1 + Jl_2 + \ldots Jl_n) + \Sigma r_1 + \Sigma r_2 + \ldots \Sigma r_n\right]$$

permettra de déterminer successivement les diamètres de tous les conduits de distribution, en remarquant que:

1° J est toujours fonction du diamètre de la conduite ;

2° Pour une même vitesse de l'eau, les diamètres des conduites sont entre eux comme les racines carrées des quantités de chaleur fournie.

Aux points où se produit la rencontre de deux courants, il y a à exprimer l'égalité de charges en ces points pour pouvoir calculer le diamètre d'un des tronçons courants, l'autre diamètre étant connu, en se donnant comme condition que les diamètres ou que les charges effectives pour ces branchements sont égaux.

Valeurs du coefficient de frottement. — J est toujours fonction du diamètre ou du rayon de la conduite, mais il a des valeurs données par des expressions variables suivant les mathématiciens qui ont étudié le mouvement de l'eau dans les conduites :

D'après Weissbach

$$J = \lambda \frac{v^2}{2g} \times \frac{1}{D}$$

avec

$$\lambda = 0,01439 + \frac{0,0094711}{\sqrt{v}}.$$

Zeuner modifie le coefficient λ de Weissbach et donne :

$$\lambda = 0,01431 + \frac{0,010327}{\sqrt{v}}$$

Prony indique pour J les valeurs suivantes :

$$J = \frac{L}{D}(av + bv^2)$$

avec

$$a = 0,0000173 \text{ et } b = 0,000348.$$

Darcy calcule les coefficients a et b de Prony par les relations, pour les conduites de

$$D > 0,10$$

$$a = 0,000032 + \frac{0,00000000376}{R^2}$$

$$b = 0,000443 + \frac{0,0000062}{R^2}$$

pour celles de

$$D \leqq 0,10$$

$$J = \frac{4}{D} b_1 v^2, \text{ avec } b_1 = 0,000507 + \frac{0,00000647}{R}$$

M. Maurice Lévy calcule J par les équations :

$$J = \frac{v^2}{\mu^2}$$

$$\mu = 20,5 \sqrt{R(1 + 3\sqrt{R})}.$$

Les valeurs de Weissbach, Darcy et Maurice Lévy sont les plus employées; celles de M. Maurice Lévy sont les plus exactes.

La figure 158 indique comment on peut décomposer les circulations pour simplifier les calculs précédents.

Dans l'indication qui suit de la manière de procéder, les formules applicables aux différents points sont exprimées en employant pour J les valeurs de Weissbach. On trouvera à la fin de l'ouvrage des tableaux facilitant les calculs.

On a supposé un chauffage comprenant trois branchements alimentant chacun trois poêles ; la décomposition s'applique en l'étendant à un nombre quelconque de branchements.

On a les deux formules générales en se servant des valeurs de J données par Weissbach :

$$v = \frac{C}{1000\,(t - t_0)\,3600\,\dfrac{\pi D^2}{4}\,\dfrac{d_0 + d}{2}}$$

$$ah = E = \frac{v^2}{2g}\left(\frac{\lambda}{D}\,l + \Sigma r\right)$$

dans lesquelles, pour chaque partie, on remplacera C, E, l et Σr par leurs valeurs correspondantes en remarquant :

1° Que pour chaque poêle C n'est pas seulement le nombre de calories utilisées par ce poêle, mais encore les pertes en route qu'il est bon de prévoir égales à 10 0/0.

2° Que les lettres de même nature, affectées du même indice, se correspondent.

Opérant d'après la marche générale indiquée (fig. 158), le diamètre D_1 de la conduite alimentant le poêle 1 qui est le plus défavorablement placé est pris empiriquement :

$$(1) \qquad\qquad D_1 = 0,00052\,\sqrt{c_1}$$

d'autre part :

$$(2) \qquad\qquad v_1 = \frac{c_1}{100\,(t - t_0)\,3600\,\dfrac{\pi D^2_1}{4}\,\dfrac{d_0 + d}{2}}$$

et

$$(3) \qquad a\,(h_1 - h) = \frac{v_1^2}{2g}\left(\chi\,\frac{l_1}{D_1} + \Sigma r_1\right)$$

permettent de déterminer h et la pression effective $ah = E$, nécessaire pour que l'écoulement de l'eau chaude se produise dans le cas le plus défavorable.

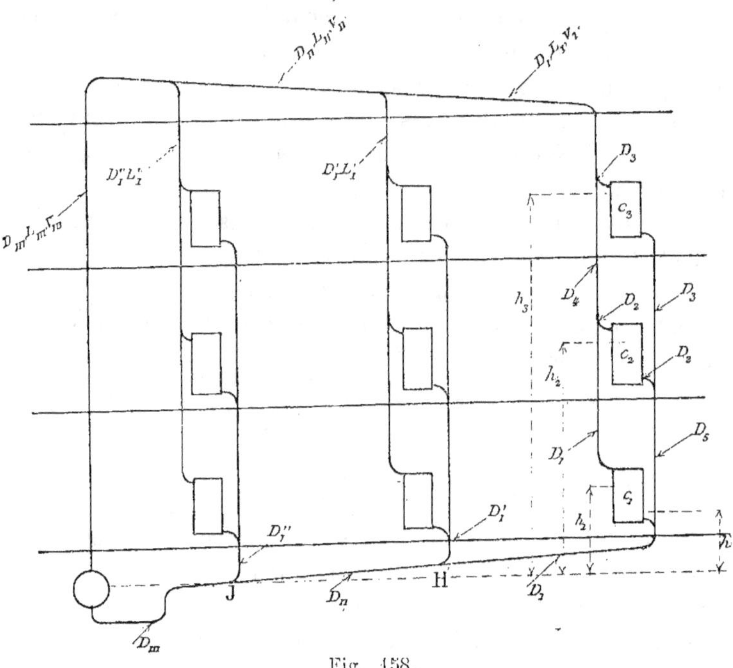

Fig. 158.

Si l'on suppose cette même charge dans la conduite principale, sauf à vérifier la vitesse correspondante par la formule (2) et à modifier le diamètre pour obtenir la vitesse v_1 dans cette conduite, la relation

$$(4) \quad ah = \frac{v_1^2}{2g}\left[\frac{\lambda}{D_1}\left(L_1 + \frac{L_{II}\sqrt{C_1}}{\sqrt{C_1 + C_{II}}} + \frac{L_{III}\sqrt{C_1}}{\sqrt{C_1 + C_{II} + C_{III}}}\right) + \Sigma R_I + \Sigma R_{II} + \Sigma R_{III}\right]$$

permet de déterminer D_1.

Les valeurs D_{II} et D_{III} sont déterminées par la relation générale (2) qui devient :

$$v_1 = \frac{C_I + C_{II}}{1000(t-t_0)3600 \frac{\pi D^2_{II}}{4} \frac{d_0 + d}{2}}$$

$$v_1 = \frac{C_I + C_{II} + C_{III}}{1000(t-t_0)3600 \frac{\pi D^2_{III}}{4} \frac{d_0 + d}{2}}$$

Les diamètres des branchements secondaires D_2 et D_3 seront déterminés par la relation (4) qui devient :

$$ah = \frac{v^2_2}{2g}\left[\lambda\left(\frac{l_2}{D_2} + \frac{L_I}{D_I} + \frac{L_{II}}{D_{II}} + \frac{L_{III}}{D_{III}}\right) + \Sigma r_2 + \Sigma R_I + \Sigma R_{II} + \Sigma R_{III}\right]$$

donnant D_2, car $v_2 = v_1$ et

$$ah = \frac{v^2_3}{2g}\left[\lambda\left(\frac{l_3}{D_3} + \frac{L_I}{D_I} + \frac{L_{II}}{D_{II}} + \frac{L_{III}}{D_{III}}\right) + \Sigma r_3 + \Sigma R_I + \Sigma R_{II} + \Sigma R_{III}\right]$$

fournissant D_3, car $v_3 = v_1$.

Les diamètres restant à déterminer sont :

$$(5) \qquad\qquad D_4 = \sqrt{D_1^2 + D_2^2}$$

$$(6) \qquad\qquad D_5 = \sqrt{D_2^2 + D'^2_3}$$

Pour les autres branchements principaux les calculs seront les mêmes, sauf pour les diamètres D'_I et D''_{II} des conduites aboutissant aux points H et J.

Au point H, on a :

$$(7) \qquad ah - \frac{v^2_1}{2g}\left(L_I \frac{\lambda}{D_I} + \Sigma R_I\right) = ah' - \frac{v'^2}{2g}\left(L'^2_I \frac{\lambda'}{D'_I} + \Sigma R'_I\right).$$

si on fait $h' = h$ on détermine D'_I en faisant $v' = v_1$, sauf à vérifier cette dernière hypothèse par la formule (2);
si on fait $D'_I = D_I$ on a v par la relation (2) en fonction de la chaleur à fournir, et on détermine h'.

Au point J, on a, à cause de l'hypothèse des vitesses égales $V_I = V_{II} = v_1$:

$$(8)\; ah - \frac{v_1^2}{2g}\left(L_I \frac{\lambda}{D_I} + \Sigma R_I\right) - \frac{v_1^2}{2g}\left(L_{II} \frac{\lambda}{D_{II}} + \Sigma R_{II}\right) = ah'' - \frac{v''^2}{2g}\left(L_I'' \frac{\lambda}{D_I''} + \Sigma R_I''\right)$$

équation qui fournira D''_I en y faisant $h'' = h$ et $v'' = v_1$ (sauf à vérifier cette hypothèse), ou qui fournira h'' en y faisant $D''_1 = D'_1 = D_1$ car alors on a v'' en fonction de la chaleur à fournir.

Comme on le voit, le calcul des conduites de chauffage à eau est simple, mais tout de tâtonnements ; aussi, pratiquement, pour les chauffages à eau à haute pression, emploie-t-on des chiffres approximatifs ayant donné de bons résultats ; pour les autres chauffages, tant au point de vue de l'économie que du bon fonctionnement, il y a intérêt à calculer les sections des conduites.

Aperçu historique du chauffage à eau. — Le premier chauffage par l'eau semble avoir été fait en Angleterre par Evelyn, qui aurait, en 1675, chauffé une serre par ce procédé.

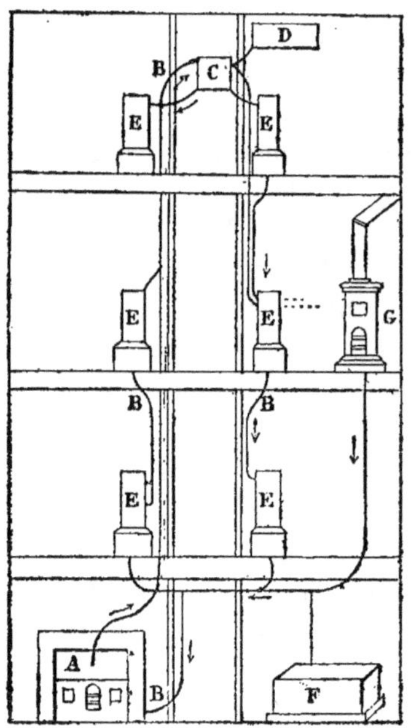

Fig. 159. — Chauffage à eau du marquis de Chabannes.

En 1716, Martin Truwald fit à Newcastle un chauffage de serre avec chaudière à l'extérieur et circulation d'eau sous le sol.

En France, Bonnemain fut le premier qui, en **1777**, appliqua le principe de la circulation d'eau chaude à un appareil qu'il n'employa d'abord que pour faire des incubations artificielles.

Plus tard il l'appliqua au chauffage des bains et des serres ; son appareil comprenait déjà le bouilleur extérieur, le tuyau vertical et le réservoir d'alimentation, le tuyau de circulation à la partie supérieure avec pente et retour au foyer. La chaudière portait en outre une circulation de fumée intérieure et un régulateur de température de l'eau, fondé sur la dilatation des métaux par la chaleur.

En 1816, le marquis de Chabannes (fig. 159) applique en Angleterre son système de chauffage à eau pour chauffer les bains et les appartements par le foyer du fourneau de cuisine.

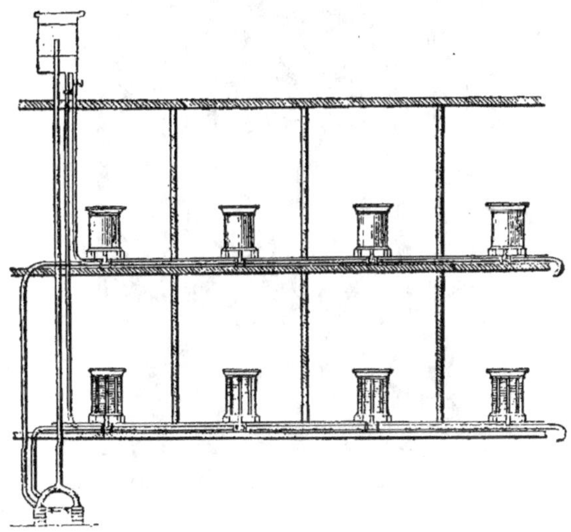

Fig. 160. — Chauffage à eau à basse pression.

Les progrès réalisés depuis consistent seulement dans la perfection des appareils et dans la disposition particulière des circulations (fig. 160-161).

La chaudière, le vase d'expansion et la surface de chauffe varient comme construction avec les divers chauffages ; toutefois dans les systèmes à grand et à moyen volume, ces appareils sont identiques.

CHAUDIÈRES A EAU POUR CHAUFFAGE A BASSE PRESSION

Les types de chaudières à eau sont nombreux, les uns sont à bouilleurs, les autres à tubes, les formes en sont diverses.

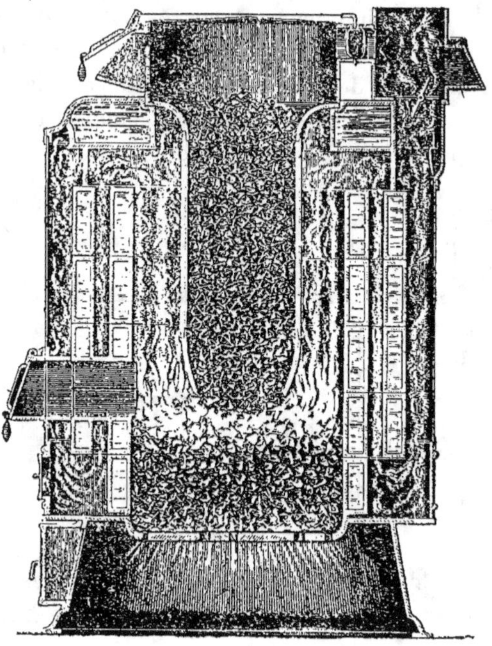

Fig. 161. — Chaudière, à combustion continue, à régulateur automatique de combustion (système Hamelle).

Chaudière à combustion continue. — La chaudière à combustion continue se compose d'un récipient cylindrique au-dessous duquel est le foyer qui porte, à son centre, une trémie de chargement traversant toute la chaudière et telle qu'on peut avoir une faible épaisseur de charbon sur la grille.

Les gaz de la combustion montent par une série de tubes concentriques à la trémie de chargement et se réunissent latéralement pour se rendre à la cheminée.

Chaudière Bouillon et Muller (fig. 162). — La chaudière
Bouillon et Muller est formée d'un double cylindre en fonte d'une
seule pièce afin d'éviter les joints.

Ce double cylindre est traversé à la partie supérieure par un
tuyau pour l'échappement des gaz de la combustion ; la grille du
foyer est placée à la partie basse du cylindre intérieur et les gaz
s'échappent en léchant la paroi intérieure du cylindre, en même
temps que, par des ouvertures appropriées, ils passent autour de la
paroi extérieure.

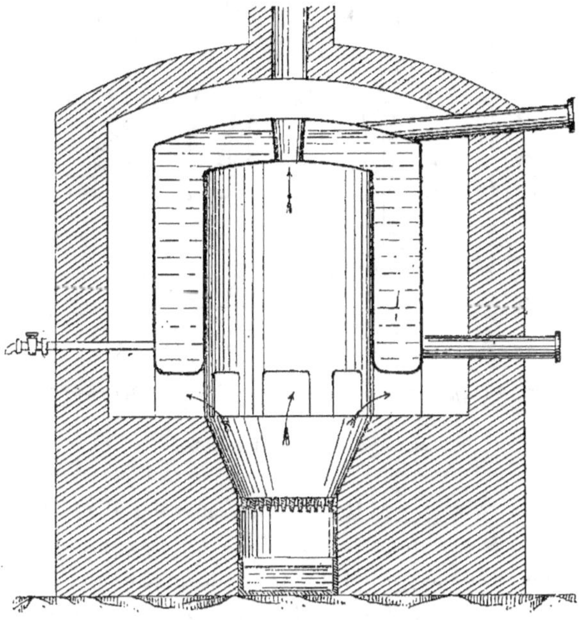

Fig. 162. — Chaudière Bouillon et Muller.

Deux tubulures, l'une à la partie supérieure pour le départ de
l'eau, l'autre à la partie inférieure pour sa rentrée à la chaudière
sont venues de fonte. Il y a en outre un tube avec robinet pour la
vidange.

La chaudière est entourée d'une enveloppe en maçonnerie laissant entre elle et la chaudière un espace vide qui sert de carneau de
fumée.

Cette enveloppe porte une façade comprenant les portes de chargement de la grille et de nettoyage du cendrier, ainsi que des tampons spécialement aménagés pour permettre le nettoyage du carneau.

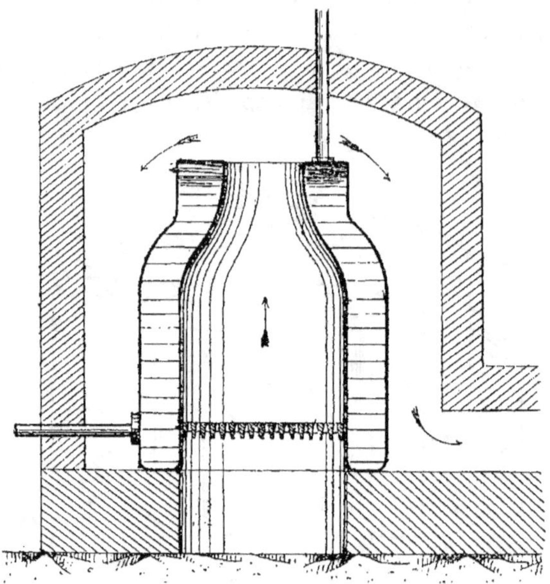

Fig. 163. — Chaudière Duvoir.

Chaudière Duvoir (fig. 163). — La chaudière Duvoir est analogue à la précédente, mais elle est faite en tôle emboutie et a une forme de bouteille ; la grille est placée à la partie inférieure, là où il y a le plus de section ; les gaz de la combustion s'élèvent d'abord jusqu'au haut de la chaudière proprement dite, pour redescendre ensuite autour de la paroi extérieure de la tôle et se rendre à la cheminée par un carneau situé à la partie basse. L'enveloppe en maçonnerie est analogue à celle de la chaudière précédente et laisse entre la tôle emboutie et elle-même un espace formant canal de circulation des fumées.

Le départ de l'eau se fait au sommet de la chaudière, la rentrée à la partie basse.

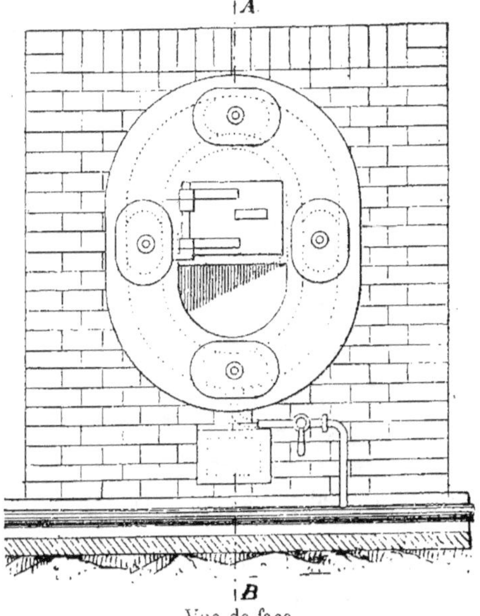

Vue de face

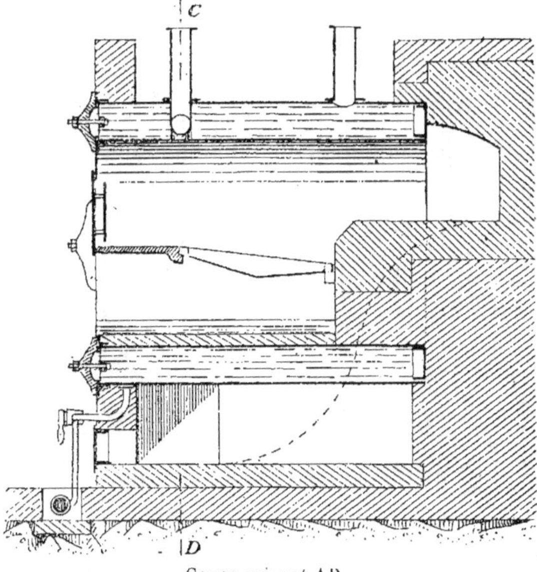

Coupe suivant AB

Fig. 164. — Chaudière elliptique.

Chaudière elliptique (fig. 164-165). — La chaudière elliptique est analogue à la chaudière à vapeur dite de Cornwal ; sa forme a

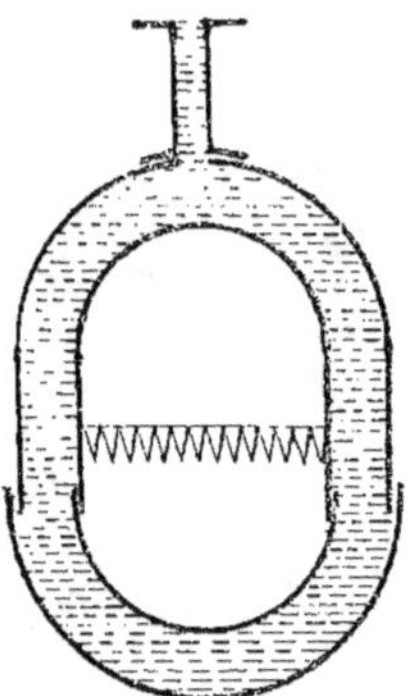

Fig. 165. — Chaudière elliptique, coupe suivant CD.

pour avantage de diminuer la surface occupée sur le sol et de donner plus de développement aux flammes du foyer ; cette forme peut

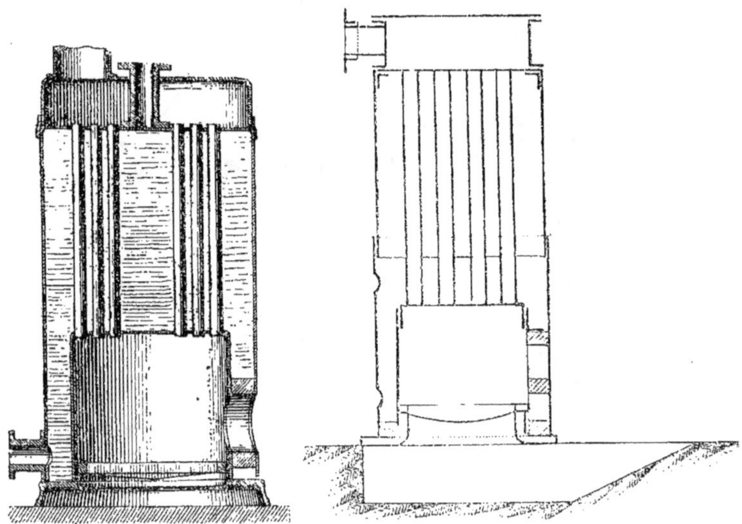

Fig. 166 et 167. — Chaudière verticale.

du reste être employée à cause du peu de pression qu'il y a dans la chaudière.

Elle a, comme les précédentes, le départ d'eau à la partie supérieure, la rentrée à la partie inférieure. Elle est munie d'une enveloppe en maçonnerie portant la façade avec les portes de chargement du foyer et de nettoyage du cendrier, ainsi que les divers tampons nécessaires pour le nettoyage des carneaux de fumée et pour l'ouverture des trous à main permettant la visite de l'intérieur de la chaudière.

Chaudière verticale (fig. 166-167). — La chaudière verticale multitubulaire est constituée par un cylindre en tôle, portant sur une partie de sa hauteur, vers le bas, un deuxième cylindre concentrique formant le foyer.

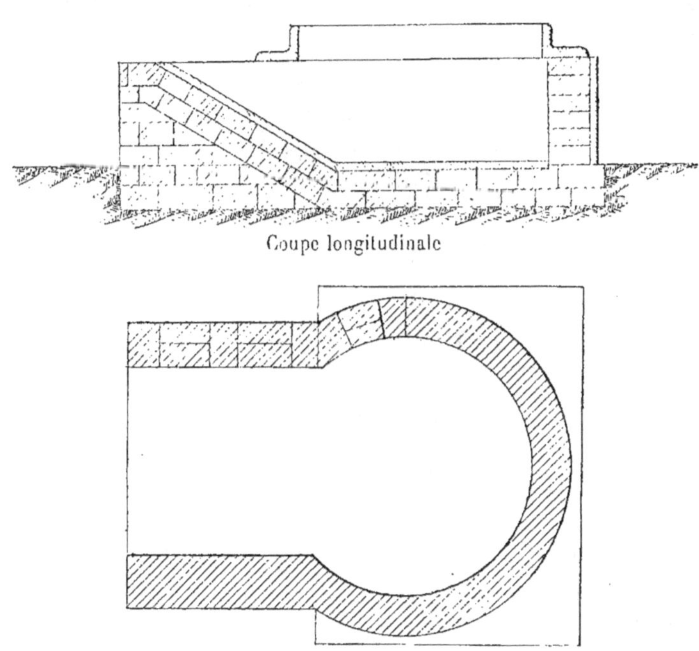

Fig. 168. — Cendrier en maçonnerie.

Ces deux cylindres sont fermés à la partie supérieure par des plaques reliées entre elles au moyen de tubes verticaux qui sont traversés par les gaz de la combustion. Ces tubes sont mandrinés dans les plaques tubulaires.

L'espace compris entre les deux cylindres reliés ensemble à la partie inférieure par un cercle en fer rivé avec eux, est rempli d'eau ; il en est de même des espaces compris entre les tubes. Le cylindre extérieur porte une série de trous à main fermés par des tampons et permettant la visite de l'intérieur de la chaudière et l'enlèvement des boues et incrustations qui peuvent se déposer.

La chaudière s'appuie sur un massif en maçonnerie formant cendrier (fig. 168). Entre la chaudière et la maçonnerie est placé un cercle en forme de cornière sur l'extrémité de la branche verticale duquel viennent se poser les barreaux de la grille circulaire.

Cette chaudière peut être entourée ou non d'une enveloppe en maçonnerie.

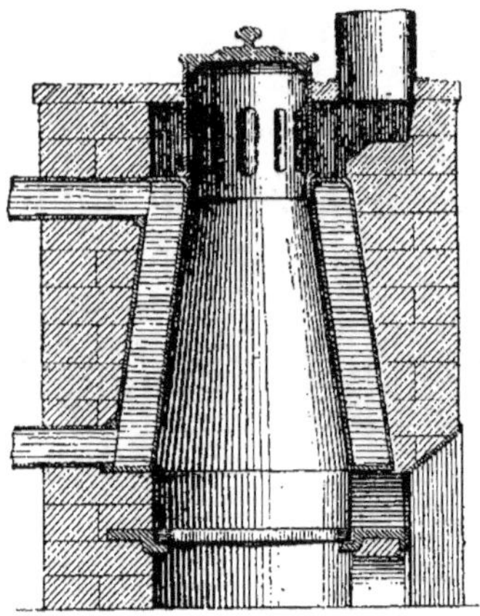

Fig. 169. — Thermosiphon.

Quand on supprime l'enveloppe il faut ajouter à la partie supérieure une boîte à fumée d'où part le carneau allant à la cheminée. Cette boîte est fixée sur la plaque tubulaire supérieure au moyen de goujons.

Les tubulures de départ et de rentrée de l'eau sont, l'une à la partie supérieure, l'autre à la partie inférieure de la chaudière.

Thermosiphon (fig. 169). — Le thermosiphon proprement dit est formé d'une trémie centrale ouverte à la partie supérieure, afin de pouvoir introduire le combustible sur la grille qui est placée à la partie inférieure.

L'ouverture est fermée par un couvercle étanche au-dessus duquel est placé un tuyau vertical portant sur sa paroi des ouvertures par lesquelles passent les gaz de la combustion se rendant à la cheminée.

Autour de la trémie est une capacité composée d'un double tronc de cône, qui forme le réservoir d'eau ; de sa partie supérieure part le tuyau de l'eau chaude qui rentre refroidie à la partie inférieure.

Une enveloppe en maçonnerie entoure le tout sans laisser d'intervalle ; sur l'une de ses faces, se trouvent une petite porte et une tubulure de raccordement avec la grille, ainsi que l'ouverture pour le passage de l'air nécessaire à la combustion.

La petite porte permet de faire l'allumage au moment de la mise en marche.

Il existe encore un grand nombre de chaudières et poêles à eau (fig. 170-171) ; du reste, en principe, toutes les chaudières à vapeur, et elles sont nombreuses, peuvent être employées comme chaudières à eau ; celles qui viennent d'être décrites sont les plus simples et les plus répandues.

CONSTRUCTION DES CHAUDIÈRES A EAU

Une chaudière doit être construite en bonne tôle, n° 3 ou 4 du Creuzot.

Les feuilles de tôle, cintrées, après qu'on y a fait seulement les trous qui, autrement, exigeraient un outillage spécial, doivent être réunies par des rivets posés à chaud, les rivures étant faites pour assurer une étanchéité parfaite. Les fonds doivent être emboutis à chaud ; il ne faut pas qu'il y ait de rivure au coup de feu, et la rivure doit être telle que la flamme ne tende pas à rentrer dedans.

Autant que possible les corps cylindriques ne porteront qu'une rivure longitudinale.

Les tubes, qui sont en fer, ont généralement de 0,05 à 0,07 m.

de diamètre ; il faut employer des tubes soudés à recouvrement, des plaques tubulaires d'au moins 0,012 à 0,016 m. d'épaisseur percées à la lame à crochets avec au moins une distance de 0,016 à 0,025 m. entre les trous les plus voisins.

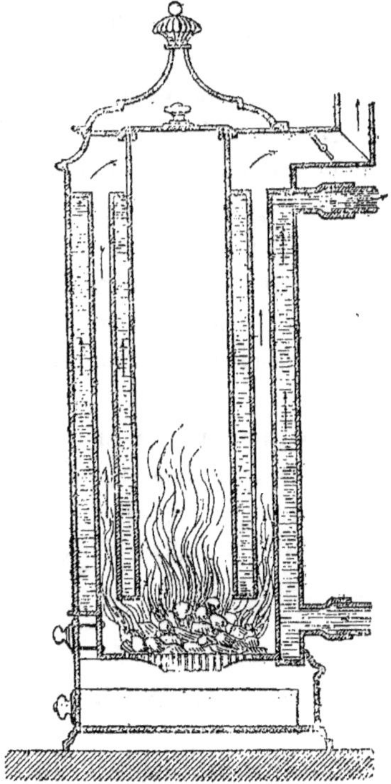

Fig. 170. — Poêle à eau chaude.

L'épaisseur des tubes doit être au moins de 0,003 m. On les mandrine au dudgeon sur la plaque tubulaire, ou on les assemble à viroles coniques.

Les tubes sont plus difficiles à détartrer extérieurement qu'intérieurement. En tous cas, quand les gaz de la combustion passent dans leur intérieur, la section libre doit être au moins de 1/10 à 1/7 de la grille.

La surface de celle-ci est déterminée en comptant sur une combustion horaire de 60 à 75 kilogrammes de houille et un rendement de 60 à 65 0/0 du calorique contenu dans le combustible.

Quand on établit une chaudière à eau. il faut toujours rechercher un type ramassé, prenant peu de place, ayant la meilleure disposition de surface de chauffe et contenant un faible volume d'eau.

R, bouillote à eau. — S, surface de chauffe. — a, tuyau de départ de l'eau. — c, tuyau allant au vase d'expansion. — V, vase d'expansion. — d, tube d'échappement. — e, tube de remplissage.

Fig. 171. — Cheminée à eau chaude Kœrting.

Pour déterminer la surface de chauffe on compte sur une transmission de 8000 à 10000 calories par mètre carré.

Pour un service domestique, comme les chaudières à eau peuvent être munies de foyer à chargement continu ou de foyers Michel Perret pour combustibles pauvres, il est bon d'utiliser ces foyers afin de simplifier le service.

La chaudière doit être munie du nombre utile, mais strictement nécessaire, d'ouvertures ou tubulures.

Il faut, indépendamment des ouvertures de foyer et de cendrier, les tubulures de départ et de rentrée d'eau, de vidange et de remplissage, enfin des trous à main de 0,12 à 0,15 m. de longueur et 0,07 à 0,08 m. de hauteur en nombre suffisant pour pouvoir enlever les boues et les dépôts partout où il peut s'en trouver.

La porte du foyer, si elle est à un battant, a généralement une largeur de 0,300 à 0,370 m. et une hauteur de 0,200 à 0,340 m.; quand elle est à deux battants sa largeur est de 0,450 à 0,600 m. et sa hauteur de 0,300 à 0,370 m. Elle doit être inclinée afin de se fermer d'elle-même et munie d'une contre-porte intérieure en tôle de 0,010 à 0,014 m. d'épaisseur avec un intervalle de 0,050 à 0,080 m.

L'enveloppe en maçonnerie se fait en briques et est maintenue par des armatures extérieures en fer, composées de montants et de tirants ; elle porte des ouvertures en face des trous à main de la chaudière et d'autres ouvertures destinées au nettoyage des carneaux.

L'espace libre entre l'enveloppe et la chaudière doit laisser aux gaz de la combustion une section suffisante ; il doit être chicané, afin d'assurer la meilleure utilisation de la chaleur de ceux-ci.

La section des carneaux est de 1/2 à 1/4 de la surface de la grille.

La distance de la grille à la chaudière est de 0,45 à 0,60 m. pour la houille et le coke. La longueur maxima de cette grille doit être de 2,00 m., sa largeur de 1,50 m. sa hauteur au-dessus du sol de 0,40 à 0,80 m.; la profondeur du cendrier au-dessous de la surface supérieure de la grille de 0,70 à 1 m.; le cendrier doit toujours contenir une certaine quantité d'eau.

La section de la cheminée peut être déterminée par la relation :

$$S = \frac{P}{100\sqrt{H}} = \frac{ps}{100\sqrt{H}} \text{ ou } S = \frac{ps}{400}$$

s étant la section de la grille, $p = 60$ à 75 kilogrammes de houille.

Foyer Hermann et Cohen (fig. 172). — Parmi les foyers à alimentation continue applicables aux chaudières, il faut citer celui de Hermann et Cohen se chargeant par une trémie et reposant sur les principes suivants :

1° Distillation préalable du charbon et mélange de l'air et des produits de la distillation ;

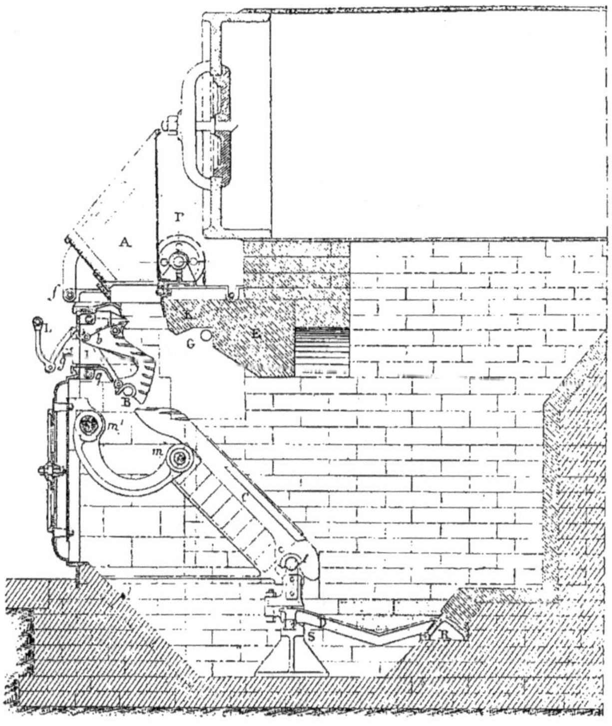

Fig. 172. — Foyer Hermann et Cohen.

2° Combustion immédiate des éléments gazeux au fur et à mesure de leur production ;

3° Combustion du coke, résidu de la distillation du combustible.

Le foyer comprend deux grilles inclinées distinctes se faisant suite et une petite grille de pied servant au décrassage pendant la marche, lorsque les foyers fonctionnent nuit et jour en permanence.

Sur la grille supérieure du foyer à barreaux coudés s'opère la distillation.

Les gaz arrivent dans une chambre comprise entre la couche de combustible et une voûte réfractaire protégeant le métal de la chaudière et se mélangent avec une quantité d'air déterminée appelée par l'effet du tirage. Les gaz ainsi préparés s'enflamment au contact des charbons incandescents, sur lesquels ils passent, et brûlent dans le foyer.

Le coke provenant de la distillation du combustible descend sur la grille inférieure, soit par son propre poids, soit sous l'action du mouvement d'oscillation que le chauffeur imprime de temps en temps à la grille, à l'aide d'un levier à main.

Une cloison spéciale disposée entre les deux grilles inclinées permet de régler différemment et suivant les besoins le volume d'air qui passe à travers chacune des grilles.

VASE D'EXPANSION

Le vase d'expansion a pour but de contenir l'excès du volume de l'eau, provenant de la dilatation de celle-ci par suite de l'élévation de température.

Entre 4° et 90°, le coefficient de dilatation de l'eau est 0,045, soit approximativement $\frac{1}{20}$; aussi donne-t-on au vase d'expansion une contenance d'au moins $\frac{1}{20}$ du volume de l'eau contenue dans toute l'installation de chauffage.

Le vase d'expansion a ordinairement une forme cylindrique allongée, afin de rendre sensible, en hauteur dans le vase, l'augmentation du liquide aux diverses températures.

Dans le chauffage à basse pression, ce vase (fig. **173**) est en tôle ; il se compose d'un corps cylindrique portant une seule rivure longitudinale ; il est fermé à sa partie inférieure par un fond embouti relié au corps par une rivure étanche.

A la partie supérieure le vase est clos par un deuxième fond embouti rivé sur une cornière, fixée elle-même sur le corps cylindrique.

Sur le fond supérieur se trouve le tuyau d'échappement, le vase d'expansion devant toujours rester en communication avec l'air extérieur.

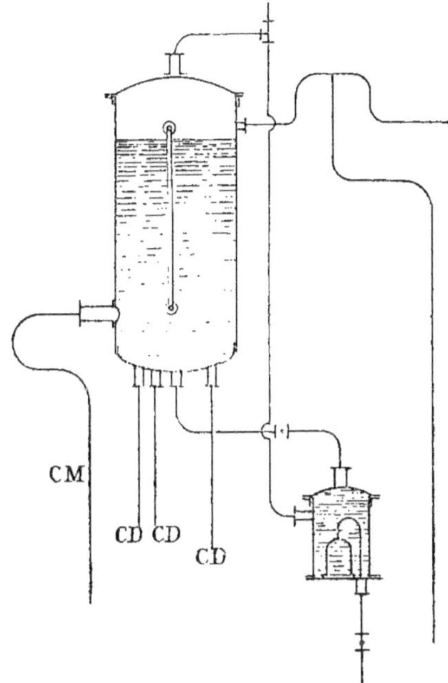

Fig. 173. — Vase d'expansion du chauffage à eau à grand volume.

Le corps cylindrique porte, à sa partie supérieure, la tubulure de trop plein et, à sa partie inférieure, la tubulure d'arrivée de la colonne montante ; il peut avoir en plus une tubulure pour le remplissage.

Du fond partent les tubulures des colonnes descendantes de distribution de chaleur ainsi qu'une tubulure spéciale reliant le vase à un hydromètre, appareil ayant pour but d'indiquer, sur un cadran placé en cave près de la chaudière, la hauteur du liquide.

L'hydromètre est muni de deux robinets dont un de vidange.

Le corps cylindrique porte aussi un indicateur du niveau de l'eau dans le vase.

Le vase d'expansion ayant une certaine surface exposée au refroidissement, on l'entoure généralement d'un isolant, afin de diminuer autant que possible la déperdition de chaleur.

Sur le même plan que le vase d'expansion se trouve la bâche d'alimention (fig. 174) qui amène ordinairement l'eau au bas de la chaudière.

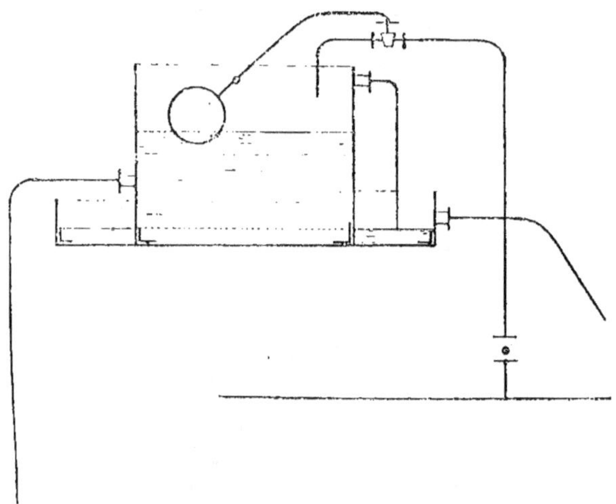

Fig. 174. — Bâche d'alimentation.

C'est une caisse rectangulaire, en communication avec une conduite d'eau sous pression qui l'alimente elle-même ; elle porte un flotteur agissant sur une soupape réglable de façon que le niveau normal dans la bâche soit toujours celui de l'eau froide dans le vase d'expansion.

La bâche pourrait aussi bien alimenter par le vase d'expansion que par la chaudière.

Le tuyau d'amenée de l'eau à la chaudière est, à sa partie inférieure, muni d'un robinet et d'un clapet de retenue automatique.

Il y a toujours la perte par évaporation : on peut chaque matin ouvrir ce robinet et remplacer l'eau évaporée, la quantité que l'on met étant réglée par le flotteur de la bâche et la hauteur de l'eau étant fournie par les indications de l'hydromètre.

La bâche porte un tuyau de trop plein, pour le cas où la soupape à flotteur viendrait à ne pas fonctionner sans fuite, ou même à ne pas fonctionner du tout, la pression dans la conduite d'amenée devenant trop forte.

Le départ, du vase d'expansion, au-dessous de toutes les circulations, entraîne souvent à l'étage supérieur un encombrement de colonnes descendantes fournissant un excès de chaleur, aussi fait-on des circulations indépendantes ne passant pas par le vase d'expansion.

Alors, tandis que la colonne montante qui passe par le vase ne porte pas de robinet, (il ne faut pas qu'elle puisse être fermée parce que toute dilatation deviendrait impossible), les colonnes montantes libres sont toutes munies de robinets permettant de supprimer le chauffage qu'elles fournissent.

Les différents retours venant et du vase d'expansion et des circulations libres, se réunissent dans une culotte d'où ils rentrent dans la chaudière par une ou deux tubulures au maximum, ceci afin d'éviter de faire un trop grand nombre de trous à la chaudière.

Tous les retours sont munis d'un robinet vanne à volant.

Dans le chauffage à eau à basse pression il est nécessaire que la température de l'eau dans le vase d'expansion ne soit pas supérieure à 95°. Si cette limite est dépassée, il est nécessaire de ralentir le feu, soit en fermant le cendrier, soit en ouvrant des entrées d'air dans le tuyau de fumée.

Ces manœuvres peuvent se faire automatiquement, en disposant sur le vase d'expansion, à la hauteur correspondant au niveau de 95°, le tuyau de trop plein dont il a été parlé. L'eau, s'écoulant par ce tuyau, est amenée dans un récipient auquel est relié le registre d'entrée d'air de combustion, ce récipient, en augmentant de poids, prend un mouvement descendant au moyen duquel il entraîne la fermeture du registre.

Avec la facilité de commande que l'on obtient maintenant au moyen de l'électricité, on peut du reste imaginer un grand nombre de combinaisons réalisant le même but.

Afin de pouvoir chauffer l'eau à une température plus élevée que la température dans le vase d'expansion, on fait souvent un peu circuler la colonne montante dans les locaux à chauffer avant de l'amener au vase.

CANALISATIONS D'EAU CHAUDE

Les canalisations de distribution sont, en fer, pour les chauffages à moyen volume et le diamètre des tuyaux est de 0,04 à 0,05 m.; en fonte, de divers diamètres donnés par les calculs, pour les chauffages à grand volume.

Quand les canalisations sont en fonte les joints sont généralement à brides.

Si les brides sont dressées, pour avoir un joint étanche, il suffit de les rapprocher l'une de l'autre en interposant un peu de minium, ou un cordon en cuivre rouge et de les serrer avec force par les boulons, en ayant soin de garnir de rondelles les trous de boulons.

Si elles ne sont pas dressées, mais qu'elles soient parallèles, on emploie un cercle de filasse que l'on entoure de minium ou de mastic Serbat ; on forme ainsi un bourrelet circulaire en dedans des trous de boulons, bourrelet sur lequel on fait le serrage.

Il est indispensable de faire ce serrage progressivement de façon à bloquer tous les boulons presque en même temps, sans quoi, ou l'on fait mal le joint ou l'on casse la bride.

Si le joint est conique ou large, on coule une rondelle de plomb dans laquelle on ménage l'ouverture du tuyau et les trous de boulons, et on remplit le joint avec cette rondelle sur les faces de laquelle on a mis des bourrelets circulaires de filasse et minium.

Ces joints sont assez longs et souvent difficiles à faire, aussi emploie-t-on assez couramment dans le chauffage à eau avec canalisations en fonte, des tuyaux du système Petit.

Tuyaux système Petit (fig. 175). — Ces tuyaux sont terminés par des bouts mâle et femelle et portent des oreilles percées de trous.

Les oreilles de deux tuyaux assemblés peuvent être réunies par une patte tenue par des broches passant dans les trous des oreilles et dans ceux correspondants de la patte.

Le bout mâle porte une rondelle en caoutchouc qui, en venant se serrer contre le bout femelle dans un logement qui lui est ménagé, assure l'étanchéité du joint.

Quand on fait la pose de ces tuyaux, on doit toujours placer les oreilles verticalement ; le bout mâle doit rester fixe, c'est la partie femelle que l'on présente pour recevoir le bout mâle.

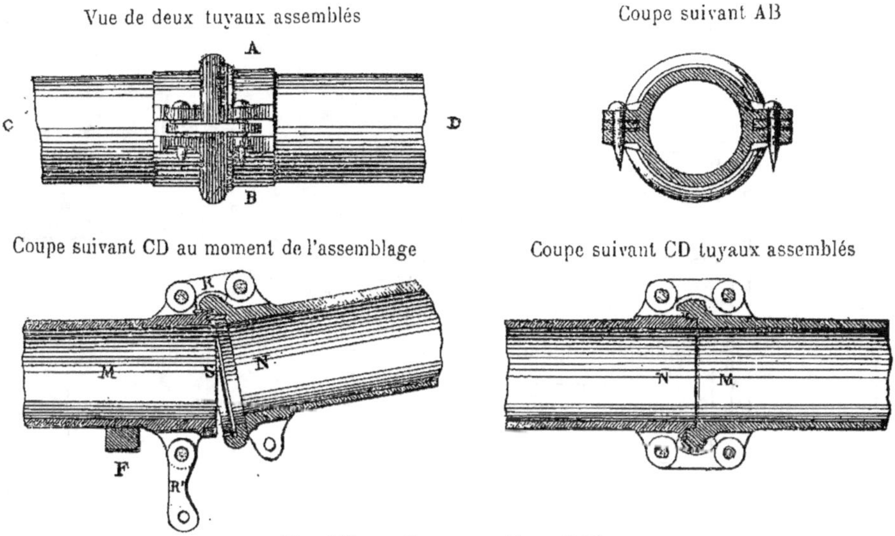

Vue de deux tuyaux assemblés   Coupe suivant AB

Coupe suivant CD au moment de l'assemblage   Coupe suivant CD tuyaux assemblés

Fig. 175. — Tuyaux système Petit.

Pour faire un joint, on commence à placer la rondelle en caoutchouc autour du bout mâle, lequel est maintenu fixe dans le sens de la hauteur au moyen d'une cale en bois par exemple. On vient ensuite présenter le bout femelle en l'inclinant de façon que la fonte des tuyaux soit en contact à la partie supérieure et on rabat la patte que l'on fixe en enfonçant les broches à moitié seulement ; on abaisse alors le tuyau femelle en s'assurant que la rondelle de caoutchouc n'est pas mordue entre les deux tuyaux qui pourraient la couper ; puis on place la patte de dessous en la fixant par deux broches que l'on enfonce à fond. On décale ensuite le tuyau mâle et on enfonce à fond les broches de dessus.

Ces canalisations fournissent l'eau chaude à des branchements desservant isolément chaque local et portant les surfaces de chauffe ou poêles proprement dits.

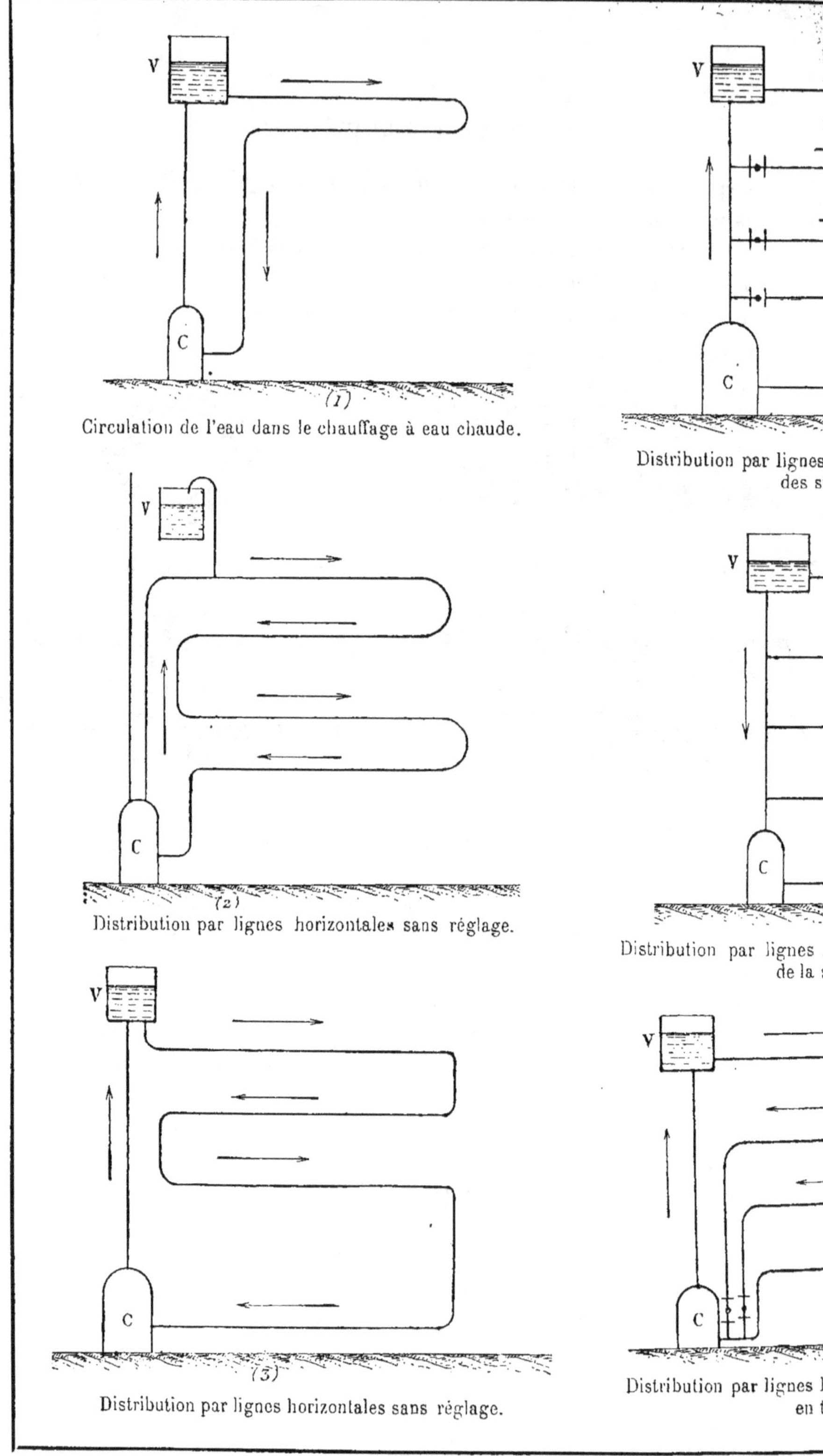

Circulation de l'eau dans le chauffage à eau chaude.

Distribution par lignes
des s...

Distribution par lignes horizontales sans réglage.

Distribution par lignes
de la s...

Distribution par lignes horizontales sans réglage.

Distribution par lignes
en t...

Fig. 176. — Schemas de distribu...

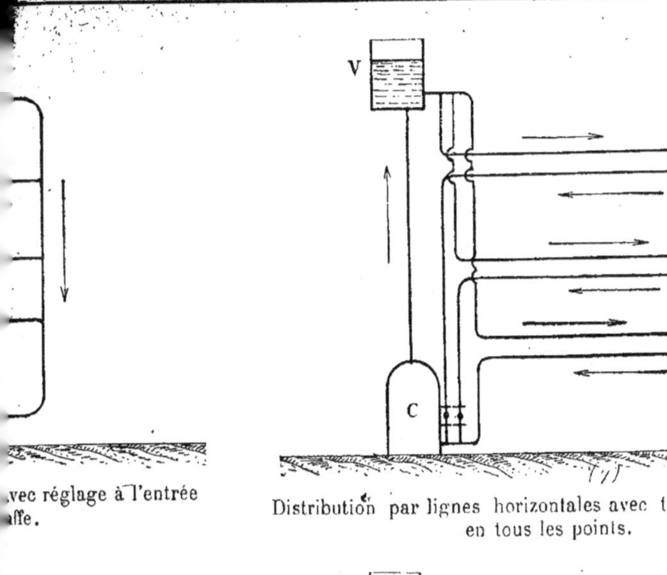

Distribution par lignes horizontales avec transmission égale
en tous les points.

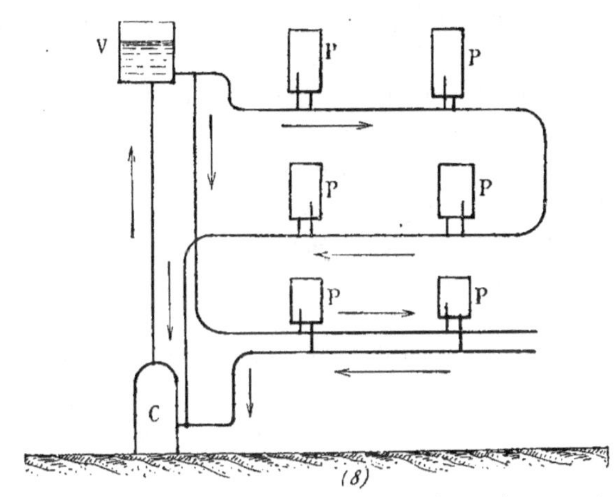

Distribution par lignes horizontales avec réglage à chaque poële.

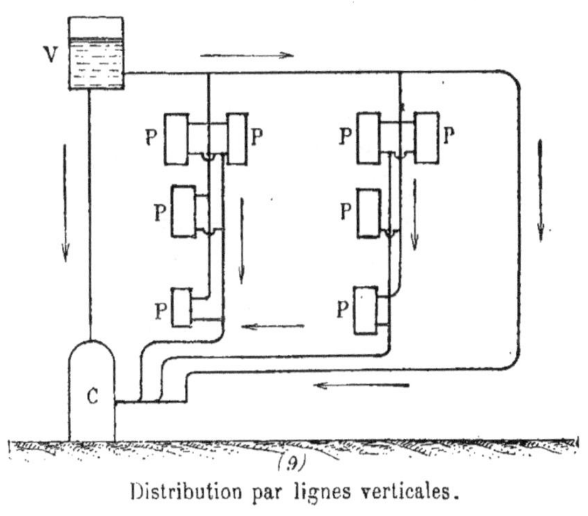

Distribution par lignes verticales.

Sur la canalisation de distribution d'eau chaude, que cette canalisation vienne du vase d'expansion ou directement de la chaudière, sont branchés les différents poëles de chaque enceinte.

Dans ces poëles, l'air devant circuler en montant, pour avoir un chauffage méthodique et de bon rendement, il est nécessaire de faire circuler le fluide chaud en descendant; si le poële est un serpentin à tubes horizontaux, l'eau doit arriver à la partie supérieure et à l'extrémité du serpentin : si les éléments sont des tubes verticaux, l'eau chaude doit encore arriver à la partie haute et se distribuer à tous les éléments en même temps. On fera donc les prises sur le tuyau de distribution qui est à la partie basse du local, et on remontera par un branchement vertical, jusqu'à la partie supérieure du poële, dans le cas où la distribution sera faite par les lignes horizontales ; chaque branchement portera un robinet permettant d'isoler le poële de la circulation.

Le départ de l'eau refroidie devra être placé de manière qu'en tous points du poële les chemins, quels qu'ils soient, que l'eau peut parcourir depuis son départ de la chaudière jusqu'à sa rentrée soient les mêmes comme longueurs et sinuosités.

Tout poële ayant la forme d'un faisceau tubulaire avec arrivée et sortie d'eau partant de l'axe du faisceau, sera donc établi dans de mauvaises conditions de fonctionnement ; tout poële composé d'éléments verticaux où l'eau partira du même côté qu'elle est arrivée sera mauvais.

La distribution de l'eau chaude peut être faite de deux façons :

Si l'aménagement des diverses pièces à chauffer aux divers étages du bâtiment est telle que les poëles puissent être tous placés sur une même ligne verticale, on fait un collecteur passant dans les combles et d'où descendent toutes les lignes de retour verticales alimentant chacune toute la série des poëles rencontrés. On aura soin de compter, dans l'établissement de ceux-ci, sur un rendement moindre à mesure que l'on s'approche de la chaudière.

Cette disposition ne peut généralement être employée, surtout dans les maisons de rapport.

Aussi, distribue-t-on par lignes horizontales ; on fait partir une série de colonnes descendantes, passant généralement dans la cage de l'escalier, chaque colonne descendante desservant ou un appartement, ou un étage, ou même plusieurs étages, en traversant les diverses pièces par un ou plusieurs branchements horizontaux primaires sur lesquels on dérive les poêles des locaux à chauffer.

Quel que soit le système de distribution, les branchements des poêles sont commandés par un robinet près de leur arrivée à la surface de chauffe.

Quand la distribution est faite par lignes horizontales, il est nécessaire de ménager un robinet d'air à la partie haute de chaque surface ou poêle desservi par un branchement ascendant. Ce robinet sert à assurer le remplissage indispensable pour que le fonctionnement de l'installation soit satisfaisant.

Les divers branchements d'un même distributeur se réunissent dans un retour commun qui vient rejoindre la conduite de distribution au delà du dernier branchement.

La distribution par lignes horizontales (fig. 176) ne semble être praticable qu'en employant le chauffage à eau à moyen volume ; en tous cas les distributeurs horizontaux doivent avoir une pente descendante de 0,005 à 0,008 mm. par mètre dans le sens du mouvement de l'eau chaude.

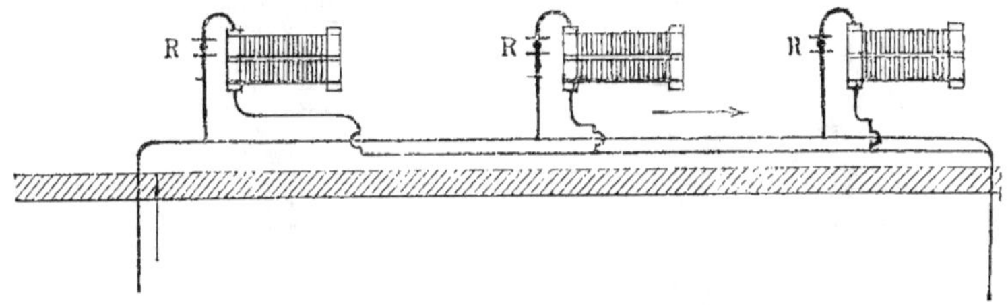

Fig. 177. — Tuyauterie pour chauffage à eau moyen volume.

SURFACES DE CHAUFFE.

Les surfaces de chauffe sont ordinairement en fonte et diverses, de façon à pouvoir, d'après les exigences de la construction et de l'ameublement, être placées dans les locaux à des endroits variables de dimensions et de formes.

Ce sont généralement des surfaces à lames, afin d'avoir une grande surface de chauffe en même temps qu'un encombrement restreint, car on doit pouvoir les mettre, soit dans l'embrasure des fenêtres, soit dans de fausses cheminées, soit même dans de vraies cheminées aménagées spécialement, soit dans des angles sous forme de poêles, soit contre des colonnes, etc.

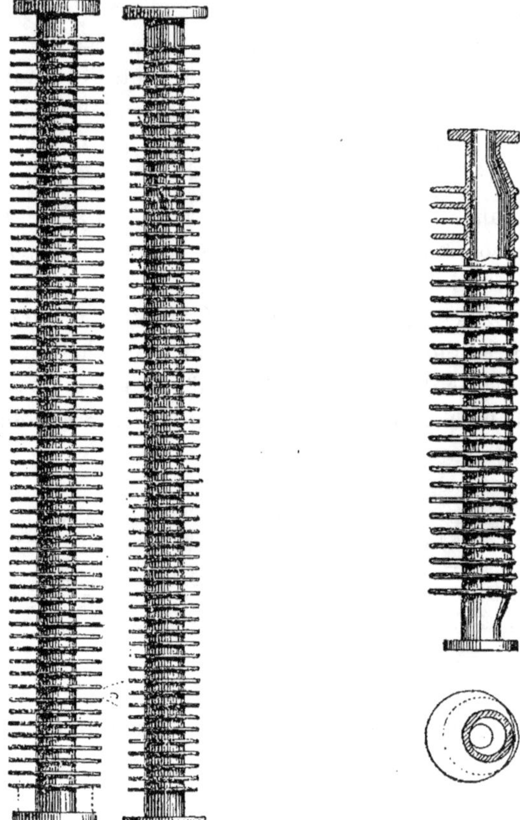

Fig. 178. — Tuyaux lamés horizontaux   Fig. 179. — Tuyau lamé horizontal
à ailettes centrées.   à ailettes excentrées.

Ces surfaces nervées se divisent en deux grandes classes ; celles destinées à être placées horizontalement, et celles destinées à être placées verticalement.

Tuyaux lamés horizontaux (fig. 178 à 182). Dans les surfaces horizontales on trouve d'abord les tuyaux nervés perpendiculairement à l'axe, les nervures étant centrées (fig. 178) ou excentrées (fig. 179) par rapport au tuyau lui-même.

Les types de ces surfaces, comme dimensions, sont nombreux. Il faut rechercher ceux qui ont le plus faible poids en même temps que la surface de chauffe la plus grande alliée au meilleur coefficient de transmission.

Dans les tuyaux à ailettes les facteurs qui influent sont, en effet, et l'écartement des ailettes, et leur diamètre comparé à celui du tuyau lui-même.

Dans les tuyaux à ailettes centrées, on peut citer comme avantageux ceux :

De 0,060 m. de diamètre intérieur, avec ailettes de 0,170 m., espacées de 0,025 m., pesant au mètre 40 kgs., ayant une surface de chauffe de 1,68 m^2, donnant 475 calories par mètre courant dans le cas du chauffage à eau à basse pression ;

De 0,080 m. de diamètre intérieur, avec ailettes de 0,220 m., espacées de 0,025 m., poids 55 kgs. au mètre, ayant 2,7 m^2 de surface de chauffe et donnant 700 calories par mètre courant.

Dans les tuyaux à ailettes excentrées, on peut citer celui de 0,090 m. de diamètre intérieur, avec ailettes de 0,175 m., développant 1,25 m^2 de surface de chauffe et donnant 375 calories par mètre courant.

On a aussi des tuyaux ayant les ailettes centrées inclinées et distantes entre elles de 0,04 m. (fig. 180).

Ces tuyaux se trouvent en longueurs diverses comprises entre 1 et 2 m.; le diamètre du tuyau et le diamètre des ailettes ne sont pas quelconques :

Pour un tuyau de 0,060 à 0,070 m. de diamètre intérieur, les ailettes, espacées de 0,025 m., ont de 0,140 à 0,172 m.

Pour un tuyau de 0,100 à 0,125 m. de diamètre intérieur, les ailettes espacées de 0,040 m., ont de 0,200 à 0,225 m.

Par suite de la disposition horizontale des tuyaux il ne faut pas compter, dans les chauffages à eau à basse pression, sur un rendement de plus de 250 à 300 calories par mètre carré de surface de chauffe.

Les tuyaux à ailettes excentrées sont préférables à ceux à ailettes centrées au point de vue de l'utilisation et du rendement.

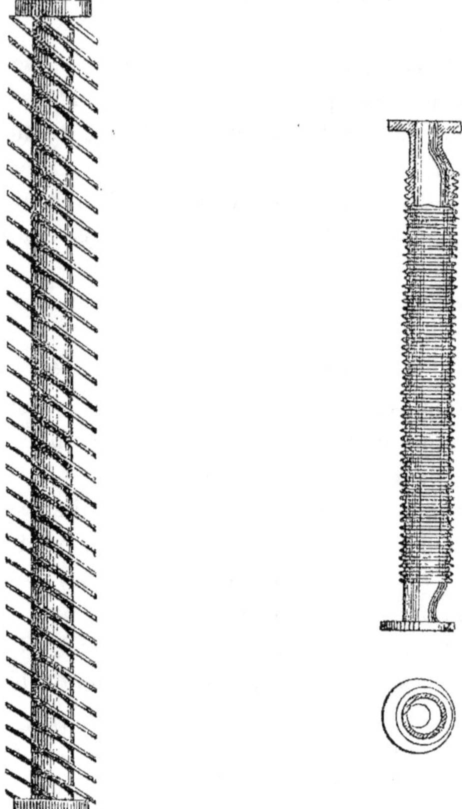

Fig. 180. — Tuyau lamé horizontal   Fig. 181. — Tuyau en fonte ondulée.
à ailettes centrées et obliques.

Un grand inconvénient de ces tuyaux est la nécessité où l'on se trouve de les raccorder entre eux par des coudes qui produisent toujours une certaine perte de charge et entraînent un grand nombre de joints amenant autant de chances de fuites; ces coudes ont en outre le désavantage de prendre beaucoup de hauteur.

Ces défauts ont été évités dans les éléments plats qui peuvent se placer directement les uns au dessus des autres, dont les ailettes

n'existent que sur les parois latérales, et dont la surface de chauffe
est presque entièrement utilisée (fig. 182 à 185).

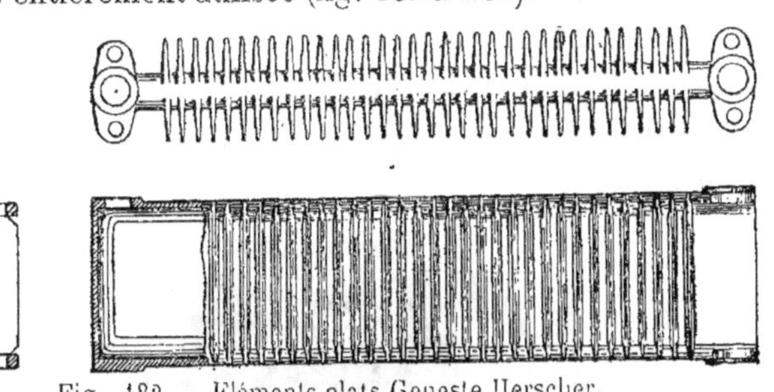

Fig. 182. — Éléments plats Geneste Herscher.

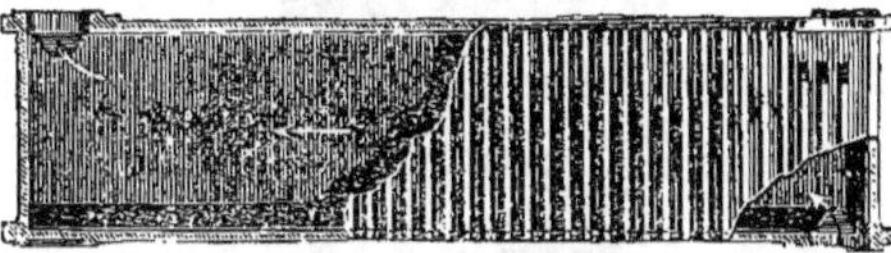

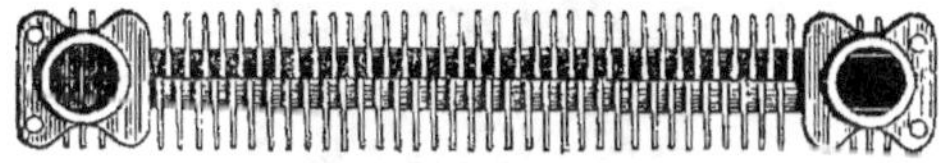

Fig. 183. — Élément plat Koerting.

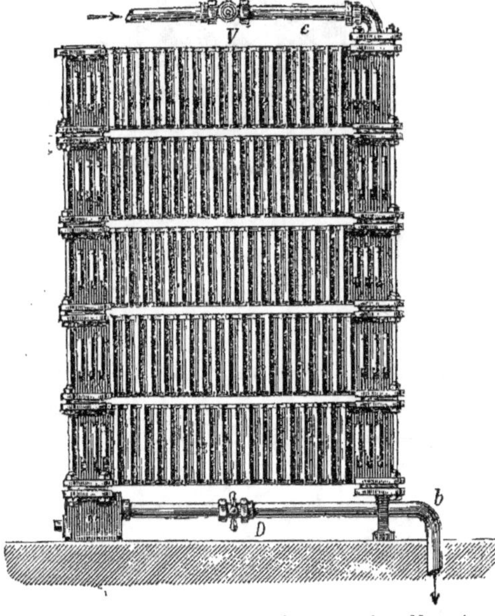

Fig. 184. — Poêle composé d'éléments plats Koerting.

La hauteur ordinaire de ces tuyaux est de 0,250 à 0,260 m., l'épaisseur intérieure du vide entre les parois de 0,040 à 0,060 m.; les ailettes ont la hauteur de l'élément et une saillie de 0,050 à 0,070 m. Le rendement de ces surfaces est d'environ 300 à 550 calories par mètre carré dans le cas des chauffages à eau à basse pression.

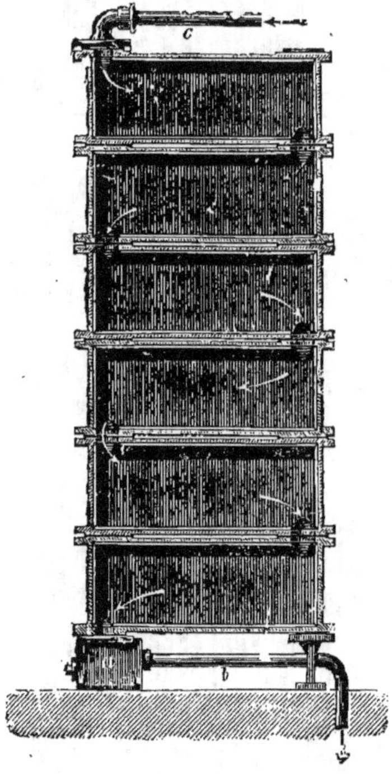

Fig. 185. — Coupe transversale d'un poële composé d'éléments plats Korrting.

On en a fait avec des ailettes obliques dans le but d'augmenter la surface de chauffe par mètre de longueur et aussi d'avoir un meilleur contact de l'air avec la surface (fig. 186).

Ces éléments se trouvent en longueurs définies depuis 0,45 jusqu'à 1,40 m. en passant par 0,65, 1,00 et 1,20 m.; et varient de 0,75 à 3,10 m² de surface de chauffe en passant par 1,25, 2,10 et 2,60 m².

Les éléments à ailettes obliques ont des longueurs de 0,45, 0,65 et 1,00 m. avec des surfaces de chauffe de 1,20, 1,90 et 2,80 m².

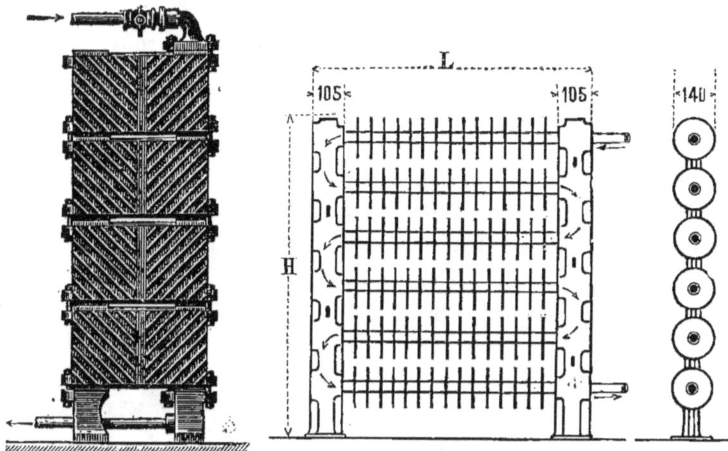

Fig. 186. — Elément plat à ailettes obliques Kœrting.

Fig. 187. — Poële Grouvelle composé d'éléments en fer à ailettes rondes en fonte.

Les dimensions ci-dessus sont celles des maisons les mieux classées, mais il est évident que l'on peut faire de ces surfaces en tou-

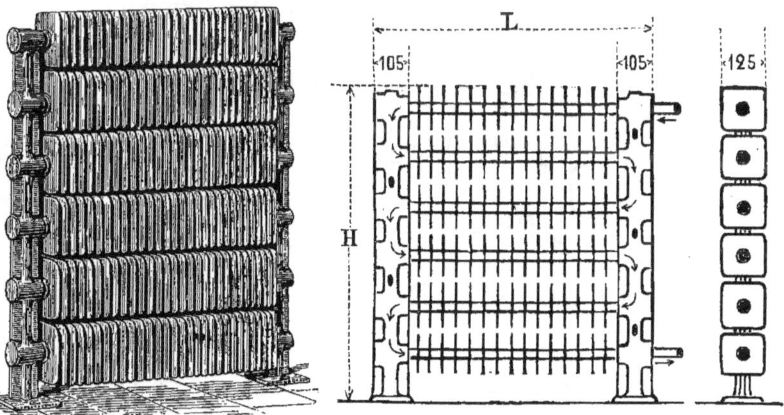

Fig. 188. — Poële Grouvelle composé d'éléments en fer à ailettes carrées en fonte.

tes longueurs, pourvu que celles-ci répondent aux nécessités des emplacements que les poëles ainsi constitués doivent occuper le plus ordinairement,

Pour obtenir le même résultat, on a constitué des surfaces de chauffe avec des tuyaux en fer à ailettes en fonte, celles-ci étant rondes ou carrées et écartées de 0,025 m. (fig. 187).

Avec des montants spécialement appropriés, M. Grouvelle constitue des poêles (fig. 187, 188) se rapprochant beaucoup des précédents ; les lames rondes ont des diamètres de 0,140, à 0,160 m. les tubes ont un diamètre intérieur de 0,034 à 0,050 m.; les lames carrées ont 0,125 à 0,145 m. de côté.

On peut, avec ces mêmes tuyaux, faire des poêles doubles, et alors les lames, si elles sont rondes, ont un diamètre de 0,160 m., si elles sont carrées elles ont 0,155 m. de côté, avec un tuyau de 50 m. de diamètre intérieur (fig. 189, 190).

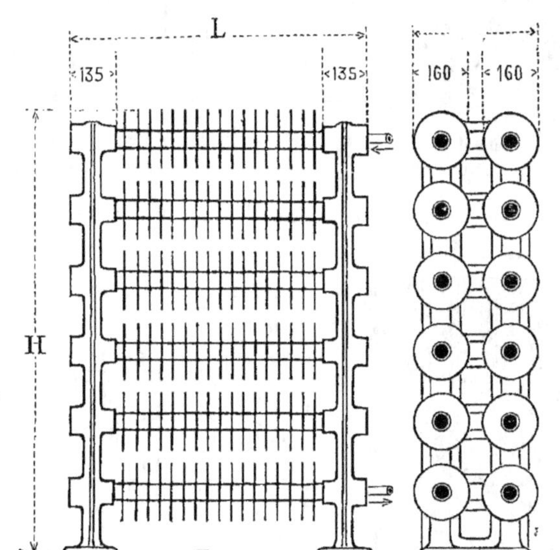

Fig. 189. — Poêle double Grouvelle composé d'éléments en fer à ailettes rondes en fonte.

Les tubes employés le plus couramment dans la chauffage à eau à moyen volume sont ceux de 0,040 m. de diamètre intérieur avec des ailettes carrées de 0,145 × 0,145 m. écartées de 0,025 m.

Tuyaux lamés verticaux. — Les surfaces de chauffe verticales

sont aussi nombreuses de formes et de dimensions que les précédentes.

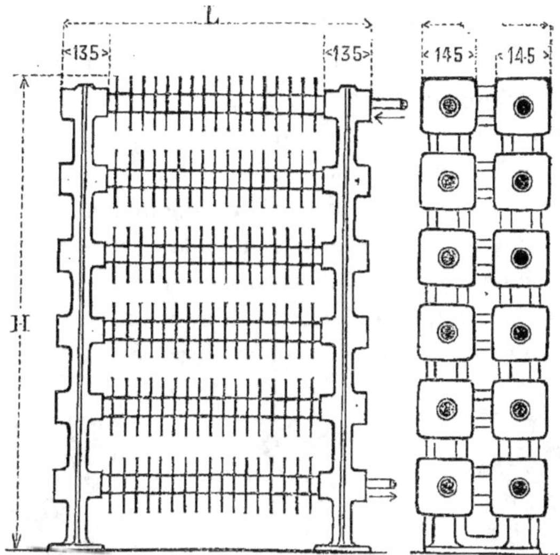

Fig. 190. — Poêle double Grouvelle composé d'éléments verticaux à ailettes carrées en fonte.

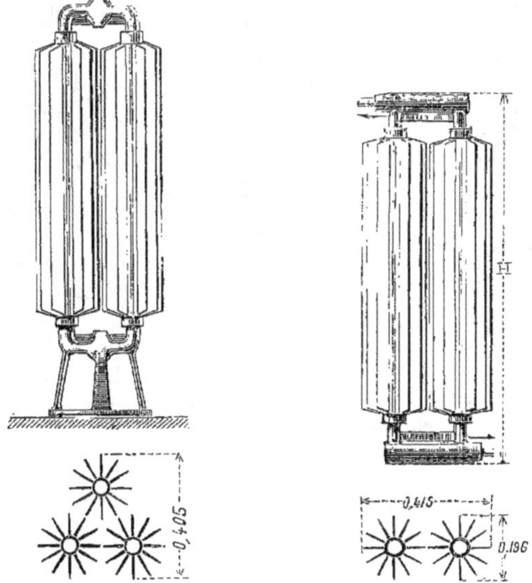

Fig. 191 et 192. — Poêles Grouvelle composés d'éléments verticaux à ailettes longitudinales.

La plus simple est le tuyau à lames longitudinales ; un poële peut être composé d'un nombre variable de ces tuyaux réunis entre eux en haut et en bas par des culottes, disposées de façon que les tubes soient sur une même ligne (fig. 191) ou forment au contraire des polygones enveloppables (fig. 192) par des meubles cylindriques suivant l'emplacement que l'on doit leur faire occuper.

Avec ce simple tuyau, la surface externe du poële, c'est-à-dire la surface lamée est seule utilisée. Pour augmenter la surface de chauffe, sans que l'encombrement horizontal s'en suive, on a disposé concentriquement deux tubes, constituant les poëles annulaires, dans lesquels le fluide chaud circule entre un tube intérieur et la paroi du tube extérieur lamé, ou même lisse (fig. 193 à 195).

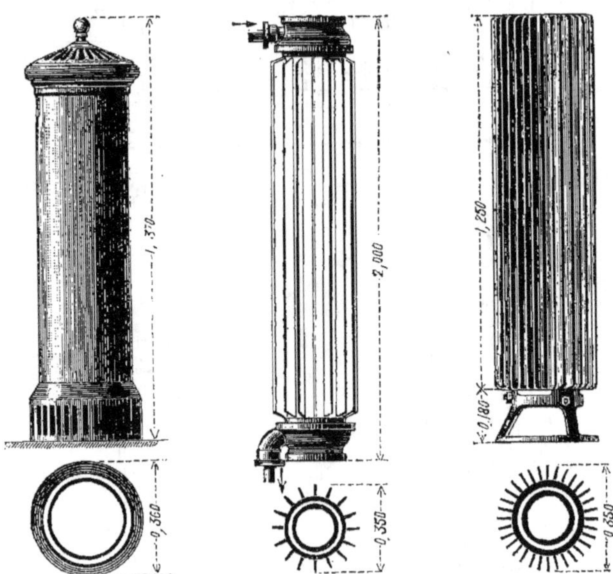

Fig. 193. — Poële Grouvelle annulaire à lames longitudinales.
Fig. 194. — Colonne de chauffage annulaire à lames.
Fig. 195. — Poële Grouvelle annulaire uni.

On a donné au poële annulaire la forme d'une colonne et en faisant la paroi extérieure cannelée au lieu d'être nervée, on en a fait un poële décoratif (fig. 196).

Dans les tuyaux lamés verticaux, pour des diamètres intérieurs de 0,060 à 0,070 m. du tube, on donne souvent aux nervures une largeur de 0,065 à 0,070 m.

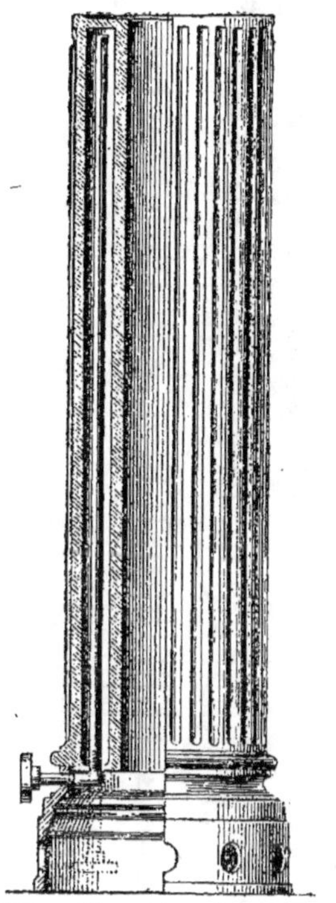

Fig. 196. — Tronc de colonne cannelée.

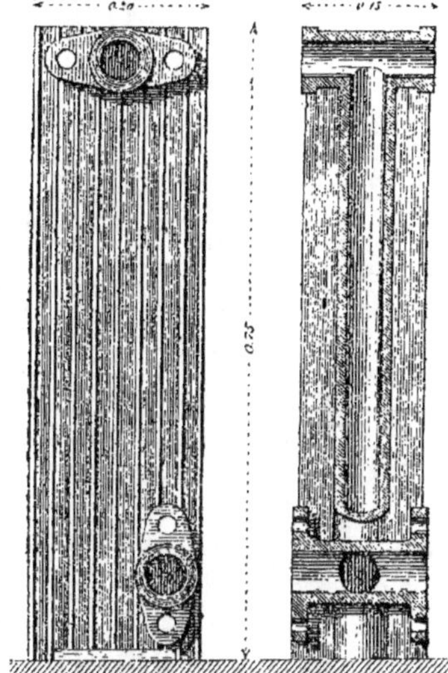

Fig. 197. — Tuyau vertical méplat
à ailettes rectangulaires.

La largeur de 0,070 m. semble être courante avec tous les diamètres de tuyaux.

Le rendement de ces surfaces est d'environ 350 calories par mètre carré pour la partie lamée et dans les poëles annulaires 500 calories pour la surface lisse du tube extérieur qui est parcouru par le fluide à chauffer.

La surface de chauffe à tube vertical et à lames diagonales (fig. 199), est similaire de celle à lames verticales, mais porte à sa partie supérieure une tubulure double à brides, permettant la réunion, sur une même ligne, d'un nombre quelconque d'éléments juxtaposés ; à la partie inférieure, se trouve une tubulure avec des brides verticalement placées, servant de support à la surface et permettant

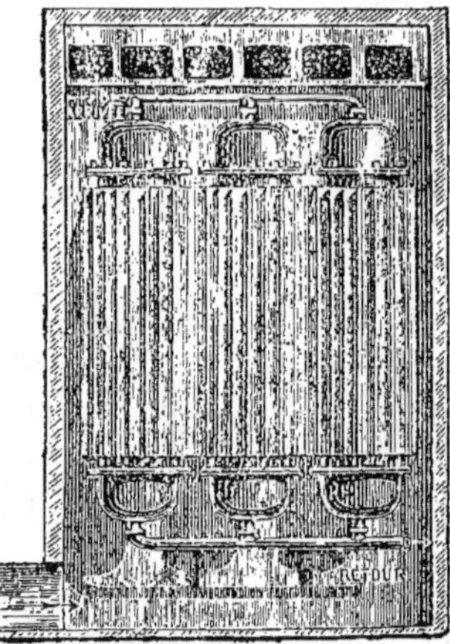

Fig. 198. — Disposition de tuyaux lamés verticaux formant calorifère.

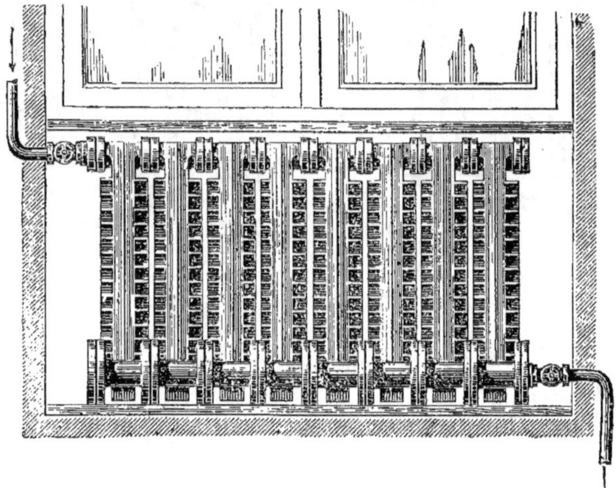

Fig. 199. — Poële Koerting composé d'éléments verticaux à ailettes diagonales.

le même assemblage. Le tube n'est pas circulaire mais rectangulaire et les ailettes latéralement placées sont à 45° sur la verticale.

Quand on aura cité l'élément annulaire à ailettes (fig. 200), constitué par un tube en forme d'anneau, muni de quatre tubulures,

deux à la partie supérieure et deux à la partie inférieure, situées
deux à deux sur deux diamètres perpendiculaires, et portant des ailettes verticales, on aura passé en revue tous les éléments dont on
se sert pour composer les poêles de formes très variables employés
dans le chauffage par l'eau et la vapeur.

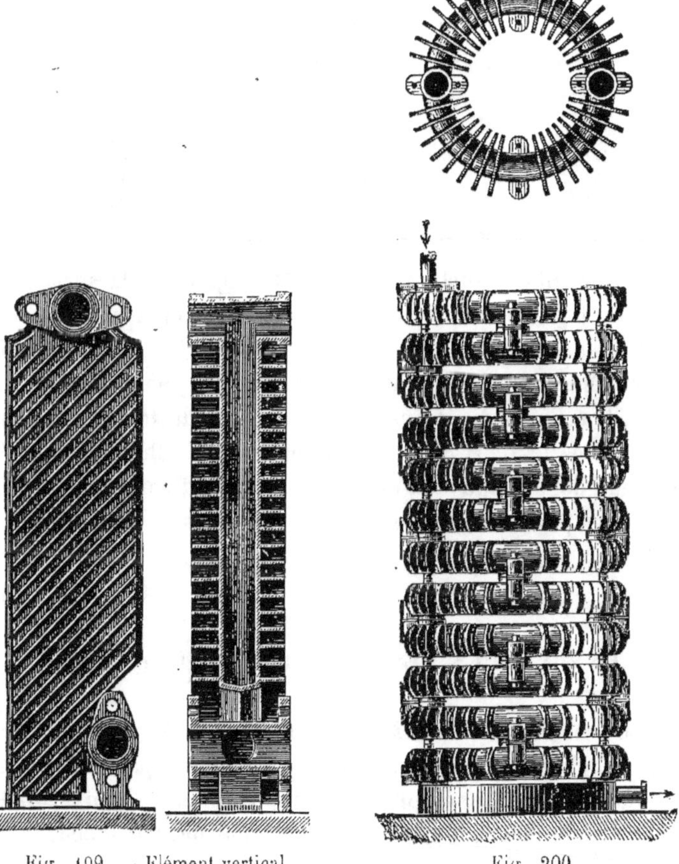

Fig. 199. — Élément vertical
à ailettes diagonales, système Kœrting.

Fig. 200.
Poêle Kœrting à éléments annulaires

On a indiqué des chiffres pour la chaleur transmise par les tuyaux
lamés.

Dans le cas de la transmission de la chaleur de l'eau à l'air, l'eau circulant avec une vitesse de 0,07 à 0,08 m., l'enceinte étant supposée être à 25°, le tableau suivant résume les résultats de la formule de transmission :

$$M = K' \, (t - \theta)$$

Température de l'eau chaude en degrés C	Nombre de calories par mètre carré et par heure	Valeurs du coefficient $Q = K'$
50	300	9.00
60	420	9.50
70	540	10.00
80	670	10.50
90	810	11.00
100	1000	11.50

En employant des surfaces nervées, le rapport de la surface intérieure du tuyau à la surface développée des nervures étant 1/4, la chaleur transmise par le tuyau lamé est deux fois celle transmise par une même longueur de tuyau lisse ; si le rapport des surfaces est 1/10, le rapport des transmissions est 5, et la température des nervures dans les deux cas est à peu près celle du fluide chaud.

On peut, dans des tuyaux nervés, compter ordinairement sur une transmission par m² moitié de celle des tuyaux lisses dans les mêmes conditions.

ENVELOPPES DES SURFACES DE CHAUFFE

Les poêles, suivant les endroits où ils sont placés, peuvent rester nus, c'est-à-dire avec les tuyaux les composant apparents, ou être dissimulés par des enveloppes métalliques plus ou moins ornées pouvant être en fonte, tôle ou cuivre découpé (fig. 201 à 203).

Ces enveloppes sont fonction, comme dimensions et formes, de ce qu'est le poêle lui-même ; comme luxe et prix, de l'ameublement des locaux dans lesquelles elles sont placées, mais toujours elles doivent être largement ajourées sur les parois, à la partie basse, pour permettre à l'air froid de pénétrer au contact des surfaces de

chauffe, à la partie haute pour permettre à cet air réchauffé de s'é-
chapper dans la pièce.

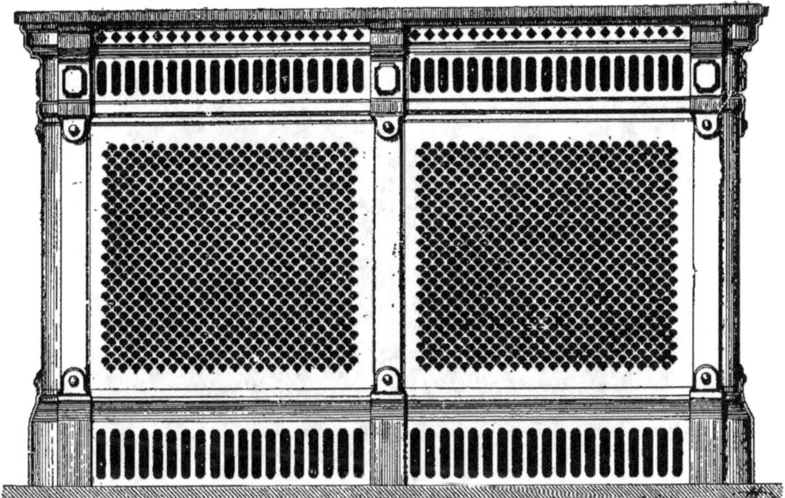

Fig. 201. — Enveloppe en fonte et tôle ajourée pour surface de chauffe.

Fig. 202. — Enveloppe en fonte pour surface de chauffe.

Chaque fois que l'emplacement du poêle le permet, il est bon de
le mettre, par des ouvertures ou par un conduit, en plancher, communiquant avec l'extérieur, en relation par sa partie basse avec
l'atmosphère de façon à fournir dans le local un air chauffé et pur.

Fig. 203. — Enveloppe décorative pour surface de chauffe.

QUALITÉS ET DÉFAUTS DU CHAUFFAGE A EAU

Le chauffage à eau a l'avantage de donner un air sain et agréable
à respirer, de température peu élevée, surtout quand la surface de
chauffe rayonne dans les locaux à chauffer ; le transport de la chaleur est facile, le chauffage a une grande stabilité qui tient à ce que
la quantité de calories renfermée dans l'eau est considérable, mais
sa lenteur de mise au régime après un arrêt, son manque de souplesse quand il s'agit de parer à un changement brusque de température, l'inconvénient des surfaces chauffantes d'émettre de la chaleur longtemps après l'arrêt de chauffage, le défaut de donner le
matin un chauffage insuffisant, et le soir quand l'éclairage fonctionne
un chauffage trop intense, en condamnent l'emploi pour les locaux
qui ne doivent être desservis que d'une façon intermittente.

Cependant, avec le système à moyen volume, à cause de la faible
quantité d'eau employée, on peut utiliser le chauffage à eau dans
les locaux occupés même d'une façon intermittente. Il faut alors
de petits tubes et une chaudière de petite dimension (fig. 204).

Fig. 204. — Chauffage d'une maison au moyen de l'eau chaude.

CHAUFFAGE A EAU A PETIT VOLUME

Quand on a un chauffage avec vase d'expansion ouvert à l'air, quelle que soit la température de l'eau dans la chaudière, température fonction de la pression résultant de la hauteur du vase d'expansion, on n'aura jamais plus de 100° et dans le vase et dans les colonnes de retour sur lesquelles on branche les poëles. Par suite, pour fournir à une demande importante, il faudra toujours de grandes surfaces de chauffe, une quantité d'eau considérable ; on aura toujours l'inconvénient du manque de souplesse.

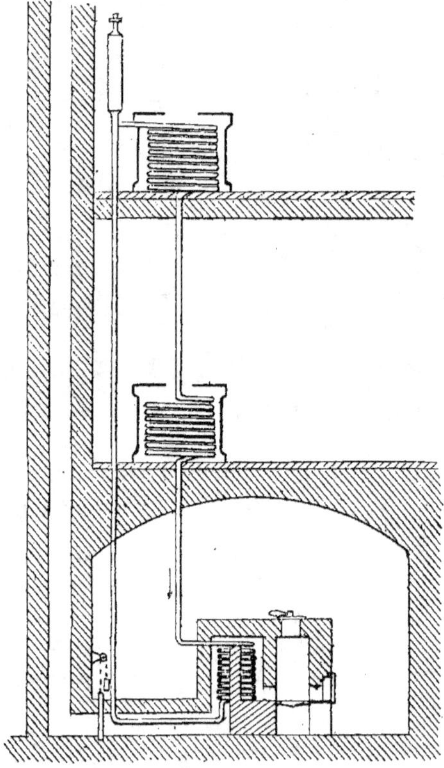

Fig. 205. — Schéma d'un chauffage à eau à petit volume, système Perkins.

Mais si l'on ferme le vase d'expansion et que l'on fasse fonctionner la chaudière sous une pression atteignant dans certaines installations jusqu'à 25 kilogrammes, on peut avoir dans les colonnes descendantes de 125 à 150°, on dispose d'un abaissement de température plus grand qu'avec le système ordinaire ; on a des tuyaux de distribution de petit diamètre et des surfaces de chauffe d'encombrement et d'étendue restreints, ainsi qu'un faible volume d'eau en circulation ; le manque de souplesse reproché aux chauffages à eau n'existe plus.

Chauffage Perkins. — Un pareil chauffage comprend (fig. 205) des conduites en fer de 0,027/0,035 m. ou 0,025/0,035 m. partant d'une chaudière constituée par de ces tuyaux enroulés en serpentins.

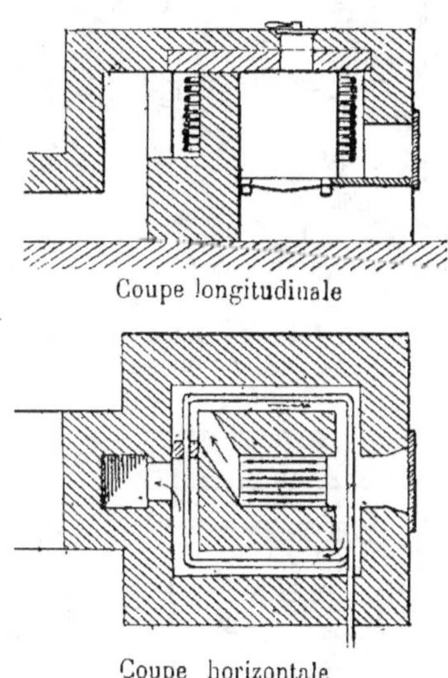

Fig. 206. — Foyer Perkins.

Le tuyau partant de la spire inférieure monte directement à un réservoir en fer qui forme vase d'expansion, et d'où part le tube qui se développe aux différents étages dans les locaux, pour constituer la surface de chauffe avant de rentrer dans le foyer par la spire supérieure.

Le foyer (fig. 206) est formé par le serpentin de la chaudière en-

touré de maçonnerie ; le chargement du combustible, qui se trouve
à l'intérieur des spires, se fait par le haut.

Pour que le contact avec les gaz se fasse mieux, on a fait le serpentin avec des grandes et des petites spires pour forcer ainsi le
mouvement de ces gaz. Le foyer ainsi construit est le foyer Perkins
(fig. 207-208).

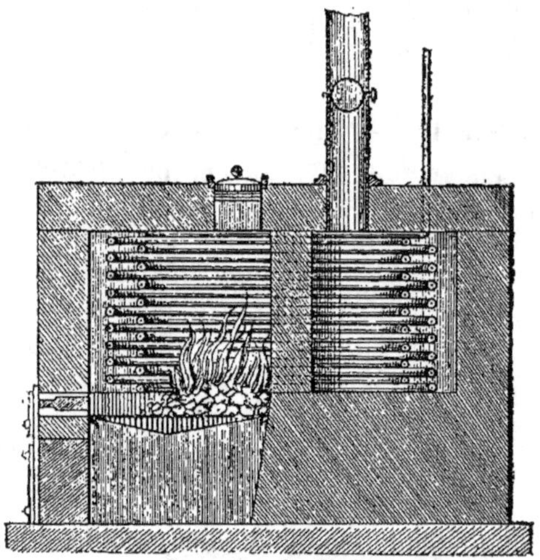

Coupe longitudinale

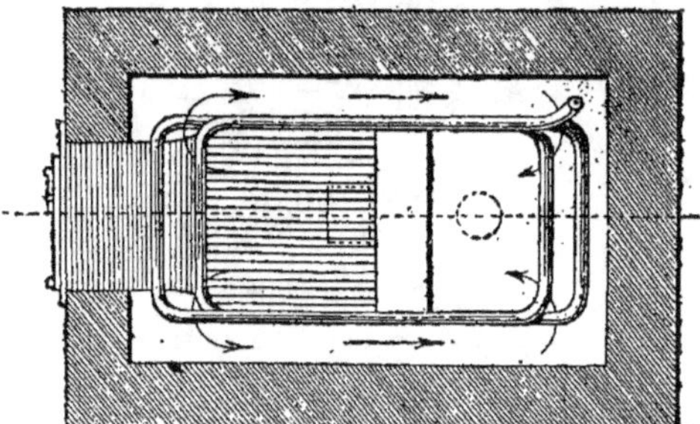

Coupe horizontale

Fig. 207. — Foyer à grandes et petites spires pour chauffage à eau à petit volume.

MM. Geneste Herscher ont perfectionné ce système de façon à
permettre l'isolement ou l'arrêt du chauffage dans une salle quel-

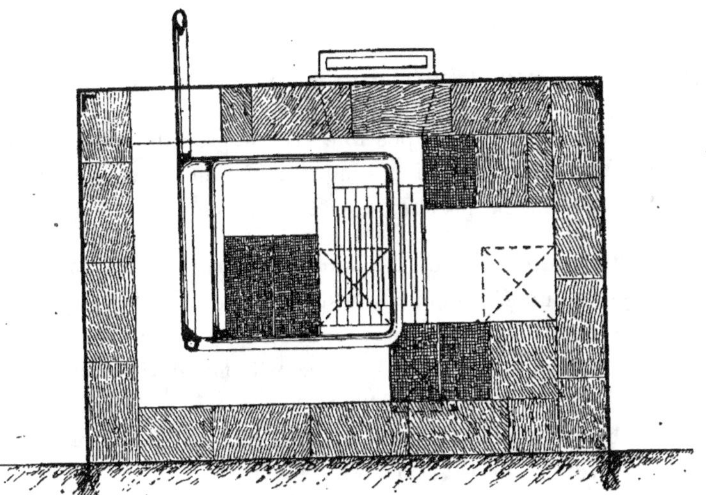

Coupe horizontale

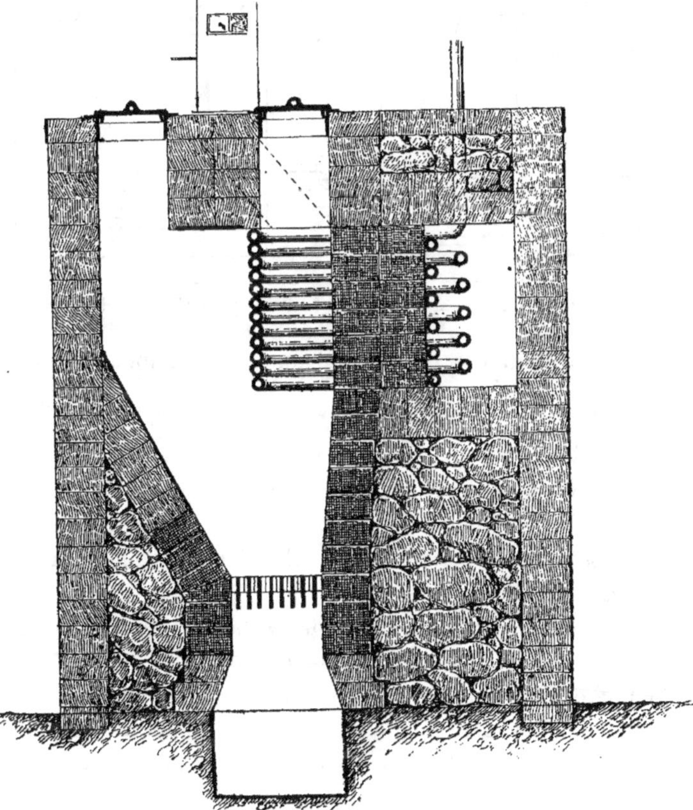

Coupe longitudinale

Fig. 208. — Foyer Gandillot pour chauffage à eau à petit volume.

conque ; ce qui n'est pas possible avec le procédé Perkins qui ne comprend qu'une circulation unique et continue, telle que tout le chauffage est mis en marche ou arrêté à la fois.

Chauffage microsiphon Geneste Herscher. — Le chauffage à eau à petit volume, système Geneste Herscher, dit microsiphon, est divisé en circulations d'importance telle, que pour le bon fonctionnement la longueur ne dépasse pas sensiblement 100 mètres, et le nombre de calories fournies 20000.

Une de ces circulations seulement passe au vase d'expansion, les autres sont libres (fig. 209).

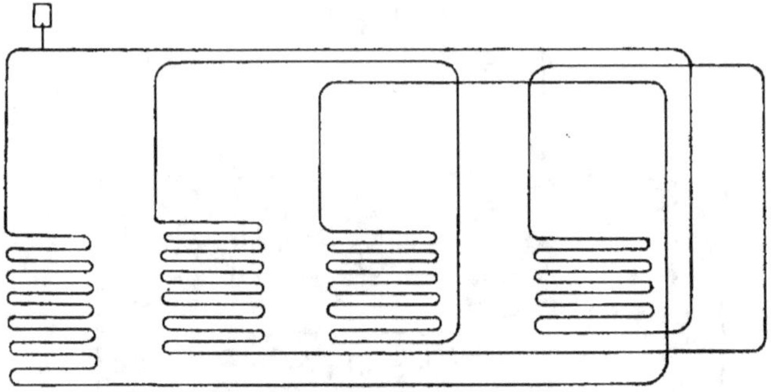

Fig. 209. — Schema du chauffage microsiphon Geneste Herscher.

A chaque circulation correspond un serpentin qui a, comme longueur, $\frac{1}{6}$ de celle de la circulation et est placé dans le foyer pour former chaudière.

Toutes les circulations et les serpentins forment un seul cycle continu, de telle sorte que l'eau qui a fourni 20000 calories environ, repasse dans le foyer pour se réchauffer, aller en fournir 20000 autres, et ainsi de suite.

Les serpentins se trouvent tous placés dans une enveloppe en briques pourvue d'un foyer et formant fourneau (fig. 210 à 213).

Comme, d'après le principe, on peut mettre un nombre quelconque de circulations dans un même fourneau, la largeur de celui-ci semble illimitée ; on ne dépasse toutefois guère huit circulations par fourneau.

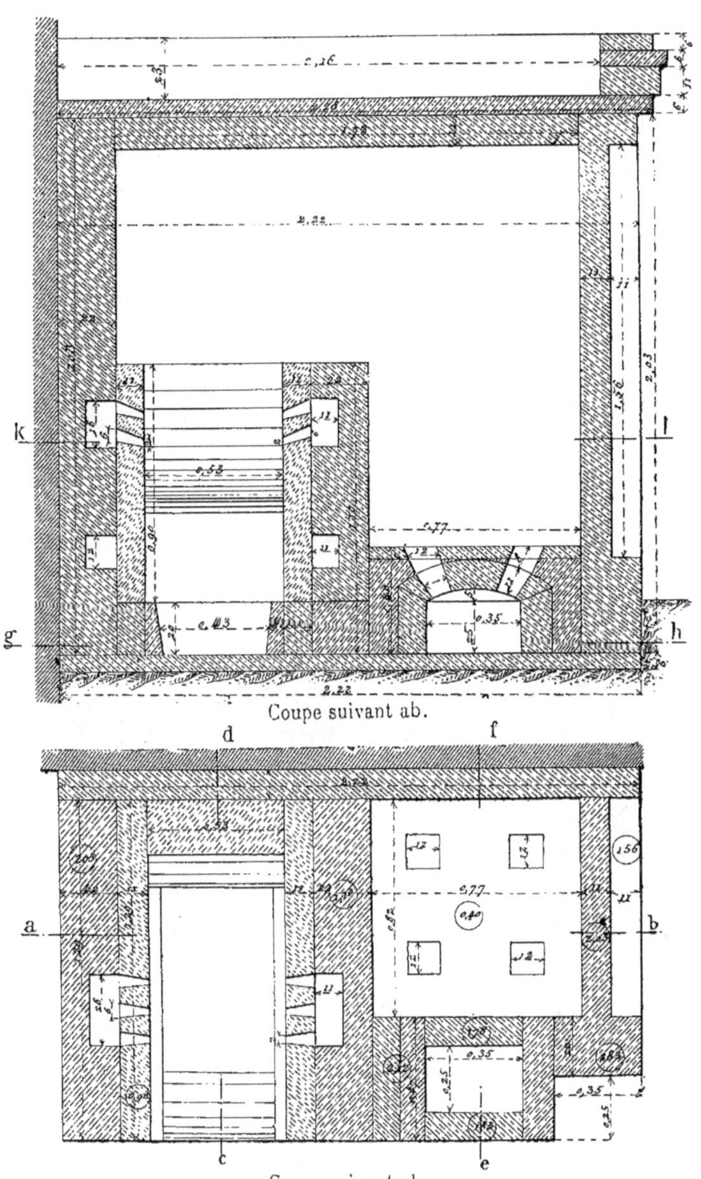

Fig. 210. — Enveloppe en maçonnerie pour fourneau microsiphon, avec foyer
à chargement continu Geneste Herscher.

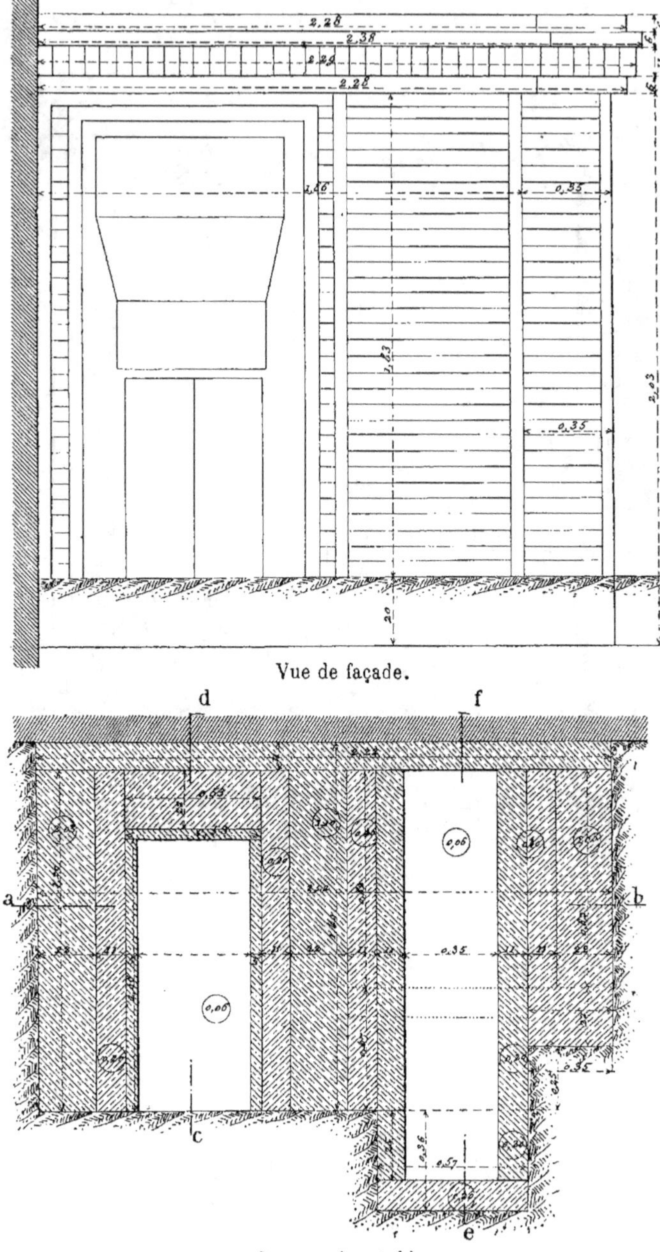

Vue de façade.

Coupe suivant kl.

Fig. 210. — Enveloppe en maçonnerie pour fourneau microsiphon avec foyer à chargement continu, système Geneste Herscher.

Ces fourneaux peuvent être munis de grilles rectangulaires ordinaires de 0,28/0,71 m. ou 0,43/0,71 m., ou de grilles à chargement continu pour brûler les poussières de houille, coke, etc.

Fig. 211. — Disposition des serpentins dans le foyer Geneste Herscher pour chauffage microsiphon (vue en plan).

Le foyer est latéralement entouré par des parois en briques réfractaires de 0,11 m.; l'autel est placé à une profondeur de 0,71 m. de la face interne de la façade doublée d'une brique ordinaire de même épaisseur et est constitué par une brique réfractaire de 0,11 m., sa hauteur varie de 0,60 à 0,90 m., le nombre de petites spirales des serpentins placés à l'arrière de l'autel n'est que de 5 ou 6 au maximum.

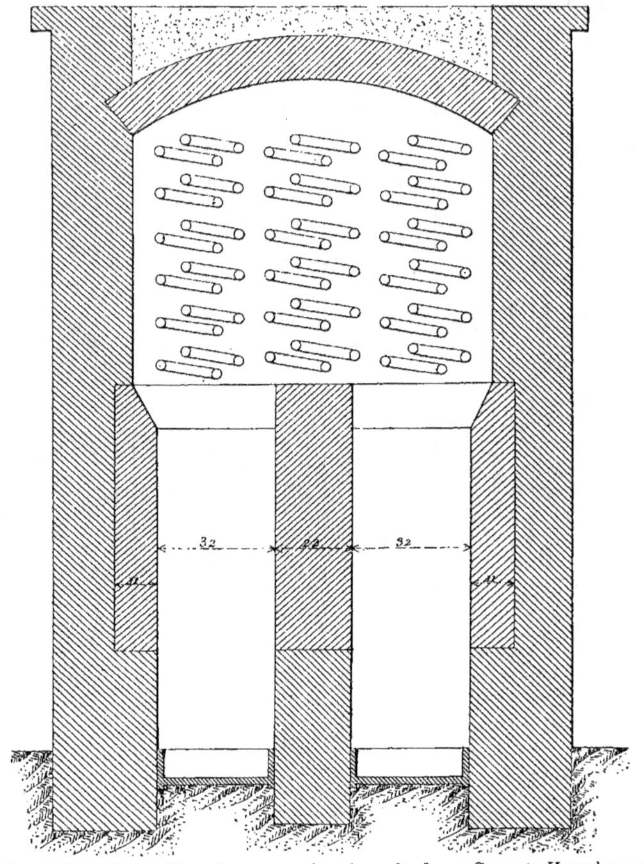

Fig. 212. — Disposition des serpentins dans le foyer Geneste Herscher pour chauffage microsiphon (coupe transversale).

La longueur intérieure du fourneau au-delà de l'autel varie de 0,50 à 1,00 m.; la paroi de fond de l'enveloppe n'a que 0,11 m. d'épaisseur, alors que les parois latérales et la façade ont 0,22 m.; toute l'enveloppe est faite en briques et munie de ceintures et montants en fer pour éviter les dislocations produites par la chaleur.

Le départ des gaz de la combustion se fait à la partie inférieure du fourneau et à l'arrière.

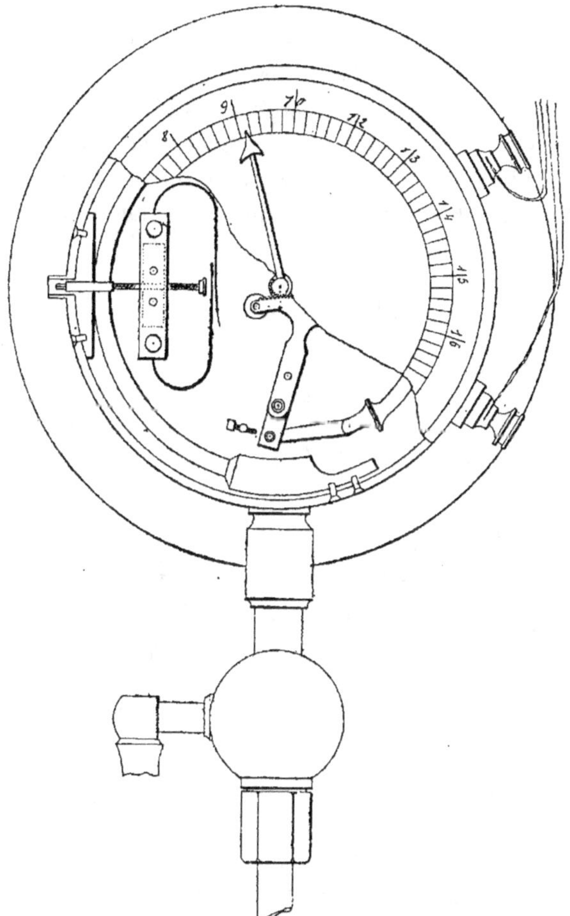

Fig. 243. — Manomètre avertisseur électrique.

Les spires des serpentins ont 0,16 m. d'intervalle d'axe en axe et descendent de 0,12 m. à chaque spire; le départ de l'eau a lieu à la partie supérieure et la rentrée à la partie inférieure du serpentin. Les tubulures se trouvent à l'arrière du fourneau, mais si nécessité il y a, on peut mettre les départs à l'avant. Suivant la place que l'on a, le fourneau peut être fait de telle façon que les serpentins soient suivant la largeur, les tubulures sont alors sur les parois latérales.

Dans tous les cas les serpentins sont portés sur des fers scellés dans les parois de l'enveloppe en briques.

Le fourneau porte comme appareil accessoire de sûreté un manomètre métallique (fig. 213) disposé de telle façon que lorsque la pression vient à s'élever à l'excès ou à s'abaisser au-dessous d'une certaine limite, une sonnerie électrique est actionnée et avertit du danger.

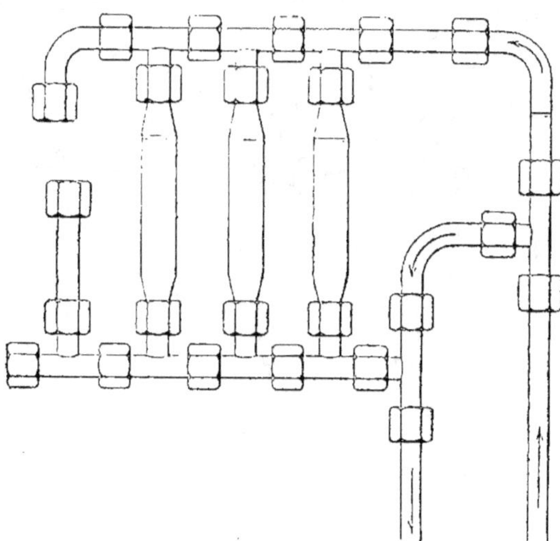

Fig. 214. — Vase d'expansion du chauffage microsiphon.

La disposition peut être telle qu'en même temps l'on agisse sur le registre d'entrée de l'air de combustion pour le fermer ou l'ouvrir et ainsi ralentir ou ranimer l'action du foyer.

Le vase d'expansion (fig. 214), qui est placé au point le plus élevé de la circulation, est constitué par des tubes en fer de 0,072/0,082 m., avec extrémités tronconiques permettant leur raccordement sur la colonne montante par l'intermédiaire d'un branchement horizontal inférieur, duquel part la colonne descendante.

Ce branchement porte un bouchon qui sert pour le remplissage et indique le niveau maximum de l'eau dans le vase lors de l'arrêt du chauffage.

Il faut éviter que l'eau des vases ne se congèle, ne circule pas, ou reste froide et donne par suite de sa rencontre avec les courants chauds, lors de la modération du chauffage, des claquements assez violents. A cet effet, les tubes du vase d'expansion sont réunis à la partie haute sur la colonne montante prolongée de telle façon que la vapeur ou l'eau chaude provenant de sa condensation passe dans le haut du vase sans rencontrer de courant froid.

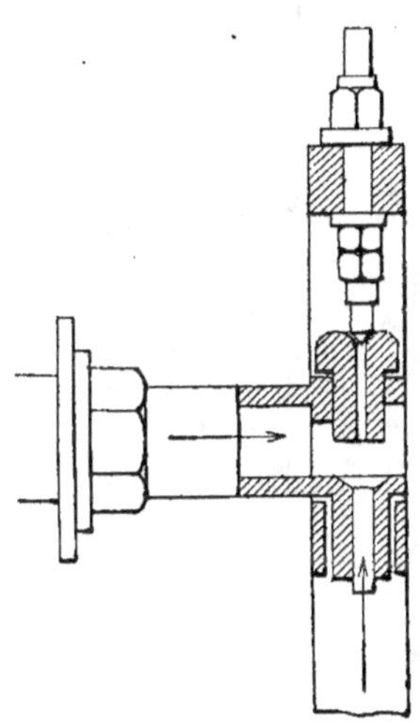

Fig. 215. — Vase d'expansion à soupapes pour chauffage à eau à petit volume.

Ce prolongement horizontal supérieur de la colonne montante est recourbé au delà des tubes du vase d'expansion et porte un bouchon permettant le départ de l'air au remplissage et sa chasse au moment de la première mise en marche de l'installation.

Le vase d'expansion peut être muni de trois robinets, l'un placé au niveau que l'eau doit atteindre à froid, le second au niveau correspondant à la température normale de marche, le troisième à un niveau où l'eau ne doit jamais arriver ; on peut aussi y mettre un indicateur de niveau d'eau à tube de verre et à clapets de retenue afin que l'eau ne puisse s'échapper dans l'atmosphère en cas de rupture du tube.

Le volume du vase d'expansion est de $\frac{1}{15}$ à $\frac{1}{20}$ du volume total de l'eau contenue dans les circulations desservies par le vase.

On remplace quelquefois le vase d'expansion par un appareil à soupapes (fig. 215) tel que la soupape supérieure s'ouvre quand la dilatation se produit et de l'eau s'échappe ; la soupape inférieure se lève, quand la température de l'eau diminue, et permet à une quantité nouvelle de liquide de rentrer dans la circulation.

Chauffage Grouvelle. — Dans ce système le principe est un peu différent de celui de Perkins. C'est en réalité un chauffage à eau ordinaire mais avec une chaudière spéciale.

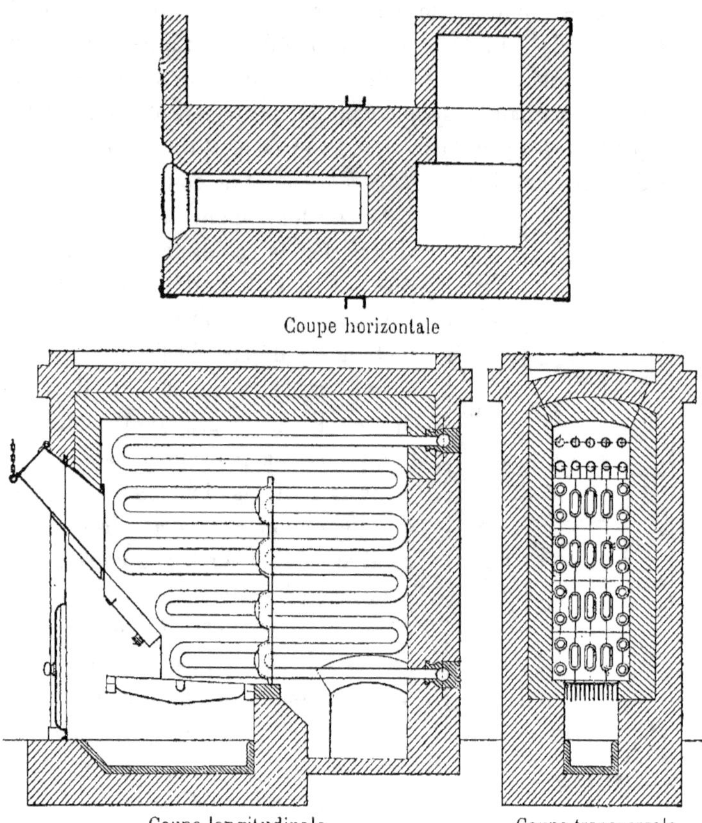

Fig. 216. — Chaudière Grouvelle pour chauffage à eau à petit volume.

La chaudière est placée en cave à un niveau inférieur à celui des surfaces chauffantes ; le volume d'eau mis en circulation doit être le plus faible possible.

Cette eau doit être élevée sous pression à une température de
150 à 180° C. ce qui permet l'emploi de surfaces de chauffe de petites
dimensions.

La chaudière (fig. 216) est formée de serpentins en fer réunissant
deux collecteurs.

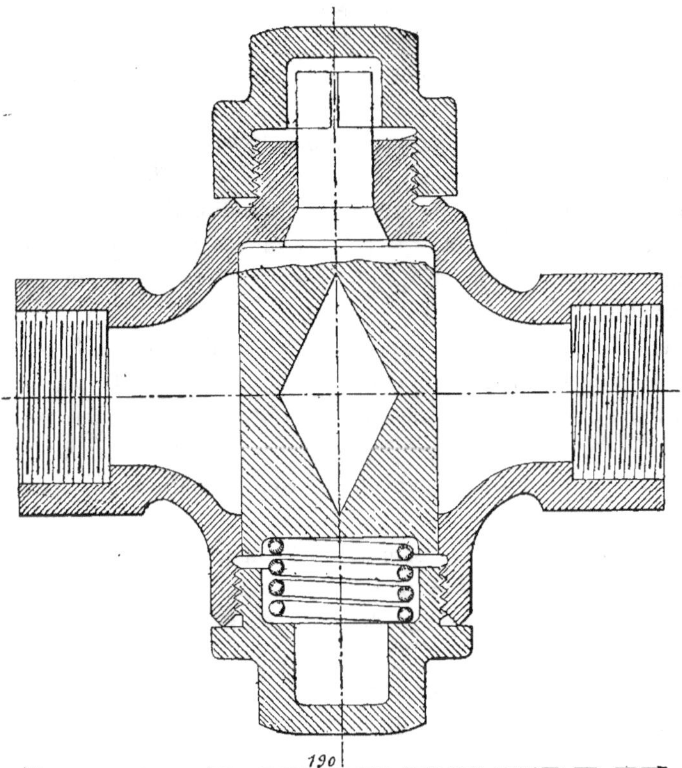

Fig. 217. — Robinet jauge du chauffage à eau à petit volume système Grouvelle.

Cette chaudière est placée dans une enveloppe en maçonnerie,
le combustible est introduit dans une trémie formant magasin et
brûle sur une grille, partie inclinée, partie horizontale.

Le réglage de la combustion se fait par une ouverture à vis placée dans la porte du cendrier ; des arrivées d'air débouchant au-
dessus de la grille assurent une combustion parfaite.

Du collecteur supérieur de la chaudière partent diverses circulations sur lesquelles se branchent les conduites devant distribuer l'eau chaude dans les poëles ; d'autres tuyaux partant des poëles ramènent l'eau refroidie à la chaudière par le collecteur du bas.

Le très faible volume d'eau permet d'obtenir un chauffage dont l'ensemble est essentiellement réglable, la pression dans la chaudière et par suite, la température de l'eau pouvant varier très rapidement à volonté. De plus l'eau n'étant pas renouvelée, les incrustations ne sont pas à craindre.

Les tuyaux employés peuvent être de très petit diamètre, 0,020 à 0,060 m. extérieur, suivant l'importance du chauffage.

Le réglage s'obtient en limitant la quantité d'eau passant dans chaque surface de chauffe et cela au moyen d'un robinet jauge, d'un modèle spécial placé après chaque poële sur la canalisation de retour (fig. 217).

Chaque chaudière est munie d'un vase d'expansion fermé par une soupape chargée d'un poids suffisant pour qu'elle ne puisse s'ouvrir que lorsque la pression pourrait devenir dangereuse ; un manomètre à contacts électriques placé sur la chaudière agit d'ailleurs sur une sonnerie dès que la pression menace d'atteindre cette limite.

L'inconvénient de ce genre de chauffage, surtout lorsque des surfaces de chauffe sont placées directement dans les pièces, est qu'il n'est pas possible de rendre indépendant le chauffage de chaque pièce.

On ne peut fermer un des poëles sans augmenter immédiatement la température de tous les autres.

Chauffage Chiboust. — Dans le chauffage Chiboust (fig. 218), qui est un chauffage à eau sous pression, mais différent aussi du Perkins, la chaudière est formée par une capacité remplie d'eau, munie d'un foyer, en tout analogue à la chaudière à eau ordinaire.

Au-dessus de cette chaudière est un récipient sphérique dans lequel plonge le tuyau de départ d'eau chaude.

Ce réservoir contient une certaine quantité d'air cantonnée à la partie supérieure.

Sur la conduite d'eau, au départ et au retour, sont disposés deux évasements sphériques portant des soupapes à boulets.

L'appareil étant supposé en marche, si la température de l'eau baisse dans la chaudière, le boulet placé sur le départ obstrue celui-ci, et il n'y a pas de circulation du liquide.

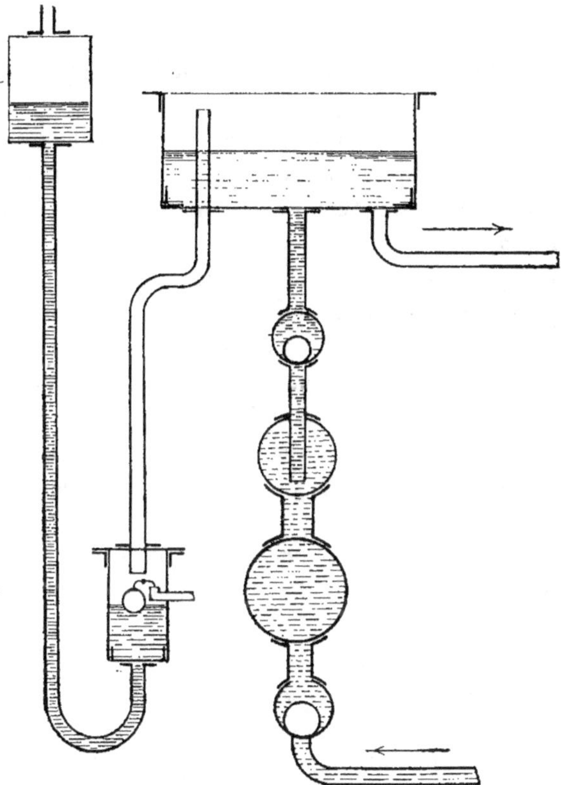

Fig. 218. — Schéma du chauffage Chiboust.

Quand la température s'élève, le volume de l'eau augmente et à un moment donné la pression de l'air comprimé au haut du récipient sphérique est suffisante pour envoyer une certaine quantité d'eau dans le vase d'expansion, en soulevant le boulet supérieur.

Par suite de la diminution de pression en résultant, dans la chaudière, le boulet inférieur se soulève à son tour et la circulation s'établit.

Le vase d'expansion est une bâche fermée dans laquelle la pression est réglée par un manomètre à eau sur le parcours duquel est un vase portant une soupape ouvrant l'échappement de vapeur à l'air libre.

CANALISATION DU CHAUFFAGE A EAU A PETIT VOLUME

De ce que les serpentins et les circulations forment un seul cycle continu, il est impossible de faire un réglage du chauffage micro-siphon en isolant au besoin une des circulations comme on le fait dans le chauffage à moyen volume en particulier. On réalise tou-tefois ce réglage en branchant sur la ligne continue de distribution diverses surfaces chauffantes.

Dans le cas où l'on utilise les surfaces de chauffe comme hydro-calorifère avec bouches d'émission d'air dans les locaux chauffés et sans utiliser aucunement la chaleur due au rayonnement des surfa-ces, il est absolument inutile de chercher à régler la circulation de l'eau car on complique l'installation et on augmente le prix d'une manière notable.

Mais si l'on a les surfaces dans chaque local et que l'on utilise la chaleur rayonnante, il est indispensable de pouvoir isoler à volonté les poêles de la circulation.

Celle-ci, dans une enceinte chauffée, comprendra donc deux parties, l'une qui fonctionne continuellement, c'est-à-dire tant que le foyer est allumé, l'autre qui ne fonctionne qu'à certains moments.

La température extérieure dans un même hiver est très variable et le chauffage des locaux est prévu afin de fournir une tempéra-ture déterminée lors des plus grands froids.

Il doit, d'une part, compenser les pertes dues au refroidissement provenant de la transmission, au travers des parois, de la chaleur de l'air chauffé du local à l'air froid extérieur ; d'autre part, fournir à l'air de ventilation, dont on verra l'utilité et l'importance ulté-rieurement, la chaleur nécessaire pour l'amener à la température de l'enceinte ; enfin, à la mise en marche, il doit encore amener tout l'air de cette enceinte à la température qu'il est nécessaire de réaliser.

La quantité de chaleur toujours à fournir est celle qui doit compenser celle perdue par les parois, par conséquent le tube de circulation continue pourra être disposé contre celle-ci et viendra répondre à ce but ; il ne chauffe jamais trop car sa longueur ne sera ordinairement pas suffisante pour compenser les déperditions murales lors des plus grands froids, il pourra toujours être placé contre ces parois sans rien gêner, car son diamètre extérieur, 0,035 m., est très faible et il n'amène pas d'encombrement.

Dispositions des surfaces de chauffe. — Les autres quantités variables de chaleur sont alors fournies par les surfaces de chauffe ou les poëles qui peuvent être placés, soit dans l'embrasure des fenêtres, soit contre les murs à certains endroits appropriés, afin que l'on puisse les utiliser au chauffage de l'air pur appelé de l'extérieur pour se dégager dans la pièce à chauffer.

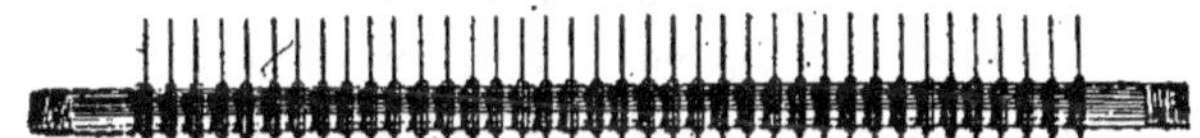

Fig. 219. — Tuyau à ailettes excentrées en fer pour chauffage à eau à petit volume.

Ces surfaces de chauffe ou poëles (fig. 219) sont constitués par tubes en fer de 0,025/0,035 m. munis de lames en fer à embase et frettées à contact intime sur les tubes.

Ces ailettes sont excentrées en vue de réaliser le chauffage méthodique de l'air qui s'échauffe à leur contact et aussi afin de faciliter l'époussetage et le nettoyage des surfaces chauffantes ; les ailettes ont 0,125 m. de côté car elles sont rectangulaires.

L'eau qui circule dans tous ces tubes étant à une pression qui peut atteindre et même dépasser 15 atmosphères, les ruptures pouvant, dans les habitations, amener des accidents très graves, il faut que la construction soit très soignée, et, avant de mettre ces tuyaux en place il est prudent de les essayer à froid à une pression hydraulique de 75 à 100 atmosphères.

De même les joints doivent être faits avec beaucoup de soin, ils sont du reste spéciaux.

Les deux tuyaux à réunir (fig. 220) sont taraudés à leur extrémité, l'un à droite, l'autre à gauche, ils ont leurs extrémités terminées l'un en biseau, l'autre par une face plane. La réunion se fait par un manchon à vis.

Fig. 220. — Joint de tuyaux pour chauffage à eau à petit volume.

En vissant le manchon, on rapproche les extrémités des tuyaux et on serre jusqu'à ce que le biseau pénètre, en l'entamant, dans la surface plane.

De ce que les diamètres de tous les tuyaux sont les mêmes, et que divers branchements partent d'un même distributeur, il est nécessaire que la tuyauterie, au point de vue de son parcours et de la dilatation, soit étudiée avec beaucoup de soin.

Il est indispensable, si l'on suit la circulation en passant par n'importe quel branchement, d'avoir toujours le même chemin à parcourir comme longueur et sinuosités.

Chaque fois que, par suite de nécessité, l'on ne pourra pas réaliser cette condition, il sera nécessaire de mettre, sur la conduite de chemin le plus court ou le moins sinueux, un robinet régulateur que l'on règlera une fois pour toutes à la première mise en marche et qui aura pour but de créer une perte de charge suffisante pour que l'eau chaude passe également dans cette conduite et dans les divers branchements.

Les robinets de commande de ceux-ci doivent être placés sur la conduite de retour, c'est-à-dire au delà des surfaces de chauffe en suivant le mouvement de l'eau.

Les figures **221** à **229** indiquent diverses dispositions de surfaces de chauffe agencées de façon à réaliser les conditions de mouvement certain de l'eau, les lettres R indiquent les robinets de commande, *r* les robinets régulateurs, CM les colonnes montantes, CD les colonnes descendantes.

Dans la disposition (fig. 222) il y a un régulateur sans quoi l'eau suivrait la conduite principale de distribution sans passer par les branchements ; dans cette disposition, à cause des dilatations inégales des diverses parties, il y a des mouvements de flexion des tuyaux qui sont nuisibles.

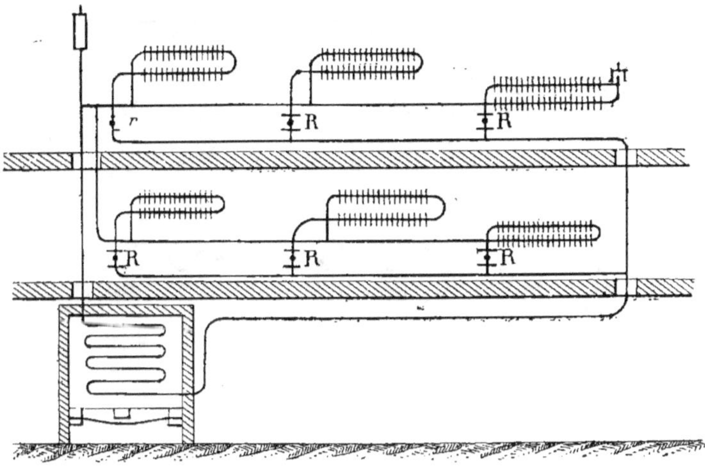

Fig. 221. — Schema de chauffage microsiphon réglable.

La disposition (fig. 223) rémédie à cet inconvénient, chaque surface de chauffe étant terminée par un coude qui permet la dilatation.

On peut remarquer que la conduite principale revient sur elle-même pour redescendre près de la colonne montante ; ce n'est pas nécessaire mais c'est préférable. car l'on a ainsi toujours la même transmission de calories au commencement de la conduite de distribution comme à l'autre extrémité.

Quand la surface de chauffe fournie par les branchements tels qu'ils sont indiqués dans les schemas **222-223** n'est pas suffisante, on peut employer la disposition (fig. **224**).

Avec des circulations ainsi établies, les surfaces de chauffe de branchements sont généralement placées dans l'embrasure des fenêtres, c'est-à-dire là où le refroidissement est le plus considérable, mais on peut aussi les placer contre les murs dans des enfoncements ou des enveloppes spécialement aménagées.

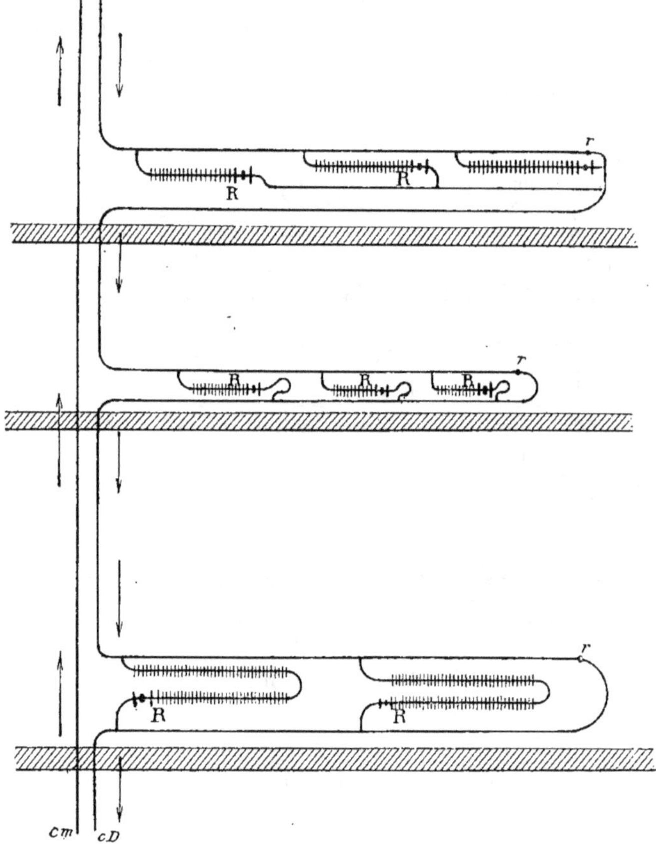

Fig. 222, 223 et 224. — Schemas de tuyauterie pour chauffage microsiphon réglable.

Avec une même conduite de distribution on peut aussi chauffer plusieurs locaux, chaque prise correspondant à un local si le poêle n'est pas vers la fenêtre, ou chaque local ayant autant de prises qu'il y a de fenêtres si les poêles sont logés dans les embrasures de celles-ci.

On peut du reste aussi, avec une même circulation, chauffer des locaux situés à des étages différents, comme l'indique la disposition (fig. 225).

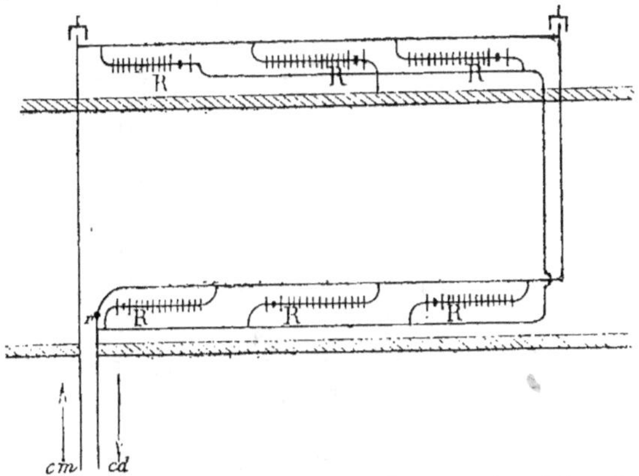

Fig. 225. — Schema de tuyauterie pour chauffage microsiphon, les locaux chauffés étant à des étages différents.

Dans les circuits précédents, les canalisations et surfaces de chauffe sont toutes placées vers une même paroi, la plus refroidissante, il peut être utile. pour certains locaux ayant des parois re-

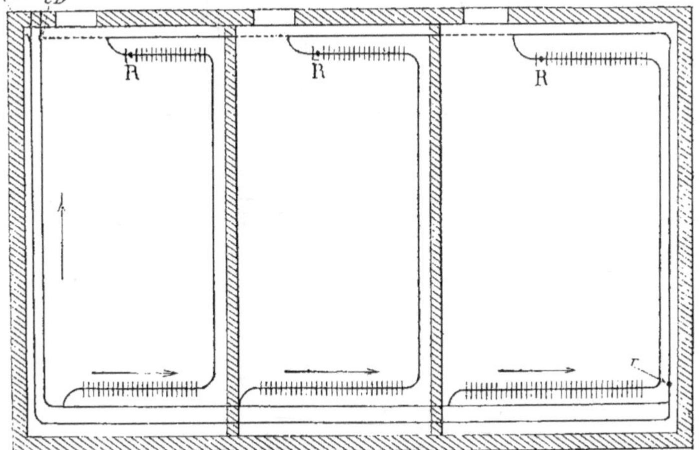

Fig. 226. — Disposition schématique en plan et rabattue d'un chauffage à eau microsiphon réglable.

froidissantes parallèles, de les chauffer toutes ; la fig. 226 indique comment l'on peut aménager la canalisation si deux parois sont très refroidissantes, et comment on le fait lorsque l'une des parois est très refroidissante par rapport aux autres (fig. 227).

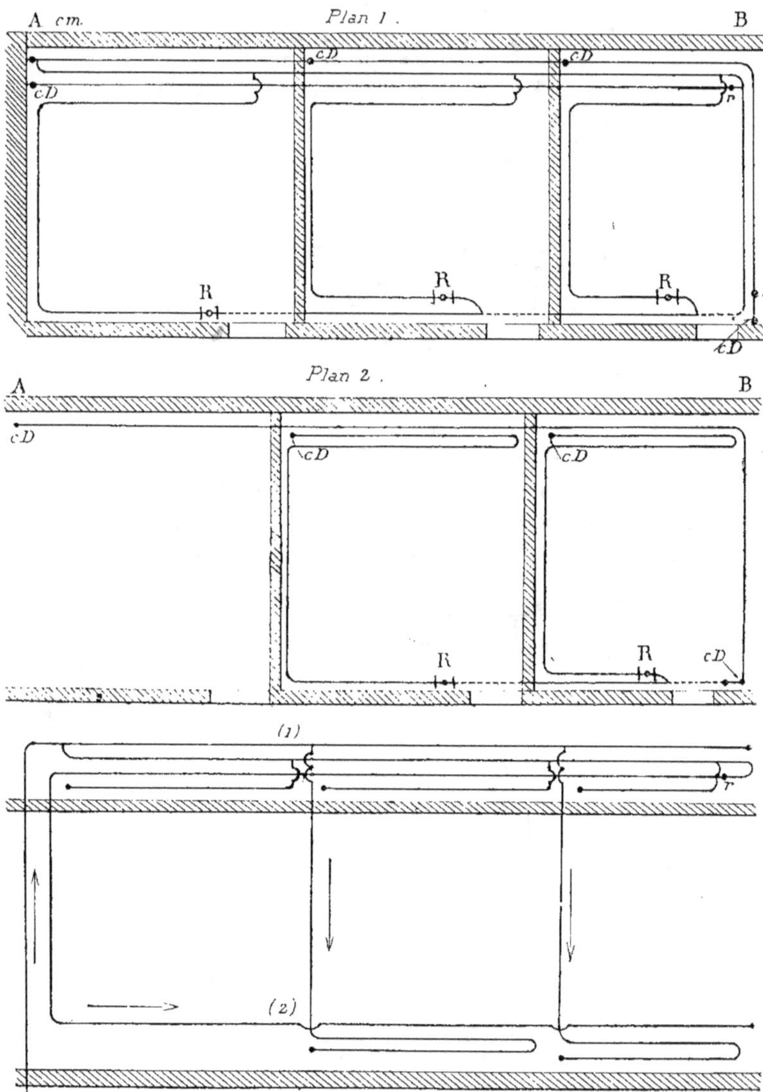

Fig. 227. — Tuyauterie pour chauffage microsiphon réglable.
(En plan les tuyaux sont rabattus).

Ces divers exemples montrent que l'on peut varier à l'infini, d'après la disposition des locaux, la quantité de chaleur à fournir, le nombre de pièces que l'on peut chauffer avec une même circulation, les parcours de celle-ci, à la condition de ne pas perdre de vue d'avoir une circulation assurée partout également, soit en disposant de chemins identiques, soit en employant des robinets régulateurs, et de ne pas oublier de mettre des bouchons pour l'évacuation de l'air lors du remplissage à toutes les parties hautes d'une circulation ou de ses branchements.

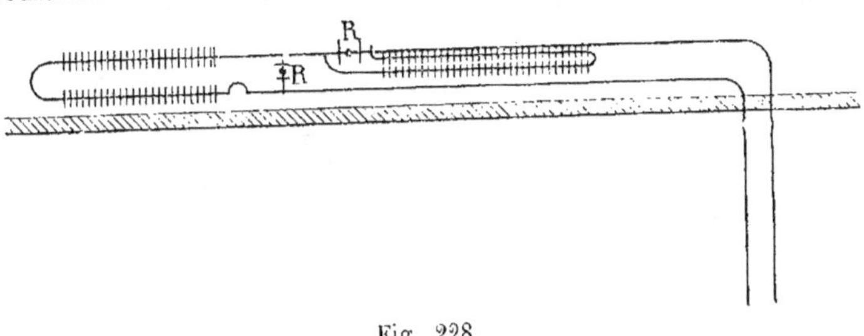

Fig. 228.

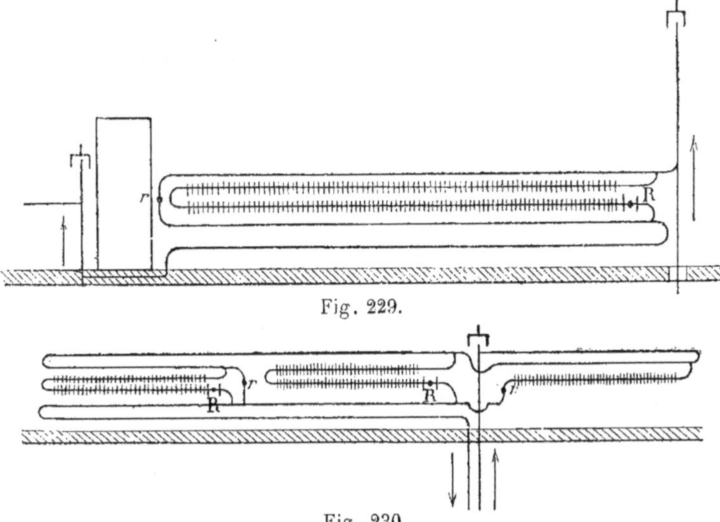

Fig. 229.

Fig. 230.

On a du reste indiqué un certain nombre de dispositions (fig. 228 à 234) qui faciliteront dans beaucoup de cas les recherches pour trouver le parcours répondant au chemin théoriquement parfait à réaliser en créant des pertes de charges, soit par des régulateurs ou des siphons, soit en opérant le réglage proprement dit par des robinets favorisant tel ou tel parcours.

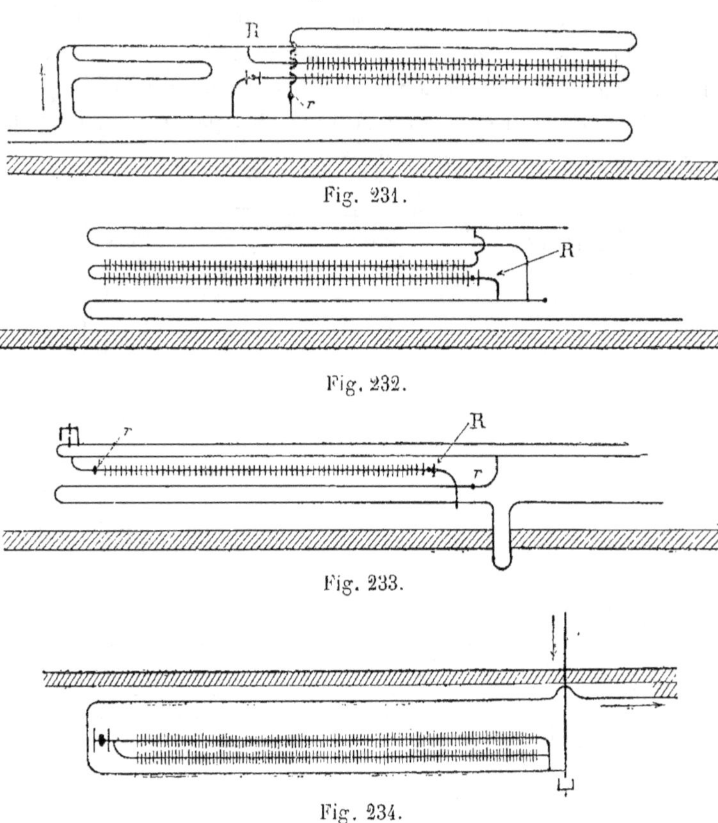

Fig. 231.

Fig. 232.

Fig. 233.

Fig. 234.

Enveloppes des surfaces de chauffe. — Les surfaces de chauffe sont entourées d'enveloppes (fig. 235 à 237) en tôle de fer ou de cuivre, dont la hauteur et la saillie sont fonction du nombre de tuyaux entourés. On laisse généralement entre la face interne de l'enveloppe et le tube supérieur un espace de 0,10 m.; les autres dimensions sont fonction de la nature des tuyaux et de leur pente qui est de 0,005 m. environ par mètre ; entre les ailettes de deux tuyaux à lames superposées il faut un espace de 0,040 m., entre une ailette et un tuyau lisse de 0,040 m. également, entre deux tuyaux lisses 0,050 m.

L'écartement minimum entre la paroi verticale et l'axe du tuyau à lames le plus proche est d'au moins 0,080 m.; entre cette paroi et l'axe du tuyau lisse le plus proche 0,040 m.

Ces dimensions minimum servent de base pour déterminer la place des tuyaux à chaque surface de chauffe ainsi que la hauteur au-dessus du sol de la circulation à son départ de la colonne descendante ou montante.

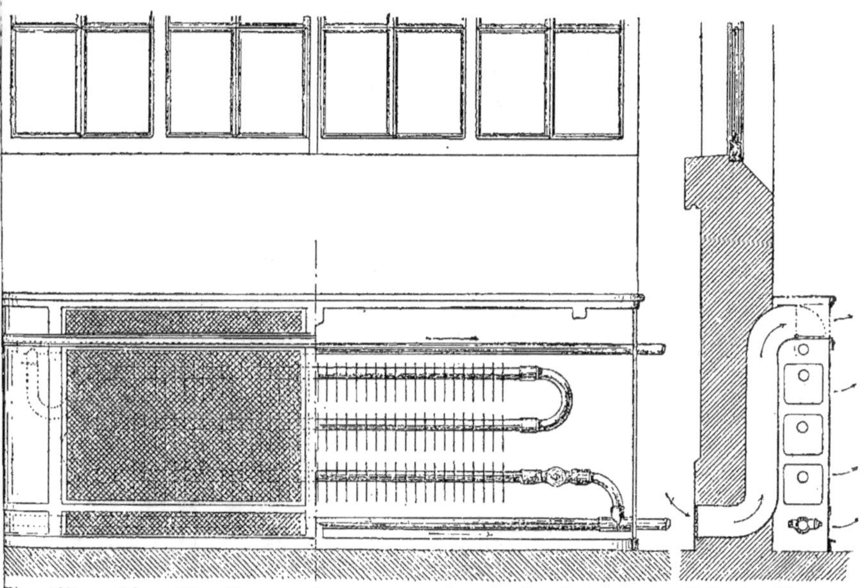

Fig. 235. — Disposition d'une enveloppe pour surface de chauffe à émission d'air chauffé.

Les tubes sont portés par des supports en fer forgé; il en faut deux par surface lamée et un par deux mètres de tuyau lisse en moyenne.

Ces supports ont la forme de demi-colliers ou de colliers et sont ou scellés dans les murs ou fixés au plancher par des boulons. Ils doivent être placés de façon à permettre les mouvements que peut prendre la canalisation sous l'influence de la dilatation.

Les enveloppes en tôle des surfaces chauffantes (fig. 236) sont constituées par des panneaux longitudinaux en tôle ajourée, séparés entre eux par des fers plats (0,040/0,007 m.) formant montants. Ces fers plats sont fixés à la partie inférieure, par l'intermédiaire de vis, sur un tasseau en bois (0,040/0,040 m.), vissé lui-même sur le parquet du local, et sont réunis à la partie supérieure par une cornière (0,018/0,018) sur laquelle vient reposer la tôle supérieure de l'enveloppe (0,0025 m.) fixée d'autre part sur un tasseau en bois tenu au mur.

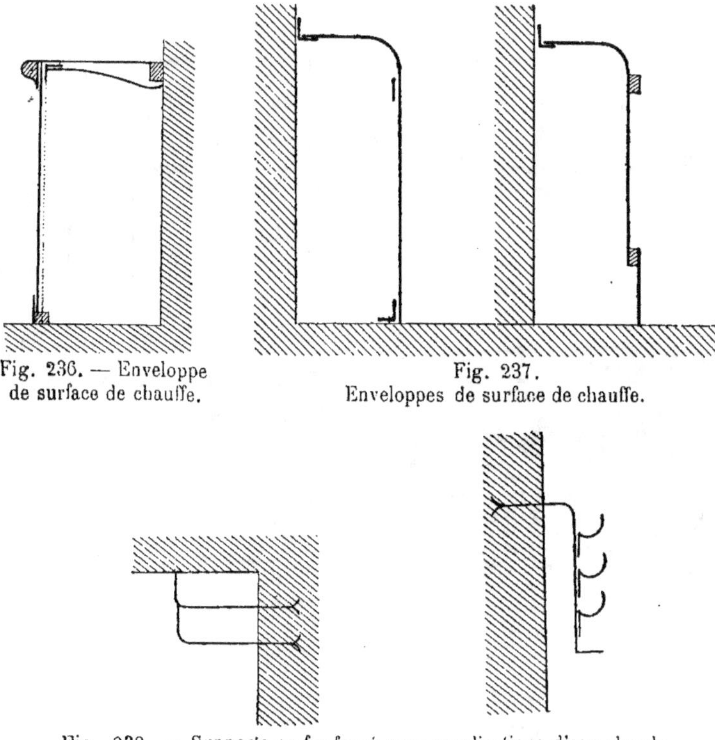

Fig. 236. — Enveloppe
de surface de chauffe.

Fig. 237.
Enveloppes de surface de chauffe.

Fig. 238. — Supports en fer forgé pour canalisations d'eau chaude.

A la partie basse on met un fer plat (0,055/0,007m.) formant plinthe, et à la partie supérieure un autre plat et un mi-rond formant corniche.

Les panneaux en tôle sont placés de façon à venir s'appuyer intérieurement contre les fers plats du haut et du bas et les montants;

ils reposent sur le tasseau du bas et sont tenus par des taquets que l'on peut manœuvrer à l'aide d'un carré.

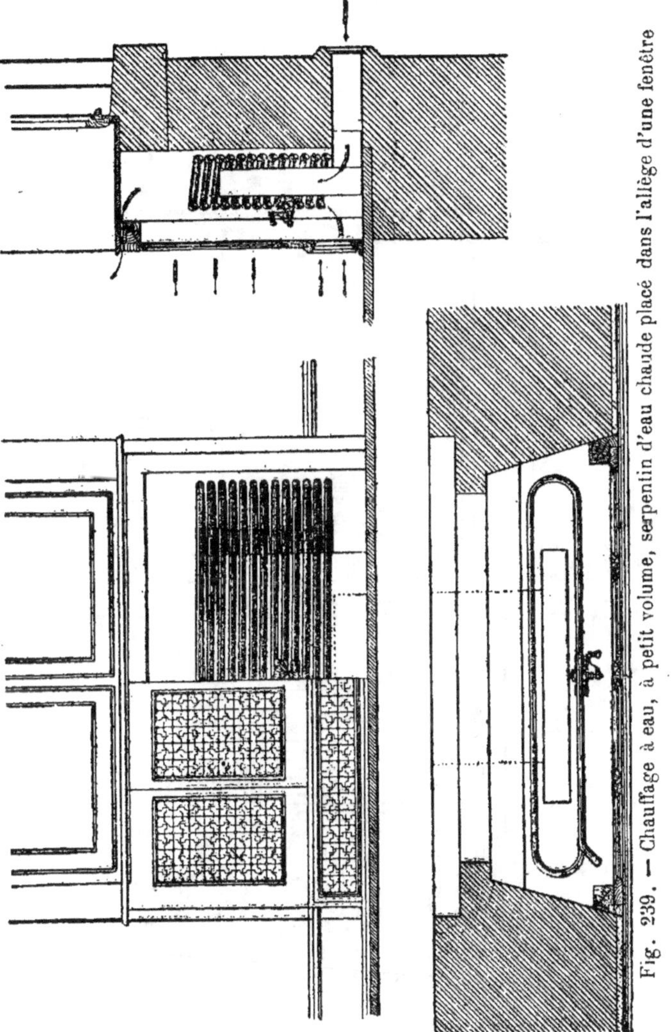

Fig. 239. — Chauffage à eau, à petit volume, serpentin d'eau chaude placé dans l'allège d'une fenêtre

Ils sont ainsi démontables pour permettre la visite de la tuyau-terie.

A l'endroit du robinet de branchement la tôle porte une ouverture spécialement aménagée pour passer le carré d'une clef appropriée à la manœuvre de ce robinet.

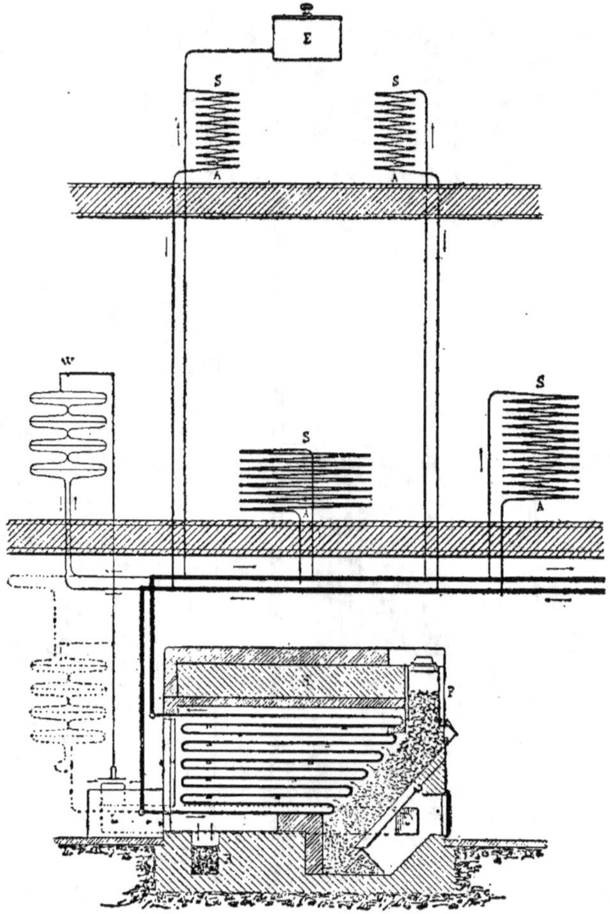

Fig. 241. — Disposition schématique d'un chauffage à eau à petit volume
(Sée de Lille).

Cette enveloppe porte quelquefois une tôle de protection fixée à la cornière du haut et à la partie inférieure du tasseau du mur.

Avec ce système de meubles on n'utilise que la chaleur de

rayonnement du poêle. Il y a souvent intérêt à avoir une émission
d'air chaud. On modifie alors le meuble en conséquence (fig. 236).

A la partie basse est percé dans le mur un conduit de prise d'air
débouchant à l'extérieur et fermé par une grille. L'air extérieur arrivant par ce conduit s'élève en léchant une tôle recourbée à angle

Fig. 241. — Chauffage Perkins par rayonnement direct.

droit et située à 0,020 m. en arrière et au-dessus des surfaces de
chauffe, il vient s'échapper par la partie supérieure des panneaux
ajourés, entre la paroi supérieure de la tôle recourbée à angle droit et le plafond de l'enveloppe. Une tôle pleine, placée à
l'arrière de cette partie ajourée permet de supprimer à volonté
l'entrée d'air chauffé.

La tôle recourbée est fixée sur une cornière (0,018/0.018 m.)
intermédiaire reliée elle-même aux montants en fer plat, cornière
que l'on recouvre d'un plat (0,050/0,007 m.) et d'un mi-rond pour
former moulure.

Il est absolument indispensable que les robinets soient étanches.
Pour ceux qui sont rarement manœuvrés, comme les régulateurs,
il est prudent d'enfermer leur clef dans un boisseau fermé par un

chapeau dont le bord vient s'appuyer sur une bague de plomb logée dans une rainure ; le serrage du chapeau assure l'étanchéité complète.

Les robinets souvent manœuvrés doivent conserver leur tige de manœuvre apparente ; il est nécessaire que la partie cylindrique de cette tige traverse un presse-étoupes de grande longueur à garniture se comportant bien à la chaleur et restant très étanche.

Pour déterminer l'importance de la surface de chauffe on compte sur un rendement de 1000 calories par mètre carré de tuyau lisse soit 110 calories par mètre courant et pour les tuyaux lamés 500 calories par mètre carré, soit 600 calories par mètre courant.

Ces chiffres, qui seraient plutôt faibles au commencement de la circulation, sont trop forts vers la fin, aussi est-il utile de forcer la surface de chauffe trouvée, dans le dernier tiers de la conduite et de la diminuer dans le premier.

Les avantages du système de chauffage à eau à petit volume, sont ceux du chauffage à eau à grand volume avec l'élasticité en plus.

Il ne nécessite pas de chauffeur mécanicien, pas plus du reste que les autres systèmes à eau, il est faible de dépense d'entretien, mais il est dangereux en cas de rupture dans les conduites.

En hiver il y a lieu de prendre beaucoup de précautions pour éviter que l'eau ne gèle pendant l'arrêt du chauffage.

Si certaines conduites sont exposées au froid il est même prudent de toujours maintenir un peu de feu dans le foyer.

Tableau des avantages et inconvénients du chauffage à eau. — Il n'est pas inutile de dresser un tableau synoptique des avantages et inconvénients des systèmes de chauffage à eau.

Inconvénients.	Avantages.
Dépense d'installation élevée.	Grande régularité du chauffage, dans toutes les parties de la pièce.
Effet lent à se produire (sauf pour le chauffage à petits tubes).	
Refroidissement lent à se produire (sauf pour le chauffage à petits tubes).	Air pur et sain à température modérée.
	Possibilité de porter la chaleur

Manque de la gaieté du feu apparent.

Appartements exposés à des fuites d'eau.

Danger d'explosions de ruptures (avec le chauffage à petits tubes surtout).

à de grandes distances.

Egalité du chauffage des pièces dans toutes leurs parties, pas de courants froids comme avec les cheminées, poëles, etc.

Peu de travail à faire pour les domestiques.

Peu de combustible brûlé si la chaudière est bien comprise.

Facilité d'avoir dans tous les appartemements de l'eau pour les bains et les lavabos.

Pas d'impureté, ni de poussières, comme dans l'air arrivant par les bouches de chaleur des calorifères (sauf pour les hydro-calorifères).

Pas de foyers dans l'appartement nécessitant l'intervention des domestiques pour l'entretien et le nettoyage.

Possibilité de placer les surfaces de chauffe d'après la forme des emplacements dont on dispose.

Suppression des cheminées qui fument et détériorent les appartements.

Suppression presque absolue des chances d'incendie.

Possibilité de combattre le froid là où il se manifeste.

CHAUFFAGE PAR LA VAPEUR
SOUS PRESSION

———

Avec le chauffage à eau, indépendamment des inconvénients cités, à cause de l'importance des pertes de charge, la distance de transport de chaleur se trouve encore limitée, et, dans les grandes installations, peut nécessiter plusieurs foyers dans des locaux distincts. Cela complique l'installation et entraîne à des sujétions d'entretien, d'allumage, de nettoyage, etc., nécessitant un personnel assez nombreux.

Avec la vapeur utilisée comme véhicule de chaleur, il n'en est pas de même, celle-ci pouvant être conduite jusqu'à une distance de 500 m. sans perte de charge sensible.

Dans ce système de chauffage, on emploie généralement la vapeur d'eau à la pression de 1 à 2 kgs, et on la fait circuler avec une vitesse de 20 à 25 m. environ par seconde, vitesse à laquelle correspond le minimum des pertes de charge. Si la pression de la vapeur varie de 2 à 5 kgs, la vitesse, donnant les moindres pertes de charge, varie de 20 à 10 m.

Le chauffage à vapeur à moyenne pression (1 à 2 kgs) permet de grouper tous les foyers dans un local unique, éloigné même des enceintes à desservir ; il n'entraîne avec lui que l'emploi de conduites de circulation de petit diamètre, et, par conséquent, peu encombrantes.

La vapeur, par elle-même, est le véhicule de chaleur le plus économique, car elle restitue, en reprenant l'état liquide, une énorme quantité de calories ; un kilogramme de vapeur, en passant de l'état de vapeur à l'état liquide, fournit en effet ;

521 calories à la pression de 1 kg.,
516   —   —   1,5 —
511   —   —   2 —
505   —   —   3 —
500   —   —   4 —

soit en moyenne 500 calories.

Un chauffage à vapeur comporte : 1° un organe de production de vapeur, dit *générateur* ou *chaudière à vapeur* qui sera placé dans un local déterminé, établi dans des conditions spéciales, réglées par le Décret de 1880 ; 2° une série de *canalisations*, dont le but est de répartir la vapeur suivant les besoins, et de ramener l'eau condensée à la chaudière ; 3° les *appareils de chauffage* ou *surfaces chauffantes*, et leurs accessoires.

CHAUDIÈRES A VAPEUR.

Les chaudières à vapeur se divisent un quatre classes ;

1° Les *chaudières à foyer extérieur,* avec circulation des produits de la combustion presque complètement à l'extérieur ; la *chaudière à bouilleurs* en est le type classique.

2° Les *chaudières à foyer intérieur et à gros tube* ; type : la *chaudière Cornwall.*

3° Les *chaudières à foyer intérieur et à petits tubes,* ou *chaudières tubulaires* dont le type est la *chaudière de locomotives.*

4° Les *chaudières à faible volume d'eau* ou *à vaporisation rapide,* désignées ordinairement sous le nom de *chaudières multitubulaires inexplosibles.*

Les chaudières de cette dernière classe sont seules utilisables dans les installations de chauffage, à cause de leur qualité de monter rapidement en pression ; c'est une conséquence de leur faible volume d'eau, qui permet de les placer là où on ne pourrait mettre une chaudière d'une autre classe, et fait aussi que les explosions sont moins dangereuses qu'avec les autres types.

Toutefois, ce faible volume d'eau ne permet pas une réserve de liquide, capable de former volant de chaleur et de maintenir constante la pression dans la chaudière, lorsque la consommation de vapeur varie dans des limites étendues, ainsi qu'il arrive pour un chauffage. La dépense de vapeur augmentant, il peut y avoir des entraînements d'eau qu'il est indispensable d'éviter.

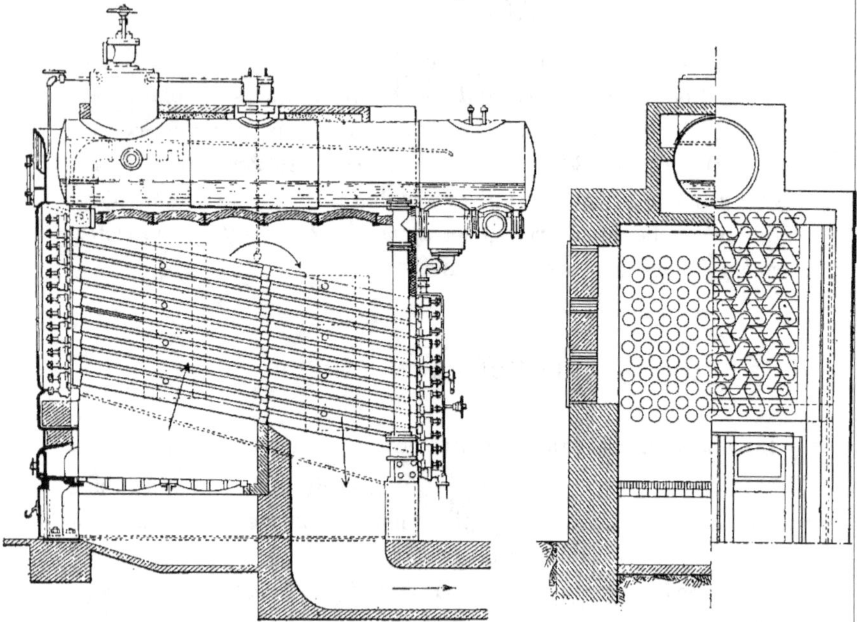

Fig. 242. — Chaudière multitubulaire de Naeyer à réservoir de vapeur.

La chaudière multitubulaire est en outre très peu stable ; un rien l'influence ; le chargement intermittent de la grille, la conduite irrégulière du feu, l'alimentation de l'eau. Il y a de plus à craindre les incrustations.

L'avantage de la rapide mise en pression étant suffisant pour motiver dans les installations de chauffage, le choix des chaudières multitubulaires, il faut, pour remédier aux inconvénients signalés, employer des appareils spéciaux, qui sont :

1° Le *détenteur de vapeur*, ayant pour but de maintenir constante la pression dans les canalisations, quelle que soit la variation de pression de la chandière, entre certaines limites du moins.

2° Les *tubes sécheurs*, venant augmenter la surface de vaporisation dans le cas où le réservoir de vapeur a des dimensions restreintes, ou bien, au-dessus du faisceau tubulaire, un *grand réservoir de vapeur* avec *épurateur* ou double grille tamisant la vapeur, et la séparant mécaniquement de l'eau.

3° Le *foyer à chargement continu, à trémie,* établi de façon à obtenir une combustion aussi régulière et aussi parfaite que possible.

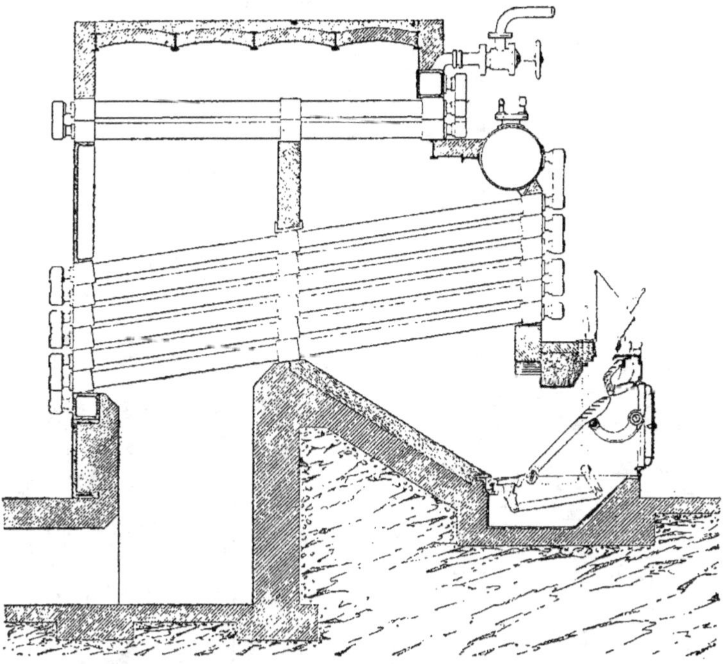

Fig. 243. — Chaudière multitubulaire de Naeyer à tubes sécheurs
et à foyer à chargement continu.

4° *Le régulateur automatique d'alimentation.*

Les différentes chaudières employées actuellement dans le chauffage sont les chaudières de Naeyer, Belleville, Collet, Roser, Terme et Debarbe, Montupet, Babcock et Wilcox, etc., pour les grandes installations, les chaudières Field, Trépardoux, etc., pour les petites installations ; les premières sont horizontales, les secondes verticales (fig. 242 à 256).

Au point de vue de l'usage, on peut dire qu'elles ont, à construction également soignée, les mêmes qualités et les mêmes inconvénients.

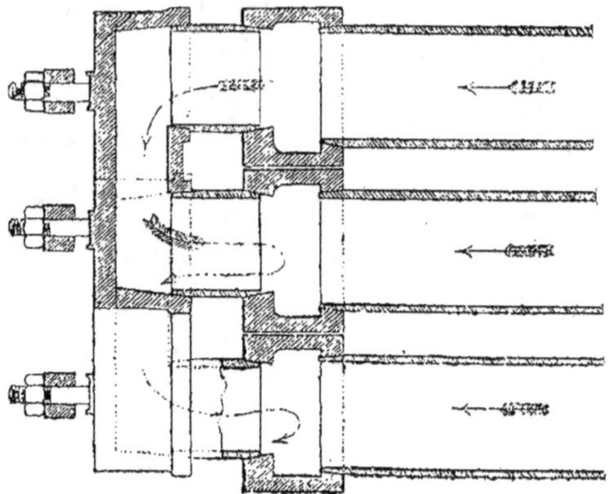

Fig. 244. — Assemblages des éléments de la chaudière de Naeyer.

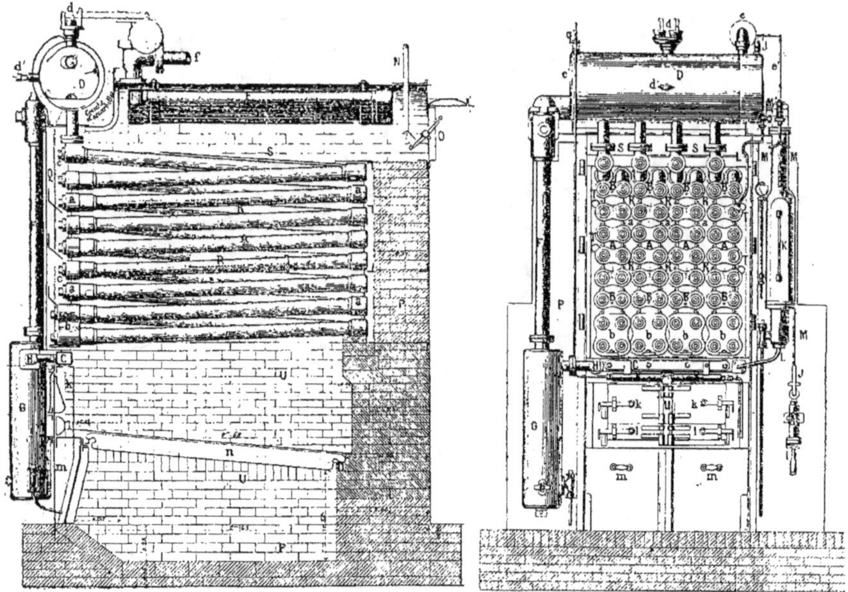

Fig. 245. — Chaudière multitubulaire Belleville.

Ce qu'il faut rechercher, dans ces chaudières, c'est une ébulli-

tion aussi peu tumultueuse que possible, un nettoyage facile, des
joints sûrs, ne risquant pas de lâcher et d'amener ainsi des accidents qui peuvent entraîner mort d'homme.

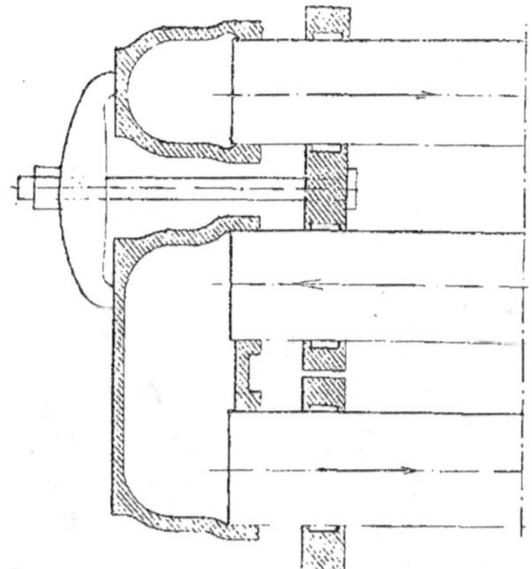

Fig. 246. — Assemblage des éléments dans la chaudière Belleville.

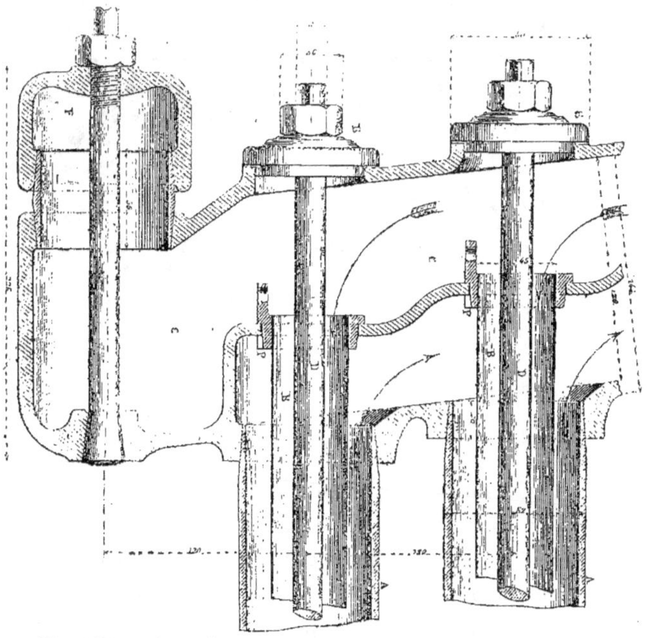

Fig. 247. — Assemblage des éléments dans la chaudière Collet.

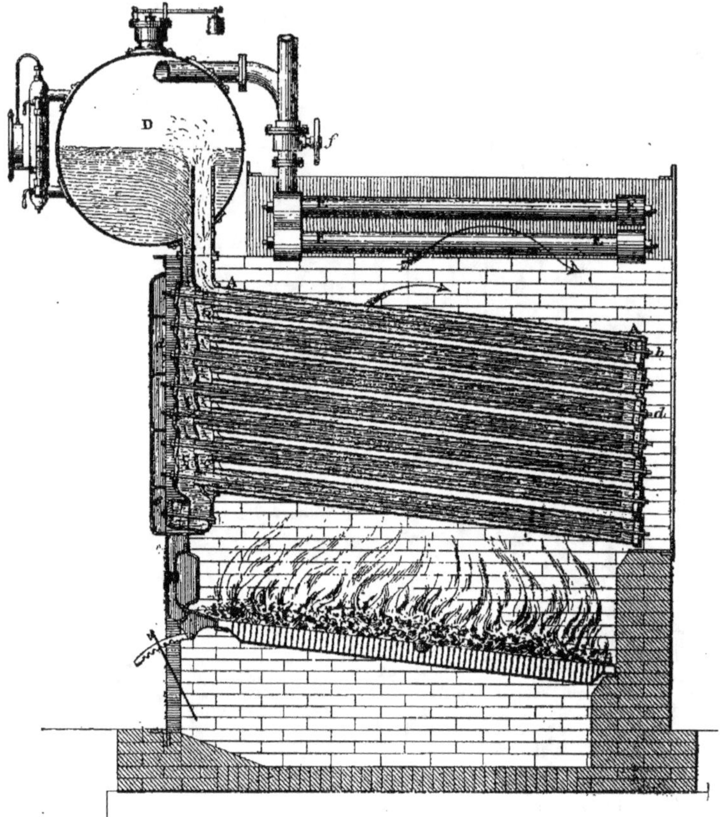

Fig. 248. — Chaudière multitubulaire Collet.

CONSTRUCTION DES CHAUDIÈRES A VAPEUR

Au point de vue de la construction, ce qui a été dit pour les chaudières à eau est applicable aux chaudières à vapeur.

Il faut percer le moins de tubulures possible, mais il faut mettre toutes celles qui sont nécessaires pour la prise de vapeur, pour les deux soupapes de sûreté (fig. 257), pour le manomètre (fig. 258), pour les deux indicateurs de niveau d'eau (fig. 259), pour le tuyau

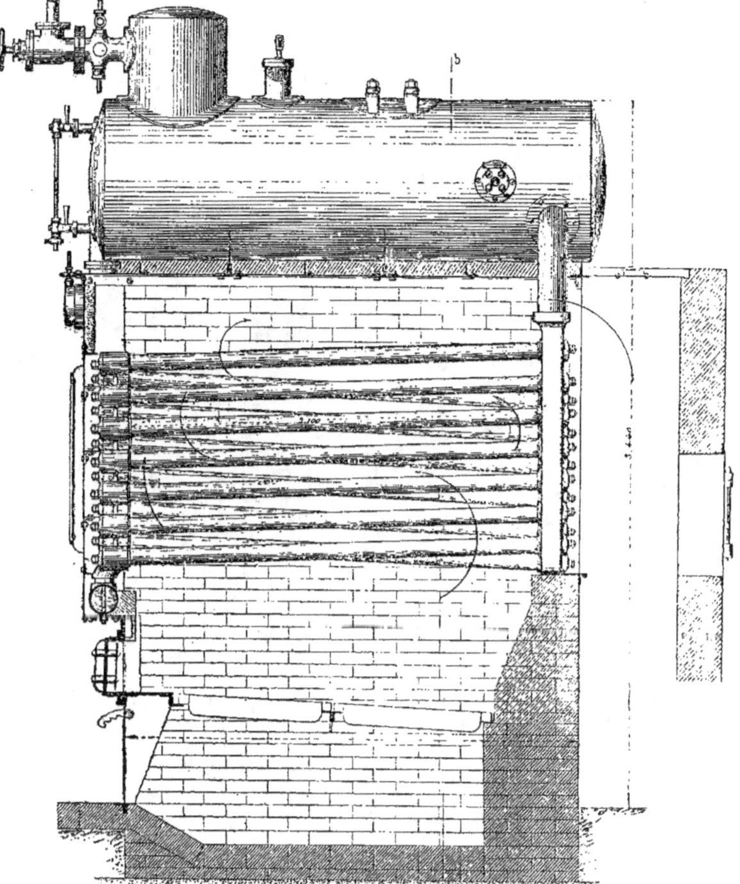

Fig. 249. — Chaudière Terme et Deharbe.

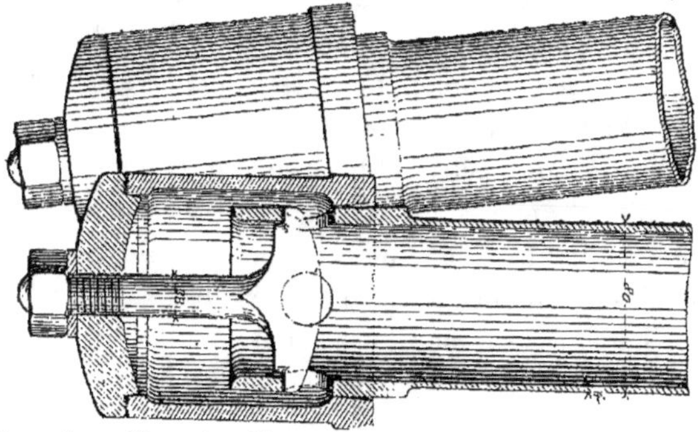

Fig. 250. — Assemblage des éléments dans la chaudière Terme et Deharbe.

d'alimentation (qui doit porter un clapet de retenue) et pour le tuyau de vidange. On perce en outre les ouvertures (trous à main, trous d'homme en nombre suffisant pour pouvoir nettoyer la chaudière, et les orifices pour les appareils spéciaux, tels que le régulateur automatique d'alimentation, etc.

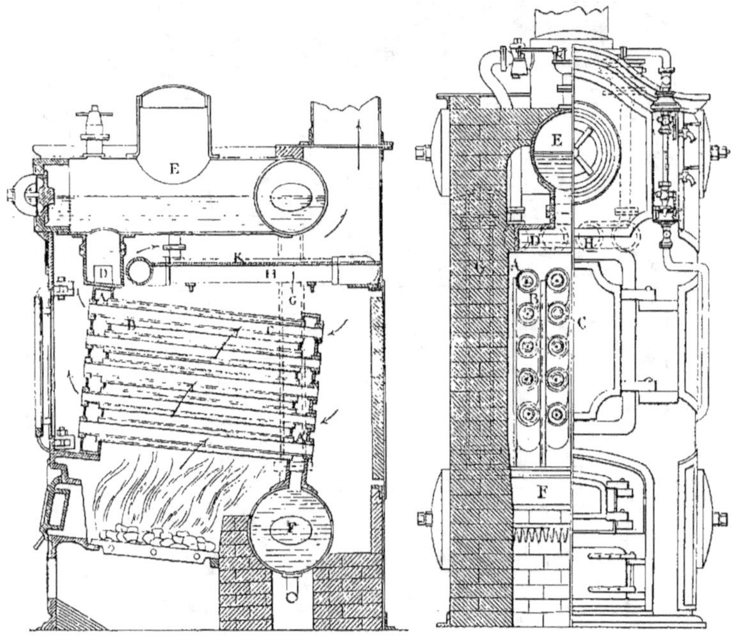

Fig. 251. — Chaudière Roser à tube intérieur de fumée.

La chaudière est un appareil qui prête à des accidents toujours graves, dûs : 1° à des vices de construction ; 2° à des altérations produites pendant le fonctionnement ; 3° à la mauvaise conduite du feu et à la négligence du chauffeur.

La construction doit être faite avec des tôles de premier choix, ayant bien les épaisseurs voulues ; il faut que les armatures soient de bonne qualité et bien placées, que les tôles n'aient pas de pailles, ou que, du moins, elles n'en aient pas d'une profondeur assez grande pour occasionner des accidents.

La rivure doit être tracée et le percement fait avec le plus grand

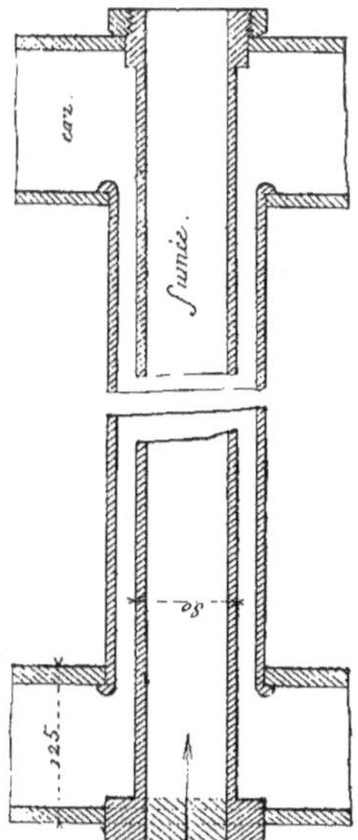

Fig. 252. — Elément de la chaudière Roser.

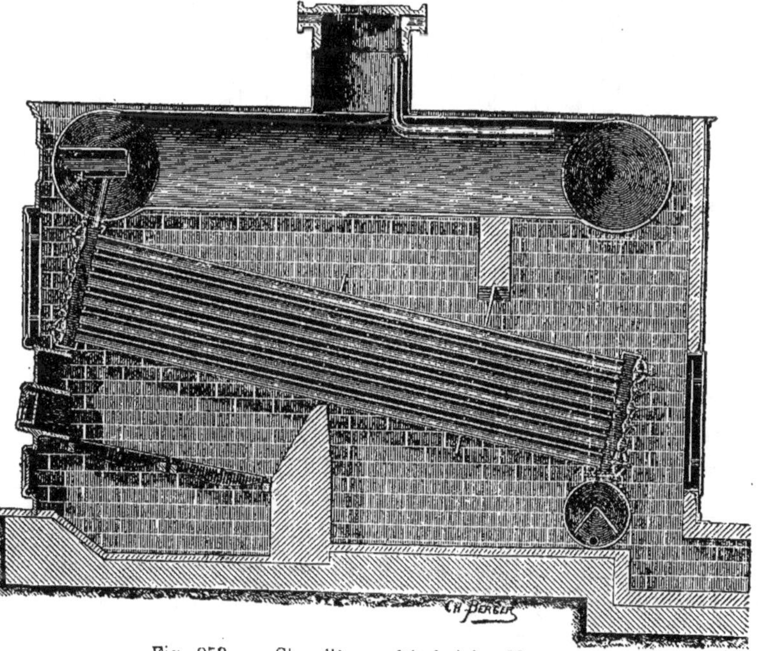

Fig. 253. — Chaudière multitubulaire Montupet.

soin possible ; les trous des rivets seront parfaitement en ligne, sans quoi l'ouvrier est obligé de les amener en face l'un de l'autre en enfonçant dans les trous des broches en acier, ce qui peut amener des criques, et enlever à la rivure toute garantie de sécurité.

Les chaudières à vapeur sont souvent entourées d'une enveloppe en maçonnerie, qui doit être faite avec des matériaux de première qualité.

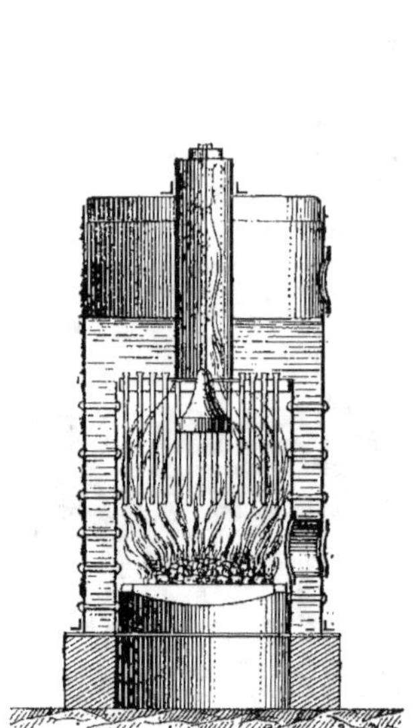

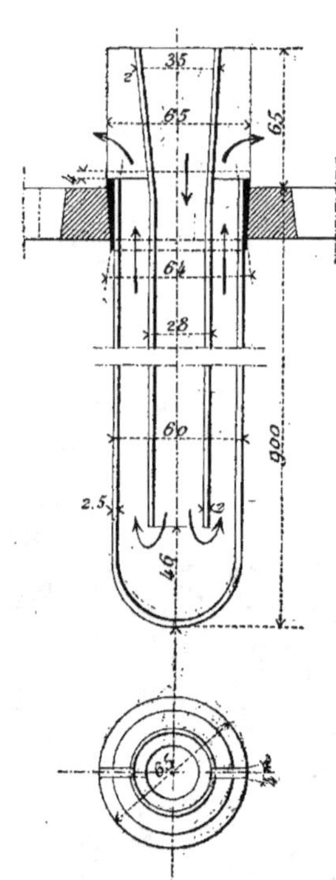

Fig. 254. — Chaudière Field.   Fig. 255.—Elément de la chaudière Field.

Les murs du foyer doivent avoir, au-dessus de la grille, un fruit latéral de 15° à 20°, et être construits de façon à pouvoir être refaits facilement.

Les parois latérales doivent être montées en briques réfractaires de 0,11 m., au moyen de briques en biseau, afin de monter le parement incliné, avec des briques de même épaisseur, disposées avec les joints perpendiculaires à ce parement.

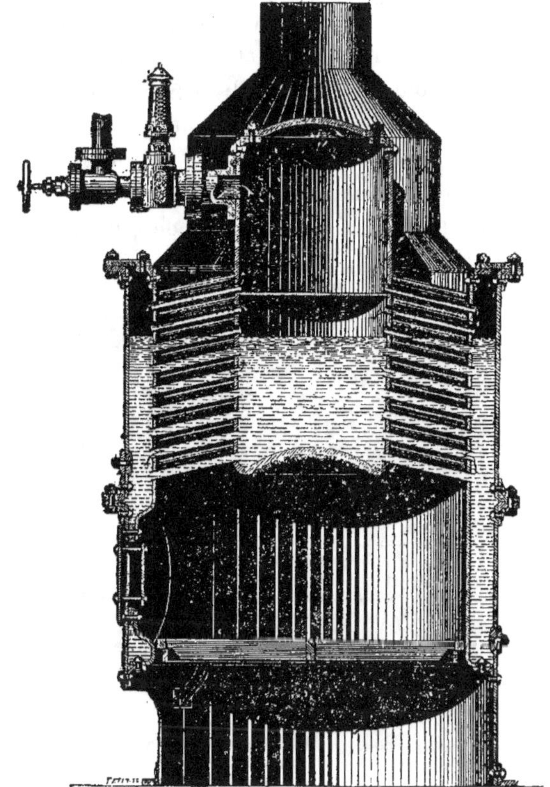

Fig. 256. — Chaudière Trépardoux.

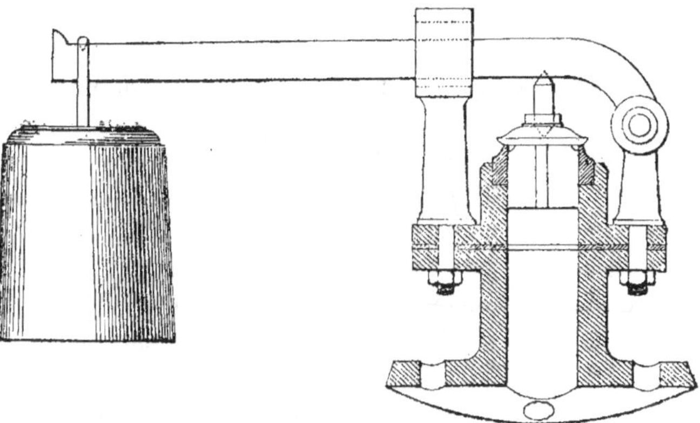

Fig. 257. — Soupape de sûreté.

Les briques en biseau doivent être placées de façon que la surface du côté du feu soit lisse et intacte ; tous les joints en contact avec les flammes seront garnis de coulis réfractaire.

On donne à la maçonnerie du fourneau une épaisseur de 0,35 m. ; quelquefois même, pour diminuer les déperditions par les parois murales, on fait des murs creux, reliés entre eux, de place en place, par des briques, et laissant un vide de 0,04 à 0,05 m.

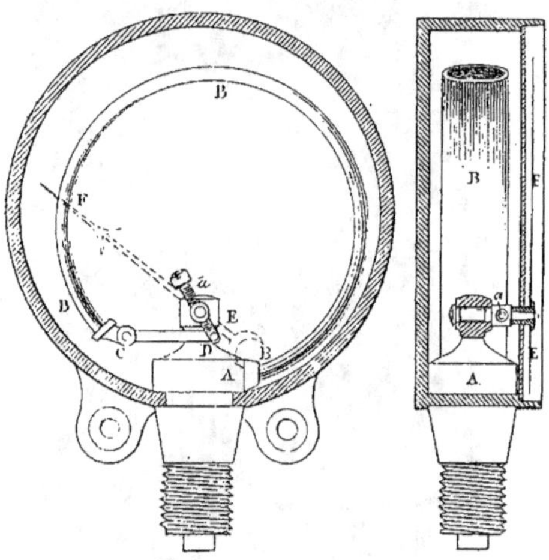

Fig. 258. — Manomètre métallique.

Lorsque plusieurs chaudières sont côte à côte, la paroi latérale de la maçonnerie commune aux deux chaudières a 0,35 m. d'épaisseur.

Il est nécessaire de laisser des ouvertures en nombre suffisant pour le nettoyage des carneaux de fumée ; ces ouvertures sont bouchées, après coup, par un simple blocage.

Pour empêcher la dislocation des fourneaux, on les arme à l'extérieur au moyen de montants en fer ou en fonte, placés de côté et d'autre du fourneau, et scellés dans le sol à une profondeur de 0,40 à 0,50 m. ; ces montants sont reliés, à la partie supérieure, au-dessus de la maçonnerie, par des tirants avec boulons.

Ce qui a été dit pour les portes de foyer, etc., lors de l'étude des chaudières à eau, est applicable aux chaudières à vapeur.

ALTÉRATIONS DES CHAUDIÈRES

Pendant la marche, les altérations proviennent : soit de l'abaissement du plan d'eau dans la chaudière, il y a alors surchauffe de

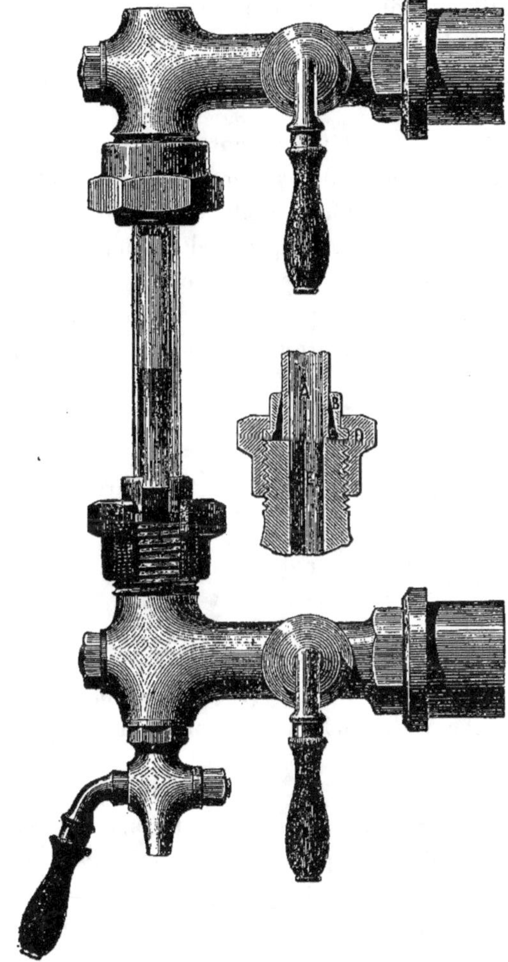

Fig. 259. — Indicateur de niveau d'eau à tube de verre et à joints coniques.

la tôle ou des tubes, et production de bosses, fissures et déchi-

rures; soit d'une vaporisation trop rapide; soit encore des entraînements de vapeur dans des espaces trop étroits, réservés pour
la circulation de la vapeur et de l'eau; les tubes doivent donc
être en pente de l'arrière à l'avant de la chaudière.

Si l'on alimente la chaudière avec des eaux grasses, calcaires, etc., il se produit des incrustations, empêchant le contact
de la tôle ou du fer avec l'eau, et pouvant, par suite du phénomène
de caléfaction, produire, à un moment donné, des explosions dangereuses.

L'énumération de ces défauts montre qu'avec une bonne construction et des appareils automatiques de chargement de combustible et d'alimentation d'eau, en visitant, tant intérieurement qu'extérieurement la chaudière, on peut éviter d'une manière absolue
les accidents. Mais comme il peut se produire des défectuosités
avec les appareils automatiques, il est indispensable d'avoir un
chauffeur-mécanicien veillant continuellement à la marche de la
chaudière.

APPAREILS ACCESSOIRES DANS LES CHAUDIÈRES

Le chauffeur a, pour se guider dans la marche à donner à sa
chaudière :

Manomètre. — 1° Le *manomètre,* ou appareil indicateur de la
pression dans la chaudière. Il est généralement métallique, et
porte une flèche rouge indiquant la pression à ne pas dépasser
(fig. 258).

Indicateurs de niveau d'eau. — 2° Les *indicateurs de niveau
d'eau,* au nombre de deux, pouvant être, soit à *tube de verre,* soit à
flotteur, soit à *robinets* (fig. 259).

Si le niveau d'eau est à tube de verre, il doit être aménagé de
façon que, si le tube vient à se briser, on puisse facilement fermer
à la main la communication supérieure entre la chaudière et le niveau d'eau, tandis que la fermeture de la communication inférieure

a lieu automatiquement, au moyen d'une soupape, de façon à empêcher la sortie de l'eau ; le tube de niveau d'eau est en effet en communication, à la partie supérieure, avec le réservoir de vapeur, à la partie inférieure, avec l'eau de la chaudière.

Le niveau d'eau à flotteur peut être employé concurremment avec le précédent, car on peut l'aménager de façon à agir sur l'appareil d'alimentation ; il joue alors le rôle de régulateur automatique d'alimentation.

L'appareil à robinets se compose de trois robinets fixés, l'un à la hauteur normale de l'eau dans la chaudière, les deux autres, l'un à 0,02 m. au-dessus, l'autre à 0,10 m. au-dessous de ce niveau.

Dans tous les cas, le Décret de 1880 impose deux indicateurs de niveau d'eau, dont l'un à tube de verre, disposé de façon à pouvoir être facilement nettoyé et remplacé au besoin.

Soupape de sûreté. — La chaudière est munie de deux *soupapes de sûreté* (fig. 257), qui doivent se soulever à l'instant exact où la vapeur atteint la pression limite indiquée par le timbre de la chaudière. Ces soupapes doivent avoir chacune une section suffisante pour écouler toute la vapeur produite à ce moment.

Le diamètre des soupapes de sûreté se détermine par la relation empirique

$$d = 2,64 \sqrt{\frac{s}{n + 0,6}}$$

s étant la surface de chauffe totale, n la pression effective ou numéro du timbre, d le diamètre de la soupape.

La largeur du siège ne dépasse pas 0 mm. 6 pour les petits diamètres et **2** mm. pour les grands.

DÉTERMINATION DES ÉLÉMENTS D'UNE CHAUDIÈRE

La détermination de la surface de chauffe d'une chaudière à vapeur se fait en comptant sur une transmission de 8000 à 10000 calories par m², soit 15 à 20 kg. de vapeur produits en moyenne.

On compte sur une vaporisation moyenne de 8 à 9 kg. de vapeur par kg. de houille, et sur une section de grille de 1 m² par 75 à 100 kg. de houille brûlée à l'heure.

La section de la cheminée est donnée par la formule : $S = \dfrac{P}{100\sqrt{H}}$

ou $S = \dfrac{P}{400 \text{ à } 500}$ P étant le poids de houille brûlée à l'heure, H la hauteur de la cheminée.

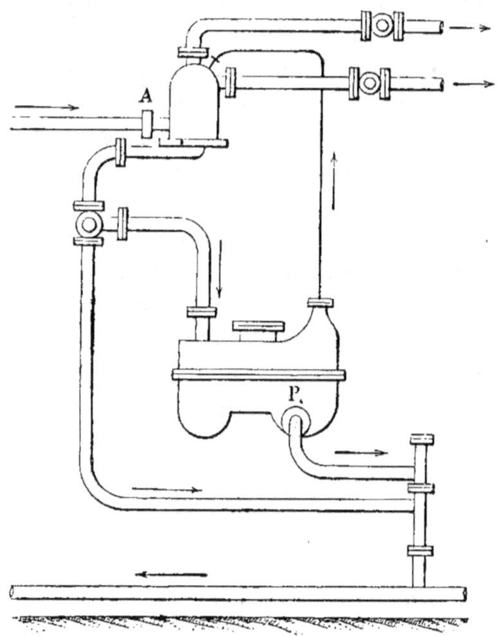

Fig. 260. — Installation d'un séparateur d'eau et de vapeur.
A, séparateur. — P, purgeur.

La section des carneaux doit être environ 0,25 de celle de la grille ou 0,50 de sa section libre ; quelquefois même on donne au premier carneau 0,75, et au deuxième 0,60 de cette section libre.

CHAUFFAGE AVEC PURGEURS

système Geneste-Herscher

CANALISATION DE LA VAPEUR

La vapeur, au sortir de la chaudière, est distribuée par une canalisation métallique. En principe, cette vapeur doit circuler dans le même sens que l'eau condensée, afin d'éviter les claquements, qui se produisent à la rencontre des deux courants, quand les fluides, eau et vapeur, circulent en sens inverse ; le mouvement doit donc, pour les deux, être dans le sens de l'action de la pesanteur, c'est-à-dire de haut en bas.

Il y a par conséquent utilité, au départ de la chaudière, à faire monter directement la vapeur au point le plus élevé des locaux à desservir, c'est-à-dire dans les combles, et à établir à cet étage la circulation de distribution.

La place de la colonne montante n'est pas quelconque. Elle est souvent déterminée par l'aménagement même du bâtiment ; à cause des claquements dont il vient d'être parlé, et qui se produisent toujours dans les colonnes montantes, il y a intérêt à les faire passer dans les cages d'escalier.

Dans le chemin horizontal à suivre entre la chaudière et la colonne montante, il peut être utile, tant à cause de la pente qui est de 3 mm. par mètre qu'à cause de la condensation de vapeur produite, de disposer des récipients dits *séparateurs d'eau et de vapeur*, dans lesquels l'eau condensée est prise à la partie basse par des conduites de retour et la vapeur à la partie haute, d'où repart la conduite relevée (fig. 260).

De même, la partie basse de la colonne montante est en communication avec la conduite de retour d'eau, pour écouler l'eau condensée sur sa longueur.

La communication entre les conduites de vapeur et les conduites de retour d'eau ne doit exister qu'à certains moments, quand il y a eu réellement production d'eau condensée ; il faut donc avoir un organe d'interruption sur le tuyau de raccordement de ces deux conduites.

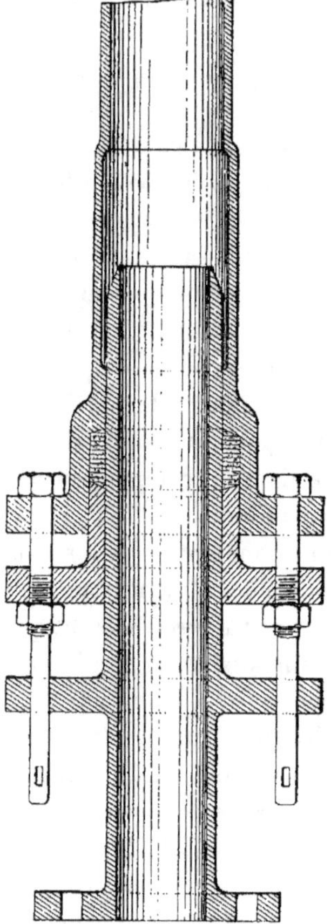

Fig. 261. — Joint compensateur.

L'organe le plus simple est évidemment le robinet, mais il ne peut être manœuvré automatiquement, et par suite il implique des sujétions irréalisables en pratique ; aussi l'appareil intercalé entre les conduites de vapeur et celles de retour d'eau est-il spécial, automatique ; c'est le *purgeur*.

La canalisation de vapeur doit être durable, étanche et économique d'entretien ; pour réaliser ces conditions, indépendamment des pentes de 0,003 m. au moins pour les conduites de vapeur et 0,005 m. pour les conduites d'eau, il faut encore que la tuyauterie soit élastique, c'est-à-dire qu'elle ne soit pas influencée par les effets de dilatation qui, par degré d'élévation de température du tuyau, correspondent à un allongement par mètre linéaire de 0,000017 m. pour le cuivre et 0,000012 m. pour le fer.

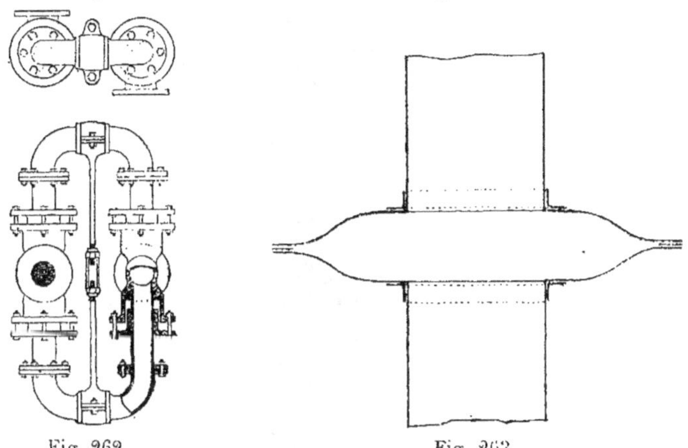

Fig. 262.
Joint compensateur Geneste Herscher.

Fig. 263.
Boîte de dilatation.

On dispose, le long de la conduite, des coudes horizontaux, pla-

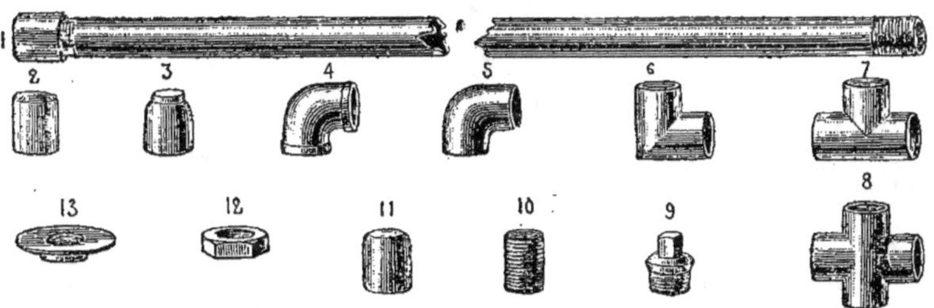

Fig. 264. — Pièces en fer pour canalisation de vapeur.

1. Tube en fer avec manchon. — 2. Manchon. — 3. Cône de raccordement. — 4·5. Coudes arrondis. — 6. Coude d'équerre. — 7. Té. — 8. Croix. — 9. Bouchon à vis. — 10. Raccord fileté. — 11. Raccord taraudé. — 12. Ecrou. — 13. Bride à bout taraudé.

cés de façon que la dilatation soit toujours libre et n'agisse pour ainsi dire pas sur les joints ; en ligne droite on en met tous les 15 à 20 m., et on les fait avec des tuyaux fortement cintrés, ayant le plus petit rayon de courbure possible, de manière à profiter de la plus grande élasticité.

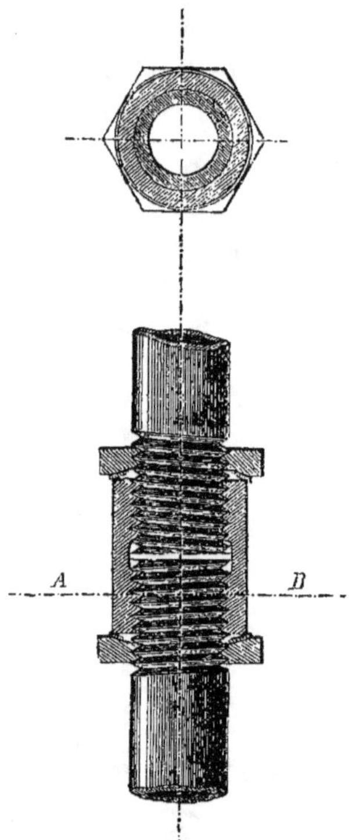

Fig. 265. — Joint de tuyaux en fer pour canalisation de vapeur.

On a aussi, dans le même but, étudié des appareils spéciaux, *joints compensateurs* (fig. 261-262) et *boîtes de dilatation* (fig. 263), utiles seulement pour les grosses conduites (0 m. 150 et au-dessus).

De la conduite principale de distribution, placée dans les combles, partent les canalisations descendantes secondaires, sur lesquelles sont branchés les poêles des différents locaux à chauffer.

Dans ces canalisations secondaires, qui sont à des distances va-

riables de la chaudière, il est utile de maintenir une pression constante, la même dans toutes les canalisations, pression qui doit pouvoir être réglée à distance, du local de la chaudière par exemple.
L'organe qui permet de réaliser cette condition est le *régulateur de
pression*.

Fig. 266. — Bride brasée et bride rivée.

Malgré l'emploi de cet appareil, il est toutefois utile de donner
à chacune des conduites principales des sections suffisantes pour
éviter de trop grandes pertes de charge, et de les envelopper, partout où le chauffage n'est pas utilisé, d'enduits calorifuges évitant
les condensations nuisibles.

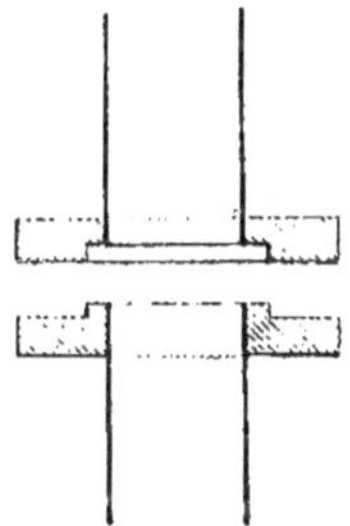

Fig. 267. — Brides à bout mâle et femelle.

Les tuyaux de distribution de vapeur peuvent être en fer (fig.
264), en fonte ou en cuivre.

Le fer et le cuivre sont réservés pour les conduites sous pression, la fonte l'est pour les canalisations de vapeur d'échappement
et de retour des eaux condensées.

Les tubes en fer sont raccordés par des manchons taraudés ; pour
assurer l'étanchéité du joint, il est prudent de mettre des contre-
écrous et d'interposer de la filasse enduite de minium ou une corde
d'amiante, entre le manchon et le contre-écrou, qui aura à l'inté-

ricur une forme concave pour faciliter cette interposition (fig. 265).

Pour permettre la pose des canalisations, il est nécessaire de ménager, de place en place, des joints à brides.

La bride, sur le tube en fer, peut être soit vissée, le tube étant maté en bout, pour éviter toutes chances de fuites par les filets de la vis, soit brasée à la brasure forte (fig. 266).

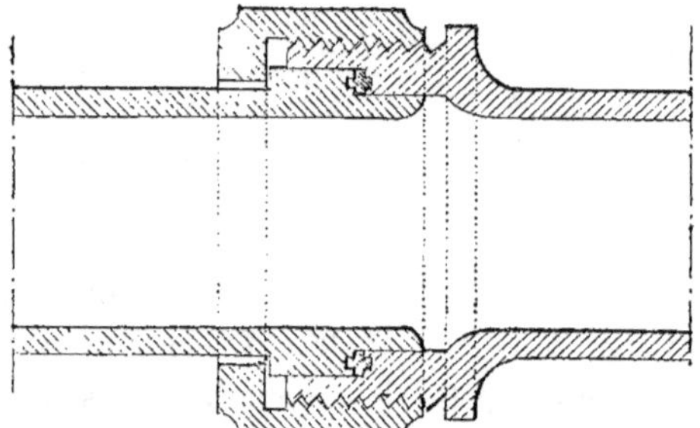

Fig. 268. — Joint Legat pour canalisation de vapeur.

Les brides peuvent être planes, ou à bouts mâle et femelle (fig. 267) ; dans ce cas on peut faire un joint résistant aux pressions élevées de la vapeur en logeant, au fond de la gorge du bout femelle, une rondelle de plomb coulé, de 0,003 à 0,004 m. d'épaisseur, que l'on serre au moyen de boulons. Si les joints sont à brides planes, on interpose des rondelles d'amiante, ou d'un alliage de plomb et d'antimoine, ou encore d'un carton spécial pour joints, laissant libre l'ouverture du tuyau, l'étanchéité est assurée par le serrage des boulons.

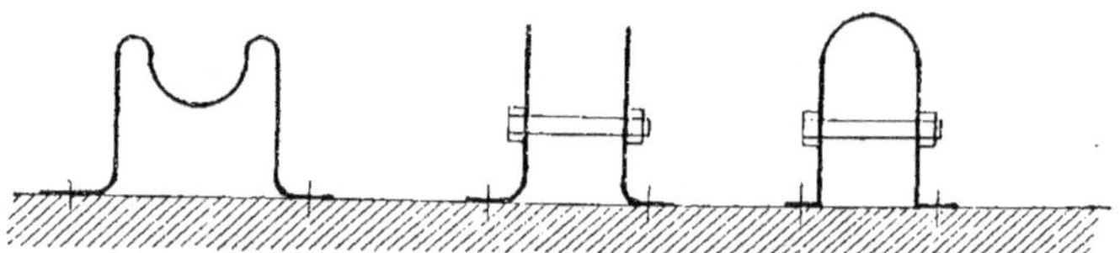

Fig. 269. — Supports pour canalisations de vapeur.

Ces joints peuvent aussi être faits à sec dans les brides correspondantes, en interposant une bague en cuivre rouge formant double cône, sur laquelle on opère le serrage.

Lorsqu'on emploie des tuyaux en cuivre, on peut soit braser des brides en fer, soit braser, à la soudure forte, des raccords en bronze, et réaliser les joints dits à trois et à cinq pièces (fig. 268).

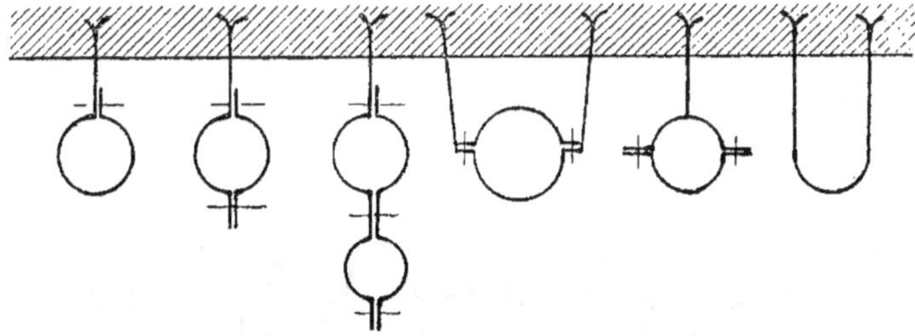

Fig. 269 bis. — Colliers de supports pour canalisation de vapeur.

La canalisation de retour d'eau, quand elle passe dans les locaux, se fait en fer; les joints sont faits avec des manchons filetés munis de contre-écrous, comme pour la canalisation de vapeur. Dans les caves, à partir de 0,040 m. de diamètre extérieur, on fait la canalisation en fonte, et l'emploi des tuyaux du système Petit donne de bons résultats.

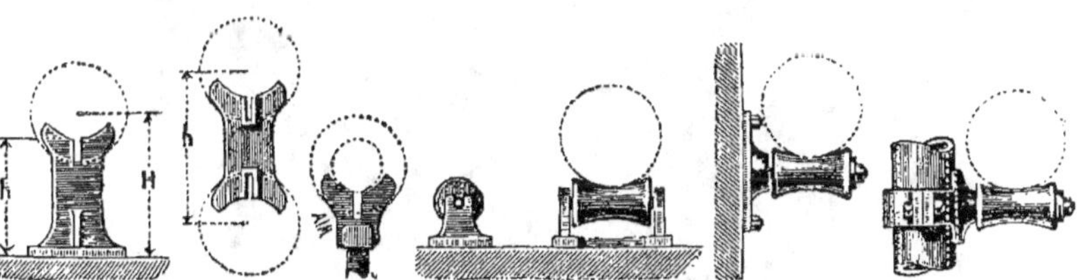

Fig. 270. — Rouleaux de support pour surfaces chauffantes à ailettes.

La section des conduites de retour d'eau se détermine en comptant sur une vitesse de l'eau de 0,15 à 0,20 m. ; on n'emploie toutefois pas de tuyaux ayant un diamètre intérieur moindre que 0,026 m.

Les tubes de circulation et les surfaces chauffantes sont fixés dans les murs, planchers, plafonds, par des supports ou colliers en fer forgé de formes diverses, dont les figures 269 et 269 bis donnent des spécimens.

SURFACES CHAUFFANTES

Les surfaces en fonte peuvent être soutenues par des supports analogues ou être portées par des rouleaux (fig. 270), qui permettent à la dilatation de s'opérer plus facilement.

Fig. 271. — Poële à vapeur à surface chauffante variable.

À la traversée des murs, cloisons, planchers, les tuyaux sont entourés d'un manchon métallique encastré dans l'ouverture pratiquée.

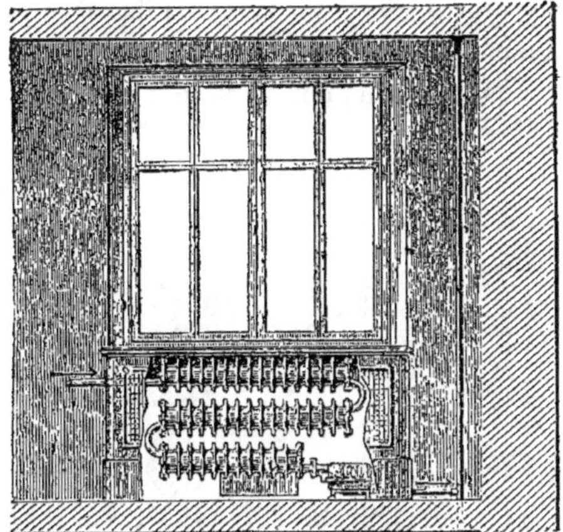

Fig. 272. — Poële à vapeur placé dans l'embrasure d'une fenêtre.

Les surfaces chauffantes proprement dites ou *poëles* sont généralement en fonte ; elles sont en tout semblables à celles, déjà décrites et étudiées, employées dans le chauffage à eau.

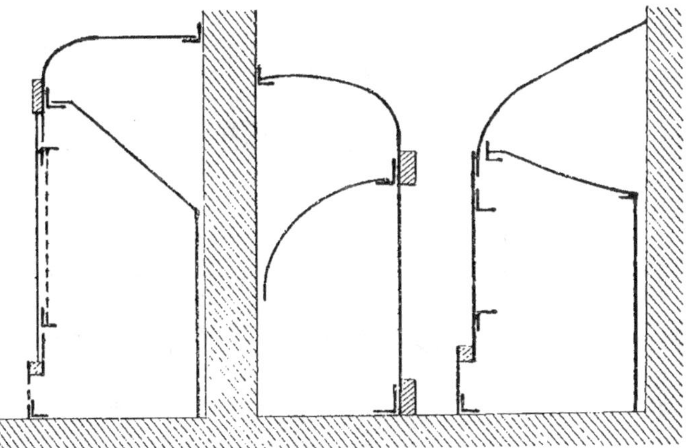

Fig 273, 274 et 275. — Enveloppes en tôle pour surfaces chauffantes à ailettes.

Elles peuvent être placées directement dans les locaux, et réparties d'après l'importance du refroidissement des diverses parois, si possible, ou bien placées en cave pour former les calorifères à vapeur, dont il a été parlé antérieurement.

On compte, dans les installations de chauffage, à la pression de 1 kg., sur une transmission de 1000 calories par m² de surface de tuyaux lisses, et sur un rendement de 0,50 à 0,60 de celui-ci pour les surfaces nervées.

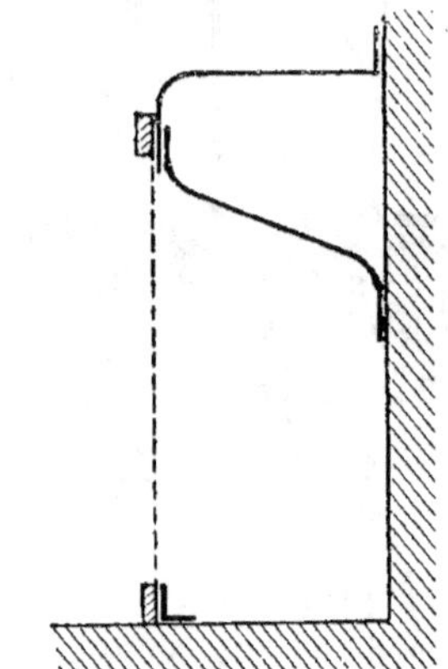

Fig. 276. — Enveloppe en tôle pour surfaces chauffantes à ailettes.

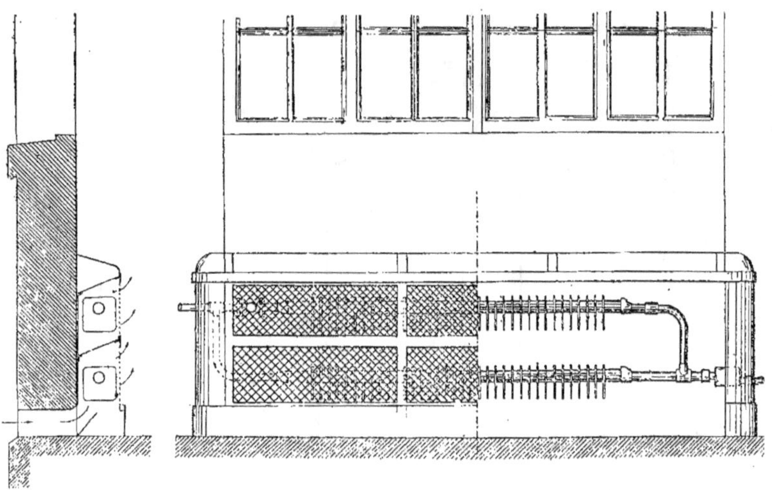

Fig. 277. — Disposition d'un poêle à vapeur dans l'allège d'une fenêtre.

Pour des pressions supérieures, un tableau placé à la fin de l'ouvrage indique la transmission par heure et par m² de surface de
tuyaux lisses.

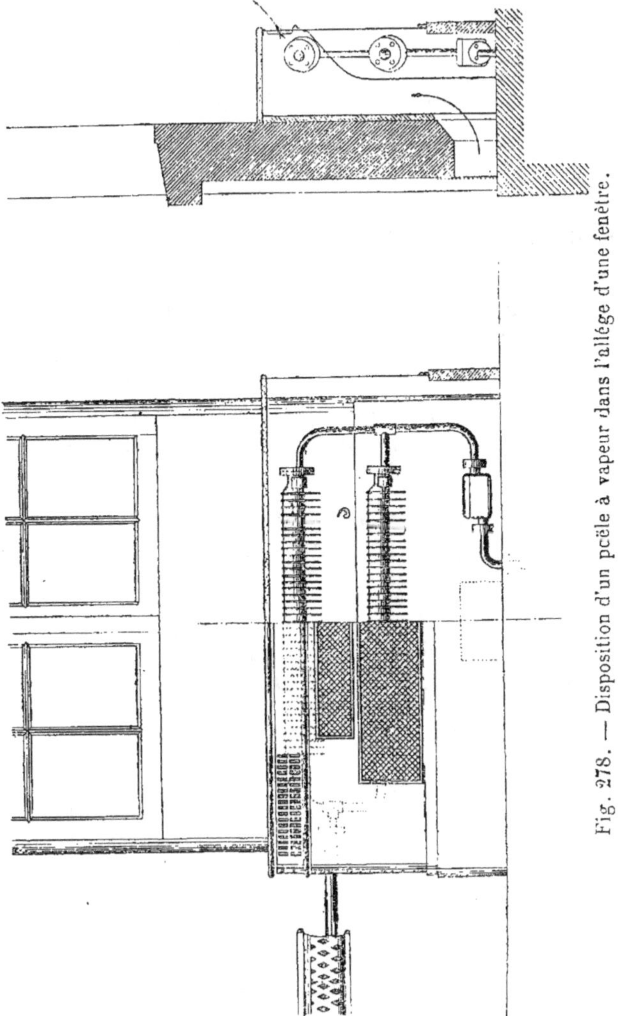

Fig. 278. — Disposition d'un poële à vapeur dans l'allége d'une fenêtre.

Les surfaces de chauffe sont branchées sur les canalisations secondaires, et sont commandées par des robinets permettant de les
isoler complètement de la circulation.

L'eau de condensation, qu'elles fournissent, s'écoule dans les conduites de retour, en passant par des purgeurs.

ENVELOPPES DES SURFACES CHAUFFANTES

Les tuyaux à ailettes sont munis, pour les dissimuler, d'enveloppes métalliques en fonte, tôle ou cuivre ; ces enveloppes, comme leurs similaires du chauffage à eau, sont à panneaux démontables (fig. **273** à **278**).

On peut les constituer (fig. **273**) par une tôle de face, une tôle de dessus et une tôle d'arrière.

Sur le plancher est vissée une cornière (**0,027/0,018** m.) soutenant une bande de tôle, au bord supérieur de laquelle est vissé un fer rectangulaire (**0,010/0,015** portant lui-même, à l'arrière, une autre bande de tôle. La bande inférieure forme plinthe.

La façade de l'enveloppe est divisée en panneaux par des montants en fer plat.

Deux petites cornières (**0,012/0,012** m.) sont fixées sur ces montants et servent d'appui à la façade ajourée.

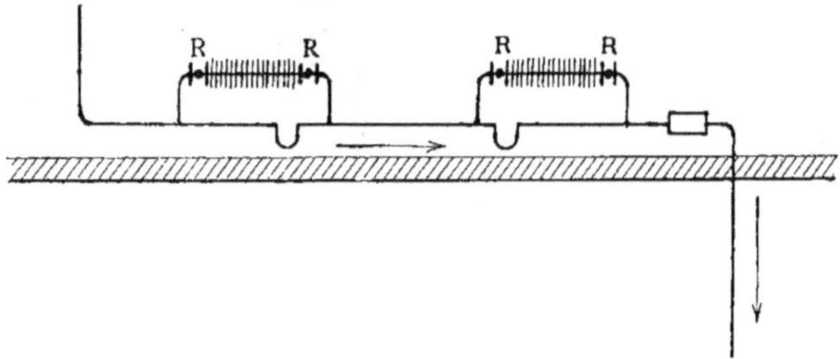

Fig. **279**. — Canalisation de chauffage à vapeur.

Une cornière (**0,030/0,030** m.), sur laquelle vient se fixer et la tôle de plafond et la tôle arrière de l'enveloppe, est aussi vissée sur ces montants.

Sur cette cornière se fixe un fer plat (**0,040/0,006** m.) formant bandeau.

La tôle du plafond est reliée en outre à une cornière (0,027/0,018) attenant au mur.

La façade perforée se place entre les montants, le fer de la plinthe et le fer du bandeau ; elle appuie contre les petites cornières au moyen de taquets manœuvrables par un carré et embrassant ces cornières.

Si l'on veut diviser la surface de chauffe en deux parties, l'une chauffant par rayonnement, l'autre par émission d'air légèrement chauffé, on divise verticalement l'enveloppe par une tôle horizontale empêchant la communication de l'air froid, pris à l'extérieur, au moyen d'une bouche et d'un conduit spécial, avec la surface ne devant chauffer que par rayonnement.

La disposition est du reste indiquée par les figures 277 et 278.

Avec la fonte on peut faire des meubles de telle forme que l'on veut ; c'est une question de complication de modèles et d'élévation de prix.

DISTRIBUTION DE LA VAPEUR

La canalisation du chauffage par la vapeur, comme celle du chauffage par l'eau, se compose de deux parties : la conduite de distribution, qu'il est bon de mettre horizontale et d'utiliser pour combattre les refroidissements dûs aux parois, et la surface de chauffe ou *poële*, placé dans l'endroit le plus favorable par rapport à l'ameublement, à la forme de la pièce, sinon à l'endroit le plus froid, et fournissant la chaleur à l'air de ventilation, etc.

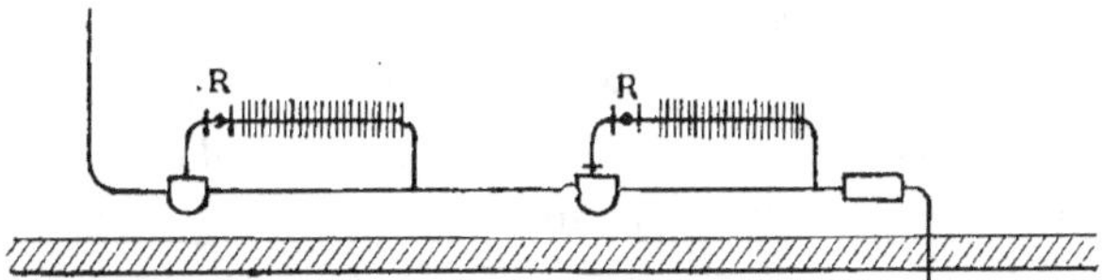

Fig. 280. — Canalisation de chauffage à vapeur.

La surface de chauffe est commandée par un robinet qui permet de l'isoler complètement de la circulation.

La conduite horizontale peut aussi porter un robinet, à son départ de la colonne descendante, formant canalisation secondaire, et être isolée de celle-ci.

L'eau condensée dans la conduite horizontale se rend dans la circulation de retour d'eau, en passant par un purgeur.

Il résulte de ces nécessités de disposition que si plusieurs pièces distinctes sont desservies par une même conduite horizontale, venant d'une colonne descendante, et que si ces locaux doivent pouvoir être chauffés indépendamment l'un de l'autre, la canalisation horizontale ne portera plus de robinet à son départ, et, à son extrémité, sera munie d'un purgeur. Chaque poêle aura un robinet et

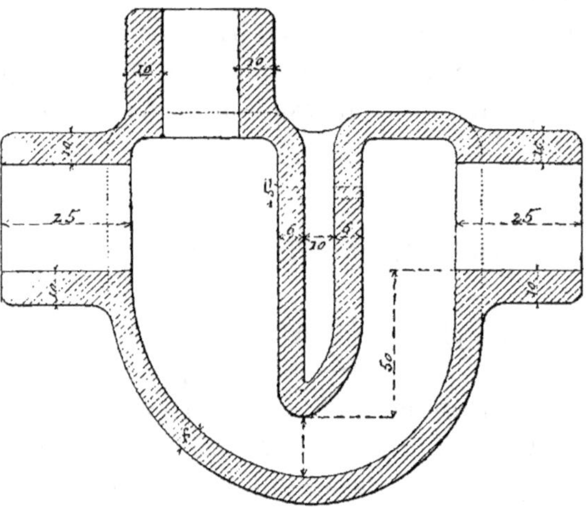

Fig. 281. — Boîte de distribution de vapeur pour supprimer en partie les purgeurs.

un purgeur et tous les purgeurs des surfaces de chauffe seront reliés à une conduite de retour d'eau condensée sur laquelle viendra se brancher aussi le purgeur de la conduite de distribution.

Si l'on veut chaque pièce absolument indépendante, il faudra une colonne descendante ou montante par pièce, et chaque distributeur horizontal, ainsi que chaque poêle, portera robinet et purgeur; les eaux condensées venant toutes dans une même conduite de collection.

Pour éviter le trop grand nombre de purgeurs, appareils d'un prix généralement élevé et se dérangeant assez facilement, on a essayé de n'en mettre qu'un à la fin de la conduite de distribution.

Chaque surface branchée part de cette conduite et y revient ; elle est munie de deux robinets, un à chaque extrémité, et la conduite de distribution est courbée en forme de siphon entre les deux branchements de départ et de retour de la surface chauffante (fig. 279).

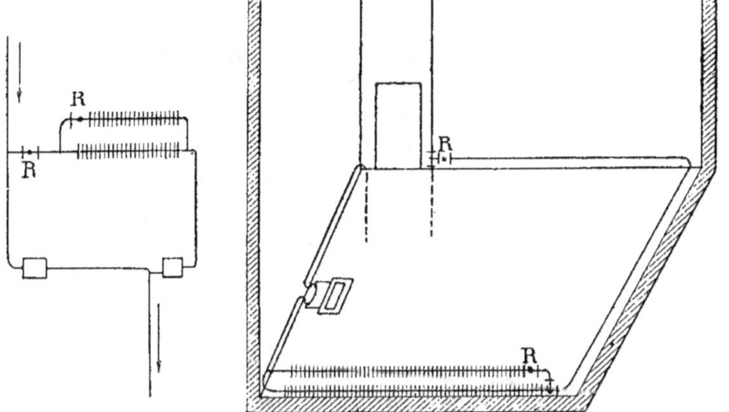

Fig. 282. — Chauffage avec double réglage de la surface chauffante.

Ces coudes à la conduite de distribution étant onéreux, on a préféré faire des boîtes en fonte que l'on place à l'endroit même de la prise desservant le poêle (fig. 280-281).

Ces procédés économiques ont souvent l'inconvénient de laisser à désirer comme fonctionnement.

Les surfaces de chauffe étant prévues, comme importance, pour maintenir dans les locaux, par les plus grands froids, une température donnée, il arrive que, pour réaliser le but cherché, par les froids moyens, il faut constamment manœuvrer le robinet de commande.

On a essayé de remédier en partie à cet inconvénient en divisant la surface de chauffe en deux parties ; chacune d'elles manœuvrée par un robinet correspondant (fig. 282).

Les jours de froid moyen, si, à la mise en marche, on n'ouvre pas le robinet de commande de la surface placée à la partie la plus haute, celle-ci reste pleine d'air, ce qui empêche la vapeur d'y

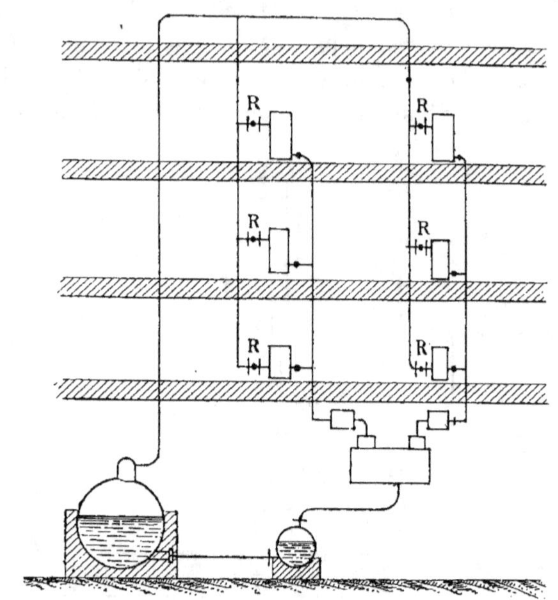

Fig. 283. — Schéma de chauffage à la vapeur (système allemand).

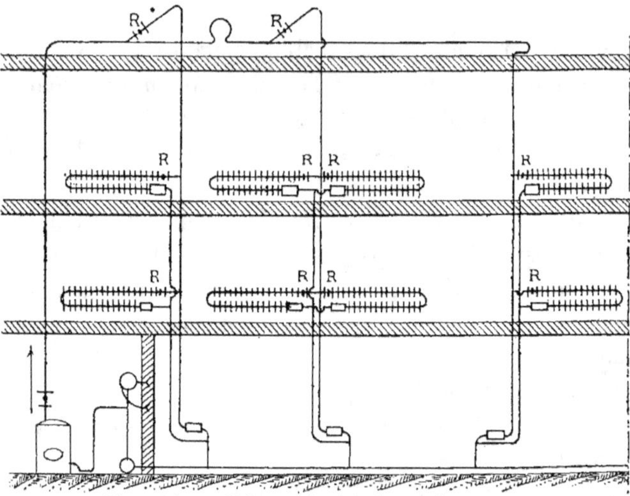

Fig. 284. — Schéma de chauffage à la vapeur.

pénétrer par l'embranchement de retour et la surface ne chauffe
pas.

Fig. 285. — Chauffage à vapeur à rayonnement direct.

Dans une installation de chauffage bien établie, il est nécessaire
de munir les colonnes montantes de purgeurs à flotteurs placés à
la partie basse et de prolonger chaque colonne descendante jusqu'au sous-sol en la terminant par un purgeur à dilatation (fig.
283-284).

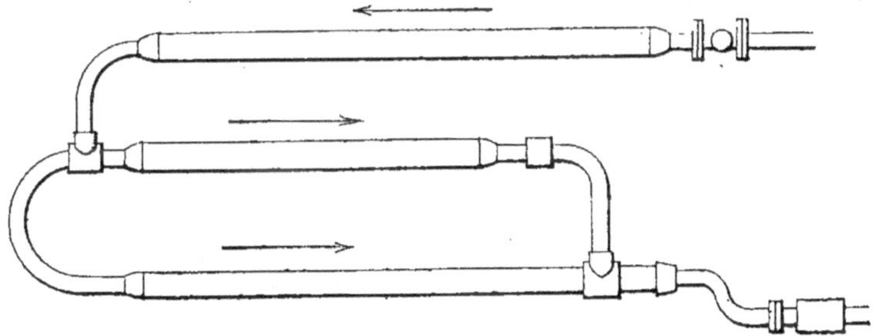

Fig. 286. — Canalisation de chauffage à vapeur.

Les purgeurs étant ordinairement des appareils peu décoratifs, à
joints pouvant fuir, il est préférable, chaque fois qu'on le peut, de
continuer les conduites de distribution jusqu'en cave et de les munir de purgeur seulement à cet endroit.

Les dispositions qui sont fonction de l'importance de la surface
de chauffe sont du reste nombreuses (fig. 286 à 289).

Au passage des portes, ou chaque fois que la canalisation, par suite de la construction, est obligée de faire siphon, il y a une précaution particulière à prendre.

Il y a lieu de faire un siphon inférieur pour le passage de l'eau condensée et un siphon supérieur, et de le munir d'un purgeur

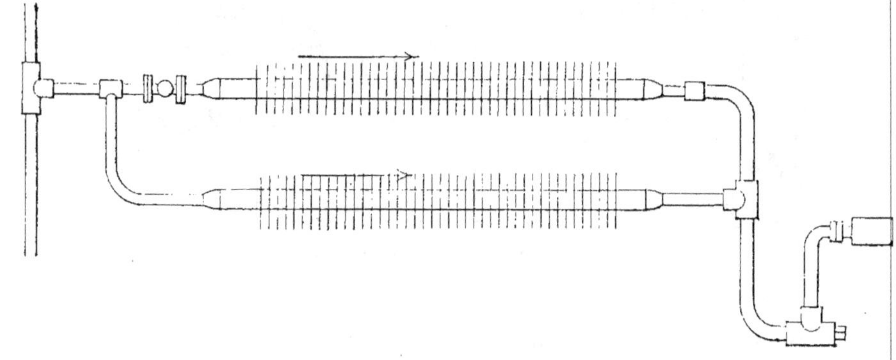

Fig. 287.

d'air afin d'éviter que la vapeur, produite par les eaux de retour, formant contre-pression, n'empêche les purgeurs placés à peu de hauteur de fonctionner normalement (fig. 290-291).

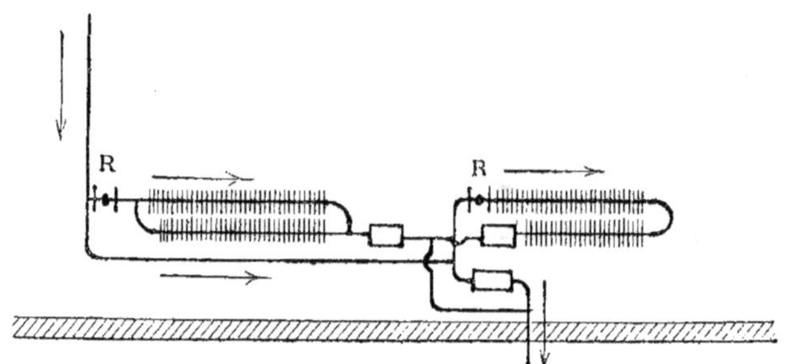

Fig. 288. — Canalisation de chauffage à vapeur.

Il faut avoir soin de mettre convenablement les pentes des tuyaux, de manière que l'eau condensée ne puisse s'accumuler en aucun point.

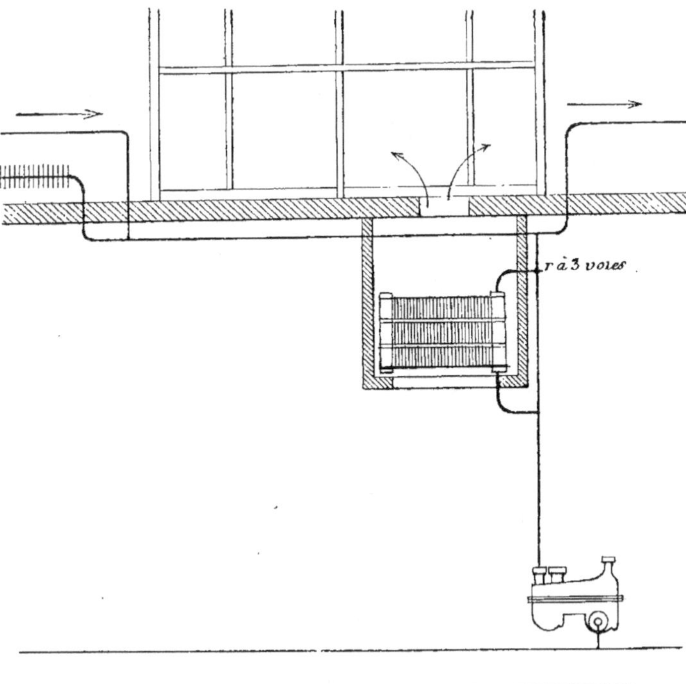

Fig. 289. — Tuyauterie de vapeur évitant le siphon supérieur.

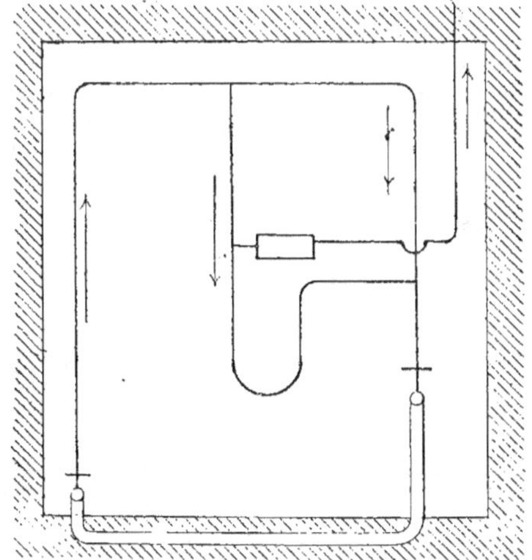

Fig. 290. — Canalisation de chauffage à vapeur à la traversée d'un couloir.

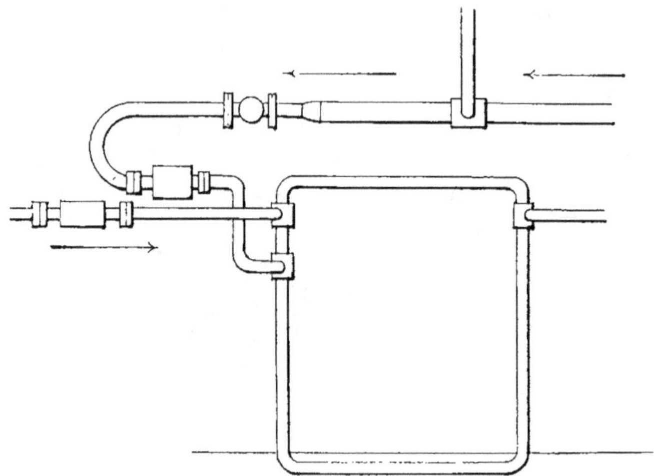

Fig. 291. — Canalisation de chauffage à vapeur au passage d'une porte.

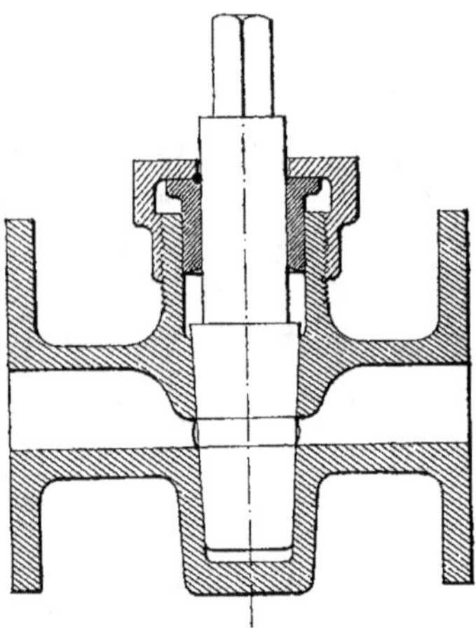

Fig. 292. — Robinet de commande pour chauffage à vapeur.

Les tubes de circulation et les surfaces chauffantes sont fixés dans les murs, planchers, plafonds, par des supports ou colliers en fer forgé de formes diverses (fig. 269-269bis).

Les surfaces en fonte peuvent être supportées par des supports analogues ou par des rouleaux permettant à la dilatation de s'opérer plus facilement (fig. 270).

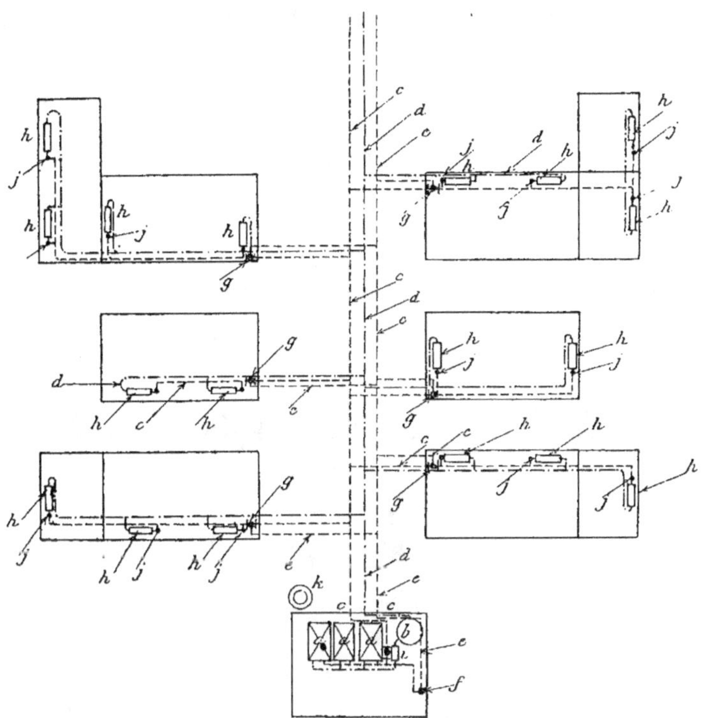

Fig. 293. — Schéma du chauffage à vapeur (système Grouvelle).

a, chaudières. — *b*, bac d'alimentation. — *c*, conduites de vapeur. — *d*, conduites de retour. — *e*, conduites du servo-régulateur. — *f*, servo-régulateur. — *g*, régulateurs de pression. — *h*, surfaces de chauffe. — *i*, cheval alimentaire. — *j*, jauge de réglage. — *k*, cheminée.

A la traversée des murs, cloisons, planchers, les tuyaux sont entourés par un manchon métallique encastré dans l'ouverture pratiquée.

Les surfaces chauffantes étant en fer ou en fonte, métaux de capacité calorifique faible, le poids de matière étant lui-même aussi réduit que possible, le refroidissement des appareils de chauffage est très rapide, dès qu'on supprime l'admission de la vapeur.

Pour les services intermittents et pour le réglage de la températureture des locaux chauffés, cette propriété est très avantageuse, mais, dans le cas d'un service continu, elle devient un défaut, car elle exige un service permanent de jour et de nuit et le maintien de l'activité du foyer.

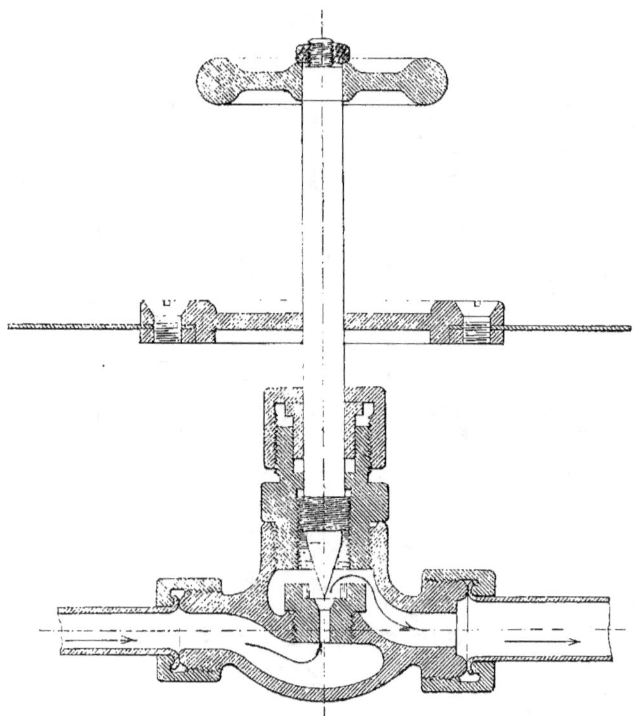

Fig. 294. — Robinet jauge pour chauffage à vapeur (système Grouvelle).

Cet inconvient est évité par l'emploi du chauffage mixte.

Les surfaces chauffantes peuvent être commandées par des robinets (fig. 292), mais il faut aller les manœuvrer, ce qui est une sujétion et amène des dérangements souvent importants, aussi a-t-on essayé de supprimer cet inconvénient par l'emploi du régulateur de température placé dans le local et agissant sur l'arrivée de la vapeur dans les poëles.

Avec le système de chauffage à vapeur qui vient d'être décrit et est employé par MM. Geneste-Herscher, on a un grand nombre de robinets et de purgeurs, appareils coûteux et d'installation et d'entretien, peu sûrs souvent comme fonctionnement.

CHAUFFAGE A VAPEUR
(Système Grouvelle)

M. Grouvelle emploie un dispositif supprimant complètement les purgeurs.

La vapeur sortant des générateurs est dirigée vers des régulateurs de pression convenablement répartis dans les bâtiments à chauffer.

Ces régulateurs commandent chacun un groupe d'appareils de chauffage et assurent une parfaite distribution de la vapeur dans tout l'édifice.

Un appareil spécial appelé servo-régulateur est disposé près de la chaudière ; relié aux régulateurs dont nous avons parlé plus haut, il permet de faire varier à volonté, et selon les besoins, la pression de la vapeur fournie par ceux-ci.

La vapeur venant des régulateurs est distribuée dans les surfaces de chauffe, par un orifice réduit dit jauge placé à l'intérieur d'un robinet.

Cet orifice est calculé de manière à ne laisser passer, lorsque la pression d'alimentation est maxima (2 kg. ordinairement) que la quantité stricte de vapeur pouvant être condensée par la surface (fig. 294).

On conçoit facilement que toutes les surfaces étant munies de cet orifice gradué et les canalisations renfermant de la vapeur sous pression, l'alimentation de toutes les surfaces est assurée, et la quantité de vapeur reçue par elles, sera absolument dépendante de la pression de vapeur fournie par le régulateur.

En traversant l'orifice de la jauge, la vapeur se détend à la pression atmosphérique et se condense entièrement. L'extrémité de chaque surface de chauffe est en libre communication avec les canalisations de retour dans lesquelles s'écoule l'eau de condensation. Ces canalisations ont leur extrémité ouverte dans l'atmosphère et déversent leur eau dans la bâche d'alimentation de la chaudière.

Cette disposition supprime toute pression dans les poêles et rend inutile l'emploi des purgeurs d'eau et d'air.

Le réglage s'obtient en faisant varier à volonté la quantité de vapeur fournie à chaque poêle. Cette variation s'obtient en agissant sur l'appareil servo-régulateur placé près des chaudières.

Cet appareil commande, comme on l'a dit plus haut, les détendeurs, de sorte qu'en agissant sur le servo-régulateur on augmente ou on diminue la pression de la vapeur fournie par les détendeurs, et, par cela même, le poids de vapeur passant par les jauges des poêles augmente ou diminue à volonté.

L'application de ce système ne modifie en rien la facilité laissée aux occupants de faire varier à leur volonté par des robinets laissés à leur disposition, le chauffage des pièces qu'ils habitent.

APPAREILS ACCESSOIRES DU CHAUFFAGE A VAPEUR

Avant de parler des différents appareils accessoires cités : *détendeurs* ou *régulateurs de pression, purgeurs, régulateurs de température*, etc., il est utile de faire remarquer qu'à part la chaudière qui est placée dans un local isolé et sous la surveillance d'un chauffeur-mécanicien, c'est-à-dire d'un homme du métier, tous les autres appareils sont dans les locaux même.

Ils doivent, par conséquent, être indérangeables, pour pouvoir être employés sans crainte, or ils sont tous mécaniques, c'est-à-dire peuvent faire défaut.

On peut donc dire de suite que le chauffage à vapeur à pression, indépendamment de toute autre raison, est par ce seul fait, à rejeter pour les habitations privées, maisons de rapport, etc., et en général pour les installations de peu d'importance.

RÉGULATEURS DE PRESSION

Les régulateurs de pression ou détendeurs de vapeur ont pour objet de maintenir dans les appareils une pression constante quelle que soit celle de la chaudière, dans certaines limites du moins ; ils doivent pouvoir régulariser la pression dans tous les appareils à quelque distance qu'ils soient des générateurs.

Par conséquent ce qui ne doit pas varier sans que le régulateur de pression en soit influencé, c'est la pression dans les appareils, c'est-à-dire celle de la vapeur détendue.

Les détendeurs sont à soupapes ou à membranes flexibles.

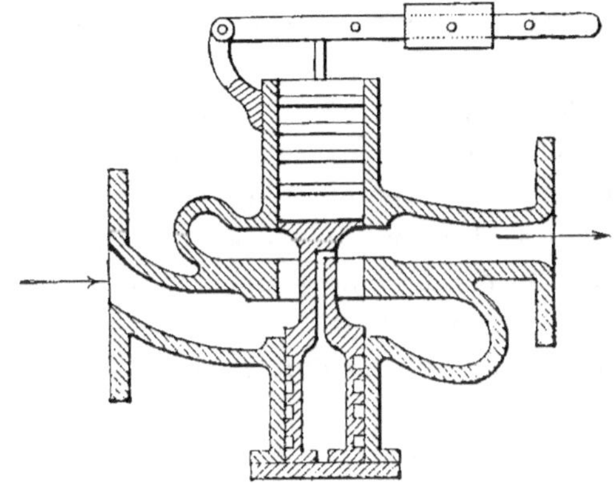

Fig. 295. — Détendeur Deniau.

Parmi ceux-ci, ceux à membranes métalliques sont tous défectueux car le métal soumis à des flexions successives est altéré dans sa composition moléculaire et les flexions sous un même effort ne conservent pas la même amplitude.

Parmi les détendeurs à soupape, ne sont bons que ceux dans lesquels la vapeur détendue agit sur les soupapes et détermine le laminage plus ou moins important de la vapeur à détendre.

Les modèles en sont nombreux, mais comme simplicité de construction et fonctionnement satisfaisant, il convient de citer le *détendeur Deniau* (fig. 295).

Détendeur Deniau. — Cet appareil se compose de deux pistons creux à cannelures se mouvant dans un cylindre à deux tubulures, l'une d'arrivée de la vapeur à détendre, l'autre de sortie de la vapeur détendue.

Les deux pistons sont parfaitement équilibrés ; sur le piston supérieur agit, par l'intermédiaire d'une tige à pointeau, un levier à contre-poids, réglant la pression de la vapeur détendue.

Ils sont réunis par une tige creuse qui communique avec la vapeur détendue, laquelle, lorsque sa pression varie, agit sur la face intérieure du piston inférieur et fait diminuer ou augmenter l'orifice de passage, c'est-à-dire le laminage de la vapeur à détendre.

Cet appareil a comme qualités de n'avoir aucun joint garni, aucun presse-étoupe, en un mot, aucun organe fragile, ou d'entretien coûteux.

La pression de la vapeur détendue est variable avec la position du contre-poids et est indiquée par un manomètre en communication avec la tubulure de sortie de cette vapeur.

On peut, soit ne pas fermer le cylindre à sa partie inférieure, soit le fermer et alors il faut le munir d'un tuyau de purge d'eau condensée, fermé par un robinet.

Ce détendeur manque seulement de la propriété de pouvoir être commandé à distance.

Servo-régulateur Grouvelle. — Pour cette commande à distance, M. Grouvelle emploie un appareil spécial qui est le servo-régulateur (fig. 296), constitué par une capacité cylindrique dans la partie supérieure de laquelle arrive un courant de vapeur prélevée sur la conduite générale de distribution, avant le détendeur.

Cette vapeur traverse un épurateur ou séparateur d'eau, circule dans un tuyau de petit diamètre dont le débit peut être réglé par un robinet, et arrive au servo-régulateur.

Dans ce dernier, la pression est rigoureusement limitée par une soupape chargée au moyen d'un ressort dont on fait varier, à volonté, la tension en agissant sur une molette. Le léger excès de vapeur amené par le tuyau de l'eau de condensation s'écoule par un tube spécial.

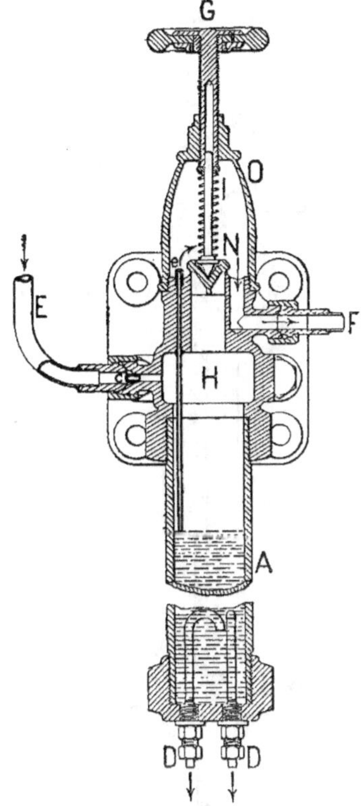

Fig. 296. — Servo-régulateur Grouvelle.

E, arrivée de la vapeur. — H, chambre. — c, orifice d'arrivée de vapeur. — e, orifice de sortie de vapeur. — F, départ de la vapeur et de l'eau condensée. — N, soupape réglable par la molette G et le ressort I.

Dans la capacité cylindrique on a donc une pression constante déterminée et variable à volonté.

On transmet cette pression au détendeur par transmission hydraulique au moyen d'un petit tube (0,002 à 0,004 m. de diamètre), rempli d'eau glycérinée, branché d'un côté à la partie inférieure du détendeur asservi.

Régulateur de pression Grouvelle. — Le régulateur de pression (fig. 297) est à piston équilibré relié par une tige à une mem-

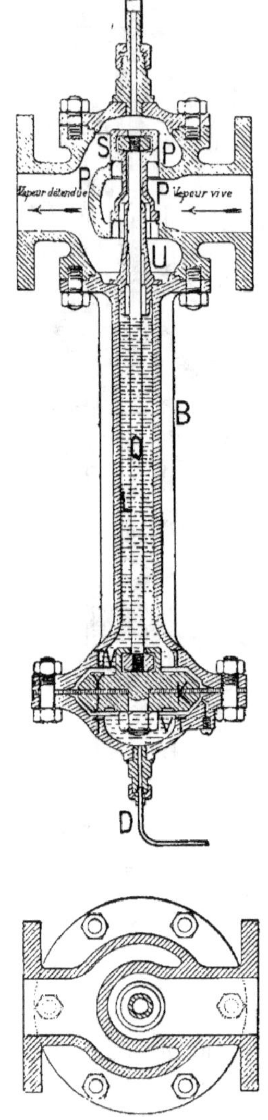

Fig. 297. — Régulateur de pression Grouxelle.
B, tube à ailettes. — L, colonne d'eau. — Q, tige métallique. — K, membrane
flexible. — V, cavité lenticulaire. — S, soupape.

brane en caoutchouc intercalée dans la bride inférieure de l'appareil et soumise à l'action de l'eau glycérinée sur sa face inférieure ; celle supérieure étant baignée par de l'eau refroidie soumise à l'action de la vapeur détendue (fig. 298-298bis).

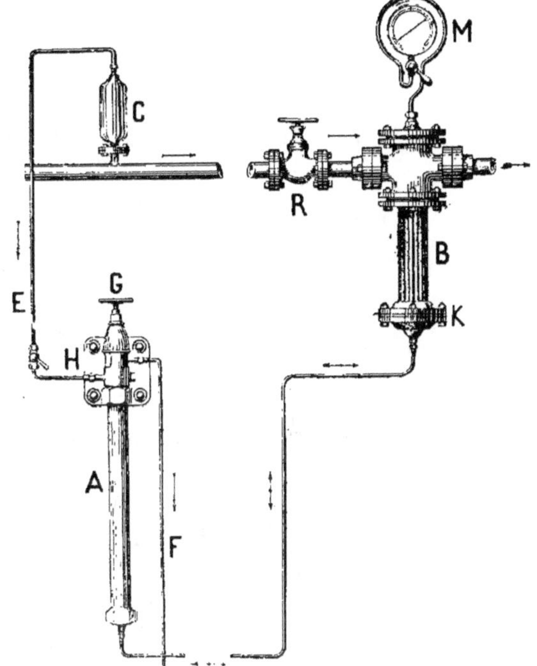

Fig. 298. — Montage d'un servo-régulateur et d'un régulateur asservi.

PURGEURS

Les purgeurs sont des appareils ayant pour but de permettre à l'eau, condensée dans les conduites de vapeur, de se rendre dans la canalisation d'eau, sans qu'il y ait perte de vapeur.

Leur fonctionnement doit donc, en principe, être intermittent ; il doit se produire sous l'action ou de la quantité d'eau condensée. ou de la température de cette eau, d'où deux sortes de purgeurs : ceux *à flotteurs*, et ceux *à dilatation* dits encore *purgeurs thermométriques*.

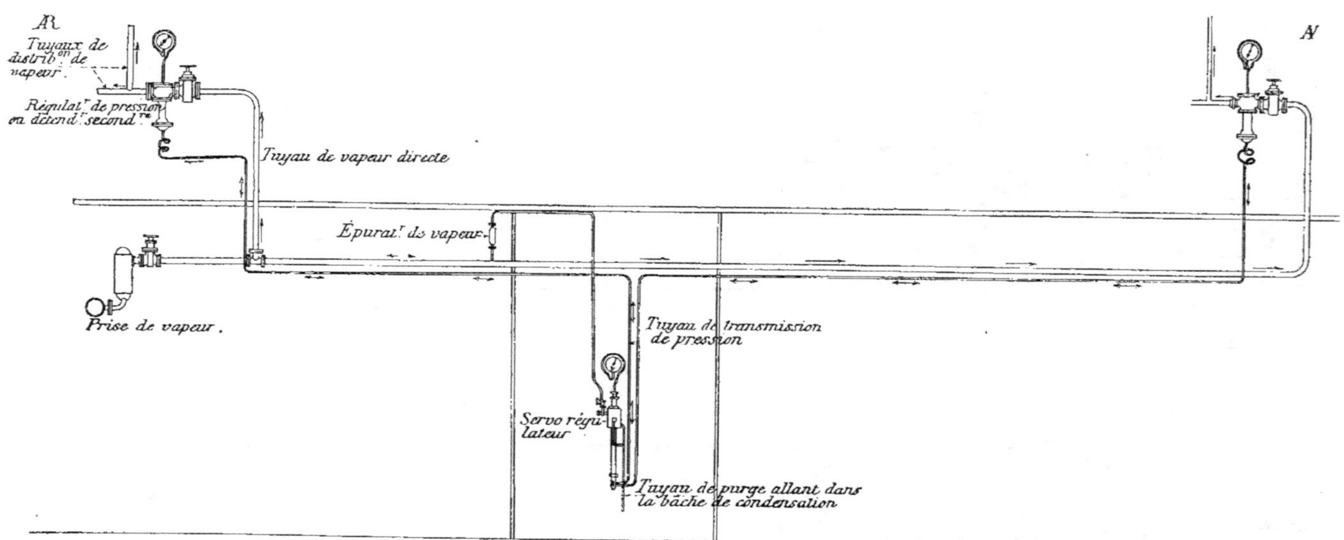

Fig. 298bis. — Montage d'un servo-régulateur et de plusieurs régulateurs asservis.

Purgeurs à flotteur (fig. 299 à 304). — Un purgeur à flotteur consiste ordinairement en un récipient muni de tubulures d'arrivée de vapeur et d'eau condensée. Dans ce récipient se trouve un flotteur pouvant agir sur un organe spécial : tiroir, robinet ou soupape qui ferme l'orifice d'écoulement de l'eau condensée, orifice placé à la partie basse du purgeur.

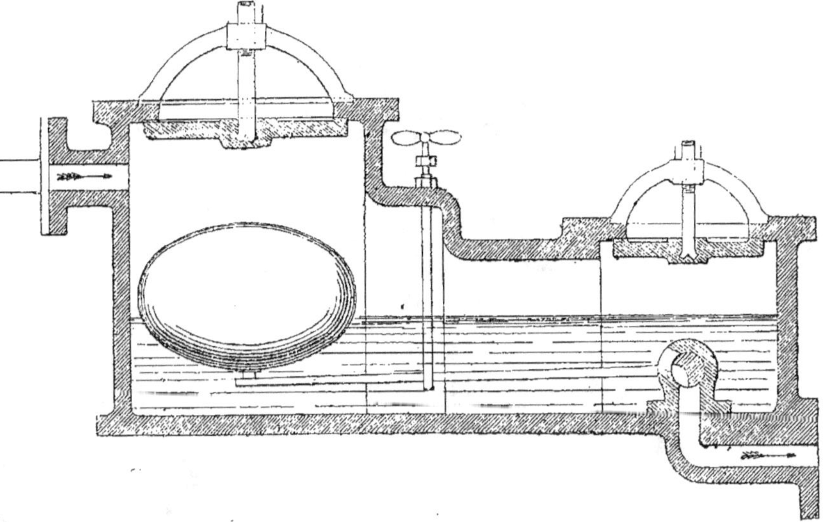

Fig. 299. — Purgeur Blondel, à flotteur.

Il est bon d'interposer entre le récipient d'eau même et l'arrivée de l'eau condensée, un grillage fin ne permettant pas aux corps en suspension, qui peuvent se trouver dans l'eau, de passer vers l'organe d'évacuation et d'en empêcher la fermeture au moment voulu.

Il doit y avoir alors une tubulure spéciale permettant de nettoyer le grillage.

Il existe un grand nombre de ces purgeurs, avec lesquels il est ordinairement impossible d'évacuer l'air des conduites de vapeur. ce qui est cependant absolument nécessaire pour que le chauffage fonctionne bien.

On peut cependant remédier à cet inconvénient en mettant à la

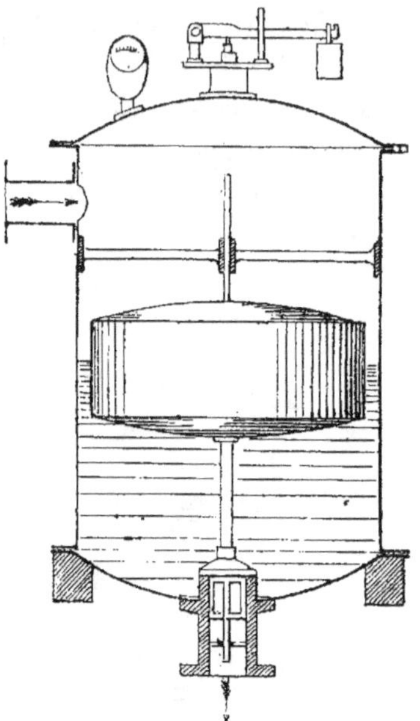

Fig. 300. — Purgeur à flotteur de Péclet.

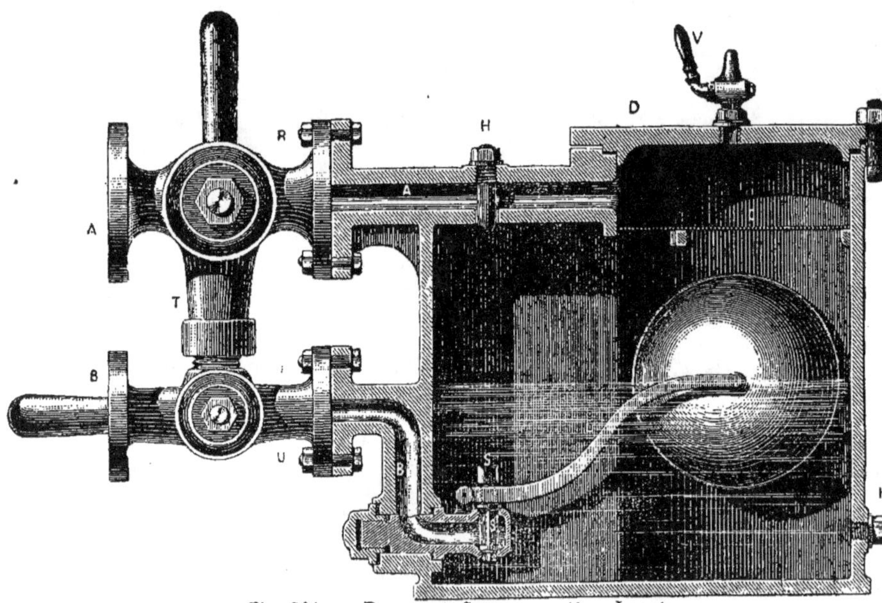

Fig. 301. — Purgeur à flotteur, système Legat.

partie supérieure du récipient du purgeur une tubulure fermée par un corps sensible à la chaleur et disposée de manière que la fermeture s'opère dès que la vapeur arrive, et que la communication avec l'air extérieur se rétablisse, quand le chauffage est arrêté, dès que les conduites sont vides de vapeur.

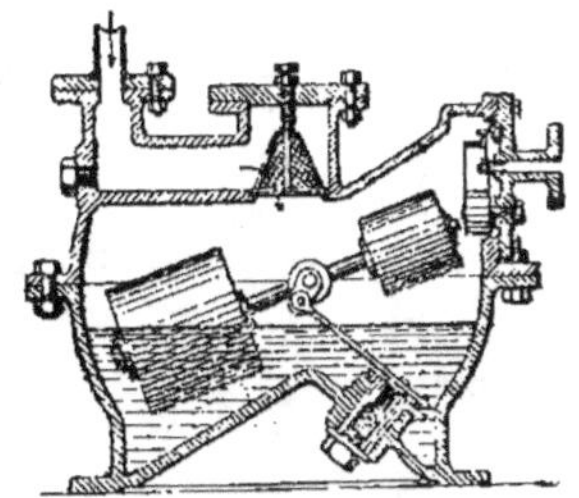

Fig. 302. — Purgeur à contre-poids Geneste Herscher.

Purgeur Royle (fig. 304). — M. Royle a fait breveter un dispositif de purgeur à flotteur un peu différent.

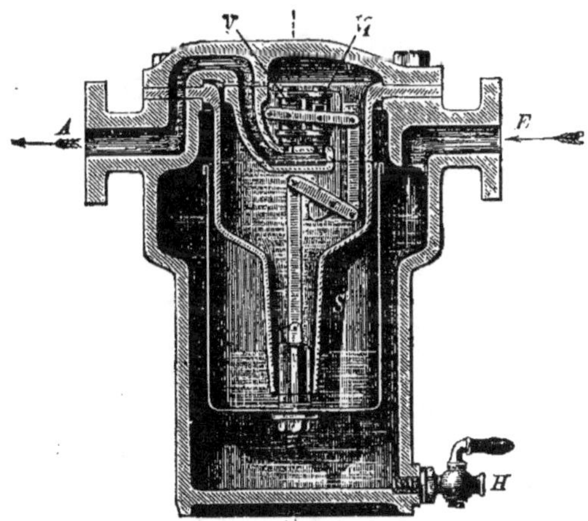

Fig. 303. — Purgeur automatique à flotteur et à double soupape, syst. Koerting.

Dans son appareil il n'y a plus ni robinet, ni tiroir, ni soupape pour l'évacuation de l'eau, mais un simple siphon ; la valve à charnière sur laquelle agit le flotteur a pour but de fermer l'entrée de la vapeur dans le purgeur, vapeur dont la pression produit l'écoulement de l'eau par le siphon.

Il existe une soupape d'échappement d'air commandée par une tige qui en se dilatant prend une forme courbe et permet la fermeture de l'orifice d'évacuation d'air.

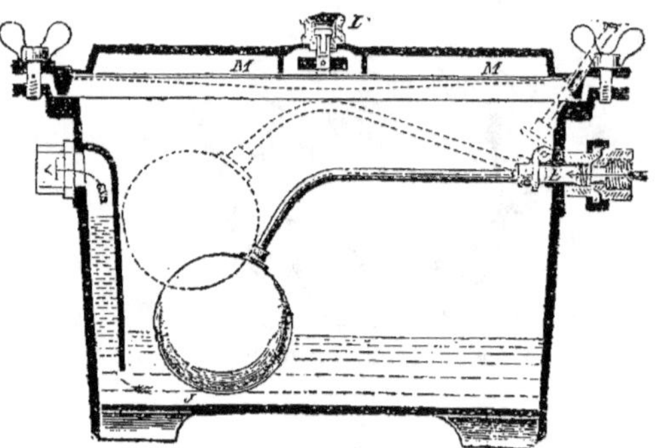

Fig. 304. — Purgeur automatique Royle à syphon.

Il faut, pour que l'appareil fonctionne, le remplir d'eau, au préalable, jusqu'à l'orifice de sortie du siphon.

La valve ne peut jamais complètement fermer la communication entre la conduite et la cuve du purgeur.

Ces purgeurs ont l'inconvénient d'être très encombrants et ne peuvent guère être placés dans les enceintes même où la quantité d'eau condensée est souvent trop minime pour justifier leur emploi.

Purgeurs à dilatation (fig. 305 à 309). — Les purgeurs à dilatation sont construits pour fonctionner avec l'air et avec l'eau.

Ils sont basés, comme leur nom l'indique, sur la dilatation des métaux, du laiton en particulier.

Ils peuvent avoir un grand nombre de formes différentes, mais tous sont faits de telle façon que, froid, l'organe dilatable (tube vertical lisse, tube plissé, lame en spirale, cône canelé; etc.), laisse un passage à l'air et à l'eau ; que, chaud, par suite de sa dilatation il ferme d'une façon hermétique, soit par lui-même, soit en agissant sur un tiroir, robinet ou soupape le passage de l'eau.

Il est indispensable que ces appareils puissent être réglés à la
mise en marche de façon à laisser écouler l'eau à 80° au maximum,

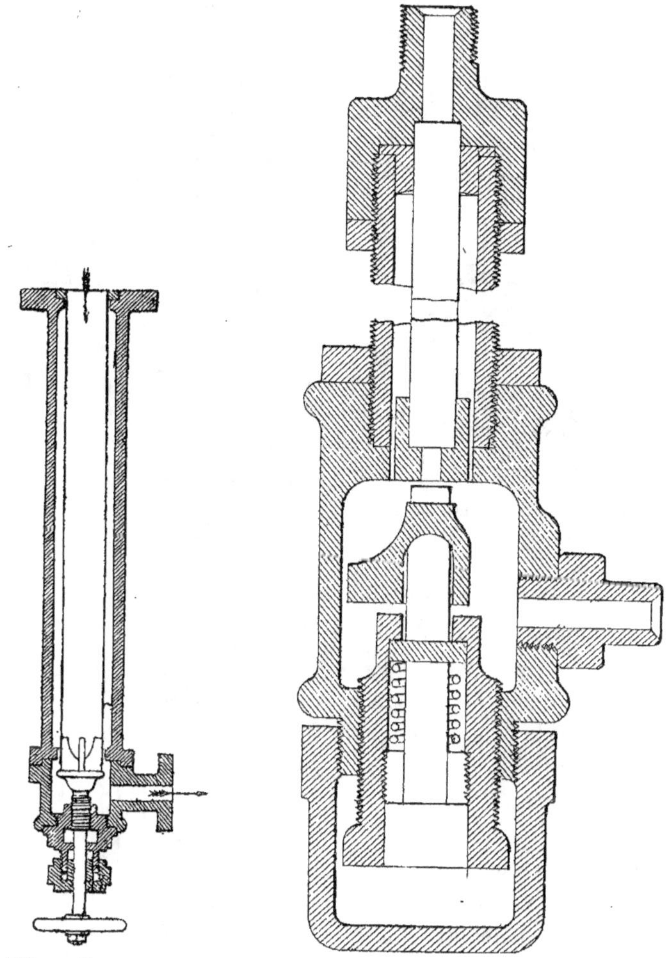

Fig. 305. — Purgeur à dilatation
à tube de laiton.

Fig. 306. — Autre disposition du purgeur
à dilatation à tube de laiton.

qu'ils soient peu encombrants, difficiles d'encrassage, faciles de
nettoyage et de réparation, absolument étanches et obéissent rapidement et sûrement sous l'action de la vapeur.

Purgeur Geneste Herscher (fig. 307). — Dans le purgeur Geneste Herscher, l'organe dilatable qui est enroulé en spirale est composé de deux lames juxtaposées acier et cuivre soudées ensemble à la soudure forte, et la boîte est munie de nervures pour augmenter la surface de refroidissement.

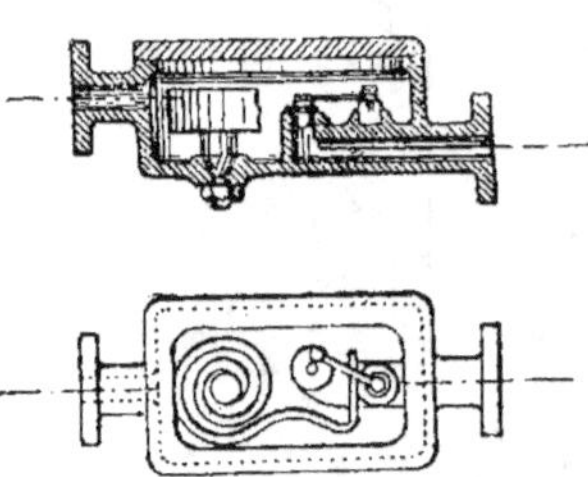

Fig. 307. — Purgeur thermométrique Geneste Herscher.

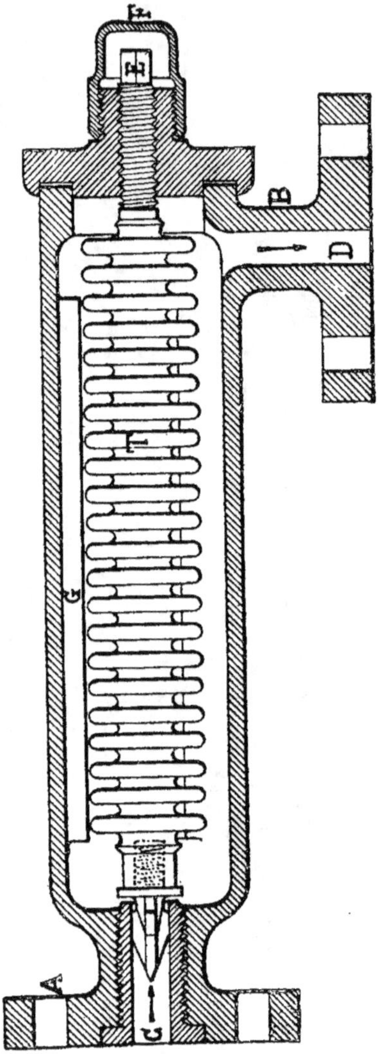

Cette boîte s'encrasse facilement, la pression de la vapeur appuie fortement le tiroir sur son siège et empêche souvent la fermeture du purgeur qui perd alors de la vapeur.

Purgeur Grouvelle (fig. 308). — Avec le purgeur Grouvelle ces défauts sont complètement évités.

Le tube de dilatation est en laiton et plissé ; la soupape reçoit continuellement la pression de la vapeur, laquelle tend à ouvrir le passage de l'eau, il n'y a aucun frottement ni engorgement possible.

Fig. 308. — Purgeur Grouvelle.

Le réglage se fait facilement en dévissant le chapeau et en tournant plus ou moins la vis ; le nettoyage peut s'opérer en déboulonnant le couvercle et en le retirant avec le tube sans changer le réglage.

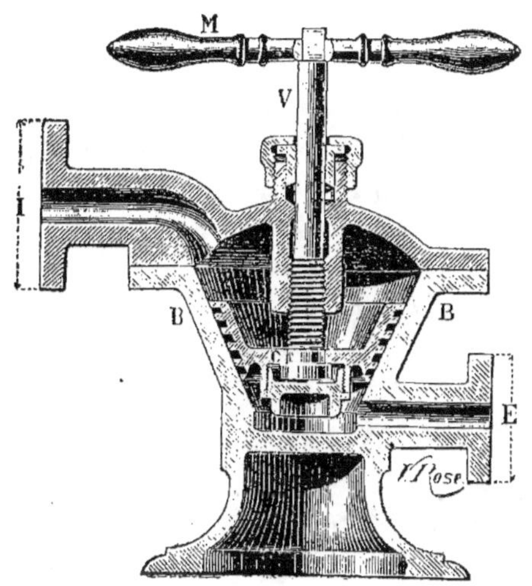

Fig. 309. — Purgeur à dilatation, système Richard.

Purgeur Richard (fig. 309). — Le purgeur Richard se compose d'un tronc de cône cancelé en métal dilatable descendant dans une boîte de forme conique.

Le tronc de cône peut monter ou descendre sous l'action d'une vis traversant le fond fileté de la boîte.

Une clé de manœuvre s'adaptant au carré de la vis permet de faire le réglage de l'appareil.

L'orifice supérieur est en communication avec la conduite à purger, celui inférieur permet à l'eau évacuée de s'échapper à l'extérieur, laquelle peut être remontée à un niveau supérieur à celui du purgeur.

Le nettoyage se fait, en remontant brusquement le tronc de cône, par la vapeur qui s'échappe et balaie les impuretés.

Il existe du reste un grand nombre de ces appareils, mais dans la plupart la complication de construction est un empêchement à leur emploi.

RÉGULATEURS AUTOMATIQUES DE TEMPÉRATURE

Dans le but de régler automatiquement la température dans les locaux on a essayé de construire des appareils basés sur le principe de la dilatation des liquides et agissant sur les robinets d'admission de la vapeur dans les poêles.

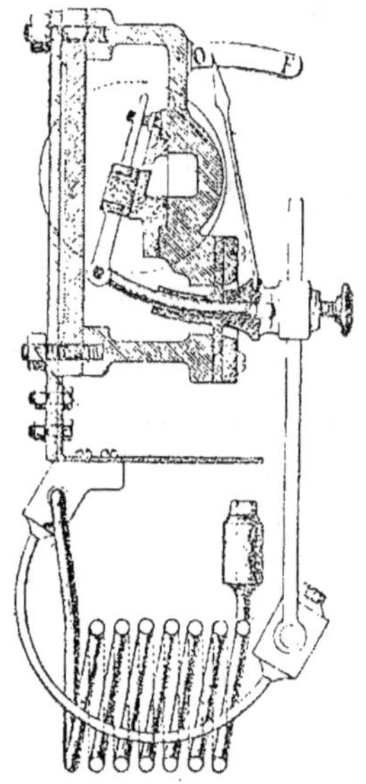

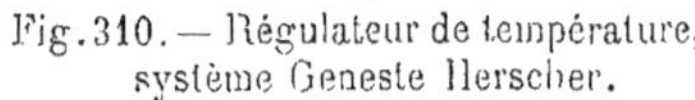

Fig. 310. — Régulateur de température, système Geneste Herscher.

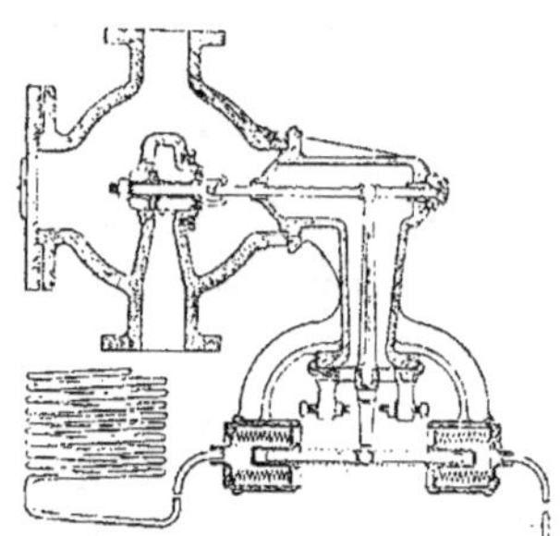

Fig. 311. — Régulateur de température, commandé à distance.

Ces appareils sont très compliqués, leur prix est très élevé et leur fonctionnement très aléatoire, aussi semble-t-on les abandonner complètement.

Régulateurs de température Geneste Herscher (fig. 310 et 311). — Le régulateur de température de Geneste Herscher se compose d'un serpentin indéformable rempli d'un liquide très dilatable (glycérine, pétrole), dont les changements de volume sont amplifiés pour agir sur une plaque de tiroir d'admission de vapeur dans les surfaces chauffantes.

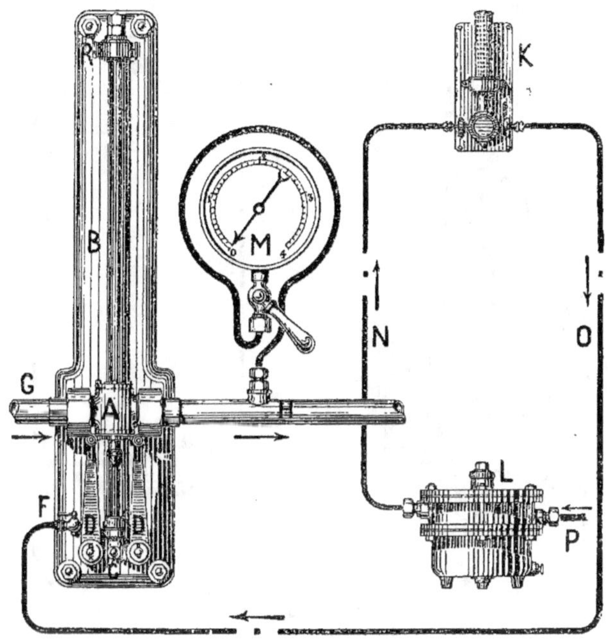

Fig. 312. — Appareil régulateur de température, système Grouvelle, agissant sur un courant de vapeur.

A, robinet régulateur de chauffage. — B, tube de dilatation. — C, extrémité du tube B agissant sur les leviers d'ampliation D. — F, arrivée de gaz dans B. — G, arrivée de vapeur. — H, sortie de vapeur détendue. — K, thermomètre réglant le débit de gaz. — L, Régulateur de pression pour le gaz. — M, manomètre. — N, O, canalisation de gaz. — R, point fixe du tube B.

Il en existe deux modèles suivant que le régulateur agit sur une commande placée dans la salle même, ou bien sur une commande placée à distance en dehors de la salle dans laquelle il s'agit de maintenir une température constante.

Régulateur de température Grouvelle (fig. 312-313). — M,

Grouvelle construit un régulateur automatique de température, fonctionnant bien, et basé sur un principe tout différent.

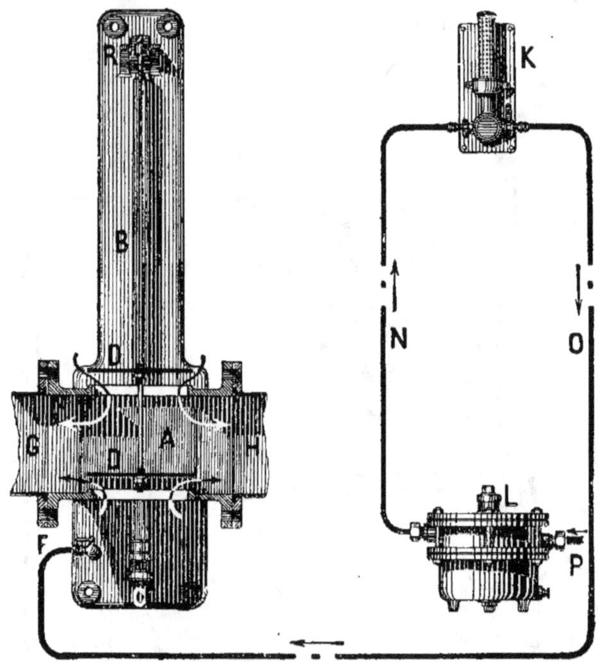

Fig. 313. — Appareil régulateur de température, système Grouvelle, agissant sur le tirage d'un foyer.

Il se compose d'un thermomètre, placé dans le local dont on veut régler la température. Les oscillations de ce thermomètre agissent sur un clapet très léger relié à une membrane flexible réglant le débit d'un faible courant de gaz d'éclairage fourni à une pression rigoureusement constante et alimentant un bec constamment allumé. La longueur de la flamme, la quantité de gaz brûlé, la chaleur dégagée par la combustion du bec varient avec le débit du courant, et, par conséquent, avec les oscillations du thermomètre.

Le bec brûle à la partie inférieure d'un tube métallique fixé à la partie supérieure, les produits de la combustion circulent dans ce tube dont les parois sont plus ou moins chauffées suivant que la flamme est plus ou moins longue, et dont les dilatations et les contractions correspondent aux variations du thermomètre.

Ces effets de dilatation du tube, qui se manifestent à son extrémité libre, sont amplifiés par un système de leviers et engendrent la puissance nécessaire pour mettre en mouvement l'organe de réglage soit d'admission de vapeur, d'eau ou d'activité de combustion.

CHAUFFERIE

L'une des parties importantes d'un chauffage à vapeur est la chaufferie.

C'est dans ce local que se trouvent les chaudières, les récipients d'eau condensée et les organes d'alimentation des générateurs.

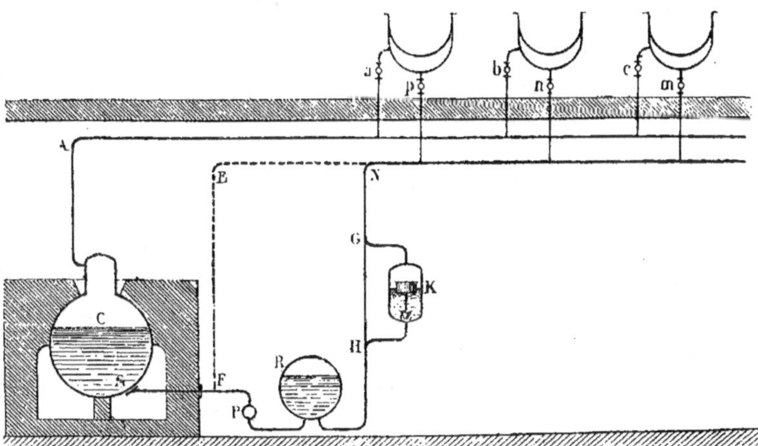

Fig. 314. — Ensemble d'un chauffage à vapeur avec retour d'eau condensée.
1° Retour direct à la chaudière NEFS.
2° Retour indirect par le réservoir R sans purgeur NGHRPS.
3° Retour indirect par le réservoir R avec purgeur NGKHRPS.

Les eaux de condensation sont en effet recueillies afin d'être réemployées à l'alimentation car elles sont pures et chaudes.

Leur retour se fait directement ou indirectement (fig. 314), ordinairement la différence de pression est insuffisante pour assurer la circulation dans le retour direct et, dans les chauffages à pression où la vapeur est généralement détendue dans les poëles, on est obligé d'employer le retour indirect et de recevoir les eaux de condensation dans des récipients spéciaux d'où elles sont reprises pour être amenées dans la chaudière.

Fig. 315. — Pompe à vapeur Worthington pour l'alimentation des chaudières.

L'alimentation se fait alors, soit :
par des pompes (fig. 315).
par des injecteurs (fig. 316-317) ;
par des bouteilles (fig. 318).

Alimentation par pompes. — Dans les installations de chauffage où l'on n'a souvent pas de moteurs mécaniques, il est indispensable de prendre des pompes à vapeur, dites automotrices.

Il existe un grand nombre de ces pompes qui toutes ont des pistons plongeurs et des boîtes à clapet.

La qualité qu'il faut leur demander est d'être simples de construction, robustes, économiques de fonctionnement et d'entretien et peu encombrantes.

Les pompes à deux cylindres à 90° dites Compound semblent assez répondre à ces qualités ; il est nécessaire aussi qu'elles soient silencieuses. Les pompes Worthington, Westinghouse et le cheval-alimentaire Belleville sont très employés.

Dans le cas de l'emploi des pompes alimentaires, l'eau de retour étant chaude il est utile que le récipient qui la contient soit en charge sur la pompe, celle-ci fonctionnant ordinairement mal quand elle aspire des fluides chauds.

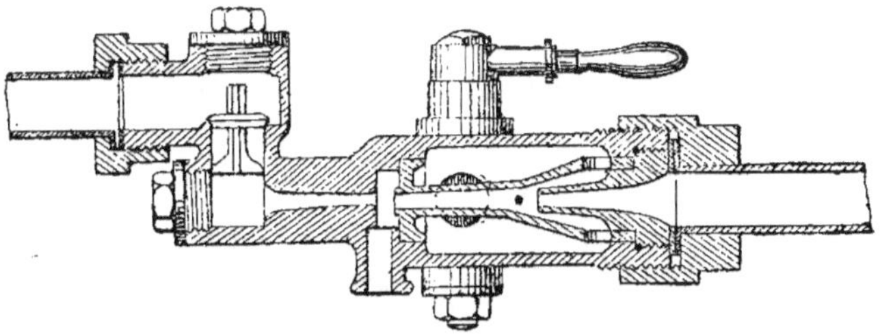

Fig. 346. — Injecteur Bohler recevant l'eau en charge.

Le récipient peut, du reste, être ouvert à l'air, mais il est préférable de le fermer et de le munir, à la partie supérieure, d'un tuyau d'échappement de vapeur.

Fig. 317. — Injecteur aspirant.

Il est construit en tôle, et a une forme rectangulaire ou cylindrique avec fonds emboutis ; outre la tubulure d'échappement il doit porter des orifices d'arrivée d'eau à la partie supérieure, de départ d'eau à la partie inférieure, ainsi que deux tubulures pour le munir d'un indicateur de niveau d'eau à tube de verre.

La tuyauterie de la pompe se compose des tuyaux de prise de vapeur sur la conduite principale, d'échappement, d'aspiration d'eau et de refoulement.

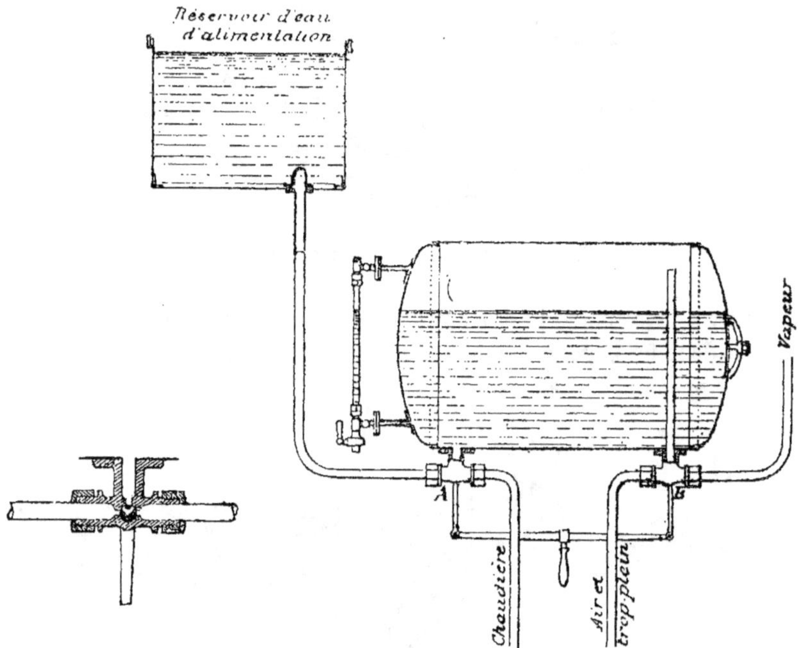

Fig. 318. — Bouteille d'alimentation. Robinets A et B.

Ce dernier tuyau se rend à la chaudière, à la partie basse et est muni à son entrée d'un robinet et d'un clapet de retenue (fig. 319).

Il est bon de brancher, sur le refoulement de la pompe, une conduite commandée par un robinet et venant du tuyau de distribution d'eau froide dans le bâtiment, s'il existe une pareille distribution sous pression.

Sur le refoulement, mais près de la chaudière, en avant du clapet de retenue, on branche aussi, commandé par un robinet, la conduite de vidange de la chaudière.

Tous ces branchements se font ainsi afin d'éviter un trop grand nombre de trous dans la tôle du générateur.

Alimentation par injecteurs. — L'alimentation par injecteurs, qui ne nécessite aucun mécanisme, est assez peu employée dans les chauffages.

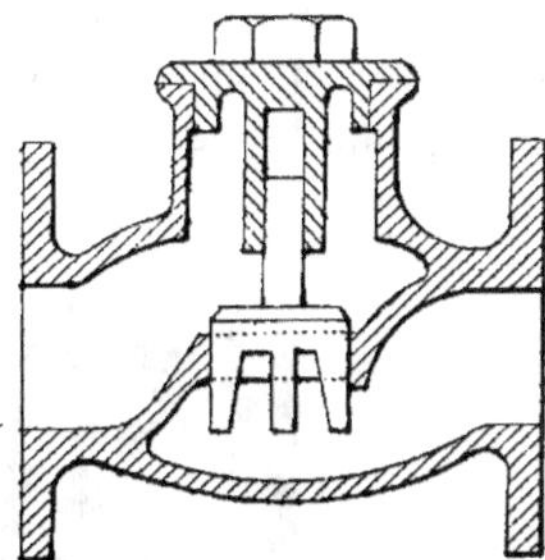

Fig. 319. — Clapet de retenue.

Quand on utilise ce procédé, il est préférable, de se servir de l'injecteur recevant l'eau en charge, le récipient d'eau condensée étant analogue à celui employé dans l'alimentation par pompe.

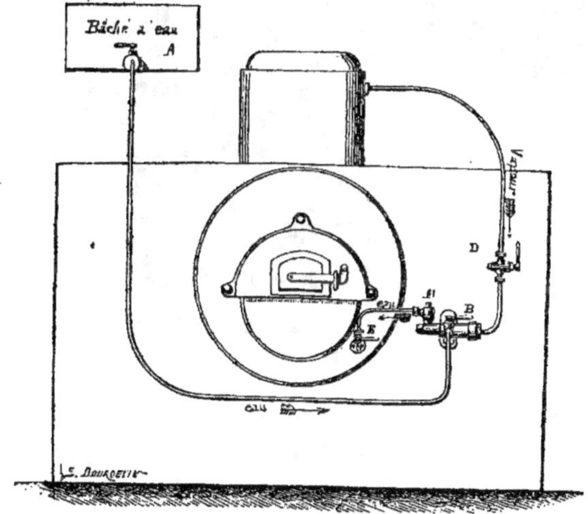

Fig. 320. — Disposition d'un injecteur recevant l'eau en charge.

Cependant, en cas d'impossibilité, on utilise l'injecteur aspirant dont l'inconvénient est de se désamorcer souvent.

Dans les deux cas, la tuyauterie se compose d'une prise de vapeur, munie d'un robinet, venant à l'injecteur ; du tuyau d'arrivée d'eau qui, dans les injecteurs la recevant en charge, est commandé par un robinet, et doit toujours être garni· d'une crépine à son extrémité dans la bâche, enfin d'un tuyau d'alimentation toujours muni d'un robinet et d'un clapet de retenue et sur lequel on peut opérer les branchements indiqués lors de l'étude de l'alimentation par pompe (fig. **320-321**).

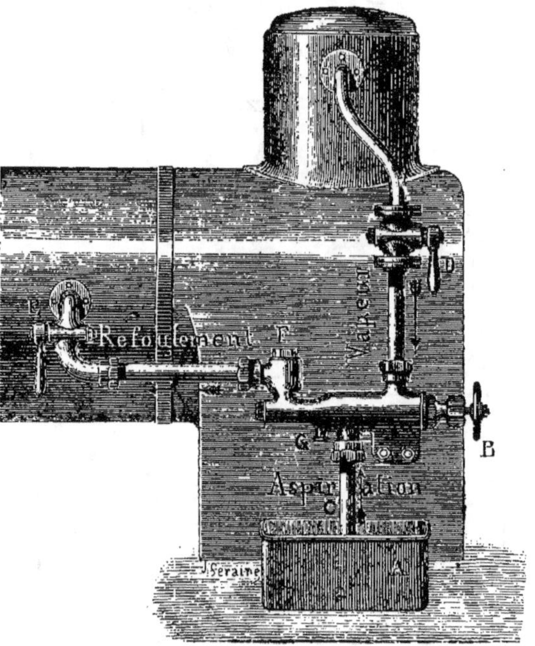

Fig. 321. — Disposition d'un injecteur aspirant.

Alimentation par bouteilles. — L'alimentation par bouteilles est employée quand on n'a pas de moteur et lorsque l'eau est très chaude.

Ce système est souvent utilisé dans les installations de chauffage à vapeur à pression.

Deux cas sont à examiner.

Le premier, lorsque la bâche recevant les eaux condensées peut être placée à la partie haute de la chaufferie (fig. **318**).

Le second lorsque cette bâche est placée au sol de la chaufferie
(fig. **322**).

Dans la première disposition, le récipient de retour peut être une
simple caisse rectangulaire en tôle et cornières portant au fond une
ouverture munie d'une crépine pour le départ de l'eau qui se rend
à la bouteille d'alimentation proprement dite laquelle est toujours
placée au-dessus de la chaudière.

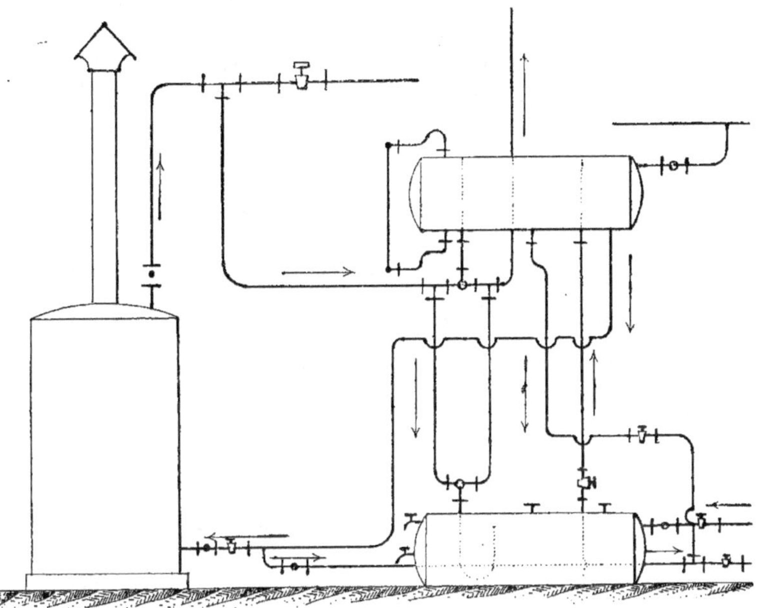

Fig. 322. — Disposition d'une chaufferie avec alimentation par bouteilles.

Celle-ci est fermée ; c'est une capacité cylindrique munie de deux
fonds emboutis, dont l'un porte un trou d'homme permettant le
nettoyage intérieur de la bouteille, et l'autre deux tubulures pour
fixer un indicateur de niveau d'eau à tube de verre.

Dans cette disposition, la bouteille d'alimentation, ne porte, à la
partie inférieure, que deux tubulures, commandées chacune par un
robinet à trois voies et permettant de mettre la bouteille en communication soit avec la bâche, soit avec le bas de la chaudière, et

en même temps, soit avec l'air extérieur, soit avec la prise de vapeur.

Ces deux robinets sont reliés par une bielle permettant leur commande simultanée.

Dans la deuxième disposition, la bâche de retour d'eau doit être fermée, elle est alors de construction semblable à celle de la bouteille proprement dite.

L'un des fonds porte deux robinets de niveau d'eau, l'autre deux tubulures, l'une à la partie supérieure, munie d'un robinet et d'un clapet de retenue amène les eaux condensées, l'autre à la partie inférieure portant un robinet seulement, sert à la vidange de la bâche.

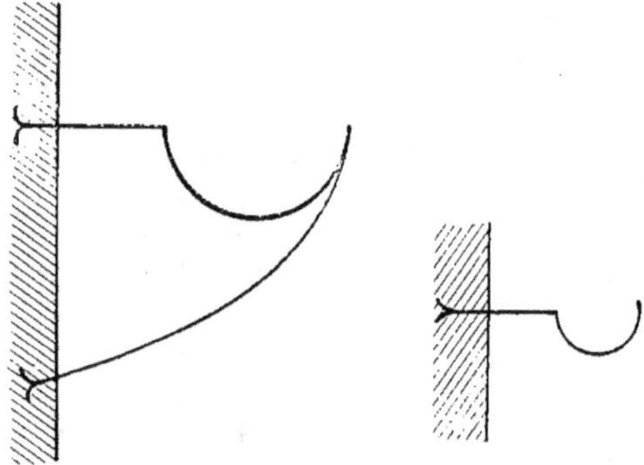

Fig. 223. — Supports en fer forgé pour bouteilles d'alimentation.

Sur le corps cylindrique est une ouverture pour laisser passer à l'intérieur de la bouteille un tube recourbé qui est muni d'un robinet à trois voies permettant d'amener la vapeur dans la bouteille ou d'en faire échapper l'air, en la mettant en communication avec l'atmosphère.

Une autre tubulure avec robinet met en communication les deux bouteilles de retour et d'alimentation.

On ménage souvent des ouvertures supplémentaires devant servir, en cas d'extensions du chauffage, à amener les eaux condensées dans ces extensions.

La bouteille alimentaire porte toujours, sur l'un des fonds. l'indicateur de niveau d'eau à tube de verre, sur l'autre, une tubulure

en relation avec la conduite d'eau froide sous pression desservant
le bâtiment, et sur le corps cylindrique, à la partie inférieure les
ouvertures pour l'arrivée de vapeur, l'alimentation de la chaudière
et la vidange de la bouteille.

Les bouteilles d'alimentation se construisent en tôle de bonne
qualité ; elles ne portent qu'une seule rivure longitudinale, leur
diamètre ne dépasse guère 0,65 m., leur longueur qui est fonction de
celle des feuilles de tôle 1 et 2 mètres.

Les tubulures sont rivées et peuvent être en tôle ou en fonte ;
les robinets à trois voies sont en bronze, les autres en fonte ; la
conduite d'alimentation est toujours munie, ainsi que la conduite
de retour, d'un clapet de retenue et d'un robinet vanne.

Les appareils d'alimentation et les conduites doivent toujours,
l'alimentation étant discontinue, être calculés pour pouvoir débiter quatre fois le volume d'eau nécessaire à l'alimentation continue.

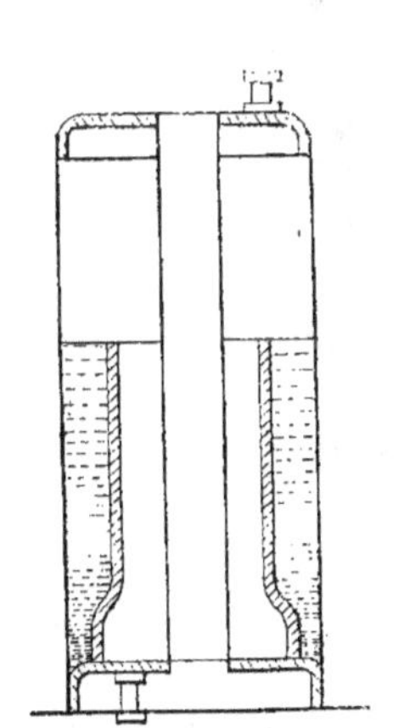

Fig. 324. — Poële système Geneste
Herscher, pour chauffage mixte.

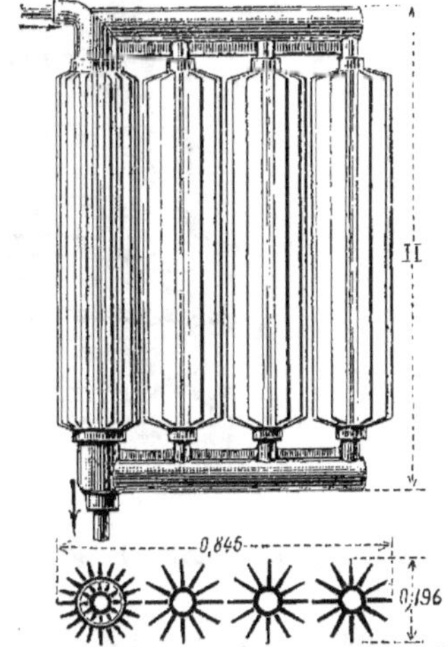

Fig. 325. — Poële système Grouvelle,
pour chauffage mixte.

CHAUFFAGE MIXTE A VAPEUR ET A EAU.

Dans le cas d'un service continu, le chauffage à vapeur simple ne
peut être utilisé, à moins de conserver aux foyers leur activité

jour et nuit, ce qui occasionne un personnel nombreux et onéreux.

En modifiant les poëles, il est possible de remédier à ce défaut, on utilise alors le chauffage mixte à vapeur et à eau.

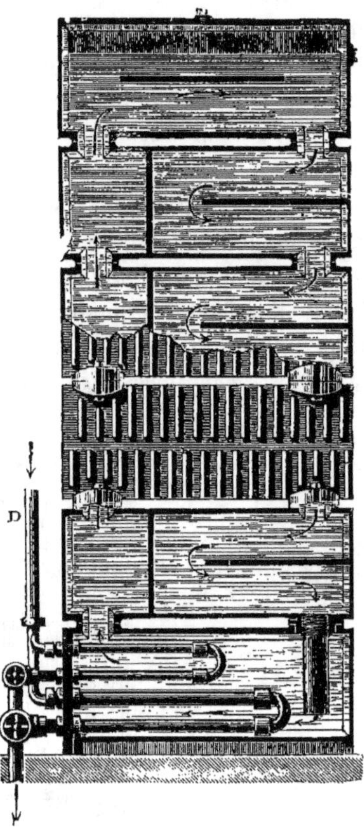

Fig. 326. — Poële à eau chaude combinée avec la vapeur, système Koerting.

Les surfaces de chauffe sont disposées de façon à contenir une réserve d'eau alimentée par la condensation même de la surface et calculée de façon à fournir la chaleur nécessaire pendant l'arrêt du service du chauffage (fig. 324-325).

On peut aussi avoir de véritables poëles à eau, chauffée par la vapeur, on a alors, le jour, le chauffage par l'eau continuellement réchauffée, la nuit le chauffage par l'eau se refroidissant depuis la température de 90-95° jusqu'à celle de la salle (fig. 326).

Le calcul de la quantité d'eau nécessaire dans l'un et l'autre cas est du reste très facile à faire, car on sait la quantité de chaleur à fournir pendant le temps que dure l'arrêt du chauffage.

Les surfaces de chauffe à réserve d'eau sont des surfaces ordinaires avec joints étanches à l'eau aussi bien qu'à la vapeur, dans lesquelles la tubulure de départ d'eau condensée porte à l'intérieur de la surface un tube montant à une certaine hauteur, lequel est en communication avec le purgeur.

A la base de la surface il faut mettre un tube avec un robinet communiquant avec la conduite de retour d'eau pour, le matin, vider l'eau froide qui est dans le poêle.

La surface à ailettes verticales et à tube intérieur lisse ou lamé se prête bien à cette combinaison.

Le poêle à eau chauffée par la vapeur est différent, car il repose sur le principe du chauffage des liquides, il demande donc à être étudié de façon que ce liquide ait un mouvement continuel facilitant la transmission.

Le poêle Kœrting (fig. 326), qui réalise bien les conditions théoques pour remplir ce but, se compose d'éléments lamés, chicanés intérieurement et pouvant se placer les uns au-dessus des autres de façon à former un véritable serpentin à nombre variable d'éléments et par conséquent à puissance variable.

Dans l'élément inférieur, se trouve la surface qui chauffe l'eau laquelle est formée par deux tuyaux indépendants et de diamètres différents, commandés chacun par un robinet d'arrêt, ce qui permet de chauffer l'eau à des températures variables suivant le froid extérieur.

Au moment où l'on arrête le chauffage à vapeur, le poêle contient une certaine réserve de chaleur utilisable.

Avec le chauffage mixte, on peut utiliser les trois véhicules de chaleur :

La vapeur pour chauffer l'eau ;

L'eau pour transmettre sa chaleur à l'air ;

L'air pour chauffer les locaux.

Le chauffage à vapeur à pression nécessite un générateur de vapeur soumis à la surveillance du service des Mines, il entraîne la nécessité absolue d'un chauffeur-mécanicien et par conséquent est cher d'exploitation.

La tuyauterie est double et compliquée puisqu'elle est partie pour la vapeur, partie pour l'eau condensée ; les appareils mécaniques sujets à se déranger, sont nombreux et coûtent cher, par conséquent l'installation en est très onéreuse.

Cependant, c'est le système qui se prête le mieux à toutes les combinaisons, qui peut être placé partout, même dans les maisons déjà construites, qui est le plus facilement réglable, avec lequel on peut avoir rapidement de la chaleur lors de la mise en marche et que l'on peut arrêter instantanément.

CHAUFFAGE PAR LA VAPEUR A BASSE PRESSION

On a modifié le système à pression et l'on est arrivé aujourd'hui à faire du chauffage à vapeur un mode réellement domestique, qui, il faut espérer, ne tardera pas à se répandre et aidera puissamment à la réalisation de ce qui, il y a quelques années, semblait un rêve, la distribution aux locataires, dans les maisons de rapport, de la chaleur, de même qu'on leur fournit déjà l'eau froide pour l'alimentation et les soins du ménage, le gaz pour la cuisine et l'éclairage.

Ce genre de chauffage, dans lequel la vapeur est employée à une pression ne dépassant pas 0,3 kg. a pris naissance en Amérique où il est déjà très répandu.

L'installation en est très simple.

Il n'existe plus, en effet, de tuyauterie spéciale de retour d'eau, plus de purgeurs : les tuyaux de distribution ont des pentes plus fortes que dans le chauffage à pression (5 à 10 mm.) mais leurs sections sont à peu près semblables ; la chaudière n'est plus soumise à la surveillance du service des Mines, elle est à alimentation continue de combustible et à combustion lente, elle porte un régulateur automatique de pression et de tirage, simple de construction et l'on peut ajouter indérangeable, qui ferme l'arrivée de l'air de combustion et ralentit l'aspiration de la cheminée lorsque la pression maximun de 0,3 kg. est atteinte.

Il n'y a aucun appareil d'alimentation, l'eau condensée rentrant directement à la chaudière, enfin on peut, au moyen de robinets, régler le chauffage dans chaque local, comme on le fait dans le chauffage par la vapeur sans pression.

Fig. 327. — Générateur de vapeur à basse pression, système Sée.

Un pareil générateur doit répondre aux conditions suivantes :
Simplicité et facilité de conduite sans personnel spécial ;
Utilisation complète et rationnelle du combustible ;
Encombrement très restreint ;
Absence complète de danger.

GÉNÉRATEURS POUR VAPEUR A BASSE PRESSION

Ils doivent être à alimentation continue de combustible et à combustion lente (fig. **327** à **333**).

Les types à tubes verticaux (fig. **328** à **330**), si l'on répartit ces tubes sur le pourtour en laissant au centre de la plaque tubulaire un gros tuyau cylindrique pour le chargement du combustible, semblent donc tout indiqués, aussi sont-ils les plus employés.

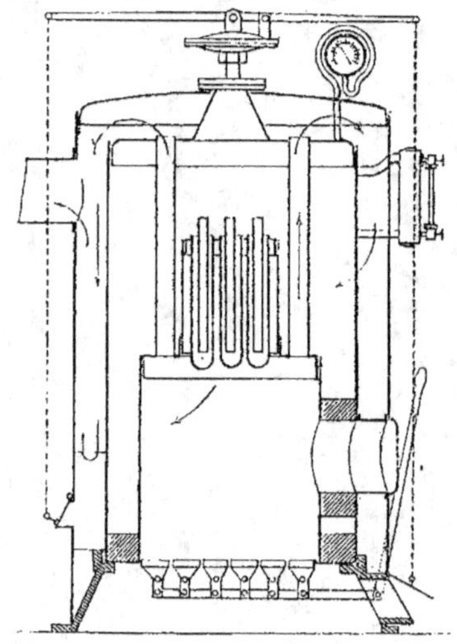

Fig. 328. — Générateur de vapeur à basse pression (d'Anthonay).

Que les tubes soient du reste du genre Field ou des tubes de fumée, la construction est la même : deux corps cylindriques concentriques, surmontés de deux fonds emboutis constituant les plaques tubulaires percées au centre d'un trou de gros diamètre formant trémie de chargement.

Si la chaudière est entourée d'une enveloppe en briques, les gaz de la combustion redescendent autour du corps cylindrique extérieur pour se rendre à la cheminée par un carneau placé à la partie inférieure de l'enveloppe.

Si celle-ci n'existe pas, une boîte à fumée surmonte le cylindre

extérieur et le carneau allant à la cheminée part de la partie haute
de cette boîte à fumée.

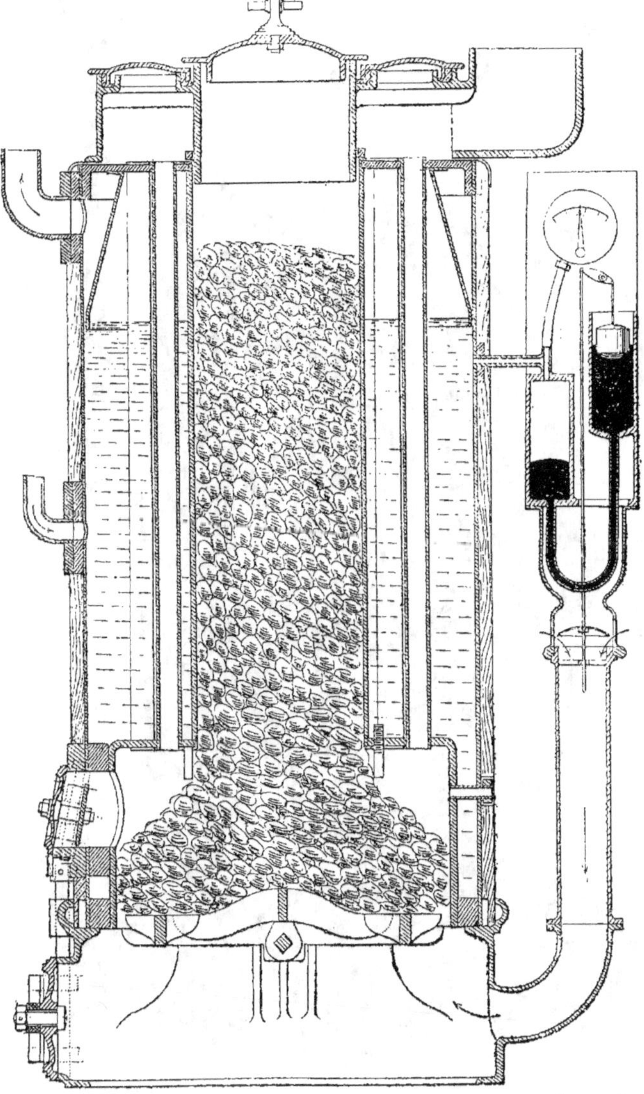

Fig. 329. — Générateur de vapeur à basse pression, système Grouvelle.

Dans les deux cas, l'espace compris entre le plafond de l'enve-

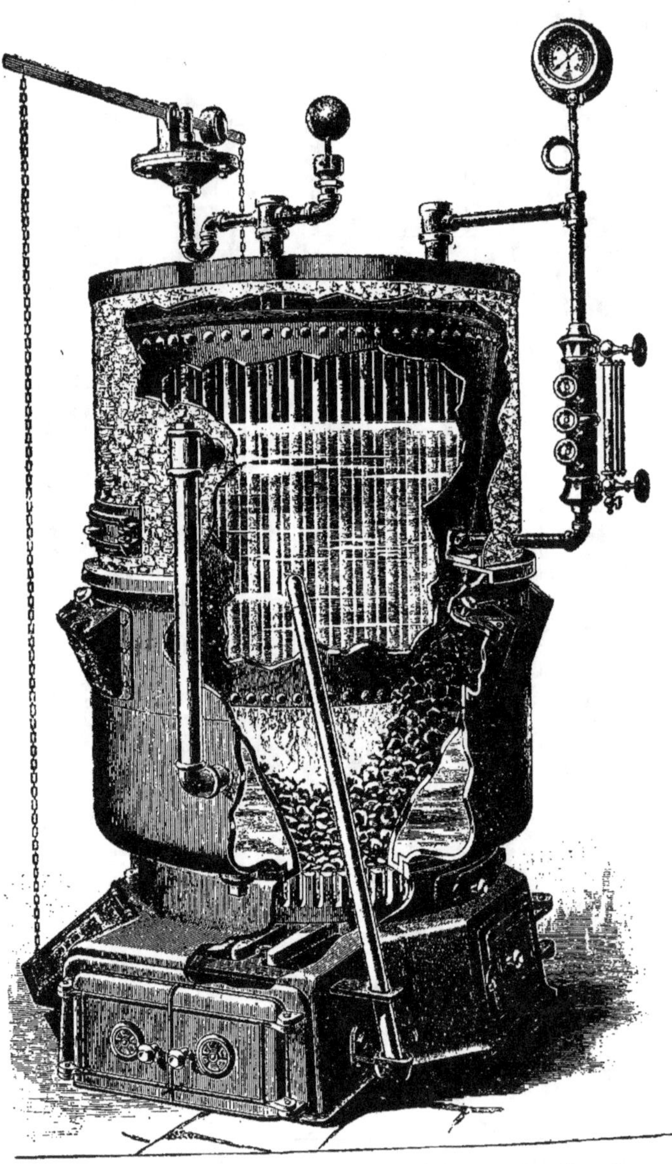

Fig. 330. — Générateur de vapeur à basse pression, système Hamelle.

loppe et la plaque tubulaire supérieure ou l'épaisseur de la boîte à
fumée est traversée par un tuyau fermé à sa partie supérieure et
formant l'orifice de chargement du combustible, lequel est ordinairement de l'anthracite ou du coke.

Ce combustible vient tomber sur la grille, placée à la partie inférieure du corps cylindrique intérieur où il s'étale en cône.

La grille peut être à barreaux ordinaires, et, alors la porte du
foyer qui sert à introduire le bois et le combustible d'allumage sert
aussi à l'introduction du ringard pour le nettoyage de la grille.

Grille en fonctionnement.

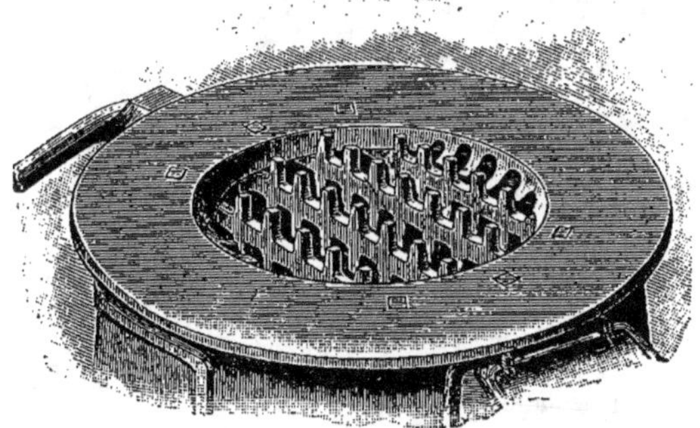

Grille à barreaux mobiles pendant le décrassage.
Fig. 331.

Afin d'éviter cette manœuvre, on préfère souvent mettre une
grille spéciale (fig. 331) dont les barreaux peuvent tourner de 90°

au moyen d'une manivelle et d'un levier placé à l'extérieur de la
chaudière, ce qui évite d'ouvrir le foyer pour le décrassage, et, par
suite, empêche le refroidissement des tubes par l'air froid qui ren-
trerait par la porte du foyer.

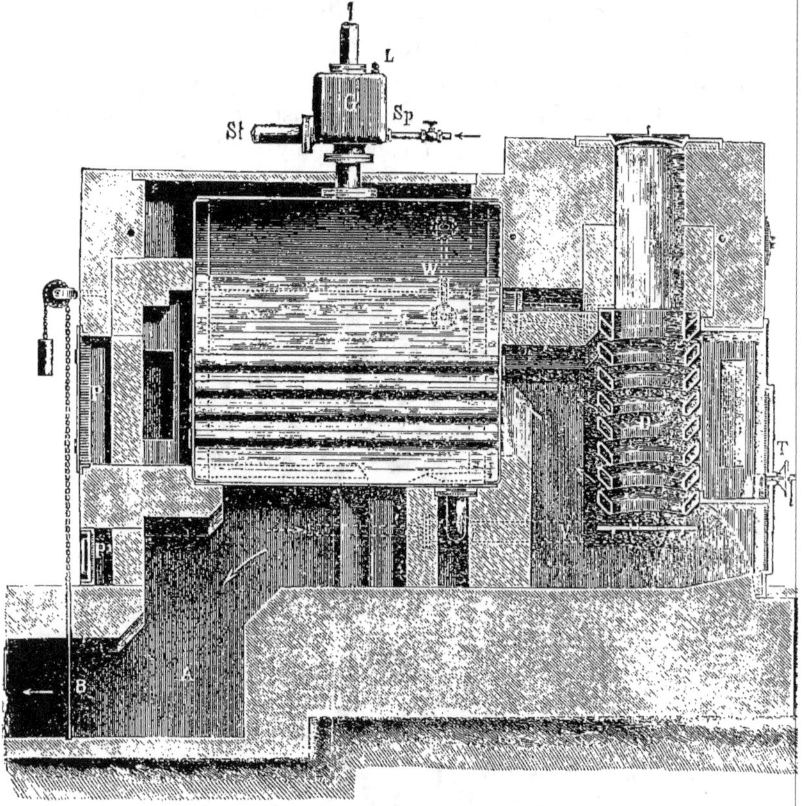

Fig. 332. — Générateur de vapeur à basse pression, système Kœrting frères.
D, foyer à circulation d'eau. — F, trémie de chargement. — T, porte. — W, niveau
d'eau. — A, carneau de fumée. — V, tuyau de communication entre le foyer et
la chaudière. — B, registre. — PP, portes de nettoyage. — St, tuyau de montée.
— Sp, tuyau d'alimentation.

La chaudière Kœrting frères (fig. 432) est un peu différente,
c'est une chaudière à tubes de fumée horizontaux.

Le foyer tout spécial est constitué ou par des tubes en fer verti-

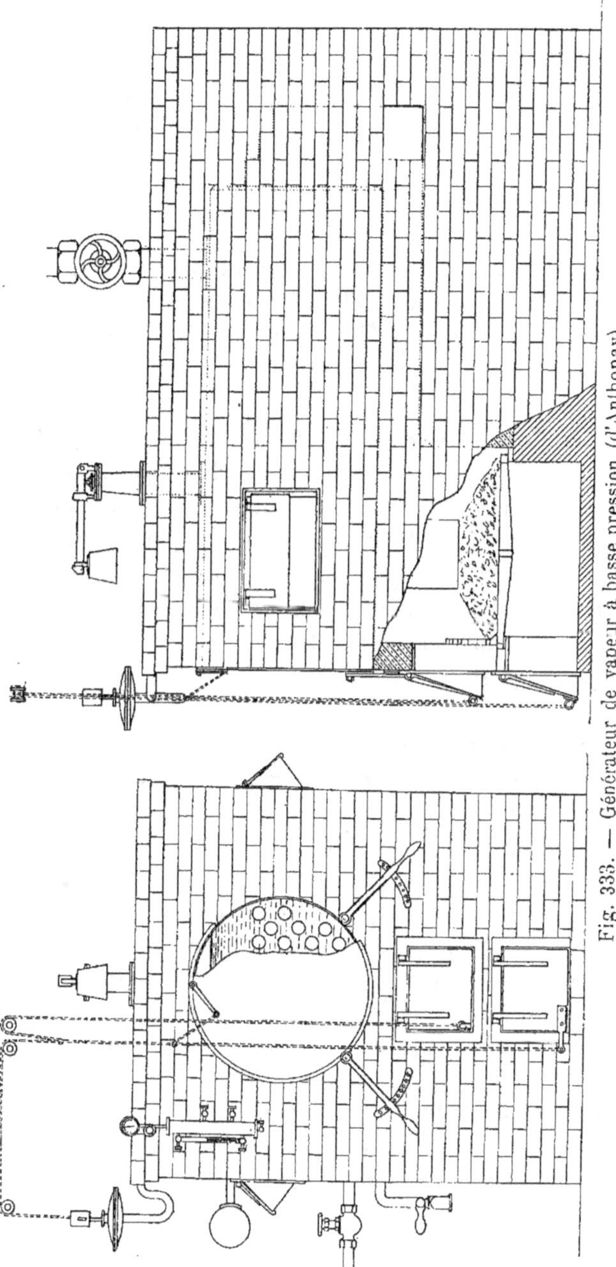

Fig. 333. — Générateur de vapeur à basse pression (d'Anthonay).

caux, ou par des anneaux horizontaux en fonte dans lesquels l'eau de la chaudière circule d'une façon continue, car ils sont reliés à celle-ci par le haut et le bas du cylindre qu'ils forment.

Une trémie permet le chargement du combustible par la partie supérieure.

Le décrassage de la grille et l'enlèvement des mâchefers se font par une porte placée à l'avant du foyer.

Indépendamment de la prise de vapeur placée à la partie haute de la chaudière, il existe à celle-ci deux tubulures portant l'une la double soupape de sûreté, l'autre le régulateur automatique de pression.

La chaudière Grouvelle est tubulaire verticale (fig. 329). Elle est en libre communication avec l'atmosphère par un tube de fort diamètre branché au-dessous du niveau de l'eau dans la chaudière.

L'eau s'élève dans ce tube à une hauteur correspondant à la pression de marche, soit 2 à 3 mètres ; pression suffisante pour permettre, dans une canalisation bien établie, la distribution de la vapeur à des distances dépassant 100 mètres.

Le tuyau de prise de vapeur est fixé à la partie supérieure de la chaudière.

Un dispositif spécial permet de n'envoyer dans les conduites de distribution que de la vapeur sèche ce qui supprime le bruit.

Le foyer est à alimentation et à combustion continues, le combustible se trouvant emmagasiné dans un tube occupant le milieu de la chaudière et pouvant former réservoir pour 12 à 14 heures de marche.

La chaudière peut du reste être mise au repos à un moment quelconque de son fonctionnement en mettant le régulateur au zéro.

La grille oscillante permet le décrassage en marche.

Chaudière Hamelle (fig. 330). — La chaudière étant disposée comme il vient d'être dit, il est nécessaire d'élever le combustible jusqu'à sa partie supérieure, ce qui peut parfois être impossible.

MM. H. Hamelle et Cie construisent une chaudière avec la trémie concentrique au corps de la chaudière. Celui-ci est conique et terminé par deux plaques tubulaires ; les gaz de la combustion traversent le faisceau des tubes.

Avec cette disposition, le chargement se fait latélalement, à mi-hauteur par des ouvertures spécialement aménagées sur le pourtour de l'enveloppe métallique du corps conique.

Dans tous les cas, les chaudières doivent porter des trous à main bien disposés et en nombre suffisant pour assurer le nettoyage de la chaudière.

Quand il n'y a pas d'enveloppe en maçonnerie ou métallique formant matelas de gaz chauds autour du corps même de la chaudière, il est bon, pour éviter des déperditions de chaleur toujours onéreuses, de garnir ce corps d'un isolant tel que liège, liégine, etc., recouvert par des panneaux longitudinaux en bois serrés aux parties supérieures, moyenne et inférieure, par des cercles en cuivre.

RÉGULATEURS DE PRESSION

Il y a plusieurs modèles de ces régulateurs.

L'un (fig. 334) est constitué par un récipient de forme ovale composé de deux cônes assemblés par leurs bases ; dans le joint, est pincée une membrane en caoutchouc, recevant, par sa face inférieure, la pression de la vapeur de la chaudière qu'elle transmet, par sa face supérieure, à une tige venant agir sur un levier à contre-poids, dont l'une des extrémités porte des chaines agissant, à la fois, sur la porte du cendrier, pour la fermer quand la pression augmente au-delà de la limite voulue, et sur une ouverture, placée sur la cheminée, qu'elles ouvrent faisant ainsi agir l'appel de cette cheminée sur l'air extérieur, et non plus sur les gaz de la combustion.

Cette membrane de caoutchouc qui, à la partie inférieure, est en contact avec de l'eau chaude et de la vapeur demande à être souvent remplacée.

On peut lui substituer, du reste, un piston en métal léger, se mouvant dans un cylindre fixé sur la tubulure de la chaudière, le joint entre le cylindre et le piston étant fait par des canelures en nombre suffisant pour assurer l'étanchéité.

Ce piston porte, fixée par une genouillère, la tige terminée par un pointeau agissant sur le levier dont l'axe de rotation est fixé au cylindre.

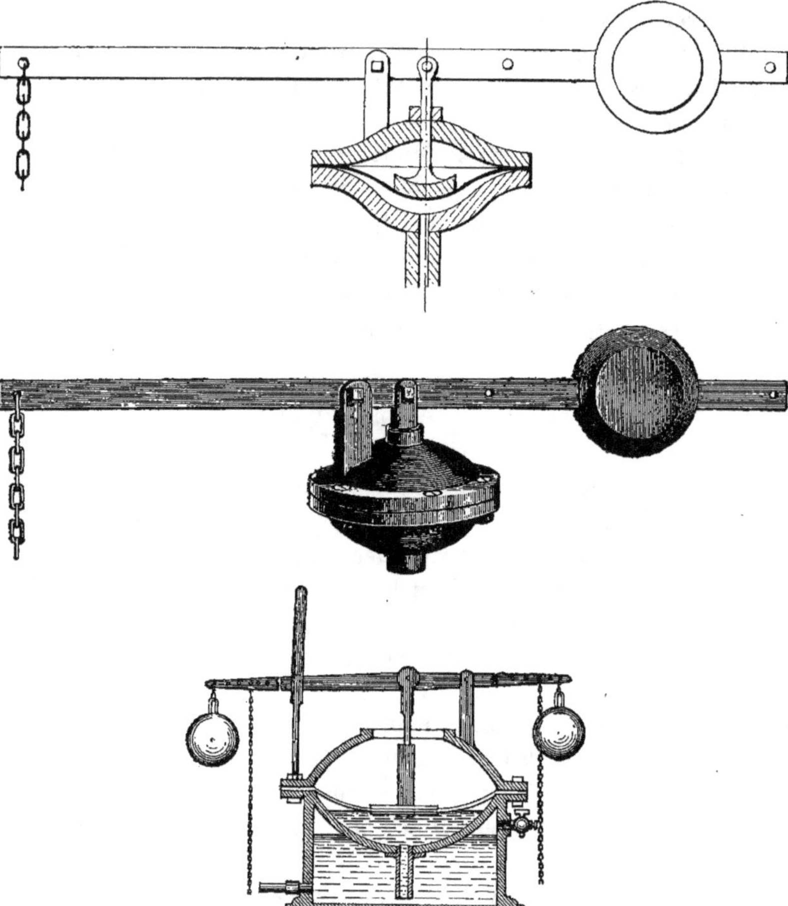

Fig. 334. — Régulateur de pression à membrane.

La pression de la vapeur est transmise à la face inférieure du piston par un intermédiaire liquide amené par un tube de faible diamètre pour éviter les mouvements brusques et les chocs pouvant en résulter.

Régulateur Bœchem et Fost (fig. 335). — Le régulateur Bœchem et Fost est un peu plus complexe.

Il se compose de deux tubes en fer concentriques ; le tube intérieur, fixe, est ouvert à ses deux extrémités, le tube extérieur suspendu à un levier à contre-poids, est fermé à sa partie inférieure, et contient une certaine quantité de mercure.

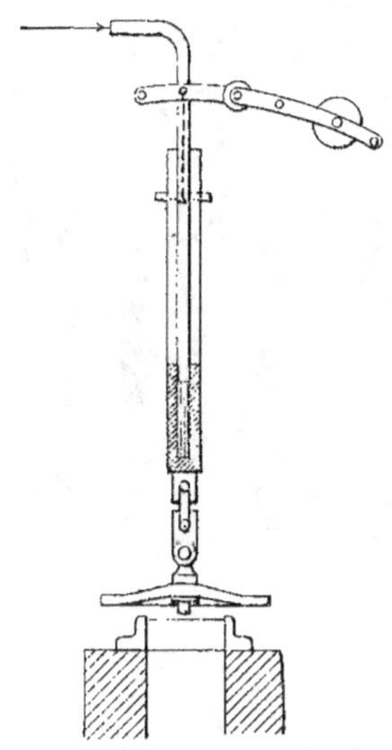

Fig. 335. — Régulateur de pression Bœchem et Fost.

Il porte le clapet qui vient fermer l'orifice d'entrée d'air de combustion sur le foyer.

La vapeur arrive dans le tube fixe, exerce sa pression sur le mercure qui s'élève alors plus ou moins dans le tube mobile lequel par la variation de son poids se met en mouvement et ralentit ou augmente l'activité de la combustion.

Régulateur Kœrting (fig. 336). — Le régulateur Kœrting est composé d'un récipient, contenant du mercure, sur lequel repose un flotteur agissant sur un levier à contrepoids qui commande les clapets d'entrée d'air dans le cendrier pour la combustion et dans le tuyau de fumée pour ralentir le tirage de la cheminée.

Le cylindre à flotteur reçoit la pression de la vapeur dans la chaudière par l'intermédiaire d'un tube renflé contenant du mercure et placé en avant du robinet de commande de l'arrivée de vapeur.

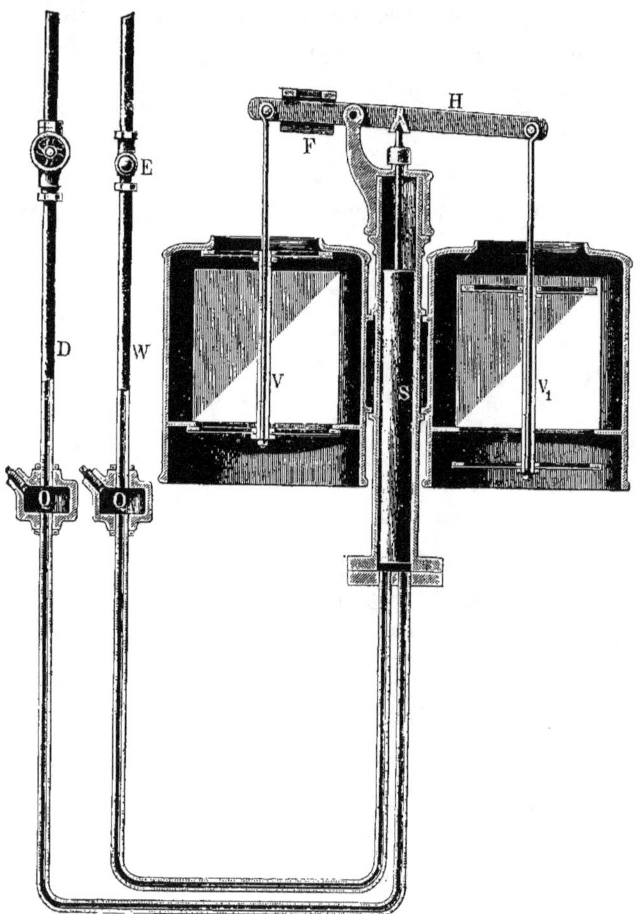

Fig. 336. — Régulateur de pression Kœrting.
Q, Récipient de mercure, — D, tuyau de vapeur. — S, flotteur. — H, levier. —
F, charge mobile sur le levier H. — V-V, clapets d'entrée d'air.

Il faut remarquer qu'en même temps que le registre du cendrier est complètement fermé, celui du tuyau de fumée est complètement ouvert.

Régulateur Grouvelle. — Ce régulateur (fig. 337) de tirage et de pression se compose en principe de deux vases communiquants contenant du mercure, l'un d'eux est fermé et est en communication avec la chaudière, l'autre ouvert, est en libre communication avec l'atmosphère.

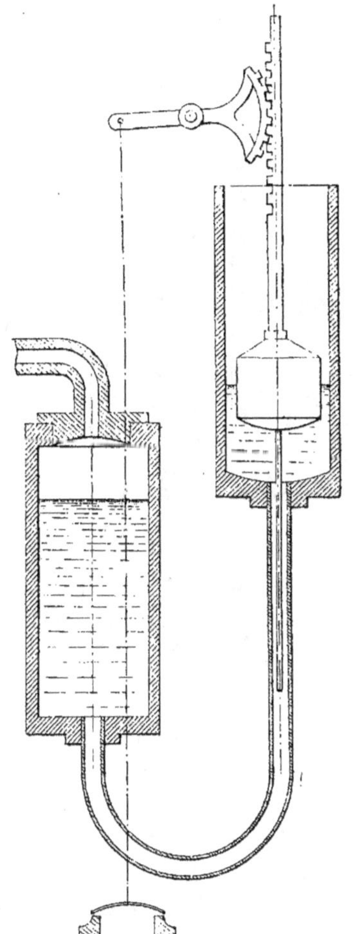

Fig. 337. — Régulateur de pression Grouvelle.

Sous l'influence de la pression, le mercure descend dans le premier vase et monte dans le second.

Les oscillations du mercure dans ce dernier sont transmises à la soupape d'entrée d'air dans le cendrier par l'intermédiaire d'un flotteur en fer plongé dans le mercure et suspendu à une extrémité d'un levier dont l'autre extrémité est reliée à la soupape.

Pour permettre le réglage, le flotteur n'est pas suspendu directement, mais par un système formé d'une crémaillère et d'un pignon à frottements durs qui permettent de mettre le flotteur en attente à une hauteur quelconque dans le vase où il est placé.

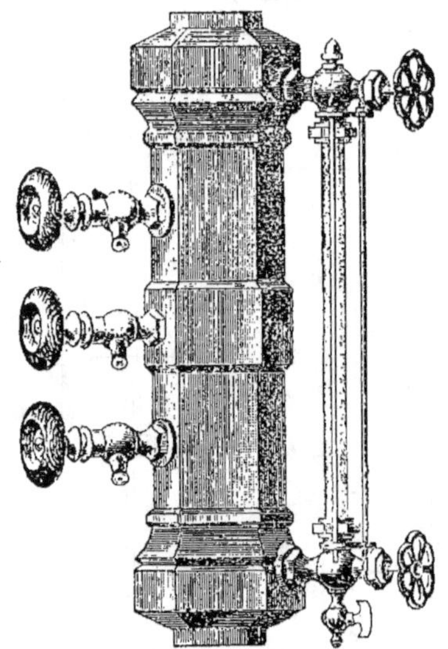

Fig. 338. — Indicateur de niveau d'eau.

Les oscillations du mercure ne se transmettent à la soupape et le réglage ne commence qu'à partir d'une pression déterminée.

Toutes les pièces sont construites d'une façon robuste et un dérèglement de l'appareil n'est jamais à craindre.

Le principe de marche de tous les régulateurs automatiques de pression consiste donc à reporter intégralement la pression de la vapeur dans la chaudière sur un organe équilibré à la pression normale et aménagé de telle façon que les déplacements qu'il peut prendre quand l'équilibre est rompu soient utilisés pour agir sur l'entrée de l'air de combustion dans le foyer et sur le tirage de la cheminée.

La chaudière doit aussi porter un indicateur de niveau d'eau à tube de verre (fig. 338) et un mamomètre sur lequel est indiquée par une flèche rouge la pression à ne jamais depasser, 0,3 kg. à 0,5 kg.

Fig. 339. — Radiateur ordinaire.

Alimentateur automatique. — Comme à la mise en marche, la condensation de l'eau peut ne pas suffire à l'alimentation, il faut aussi par mesure de précaution mettre un alimentateur automatique.

C'est un flotteur en communication avec l'eau et la vapeur de la chaudière, muni d'un levier qui agit sur une soupape de très faible section obturant un branchement fait sur une conduite d'eau sous pression.

Fig. 340. — Radiateur d'angle.

Le combustible employé étant du coke ou de l'anthracite, corps dont l'allumage est difficile, il est nécessaire pour établir le tirage, d'ajouter un petit fourneau relié à la cheminée de la chaudière, fourneau que l'on n'utilise qu'au moment de la mise en marche.

SURFACES DE CHAUFFE

Comme surfaces de chauffe, toutes celles vues antérieurement peuvent être utilisées, mais, par suite de la nécessité de les placer dans des espaces extrêmement restreints, il faut citer, en particu-

Fig. 341. — Radiateur pour escaliers.

lier, les radiateurs (fig. 339 à 343) qui, sous un petit volume, ont une grande surface rayonnante, et peuvent être décoratifs par eux mêmes ou par les enveloppes sous lesquelles on les dissimule.

Le radiateur (fig. 339) se compose ordinairement d'une base creuse en fonte formant socle et portant une ou deux tubulures pour l'arrivée de la vapeur et par conséquent aussi pour le retour d'eau puisqu'il n'y a qu'une seule conduite.

Fig. 342. — Radiateur ordinaire marchant en radiation ventilatrice.

De ce socle partent des tuyaux plats en fonte formant faisceau, tuyaux qui sont réunis à la partie supérieure par une boîte creuse, en fonte, en forme de corniche.

Le tout vient du reste de fonte d'une seule pièce.

Les radiateurs sont de formes diverses, pour s'adapter dans des emplacements déterminés. On distingue les radiateurs circulaires, les radiateurs d'angle (fig. 340), les radiateurs d'escalier (fig. 341), etc.

Ils peuvent être doubles, unis ou en fonte ornée, ce qui évite alors l'emploi des enveloppes; ils peuvent chauffer par simple radiation ou en radiation ventilatrice (fig. 342), c'est-à-dire en étant en communication avec un conduit amenant de l'air froid pris à l'extérieur, air qui s'échauffe avant de s'échapper dans la pièce.

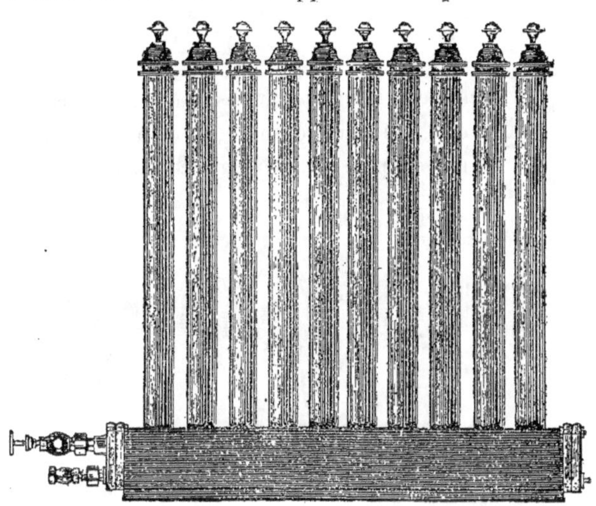

Fig. 343. — Radiateur jeu d'orgue.

Dans le chauffage à vapeur à basse pression, on peut compter sur des rendements de 500 calories par kg. de vapeur condensée, 850 à 900 calories par m² de surface de chauffe lisse en fonte ou en fer, 400 à 500 calories par m² de surfaces lamées ou de radiateurs.

Les conduites sont légèrement plus grandes que dans le chauffage à pression, car elles doivent satisfaire au débit de la vapeur et au retour de l'eau condensée.

Pour la vapeur on peut compter sur une vitesse de 25 à 30 mèt. par seconde, pour l'eau sur 0,15 à 0,25 m.

Comme la conduite, au commencement, ne contient que de la

vapeur et à son extrémité après le dernier branchement que de l'eau, on prend celle des sections qui est la plus grande en faisant les calculs et pour la vapeur seule et pour l'eau seule, ou on calcule la section de la conduite à la partie moyenne pour eau et vapeur réunies, moitié l'un, moitié l'autre.

Il est de toute importance que, dans les conduites de distribution, les fluides, eau et vapeur, circulent toujours dans le même sens.

PURGEURS D'AIR

Si, dans ce système de chauffage, il n'est pas nécessaire de mettre des purgeurs d'eau, il est indispensable, partout où il peut y avoir cantonnement d'air, de placer des purgeurs d'air.

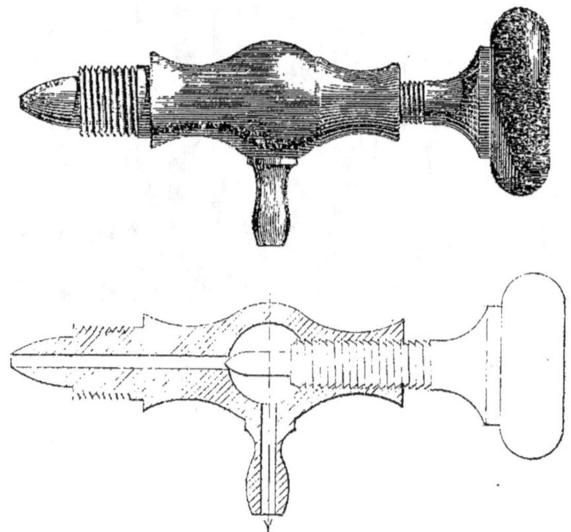

Fig. 344. — Purgeurs d'air horizontaux.

Ces appareils doivent être simples, sans organes mécaniques, étanches à la vapeur et à l'eau, réglables à la main à volonté, économiques d'achat et ne demandant aucun entretien.

Il en est un assez employé (fig. 344-345) consistant en une boîte
en bronze ayant extérieurement, sur une partie de sa longueur, la
forme d'un écrou, que l'on place sur la conduite à purger au moyen
d'un filetage ménagé à l'une de ses extrémités.

Le conduit d'amenée d'air porte une saillie formant siège de
soupape contre lequel peut venir s'appuyer, par suite de la dilatation, l'extrémité d'un cylindre en métal fondu extrêmement dilatable.

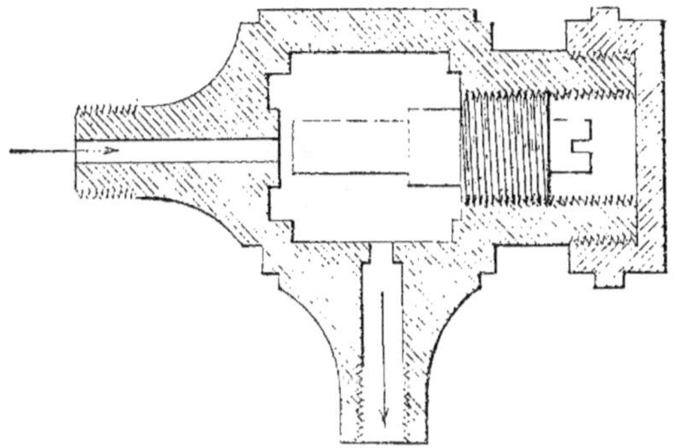

Fig. 345. — Purgeur d'air horizontal.

Ce cylindre est, à son autre extrémité, encastré dans une pièce
creuse en cuivre, filetée extérieurement et terminée par une tête de
vis plate. Un taraudage correspondant est ménagé dans la boîte en
bronze pour recevoir cette pièce.

Le réglage s'opère en la vissant plus ou moins, c'est-à-dire en
approchant plus ou moins du siège le cylindre dilatable.

Un bouchon permet de dissimuler la vis, une fois le réglage fait.
A la partie inférieure de la boîte se trouve une tubulure filetée pour
l'échappement de l'air et l'écoulement de l'eau de condensation
s'il s'en forme lors du réglage.

Il est préférable de ne pas mettre de tuyau à cette tubulure afin
de pouvoir régler le purgeur sûrement, c'est-à-dire de façon qu'il
se ferme juste au moment de l'arrivée de la vapeur. Ce réglage se
fait du reste, une fois pour toutes, lors de la première mise en
marche.

On construit aussi un purgeur d'air vertical basé sur la dilatation d'un tube de cuivre (fig. 346).

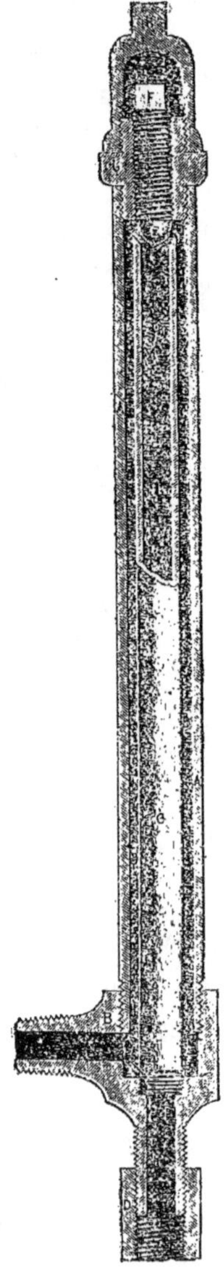

Fig. 346. — Purgeur d'air vertical.

Une boîte cylindrique en bronze porte à son intérieur et concentriquement un tube de laiton, vissé à sa partie inférieure et libre à la partie supérieure.

L'ouverture de ce tube à cette extrémité-ci correspond à un cône vissé à l'intérieur du cylindre en bronze, pouvant être plus ou moins rapproché du tube de laiton et venir le fermer hermétiquement quand celui-ci se dilate.

Un bouchon clôt le cylindre en bronze et évite que le cône de fermeture du tube puisse être dérangé une fois le réglage fait.

Le cylindre en bronze porte à sa partie inférieure et latéralement une tubulure permettant de le visser sur les circulations à purger, le tube de laiton est en communication avec l'orifice d'échappement d'air.

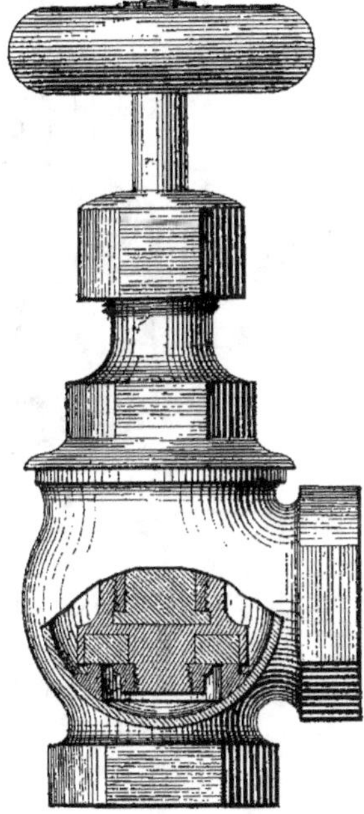

Fig. 347. — Robinet de commande Hamelle.

ROBINETS DE COMMANDE

Les robinets de commande des surfaces chauffantes sont simples ;

ils sont en bronze à volant et à soupape. Le volant peut être en bois afin de permettre la manœuvre à tout moment sans crainte de se brûler, l'étanchéité en est complète (fig. 347-348).

COUPE

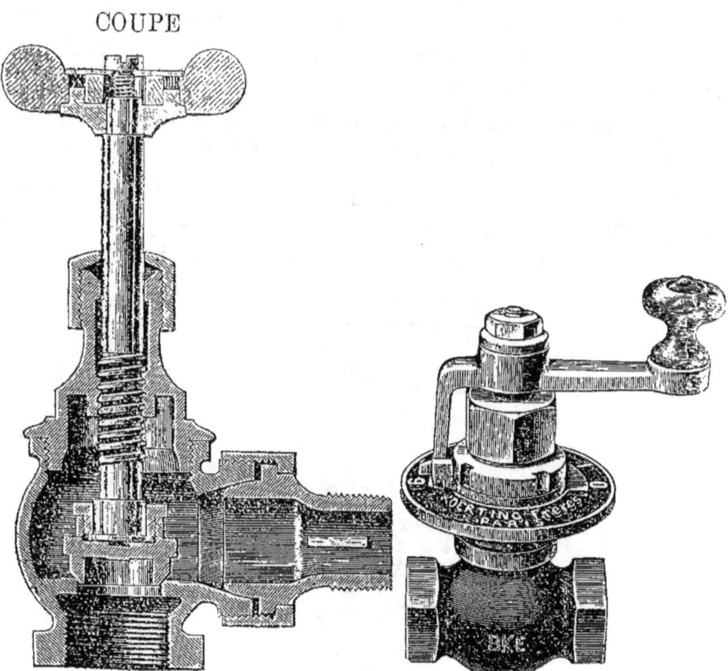

Fig. 348. — Robinet de commande d'Anthonay.

Fig. 349. — Robinet de commande Kœrling.

Au lieu de volant pour la commande on peut employer une manette portant une aiguille qui se déplace sur un cercle gradué, indiquant l'ouverture correspondante de la valve et permettant de régler le rendement du poêle (fig. 349).

MONTAGE DES CANALISATIONS

Le montage des canalisations est analogue à celui des conduites

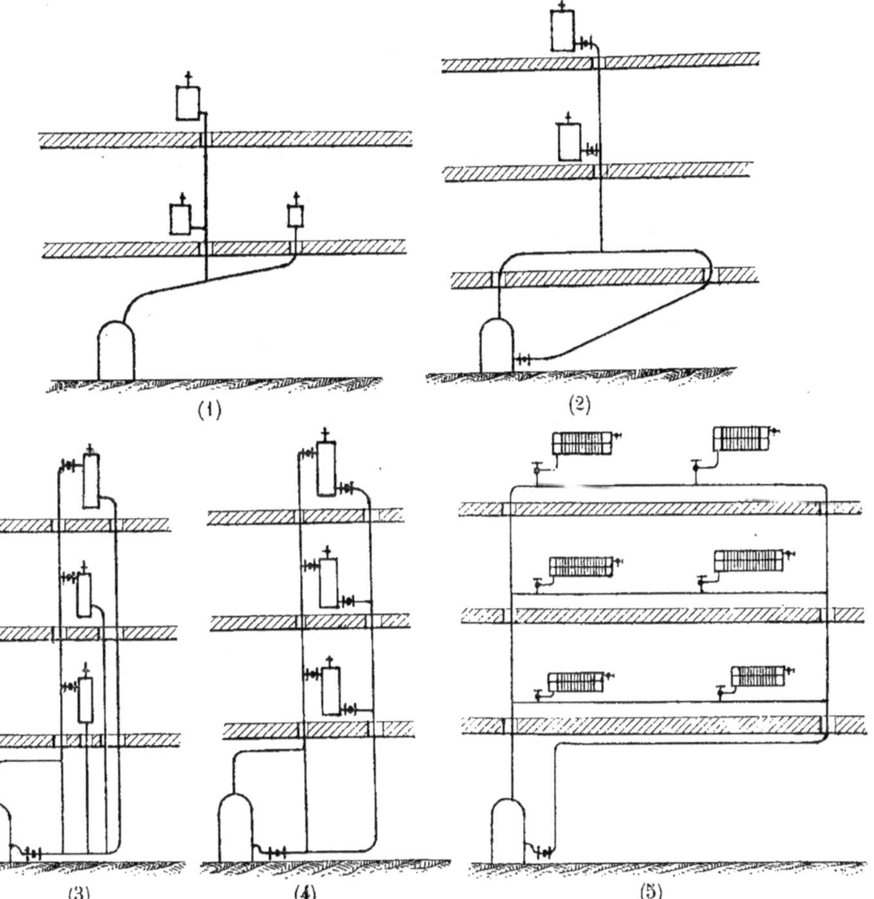

Fig. 350. — Dispositions schematiques de canalisations pour chauffage à vapeur
à basse pression.

du chauffage à vapeur à pression en prenant les précautions qui ont
été indiquées (fig. 350 à 359).

Les dispositions (1) et (2) (fig. 350) ne conviennent que pour les petites installations, elles ont le défaut de donner des claquements

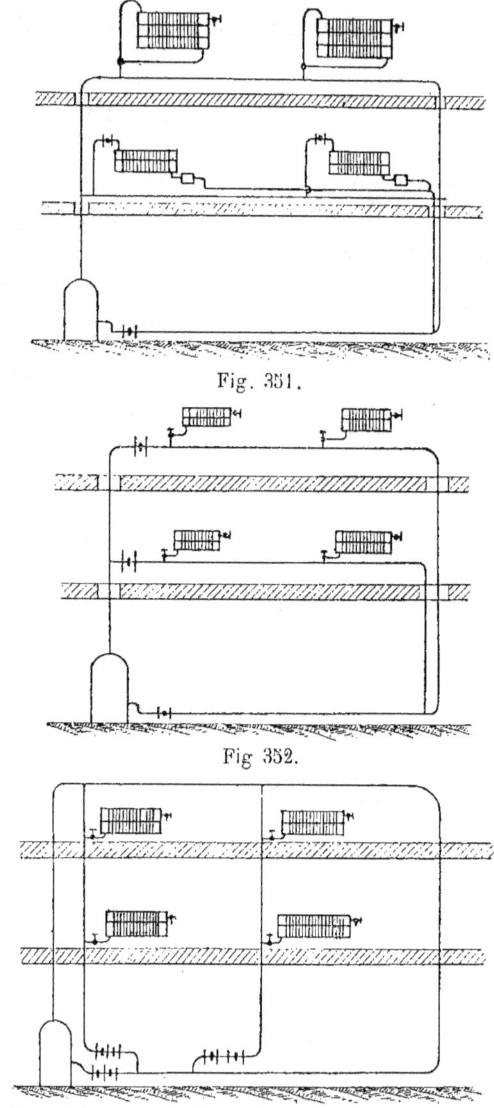

Fig. 351.

Fig 352.

Fig. 353. — Dispositions schematiques de canalisations pour chauffage à vapeur à basse pression.

Fig. 354. — Chauffage d'une maison par la vapeur à basse pression (Hydrocalorifères).

dus à la rencontre des courants de vapeur et d'eau condensée allant en sens contraire.

Les dispositions 3, 4, 5, montrent ce qui se fait le plus ordinairement.

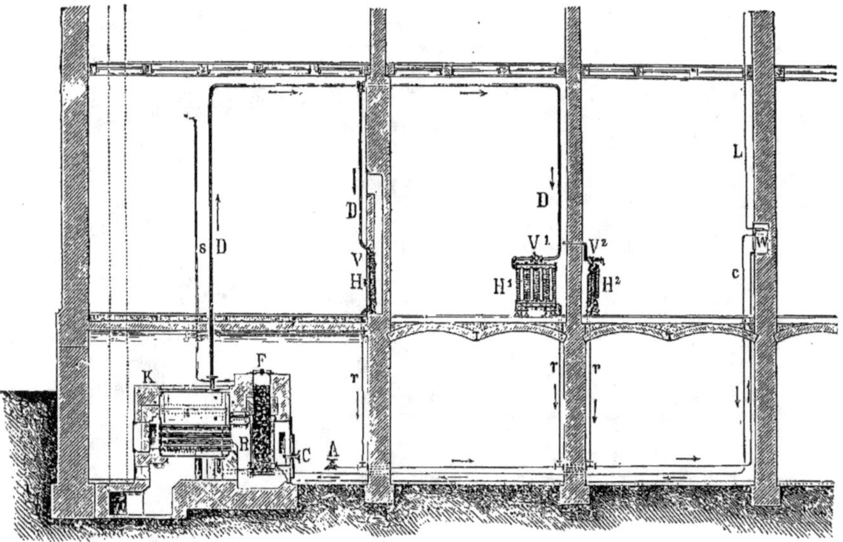

Fig. 355. — Chauffage Kœrting avec réglage par l'eau de retour sans adjonction d'air.

Dispositions Kœrting (fig. 355-356). — Dans la disposition (fig. 355), le réglage est fait par l'eau de la conduite de retour en forme de syphon sans [adjonction d'air.

Dans ce système, tous les poêles d'un même étage sont reliés, au moyen d'une conduite en syphon munie d'un robinet de vidange, avec un réservoir d'eau ayant une capacité égale à celle de toutes les surfaces de chauffe et placé un peu plus haut qu'elles.

L'eau contenue dans ce réservoir remplit tous les poêles lorsque le chauffage ne fonctionne pas.

Dès que l'on ouvre la valve d'admission de vapeur, l'eau s'écoule d'une quantité fonction de cette pression et va dans le réservoir, la partie du poêle qui chauffe est celle qui ne contient plus d'eau.

MM. Kœrting ont modifié ce réglage en le faisant avec adjonction d'air (disposition fig. 356).

Au repos, tous les poëles sont remplis d'air ; chacun est muni d'une conduite d'écoulement pour l'eau de condensation qui descend directement dans la cave et débouche dans un petit réservoir d'air.

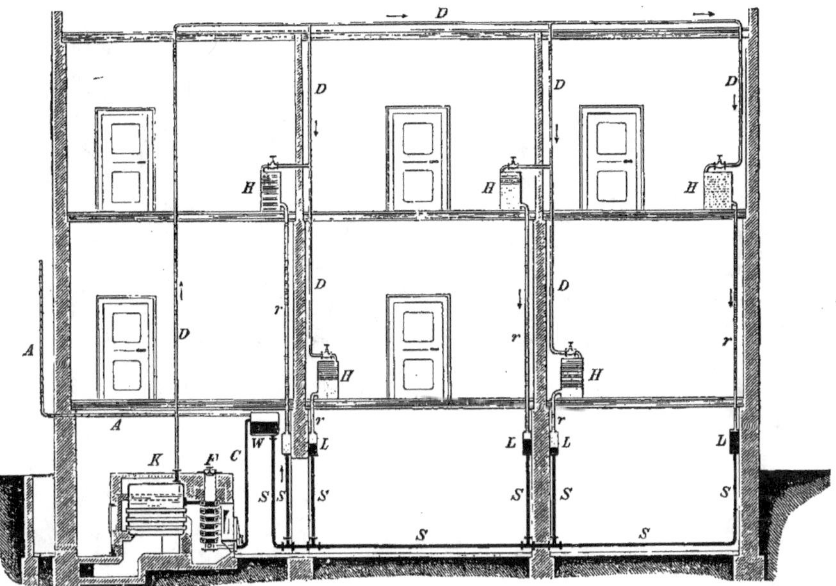

Fig. 356. — Chauffage Kœrting avec réglage par l'eau de retour avec adjonction d'air.

Tous les réservoirs d'air sont reliés à une conduite commune qui communique en syphon avec un récipient muni d'un tuyau d'air d'où l'eau retourne à la chaudière par un trop-plein. Les réservoirs d'air, d'eau, et les syphons sont en sous-sol.

Quand on ouvre l'admission de vapeur, l'air des poëles est refoulé dans les réservoirs d'air, d'où la pression de l'eau dans le récipient le fait remonter plus ou moins lorsqu'on ferme l'arrivée de vapeur.

Avec cette disposition, il n'y a besoin d'aucun purgeur d'air.

En plaçant les réservoirs d'air à des hauteurs diverses, calculées,

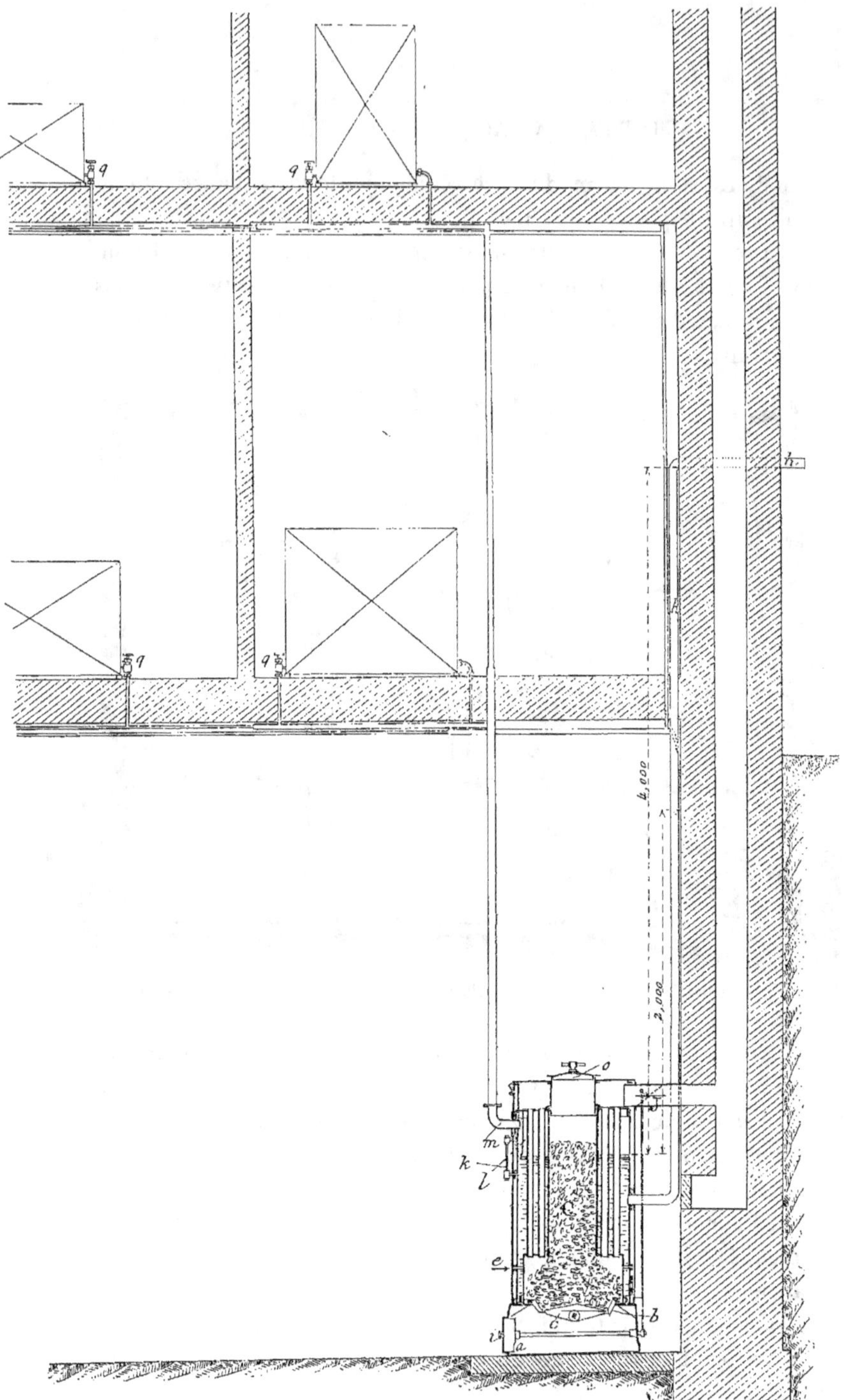

Fig. 357. — Chauffage à vapeur à basse pression. Disposition Grouvelle.

on peut régler différemment le rendement des poêles dans les diverses pièces.

Disposition Grouvelle (fig. 357).—Le système d'alimentation des poêles à vapeur est basé sur le même principe que pour les distributions à pression, car la chaudière fournit la vapeur à une pression fixe quelconque variant seulement à la volonté et suivant les besoins.

La vapeur fournie aux surfaces par les diaphragmes (fig. 358) est complètement condensée. Les tuyaux de retour d'eau aboutissent dans des collecteurs qui ramènent l'eau dans le tube ouvert placé à mi-hauteur de la chaudière. Ce tube dit de sûreté sert de purgeur d'air et remplace également les soupapes de sûreté. En effet, si par impossible, la pression venait à s'élever dans l'intérieur de la chaudière, l'eau monterait dans ce tube pour se déverser à l'extérieur jusqu'à ce que l'orifice du tube soit découvert, à ce moment il y aurait échappement direct de la vapeur dans l'atmosphère ; la chaudière ne pourrait donc plus monter en pression.

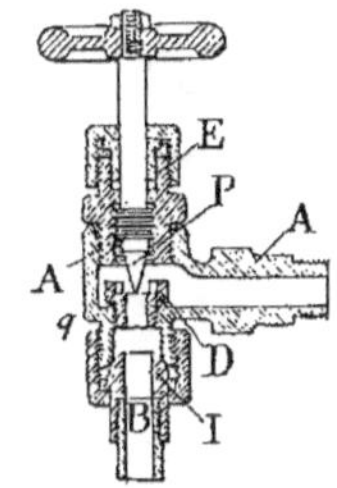

Fig. 358. — Robinet à diaphragme. (Syst. Grouvelle.)

Pendant la marche régulière, le cendrier doit être hermétiquement clos ; l'air alimentant la combustion est admis sous la grille par une tubulure latérale de section convenable ; l'admission de l'air dans cette tubulure est réglée par une soupape actionnée par un régulateur de tirage et de pression.

Les plus légères variations de pression dans l'intérieur de la chaudière sont transmises à la soupape par l'intermédiaire du régulateur, la tubulure livre ainsi passage à la quantité d'air nécessaire pour assurer le maintien de la pression à l'intérieur de la chaudière ; un dispositif très simple permet d'ailleurs de régler instantanément le régulateur et par cela même la chaudière à la pression voulue afin que les diaphragmes des poêles débitent exactement la quantité de vapeur nécessaire pour maintenir la température intérieure des pièces, et parer à toutes les variations de la température extérieure.

Ce chauffage, comme son similaire à pression, manquant de stabilité. on peut y remédier par l'emploi du chauffage mixte absolument semblable à celui précédemment indiqué.

CHAUFFERIE

L'eau condensée revient directement à la chaudière sans l'intermédiaire d'aucun appareil d'alimentation.

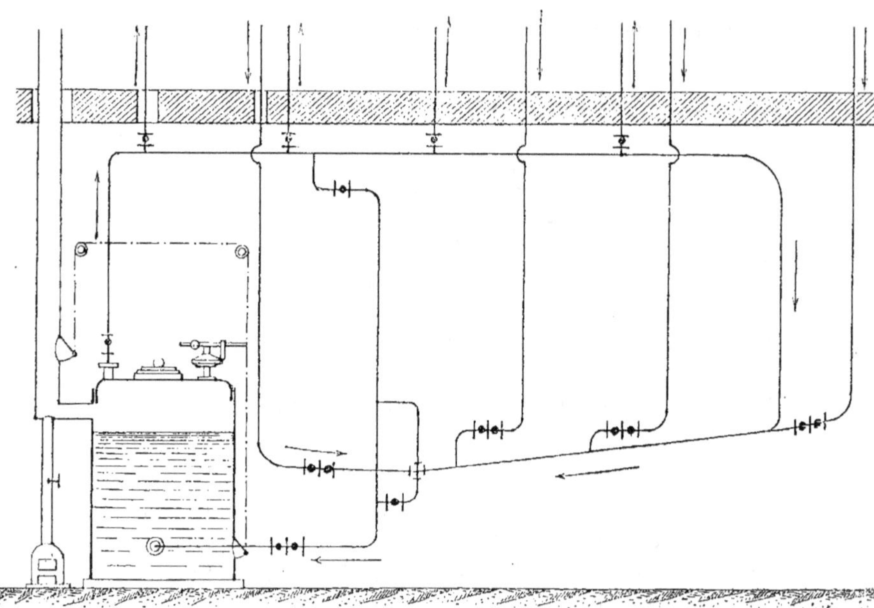

Fig. 359. — Schema de chaufferie d'un chauffage à basse pression.

Chacune des colonnes de retour, qui n'est autre que la colonne

Fig. 360. — Pompe automatique à flotteur, système Koerting.

de départ recourbée après avoir circulé dans les locaux, est commandée par un robinet et un clapet de retenue à son arrivée sur un collecteur qui, par un branchement, va directement à la chaudière.
Ce branchementest muni, lui aussi, d'un robinet et d'un clapet de
retenue.

La canalisation, en sous-sol, se compose donc d'une circulation
partant de la chaudière et sur laquelle sont branchées toutes les colonnes montantes ; d'une canalisation qui n'est autre que celle
d'aller revenant sur elle-même et sur laquelle viennent se brancher
toutes les colonnes descendantes.

Chaque circulation forme donc un chemin fermé, d'où le nom de
thermocycle que l'on donne quelquefois à ce chauffage.

Les colonnes montantes peuvent être commandées par des vannes permettant l'arrêt du chauffage de toute une circulation.

La canalisation de distribution de vapeur proprement dite peut
du reste aussi bien monter directement dans les combles que de
rester en cave.

Par mesure de précaution et pour assurer le retour de l'eau à
la chaudière on peut brancher sur la prise de vapeur un conduit
muni d'un robinet et permettant d'établir la circulation de l'eau
dans le sens voulu.

Il faut alors fermer le robinet commandant le collecteur de retour par le branchement inférieur, car la marche de l'eau s'établit
par le branchement supérieur (fig. 359).

Il peut arriver que la chaudière ne soit pas en contre-bas des
appareils de chauffage ; le retour d'eau ne peut alors se faire que
par l'emploi du steam loop que nous venons d'indiquer, ou par la
pompe automatique à flotteur Kœrting (fig. 360).

L'eau de condensation s'écoule dans un purgeur d'où elle va
dans une première pompe à flotteur placée en contre-bas qui la renvoie dans une seconde pompe à flotteur située au-dessus de la
chaudière ; de là elle retourne dans cette chaudière.

QUALITÉS DU CHAUFFAGE A VAPEUR A BASSE PRESSION

Le chauffage à vapeur à basse pression exige des frais d'installation minimes qui sont toutefois fonction de la perfection du réglage que l'on désire, car la dépense augmente avec le nombre de robinets que nécessite ce réglage ; fonction de l'ameublement des locaux à chauffer, car les enveloppes des surfaces de chauffe varient de prix d'après le luxe qu'elles comportent.

Il ne présente aucun danger de fuite, ni d'explosion, quand les appareils sont bien établis et les pentes des tuyaux bien ménagées.

C'est le chauffage salubre par excellence, il chauffe l'air à basse température sans l'altérer ni dans son hygrométricité, ni dans sa nature, car il n'occasionne pas de fumées, pas de dégagement d'oxyde de carbone et autres produits de la combustion.

Il permet de conduire la chaleur à de grandes distances, de la multiplier, de l'arrêter, en un mot d'en faire ce que l'on veut.

Il est peu encombrant car les radiateurs offrent l'avantage d'un volume très restreint ; il ne nécessite aucun personnel spécial, sa chaudière étant à combustion lente, ne se chargeant de combustible que toutes les douze ou vingt-quatre heures, ayant son alimentation automatique, et aucun de ses accessoires n'étant réellement mécanique, par conséquent sujet à dérangements.

C'est le chauffage simple, absolument indiqué dans toutes les installations de moyenne et faible importance : hôtels, maisons particulières, maisons de rapport, etc. Il peut s'établir partout, dans les maisons déjà construites et non aménagées spécialement.

Il donne :

1° Sécurité absolue sans surveillance ;

2° Température des pièces absolument réglable ;

3° Pression très faible dans la chaudière ;

4° Absence de pression dans les appareils de chauffage ;

5° Suppression des purgeurs d'eau et même d'air ;

6° Distribution de vapeur silencieuse ;

7° Canalisations de diamètres très réduits.

DU CHOIX
DES APPAREILS DE CHAUFFAGE

De l'étude qui vient d'être faite des différents moyens de chauffage utilisés de nos jours, il résulte que tous ont leurs défauts et leurs qualités dépendant de l'exposition, de la nature, de l'étendue du local à chauffer, du nombre d'occupants, de celui des appareils d'éclairage, de l'occupation continue ou discontinue ; on ne peut donc, *a priori*, condamner certains systèmes pour en préconiser un seul, la question d'économie jouant toujours un grand rôle dans le choix même des appareils.

Dans tous les cas, tout appareil non combiné pour un renouvellement de l'air dans les pièces, est insalubre et doit être rejeté, et cela avec d'autant plus de raison que le nombre des occupants et celui des appareils d'éclairage est plus considérable.

L'air rentrant doit être puisé dans un lieu exempt d'émanations nuisibles et arriver en grande quantité avec une faible vitesse et une température moyenne.

Toutefois en passant en revue les divers établissements que l'on peut avoir à chauffer, il est possible de conclure aux moyens à employer, sauf, dans chaque cas particulier, d'après le budget dont on dispose, à établir le système correspondant comme dépenses, en se basant sur ce principe que peu vaut mieux que rien.

CHAUFFAGE DES ÉGLISES

Les églises diffèrent les unes des autres par leur élévation, leur étendue, le nombre de leurs vitraux, la nature de leurs fondations.

etc.. Elles sont, à certains moments, occupées par un grand nombre d'individus, si donc, le plafond est bas, les murs mauvais conducteurs, le chauffage doit être établi avec de l'air pris à l'extérieur et des bouches d'évacuation d'air vicié, ce sera le chauffage par calorifère à air chaud avec grands collecteurs fournissant, sur le sol, des bouches réparties dans les passages réservés au milieu des chaises, de façon à ne jamais incommoder les personnes occupant les places environnantes.

Si l'enceinte est grande, avec des sous-sols bas et humides, le chauffage seul, sans évacuation de l'air, est nécessaire.

Comme l'on reste vêtu dans l'intérieur de l'église comme à l'extérieur, la température ne doit pas dépasser 10 à 12°, car il y a généralement peu de courants d'air et le temps qu'on y reste est très limité.

Ce qu'il faut chauffer, c'est surtout le sol, on ne saurait donc trop condamner l'emploi des calorifères métalliques rayonnants, avec lesquels les personnes voisines sont incommodées par l'excès de chaleur tandis que les personnes éloignées souffrent du froid.

Les calorifères employés sont à air chaud et placés dans une cave ou crypte souterraine, ce qui vaut mieux que de les placer dans l'église même ou latéralement dans quelque appentis.

S'il y a un sous-sol, comme dans les églises de presque toutes les grandes villes, le système de calorifères à air chaud à eau s'impose. C'est le chauffage à l'eau chaude qui permet de circuler sans encombrement dans les caves pour aller aux hydrocalorifères que l'on peut répartir d'après les besoins, ainsi que les bouches de chaleur fournissant de l'air salubre pris à l'extérieur.

Si l'église est fréquentée tous les jours et presque constamment occupée, le nombre des occupants étant grand à certains moments seulement, le chauffage à l'eau à moyen volume, avec foyer à chargement continu et combustion lente est le plus parfait.

Si l'occupation est intermittente et la fréquentation à peu près nulle en semaine, les frais d'installation d'un chauffage à eau étant assez élevés, on préfère le calorifère à air chaud, à foyer, l'hygiène n'ayant que peu d'importance dans ce cas.

S'il n'y a pas de sous-sol, le chauffage à eau, à petit volume,

pourra être employé avec raison ; il permettra de mettre un cordon
de chaleur empêchant les courants d'air froid descendant des vitraux si l'étendue de ceux-ci est importante ; la circulation de retour pourra passer le long des parois extérieures et aussi en caniveau dans les chemins, l'on réalisera le chauffage par le sol aussi
parfaitement que possible. Il est évident que ce chauffage sera simple, sans réglage aucun ; le foyer aura une grille à chargement
continu, si l'occupation de l'église est continue tous les jours ou un
foyer ordinaire dans le cas contraire.

On installe souvent par économie dans les petites églises des calorifères ou poëles spéciaux disposés dans les angles de l'église, les
tuyaux de fumée étant dissimulés derrière les piliers et plongeant
dans des caniveaux recouverts de plaques de fonte, munies de place
en place de grilles ajourées ; ces caniveaux sont en communication
avec l'air extérieur qu'ils appellent ; ou bien on met un calorifère
dans un appentis latéral à l'église ; l'air appelé en contre-bas s'é-
chauffe et s'élève vers les voûtes puis redescend, rappelé qu'il est,
par des ouvertures placées à la partie basse pour le ramener au
calorifère.

Ce système perd de vue le chauffage important à réaliser, celui
du sol, le froid aux pieds étant celui dont on souffre ordinairement
dans les églises.

Il n'est pas inutile de recommander de munir d'ouvertures d'évacuation d'air vicié les salles de catéchisme généralement basses,
humides par le sol et infectées par la respiration. Leur chauffage
doit être généralement fait par un calorifère métallique de faible
importance.

Il ne faut pas oublier aussi qu'en été les vitraux supérieurs des
églises doivent être ouverts toute la nuit pour ventiler et rafraîchir
l'intérieur.

CHAUFFAGE DES ÉCOLES

Par écoles on entend ici celles où les classes sont occupées par
une grande agglomération d'enfants et continuellement sauf le
temps des récréations et du repas.

Pour chauffer ces classes, il faut d'abord, la question d'hygiène et de salubrité étant primordiale, rejeter absolument l'emploi des calorifères à air chaud à foyer.

Il ne faut pas perdre de vue que dans l'école la santé des enfants ne doit pas s'étioler et, pour cela, il est nécessaire que les locaux soient bien ventilés, bien chauffés, que les cabinets d'aisances soient propres et hygiéniques, qu'il y ait de l'eau et des lavabos pour que les enfants puissent se tenir propres, que l'éclairage soit bon et abondant, que les préaux soient bien drainés, puis pavés ou bitumés.

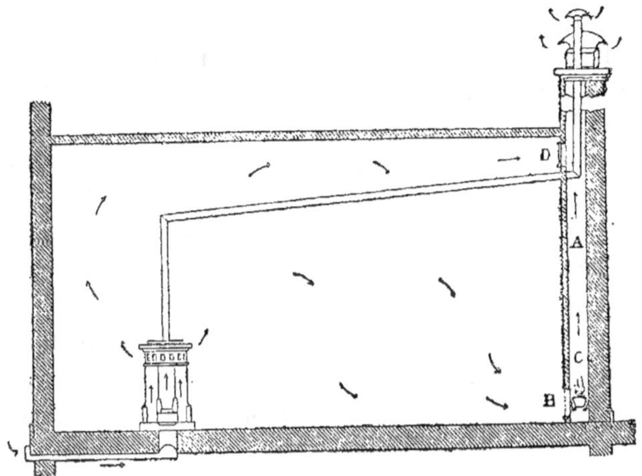

Fig. 361.

Ce qu'il faut éviter ici encore, c'est que la chaleur n'aille à la partie haute des classes chauffer les plafonds tandis que les élèves ont les pieds et souvent la tête exposés à tous les courants d'air froid rentrant par les fissures des portes et des fenêtres.

On emploie généralement pour le chauffage des groupes scolaires, soit des poêles spécialement aménagés, soit le chauffage à eau à petit volume, ce dernier étant le plus hygiénique, mais très cher.

L'air ne devant pas être altéré dans sa composition, dans sa salubrité, si l'on emploie des poêles à foyer avec une circulation d'air (fig. 361) il faudra préférer les poêles en céramique. A leur défaut les poëles calorifères choisis devront être tels que jamais la fonte du foyer n'en puisse rougir : donc garniture réfractaire de ce foyer et au besoin ailettes extérieures à la cloche.

Le poële doit être disposé de façon à aller prendre l'air extérieurement par un conduit spécialement aménagé en plancher. Avant l'entrée des classes, il fonctionne comme poële ordinaire sans circulation d'air pour chauffer la classe. Au moment de la rentrée on ouvre le registre fermant la prise d'air et le poële fonctionne comme calorifère. Le tuyau de fumée traverse la salle et s'élève dans la gaine d'évacuation d'air vicié faisant ainsi appel.

En employant le poële céramique, dans le but d'avoir une émission d'air importante à faible température et afin aussi de combattre le refroidissement là où il se produit, MM. Geneste, Hercher et Cie font passer le tuyau de fumée, un peu isolé pour éviter le contact du métal et de l'air, en banquette le long des parois refroidissantes avant de l'amener, pour s'élever dans les gaines d'évacuation d'air vicié (fig. 362).

Le long de la banquette est ménagé un vase de saturation. L'air est pris à l'extérieur, se chauffe dans la banquette et s'échappe à moyenne température dans la classe à chauffer.

La gaine d'évacuation d'air vicié est dans l'angle de la classe et porte deux grilles ; l'une en haut, pour la ventilation d'été, l'autre en bas, en communication avec une gaine passant dans la banquette de chauffe, pour la ventilation d'hiver quand le chauffage marche.

Pour la ventilation de nuit, une ouverture spéciale est aménagée en face la grille de prise d'air frais du chauffage.

Ce genre de chauffage est bien compris, mais compliqué ; le réglage en est difficile, et il y a toujours à craindre des dislocations amenant un mélange de l'air de ventilation et des gaz toxiques de la combustion.

Le moyen à préconiser pour les écoles et évidemment le chauffage à eau à petit volume avec foyer à chargement continu et régulateur automatique de pression, ou mieux encore, le chauffage à vapeur à basse pression qui est plus économique.

En tous cas on dispose le chauffage avec double circulation dans les classes, l'une passant au-dessous des fenêtres et évitant les courants

Fig. 362. — Élévation.

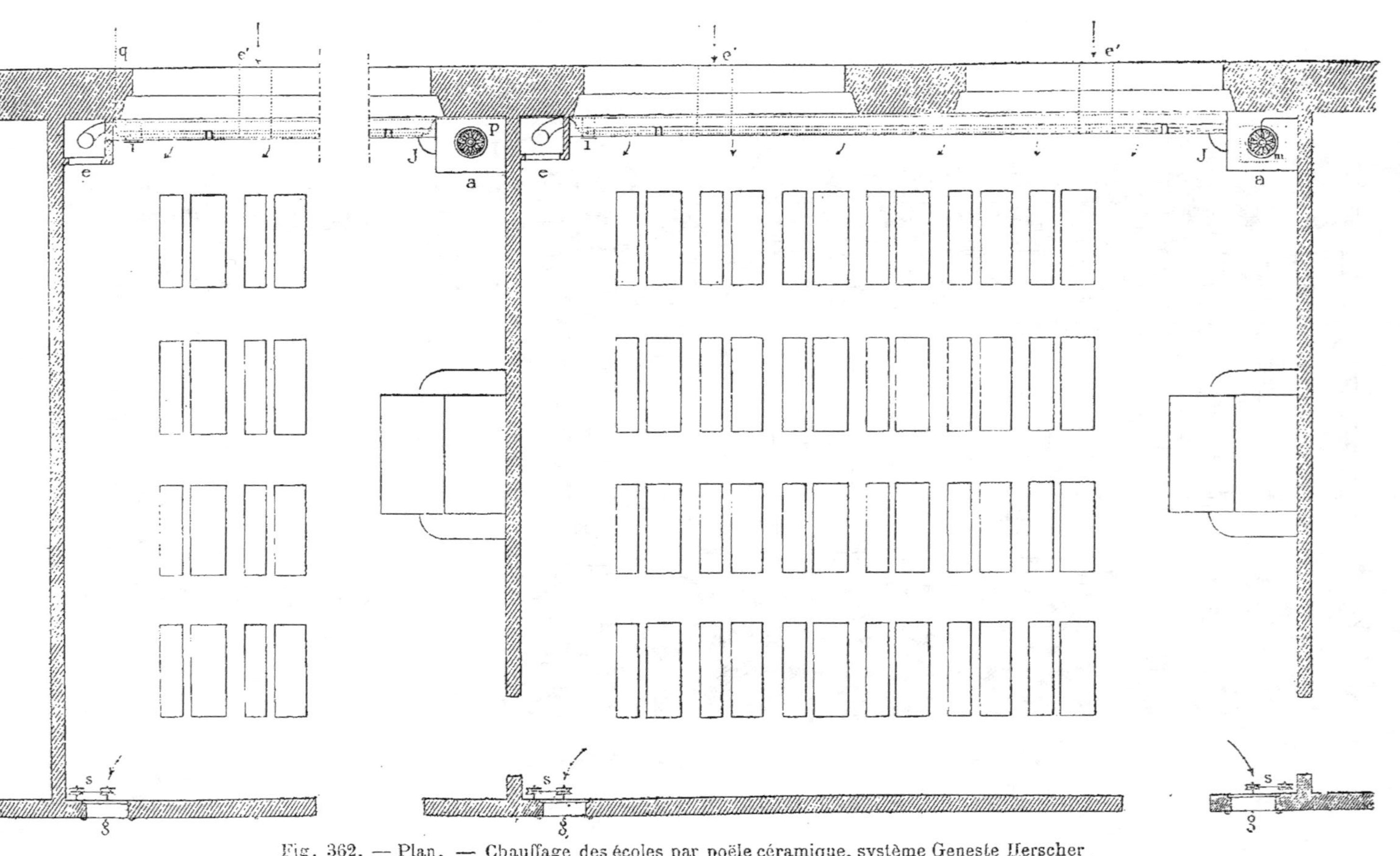

Fig. 362. — Plan. — Chauffage des écoles par poële céramique, système Geneste Herscher.

d'air froid descendant des vitres, l'autre commandé par des robinets et formant poëles en face des fenêtres (fig. 363).

La surface de chauffe peut être enveloppée et divisée en deux parties, l'une chauffant par rayonnement, l'autre élevant légèrement la température de l'air pris à l'extérieur et émis dans la classe.

L'évacuation de l'air vicié se fait à la partie supérieure ; il est rejeté à l'extérieur par des cheminées spécialement affectées à cet usage,

Ici pas de foyer à l'intérieur de la classe, pas de chances de brûlures, ni d'incendie ; les tuyaux enveloppés sont à l'abri de l'atteinte des enfants ; les robinets de commande ne peuvent être manœuvrés que par l'instituteur qui en a la clef, et, à côté de sa chaise, le thermomètre indicateur de la température dans la classe ; l'air est pur, on n'a aucune crainte d'intoxication de l'air venant de l'extérieur.

Pas de dérangements pour garnir le feu ; un seul foyer pour tout le groupe scolaire, foyer que le concierge peut surveiller et charger deux fois par jour seulement.

Donc bon chauffage, hygiénique, propre, n'occasionnant aucun dérangement pendant la classe, réglable à volonté, combattant toujours le froid là où il se produit et n'encombrant pas les locaux.

CHAUFFAGE DES COLLÈGES ET DES LYCÉES.

Dans les collèges et les lycées, les différents locaux, dortoirs, salles d'études, classes, réfectoires ne sont occupés que d'une façon intermittente ; on ne peut donc avoir un foyer spécial pour chaque classe sans entraîner un service compliqué, coûteux, impossible presque à faire de manière que le chauffage soit ce qu'il doit être, cela sans parler de son insalubrité.

Il ne faut donc qu'un seul foyer ou du moins il faut que les locaux occupés en même temps soit desservis par un même foyer.

Dans ce dernier cas chaque foyer doit être à chargement continu, à réglage automatique, c'est-à-dire ne faisant que maintenir son

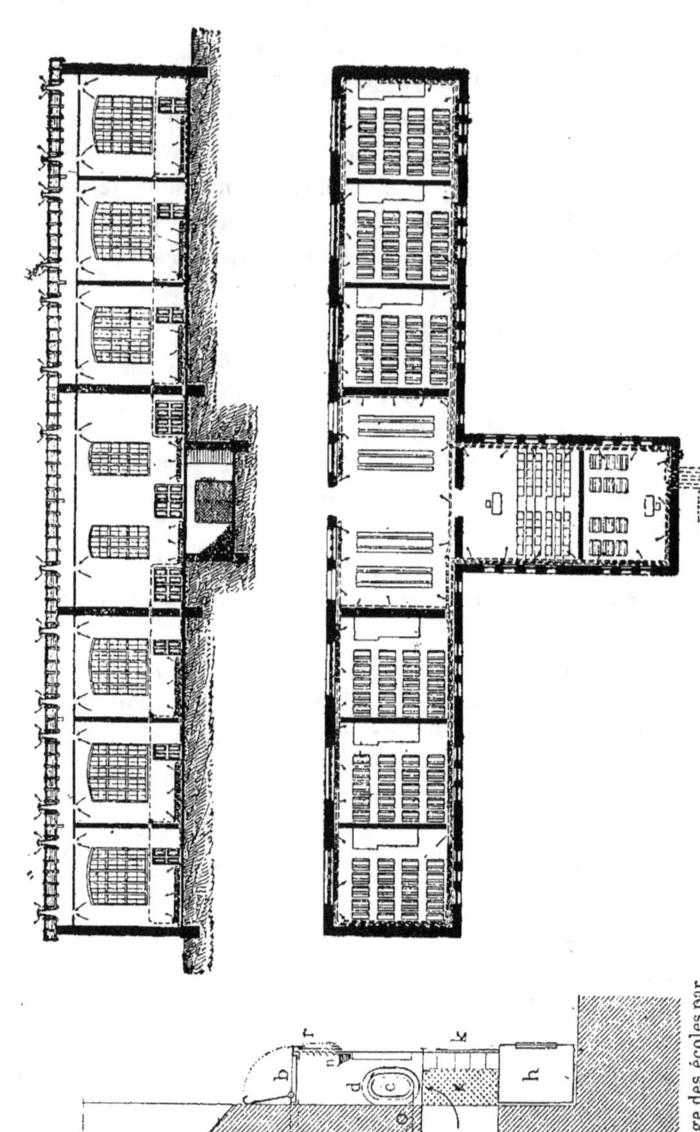

Fig. 363. — Chauffage des écoles par l'eau à petit volume, système Geneste Herscher.

Fig. 363. — Chauffage des écoles par poêle céramique syst. Geneste Herscher. Coupe verticale.

feu quand les locaux qu'il dessert sont inoccupés et par conséquent pas chauffés.

Si l'on a un seul foyer, il est bon de grouper sur le même distributeur les locaux chauffés en même temps afin de pouvoir faire un réglage double : 1° celui de chaque local en particulier, au moyen d'un régulateur de température, ou d'organes manœuvrables à l'extérieur du local, en se basant sur la température dans celui-ci, laquelle est donnée par un thermomètre dont les indications doivent être visibles de l'extérieur ; 2° le réglage de tous les locaux soumis au même distributeur par un organe situé dans la chambre du foyer.

De cela il résulte tout d'abord que les calorifères à air chaud à foyer ne sont pas applicables ; on les utilise cependant quelquefois mais c'est seulement pour le chauffage des locaux accessoires tels que les logements des directeur, proviseur, l'économat, etc., et les couloirs des bureaux de l'administration.

Le chauffage étant intermittent suivant l'importance de l'installation, les systèmes à vapeur ou encore à eau à petit volume sont employables, car il n'y a pas à s'occuper de leur salubrité, tous deux l'étant au plus haut degré.

Si l'on n'admet qu'un seul foyer le chauffage à vapeur à moyenne pression est seul, en principe, admissible dans les établissements importants ; si l'on peut diviser le chauffage en parties bien groupées et comme emplacement et comme fonctionnement, c'est la basse pression que l'on emploie.

Dans tous les cas (fig. 364-365) les surfaces de chauffe doivent être divisées en deux parties : 1° le ruban de chaleur, passant au-dessous des surfaces vitrées et combattant leur refroidissement; 2° la surface de chauffe, ou poêle proprement dit, enveloppée et composée elle aussi de deux parties, l'une chauffant par rayonnement, l'autre par rayonnement et convection pour élever modérément la température de l'air de ventilation. Le ruban de chaleur et la première partie de surface de chauffe ne font souvent qu'un ; alors le ruban de chaleur porte des ailettes sur une partie de sa longeur.

Chaque classe doit être indépendante et autant que possible commandée du dehors, chaque surface de chauffe porte un robi-

net et peut être mise en marche avant la rentrée dans la classe,
cela suivant la température extérieure.

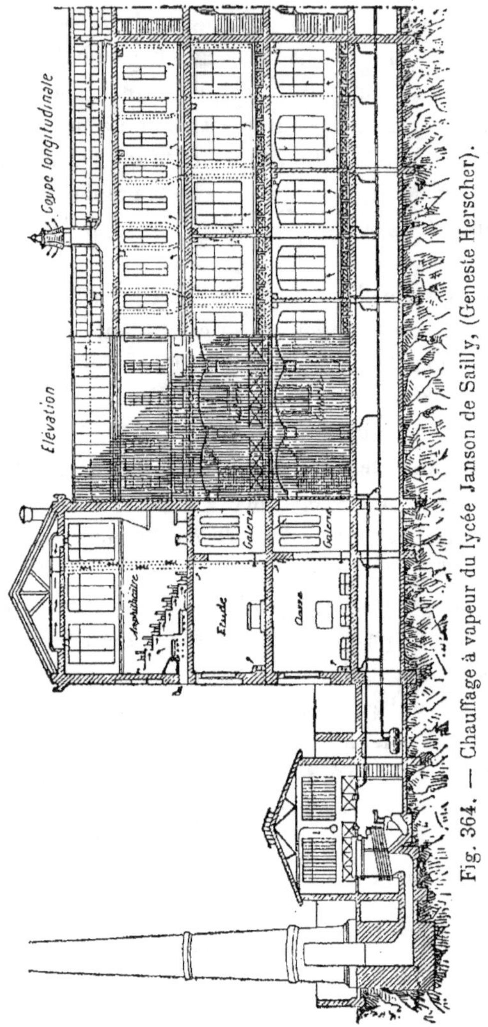

Fig. 364. — Chauffage à vapeur du lycée Janson de Sailly, (Geneste Herscher).

Cette surface peut ou non être munie d'un purgeur thermométrique ; si elle en possède un, son arrêt est possible à n'importe quel

moment de la journée ; si elle n'en possède pas, son isolement du chauffage ne peut se réaliser que lors de la mise en marche en laissant fermé son robinet de commande.

Dans les dortoirs, il y a lieu de mettre des rubans de chaleur de façon que la température, lors du coucher et du lever des élèves, y soit de 7 à 8°.

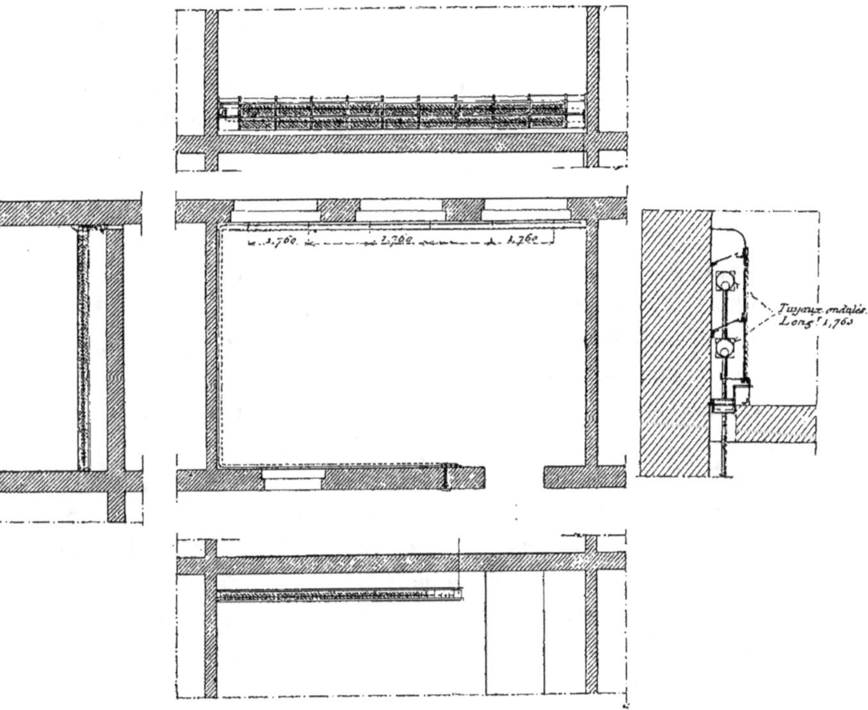

Fig. 365. — Chauffage d'une classe par la vapeur à pression.

Dans les réfectoires une température de 13 à 14° est suffisante : dans les classes de 16 à 18° ; dans l'infirmerie, de 17 à 20°, et là il y a lieu de mettre des poëles à eau pour avoir cette température pendant la nuit.

Dans les lavabos, qui doivent toujours être contigus aux dortoirs, il est nécessaire de maintenir le matin, au moment de la toilette, 7 à 8°.

Dans ces établissements il faut s'occuper aussi des chauffages spéciaux, bains proprement dits et bains de pied.

Avec les installations à vapeur et à eau chaude, ceux-ci sont très faciles.

Il faut aussi ménager une chambre spéciale chauffée, avec sol imperméable, sur lequel on pose des planchers à claire-voie, autour de laquelle on ménage la tuyauterie nécessaire pour des douches, l'eau venant de réservoirs, où on peut la tiédir en hiver.

L'installation des conduites se fait d'après les indications données lors de l'étude des chauffages à eau à petit volume et à vapeur.

CHAUFFAGE DES BANQUES.

Dans ces locaux les conditions à remplir sont variables avec l'étendue et le nombre de services qu'ils abritent.

Toutefois il est nécessaire que le chauffage soit simple et économique et la température égale.

Dans les banques, les bureaux et salles du public peuvent être chauffés par des calorifères à air chaud, ce qui a l'avantage de renouveler l'air ; ces bureaux et salles prenant généralement jour, dans les établissements importants, sur de grands halls vitrés à la partie supérieure ; mais parmi les calorifères à air chaud à préférer ceux à vapeur semblent tout indiqués, Le chauffage à vapeur permet en effet d'entourer les vitrages des halls par des cordons de chaleur empêchant la tombée d'air froid contre les murs des guichets, là ou le public est appelé à séjourner.

Pour les bureaux on peut aussi mettre des poêles à vapeur peu encombrants que l'on a toujours le moyen de placer contre la paroi non garnie de casiers ou, si celle-ci n'existe pas, sous le bureau généralement appuyé contre le mur du guichet.

La salle du public doit toujours être chauffée par de l'air chaud émanant de batteries calorifères à vapeur, placées en sous-sols, l'air étant pris dans ceux-ci s'ils sont spacieux ou bien à l'extérieur.

On a l'avantage ainsi de pouvoir chauffer tous les services avec le même foyer, sans en excepter les locaux des archives et des titres qui ne doivent jamais être desservis par des calorifères à foyer, à cause des chances d'incendie, mais par des calorifères à vapeur ou mieux, par des surfaces chauffantes, directement placées dans ces locaux.

Et, comme avec une chaudière à vapeur pour chauffage à pression il peut y avoir des explosions de la chaudière, celle-ci doit être à l'extérieur du bâtiment proprement dit de la banque ; elle sera multitubulaire afin que l'explosion ne puisse avoir aucun effet funeste sur les bâtiments de celle-ci ; et, si l'on peut diviser les services et placer un certain nombre de chaudières à basse pression dans des endroits où les chances d'incendie soient nulles par le voisinage, il y a lieu de préférer ce genre de chauffage.

En résumé, dans les petites banques, chauffage par eau à petit volume réglable, ou par vapeur à basse pression ; ce dernier système de beaucoup préférable ; dans les grands établissements, chauffage à vapeur à moyenne pression ou à basse pression.

Dans tous les cas, dans la salle du public, émission d'air chauffé à 60° au maximum ; dans les bureaux, surfaces chauffantes directes, dans les halls vitrés, cordon de chaleur au bas du vitrage ; dans les archives et salles de titres surfaces chauffantes directes ; jamais d'émission d'air chaud ; emplacement du ou des foyers là où toute chance d'incendie est impossible, là où toute explosion ne peut amener des pertes dans les papiers importants de la banque.

CHAUFFAGE DES MAGASINS

Par magasins, il faut entendre ici, les grandes maisons de commerce occupant des immeubles entiers, possédant un grand nombre de services et un personnel important.

Les uns sont à vastes portes constamment en mouvement et s'ouvrant sur une voie très fréquentée, les autres sont construits autour d'un grand hall vitré.

Dans les premiers, afin d'éviter les rentrées d'air froid par les portes, il y a lieu de chauffer à l'air chaud, en envoyant celui-ci mécaniquement, afin d'avoir, dans l'intérieur du magasin, un léger excès de pression sur l'extérieur.

Cette disposition a l'avantage de pouvoir être utilisée en été pour envoyer de l'air frais et pur dans le local.

Toutefois, l'air chauffé dans des calorifères métalliques à foyer ayant l'inconvénient d'altérer les étoffes, les tapisseries, etc., il faut leur préférer les hydrocalorifères ou les calorifères à vapeur.

Le chauffage pour les salles de vente sera donc fait par de l'air chauffé modérément et pulsé mécaniquement.

Pour les autres locaux, bureaux d'expédition, services de comptabilité, salles de confection, d'essayage, etc., il est préférable d'employer des surfaces de chauffe directes à eau ou à vapeur.

Si l'on emploie des calorifères à foyer pour la salle de ventes, on aura donc deux installations, car pour le chauffage des services commerciaux il faut un chauffage par eau à petit volume réglable ou par la vapeur.

Dans le cas de magasins avec grand hall vitré, il y a lieu de faire le chauffage par la vapeur ou l'eau à petit volume.

Mais il est impossible de passer contre les parois ; souvent les sous-sols sont encombrés par les services d'expédition ou par des stocks de marchandises susceptibles de brûler ; on ne peut, à moins d'avoir un sous-sol spécialement aménagé, employer des calorifères à air chaud à foyer ou autres sans annihiler une partie importante du local.

On place alors les conduites et surfaces de chauffe, devant chauffer, l'air dans des caniveaux réservés dans le plancher du magasin de vente, caniveaux recouverts de plaques de fonte, placés dans les passages existants entre les différents comptoirs et communiquant avec des prises d'air extérieur situées en contre-bas. De ces canivaux peuvent partir des conduits allant à des bouches d'émission d'air chauffé, alors les plaques de fonte des caniveaux sont pleines.

Dans les pièces d'étage spécialement affectées, s'il y a de grandes baies, on place les surfaces de chauffe en avant de ces ouvertures et dans l'embrasure si possible ; enfin, dans les locaux de services particuliers : ateliers de réparations, services de la comptabilité, de la construction, de l'entretien, ateliers des coupeurs, réfectoires, etc., on place des surfaces de chauffe directes commandées par des robinets.

Le hall vitré porte toujours le cordon de chaleur empêchant les tombées d'air froid venant du vitrage.

Si les services sont divisibles, au point de vue de l'économie et de la simplicité du service, c'est le chauffage à vapeur à basse pression qui s'impose ; sinon, la vapeur sous pression est à préférer.

Dans les magasins, les sous-sols communiquant continuellement par des escaliers avec le rez-de-chaussée, les prises d'air peuvent prendre celui-ci dans les sous-sols et près des sources de chaleur, surfaces de chauffe, hydrocalorifères ou autres ; il en résulte un tourbillonnement de l'air de l'enceinte, et l'appel en contre-bas empêche la chaleur de s'accumuler à la partie supérieure dans les étages.

Si l'on emploie des calorifères, les bouches de chaleur doivent être portées aussi loin que possible de ceux-ci.

Dans les grands magasins à hall vitré, il n'y a pas lieu de prévoir de ventilation, l'espace étant immense, les causes d'infection nulles, les occupants peu nombreux, et l'ouverture des portes fréquentes ; celles-ci doivent être établies de façon qu'elles reviennent sur elles-mêmes et se referment seules par l'action d'un ressort.

CHAUFFAGE DES ÉTABLISSEMENTS PUBLICS

Dans les établissements publics, où les services sont ordinairement nombreux et importants, comme emplacement et comme personnel, le chauffage doit être établi de façon à se plier aux exigences de chacun, et aux exigences de chaque local par destination. *A priori*, il est donc difficile de prévoir le système à employer, les établissements publics étant d'importance très variable d'après la ville même où ils se trouvent ; et le budget que l'on affecte à ces installations, étant souvent restreint.

Dans les bureaux, si l'installation est assez importante, la vapeur à moyenne et à basse pression avec surfaces directes dans le local se prête mieux que tout autre procédé à un réglage rapide et par conséquent aux exigences de chacun ; l'ameublement des bureaux, du moins pour la plupart, ne souffre pas de la vue des surfaces chauffantes, surtout si l'on emploie les radiateurs.

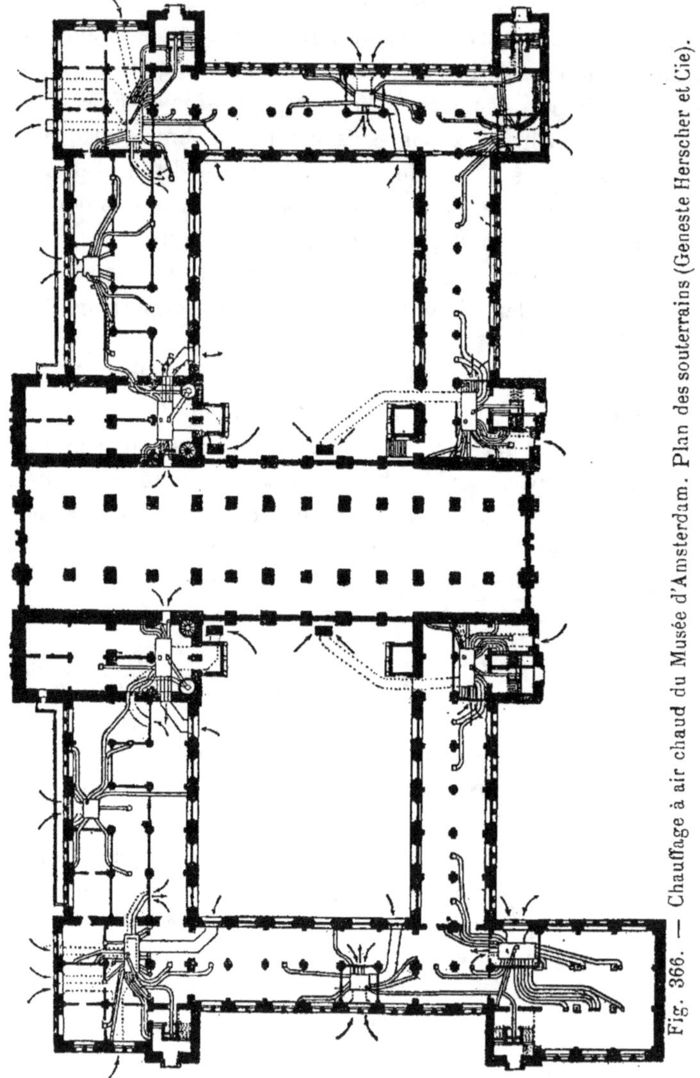

Fig. 366. — Chauffage à air chaud du Musée d'Amsterdam. Plan des souterrains (Geneste Herscher et Cie).

Dans les salons, salles de fêtes, il y a généralement lieu de ne pas mettre de surfaces chauffantes dans le local, tant pour ne pas nuire à l'ornementation que pour ne pas encombrer.

Il peut y avoir à certains moments une grande agglomération de monde, une grande quantité de poussière les jours de bal ; il est donc nécessaire d'avoir un chauffage par émission d'air à température moyenne et en grande quantité ; l'emploi du calorifère est donc justifié, et, si l'on dispose d'un moyen mécanique, la pulsion de cet air est toute indiquée ; les salons n'étant occupés relativement que peu souvent et pendant un temps restreint, on peut, à cause de l'économie d'installation, utiliser le calorifère à foyer ; si la question d'économie n'est que relative, le calorifère à vapeur sera préférable.

Dans les appartements, le chauffage par surfaces directes semble assez applicable, car il a l'avantage de ne pas altérer ni salir l'ameublement comme le fait l'air chaud ; il donne une chaleur douce, réglable à volonté, et l'on peut avoir des meubles en rapport avec le style du mobilier pour renfermer les surfaces.

De ces considérations il résulte que l'on emploiera :

1° Pour les établissements de petite importance, ou disposant d'un budget restreint pour l'installation et l'entretien, le chauffage à air chaud par calorifères à foyer (fig. 366).

2° Pour ceux de moyenne importance, le chauffage à vapeur à basse pression, avec surfaces placées directement dans les bureaux et appartements ; bouches d'émission d'air chauffé en sous-sol dans des batteries pour le chauffage des salles de fêtes, salons de réception ; et s'il y a un secteur électrique dans la ville, machine réceptrice et ventilateur pour pulser mécaniquement dans ces locaux l'air légèrement chauffé.

3° Pour les établissements de grande importance, si les services peuvent être divisés, à cause de l'importance de chacun, comme emplacement, personnel, chaleur à fournir, le chauffage à vapeur à basse pression, avec une chaudière par service ou par partie de bâtiment, les services d'un même corps de bâtiment ayant des rapports fréquents entre eux ; pour le chauffage des salles de fête, émission d'air légèrement chauffé et pulsé mécaniquement ; pour les appartements, emploi de la vapeur à basse pression avec chaudière spécialement affectée au service, ou du chauffage à eau à petit volume ; dans les grandes salles du public, chauffage par air chaud émis par des batteries placées en sous-sol, mais sans pulsion mécanique.

Dans les bureaux et appartements, chauffage par surfaces placées dans les locaux, soit par rayonnement seul, soit par rayonnement et par émission d'air pris à l'extérieur et à peine chauffé.

4° Si les services ne peuvent être divisés, ou qu'il y ait une installation mécanique demandant des générateurs de vapeur à haute pression, emploi de la vapeur à pression, avec circulation allant directement aux combles et se distribuant par colonnes descendantes dans les divers locaux.

Dans tous les cas, les canalisations doivent être établies, de façon à combattre autant que possible le froid là où il se produit ; donc, dans le cas de halls vitrés, de grandes salles avec baies très larges, abstraction faite des salles de fête, salons et pièces d'ameublement riche ou spécial, il faut des cordons de chaleur au bas des vitrages, des robinets de commande permettant d'isoler les surfaces de chauffe de chaque local séparément, des vannes de commande pour suspendre le chauffage d'un service complet en cas de nécessité ou d'accident, sans influencer les autres locaux ; des registres permettant de faire varier la quantité d'air émise dans le cas de chauffage par émission d'air ; des dispositions de tuyauterie permettant l'isolement de chaque batterie des calorifères placés en sous-sol.

CHAUFFAGE DES THÉATRES

Au point de vue du chauffage, les théâtres se divisent en quatre parties : la salle où se tiennent les spectateurs, la scène où sont les artistes, les loges où ceux-ci prennent leurs costumes de représentation et les services et bureaux annexes, foyers d'artistes, du public, ateliers de costumes, magasins, etc.

Au point de vue de l'occupation, le public n'est dans la salle que pendant les représentations, et à ces moments-là seulement,

sur la scène, se trouvent les artistes en costumes spéciaux, il y a
alors agglomération d'individus, d'où une grande production d'air
vicié.

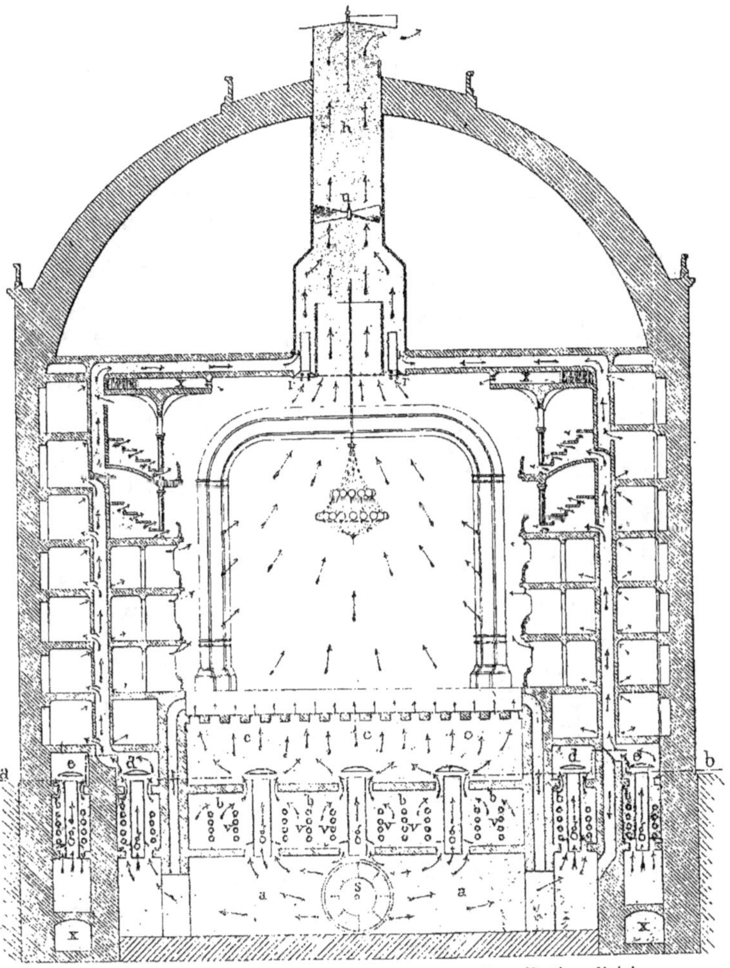

Fig. 367. — Chauffage de l'Opéra de Vienne (Insufflation d'air).

La salle ne prenant jamais jour au dehors, un seul chauffage est
possible, celui par émission d'air chauffé à très faible température,
pulsé mécaniquement en grande quantité et de manière à con-

server toujours un léger excès de pression de l'intérieur sur l'extérieur.

Il est important que cet air, amené directement près des spectateurs, s'échappe dans la salle par des grillages placés sous les fauteuils, s'ils sont en plancher horizontal, ou en avant des gradins si les places sont de balcon et d'amphithéâtre, ou par des

Fig. 368. — Chauffage du théâtre de Nice (eau à petit volume).

conduits et des bouches spéciales placées à l'arrière dans les loges. La vitesse d'entrée doit être insensible afin d'éviter tout courant d'air, et l'évacuation doit se faire par la partie supérieure du bâtiment (fig. 367 à 369).

La scène peut être occupée, sans que la salle le soit, pendant les études et les répétitions ; celles-ci se font ordinairement en costumes de ville et il y a lieu seulement de prévoir un chauffage à air chaud sans pulsion mécanique et dans le but surtout de chauffer le sol, le froid aux pieds étant le seul à craindre (fig. 370).

Les loges ne sont occupées que pour les changements de costumes par les artistes qui sortent généralement de la scène où il

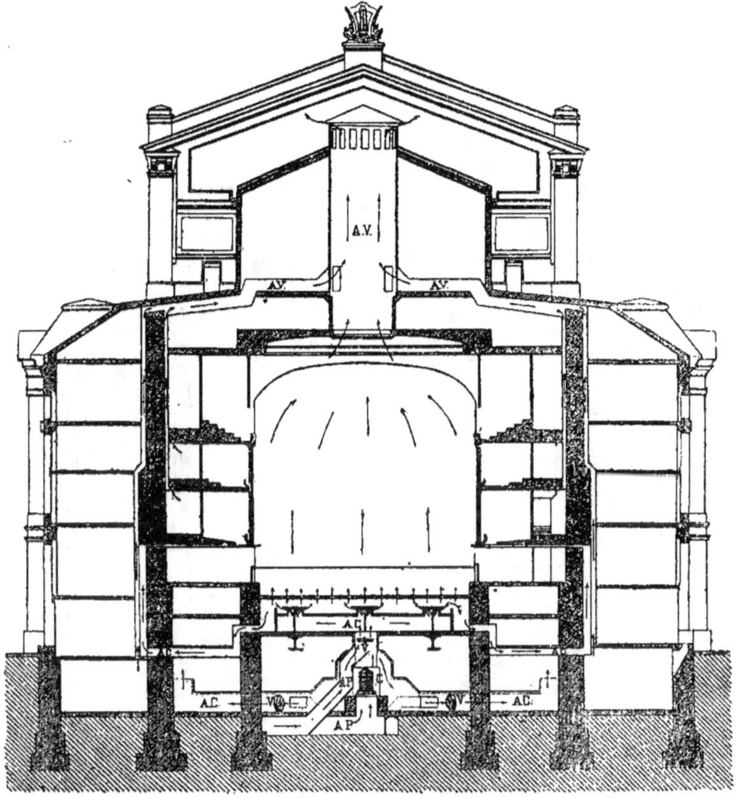

Fig. 368. — Chauffage du théâtre de Genève (calorifères à foyer à air chaud).

fait chaud, et se rendent dans leurs loges par des escaliers et des couloirs qu'il est indispensable de chauffer, si l'on ne veut exposer les acteurs aux fluxions de poitrine, maux de gorge, etc. Dans la loge même, ils prennent du mouvement pour se dévêtir et revêtir, il y a donc lieu de ne prévoir qu'un chauffage modéré sans émission d'air par surfaces de chauffe directes rayonnantes (fig. 370).

Enfin, pour les foyers du public, foyers d'artistes, de la danse, etc., où l'on reste peu de temps pendant les entr'actes, où les portes sont nombreuses, où les baies sont larges, le chauffage peut être fait par des surfaces chauffant ou par rayonnement simple ou par rayonnement et convection, situées dans le local et dissimulées sous des enveloppes décoratives ou dans les cheminées ornementales qui existent généralement dans ces locaux.

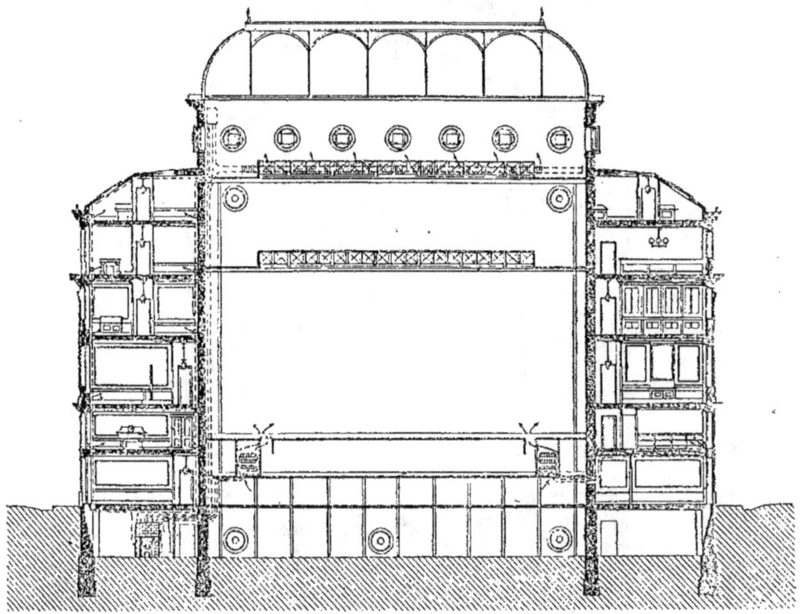

Fig. 370. — Chauffage de la scène et des loges de l'opéra-comique (eau à petit volume).

Dans les bureaux, ateliers, magasins, ateliers de costumes, le chauffage direct sera aussi parfaitement utilisable.

Le service de la salle peut donc être absolument indépendant, et le chauffage doit être fait par l'air chaud ; le calorifère, la pulsion étant mécanique, pourra être à foyer, à eau chaude ou à vapeur, suivant l'importance de l'installation. Les autres services pourront être groupés sur un ou plusieurs foyers et le chauffage employé pourra être, ou à eau à moyen et à petit volume, ou à vapeur à basse pression ; celui-ci étant à préférer au point de vue économique.

Dans beaucoup de théâtres, vers le gril, le plafond est vitré et il en résulte des tombées d'air froid très gênantes pour les artistes en scène ; il est bon de combattre cet effet en mettant au bas du vitrage un cordon de chaleur ou une surface de chauffe (fig. 370).

CHAUFFAGE DES HOPITAUX

La qualité primordiale que doit remplir un système de chauffage pour hôpital est l'hygiène, la salubrité. Les considérations hygiéniques doivent passer avant toutes les autres, c'est pourquoi l'on peut dire, *à priori*, que le chauffage à air chaud avec calorifère à foyer ne sera jamais à employer pour les pavillons de malades.

Le chauffage par émission d'air chauffé dans des appareils situés en cave et circulant dans des conduits assez longs, où la poussière s'agglomère, sera aussi à rejeter.

Le système à appliquer sera toujours celui à surfaces chauffantes directes, placées le long des murs et à la tête des lits des malades, ces surfaces chauffantes vers les fenêtres, seront en communication avec l'air extérieur de façon qu'il y ait émission d'air en assez grande quantité, cet air se chauffant très légèrement sur une partie de la surface de chauffe et n'ayant pas de conduits longs et sinueux à parcourir.

Aux endroits d'émission d'air, la surface de chauffe sera ordinairement munie d'enveloppes métalliques disposées de façon à être facilement démontées pour la visite et le nettoyage des tuyaux ; à cause de cette facilité de nettoyage indispensable il faut préférer, soit les surfaces lisses, soit les surfaces avec lames excentrées assez espacées entre elles, soit encore les surfaces plates à lames rectangulaires à face supérieure lisse et d'un nettoyage facile.

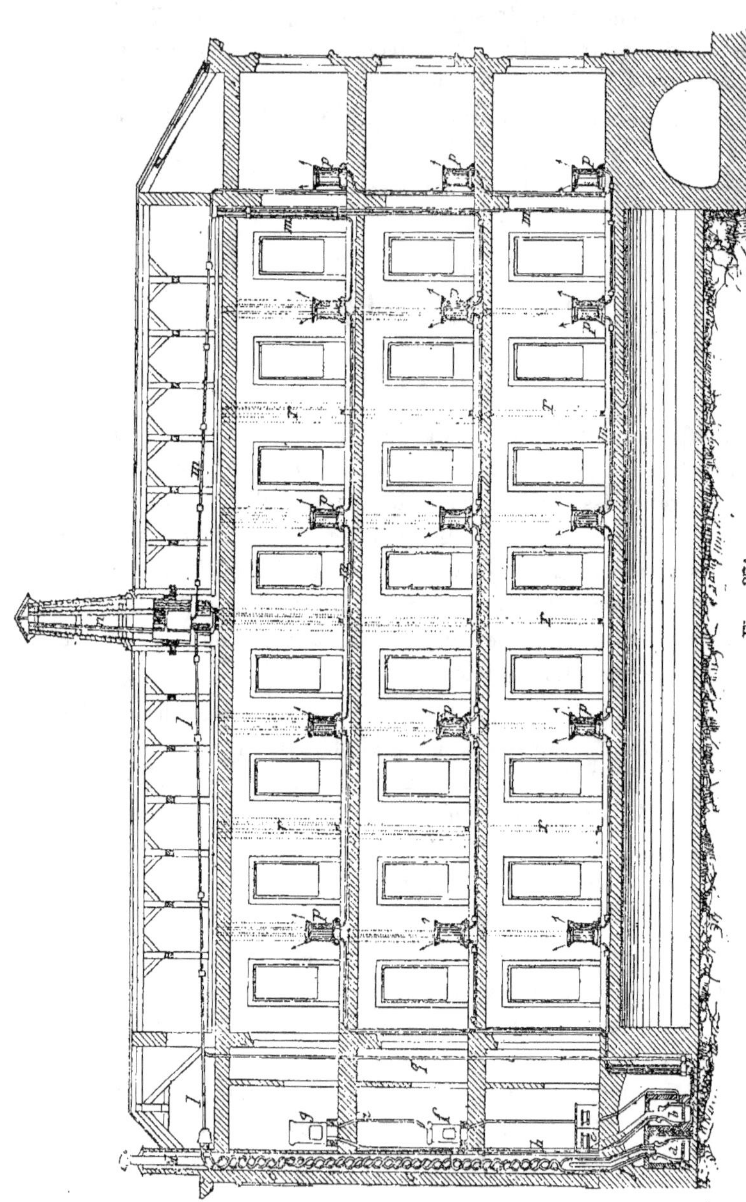

Fig. 371.

Chauffage de l'hôpital Lariboisière. Élévation. Chauffage mixte à la vapeur et à l'eau.

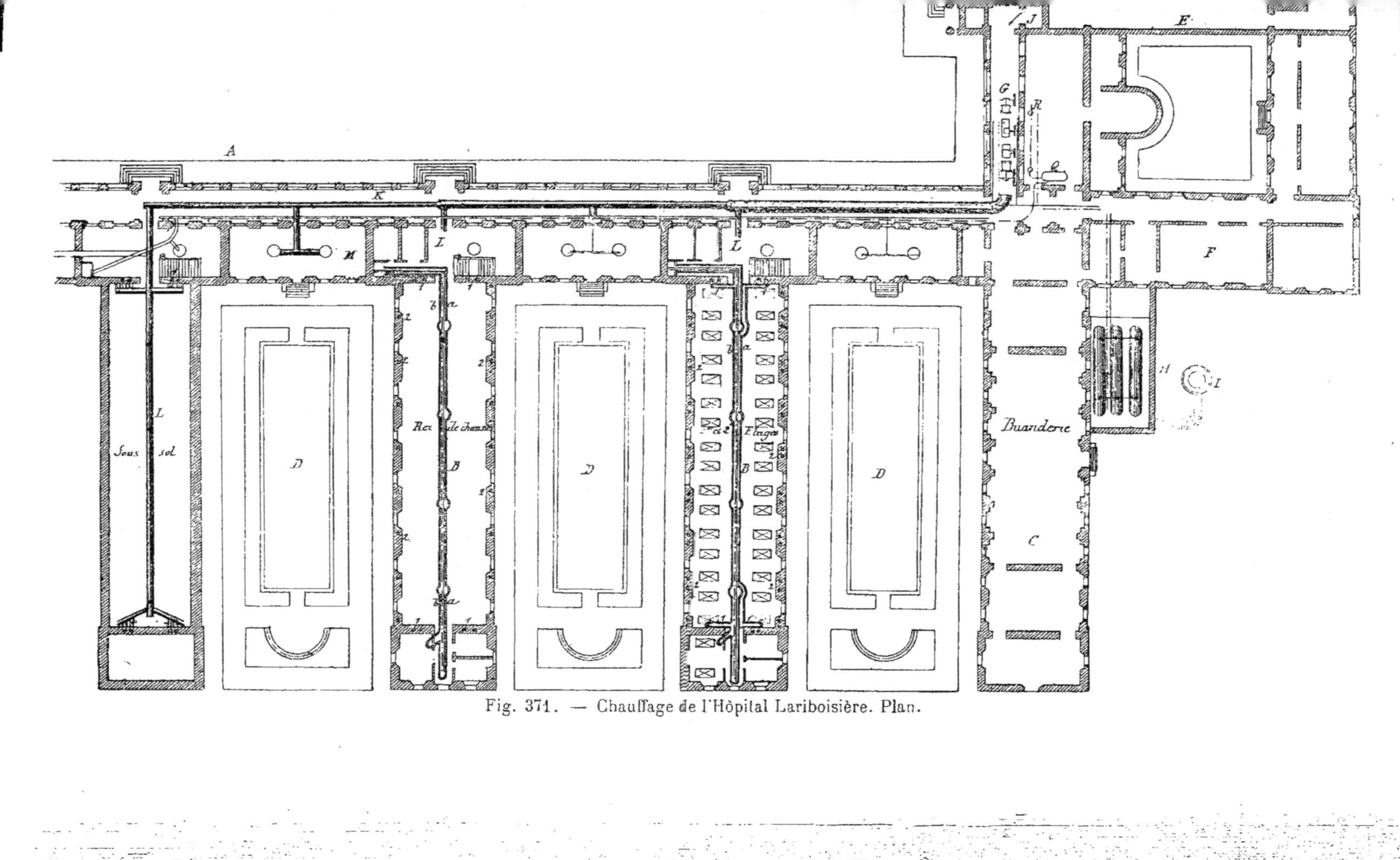

Fig. 371. — Chauffage de l'Hôpital Lariboisière. Plan.

Ces surfaces seront munies de robinets de commande que la surveillante de salle seule pourra manœuvrer.

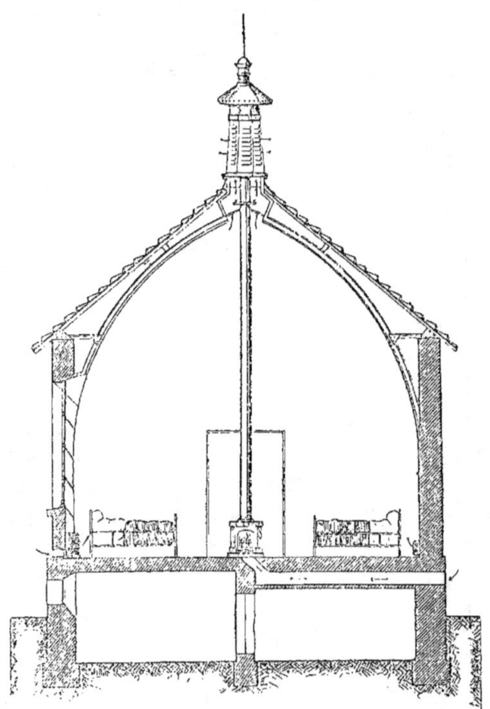

Fig. 371. — Hôpital du Mans. Chauffage à eau à petit volume.

Les pavillons étant généralement divisés par nature de maladies, les diverses salles d'un même service étant sous la haute direction d'un médecin ou chirurgien chef et ces maladies demandant à peu près les mêmes températures, il peut y avoir intérêt à
diviser le chauffage d'après les services médicaux même, chaque
division étant commandée par un foyer spécial ou par une conduite telle que son isolement complet du service général soit possible.

Les systèmes utilisables sont donc ceux à eau (fig. 372) et à vapeur et cela d'après l'importance de l'installation ; toutefois le système mixte (fig. 371) semble préférable, que les surfaces de chauffe soient disposées de façon à contenir une réserve d'eau ou qu'il y ait des poëles spéciaux à eau, chauffés par un serpentin de vapeur.

Il ne faut pas non plus perdre de vue, qu'on doit pouvoir faire chauffer de la tisane à tout moment du jour et de la nuit et qu'il faut maintenir cette tisane chaude.

Pour le chauffage des tisanes, un foyer à gaz, placé dans le cabinet de l'infirmière de salle, peut évidemment être utilisé, mais les poëles à eau ou à vapeur doivent servir pour le maintien de la chaleur de ces tisanes une fois chauffées, et si l'on a des poëles à eau chauffée par des serpentins de vapeur, l'eau chaude de ces poëles pourra même être employée pour la confection des boissons.

Dans le service du chauffage, sont compris la buanderie, les bains, les postes d'eau, les laveries, etc., étant donnée la rapidité de transmission de chaleur de la vapeur à l'eau, le chauffage à vapeur est donc généralement à préférer, et, si les services s'y prêtent comme division, on ne saurait trop recommander le chauffage mixte à eau et à vapeur à basse pression, à cause de sa simplicité et de la facilité avec laquelle il se prête à un chauffage continu. Il est du reste applicable dans les petites comme dans les grandes installations, sa simplicité ne s'altérant pas par l'augmentation du nombre de chaudières, puisque celles-ci sont à chargement continu, demandent une surveillance nulle ou à peu près, prennent peu de place et n'apportent avec elles aucune chance d'accident.

CHAUFFAGE DES ÉTABLISSEMENTS MILITAIRES

Les appareils que l'on peut employer dans les établissements militaires, doivent, en satisfaisant aux conditions d'hygiène de l'air chauffé, permettre et favoriser la ventilation des locaux, présenter une grande simplicité de fonctionnement, se prêter, à la rigueur, à l'emploi de combustibles variés, être d'une extrême solidité et d'un prix peu élevé.

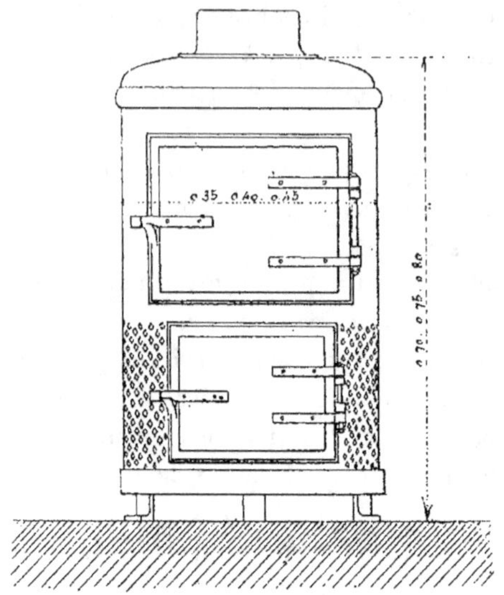

Fig. 373. — Poële pour le chauffage des casernes.

Généralement, le renouvellement de l'air des casernes et le chauffage peuvent être convenablement obtenus par l'emploi de dispositions simples.

Le chauffage des chambrées peut être fait, soit avec des poëles calorifères simples sans enveloppe (fig. 373) aménagés de façon à brûler de la houille, du coke, de la tourbe, etc., ou par les poëles calorifères avec enveloppe (fig. 374).

Les casemates peuvent être ventilées et chauffées par un poële calorifère (fig. 375) entièrement construit en fer sauf la pièce de foyer qui est en contact avec le combustible. Ce poële s'installe à l'intérieur d'une chambre en maçonnerie, l'air pur pris au dehors s'échauffe à son contact et est distribué dans la casemate par une série de bouches placées à la partie haute, près la naissance de la voûte.

Pendant le jour, une bouche de chaleur spéciale permet l'émission directe de l'air chaud au-dessus du calorifère ; cette bouche est aménagée de façon à fermer l'ouverture du conduit de chaleur en même temps qu'elle ouvre l'émission directe de l'air chauffé.

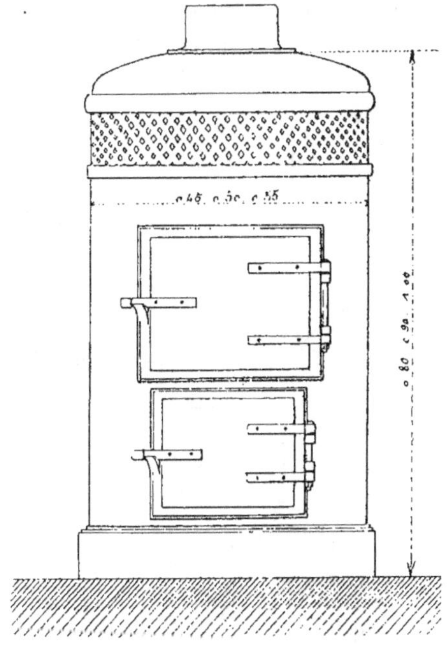

Fig. 374. — Poële calorifère pour le chauffage des casernes.

Pour les chambres d'officier, sous-officiers, salles de rapport, etc., on peut employer des poëles calorifères ou des poëles cheminées à feu apparent, produisant l'effet d'un foyer rayonnant et donnant une ventilation énergique, mais n'ayant pas la même qualité d'économie de combustible que les poëles çalorifères (fig. 376 à 378).

Enfin, pour les ambulances volantes (fig. 379), composées généralement de plusieurs tentes réunies à la suite l'une de l'autre, formées chacune de deux toiles superposées écartées de 0,08 à 0,10 m., afin de protéger l'intérieur par un matelas d'air, aussi utile en hiver qu'en été, en même temps que l'on a à l'intérieur une lumière douce et égale, on établit le chauffage en creusant longitudinalement dans l'axe de la tente une tranchée en pente dans laquelle pourra passer le tuyau de fumée d'un poële quelconque placé dans

un trou à l'extérieur de la tente du côté le plus bas de la tranchée
et à son extrémité ; ce tuyau de fumée va aboutir à la cheminée

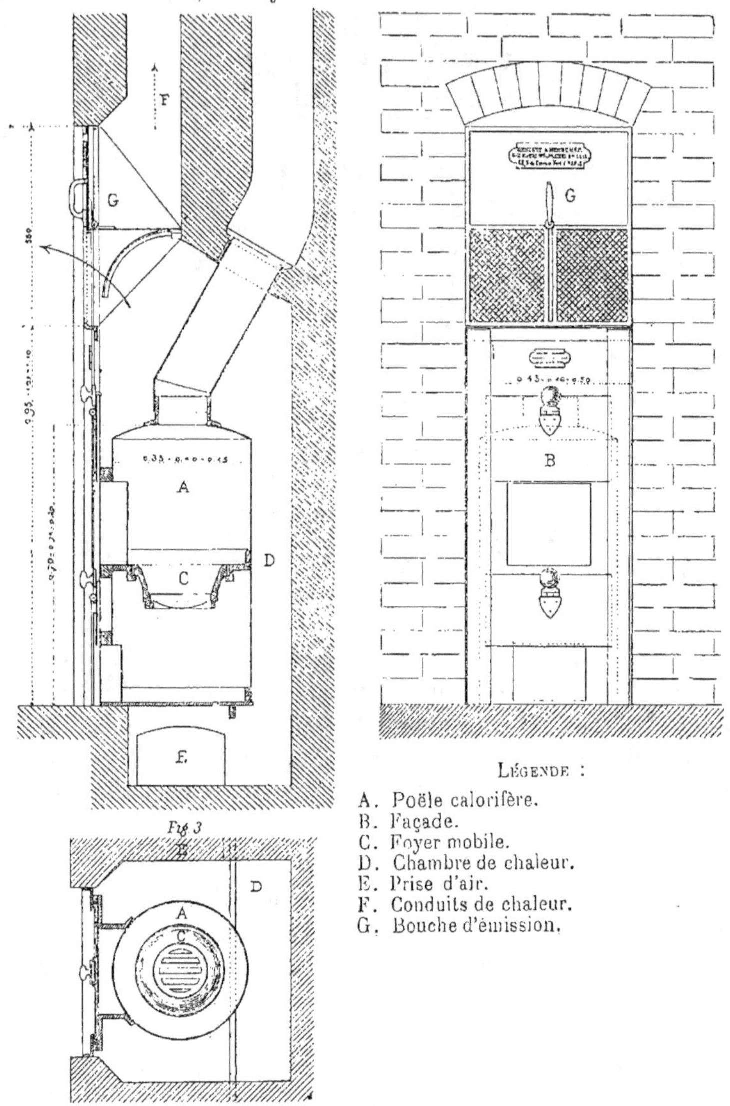

Fig. 375. — Chauffage des casemates.

verticale d'un foyer d'appel pour l'allumage placé à l'autre extrémité de la tranchée. En enveloppant ce tuyau vertical d'une double gaine, on peut créer une ventilation active dans la tente.

Fig. 376. — Poële cheminée en fer et fonte.

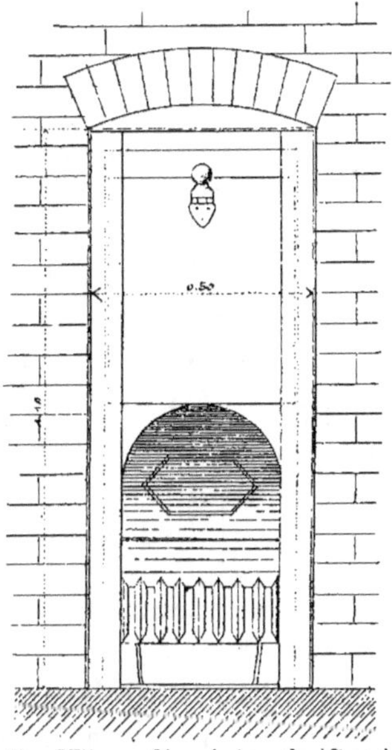

Fig. 377. — Cheminée calorifère à feu apparent.

Fig. 378. — Cheminée avec façade en fonte.

Le tuyau de fumée horizontal est surmonté de tuiles, de pierres ou de tôle avec des ouvertures de place en place pour l'émission de l'air chaud.

Le poêle est entouré d'une enveloppe pour le protéger contre la pluie.

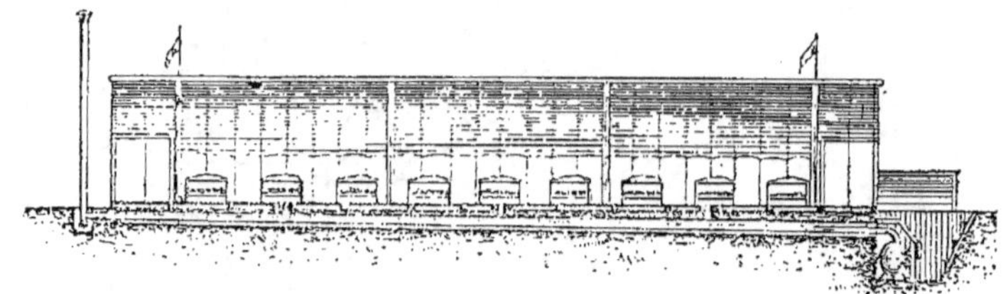

Fig. 379. — Chauffage des ambulances volantes.

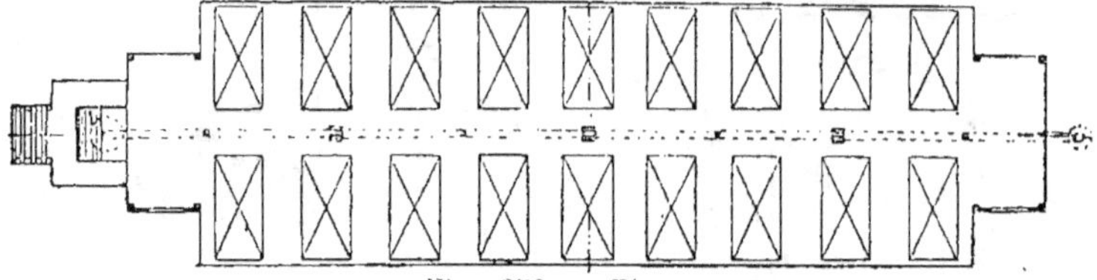

Fig. 379. — Plan.

Avec cette disposition on n'a pas de fumée dans la tente, on a le service du poêle à l'extérieur et on utilise toute la chaleur du poêle et de la fumée ; on peut régler l'accès de la chaleur pour avoir une température égale, enfin, on a au sol une chaleur presque égale à celle du plafond.

CHAUFFAGE DES SERRES

Le chauffage des serres doit être simple et surtout économique. De nos jours, cependant, où la serre, de local destiné à faire pousser rapidement des plantes dans un but de lucre, est devenue une annexe de beaucoup d'habitations, pour y faire venir et y conserver des plantes exotiques, où l'on fait des jardins d'hiver, rendez-vous de promenades et de fêtes, la question d'économie a perdu notablement de son importance.

La température à fournir dans les serres est fonction de la nature des plantes que l'on veut y conserver ; d'où les serres froides et les serres chaudes.

Toutefois, sur toutes les plantes, l'air chauffé à haute température et chargé de poussières a des effets déplorables, aussi le chauffage à air chaud par calorifères à foyer, n'est-il pas à employer, à moins cependant, que l'on ne fasse un chauffage par le sol, par les murs, ce qui est rare maintenant (fig. 380 à 383).

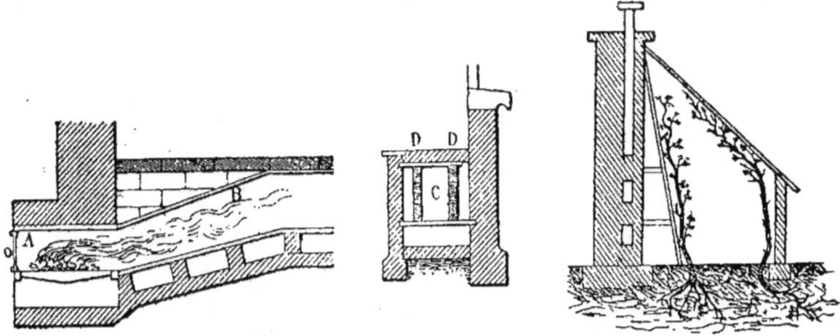

Fig. 380 et 381. — Chauffage des serres par les fumées circulant sous le sol ou dans les murs.

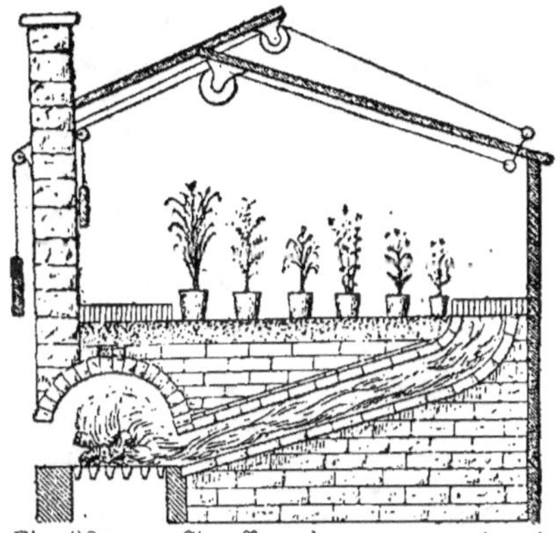

Fig. 382. — Chauffage des serres par le sol.

Dans les serres, il faut une grande stabilité de température, aussi le chauffage à eau est-il tout indiqué. On peut dire que l'on emploie aujourd'hui tous les systèmes, eau à grand volume, à moyen volume et à petit volume, après ne s'être jadis servi que des procédés à air chaud et même à gaz (fig. 384) : on utilise aussi aujourd'hui dans les grandes installations le chauffage par la vapeur.

Pour les serres, il est inappréciable d'avoir un chauffage salubre et régulier, continu, de pouvoir porter la chaleur à de grandes distances avec des pentes minimes, de l'emmagasiner à volonté pour les nuits d'hiver, de pouvoir, avec un même foyer, desservir des serres à des températures très différentes par la multiplication des tuyaux, de pouvoir au besoin régler cette température, d'éviter la fumée ou l'air surchauffé des poëles de fonte, de combattre le froid

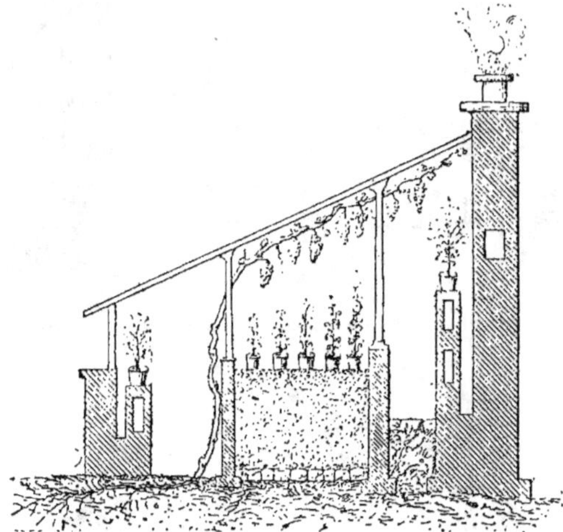

Fig. 383. — Chauffage des serres par les murs.

là où il se produit, de passer partout, sous les portes, à travers les bâches, sans gêner le service ni les plantes.

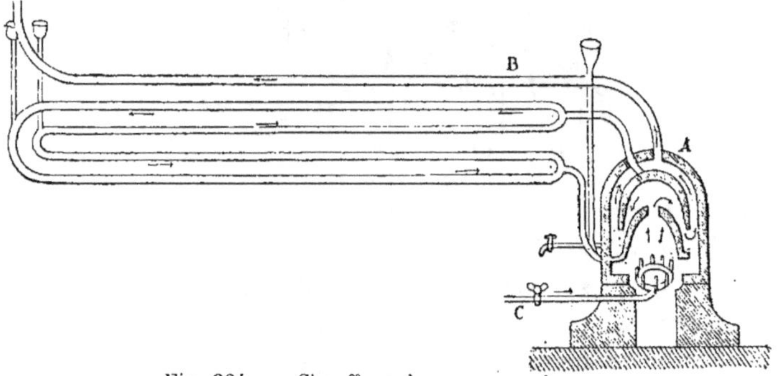

Fig. 384. — Chauffage des serres par le gaz.

La chaudière doit évidemment avoir les qualités que l'on a énumérées en parlant des chauffages à eau ; il est important qu'elle soit à foyer à alimentation continue et à réglage automatique, pouvant être modifié comme point de réglage d'après la température extérieure. Il faut en effet conserver dans une serre une température assez constante, malgré les variations du froid extérieur, pendant les différents jours de l'hiver et pendant une même journée.

La chaudière doit être placée à l'extérieur de la serre, soit entièrement ce qui est préférable, soit seulement par les orifices d'allumage, de chargement et de départ de fumée (fig. 385).

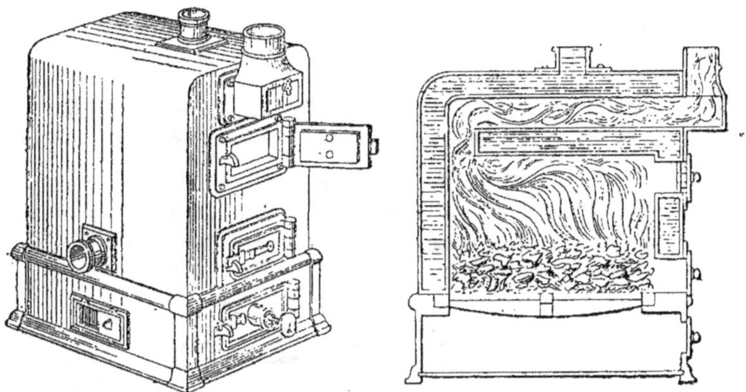

Fig. 385. — Chaudière à eau pour chauffage des serres.

Si le service est important, il sera prudent d'avoir deux chaudières pouvant communiquer toutes deux avec la circulation ; l'une servira de secours en cas d'accident ou de nettoyage nécessaire à l'autre. Il sera même bon de faire fonctionner un jour l'une, un jour l'autre, et dans les très grands froids il sera possible de les utiliser toutes deux.

Le tuyau de fumée peut être, ou intérieur ou extérieur à la serre.

Intérieurement, le tuyau sera métallique et constitué par des tubes en fer, de manière à avoir le moins de joints possibles ; extérieurement, il sera en poterie ou en tôle galvanisée, pour résister aux intempéries du temps.

Les tuyaux de circulation seront ceux en fonte ou en fer, lisses ou lamés, qui ont été indiqués dans les chauffages à eau (fig. 386 à 388).

La section de ces tuyaux pourra se calculer comme il a été indiqué.

Il y aura souvent utilité de mettre des cordons de chaleur, répartis à la partie supérieure, vers les vitrages, pour empêcher les froids descendants. Les autres surfaces pourront être placées, ou le long des parois, ce qui est le cas le plus ordinaire, ou réparties sous les gradins qui portent les pots et caisses contenant les plantes.

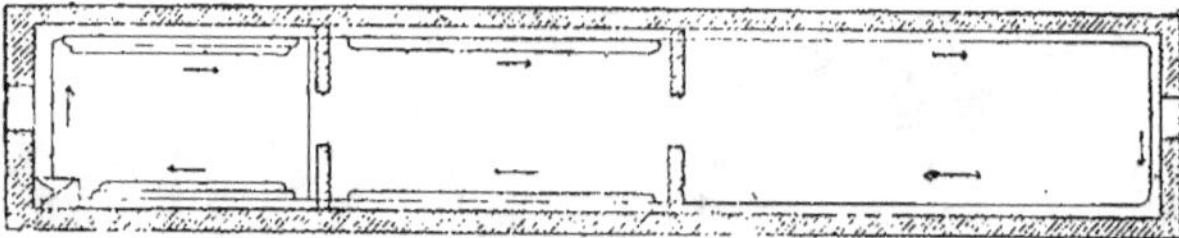

Fig. 386. — Chauffage des serres à des températures différentes.

Si la chaudière est à marche continue et à régulateur automatique, les surfaces de chauffe calculées seront toujours suffisantes pour parer à toutes les nécessités provenant du froid extérieur ;

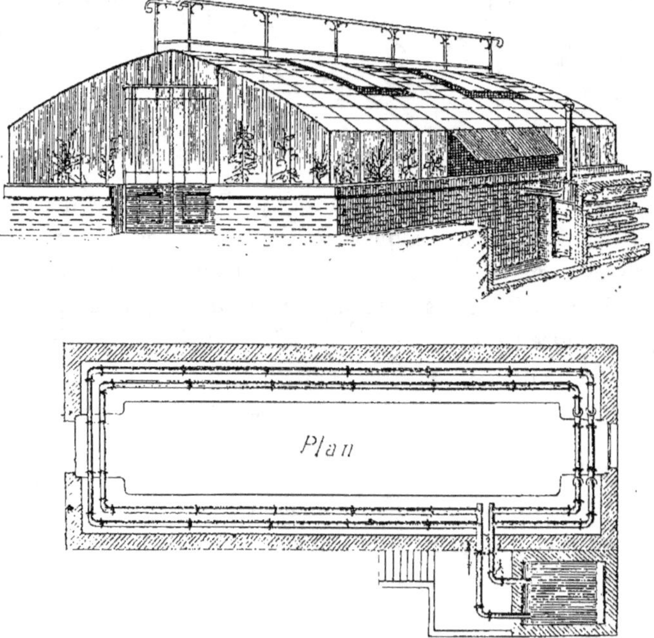

Fig. 387. — Chauffage des serres par l'eau à grand volume. Chaudière avec foyer Michel Perret.

mais, si la chaudière ne marche qu'une partie de la nuit, il faudra ménager quelques poêles à grande capacité d'eau, pouvant em-

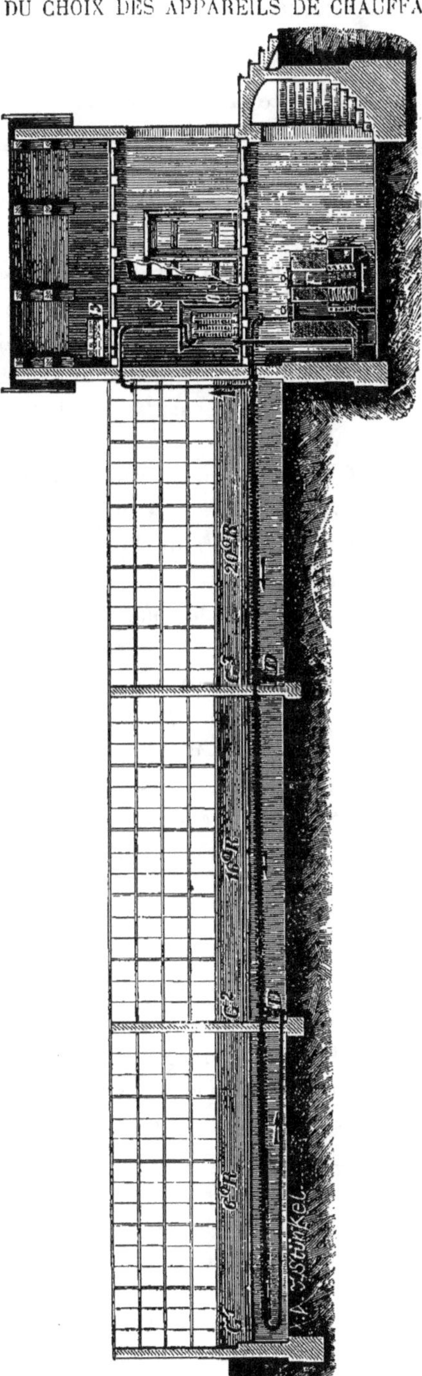

Fig. 388. — Chauffage de serres à des températures différentes (Élévation).

magasiner beaucoup de chaleur, pour suffire au chauffage pendant le temps que la chaudière reste sans fonctionner.

Si la serre forme jardin d'hiver, attenant à une habitation chauffée par la vapeur, il y aura utilité d'établir un chauffage à eau pour la serre même.

Cette chaudière ne sera autre qu'un récipient fermé, cylindrique par exemple, portant deux serpentins en cuivre desservis par la vapeur de la chaudière et servant de foyer. Ces serpentins seront chacun commandés par un robinet, et leur eau de condensation reviendra dans la circulation générale de retour à la chaudière de la même façon que celle des poêles et surfaces de chauffe de l'habitation elle-même.

Le jour, la vapeur chauffera l'eau du service à eau, comme le ferait une chaudière à eau ordinaire ; la nuit, si la chaudière à vapeur est d'un fonctionnement continu, il en sera de même de la chaudière à eau, sinon, le chauffage de la serre sera fourni par la chaleur contenue dans la grande quantité d'eau du thermosiphon.

L'installation étant ainsi faite, les rubans de chaleur sont desservis par le chauffage à vapeur, afin d'avoir des tubes de faible diamètre suspendus, tant au point de vue de la sécurité qu'afin d'éviter le toujours mauvais effet des gros tuyaux.

Si le chauffage à vapeur ne marche pas la nuit, il y a lieu de prévoir des paillassons, doubles vitrages, etc., dans la construction de la serre.

CHAUFFAGE DES BAINS

Si, dans l'intérêt de l'humanité, de la bonne humeur, résultat d'une bonne santé, le chauffage bien compris est absolument indispensable, il est tout aussi nécessaire de chercher à réaliser un désidératum, celui de pouvoir trouver dans chaque logement, à tout instant d'hiver, de l'eau chaude pour se livrer à tous les soins de propreté hygiénique, pour prendre des bains de toutes sortes.

Jusqu'ici, les hygiénistes semblent ne pas s'être préoccupés de

cela, et l'on peut dire que dans les grandes villes il y a plus de
50 0/0 de la population qui ne prennent jamais de bains complets,
tout au moins pendant l'hiver, ce à cause du prix de ces bains.
Jusqu'au jour où le chauffage ne sera pas rentré dans les mœurs, où,
dans chaque logement, on ne disposera pas des installations à eau
chaude ou à vapeur à basse pression, cette situation ne se modifiera
pas ; la population continuera à vivre dans la malpropreté, c'est-à-
dire dans les plus mauvaises conditions hygiéniques.

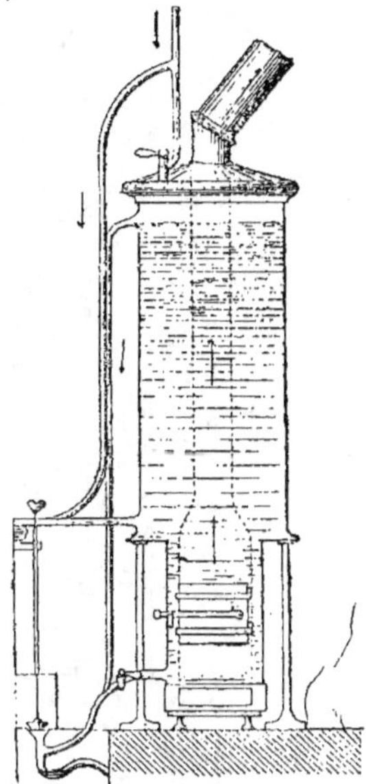

Fig. 389. — Chauffe-bains genre colonne à charbon.

Le chauffage des bains peut se faire de beaucoup de manières.
1° Par un foyer indépendant. C'est une chaudière cylindrique
en tôle que l'on place sur un fourneau à socle et qui est traversée
dans toute la hauteur par un tuyau qui fait l'office de cheminée
(fig. 389-390).

Toutes les parties touchées par la flamme peuvent être en cuivre
étamé, afin que l'eau ne soit en contact qu'avec des métaux inoxy-
dables.

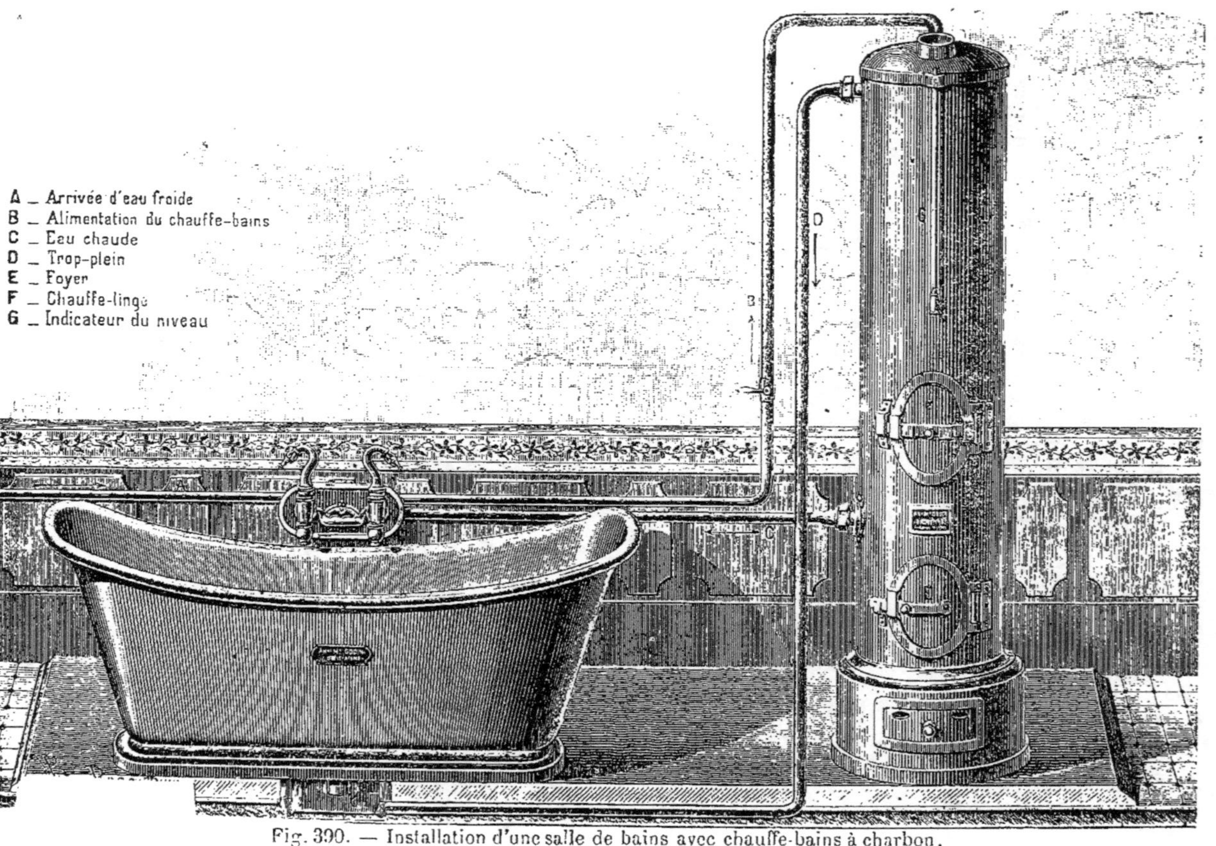

Fig. 390. — Installation d'une salle de bains avec chauffe-bains à charbon.

Cette chaudière porte un indicateur de niveau d'eau et trois tubulures, l'une d'arrivée d'eau ou d'alimentation, la seconde de départ d'eau chaude et la troisième de trop-plein.

Elle peut être ou non, munie d'un chauffe-linge. Il est utile d'entourer cette chaudière d'une enveloppe mauvaise conductrice.

2° Par un thermo-siphon en tôle communiquant avec la baignoire par deux tuyaux, l'un de départ, l'autre de retour d'eau (fig. 391-392).

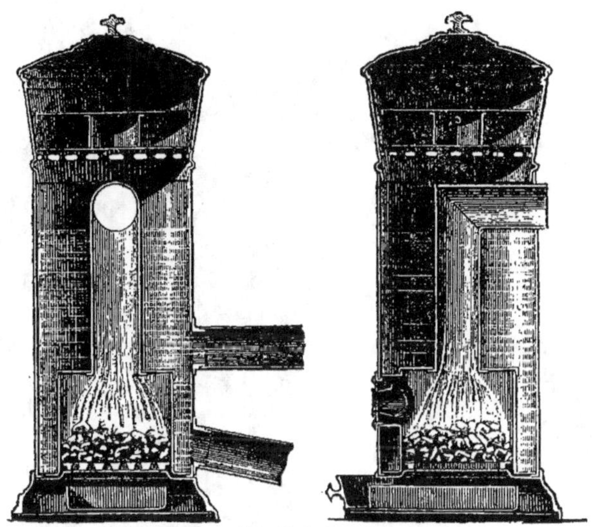

Fig. 391. — Chauffe-bains thermosiphon.

Le tuyau de fumée part latéralement, de façon à ménager à la partie supérieure une étuve ou chauffe-linge ; le combustible se charge par une porte pratiquée sur la paroi du chauffe-bains, dans le foyer qui peut être en tôle ou en cuivre, ce dernier préférable et qui est noyé dans l'eau.

Un pareil appareil se chauffe avec de la houille. Il peut aussi être muni d'un foyer à gaz (fig. 393).

On fait aussi des chauffe-bains instantanés au gaz avec appareils aménagés de façon que le courant étant établi l'eau rentrée froide sorte à 30 ou 35° environ. Ce réglage se fait par un robinet placé

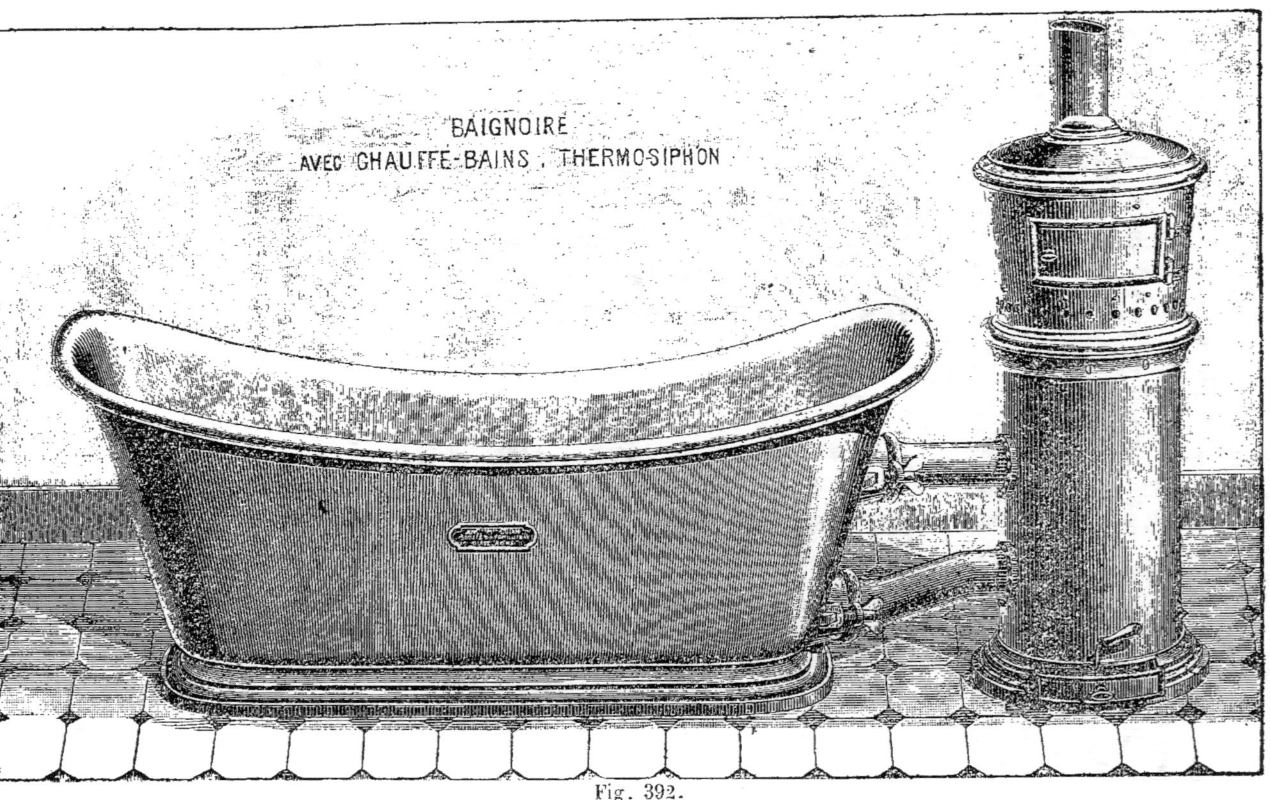

Fig. 392.

sur la conduite d'arrivée de l'eau, laquelle vient d'un réservoir qui ne doit pas pouvoir se vider, ou de la conduite d'eau froide de l'appartement, s'il en existe, par un tuyau de 25 mm. de diamètre (fig. 394).

3° Par les fourneaux de cuisine.

Dans les hôtels particuliers, le fourneau de cuisine (fig. 395) contient un bouilleur qui peut être relié par deux tuyaux à un réservoir fermé ; l'un des tuyaux part du haut du bouilleur et monte dans le réservoir, l'autre part du bas de celui-ci et rentre à la partie basse du bouilleur.

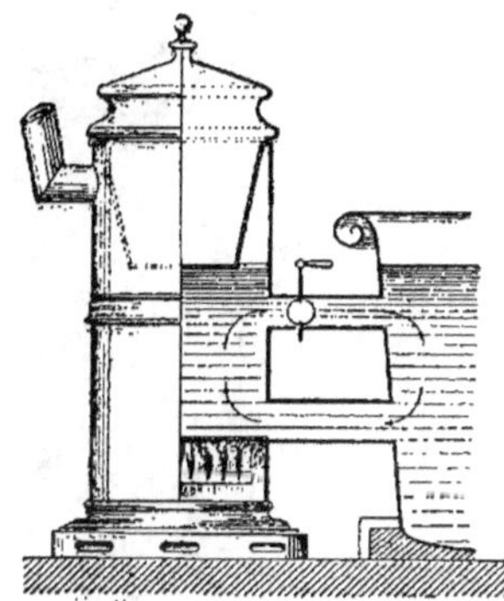

Fig. 393. — Chauffe-bains thermosiphon à gaz.

Ce réservoir, peut, au moyen d'un tube partant de sa partie basse, distribuer l'eau chaude dans les baignoires placées à un niveau plus bas que lui. Il est alimenté par la conduite d'eau sous pression de l'hôtel, par l'intermédiaire d'une bâche à flotteur ; sur la conduite d'eau froide on branche la prise utile pour la baignoire.

Dans les maisons à loyer, il peut être possible de placer le réservoir d'eau chaude dans la gaine, formant tuyau d'évacuation des gaz de la combustion du fourneau.

La figure 396 montre la disposition de M. Joly pour réaliser ce but.

Le réservoir est allongé et placé dans le tuyau de fumée ; il est percé de quatre tubulures, deux en haut, dont l'une pour l'alimen-

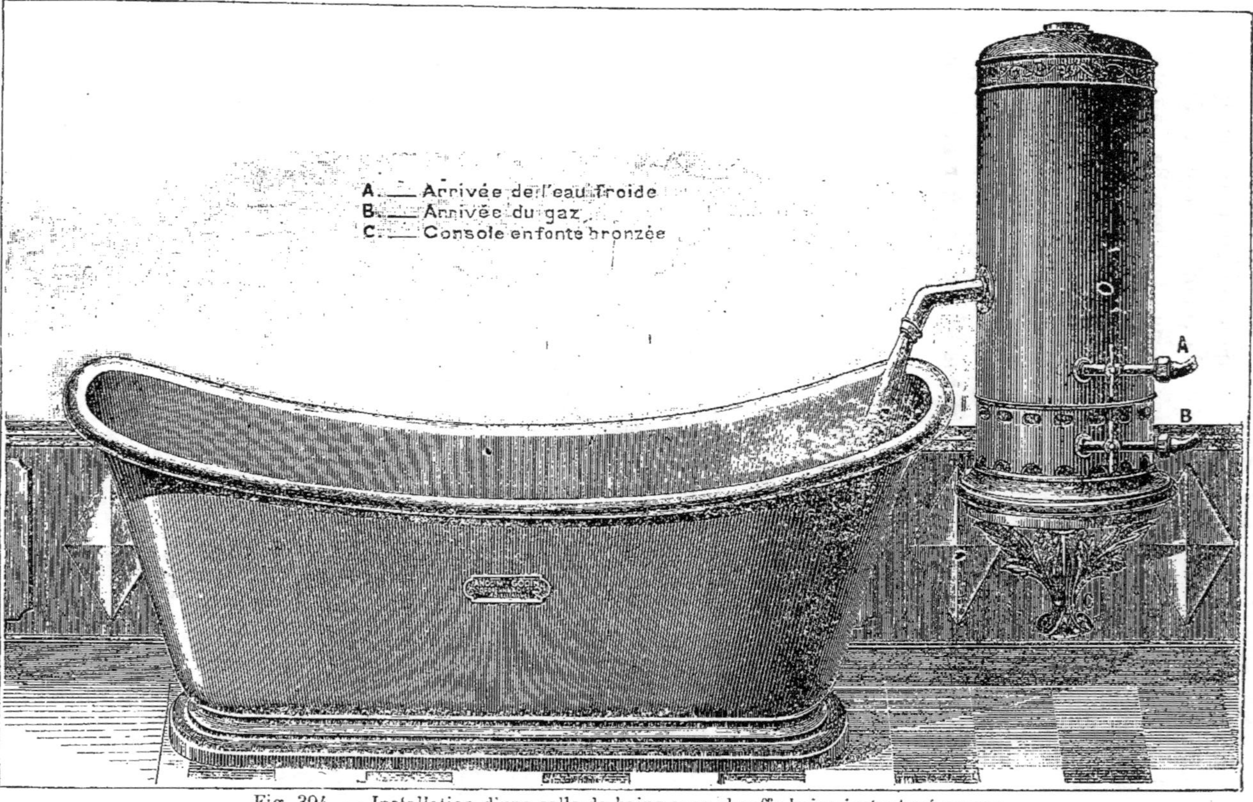

Fig. 394. — Installation d'une salle de bains avec chauffe-bains instantané au gaz.

tation d'eau froide et l'autre pour le trop plein du réservoir ; deux en bas, l'une pour l'alimentation d'eau chaude à la cuisine, l'autre pour celle de la baignoire. Le dessin suppose la salle de bains adossée à la cuisine, du côté du fourneau.

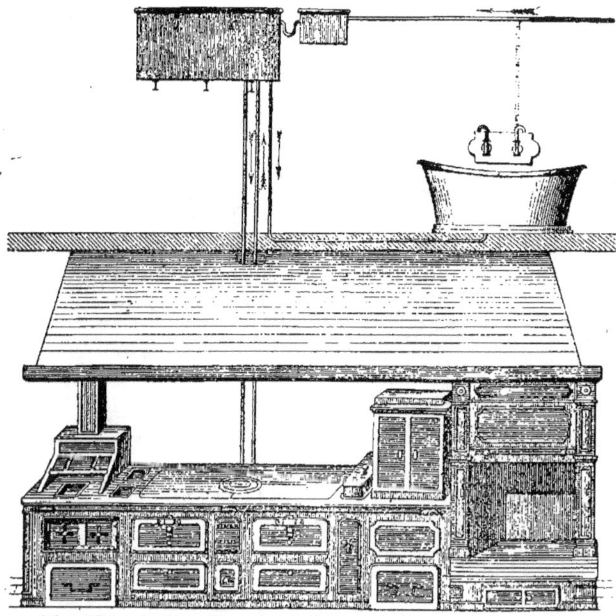

Fig. 395. — Chauffage des bains par le fourneau de cuisine.

De la distribution d'eau froide dans la cuisine, part le tuyau alimentant la baignoire.

Le réservoir peut être en tôle ou en cuivre étamé, entretoisé pour éviter qu'il ne se déforme ; il devra, à la partie supérieure, porter un trou d'homme pour le nettoyage, et à la partie inférieure un petit robinet pour la vidange. Il faudra que le démontage en soit facile, par l'enlèvement de la plaque d'avant du carneau dans lequel il est placé.

On peut, au-dessus, installer un foyer en cas de non allumage du fourneau de cuisine.

Il est bon d'ajouter un tuyau de fumée à celui-ci pour le cas de réparations à faire au réservoir (fig. 397).

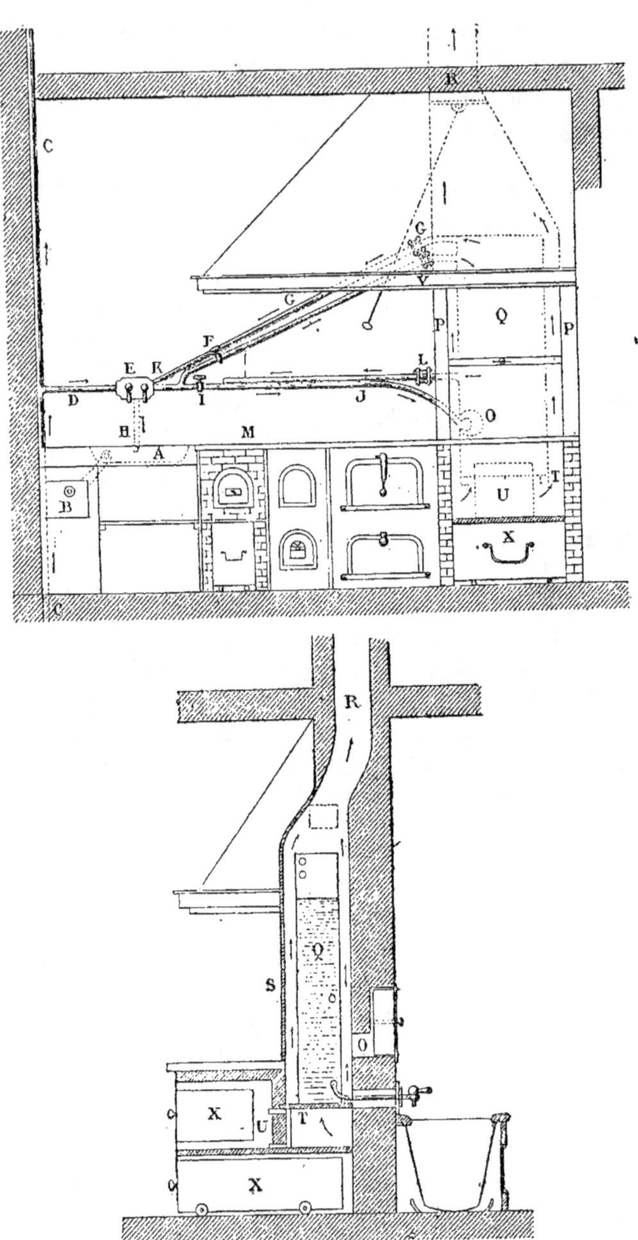

Fig. 396. — Chauffage des bains par les fumées perdues. Disposition, V. Ch. Joly.

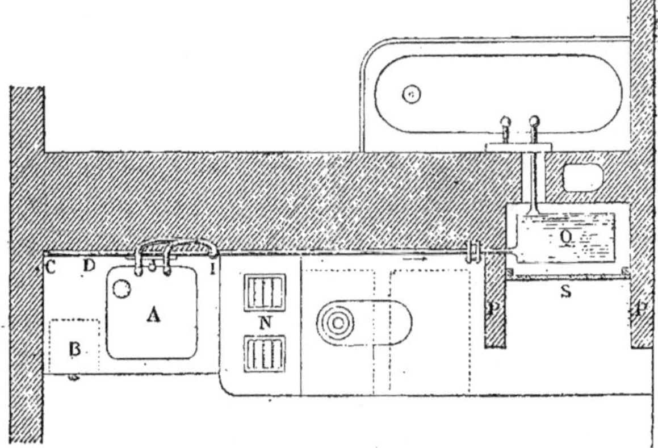

Fig. 396. — Plan.

Quand on disposera dans l'habitation de chauffages à eau ou à
vapeur, l'installation deviendra des plus simples.

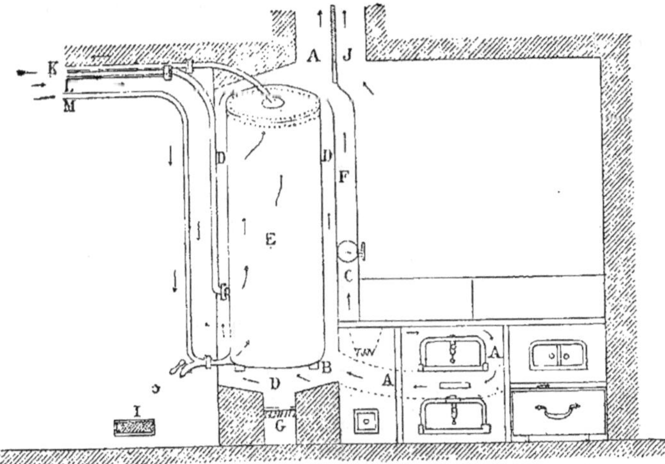

Fig. 397. — Chauffage des bains par le fourneau de cuisine avec adjonction d'un
tuyau de fumée pour le fourneau.

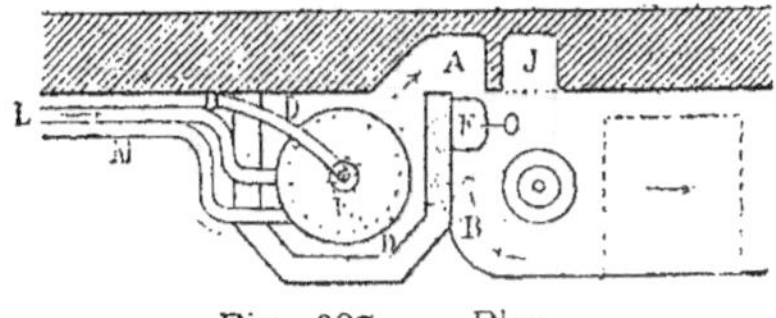

Fig. 397. — Plan.

Si l'on a une grande installation, on pourra établir, soit une chaudière à eau, soit un grand réservoir chauffé par un serpentin, ou par un double fond dans lequel circulera l'eau ou la vapeur de chauffage (fig. 398).

De ce réservoir, qui pourra être rectangulaire ou cylindrique, placé horizontalement ou verticalement, fermé et muni d'un tuyau d'échappement d'air, partira à la partie supérieure, l'eau chaude, pour revenir par une circulation continue dans ce même réservoir. Sur la canalisation ainsi faite, seront branchées des prises d'eau chaude nécessaires pour les différents services : lavabos, bains de pied, grands bains, douches tièdes, etc. (fig. 401).

Ce réservoir sera alimenté d'eau froide à sa partie inférieure, par l'intermédiaire d'une bâche ou de la conduite d'eau froide sous pression ; il portera un niveau d'eau à flotteur agissant sur une soupape réglant l'admission de l'eau froide.

Il devra aussi être muni de trous à main en nombre suffisant pour faire le nettoyage.

L'eau ayant ainsi une circulation continue, le rendement de la

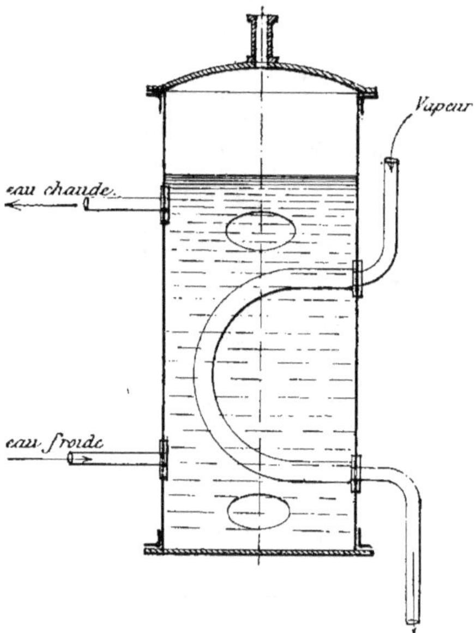

Fig. 398. — Chaudière pour bains. Chauffage par la vapeur.

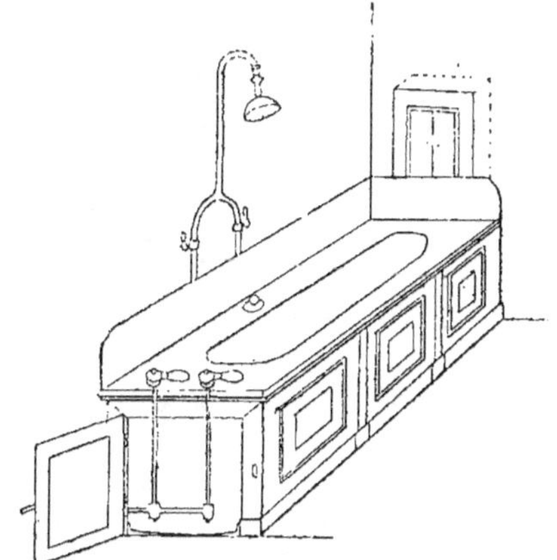

Fig. 399. — Disposition de la baignoire moderne.

transmission sera très amélioré et avec un serpentin ou double fond
en cuivre, on pourra compter sur un rendement de **1.500** à **2.000**
calories par m² de surface de chauffe, s'il n'y a pas d'ébullition de
l'eau, ce qui est le cas ordinaire.

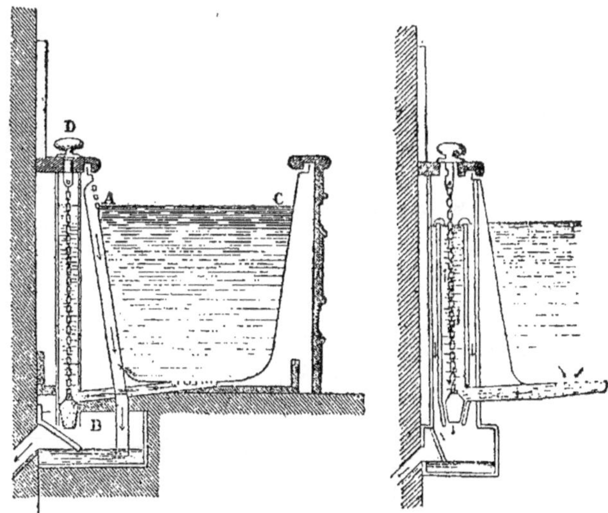

Fig. 400. — Disposition du trop-plein et du siphon dans une baignoire bien établie.

Dans les petites installations, tels que logements particuliers, le
réservoir sera plus petit, plus simple de construction et consistera,

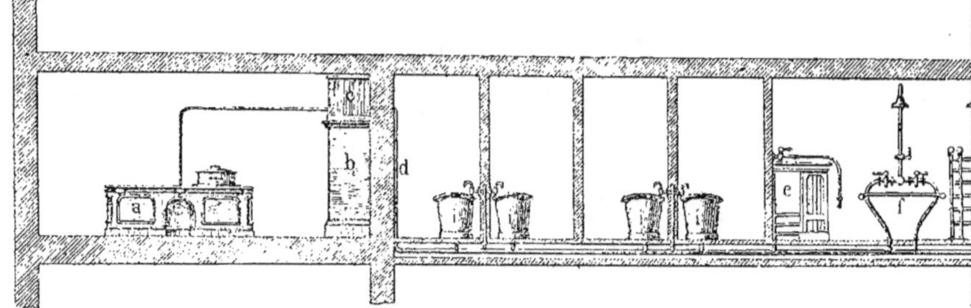

Fig. 401. — Bains pour pensions et communautés. — Légende : *a*. Fourneau ; *b*. Etuve; *c*. Rés
d. Conduit eau chaude ; *e*. Tribune ; *i*. Baignoires ; *f*. Douche en pluie ; *g*. Douche en cerc

au besoin, en une simple bâche, ayant au fond un serpentin réglé
par un robinet et parcouru par l'eau ou la vapeur de chauffage.

Cette bâche sera en communication avec la conduite d'eau froide,
pour le remplissage, et par sa partie inférieure avec la baignoire,
pour l'alimentation d'eau chaude. On pourrait même chauffer l'eau
de la bâche par un barbottage de vapeur.

On voit par cette étude rapide, que, du jour où l'on aura dans
chaque logement un chauffage hygiénique, ce qui est possible

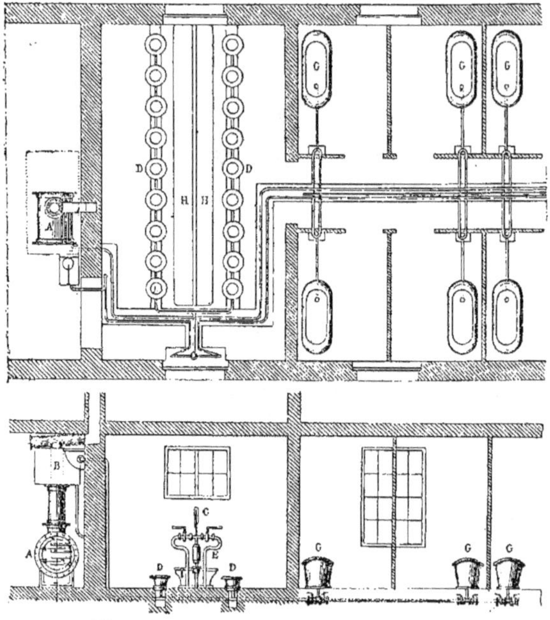

Fig. 402. — Bains pour collèges et lycées.

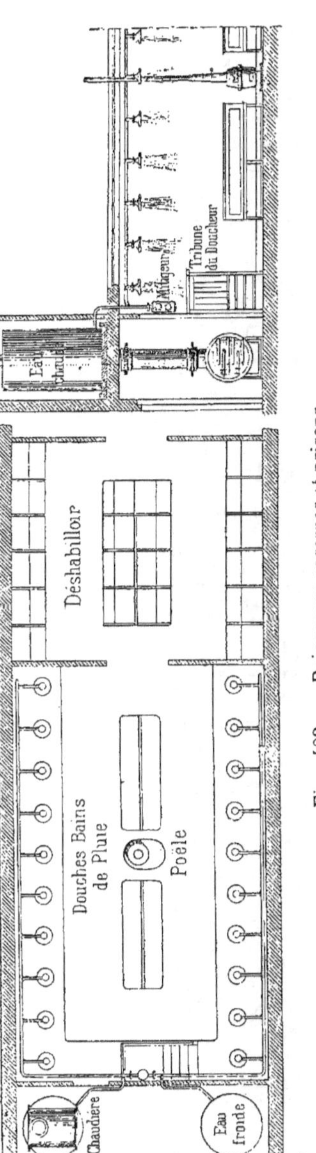

Fig. 403. — Bains pour casernes et prisons.

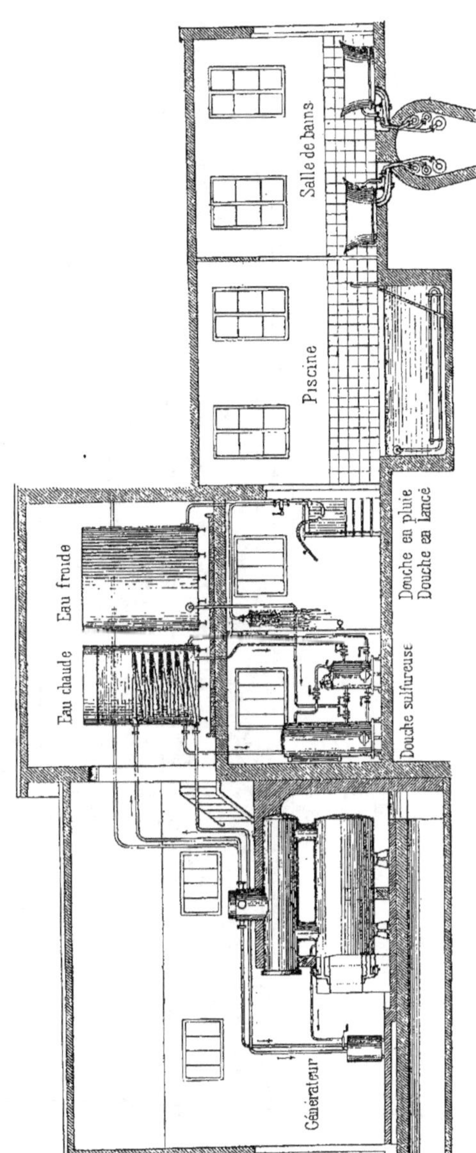

Fig. 404. — Établissements de bains pour hôpitaux. Chauffage par la vapeur.

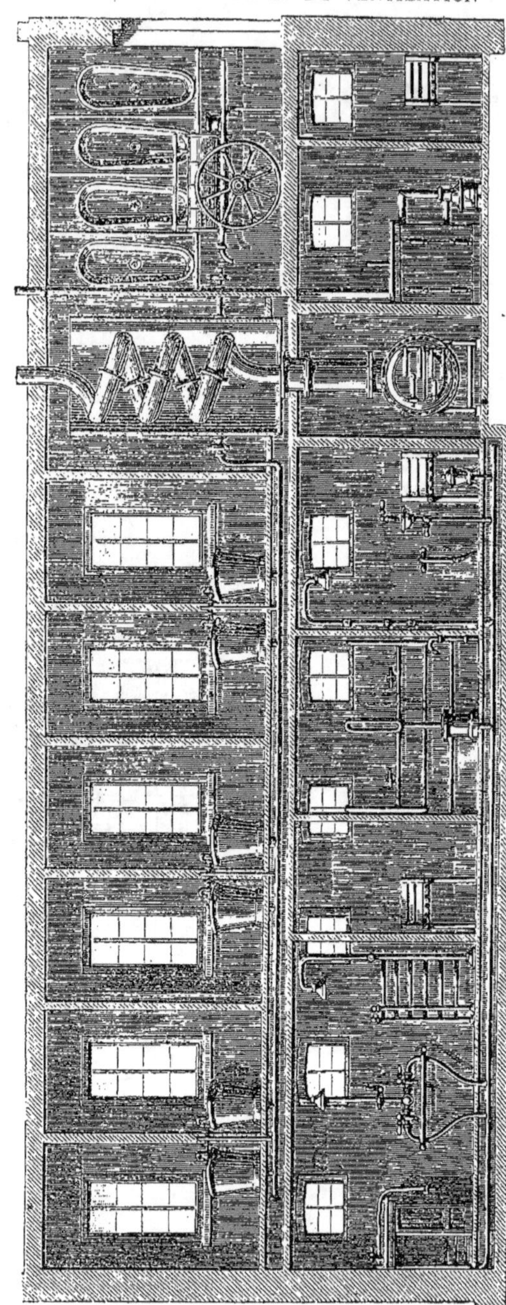

Fig. 405. — Disposition d'un établissement de bains publics.

Fig. 406. — Etablissement de bains avec douche ; séchoir à linge, piscine. Chauffage par la vapeur.

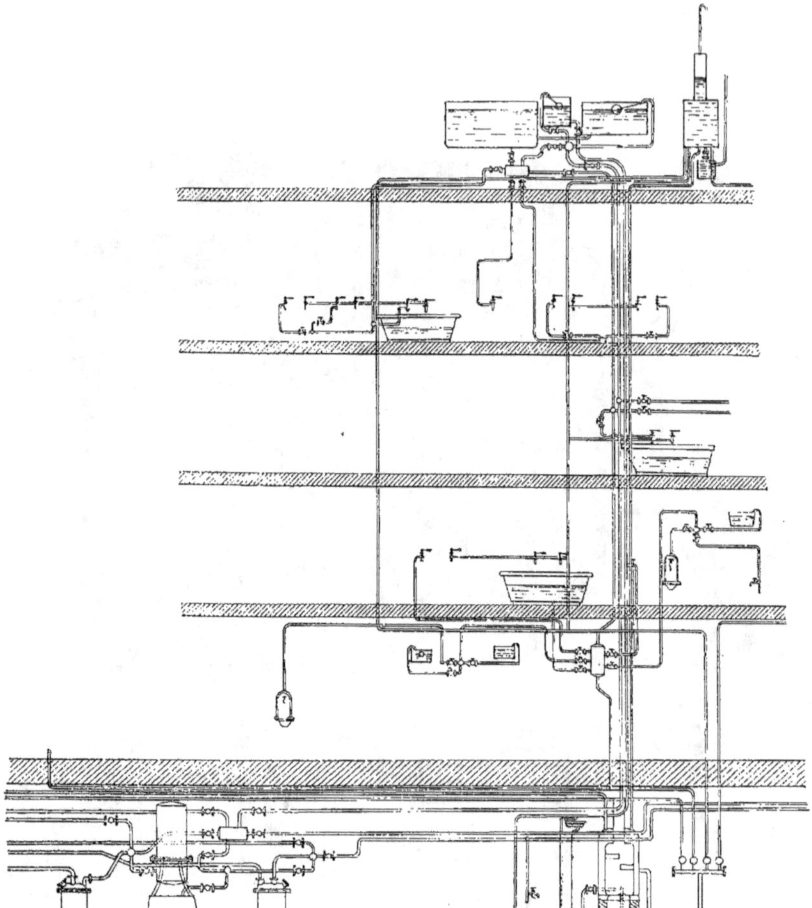

Fig. 407. — Schema de distribution d'eau froide et d'eau chaude dans un hôtel particulier.

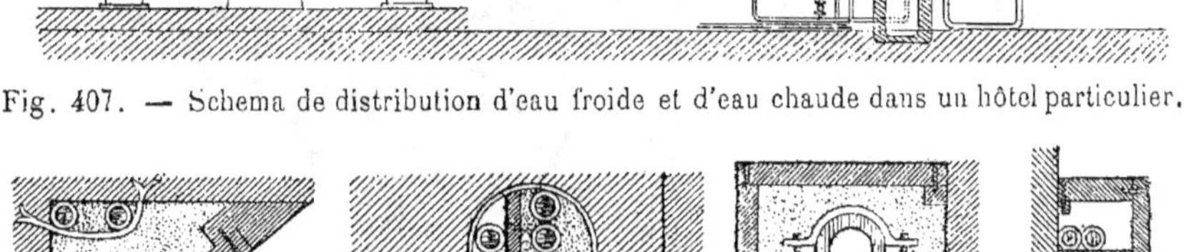

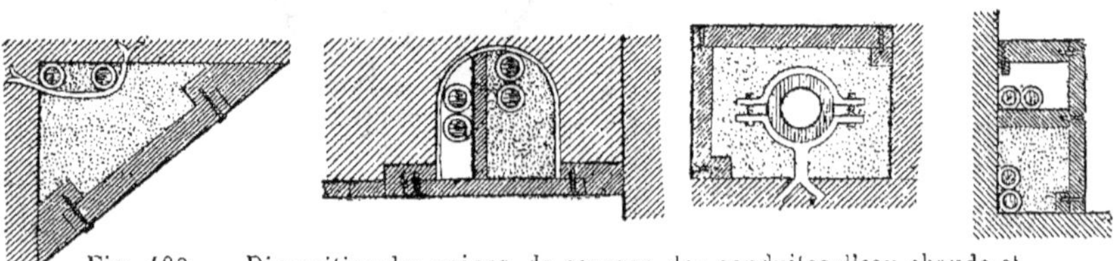

Fig. 408. — Disposition des gaines de passage des conduites d'eau chaude et
d'eau froide dans les habitations.

maintenant, avec les systèmes à vapeur à basse pression, on aura aussi facilement et très économiquement la distribution d'eau chaude, et par suite, les bains à la portée de tous.

CHAUFFAGE DES AMPHITHÉATRES

Le chauffage des amphithéâtres est toujours fait au moyen d'air légèrement chauffé et pulsé. Il est important en effet que le procédé de chauffage soit en même temps un procédé de ventilation, les amphithéâtres étant des locaux, où sont généralement réunis un grand nombre de personnes viciant l'air par les produits de leurs respirations pulmonaire et cutanée.

Il est absolument important que l'air chaud et pur arrive près des individus et que l'air vicié soit expulsé, loin d'eux ; la vitesse de l'air doit être telle, qu'il n'y ait aucune sensation de courant d'air, 0,20 à 0,25 m. par seconde au maximum.

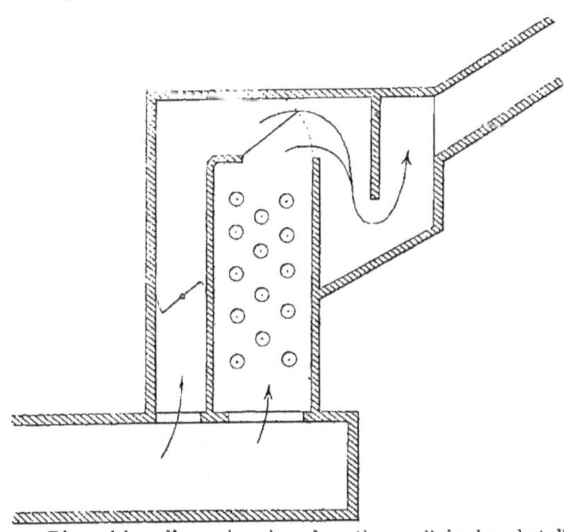

Fig. 409. — Disposition d'une chambre de mélange d'air chaud et d'air froid.

L'air peut être chauffé par des calorifères à foyer, à eau ou à vapeur. Il se mélange à sa sortie de la surface de chauffe avec de l'air non chauffé, afin d'avoir un grand volume d'air à basse température.

La chambre de mélange doit être aménagée, de façon que l'air chaud arrive à la partie inférieure et l'air froid au-dessus, cela afin d'être assuré du mélange parfait des deux fluides arrivant par des conduits différents (fig. 409-410).

On peut diviser la grande chambre existant sous les gradins de l'amphithéâtre en plusieurs parties (fig. 411), en aménageant les sections d'émission, de façon à favoriser les gradins du bas, qui ont toujours une tendance à être moins bien desservis que ceux du haut ; mais il est préférable de laisser cette chambre sans

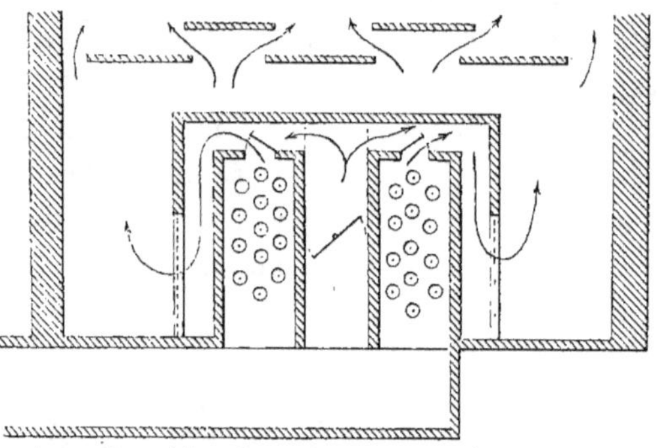

Fig. 410. — Autre disposition d'une chambre de mélange d'air chaud et froid.

division, d'envoyer de l'air, de façon à y maintenir un excès de pression et de proportionner les sections des grilles d'émission d'après la situation qu'elles ont en s'élevant ; les grilles du bas ayant la plus grande section, celles du haut, la plus faible : les grilles situées près des murs ayant une section plus forte que celles placées au centre, etc.

Dans cette chambre, pour éviter le refroidissement de l'air le long des parois refroidissantes, l'on pourra aussi aménager un cordon de chaleur à la base ; de plus, les amphithéâtres étant éclairés par le haut généralement, au-dessus du dernier gradin, à une hauteur de 1 m. 50 environ, on pourra mettre un cordon de chaleur empêchant les courants d'air froid descendant sur la tête des personnes voisines des parois refroidissantes, vitres et murs.

Au lieu de faire le chauffage par air pulsé, on pourrait le faire par air aspiré, le problème serait le même, mais au lieu de placer les surfaces chauffantes en cave, on les placerait en comble, ou du moins, l'on amènerait l'air chauffé au contact du calorifère dans les combles pour le faire redescendre dans l'amphithéâtre.

Avec ce procédé, les entrées d'air froid par les ouvertures sont à craindre, tandis qu'avec de l'air pulsé ayant un léger excès de pression, il ne peut arriver qu'une perte d'air de la salle par ces mêmes ouvertures.

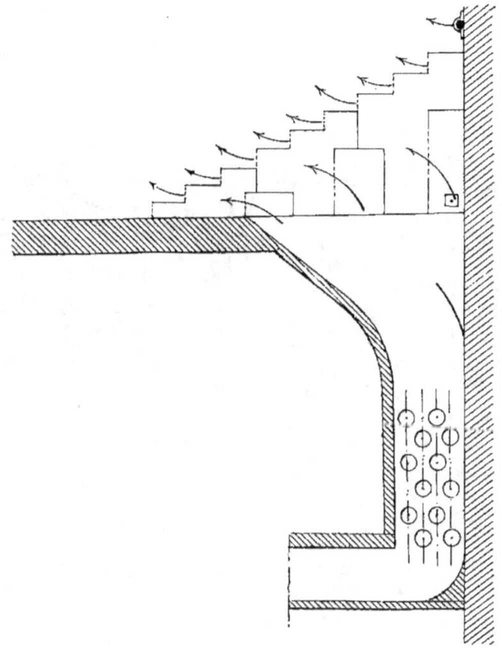

Fig. 411. — Chauffage d'un amphithéâtre.

Quelle que soit la disposition adoptée, le réglage ne pourra se faire exactement que par expérience, ce qui nécessitera dans la construction de toujours faire les grilles d'arrivée d'air sous les gradins avec une section un peu forte.

De plus, la vitesse de l'air au passage des grilles de prise d'air frais et dans les gaines d'amenée ne devra pas dépasser 1 à 2 mètres.

CHAUFFAGE DES MAISONS PARTICULIÈRES

Jusqu'ici, pour le chauffage des maisons particulières, on n'avait

utilisé que les calorifères à foyer et les appareils à eau à petit volume. Avec le système de chauffage à vapeur, à basse pression, il
n'y a plus à hésiter dans le choix à faire ; c'est le moyen tout indiqué, à cause de ses qualités qui en font le plus parfait, et de
son prix, tant d'installation que d'exploitation, qui est relativement
faible.

Que doit-on chauffer dans une maison particulière ?

On doit chauffer les escaliers, vestibules, antichambres, salons et
salles à manger.

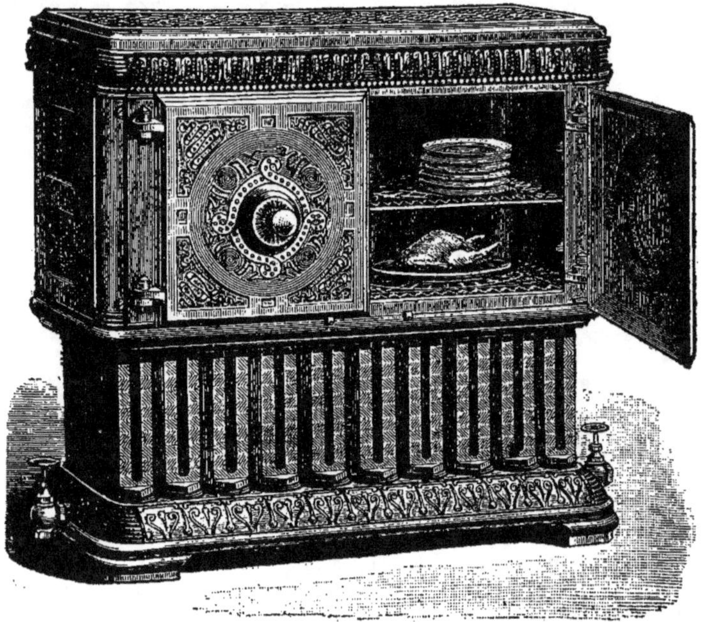

Fig. 412. — Radiateur chauffe-plats.

Dans les escaliers, le chauffage se fait, et par les colonnes montantes et par des surfaces de chauffe placées au pied de l'escalier. On
construit du reste des radiateurs spécialement étudiés pour être placés sous les rampants des escaliers.

Dans les vestibules et antichambres, on pourra utiliser, soit des
radiateurs constitués par des éléments de niche, soit des radiateurs
décoratifs, soit des surfaces de chauffe plates à lames rectangu-

laires placées sous les banquettes d'attente; on pourra même se servir de ces surfaces pour fournir le chauffage à la pièce contigue par une bouche de chaleur, l'air froid étant pris dans le vestibule, dans l'antichambre ou au dehors par une prise spéciale, suivant la disposition des locaux.

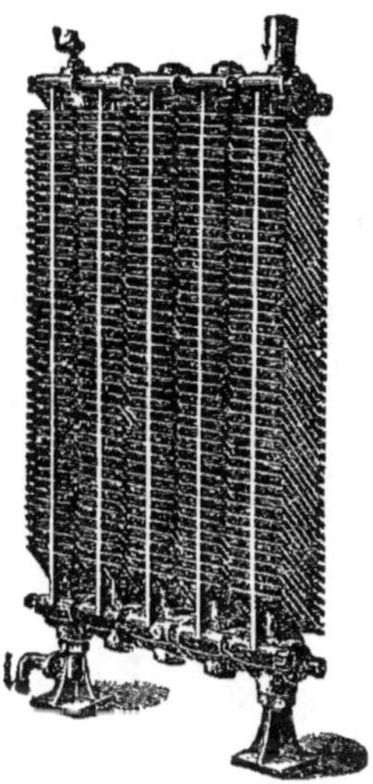

Fig. 413. — Eléments de niche Kœrling frères.

Fig. 414. — Poële composé
d'éléments décoratifs.

Dans la salle à manger, les radiateurs d'angle (fig. 340) avec enveloppes de style, suivant l'ameublement; ou encore, les radiateurs de niche placés dans une cheminée décorative avec, à l'avant, une façade en métal découpé et de style trouveront toujours leur place.

On peut du reste employer le radiateur chauffe-plats (fig. 412).

Dans les salons, on peut employer les radiateurs de style, ou encore constituer, avec des éléments plats à ailettes rectangulaires, ou avec des éléments de niche (fig. 413), des poëles que l'on peut toujours dissimuler derrière des enveloppes très ornementales.

En un mot, quel que soit le luxe de l'ameublement, l'industrie fournit aujourd'hui des meubles de chauffage pouvant s'allier avec lui. Ceci n'est plus question de fonctionnement, mais seulement de décors et de prix.

Les pièces précédemment citées doivent toujours être chauffées, mais il y aura lieu de ménager aussi dans les appartements, le

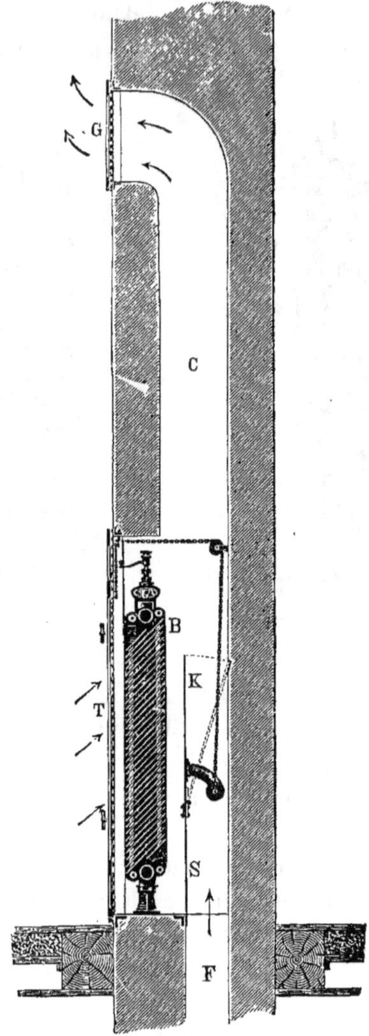

Fig. 415. — Chauffage par circulation d'air combinée avec ventilation.

chauffage des cabinets de toilette, des chambres à coucher, chauffage léger, mais utile au point de vue hygiénique pour combattre l'humidité des pièces, afin que les personnes ne soient pas soumises à un froid souvent dangereux en sortant du lit.

Il sera bon, toutefois de ne faire fonctionner les appareils de chauffage dans ces pièces qu'au moment où l'on en a besoin, c'est-à-dire, le soir, la nuit, quand il fait bien froid, et le matin. En tous cas, une chaleur maxima de 8 à 10° sera suffisante.

Dans la cuisine, il y aura lieu d'avoir un chauffage, le fourneau de cette cuisine n'étant pas continuellement allumé. Il ne faut pas oublier dans la cuisine et dans le cabinet de toilette une petite bâche chauffée par un serpentin, formant poste d'eau chaude et pour les soins de la toilette de tous les jours et pour les bains de toutes espèces, recommandés par la plus élémentaire hygiène.

Enfin, dans les locaux spéciaux, tels que les bureaux, cabinet de travail, etc., il faut mettre un poêle.

Les radiateurs ou surfaces de chauffe de tous les locaux, doivent être indépendants, commandés chacun par un robinet et pouvoir être isolés à volonté de la circulation générale.

Le chauffage à vapeur à basse pression est applicable du reste, dans n'importe quelle habitation, quel logement, quel appartement construit ou à construire.

Les surfaces de chauffe se font de tous prix suivant les ornements qu'elles comportent, mais elles sont toutes en fonte, métal d'un prix très modéré à l'heure actuelle.

Rien n'est donc plus facile que d'installer ce système dans les maisons de rapport, où le concierge pourra, sans augmentation de peine sensible, s'occuper de la chaudière, ou le propriétaire pourra vendre la chaleur à forfait en se basant sur la consommation probable maximum de houille, sur les frais d'entretien de la canalisation annuelle, estimés, en ce qui concerne seulement les appareils communs : Chaudières, colonnes montantes et descendantes, desservant plusieurs logements, et en répartissant le total d'après l'importance de surface de chauffe de chacun des locaux.

Une circulation pourra être établie, soit par étage, soit par appartement, suivant l'importance ; les frais d'entretien des appareils dans chaque logement, seront à la charge du locataire, le prix du loyer, étant en outre, fonction du luxe de ces appareils, comme il est déjà actuellement fonction du luxe des tentures, décorations, etc.

CHAUFFAGE ET ÉCLAIRAGE ÉLECTRIQUE COMBINÉS

Dans les installations importantes, où l'on emploie le chauffage à vapeur sous pression, il arrive souvent que l'électricité est utilisée pour l'éclairage.

Jusqu'ici, on installait une chaudière à vapeur, fournissant le fluide de chauffage que l'on était obligé de détendre, et non détendue, la vapeur à la machine, qui l'utilisait et la rejetait ensuite dans l'atmosphère à une température dépassant 100°, ou la condensait en mettant en mouvement la pompe à air nécessaire, d'où puissance perdue.

M. Grouvelle, frappé de cette anomalie, qui consiste à détendre par un appareil spécial la vapeur du chauffage, alors que la vapeur d'échappement n'est autre que de la vapeur détendue, à trouvé la solution économique du problème en se servant de la machine elle-même, comme d'un détendeur et en utilisant la vapeur d'échappement comme fluide de chauffage.

Mais il a fallu étudier une machine spéciale ; dans les moteurs ordinaires, en effet, la vapeur d'échappement s'est, lors de son passage dans les tiroirs et cylindres, chargée d'huile de graissage, laquelle, si elle était employée ainsi, encrasserait toutes les conduites et poëles du chauffage et en diminuerait la transmission ; or, il ne faut pas compter l'épurer. La machine employée est donc un moteur à vapeur sans graissage dans le cylindre et les tiroirs de la distribution (fig. 416).

La vapeur produite dans le générateur vient à la machine en passant par un déjecteur muni à sa partie inférieure d'un tuyau vertical avec purgeur. Elle travaille dans ce moteur en se détendant jusqu'à la pression du chauffage et s'échappe en passant par un récipient égalisateur de pression qui est en communication et avec l'atmosphère et avec la conduite de chauffage.

Quand le chauffage fonctionne, la communication du récipient

LEGENDE.

A Machine a vapeur sans graissage.
B Récipient égalisateur de pression.
C Chaudière a vapeur.
D Dynamo.
E Soupape d'admission.
F Soupape d'échappement.
G Prise de vapeur du chauffage des locaux.
H Prise de vapeur pour chauffage d'un
liquide par barbottage
I Lampe a arc.
J Lampe a incandescence.
K Surfaces de chauffe.
L Récipient des retours.
M Pompe alimentaire.
N Reservoir de liquide.

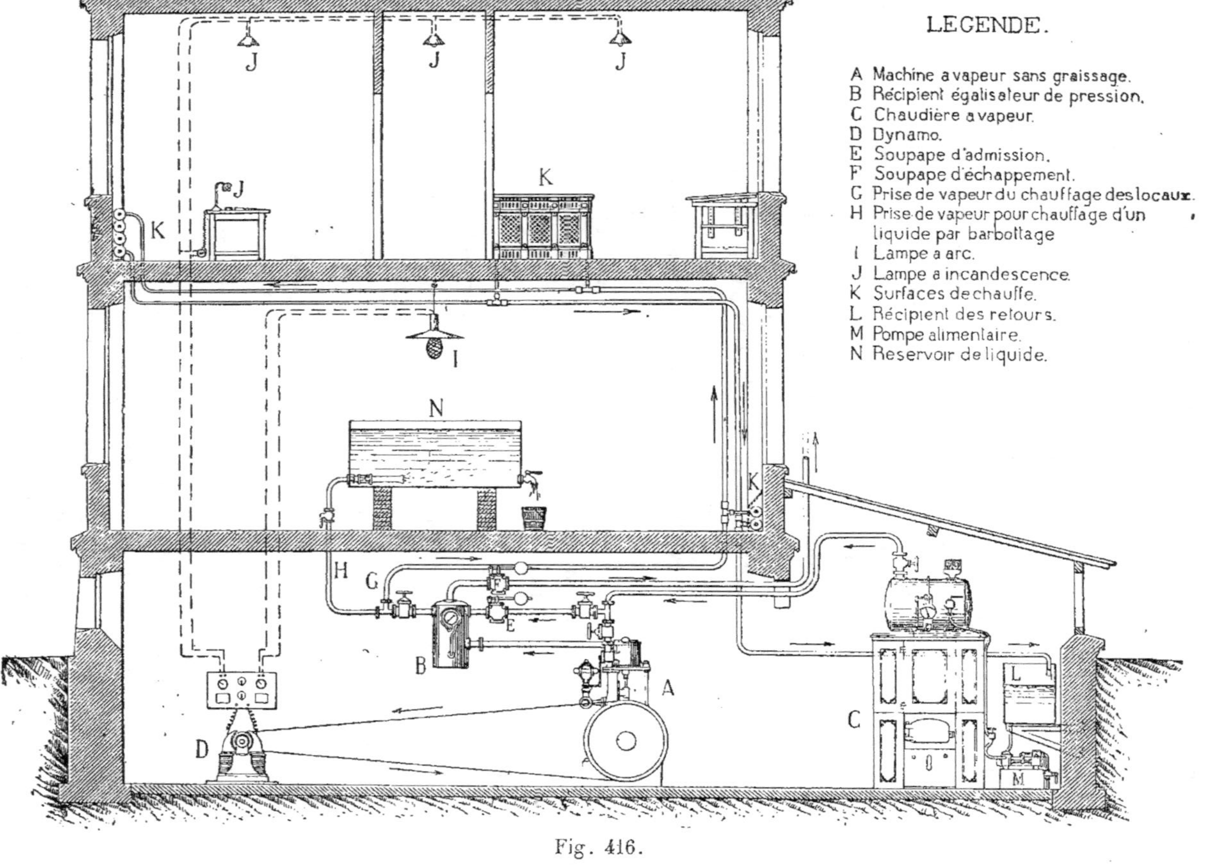

Fig. 416.

égalisateur et de l'atmosphère se fait au moyen d'un régulateur asservi, formant soupape d'échappement, et réglé par le servo-régulateur, qui détermine la pression dans les conduites de chauffage.

Entre l'égalisateur et la conduite de chauffage, la communication est directe, mais celle-ci porte un régulateur asservi par le même servo ; de cette façon, jamais le fonctionnement du moteur ne peut être influencé par le chauffage. — Si, en effet, la pression à l'échappement augmente, soit parce que la détente de la machine à vapeur a été modifiée, soit parce que les appareils de chauffage n'utilisent pas toute cette vapeur d'échappement, l'évacuation de l'excès de vapeur a lieu à l'air libre.

De plus, l'installation doit être établie, de façon que le chauffage puisse marcher, bien que le moteur soit arrêté ; pour cela, par l'intermédiaire d'un régulateur asservi, formant soupape d'admission, la conduite de vapeur venant de la chaudière communique avec la conduite de chauffage. Il faut aussi que le moteur puisse être utilisé sans que le chauffage fonctionne ; dans ce but, le récipient égalisateur de vapeur communique directement avec l'atmosphère.

L'installation étant ainsi établie, voici comment on l'utilise.

Le moteur fournit un travail à peu près constant ; il est muni d'un régulateur très sensible, et le jour, pendant la marche du chauffage, il est employé à la charge d'accumulateurs. Le soir, le chauffage et le moteur étant arrêtés, les accumulateurs fournissent à l'éclairage. Il n'est besoin ainsi que d'une seule batterie d'accumulateurs. On comprend que ce fonctionnement soit très économique.

La vapeur, en effet, produit d'abord toute la puissance qu'elle contient dans sa détente en fournissant 424 kgm. par calorie, soit par 3 degrés environ de refroidissement, et ensuite sa chaleur dans les appareils de chauffage, soit 500 calories par kg. de vapeur. L'eau condensée revient dans une bâche d'où une pompe alimentaire la prend et la renvoie dans la chaudière, ce qui fait que l'on a de l'eau chaude d'alimentation et que, comme c'est toujours la même eau, les incrustations ne sont pas à craindre.

Dans de pareilles installations, l'on est arrivé à produire l'hectowatt à raison de 0,03 fr., en tenant compte évidemment de frais de chauffage équivalents à ce qu'ils auraient été avec tout autre système à vapeur.

CHAUFFAGE DES ATELIERS

Dans les ateliers, il existe généralement un moteur à vapeur et un générateur. Lè chauffage à vapeur est donc tout indiqué. Mais on vient de voir que l'on pouvait utiliser la vapeur d'échappement dans le chauffage ; c'est ce que l'on fait souvent dans les ateliers sans toutefois avoir des moteurs spéciaux, sans graissage du cylindre et des tiroirs.

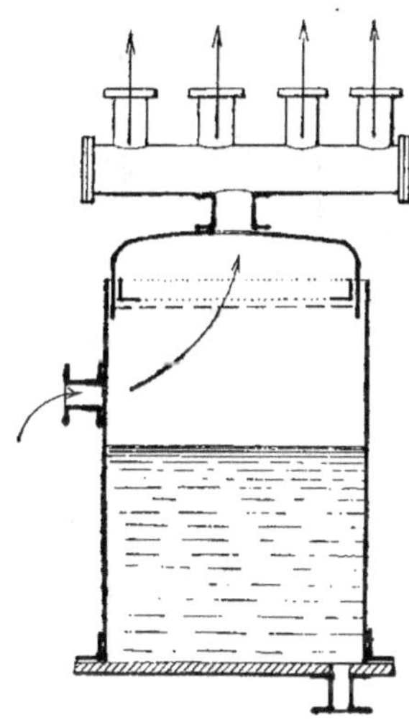

Fig. 447.

Là, en effet, on met de gros tuyaux de fonte lisse ou à nervures, la section étant suffisante pour ne pas produire de contre-pression à la machine ; les tuyaux doivent dans le même but être ouverts à l'air libre à leur extrémité, et porter le moins possible de coudes, changements de direction, etc.

La section de ces tuyaux est au moins celle du tuyau d'échappement du moteur. L'orifice d'évacuation à l'air peut du reste être muni d'une soupape équilibrée, ne s'ouvrant que lorsque la pression dans la conduite de chauffage atteint la pression minimum de la vapeur d'échappement soit, 0 kg. 1 environ.

Il est bon de ne pas envoyer directement cette vapeur d'échappement dans les conduits, mais de la faire passer dans un grand récipient cylindrique portant sur le corps la tubulure d'arrivée de vapeur et sur le fond supérieur, le départ de cette vapeur (fig. 417).

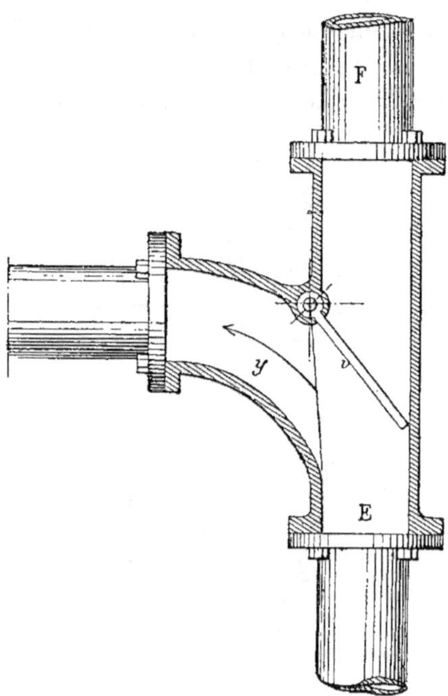

Fig. 418. — Chauffage par la vapeur d'échappement syst. Chaize.

Celui-ci se divise sur une culotte en autant de prises qu'il y a de services à desservir avec en plus un échappement à l'air libre ; chaque prise et l'échappement porte un robinet permettant l'isolement du service correspondant comme chauffage.

Avec cette disposition, la vapeur dépose une grande partie des impuretés et de l'eau qu'elle contient, il n'y a pas à craindre d'effets de contre-pression et l'on peut distribuer, en la réglant, la vapeur d'échappement dans les appareils de chauffage.

On peut du reste chauffer aussi avec de la vapeur d'échappement tout en se servant du condenseur.

Avec ce système (système Chaize), on utilise, sans nuire au vide, une partie de la vapeur d'échappement au sortir du cylindre, comme si la machine était sans condensation et toute la vapeur non employée à chauffer est envoyée au condenseur comme avant.

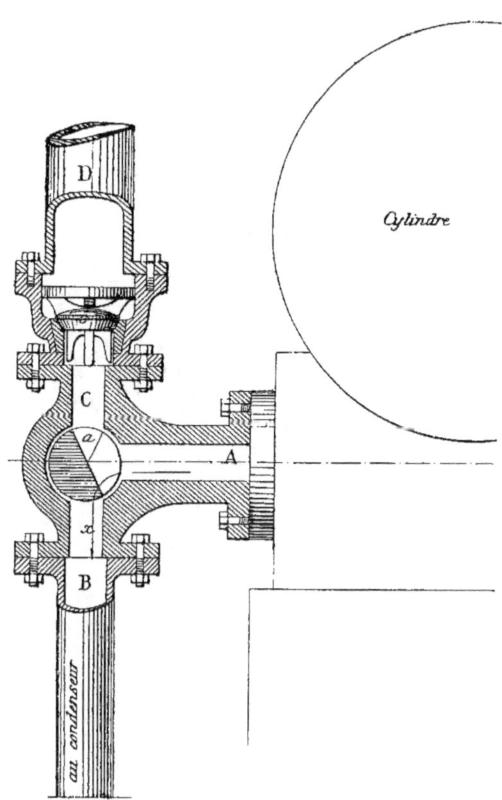

Fig. 418 bis. — Chauffage par la vapeur d'échappement syst. Chaize.

A sa sortie du cylindre (fig. 418-418 bis), la vapeur trouve deux issues, l'une allant directement au condenseur, l'autre allant au chauffage.

On peut intercepter entièrement l'une ou l'autre et faire passer toute la vapeur ou au condenseur ou au chauffage, ou dans une proportion voulue au condenseur et au chauffage.

A chaque coup de piston, le clapet placé sur la conduite du chauffage se soulève et la vapeur est introduite par fractions dans les tuyaux de chauffage qui sont terminés par un tuyau purgeur qui conduit et la vapeur et l'eau condensée au condenseur de la machine.

Il y a également un échappement à l'air libre pour servir en cas d'avaries au condenseur.

Fig. 419. — Table à vapeur syst. Sée.

Il est évident qu'ayant une chaudière on peut aussi bien installer un chauffage sans réglage, afin qu'il soit économique, soit en employant la vapeur à la pression du générateur, afin de diminuer autant que possible l'étendue de la surface de chauffe, soit en détendant cette vapeur, ce qui laisse la machine à vapeur marcher à condensation.

Les surfaces de chauffe, si l'atelier est à toiture vitrée, devront être réparties au bas de ces vitrages pour éviter les courants descendants froids, et au bas des murs extérieurs, près des bancs de tour, des étaux, des tables de travail, etc..., et elles seront munies de purgeurs afin de recueillir l'eau condensée pour resservir à l'alimentation de la chaudière.

Ici il n'y aura pas lieu de garnir les surfaces d'enveloppes métalliques.

On pourra laisser les tuyaux apparents, chauffer par rayonnement seulement, les ateliers ayant généralement une hauteur assez grande, et des ouvertures de portes assez souvent répétées pour assurer le renouvellement de l'air vicié par la respiration.

Si toutefois il y avait une ventilation nécessaire, par suite de la nature du travail exécuté dans l'atelier, il faudrait faire des ouvertures de façon à ramener de l'air pur léchant les surfaces de chauffe avant de se répandre dans le local.

Dans les ateliers, il est utile d'avoir, dans le réfectoire, un appareil de chauffage permettant de maintenir chauds les aliments des ouvriers.

Dans ce but, la table à vapeur peut rendre de grands services.

C'est une caisse rectangulaire en tôle montée sur quatre pieds et dans laquelle on envoie de la vapeur, l'arrivée étant commandée par un robinet ; il y a, en outre, un tuyau de purge et un purgeur à flotteur.

Cette table peut être surmontée d'un couvercle. En tous cas, le dessus est recouvert de lave émaillée, ce qui en permet le lavage facile et sans inconvénient (fig. 419).

VENTILATION

GÉNÉRALITÉS

Par ventilation des lieux habités, il faut entendre l'extraction de l'air plus ou moins vicié contenu dans les locaux et son remplacement par de l'air pur.

L'idée de ventilation entraine celle de mouvement d'air, aussi ne doit-on pas considérer comme ventilées les enceintes qui comportent des ouvertures (portes et fenêtres) par lesquelles de temps en temps on établit des courants d'air qui ne se font pas sentir dans toutes les parties de l'enceinte.

Faciliter l'arrivée de l'air par des vasistas ou autres moyens similaires n'est pas non plus ce que l'on peut appeler ventiler.

Nécessité de la ventilation. — La nécessité de la ventilation se démontre facilement.

Pour que l'air reste respirable, il faut que la proportion d'acide carbonique qu'il contient s'éloigne le moins possible de la normale ; que la quantité de vapeur d'eau ne produise pas la saturation ; que les matières organiques en suspension soient enlevées le plus rapiment et le plus complètement possible.

Or, un individu adulte expire par heure environ 500 litres d'air vicié qui se mélange à l'air pur d'où on ne peut le séparer.

Par les transpirations pulmonaire et cutanée, il fournit, à l'heure, 70 calories, 62 grammes de vapeur d'eau et 42 grammes d'acide carbonique.

Les appareils d'éclairage fournissent, en outre, une certaine quantité de ce même acide.

L'air pur contient normalement de 0,0004 à 0,0006 (4 à 6 dix-millièmes) d'acide carbonique ; jusqu'à 0,004 (4 millièmes) il reste respirable ; à 0,008 (8 millièmes) il donne une sensation de malaise très prononcée ; à 0,01 (1 centième) il est irrespirable.

La quantité d'eau, d'après certains hygiénistes, ne doit pas dépasser une proportion telle que le degré hygrométrique surpasse 0,9 (9 dixièmes), ce qui correspond à 10 grammes de vapeur d'eau environ par mètre cube d'air à 15°.

Quant aux matières organiques, le dosage en est impossible, c'est l'odeur qui sert de guide et, en principe, il ne doit jamais y avoir dans les locaux d'odeur sensible.

Plus la ventilation est abondante, et plus on se rapproche de l'atmosphère extérieure, il ne faut toutefois pas la pousser trop loin à cause des courants d'air.

Renouvellement de l'air. — D'après le général Morin, il faut, par personne et par heure, un renouvellement de :

70 m³ dans les hôpitaux pour salles de maladies ordinaires,

80 à 100 m³ pour les salles d'opérations chirurgicales,

150 m³ pour les salles de maladies contagieuses,

50 m³ dans les prisons,

30 m³ dans les casernes pendant le jour ; 40 à 50 m³ pendant la nuit,

60 m³ dans les ateliers ordinaires,

100 m³ dans les ateliers malsains,

40 à 50 m³ dans les théâtres et les salles de concert,

60 m³ dans les salles de conférences, d'assemblée,

15 à 20 m³ dans les écoles d'enfants,

30 à 35 m³ dans celles d'adultes.

Dans les chambres habitées ordinairement, on compte sur un renouvellement de une à deux fois la quantité d'air de la chambre, celle-ci ayant au moins une capacité de 10 à 15 m³ par tête.

Ces chiffres ne sont pas exacts, il sont plutôt exagérés, car le général Morin ne considérait que la ventilation par aspiration.

Dans la détermination du cube d'air à fournir par personne, il est impossible de fixer des nombres absolus, car toutes choses égales d'ailleurs le volume d'air doit varier en sens inverse de l'encombrement du local, et le volume d'air par mètre de surface du local doit augmenter avec cet encombrement.

Il faut que dans le rayon admissible d'atmosphère par personne il y ait un renouvellement horaire de 15 à 20 m³.

Le volume de l'enceinte même a une influence négligeable dans le cas où la ventilation est largement assurée.

L'espace cubique, c'est-à-dire le rapport du cube total, de l'enceinte au nombre de personnes occupantes doit généralement être de 10 à 12 m³ quand la ventilation n'est pas continue.

Avec un espace cubique de 5 à 10 m³ il faut un renouvellement d'air continu.

Chaleur à fournir à l'air de ventilation. — L'air frais de ventilation ne doit pas avoir une température inférieure à celle régnant dans l'espace à ventiler.

C'est pourquoi, en hiver, il faut échauffer cet air avant de l'introduire dans les locaux ; mais, comme ce chauffage diminue la quantité de vapeur d'eau contenue dans l'air, il y a lieu de restituer, par évaporation, une quantité d'eau correspondant à la diminution.

Si V est le volume d'air à introduire par heure, t sa température, θ celle de l'extérieur, la chaleur à fournir

$$C = V \times 0,307 \times (t - \theta)$$

La ventilation ayant pour but l'extraction de l'air vicié, celle-ci doit, en principe, être faite le plus près possible des sources de viciation, et son remplacement par de l'air pur le plus près possible des points de son utilisation.

Procédés de ventilation. — Il y a deux procédés généraux de ventilation :

1° La ventilation naturelle ;

2° La ventilation artificielle.

Celle-ci se réalise par deux moyens :

1° Par cheminée chauffée ou physiquement.

2° Par appareils mécaniques.

Mouvement de l'air dans une enceinte. — Si l'on considère une enceinte chauffée non en communication avec l'atmosphère extérieure (fig. 420), il se produit, dans cette enceinte, une circulation continue de l'air qui monte verticalement au-dessus du poële, lèche le plafond au contact duquel il se refroidit, puis descend latéralement le long des murs, où ce refroidissement se continue, revient enfin au ras du plancher et reprend contact avec le poële pour se réchauffer et recommencer son même chemin.

Dans ce mouvement, la colonne ascendante a une section relativement faible, d'où il résulte une grande vitesse du fluide, tandis que la colonne descendante a une grande section et une faible vitesse.

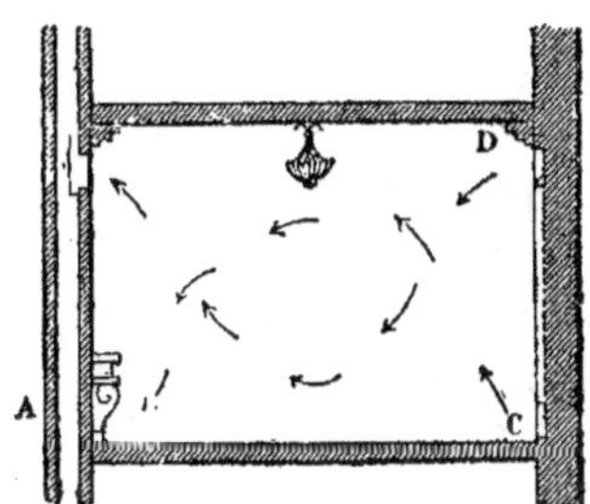
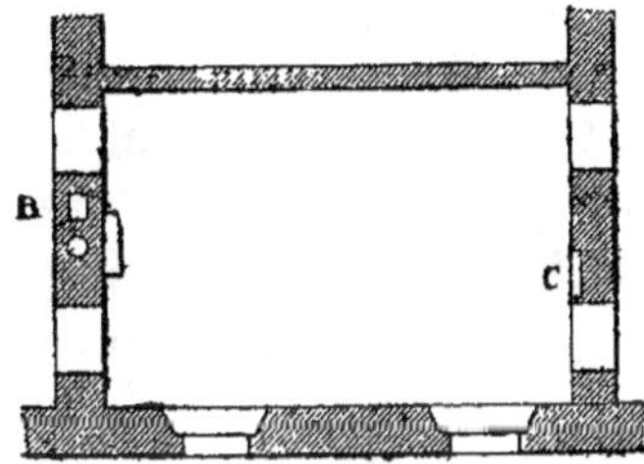

Fig. 420.

S'il y avait des ouvertures venant de l'extérieur et arrivant sous le poële, comme les mêmes mouvements ascendant et descendant auront lieu ; que, d'autre part, il y a aspiration de l'air de l'extérieur, il faut un orifice d'évacuation pour l'air rentré par suite de l'appel du poële.

Si on place cet orifice à la partie haute de la pièce, l'air chaud va immédiatement s'échapper et l'enceinte, là où elle est habitée, renfermera de l'air stagnant.

Si, au contraire, on fait l'orifice près du plancher, l'air chaud redescendra avant de s'échapper au dehors et sera respiré avant d'être remplacé par de l'air frais.

D'après cela, pour l'hiver, les bouches d'évacuation d'air vicié sont placées près du sol, dans l'enceinte, sur la paroi la plus éloignée du poële et de façon que toutes les parties du local soient parcourues par la nappe d'air chaud.

En été, au contraire, l'air le plus chaud sera l'air vicié, et par conséquent les bouches d'évacuation devront être situées près du plafond.

Dans une ventilation bien établie, avec chauffage par émission d'air assez fortement chauffé, il y aura donc toujours deux systèmes distincts de bouches pour l'évacuation de l'air vicié.

Quand l'air rentre dans une pièce, avec une vitesse même faible, 1 m. par seconde, le courant se fait sentir à une distance qui atteint 5 m. ; si donc l'air doit être admis près des individus, il faut que sa vitesse soit extrêmement faible (0,15 à 0,20 m. par seconde) pour éviter cet effet qui provient de ce que la veine gazeuse ne s'épanouit pas.

A l'orifice de sortie, il n'en est pas de même ; l'effet d'aspiration n'est sensible qu'à très faible distance, aussi est-il possible d'établir les orifices d'évacuation d'air vicié près des personnes mêmes.

L'air, même lorsqu'il est à une température élevée, qui rentre avec une vitesse un peu grande, produit une sensation de froid.

Ventilation naturelle. — Dans la ventilation naturelle, on utilise le mouvement normal de l'air dans l'atmosphère.

Quand, dans une enceinte, on perce deux ouvertures communiquant avec l'extérieur, l'expérience prouve qu'il y a sortie d'air par l'orifice supérieur et rentrée d'air par l'orifice inférieur.

Si, dans un local chauffé, on ouvre une fenêtre, il se produit deux courants, l'un de rentrée d'air à la partie inférieure, l'autre de sortie d'air à la partie supérieure de la fenêtre.

L'ouverture de vasistas et de fenêtre est, en principe, un moyen de ventilation naturelle.

L'air du local est, en effet, à une température supérieure à celle de l'extérieur et par conséquent son poids spécifique est plus faible, aussi tend-il à s'élever dans la masse de l'air extérieur qui vient alors le remplacer dans le local.

La ventilation naturelle est donc produite par la différence de poids de deux colonnes d'air de températures différentes.

Elle se fait par des conduits verticaux logés dans les murs de refend, ou, à défaut de ceux-ci, s'élevant en saillie dans les angles des pièces.

Ces conduits ne doivent jamais être placés dans ou contre les murs extérieurs.

Ils débouchent à l'extérieur à la partie la plus haute du bâtiment afin d'utiliser la plus grande hauteur possible pour les colonnes dont les différences de poids produisent le mouvement ascendant.

Ces conduits se construisent en poteries ou en briques creuses ; il faut un conduit par pièce ordinairement ; en tous cas, un même conduit ne peut desservir que des locaux situés à un même étage, jamais il ne doit être commun à des pièces d'étages différents.

Si V est le volume de l'air devant être évacué par seconde, v la vitesse d'évacuation par seconde, la section du conduit :

$$S = \frac{V}{v}.$$

Cette vitesse v est fonction de la hauteur H de la colonne d'air depuis son départ dans le local jusqu'à l'extrémité dans l'atmosphère extérieure, et de la différence $t - \theta$ des températures de l'air vicié qui s'échappe et de l'air extérieur.

On la détermine souvent par la relation :

$$v = 0{,}5\sqrt{2 \times 9{,}81 \times H}\sqrt{\frac{t - \theta}{273 + \theta}}$$

Dans les locaux de hauteurs variant de 3 à 4 mètres, on peut généralement se baser, pour une évacuation de 100 m³ à l'heure, sur une section de :

$2d^2{,}5$ pour le rez-de-chaussée, soit une vitesse moyenne de 0,80 m.

$4d^2$ pour le premier étage,   —   de 0,70 m.

$4d^2{,}5$ pour le second étage,   —   de 0,62 m.

Aux grillles d'évacuation, la vitesse ne doit pas dépasser 1 mètre.

Les conduits doivent être munis de fermetures permettant de modifier la ventilation en faisant varier la section d'ouverture utilisée de la grille.

Pour l'entrée de l'air, on utilise les vasistas en forme de soufflets avec joues, les vitres perforées, et les entrées spéciales ménagées dans les murs.

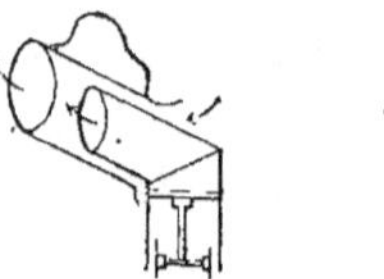

Fig. 421. — Gueules de loup mobiles.

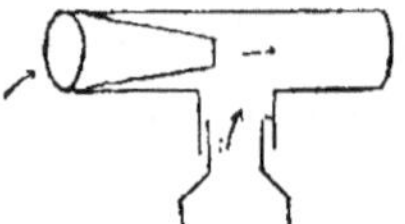

Fig. 422. — Aspirateur Fromentel.

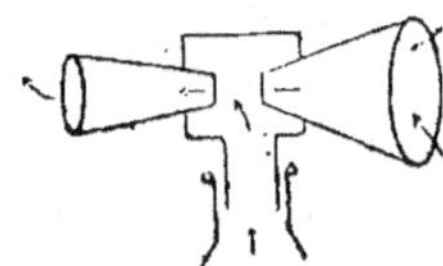

Fig. 423. — Aspirateur Bourdon.

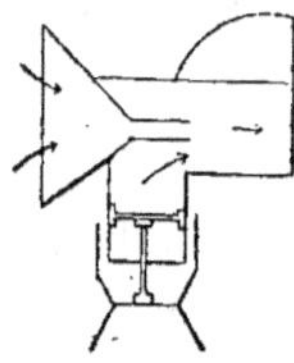

Fig. 424. — Gueule de loup à jet intérieur.

Ce système de ventilation qui peut fonctionner en hiver où la différence des températures de l'air extérieur et de l'air de l'enceinte

Fig. 425. — Aspirateur Nouailher.

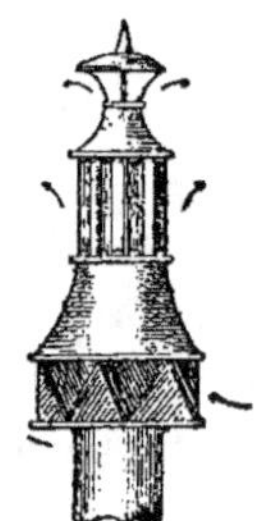

Fig. 426. — Aspirateur Flament.

est sensible, ne donne que des résultats bien incertains, sinon nuls en été.

Fig. 427. — Aérospire pour ventilation.

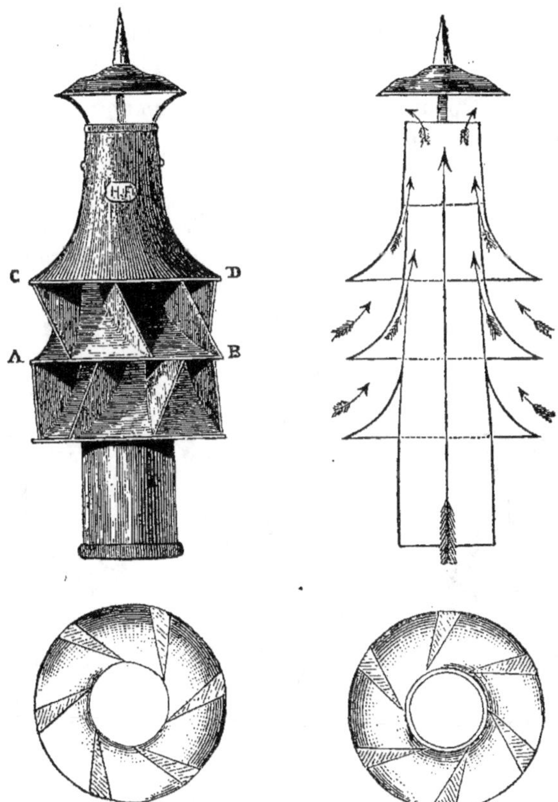

Fig. 428. — Aspirateur ventilateur.

29

Pour aider à cette ventilation, on fabrique des appareils spéciaux, à hélice, dits aspirateurs ou aérospires (fig. 421 à 433), destinés à être placés extérieurement au-dessus des conduits d'évacuation.

Ces organes en se mouvant sous l'influence des vents créent, dans
la conduite qu'ils couronnent, une légère dépression qui favorise
l'évacuation de l'air vicié.

Malheureusement, l'effet utile de ces appareils est ordinairement
très faible et quand le vent est nul ou à peu près, ils ne fonctionnent pas.

VENTILATION ARTIFICIELLE PHYSIQUE

On est obligé pour réaliser, en été, l'évacuation de l'air vicié, de
recourir à la ventilation artificielle.

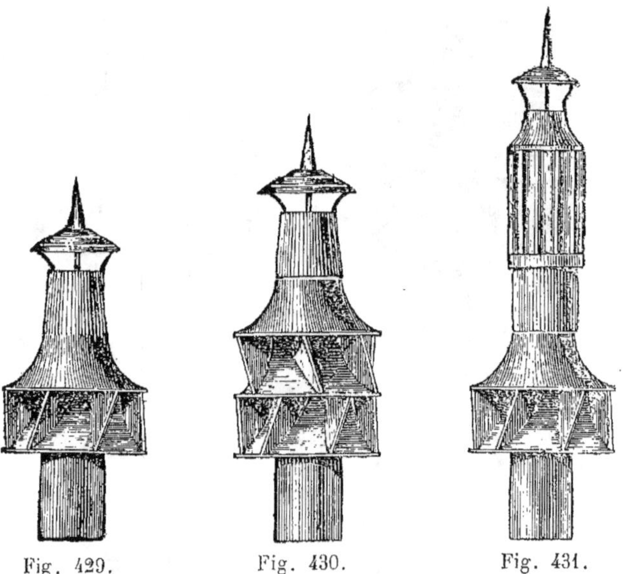

Fig. 429.   Fig. 430.   Fig. 431.

On réunit tous les conduits verticaux venant des locaux dans
une cheminée unique de ventilation, munie d'un foyer qui aspire

l'air vicié et en utilise une partie à la combustion du combustible
qui l'alimente.

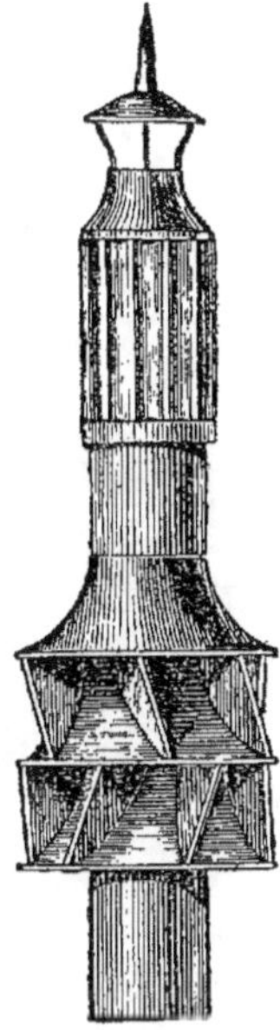

Fig. 432.

Cette cheminée peut être placée au haut des locaux à ventiler

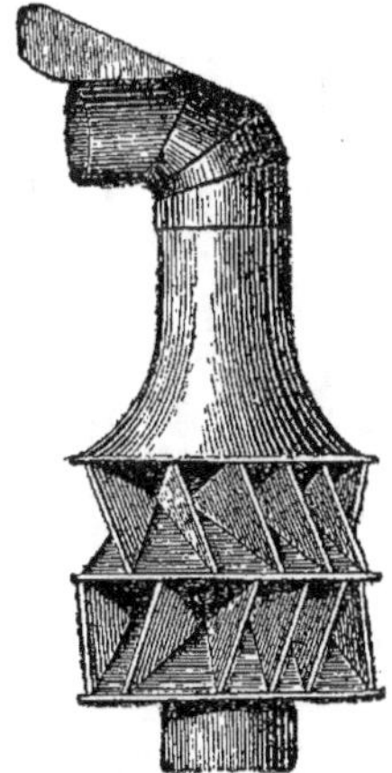

Fig. 433.

(fig. 434), au niveau de ces mêmes locaux (fig. 435), ou en contre-

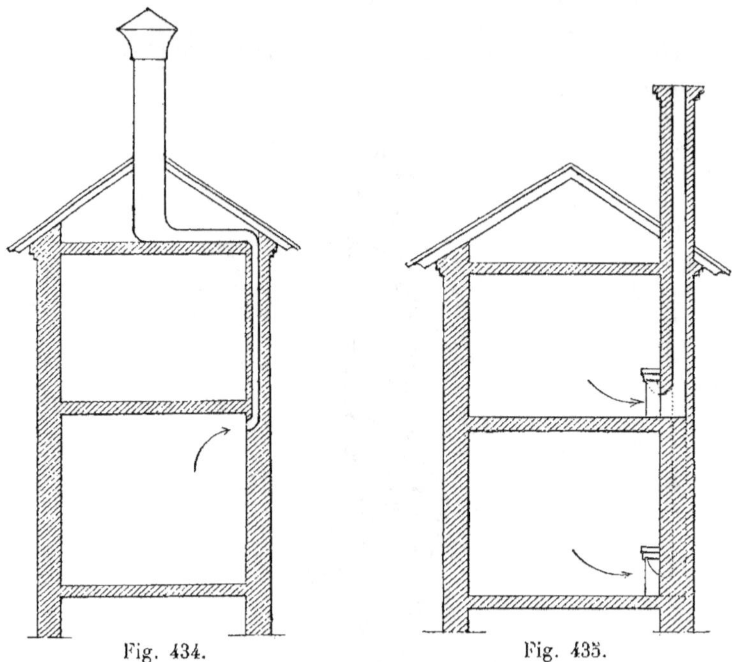

Fig. 434.

Fig. 435.

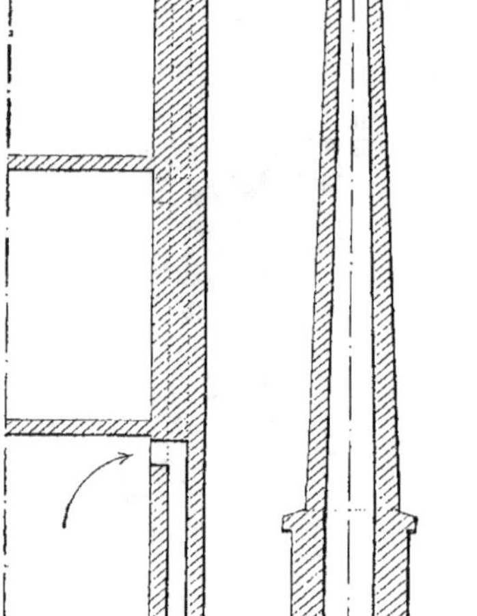

Fig. 436.

bas (fig. 436 et 437), le foyer étant à la base de la cheminée, laquelle est ou au-dessus ou à l'étage même à ventiler ou au niveau du sol de la cave.

Avec la ventilation en contre-bas, on gêne le mouvement naturel que l'air tend à prendre au sortir des pièces, le départ de l'air se produit lentement et la ventilation s'arrête aussitôt que l'on cesse le chauffage de la cheminée.

La ventilation à niveau est celle produite par la cheminée ordinaire à foyer ouvert.

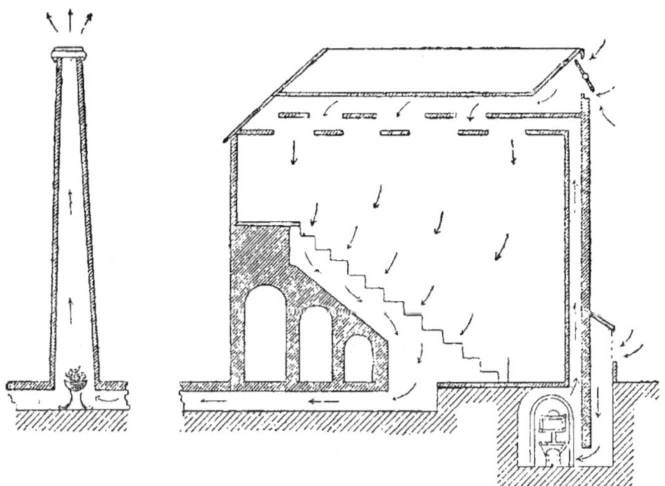

Fig. 437. — Ventilation de l'amphithéâtre du Conservatoire des Arts et Métiers.

Le moyen le plus employé est la ventilation par le haut avec le foyer placé à la base de la cheminée, à l'intérieur et dans l'axe.

Au point de vue de la manière d'opérer, il y a donc deux genres de ventilation physique, la ventilation renversée et la ventilation normale.

Chacune d'elles a ses admirateurs et ses détracteurs.

Ventilation physique normale. — Avec la ventilation normale, même si l'on n'allume pas le foyer, soit par oubli, soit par économie, il y a toujours une ascension de l'air et par suite une évacuation tout au moins partielle ; mais, on a le désavantage, avec les installations telles qu'on les fait ordinairement, de déplacer une très faible quantité d'air vicié tout en faisant passer dans la pièce à ventiler un volume d'air nouveau dans un temps donné ; il y a crainte de courants directs s'établissant entre les bouches d'admission d'air pur et d'évacuation d'air vicié. Ce défaut est plus apparent que réel si l'on a soin de répartir les bouches d'admission et d'évacuation de façon qu'il y ait dans toutes les parties de la pièce un courant établi.

Le mélange gazeux expiré, étant moins dense que l'air, à cause de sa température plus élevée et de sa grande proportion de vapeur d'eau, par rapport à celle d'acide carbonique, a une tendance à prendre un mouvement ascensionnel qu'il y a intérêt à favoriser.

L'air neuf doit rester aussi pur que possible et ne pas se mélanger avec les gaz viciés, il doit être introduit à la température de l'enceinte le plus près possible des occupants ; la ventilation de bas en haut est donc à conseiller.

Ventilation physique renversée. — Avec la ventilation renversée, on a, peut-être, un renouvellement plus absolu de l'air à cause du brassement, moins de gêne par les ouvertures des portes, la circulation des personnes, etc..., mais si l'on n'allume pas le foyer, il n'y a plus de ventilation ; si le local est restreint, les produits de la respiration qui ont une tendance à s'élever redescendent sous l'action de l'appel du foyer et se retrouvent en contact avec les individus.

Il est vrai, disent les défenseurs du système, que, dans les produits de la respiration, le plus dangereux, l'acide carbonique, qui est plus lourd que l'air, a une tendance à descendre et qu'il en est de même de la vapeur d'eau quand elle est condensée.

L'objection du manque absolu de ventilation, si on supprime le foyer, subsiste toujours et le seul moyen de la faire disparaître est de ménager dans les locaux des bouches d'évacuation hautes pour le cas de non allumage du foyer, ce qui revient à l'établissement de la ventilation de bas en haut.

En général, il faut préférer la ventilation normale de bas en haut, car il y a à reprocher à la ventilation renversée d'être compliquée et dispendieuse d'installation.

Elle demande une haute cheminée, d'importantes canalisations en caniveau, elle affaiblit d'autant plus les murs dans lesquels passent les gaines que l'on est plus près du sol, elle n'est plus économique de fonctionnement que pendant l'été, c'est-à-dire lorsque l'on peut recourir à l'aération directe.

Elle n'a donc sa raison d'être que dans des cas tout à fait spéciaux.

Elle a été appliquée aux amphithéâtres, aux salles d'assemblée, etc., elle ne semble à préférer que lorsque l'on a à éviter des courants dangereux et qu'en même temps l'on est obligé d'employer la ventilation aspirante.

Avec la ventilation à appel par le haut, les vitesses les plus faibles sont obtenues en été, tandis qu'avec l'appel par le bas, elles le sont en hiver ; avec l'appel à niveau, ces vitesses sont sensiblement égales en été et en hiver.

Calcul d'une cheminée de ventilation. — La vitesse d'évacuation :

$$v = 0{,}268 \sqrt{\frac{H(T - \theta) \pm h(t - \theta)}{1 + R}}$$

H est la hauteur de la cheminée d'évacuation proprement dite ;

h, la hauteur du conduit ou cheminée d'accès entre l'enceinte chauffée et la base de la cheminée d'évacuation ;

R, les résistances au mouvement de l'air et dans la cheminée et dans le conduit, résistances dues aux frottements, coudes, changements de direction, de section, etc., et qui sont de la forme $\frac{4KH}{D} + \frac{4Kh}{D_1} + n$ avec une section circulaire ou $\frac{K \times H}{S} + \frac{K \times h}{S_1}$ avec une section quelconque des cheminées d'accès et d'évacuation ;

K = 0,015 ;

T est la température de l'air dans la cheminée chauffée de section S ou de diamètre D ;

t, la température de la cheminée d'accès de section S_1 ou de diamètre D_1 ;

θ, la température de l'atmosphère extérieure ;

Z, Z_1, les périmètres des sections des cheminées d'évacuation et d'accès.

Avec la ventilation renversée, les conduits h sont inutiles en été et nuisibles en hiver.

On se donne ordinairement une vitesse constante de 1,50 m. à la sortie de la cheminée chauffée, afin que les vents extérieurs ne gênent pas l'aspiration, et on en conclut l'excès de température à fournir à l'air vicié :

$$T - \theta = \frac{v^2\,(1 + R)}{(0.268)^2 \times H} \mp \frac{h(t - \theta)}{H}$$

Avec le volume V de l'air à aspirer par seconde, la section de la cheminée :

$$S = \frac{V}{v}.$$

Pour déterminer $(T - \theta)$, il faut se placer dans les plus mauvaises conditions, soit, pour l'appel, par le haut et à niveau, dans le cas de la ventilation d'été où la vitesse minimum a lieu, car $t = \theta$; et, pour l'appel par le bas dans le cas de la ventilation d'hiver où $t - \theta$ est maximum, car h est négatif.

Pour calculer une cheminée de ventilation, on prend comme sinuosités celles du conduit de longueur $h + H$ le plus défavorable. h est fonction du bâtiment, H pour l'appel par le haut ne dépasse pas 8 à 9 m., pour l'appel par le bas il y a intérêt à donner la plus grande hauteur possible.

On détermine la section des conduits aboutissant à la cheminée d'évacuation en y supposant à l'air une vitesse de 1 m. à 1,30 m.

Foyer d'une cheminée de ventilation. — La source de chaleur peut être quelconque ; soit un foyer à grille qui utilise une partie de l'air à évacuer pour sa combustion, soit des brûleurs à gaz, soit des surfaces chauffantes à eau, à vapeur.

Pour le chauffage par foyer direct, M. Grouvelle emploie une cloche en fonte surmontée d'un tuyau qui amène les produits de la combustion dans une couronne en fonte munie d'ajutages, afin de chauffer aussi également que possible, sur toute la section de la cheminée, la masse d'air vicié à évacuer.

On peut utiliser la chaleur des produits de la combustion d'un calorifère à air chaud dont on fait passer le tuyau de fumée dans l'axe de la cheminée d'évacuation ; on a même divisé ce tuyau de fumée en plusieurs branches, mais cette disposition n'est pas à recommander ; en tous cas, l'efficacitéde ce procédé est souvent insuffisante.

On emploie quelquefois les becs et rampes à gaz dont le rendement est très onéreux à cause du prix élevé du gaz : les récipients à eau chaude avec lesquels on peut compter sur une transmission de 8 à 10 calories par m² de surface, heure et degré de différence, enfin les surfaces à vapeur fournissant dans les 1.000 calories par m², la vapeur étant à la pression de 1 kg.

La quantité de chaleur à fournir est maximum en été et a pour valeur, par heure :

$$3600 \text{ V} \times 0{,}307 \, (\text{T} - t) = \text{M}$$

avec

$$\text{T} - t = \frac{v^2 \, (1 + \text{R})}{(0{,}268)^2 \times \text{H}} \cdot$$

Le rendement du foyer est de 90 0/0 et on peut compter sur une combustion de 50 kgs de houille par mètre de surface de grille.

Le poids de houille à consommer, par heure :

$$\text{P} = \frac{\text{M}}{7200}$$

la section de la grille :

$$\text{S} = \frac{\text{M}}{7200 \times 50}$$

Avec le gaz :

$$\text{P} = \frac{\text{M}}{10000}$$

et le nombre de becs est fonction du type employé.

VENTILATION MÉCANIQUE

La ventilation par cheminée chauffée est très onéreuse, car le rendement, comme dépression produite, est très faible.

Une cheminée de 30 mètres de hauteur, fournissant à l'air d'évacuation un excès de température de 30° ne produit qu'une dépression de 0,00387 m., soit moins de 4 millimètres de hauteur d'eau.

Quand il y a nécessité d'une ventilation active ou que les conduits obligent à créer une dépression un peu forte, il faut employer la ventilation artificielle mécanique.

Celle-ci se réalise aujourd'hui ordinairement par les ventilateurs et plus rarement par les injecteurs de vapeur et d'air comprimé dont le rendement est très faible.

Le ventilateur est l'appareil le plus économique. Il peut être placé de façon à ventiler soit par aspiration, soit par insufflation : on distingue, en effet, les ventilateurs aspirant, les ventilateurs soufflant et les ventilateurs aspirant et soufflant.

Ventilation par insufflation. — Au point de vue de la ventilation proprement dite, si l'on dispose de moyens mécaniques, il y a avantage à employer les ventilateurs soufflant de l'air pur dans les locaux à ventiler.

Au point de vue de la dépense, le coût, tant d'installation que d'exploitation, est le même pour les ventilations mécaniques par aspiration et par insufflation ; mais, avec les procédés par appel, on a le grand inconvénient de créer une dépression dans le local ventilé, dépression qui a pour résultat des entrées d'air par les interstices des portes et des fenêtres, air souvent chargé d'odeurs et de miasmes, produisant des courants qui peuvent être dangereux et sont toujours désagréables.

Ventilation par aspiration. — La ventilation par appel a aussi le défaut de produire une différence de température entre le haut et le bas de l'enceinte ventilée et de demander des gaines de grandes dimensions pour obtenir économiquement de petites vitesses.

Avec la ventilation par insufflation, on crée une légère pression à l'intérieur des locaux et on évite toute entrée d'air de l'extérieur par les ouvertures.

On fait arriver l'air pur au point précis où il est utilisé et ce, par des conduits de faible section, sauf à épanouir ces conduits pour que la vitesse d'émission de l'air dans la salle ne dépasse pas 0,20 m. et qu'il n'y ait pas de courants violents.

On expulse l'air vicié loin des individus qui le produisent, mais on a souvent l'inconvénient de faire parcourir à l'air neuf des gaines assez longues dans lesquelles peuvent se cantonner des poussières que l'air amène avec lui dans le local à ventiler.

Cet inconvénient peut être évité en partie en tamisant l'air au moyen d'un filtre de ouate, par exemple, placé en avant du ventilateur, en donnant aux conduits horizontaux le moins de longueur possible et une grande section pour que la vitesse de l'air y soit relativement faible et permette le dépôt des poussières, en faisant, enfin, tous les conduits abordables, facilement visitables et tels qu'on puisse en faire le nettoyage absolu.

Emploi de la ventilation mécanique. — On peut, du reste, poser en principe que :

Lorsqu'il se produit dans un local des mauvaises odeurs, miasmes, vapeurs délétères, etc., d'une manière continue, ce n'est que par aspiration que l'on peut ventiler sûrement.

Si l'on agit par refoulement, on crée des remous, les gaz se mélangent avec l'air, se répandent dans tout le local, et même, par les fentes des portes, dans les locaux voisins, qu'ils infectent.

L'aspiration seule permet de donner une direction fixe aux nappes d'air chargées de capter ces odeurs, miasmes, vapeurs délétères, etc., et elle peut avoir lieu suivant les cas, soit par le bas, soit par le haut.

Lorsqu'il s'agit, au contraire, de chauffer ou de rafraîchir un local, le refoulement est employé avec succès, car, dans ce cas, l'air chaud ou froid, allant se mélanger, par les remous, avec l'air de la pièce, en augmente ou diminue la température.

Malgré ces qualités supérieures de la ventilation par insufflation, on lui préfère souvent, par suite de nécessités de construction, la ventilation par appel.

Quel que soit le système employé, l'installation consistant en deux grands trous munis de bouches et placés, de quelque façon que ce soit, dans l'enceinte que l'on veut ventiler, ne donnera toujours que des résultats très incomplets.

Ce qu'il faut, c'est la division, la très grande division même des courants, par conséquent, un grand nombre d'orifices, pour obtenir une ventilation réelle.

Les orifices d'admission d'air pur dans les locaux doivent être à la partie basse des parois de ceux-ci, puisque cet air doit arriver le plus près possible de son point d'utilisation.

Il faut qu'ils soient maillés à leur entrée et placés le plus loin possible des orifices d'évacuation.

Moyens de ventilation. — De ce qui précède l'on peut donc conclure que :

1° Si l'on ne dispose pas de puissance mécanique, il y a lieu d'employer la ventilation naturelle ou artificielle physique, c'est-à-dire par cheminée chauffée, laquelle est toujours par appel et doit se faire de bas en haut ;

2° Si l'on dispose de moyens mécaniques, on doit employer, à moins d'impossibilité absolue, la ventilation par insufflation, avec arrivées d'air pur au bas des locaux à ventiler.

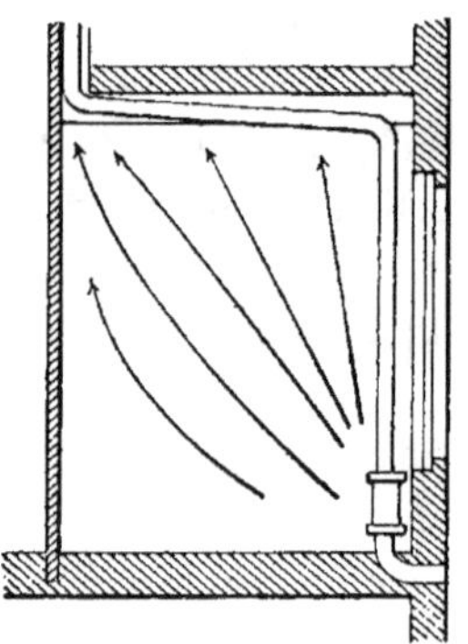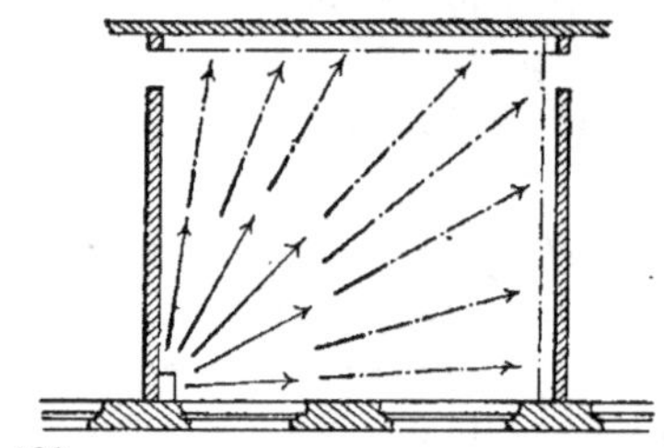

Fig. 438.

Dans les deux cas, il faut diviser autant que possible les bouches d'émission d'air pur et d'évacuation d'air vicié (fig. 438, 438bis, 438ter).

Si l'on ne peut avoir qu'un orifice d'entrée d'air, il est indispensable de disposer, en nombre, les orifices d'évacuation de façon que l'air pur soit obligé de se répandre également dans toutes les

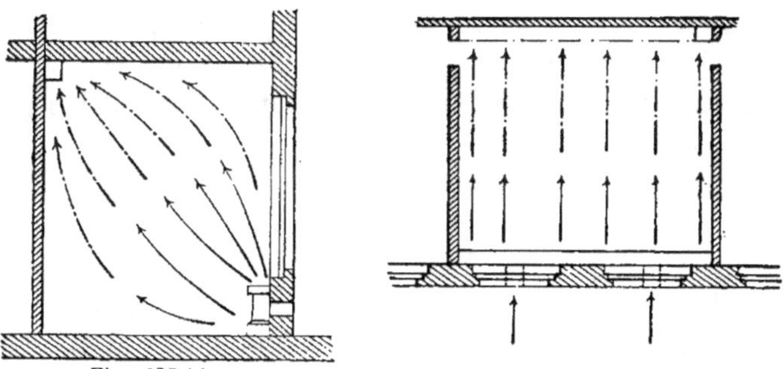

Fig. 438 bis.   Fig. 438 bis.
Disposition des bouches d'évacuation d'air vicié dans une enceinte.

parties du local ; réciproquement, dans le même but, si l'on ne dispose que d'une seule ouverture d'évacuation, il faut multiplier le nombre des arrivées d'air pur.

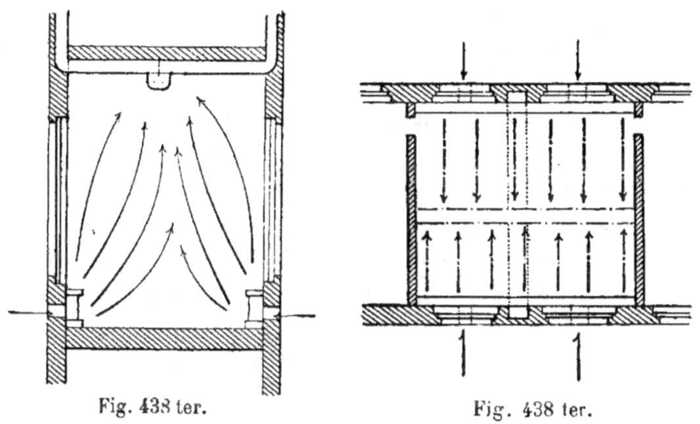

Fig. 438 ter.   Fig. 438 ter.

Les appareils surtout employés, pour produire mécaniquement des déplacements d'air, sont les ventilateurs.

VENTILATEURS

Un ventilateur est un appareil mécanique formé de palettes montées sur un arbre auquel on imprime un mouvement de rotation.

Le déplacement des palettes produit autour de l'axe une dépression qui détermine l'appel et la circulation de l'air.

Ces appareils peuvent agir de différentes manières. On distingue les ventilateurs à force centrifuge, les ventilateurs à hélice et similaires, les ventilateurs à force centripète et les ventilateurs à capacité variable.

VENTILATEURS A FORCE CENTRIFUGE

Dans les ventilateurs à force centrifuge, les palettes ou ailes sont à surface plane ou cylindrique dont les génératrices sont parallèles à l'axe.

L'air est aspiré par des ouvertures ménagées autour de l'arbre et qui portent le nom d'ouïes.

L'air, aspiré vers le centre, saisi qu'il est, par les palettes, est sous l'action de la force centrifuge refoulé à la circonférence et s'échappe par une buse de sortie.

Les ventilateurs sont aspirants, soufflants ou aspirants et soufflants.

Les premiers sont ceux dont les ouïes sont précédées d'une conduite plus ou moins longue par laquelle l'air est aspiré pour être rejeté directement dans l'atmosphère.

Les ventilateurs soufflants sont ceux dont la buse de refoulement est suivie d'une conduite plus ou moins longue que l'air aspiré par les ouïes, directement dans l'atmosphère, parcourt pour se rendre à son lieu d'utilisation.

Les ventilateurs aspirants et soufflants sont ceux dont les ouïes et la buse sont précédées et suivies d'une conduite d'aspiration et de refoulement.

Pour l'air à 15°, un excès de pression de **1** millimètre de hauteur d'eau suffit pour produire une vitesse de **4** mètres par seconde ; il en résulte que les ventilateurs utilisés pour la ventilation des lieux habités n'ont ordinairement à produire un accroissement de pression que de quelques centimètres d'eau.

Détermination d'un ventilateur à force centrifuge. — Dans un ventilateur à force centrifuge on peut faire le rayon de l'ouïe égal au rayon intérieur du plateau à ailettes ; on ne met pas d'aubes directrices pour faire pénétrer l'air dans les canaux mobiles formés par les ailettes, mais il est important que le premier élément de l'ailette soit disposé de façon que l'air rentre sans choc (fig. 439).

L'angle β est généralement de 90°, l'angle $\theta \gtrless 90°$, l'angle γ satisfait à la condition $0° < \gamma < 180°$; la vitesse de sortie des ailettes est minimum pour $\gamma = 0°$ et maximum pour $\gamma = 180°$, toutefois ces valeurs limites sont impossibles à atteindre.

La pression à produire E (en mètres de hauteur d'eau), ω étant la

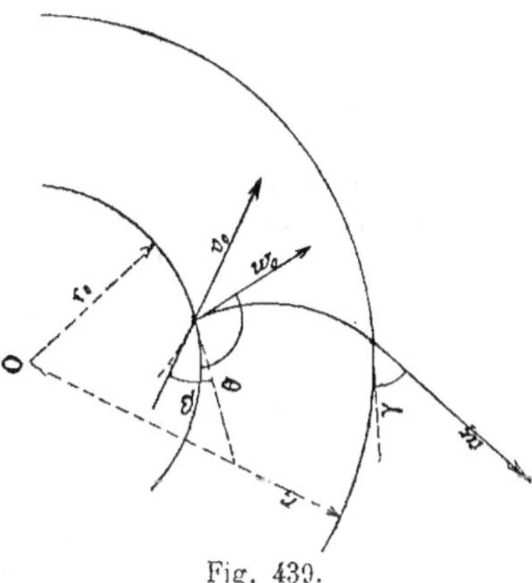

Fig. 439.

vitesse angulaire, r_0 et r_1 les rayons intérieur et extérieur des ailettes, θ et γ les angles avec les tangentes à la courbe de l'ailette des tangentes aux circonférences de rayons r_0 et r_1 ;

$$E = m\,\frac{d}{g}\,\omega^2 r_1^2 \left(1 - \frac{r_0 \cos \gamma}{r_1 \cos \theta}\right)$$

$g = 9{,}808$; d est la densité de l'air, soit $0{,}0012257$ kgr. à 15°.

On se donne *à priori* θ, γ et le rapport $\dfrac{r_0}{r_1}$; on connaît le débit Q du ventilateur.

$$Q = 2\mu\pi r_0^3 \operatorname{tg} \theta$$

on a généralement $\mu = 1$, $m = 0{,}50$ à $0{,}60$; il faut calculer r_1, r_0, ω, et le travail.

On peut calculer r_0 puis r_1 par le rapport $\dfrac{r_0}{r_1}$ et enfin ω ; ou bien l'on peut tirer la vitesse tangentielle wr_1 et r_1 puis avoir r_0.

$$\omega r_1 = \sqrt{\dfrac{g\mathrm{E}}{md\left(1 - \dfrac{r_0 \cos \gamma}{r_1 \cos \theta}\right)}}$$

$$r_1 = \sqrt{\dfrac{Q}{2u\pi \left(\dfrac{r_0}{r_1}\right)^3 \lg \theta(\omega r_1)}}$$

d'où l'on a la vitesse angulaire $\omega = \dfrac{2\pi \mathrm{N}}{60}$, N étant le nombre de tours du ventilateur en **1** minute.

Le travail

$$\mathrm{T} = \dfrac{1.000\,Q\mathrm{E}}{\mathrm{C}}$$

C est le rendement dynamométrique, lequel varie de 60 à 70 0/0.

Pour déterminer la largeur et la forme des ailettes, on peut s'imposer que l'air pénètre sans choc et que la section reste constante dans les canaux mobiles ; la **1/2** largeur de l'ailette est alors :

$$b_0 = \dfrac{r^2}{2r_0} \cdot \dfrac{u}{v_0}$$

avec

$$v_0 = \omega r_0 \operatorname{tg} \theta \quad \text{et} \quad Q = 2\pi r^2 u$$

r est le rayon de l'ouïe et u la vitesse de passage dans l'ouïe, il y a deux ouïes.

Si

$$r = r_0, \quad u = v_0.$$

Pour maintenir la section constante entre les ailettes, on peut, quelle que soit la courbe adoptée pour celles-ci, régler leur largeur de manière, qu'à une distance quelconque du centre, le produit de cette largeur par l'intervalle des ailes reste constant.

A une distance y de l'axe, l'ailette faisant en ce point un angle α avec le rayon, la largeur

$$x = \dfrac{r_0 \sin \theta}{y \sin \alpha} b_0$$

Si, au contraire, on veut que la largeur des ailettes reste constante. on a, en chaque point

$$y \sin \alpha = r_0 \sin \theta = \text{constante.}$$

Avec un ventilateur centrifuge, il n'est guère possible de dépas-

ser une vitesse de rotation de l'extrémité des ailes de 40 mètres
par seconde.

$$v = \frac{2\pi r_1 n}{60} \, \angle \, 40$$

On peut ainsi déterminer la roue à ailettes d'un ventilateur.

Celle-ci est entourée d'une enveloppe dont la forme doit être telle

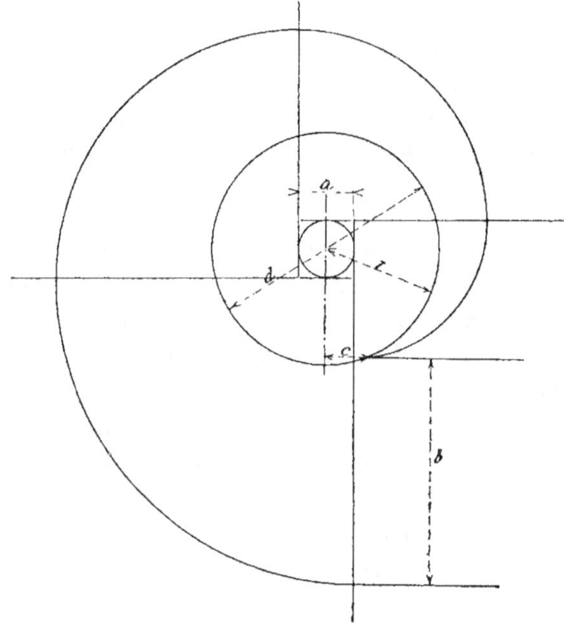

Fig. 440.

que la vitesse de l'air y soit constante, et elle doit arriver au conduit de refoulement suivant une direction déterminée.

La section à la sortie

$$S_1 = \frac{D}{v_1}$$

avec

$$v_1 = \omega r_1 \sqrt{1 + \frac{r_0^2}{r_1^2 \cos^2\theta} - \frac{2 r_0 \cos \gamma}{r_1 \cos \theta}}$$

L'enveloppe (fig. 440) est limitée par une spirale ; le côté du carré
donnant les quatre sommets de la courbe peut être pris égal au 1/4

30

de la hauteur h de la section de sortie, le point de commencement de cette spirale étant à une distance de l'axe vertical, comptée sur la circonférence extérieure de la roue à ailettes, de $0,318\,h$.

Dans un même ventilateur, la pression produite est proportionnelle au carré de la vitesse angulaire ou du nombre de tours et le travail est proportionnel au cube de la vitesse angulaire ou du nombre de tours.

Dans deux ventilateurs différents, les pressions produites à la même vitesse sont proportionnelles au carré du rayon extérieur des ailettes ; le volume débité est proportionnel à la vitesse angulaire, c'est-à-dire au nombre de tours ; le travail, si les deux ventilateurs ont le même rapport $\frac{r_0}{r_1}$ et les mêmes angles, est proportionnel à la cinquième puissance des diamètres des roues à ailettes.

Le rendement mécanique C est toujours plus faible que le rendement manométrique m ou rapport de la pression effective à la pression totale, le rendement dynamométrique augmente avec la vitesse angulaire.

Le nombre d'ailettes a une importance ; il y a, pour chaque diamètre de roues, un nombre de palettes auquel correspond le rendement mécanique maximum.

Le ventilateur de $0,500$ de diamètre, à **32** ailettes, est celui qui, jusqu'à présent, a le meilleur rendement, lequel varie de 62 à 70 0/0.

A la suite de l'enveloppe, on met une buse destinée à le raccorder avec la conduite de refoulement.

Pour éviter les remous, cette buse dite diffuseur, doit être construite avec une inclinaison d'environ $1/8$, soit $0,125$ m. pour 1 m.

Dans un ventilateur Ser, le volume d'air débité en une seconde est égal au produit de la surface de l'ailette par la circonférence moyenne, par le nombre de tours à la seconde, par 10.

Construction des ventilateurs à force centrifuge. — Parmi les ventilateurs à force centrifuge pouvant être utilisés à la ventilation

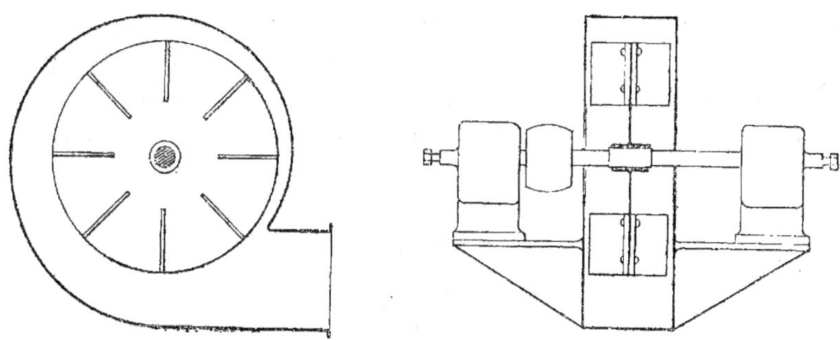

Fig. 441. — Ventilateur Decoster.

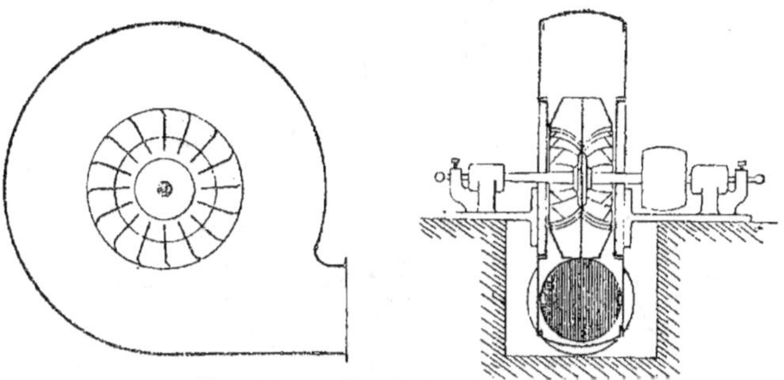

Fig. 442. — Ventilateur Bourdon.

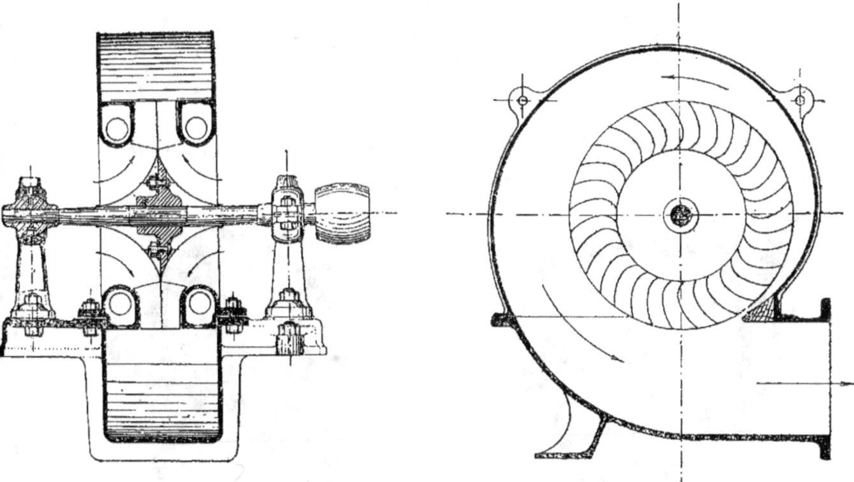

Fig. 443. — Ventilateur Ser.

des lieux habités, on cite les ventilateurs Decoster (fig. 441), dont les ailettes sont planes et rectangulaires ; Bourdon (fig. 442), à ailettes, à forme trapézoïdale, emboîtées entre deux joues latérales inclinées sur l'axe ; Ser (fig. 443), à ailettes courbes, le meilleur jus-

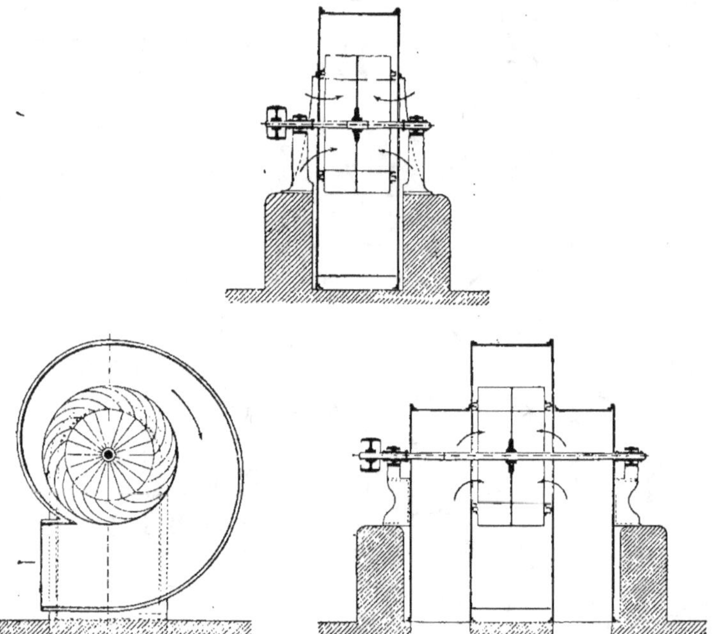

Fig. 444. — Ventilateur Farcot.

qu'à présent ; Farcot (fig. 444), à ailettes courbes aussi et à réaction récupératrice ; d'Anthonay (fig. 445), etc.

Fig. 445. — Ventilateur d'Anthonay.

Tous ces ventilateurs sont similaires de construction (fig. 446 et 447).

Un arbre à section circulaire tournant dans deux paliers graisseurs, porte à sa partie moyenne un moyeu en fonte sur lequel on fixe un plateau en tôle de forme circulaire.

Ce plateau porte les ailettes ; si le ventilateur est à deux ouïes,

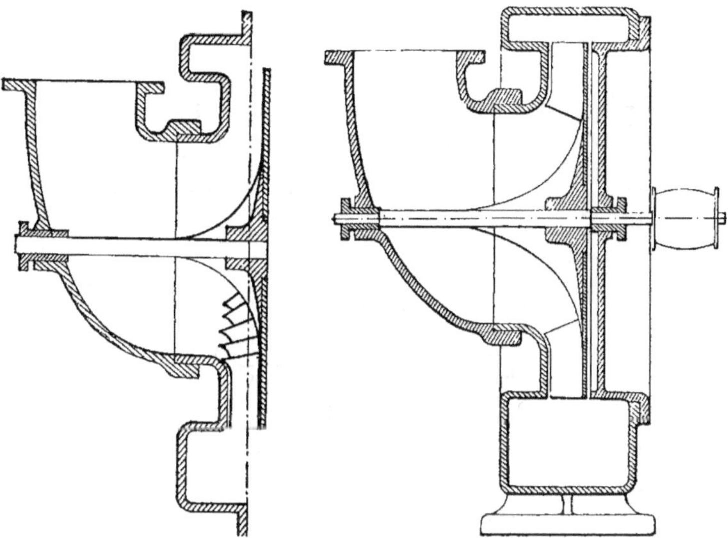

Fig. 446 et 447. — Construction des ventilateurs à force centrifuge.

celles-ci sont placées de part et d'autre du plateau, s'il n'y a qu'une seule ouïe, elles ne sont que d'un côté du plateau.

Les ailettes sont en tôle ou en bronze, car elles doivent être très légères et pour cela avoir peu d'épaisseur, elles sont fixées sur le plateau au moyen de vis à métaux.

L'enveloppe peut être en fonte, en tôle ou en maçonnerie (fig. 448).

En fonte, elle est ordinairement en deux pièces reliées entre elles par des boulons, le joint se trouvant dans l'axe longitudinal de la volute.

Ce joint doit être très étanche et les parois qui sont en contact ont à être dressées avec beaucoup de soin.

Les conduits raccordant les ouïes aux tuyaux d'aspiration sont orientables, à cet effet ils emboîtent, à frottement doux, les orifices des ouïes et sont fixés seulement par des vis de pression.

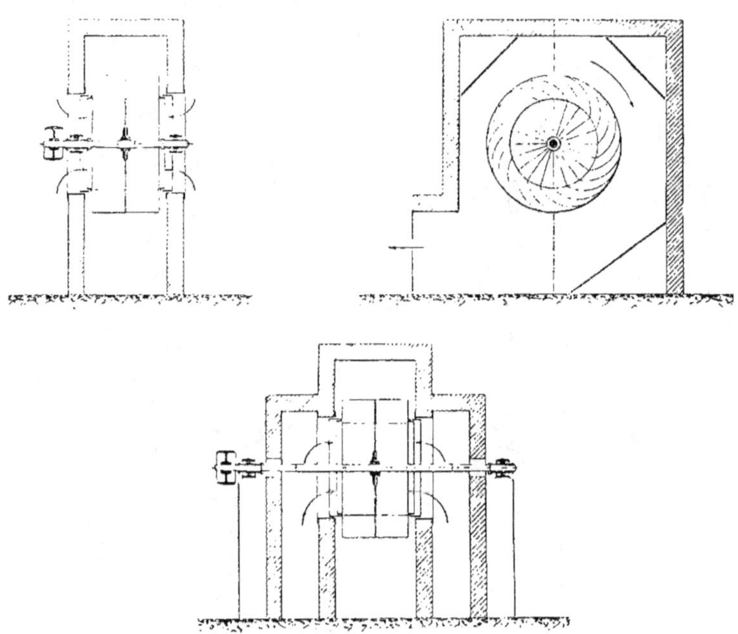

Fig. 448. — Ventilateur Farcot à enveloppe en maçonnerie.

On peut, pour les ventilateurs à une ouïe, construire ces enveloppes d'une façon très simple et très économique en les composant de deux pièces seulement (fig. 449).

L'une constitue la volute proprement dite avec ouïe, elle porte des épaulements venus de fonte dans lesquels passent des vis faisant coins et servant à l'assemblage avec la seconde pièce qui forme la flasque et porte les paliers dans lesquels tourne l'arbre.

On a ainsi une orientabilité, *ad libitum*, de la buse de sortie, un parallélisme parfait des pièces, une main-d'œuvre presque nulle sur le tour. On peut retirer la volute à volonté et voir la roue du ventilateur fonctionner sans enveloppe, ce qui en permet la visite.

En tôle, l'enveloppe est composée de deux flasques percées des ouvertures pour les ouïes et raccordées entre elles, au moyen de cornières rivées, par une tôle cintrée, suivant la courbe de la volute.

Comme les ventilateurs tournent vite et ne doivent nécessiter que très peu d'entretien, les paliers et les coussinets doivent être très soignés ; le coussinet cylindrique à rotins donne de très bons résultats.

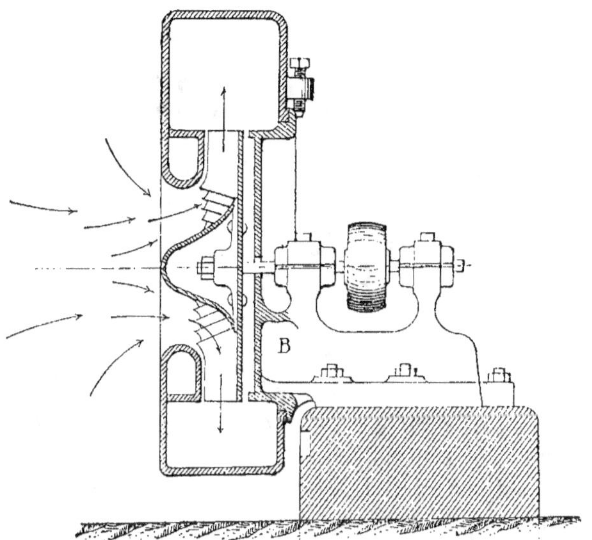

Fig. 449. — Construction économique d'un ventilateur à force centrifuge, à une ouïe.

Les ventilateurs employés dans la ventilation des lieux habités sont à basse pression. On en construit donnant de 6 à 100 mm. de pression en hauteur d'eau, les diamètres varient de 0,160 m. à 1 m., le nombre de tours de 400 à 2.000 .

Le ventilateur Ser, jusqu'ici, semble le meilleur, il a un rendement volumétrique égal à l'unité, un rendement dynamométrique de 60 à 70 0/0, le volume débité atteint normalement 10 fois le volume engendré par l'ailette, ce qui en réduit beaucoup les dimensions.

Le diamètre de ces ventilateurs variant de 0,160 à 1 m., le nombre de tours de 1.300 à 600, la pression de 15 à 100 mm., le débit par heure varie de 350 à 36.000 mètres cubes.

VENTILATEURS A HÉLICE ET SIMILAIRES

Les ventilateurs à hélice diffèrent de ceux à force centrifuge en ce que les ailettes, au lieu d'être des surfaces cylindriques avec génératrices parallèles à l'axe, sont des surfaces hélicoïdales inclinées sur l'axe de telle sorte qu'elles impriment à l'air un double mouvement de rotation et de translation dans le sens de l'axe.

Si on place un de ces appareils dans un tuyau rectiligne, il aspire l'air d'un côté et le refoule de l'autre, l'aspiration se faisant toujours vers la circonférence avec l'intensité maximum.

Détermination d'un ventilateur à hélice. — Dans un pareil ventilateur :

$$E = \frac{md}{g} \, \omega^2 \, (r_1^2 - r_0^2)$$
$$Q = \pi \omega r_0^3 \, \text{tg} \, \theta_0$$
$$r_1^2 - r_0^2 = r^2$$

ω est la vitesse angulaire $= \dfrac{2\pi N}{60}$; r_0 le rayon du cercle d'entrée, r_1 celui du cercle de sortie ; r la distance de l'axe à laquelle doit sortir le filet fluide rentré au centre.

Ces filets arrivent à la section d'entrée parallèlement à l'axe, c'est pourquoi l'on suppose la vitesse uniforme dans toute la section.

θ_0 est l'angle que l'hélice fait avec le plan de base en supposant que la surface de l'ailette est une hélicoïde engendrée par une droite qui se meut en s'appuyant sur une hélice et en restant perpendiculaire à son axe.

E est la dépression effective, Q le volume d'air à déplacer par seconde, m le rendement manométrique qui est de 0,60 environ.

On peut se donner le rapport $\dfrac{r}{r_1} = n$, ainsi que la valeur de l'angle θ_0 et on a :

$$E = mH$$
$$\omega r_1 = \frac{1}{n} \sqrt{\frac{gH}{d}}$$
$$r_0 = r_1 \sqrt{1 - n^2}$$

$$Q = \omega \pi r_1^3 \, \mathrm{tg}\, \theta_0 \, (1-n^2)^{\frac{3}{2}}$$

d'où

$$r_1 = \sqrt{\dfrac{Q}{\pi \, \mathrm{tg}\, \theta_0 \, (\omega r_1)\,(1-n^2)^{\frac{3}{2}}}}$$

ayant r_1, on en déduit facilement ω, r_0 et r.

La longueur de l'hélice suivant l'axe :

$$L = r_0 \, \mathrm{tg}\, \theta_0 \, \log.\ \mathrm{n\acute{e}p.}\ \sqrt{\dfrac{1+n}{1-n}}$$

La vitesse d'entrée est :

$$\omega r_0 \, \mathrm{tg}\, \theta_0 ;$$

la vitesse de sortie :

$$\omega \sqrt{r^2 + r_0^2 \, \mathrm{tg}^2 \theta_0}$$

l'angle γ des ailettes à la sortie tel que :

$$\cos \gamma = \dfrac{r_0}{r_1} \sqrt{\dfrac{1}{1 + \mathrm{tg}^2 \theta_0}}$$

l'angle θ des ailettes à l'entrée tel que :

$$\mathrm{tg}\, \theta = \dfrac{a}{2\pi x}$$

a étant le pas de l'hélice directrice, x la distance à l'axe du premier élément des ailettes.

L'équation de la courbe génératrice de la surface de révolution de l'enveloppe est :

$$l = r_0 \, \mathrm{tg}.\ \theta_0 \, \log.\ \mathrm{n\acute{e}p.}\ \dfrac{z + \sqrt{z^2 - r_0^2}}{r_0}$$

Celle de la courbe génératrice de la surface conoïde entourant l'axe :

$$l = r_0 \, \mathrm{tg}\, \theta_0 \, \log.\ \mathrm{n\acute{e}p.}\ \dfrac{z_1 + \sqrt{z_1^2 + r_0^2}}{r_0}$$

l varie de o à L ; z de r_0 à r_1 ; z_1 de o à r.

Les résultats donnés par ces calculs pour les ventilateurs à force centrifuge comme pour ceux à hélice ne sont qu'approximatifs, mais n'ont rien d'absolu.

Les ventilateurs à hélice sont de bons appareils quand il s'agit de déplacer de grands volumes d'air, parce qu'ils sont peu encombrants et économiques d'achat.

Toutefois leur rendement volumétrique ne dépasse guère 50 0/0.

Ils ne sont pas à employer quand il s'agit de produire de la dépression, car leur rendement dynamométrique ne dépasse pas 15 0/0.

Les ventilateurs à hélice ont donné lieu à une multitude d'appareils similaires dans lesquels la forme des ailettes seule varie. Dans tous, il y a une partie triangulaire plate permettant l'attache sur le moyeu et une autre partie courbe qui est, ou une surface hélicoïdale simple, ou une surface avec retour sur elle-même, pour constituer ces ailettes.

Construction des ventilateurs à hélice. — Chaque constructeur possède son ventilateur à hélice ou déplaceur d'air ; on cite ceux de Geneste Herscher, Farcot, d'Anthonay, etc... (fig. 450).

Fig. 450. — Ventilateur d'Anthonay actionné par une turbine à eau.

Dans les uns (Geneste Herscher) (fig. 451), les ailettes hélicoïdales sont fixées intérieurement sur un moyeu central tronconique qui peut être plein, afin de s'opposer à la rentrée des courants d'air vers le centre. Ce noyau est fixé sur l'arbre qui tourne dans deux paliers graisseurs.

Dans d'autres (déplaceur d'air Farcot) (fig. 452), les ailettes triangulaires recourbées sont fixées intérieurement sur un cercle ou moyeu rattaché à l'arbre et extérieurement reliées à un cercle portant des bras et calé aussi sur l'arbre.

Les ailettes sont généralement en tôle, l'arbre tourne dans des paliers graisseurs ordinairement indépendants et rapportés.

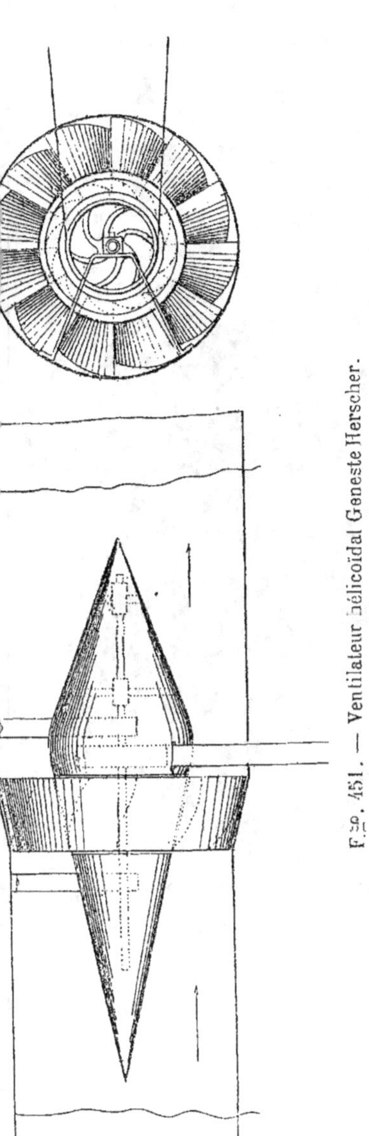

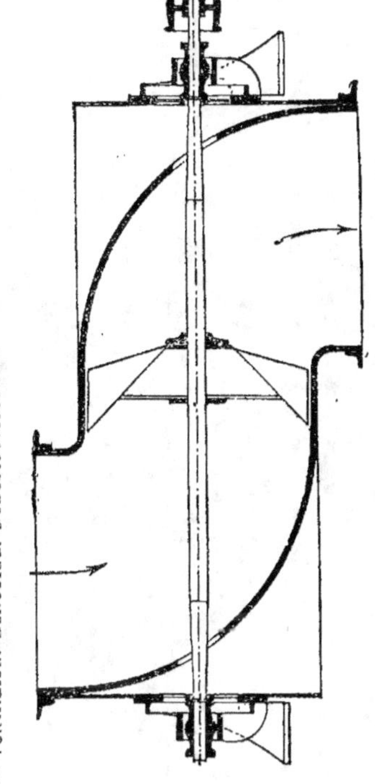

Fig. 451. — Ventilateur hélicoïdal Geneste Herscher.

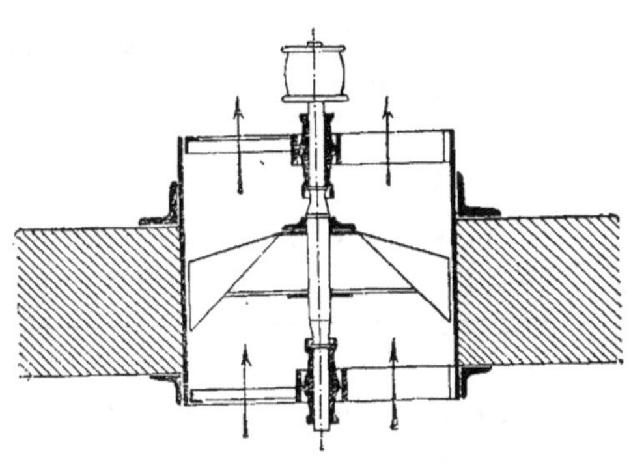

Fig. 452. — Déplaceur d'air Farcot.

On fait de ces ventilateurs dans toutes dimensions, le diamètre
de la roue variant de **0,300** m. à **2** mètres, le volume d'air déplacé
à l'heure, de **1.800** à **120.000** m³, leur rendement dynamométrique

Fig. 453. — Ventilateur Blackmann.

ne dépasse guère 10 0/0 et il diminue avec la vitesse et avec la pression de l'air qui atteint seulement, pour le rendement maximum
6 mm. de hauteur d'eau.

Le déplaceur d'air Farcot fournit des pressions atteignant 30 mm.
de hauteur d'eau avec un rendement mécanique de 20 à 25 0/0.

Le ventilateur Blackmann (fig. 453) est un peu différent, les ailettes sont constituées par une surface plane triangulaire et par une surface courbe presque hélicoïdale recourbée vers la circonférence extérieure réunies ensemble.

Elles sont fixées vers le centre sur un cercle plein, en tôle, formant moyeu, calé sur l'arbre et à l'extérieur sur une couronne annulaire en fer indépendante les réunissant toutes.

Sur les côtés, elles sont renforcées par des bandes de fer plat, dont celles de grand rayon se rattachent au cercle extérieur.

Fig. 454. — Ventilateur Blackmam, en plafond.

Ce ventilateur est monté dans une couronne en fonte portant des bras au nombre de trois de chaque côté, bras qui, en se reliant entre eux, forment les supports des paliers et coussinets dans lesquels tourne l'arbre, et qui sont lubréfiés à la graisse consistante (fig. 454).

Ce ventilateur semble être un des meilleurs déplaceurs d'air, son rendement dynamométrique maximum est de 50 0/0, mais n'a lieu qu'avec des pressions inférieures à 6 mm. en hauteur d'eau. On peut atteindre, assez économiquement toutefois, jusqu'à 10 mm. de

hauteur d'eau, mais au delà le rendement diminue considérablement ; il diminue du reste aussi avec la vitesse.

On en fait de toutes dimensions de roues, depuis 0,35 m. jusqu'à
2,10 m. de diamètre, le volume d'air variant de 2.520 à 150.000 m³
par heure, le nombre de tours de 1.500 à 300.

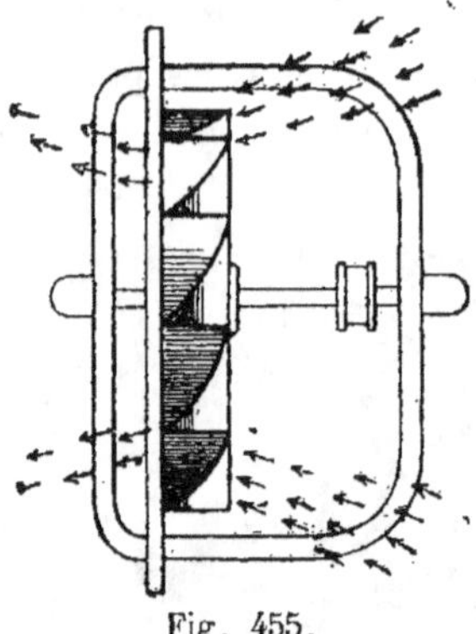

Fig. 455.

Dans le ventilateur Blackmann, l'action se produit surtout sur la

Fig. 456. — Ventilateur électrique syst. Blackmann.

périphérie et au refoulement comme à l'aspiration, il y a presque
stagnation de l'air au centre de la conduite (fig. 455).

Chaque type est construit pour une vitesse maximum que l'on ne peut dépasser sans qu'il y ait déformation notable des ailettes et altération du rendement mécanique.

On construit un ventilateur Blackmann électrique (fig. 456), tout en bronze et dont l'enroulement des fils inducteur et induit est fait

Fig. 475. — Ventilateur à hélice syst. Sée.

et sur le cercle fixe de l'appareil et sur la couronne mobile extérieure réunissant les ailes.

C'est une dynamo multipolaire à deux balais, avec enroulement Paccinotti ; le défaut en est que si deux pôles viennent en contact lors de l'arrêt, le ventilateur ne démarre pas seul.

Les rendements donnés comme maximum pour tous les types de ventilateurs à hélice et similaires s'appliquent à ceux de dimensions de 1 mètre environ ; ces rendements ne sont pas atteints avec les ventilateurs à petites dimensions ; aussi, il n'y a lieu d'employer ces appareils que lorsque l'on a de grandes quantités d'air à déplacer,

Fig. 458.

car s'ils sont économiques d'installation, ils sont généralement onéreux d'exploitation.

Ventilateurs centripètes. — Dans les ventilateurs centripètes,
les ailettes sont formées d'une surface courbe suivant un conoïde
parabolique prenant naissance sur un plan triangulaire qui leur sert
de base et en facilite l'attache fortement excentrée sur les pans poly-
gonaux du moyeu.

La combinaison spéciale des surfaces plane et courbe ayant pour
génératrices des droites et pour directrices des courbes paraboliques
avec la disposition excentrée des ailes déterminent des effets centripètes énergiques.

Si D est le diamètre du ventilateur en mètres,

α l'angle d'inclinaison de ses ailes sur le plan perpendiculaire de
l'axe, angle qui varie de **17°,39** à **45°**,

p le pas en mètres $= \mathrm{D}\pi \operatorname{tg} \alpha$,

n le rapport du pas au diamètre $= \dfrac{p}{\mathrm{D}}$,

E la pression de l'air en millimètres de hauteur d'eau,
v_1 la vitesse à la circonférence,
v la vitesse axiale,
N le nombre de tours par seconde,
Q le volume d'air débité par seconde.

$$v_1 = \sqrt{n} \times \cotg \alpha \times \sqrt{16H} \quad \text{avec } E = mH$$

$$v = \sqrt{16H} = \frac{v_1}{\sqrt{n} \times \cotg \alpha}$$

$$N = \frac{v_1}{D} \; ; \; Q = \frac{\pi D^2}{4} v$$

relations qui régissent les dimensions d'un ventilateur centripète.

Les ailettes de ces ventilateurs sont telles que leur projection sur un plan perpendiculaire à l'axe couvre entièrement ce plan.

Comme ventilateur centripète, il n'existe que celui de Desgoffes et de Georges (fig. 459).

Fig. 459. — Ventilateur centripète. Syst. Degoffes et de Georges.

Comme on l'a vu, il est composé d'ailettes dont le nombre varie avec le diamètre et qui sont formées par la réunion d'une surface courbe en forme de conoïde parabolique, avec une partie droite triangulaire fixée sur les pans d'un moyeu polygonal.

31

Ces ailes excentrées sont reliées entre elles et maintenues à leur distance respective par un cercle en fer. La projection des ailettes sur un plan perpendiculaire à l'axe couvre entièrement celui-ci sans qu'il y ait ni croisement, ni espace vide.

Les ailes ont une inclinaison de 32° environ, ce qui correspond à un pas de deux diamètres.

De par leur construction, on peut les faire tourner à de très grandes vitesses, sans qu'il y ait déformation des ailes et par conséquent modification du rendement mécanique.

Contrairement à ce qui a lieu dans les ventilateurs précédents, le rendement volumétrique semble augmenter avec la vitesse.

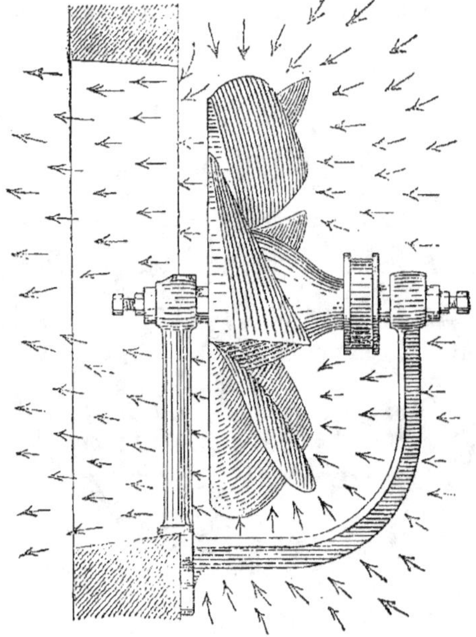

Fig. 460.

Le ventilateur centripète peut produire des pressions plus fortes que les appareils à hélice ou similaires; on peut obtenir jusqu'à 60 mm. de pression. Son véritable emploi est encore cependant comme déplacement d'air proprement dit, car il se construit en toutes dimensions depuis 0,30 m. jusqu'à 2 m. de diamètre, tournant avec des vitesses de 2.000 à 400 tours et fournissent un volume d'air de 3.000 à 264.000 m³ à l'heure.

Le ventilateur Desgoffes et de Georges, comme celui de Blackmann, peut être placé contre les murs ou appliqué au plafond des salles, mais il faut, pour que son fonctionnement soit bon, que les ailes soient complètement en saillie dans l'air ambiant qu'elles doivent aspirer et non logées soit dans une enveloppe, soit dans l'encastrement d'un mur ou d'une charpente.

A des vitesses même un peu fortes, il ne produit ni vibration, ni ronflement.

L'aspiration s'effectue, non seulement sur le plan perpendiculaire à l'axe, mais sur toute la surface cylindrique formée par la saillie extérieure des ailes (fig. 460); au refoulement, les veines fluides forment un cylindre, tandis que dans le Blackmann, elles forment un cône divergent du centre et de zone restreinte.

Il est bon que l'orifice de sortie d'air soit de quelques centimètres plus grand que la surface de refoulement du ventilateur.

Au conduit d'aspiration, il faut une section représentant au minimum deux fois et demie l'aire de la roue.

L'appareil est muni de bras pouvant se fixer contre les parois et formant les supports des paliers dans lesquels tourne l'arbre.

Ventilateurs à capacité variable. — Les ventilateurs à capacité variable sont des appareils composés d'obturateurs mobiles pistons ou palettes qui se meuvent, par translation ou par rotation, dans une chambre de forme appropriée, de manière à intercepter, pendant leur période d'action, aussi hermétiquement que possible, toute communication entre l'avant et l'arrière de l'obturateur.

Ces appareils sont très volumineux, on ne les emploie jamais pour la ventilation des lieux habités.

DU CHOIX D'UN VENTILATEUR

On a vu, dans la détermination des divers ventilateurs, que les constructeurs disposaient de certaines dimensions permettant de faire varier à l'infini la forme des ailettes, aussi les modèles de ces appareils sont-ils nombreux.

Chaque maison de construction possède le sien et il est impossible de faire au préalable un choix entre eux.

Le meilleur moyen de se guider dans l'achat d'un ventilateur est donc de demander un appareil devant répondre à des conditions absolument déterminées et de donner la préférence, à rendements mécaniques égaux, à celui de prix le plus réduit.

Dans une installation, on sait le volume d'air à débiter par seconde ; on peut, très approximativement, déterminer la pression suffisante, car on a la section, la longueur et les sinuosités de la conduite la plus défavorable que l'air aura à parcourir ; on connaît donc le travail utile du ventilateur. C'est le constructeur qui fixe la puissance mécanique nécessaire et indique par conséquent le rendement de son appareil.

Le nombre de tours est fonction de celui du moteur dont on dispose. On peut donc imposer les conditions de débit, de pression et de vitesse maximum, et se faire assurer une puissance maximum nécessaire pour obtenir les résultats que l'on demande, sauf à les vérifier avant la mise en place du ventilateur.

Pour mesurer la pression dans une conduite, on se sert du manomètre ; pour vérifier le débit, on se sert de l'anémomètre, lequel donne directement la vitesse de l'air dans la section considérée et permet d'avoir le débit en multipliant cette vitesse par la section.

Manomètre. — Le manomètre le plus employé pour les faibles pressions est celui à tube incliné.

Il se compose d'un vase à grande section sur lequel est branché latéralement un tube en verre, incliné, suivant un angle déterminé, sur une plaque de support et le long duquel est appliqué une échelle divisée.

L'horizontalité de la plaque de support se règle au moyen de vis calantes et d'un niveau d'eau.

En mettant un liquide très mobile, de l'alcool, par exemple, dans le vase, le niveau apparaît dans le tube.

En mettant l'extrémité ouverte du tube en communication avec la section dans laquelle on cherche la pression, on a au moyen du déplacement du liquide dans le tube et par l'échelle divisée la valeur de la pression cherchée.

Il faut faire l'expérience pour différents points de la section et prendre la moyenne de ces expériences.

Anémomètre. — L'anémomètre se compose, en principe, d'un axe monté sur des pivots très fins et sur lequel sont fixées un certain nombre d'ailettes planes très légères, en mica ou en aluminium, inclinées d'environ 45° sur l'axe.

Ces ailettes sont entourées d'un cercle protecteur.

Une vis sans fin placée sur l'arbre, engrène à volonté, au moyen d'un embrayage, avec une roue dentée de **100** dents, sur l'axe de laquelle se trouve une came qui à chaque tour fait sauter une dent d'une roue de 50 dents montée sur un arbre parallèle.

La lecture donne donc le nombre de tours de la roue à ailettes pendant un temps déterminé et par conséquent celui pendant une seconde.

La vitesse à la seconde est donnée par $v = a + bn$, a et b étant des coefficients constants inhérents à chaque instrument, n le nombre de tours en une seconde.

Pour faire l'expérience, l'appareil placé à l'extrémité d'une tige est mis dans le courant dont on veut mesurer la vitesse.

On n'embraye que lorsque les ailettes ont pris un mouvement régulier.

JETS DE VAPEUR ET D'AIR COMPRIMÉ

On se sert aussi, dans des cas tout à fait spéciaux, de jets de vapeur et d'air comprimé pour opérer la ventilation.

Lorsque, par un ajutage, on lance un jet de vapeur ou de gaz comprimé dans l'axe d'un tuyau communiquant avec l'atmosphère par ses deux extrémités, il se produit autour de l'orifice de sortie du jet une dépression, d'où il résulte, par l'ouverture du tuyau, un appel de l'air extérieur qui vient se mélanger avec le fluide injecté et s'écoule avec lui à l'autre extrémité.

Dans un pareil système, comme dans les ventilateurs, les pressions sont proportionnelles au carré de la vitesse du mélange ; les vitesses du mélange et du gaz injecté sont en raison inverse des rayons des tuyaux et la dépression produite est proportionnelle à la pression du gaz moteur et du rapport des sections ; le rapport des poids du gaz écoulé et du gaz moteur sont proportionnels aux rayons des sections d'écoulement.

La dépression est notablement augmentée par l'emploi de l'ajutage évasé, et il existe une valeur du rayon du tuyau pour laquelle a lieu le maximum d'effet comme dépression produite et poids écoulé.

Le rendement est toutefois toujours très faible.

Détermination d'un appareil à jet. — Pour déterminer un appareil à jet, on connaît :

L'excès de pression E en hauteur d'eau du gaz comprimé ;

La dépression à produire e évaluée en hauteur d'eau ;

Le poids P d'air à aspirer, en tonnes ;

D, d_0, d les densités des gaz insufflé, aspiré et mélangé ;

Le rapport $\dfrac{r}{R}$ des rayons des sections de l'ajutage et du tuyau est :

$$\frac{r}{R} = \frac{1}{m\varphi}\sqrt{\frac{e}{E}}$$

avec

$$m = \frac{1}{1 + 0{,}58\left(\sqrt{\dfrac{E}{E+B}}\right)^{3/2}}$$

φ est le coefficient de contraction, $E + B$ la pression absolue du gaz en hauteur d'eau.

R est fourni par la relation :

$$\pi R^2 = \frac{P}{\sqrt{ged}\left(1 - \dfrac{r}{R}\sqrt{\dfrac{2D}{d}}\right)}$$

et le poids de gaz comprimé :

$$p = m\varphi\pi r^2\sqrt{2g\mathrm{ED}}$$

Si c'est le poids P_0 du mélange que l'on connaît :

$$p = P_0\frac{r}{R}\sqrt{\frac{2D}{d}}$$

$$\pi r^2 = \frac{p}{m\varphi\sqrt{2g\mathrm{ED}}}$$

Le maximum de tirage a lieu pour une longueur du tuyau égale à 14 à 16 fois R.

On construit un grand nombre d'injecteurs (fig. 461).

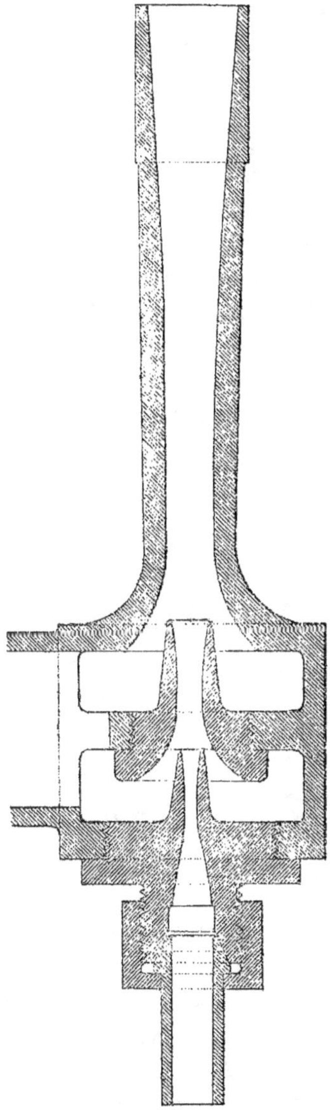

Fig. 461. — Injecteur.

Dans celui de MM. Kœrting, une première injection détermine à

la suite plusieurs injections et aspirations successives par des ajutages de sections croissantes.

En augmentant le nombre de jets, on augmente le volume aspiré,
mais on diminue la différence de pression.

APERÇU HISTORIQUE DE LA VENTILATION

Au point de vue des moyens d'application, les procédés de ventilation utilisés aujourd'hui sont déjà anciens.

En 1748, Duhamel, dans un rapport à l'Académie des Sciences,
propose de placer, au plafond des salles, des hottes pyramidales
surmontées de cheminées chauffées par des poêles devant être
allumés surtout en été ; il insiste sur la nécessité de percer des

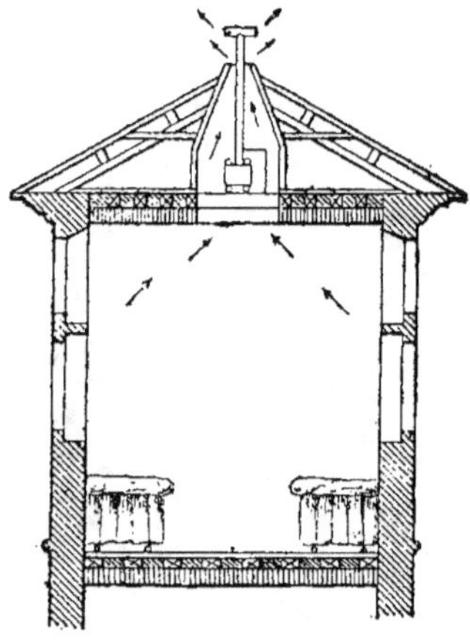

Fig. 462. — Ventilateur de Duhamel pour hôpitaux.

fenêtres à la partie supérieure des murs pour faciliter la sortie de
l'air vicié ; il conseille de placer dans les chambres de malades
des cheminées ventilatrices à foyer et à prises d'air extérieur (fig.
462).

Quelques années après, en 1767, Genneté indique la ventilation
en employant (fig. 463) :

1° Un foyer extérieur pour l'introduction de l'air pur préalablement chauffé en hiver ;

2° La pente au plafond pour faciliter la sortie de l'air vicié par un tuyau central ;

3° Des gaines séparées pour chaque étage ;

4° Un foyer d'appel placé dans les combles ;

5° La prise d'air sur les toits quand on a à craindre les émanations du sol.

Plus tard, Rumford proposa l'établissement dans les habitations

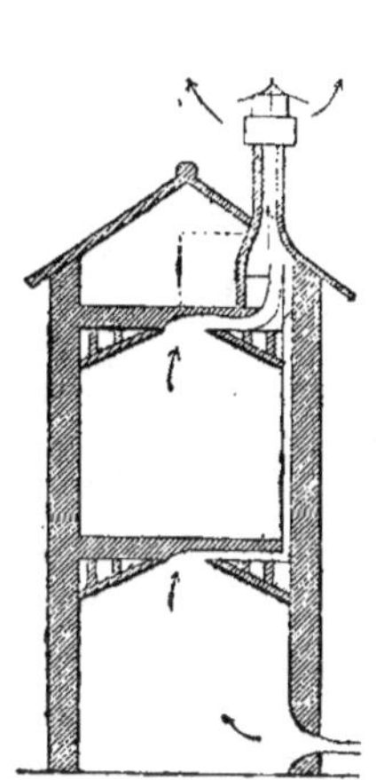

Fig. 463.
Ventilation d'après Genneté.

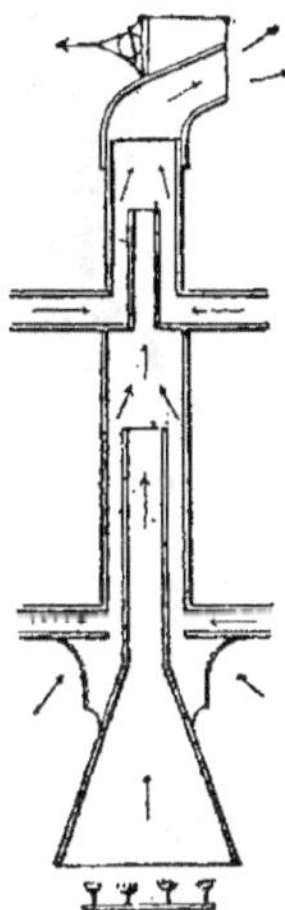

Fig. 464.
Ventilateur du marquis de Chabannes.

d'un large tuyau unitaire ouvert sur le toit et servant à alimenter des ventouses à chaque étage.

Vers le commencement du siècle, le marquis de Chabannes indique un procédé de ventilation des théâtres en utilisant la chaleur du lustre (fig. 464).

Ce rapide aperçu montre que, ne connaissant pas encore de moyens mécaniques pratiques, on avait toujours recours à la ventilation naturelle ou à la ventilation par cheminée chauffée, procédés par appel et fonctionnant mal, à moins d'être onéreux.

Ventilation actuelle. — Aujourd'hui, avec la facilité d'avoir, dans les villes, des moteurs mécaniques à gaz, à eau sous pression (fig. 450), ou électriques (fig. 465, 466), prenant peu de place,

Fig. 465. — Ventilateur électrique Sée.

fonctionnant sans inconvénient et avec une économie relative, grâce aux ventilateurs, on peut produire partout une ventilation effective continue ou discontinue.

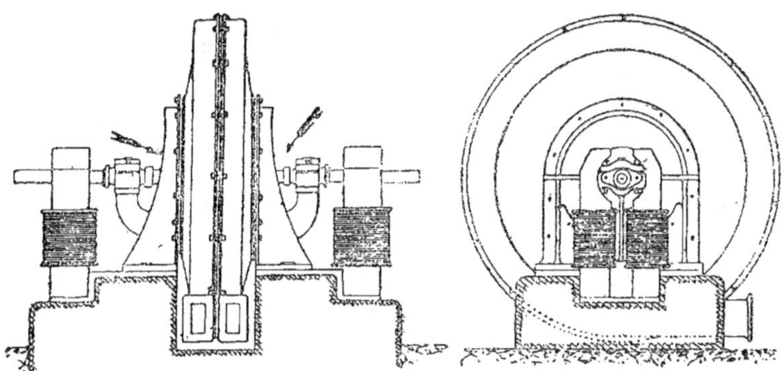

Fig. 466. — Ventilateur électrique Farcot.

On fait, du reste, des ventilateurs de tous systèmes, ne formant avec le moteur électrique, qu'une seule pièce et n'encombrant pas

plus que le simple ventilateur ordinaire correspondant, qui peuvent
facilement se placer contre les parois, murs ou plafonds.

On construit même des hélices électriques disposées dans des
meubles, tels qu'en ouvrant la porte on ferme le courant et on met
l'appareil en marche ; en fermant cette porte, on ouvre le courant
et arrête le ventilateur.

Chaque fois que le moteur et le ventilateur seront distincts, il
faudra employer des transmissions élastiques (plateaux de Raffard,
cônes de friction, disposition Evans, courroies) mais on préférera,
chaque fois que ce sera possible, la transmission ou l'attelage
direct.

INSTALLATION D'UN SYSTÈME DE VENTILATION

Un système de ventilation comprend toujours des orifices d'é-
mission d'air pouvant être ou non précédés de conduits d'amenée ;
des orifices d'évacuation généralement suivis de gaines de départ ;
enfin, un organe physique ou mécanique obligeant l'air entré à
sortir et l'air neuf à remplacer l'air vicié sorti.

Les orifices de toutes natures doivent être en grand nombre afin
de diviser les courants et on doit les munir de registres facilement
abordables et manœuvrables afin de régler l'intensité de ces courants.

Si on emploie des systèmes de chauffage avec émission d'air, par
mouvement ascendant naturel ou par insufflation, se faisant par de
grandes ouvertures, il faut prévoir une double ventilation, l'une,
pour l'hiver, ayant les bouches d'évacuation à la base des parois ;
l'autre, pour l'été, les ayant à la partie haute.

Si l'on agit par insufflation, il faut ménager pour l'été, à deux
mètres environ du sol, des grilles d'émission, et si celles-ci ont
une grande hauteur, il est nécessaire d'en diviser la section par des
tuyaux d'amenée, de façon qu'il y ait sortie de l'air également par
toute la surface de la grille.

Quand on emploie les moyens mécaniques pour la ventilation, il
n'est pas nécessaire de faire un conduit pour desservir chaque local.
On ménage de grands collecteurs horizontaux ou verticaux sur
lesquels on se branche, de façon à réaliser le minimum de dépense

d'installation. Cette disposition est applicable, aussi bien à l'air chauffé en hiver, qu'à l'air de l'atmosphère, en été.

Les branchements sont munis de languettes pour assurer la répartition de l'air des collecteurs, et des registres, que l'on règle, une fois pour toutes, lors de la mise en marche, permettent d'assurer une ventilation égale dans tous les locaux, quel que soit leur éloignement du collecteur, horizontalement comme verticalement.

DU CHOIX

DES PROCÉDÉS DE VENTILATION

On a vu que les agents généraux de viciation de l'air existant toujours étaient, et l'acide carbonique et la vapeur d'eau contenus dans l'air expiré par chaque individu.

L'air confiné contient, en outre, une quantité de miasmes provenant : des diverses sécrétions de l'homme, dont la composition varie presque avec chacun et que l'on distingue à l'odeur ; des émanations des fosses d'aisances fixes ; de la fermentation des matières végétales ; des fumées produites par les foyers de toutes sortes ; des établisssements industriels, dépotoirs, etc.

De cela, il résulte que les procédés de ventilation auront à être plus ou moins complets suivant la nature des enceintes, leur destination, le temps de leur occupation, leur emplacement, etc.

Le choix des procédés de ventilation ne peut être fait *à priori*, car, en hiver, la ventilation est intimement liée au chauffage et est souvent fonction des appareils employés pour la production de celui-ci.

Elle dépend aussi quelquefois de la nature de la construction, toujours de l'usage, de l'encombrement et de la disposition des locaux.

Dans chaque cas, l'ingénieur a, pour ainsi dire, un nouveau problème à résoudre, car les conditions d'hygiène et d'économie sont contradictoires.

Il est possible, toutefois, de passer en revue les établissements que l'on peut avoir à ventiler et d'en conclure le régime à employer, abstraction faite, évidemment, de la considération du budget dont on pourra disposer à cet effet.

VENTILATION DES HOPITAUX

Dans les hôpitaux, on a vu que l'on employait toujours le chauffage direct afin d'éviter que l'air, émis dans les salles, ait à parcourir de grandes conduites dans lesquelles il pourrait se charger de poussières, matières minérales et organiques de toutes sortes, miasmes, odeurs, etc.

Pour la même raison, on ne doit pas se servir de la ventilation mécanique par insufflation, bien que l'emploi de filtres d'air, la création de gaines spacieuses et facilement visitables, soient une atténuation à l'inconvénient signalé.

On agit donc par aspiration, et on réalise la ventilation soit physiquement par cheminée chauffée, soit mécaniquement par ventilateur à hélice ou similaire, car l'air vicié a une tendance à s'élever et par conséquent la dépression à produire est faible.

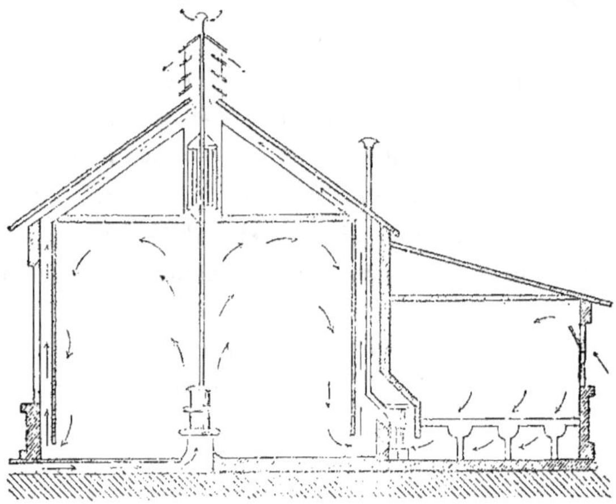

Fig. 467. — Ventilation des hôpitaux. Chauffage par poêles.

Les surfaces de chauffe sont ordinairement disposées le long des parois refroidissantes ; les entrées d'air se trouvent seulement au droit des fenêtres, et dans un hôpital, il y a généralement des ouvertures sur deux parois refroidissantes parallèles.

Il résulte de cela que les bouches d'évacuation seront placées au plafond, dans l'axe longitudinal de la pièce à ventiler, sauf à rejoindre au travers du plancher les gaines verticales réservées dans ou contre les murs et conduisant l'air vicié au-dessus des toits.

Le nombre des bouches d'évacuation devra correspondre à la moitié au moins de celui des orifices d'arrivée d'air.

En les plaçant en face de ces derniers, il y aura tendance à l'établissement de courants allant directement de la grille d'arrivée à celle d'émission, il n'y aura pas renouvellement de l'air, là où c'est nécessaire, c'est-à-dire vers les lits de malades.

En admettant donc une arrivée d'air par fenêtre, il faut une bouche d'évacuation placée dans l'axe du trumeau séparant deux fenêtres et dans l'axe longitudinal de la salle, pour arriver à réaliser, hiver comme été, une ventilation efficace.

Il y a, toutefois, mieux à faire.

Tout le long des parois de la salle, on recouvre les surfaces de chauffe par une plinthe percée à sa partie supérieure d'orifices d'émission d'air pouvant être fermés par des registres et dont la section va en croissant à mesure que l'on s'éloigne de l'arrivée venant de l'extérieur, laquelle correspond à chaque fenêtre.

Un écran, qui s'élève à une hauteur de 1,50 à 1,75 m. au-dessus du sol, surmonte cette plinthe, afin que l'air en se dirigeant vers les orifices d'évacuation, lèche la face supérieure des lits.

Au plafond, longitudinalement, est une gaine, formant poutre, percée d'ouvertures allant en augmentant de section à mesure qu'elles s'éloignent des conduits transversaux (un par trumeau) qui vont rejoindre les gaines verticales d'évacuation d'air vicié.

Avec cette disposition, on a une ventilation assurée dans toutes les parties de la salle, on n'a aucun courant d'air froid dans les jambes lorsque l'on est levé, le ruban de chaleur chauffe toujours par rayonnement, ainsi qu'une partie de la surface de chauffe, et l'air pur arrive là où il est employé pour la respiration : à la hauteur de la tête des lits.

Il est évident que les fenêtres ne servent plus alors qu'à l'éclairage et qu'elles ne doivent pas être utilisées comme baies d'aération.

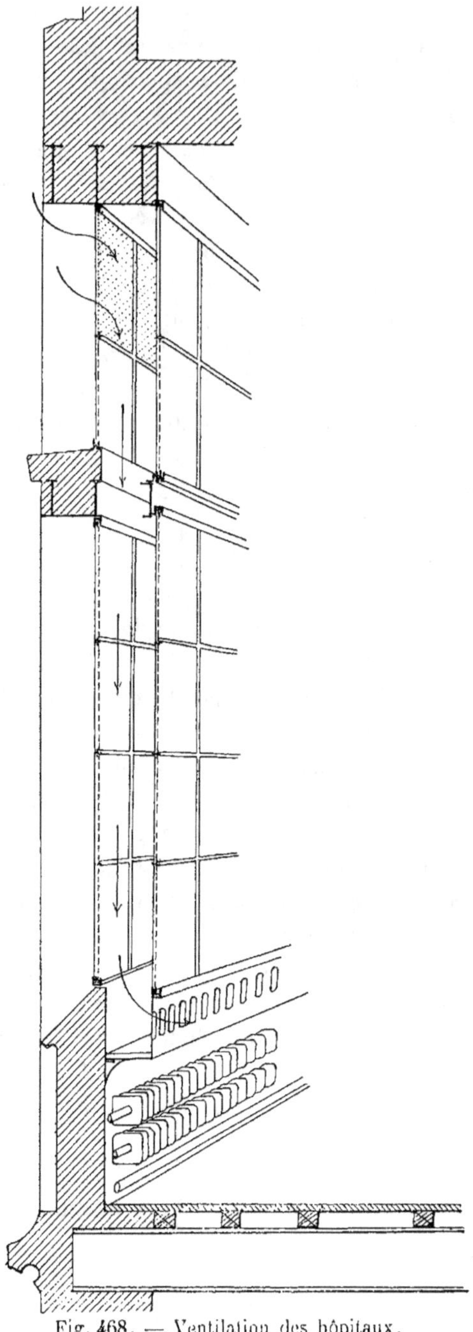

Fig. 468. — Ventilation des hôpitaux.

Les portes, qui doivent être doubles, s'ouvrent de dehors en dedans et sont munies de bourrelets élastiques et de ressorts antagonis-
tes pour contrebalancer l'effet de l'aspiration qui tend à les ouvrir.

A cause des gaines suspendues au plafond et de celles formant
plinthes, le prix d'une pareille installation est assez élevé ; mais,
dans un hôpital, la question d'hygiène doit toujours primer celle
d'économie.

Chaque collecteur, allant aux gaines verticales, comme chaque
conduite d'admission venant de l'extérieur, doit être muni d'un
registre permettant de supprimer en totalité ou en partie l'action du
conduit correspondant.

En employant l'une ou l'autre des dispositions précédentes, on
peut se servir des fenêtres même comme orifices d'arrivée d'air frais
(fig. **469**).

On a alors, à chaque baie, deux vitrages, l'un fixe, ne pouvant
s'ouvrir, ayant à sa partie supérieure un ou plusieurs panneaux
garnis de vitres perforées ; l'autre, pouvant s'ouvrir, placé intérieurement à une distance de 0,06 à 0,10 m. du premier.

La partie de surface de chauffe utilisée au réchauffement de l'air
se trouve à la partie inférieure de ces vitrages et par suite au niveau
ou à un niveau très peu supérieur à celui des têtes de lits.

L'air froid pénètre par les vitres perforées, descend dans le vide
laissé entre les deux vitrages, où il commence à se chauffer et se
dégage dans la pièce à **1** m. 50 environ du sol.

On supprime ainsi la plinthe du bas, les surfaces chauffantes directes peuvent rester nues, l'écran pour élever l'air à la hauteur voulue
est inutile ; on a une cimaise qui porte les orifices d'émission d'air.

Avec le vitrage double, on diminue considérablement le refroidissement dû aux parois.

Le nettoyage du vide entre les vitrages peut être fait facilement
en ouvrant la fenêtre intérieure.

Les diverses gaines montent verticalement dans ou contre les tru-
meaux ; cette dernière disposition est préférable pour éviter autant
que possible le refroidissement dans les gaines.

Si l'on use de la ventilation physique, il ne faut pas qu'un même
conduit vertical desserve des locaux d'étages différents.

32

Toutes les gaines verticales se réunissent, en comble, dans un conduit unique aboutissant à la cheminée de ventilation.

Chaque fois qu'on le peut, il faut préférer la ventilation par procédés mécaniques, car les frais d'exploitation sont toujours moins onéreux et on a un nombre de gaines verticales beaucoup moindre n'altérant pas la solidité des murs, dans l'épaisseur desquels on peut les loger.

Toutefois, pour l'hiver, si l'on peut faire passer le tuyau de fumée du générateur de chauffage dans la cheminée d'évacuation, on réalisera de ce fait une économie assez importante, le ventilateur devenant presque inutile en hiver.

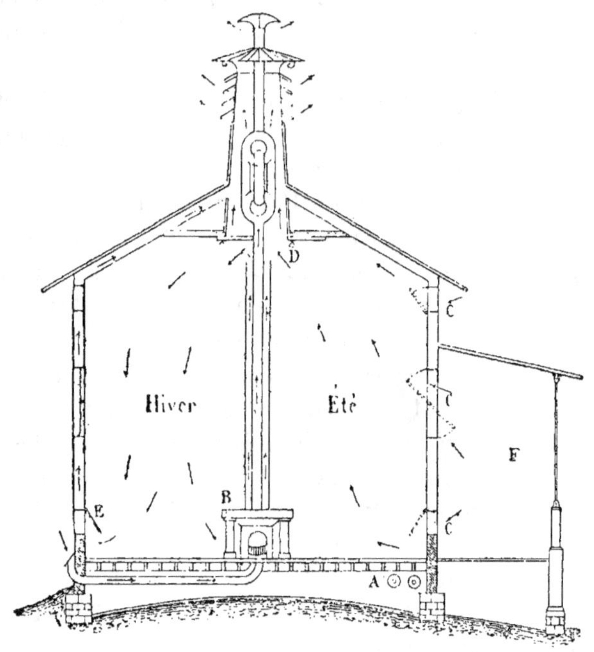

Fig. 469 . — Ventilation des ambulances fixes.

Dans une salle d'hôpital, les angles des murs, plafonds, planchers, etc., doivent être arrondis pour la facilité du nettoyage.

L'espace cubique étant toujours grand, les salles hautes, le nombre de lits ordinairement restreint, il faut vérifier si le volume d'air introduit par mètre de surface du sol du local est supérieur à 30-40 m³ ; il peut arriver que les volumes d'air à introduire, précédemment indiqués, soient insuffisants si l'on considère la superficie de la salle, facteur très important, car l'air doit être renouvelé partout, là où sont les lits et non pas seulement entre eux.

Dans les hôpitaux de très peu d'importance, les ambulances fixes, etc., où l'on utilise, malgré tous ses inconvénients, le chauffage par poêles calorifères, il est indispensable de placer ceux-ci directement dans les salles à chauffer, et à cause de l'emplacement dont on dispose, ils seront dans l'axe du local, ce qui modifie la disposition des orifices tels qu'ils ont été indiqués (fig. 467, 469).

Pour l'hiver, on est obligé de faire une ventilation renversée afin que la chaleur soit également répartie.

Dans ce but, partout où il n'y a pas de baies, en avant des parois longitudinales du local, et laissant un espace libre de 0,04 à 0,05 m., on place une plinthe en planches jointives descendant à quelques centimètres seulement du sol.

Le vide communique, par des conduits verticaux montant dans l'épaisseur des murs ou préférablement le long de ceux-ci, avec la cheminée de ventilation dans laquelle passe le collecteur des tuyaux de fumée des poêles de chauffage.

Ceux-ci réchauffent de l'air pris à l'extérieur par des conduits traversant les planchers et venant déboucher à l'extérieur contre la paroi des murs, à l'intérieur, sous le poêle.

La ventilation d'hiver est ainsi assurée et se fait également partout.

Pour l'été, on utilise l'aération directe par l'ouverture des fenêtres ou par des carreaux perforés avec vasistas pleins placés à la partie supérieure de celles-ci, ou on met des cimaises à une hauteur de 1,50 m. du sol, cimaises munies d'orifices et en communication avec les gaines verticales d'évacuation d'air vicié.

L'air peut alors rentrer par les calorifères ; les orifices d'évacuation doivent être munis de registres en permettant l'obturation partielle ou complète.

En résumé, le principe de la ventilation des hôpitaux réside tout entier dans un appel énergique avec grande division de l'air, tant à son entrée qu'à sa sortie et mouvement insensible de cet air dans toutes les parties de la salle afin d'éviter, d'une façon absolue, la production des courants froids.

VENTILATION DES CERCLES ET DES FUMOIRS

Dans ces locaux, il y a toujours, au point de vue de l'ornementation, des cheminées qui, en même temps, servent à la ventilation. Celle-ci est alors par appel et à niveau.

Les cheminées étant insuffisantes pour fournir à tout le chauffage, on complète celui-ci soit par des calorifères à air chaud, soit mieux par des poêles à vapeur à basse pression.

Il y a donc généralement un ou plusieurs foyers ou bouches d'émission d'air chauffé. Si les poêles sont à simple rayonnement, les cheminées, non utilisés au chauffage, servent à l'admission de l'air neuf. Cette rentrée peut encore être assurée par des bouches placées au bas des parois, près des appareils de chauffage ou par des vitres perforées avec vasistas en vitres pleines s'ouvrant de façon à diriger le courant d'air neuf vers le plafond ; dans ce cas, les cheminées allumées serviront à l'évacuation comme dans le cas de l'émission par calorifères.

Toutefois, le meilleur chauffage étant celui par surfaces directes, dont une partie chauffe l'air neuf introduit à faible température au bas des locaux, la meilleure ventilation sera celle avec bouches d'évacuation placées près du plafond, à la base de gaines verticales rejetant l'air vicié dans l'atmosphère à la plus grande hauteur possible.

Il est de toute importance alors de diviser les sorties d'air.

Si, en effet, l'on met, à l'opposé du poêle, une seule bouche, il va s'établir un courant direct entre le poêle et la bouche et partout ailleurs il y aura stagnation de l'air. Il faut donc établir, formant corniche au plafond, une gaine suivant le périmètre du local à ventiler.

Cette gaine sera percée d'orifices dont la section ira en augmentant à mesure qu'ils s'éloigneront du collecteur vertical, rejetant tous les gaz viciés dans l'atmosphère.

Il y a de plus un grand nombre de becs de gaz ou d'appareils d'éclairage qui fonctionnent longtemps et vicient l'air par la production des gaz de combustion ; ceux-ci sont à une température élevée, on peut donc les utiliser pour favoriser la ventilation, en surmontant chaque appareil d'un conduit vertical allant dans une gaine suspendue au plafond et rejoignant la conduite générale de ventilation.

Ces appareils d'éclairage étant ordinairement placés d'une façon symétrique, les différents conduits verticaux pourront être groupés de façon que les gaines suspendues deviennent des motifs de décoration et chacune portera à la partie inférieure des ouvertures d'aspiration d'air vicié.

On obtient ainsi une ventilation abondante, énergique et sans dépense supplémentaire de foyer pour chauffer la cheminée de ventilation.

Ce procédé est évidemment à préférer, la ventilation par les cheminées à foyer ouvert ayant pour inconvénient de ramener au niveau du plancher les gaz de combustion, fumées de tabac, etc., qui naturellement s'élèvent vers le plafond. Il en résulte que le chauffage par l'air émis à température élevée (60 à 90°) sera défectueux.

En été, où l'éclairage employé est souvent l'électricité, il faut ménager dans la cheminée de ventilation une rampe à gaz pour assurer le mouvement ascendant de l'air vicié et son rejet dans l'atmosphère.

Il est vrai qu'à cette époque de l'année, on a le plus souvent recours à l'aération directe.

Si les tuyaux de fumée des cheminées à foyer ouvert ont une section permettant d'y faire passer les conduits verticaux d'air vicié, comme en hiver, pour la réjouissance de l'œil, on allume ordinairement des feux de bois dans ces cheminées, on pourra profiter de la chaleur des gaz de combustion pour activer la ventilation.

VENTILATION DES THÉATRES, AMPHITHÉATRES, SALLES D'ASSEMBLÉE, ETC.

Les théâtres qui, au point de vue du chauffage, se composent de quatre parties, en comprennent trois importantes pour la ventilation ; ce sont la salle, la scène et les couloirs.

Ces trois parties, à certains moments, communiquent entre elles, à d'autres, au contraire, elles sont isolées les unes des autres.

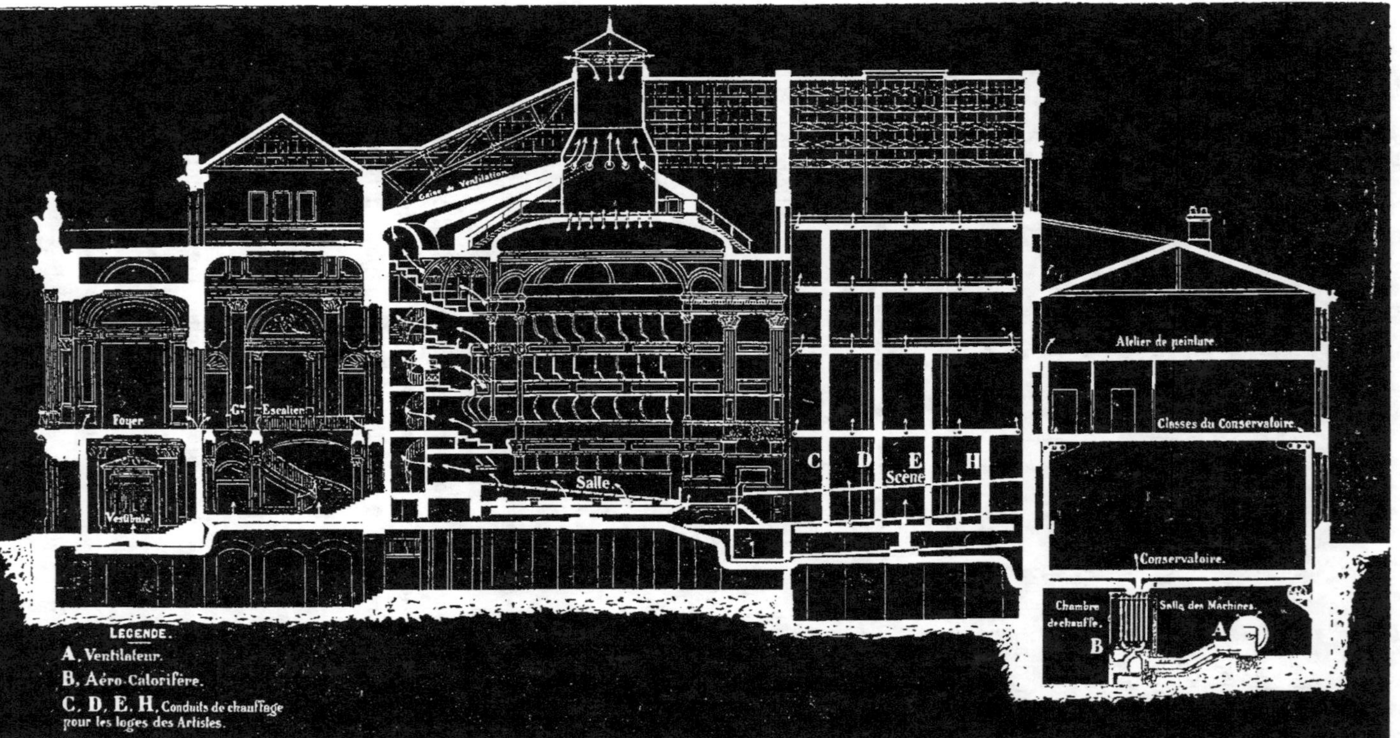

Fig. 470. — Ventilation du théâtre de Montpellier (d'Anthonay à Paris).

Dans la salle, il y a une grande agglomération d'individus étagés et très rapprochés les uns des autres.

On a vu que la salle était chauffée par insufflation d'air en grand volume et à faible température ; les couloirs, par simple émission d'air chaud ; la scène, par ce même procédé, avec, à la partie haute, maintenant que l'électricité a, pour l'éclairage, été substituée au gaz, un ruban de chaleur évitant les descentes d'air frais venant des vitrages.

Les couloirs sont en communication et avec les escaliers et avec les foyers, lesquels prennent généralement jour sur les grandes voies, sont chauffés et ventilés naturellement par des cheminées ornementales et aussi par des gaines d'évacuation allant rejoindre une conduite générale.

Dans ces locaux, du reste, l'occupation est limitée comme temps, et, ce qu'il y a à éviter, ce sont surtout les courants d'air qui pourraient gêner les spectatrices circulant en tenue de soirée.

Les couloirs, en particulier, se trouvent et en communication avec l'extérieur d'où vient l'air froid et avec la salle de spectacle dans laquelle il est indispensable d'éviter les entrées d'air par les portes, à cause des courants gênants qui en résultent, il est nécessaire d'employer la ventilation par insufflation et de l'aménager afin qu'il y ait toujours un excès de pression de l'air dans la salle (fig. 470).

Avec ce moyen, en faisant arriver, en hiver, l'air légèrement chauffé, près des spectateurs, on évite toute rentrée venant des couloirs, et on n'a plus à craindre l'envahissement de la salle par le courant d'air de température moindre qui vient de la scène et se produit au lever du rideau.

Antérieurement, on utilisait la chaleur du lustre pour produire l'aspiration ; aujourd'hui, avec la lumière électrique qui fournit une quantité de chaleur à peu près nulle, cette utilisation n'a aucune raison d'être, aussi, est-il préférable de ne plus mettre la cheminée d'évacuation au-dessus de ce lustre, mais de ménager plusieurs orifices de départ d'air vicié placés au haut de la salle sur la paroi la séparant de la scène.

On peut dire qu'avec les moyens mécaniques dont on dispose et la possibilité d'avoir des pressions importantes de l'air, la ventilation par insufflation est, aujourd'hui, la seule à employer.

Il est nécessaire d'insister sur ce point, car la ventilation par aspiration est encore appliquée dans beaucoup de théâtres.

La ventilation des théâtres remonte au commencement du siècle et elle fut réalisée, à Londres, pour la première fois, par le marquis de Chabannes, au théâtre de Covent Garden (fig. 471).

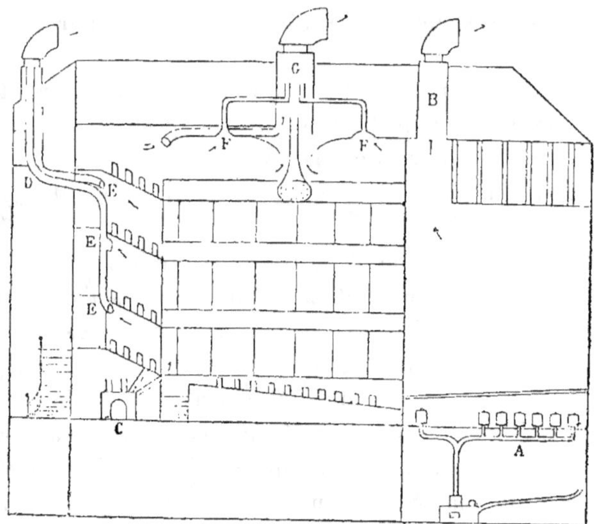

Fig. 471. — Ventilation du théâtre de Covent Garden par le marquis de Chabannes.

La scène était chauffée par des cylindres à vapeur traversés par des tubes pour le passage de l'air.

Un calorifère à air chaud envoyait celui-ci sous le plancher des loges et dans les escaliers pour éviter les rentrées d'air froid ; un foyer spécial était disposé pour aspirer l'air vicié des gradins par des conduits spéciaux se réunissant dans une cheminée, tandis que d'autres tubes aspiraient l'air vicié du plafond vers la gaine où s'opérait l'appel du lustre. Une cheminée spéciale d'évacuation existait, pour la scène, en cas de pièces à grand spectacle.

En France, les principes de l'assainissement des théâtres ne furent posés qu'en 1828 et d'Arcet proposa une disposition utilisant l'appel du lustre comme force motrice gratuite (fig. 472), appliquée à l'évacuation de l'air vicié.

L'introduction de l'air se faisait par une colonne, alimentant les corridors, puis, entrant, dans la salle, par les doubles planchers des loges.

La sortie avait lieu, autour du lustre, dans une cheminée dont on pouvait modifier la section au moyen de trappes mobiles, et par des gaines allant rejoindre cette cheminée.

Dans ces installations, l'on a toujours une ventilation mauvaise, la cheminée du lustre contribue à amener des entrées d'air par les portes, le mouvement de l'air se produit tout au centre de la salle,

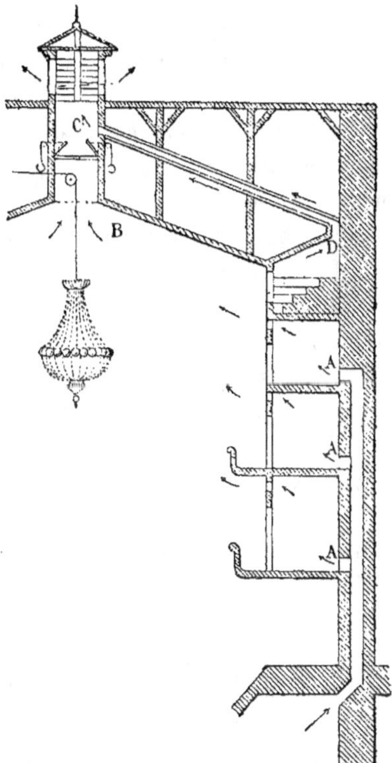

Fig. 472. — Ventilation des théâtres par d'Arcet.

c'est-à-dire là où il n'a pas d'utilité, les bouches d'air chaud dans le parterre et les loges sont désagréables.

C'est en 1858, à Lyon, que l'on fit le premier essai de ventilation par insufflation, mais les conditions d'application furent si mauvaises qu'on ne donna pas suite à l'idée qui était cependant la véritable solution du problème.

En 1860, d'Arcet établit le chauffage des théâtres de la place du Châtelet, à Paris, en supprimant le trou du lustre et en remplaçant celui-ci par un plafond lumineux.

L'air neuf puisé à l'extérieur par un large conduit passait par les calorifères et entrait dans la salle par des gaines ménagées sous le plancher des loges, puis, par les tympans et les parois verticales des avant-scènes.

L'évacuation se faisait, pour la salle, par des gaines partant du plafond de chaque loge et aboutissant à la coupole d'éclairage ; pour le parterre et les baignoires, par des conduits horizontaux placés sous les spectateurs et aboutissant à des conduites renfermant les tuyaux de fumée des calorifères.

C'était encore une installation par appel avec tous ses inconvénients ; de plus, l'établissement des conduits était tel que le cube d'air extrait dépassait de moitié celui introduit par les gaines normales, le reste passait donc par les portes et produisait des courants désagréables et dangereux.

Pour les théâtres, on a aussi employé la ventilation renversée.

C'est ainsi qu'à Paris, au grand Opéra, l'air pur est puisé aux parties supérieures de l'édifice, loin des causes d'altération et arrive en grande quantité et à faible température à la partie supérieure de la salle et en dessous des loges, pour sortir à côté des spectateurs.

Depuis l'installation du théâtre de Vienne, en Autriche, on semble s'arrêter à la ventilation par insufflation. Avec ce procédé, comme on l'a vu, il faut toujours avoir un excès de pression de l'air de la salle sur celui des couloirs et pour cela il faut donner aux orifices d'évacuation une section suffisante pour écouler tout l'air introduit.

La scène étant en communication presque continuelle avec la salle, il faut que le vaisseau qu'elle forme soit complètement isolé de l'extérieur, car la pression maintenue dans la salle doit exister dans l'enceinte de la scène.

On peut, pour être utilisé seulement pendant les représentations, aménager le chauffage de celle-ci afin qu'il serve à réchauffer de l'air pulsé par le ventilateur même de la salle ; l'émission se fait alors par des grillages placés au pourtour de la scène, car les bouches en parquet ne peuvent être employées, recouvertes qu'elles seraient généralement par l'ameublement et les tapis qui varient avec chaque pièce.

Pour la ventilation d'été, le même procédé par insufflation est applicable, mais il y a lieu de rafraîchir l'air.

Jusqu'ici, les théâtres ayant pris l'habitude de fermer leurs portes pendant l'été, on n'a pas étudié d'appareils bien spéciaux dans ce but.

Cependant, un moyen assez employé est celui de la pulvérisation d'eau (fig. 473, 474, 475).

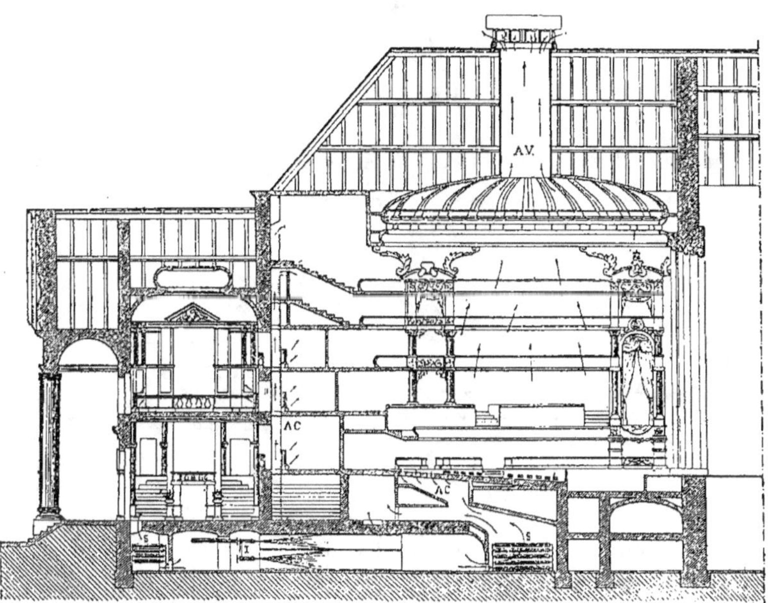

Fig. 473. — Théâtre de la Monnaie à Bruxelles.
Ventilation avec pulvérisation d'eau (Geneste Herscher, à Paris).

Des injecteurs recevant l'eau sous pression sont placés au centre de la conduite de refoulement du ventilateur et l'eau, ainsi mélangée à l'air, refroidit celui-ci, en se vaporisant.

Ce qui vient d'être dit pour les théâtres s'applique évidemment à toutes les salles dont les conditions s'en rapprochent : amphithéâtres, salles d'assemblée, salles de concerts, etc.

Dans ces locaux on dispose assez ordinairement de force motrice, eau sous pression, gaz ou électricité et l'on peut installer une ventilation par insufflation avec chambre de mélange ou de cantonnement d'air légèrement chauffé sous le plancher du local, lequel porte alors de nombreuses bouches d'émission que l'air traverse avec une vitesse de 0,10 à 0,15 m. par seconde.

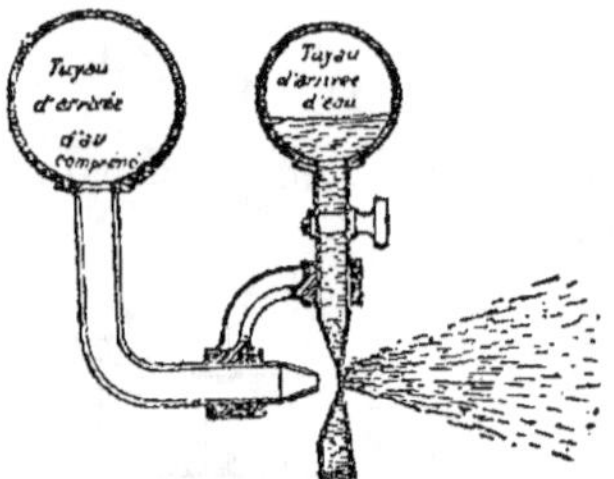

Fig. 474. — Pulvérisateur Farcot.

Au plafond et à la paroi la plus éloignée du public, c'est-à-dire à celle la plus proche de la chaire ou tribune, se trouvent les orifices

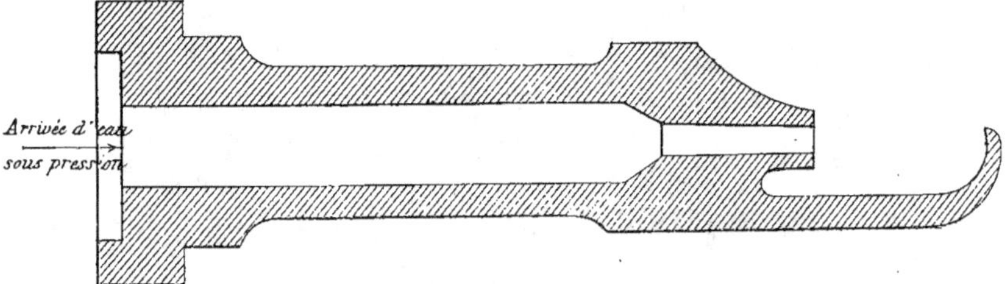

Fig. 475. — Pulvérisateur d'eau.

d'évacuation de sections telles qu'il y ait toujours excès de pression de dedans en dehors.

Ces méthodes s'appliquent aux grandes salles, mais pour des locaux de faible importance, il peut être impossible de faire les travaux onéreux que nécessitent les chambres de mélange.

On fait alors un faux plancher surélevé sous lequel serpente un tuyau de surface de chauffe afin d'éviter le froid aux pieds.

Ce plancher, au droit des personnes, peut porter des panneaux en tôle ajourée et réparties, vers les surfaces refroidissantes, quelques entrées d'air.

Le long des murs, on place des surfaces chauffantes avec prises d'air extérieur et enveloppes formant plinthes qui portent des orifices d'émission répartis sur toute la longueur, ce qui permet d'avoir des entrées, très divisées, d'air pur légèrement chauffé.

Au plafond, sur tout le pourtour, on dispose une gaine formant corniche ou fausse poutre portant des ouvertures pour l'évacuation de l'air vicié et communiquant avec un conduit vertical débouchant sur les toits.

Dans ce conduit on met, ou une rampe à gaz, ou un foyer, ou un ventilateur hélicoïdal mu par moteur à eau, à gaz ou électrique, et l'on est assuré d'une bonne ventilation utilisable sans modification, été comme hiver.

Cette installation est toutefois faite par aspiration, malgré les avantages qu'aurait une ventilation par insufflation, à cause des conditions d'économie et de construction qui sont imposées.

Les conduits d'air venant de l'extérieur doivent être munis de registres en permettant la fermeture totale ou partielle. Ceci est, du reste, question de réglage, lequel doit être prévu de façon à pouvoir être fixé expérimentalement, lorsque l'installation est achevée, à la première mise en marche.

Ce qu'il faut, en tous cas, c'est encore un grand nombre d'orifices d'émission et d'évacuation répartis d'une manière logique pour assurer le renouvellement de l'air dans toutes les parties du local et ce par les moyens dont on dispose.

VENTILATION DES ÉCOLES, COLLÈGES, LYCÉES, ETC.

Les écoles sont des établissements où une bonne ventilation est indispensable et où l'on n'a seulement à sa disposition, le plus souvent, que les procédés naturel et physique.

Il ne s'agit donc plus ici de rechercher une ventilation logique, ce qu'il faut, c'est réaliser le renouvellement de l'air le plus absolu, assurer l'évacuation de l'air vicié et ce, en utilisant les moyens que l'on possède.

On aura toujours à appliquer la ventilation par appel.

Si le chauffage est fait par poêle calorifère, la ventilation renversée s'impose pour l'hiver.

Le poële est généralement placé dans l'angle de la classe, du côté où se trouve la paroi la plus refroidissante. Le tuyau de fumée doit servir de surface chauffante, avoir la plus longue longueur possible dans le local et par conséquent traverser celui-ci diagonalement, si possible.

Si l'on veut une ventilation assurée partout, en avant, et à une distance de 0,04 à 0,06 m. des deux murs aboutissant à l'angle où monte le tuyau de fumée, on placera une plinthe en planches jointives portant à sa partie basse des ouvertures dont la section va en croissant à mesure qu'on s'éloigne du conduit vertical de ventilation et obturables en totalité ou en partie par des registres à glissières.

Le vide compris entre la plinthe et le mur communique avec le conduit de ventilation qui est ménagé autour du tuyau vertical de fumée du poële.

Pour l'été, l'air s'échappe par ce même conduit qui communique au plafond avec une gaine munie d'ouvertures.

L'admission de l'air frais se fait encore par le poële et par des vitres perforées ménagées aux fenêtres et doublées de vasistas à vitres pleines.

On peut du reste, à cette époque, utiliser l'aération directe par les fenêtres.

Si le tuyau de fumée traverse la salle en suivant une des parois, la plinthe n'a d'utilité que sur la paroi opposée et le vide entre elle et le mur est relié au conduit vertical d'évacuation par une gaine horizontale suspendue au plafond.

Cette gaine porte des orifices pour l'évacuation de l'air vicié, en été.

Quand le chauffage est fait par la vapeur à basse pression, les surfaces chauffantes sont placées le long des parois refroidissantes avec, servant à chauffer légèrement l'air neuf, une partie située contre le mur le plus froid et recouverte d'une enveloppe en tôle avec orifices pour l'émission, et on n'a plus besoin de bouches d'évacuation basses.

Il suffit de mettre, suspendue au plafond de la classe, sur la paroi opposée à l'arrivée d'air, une gaine horizontale portant des ouvertures dont la section va en croissant à mesure qu'on s'éloigne du conduit vertical d'évacuation avec lequel elle communique et qui monte en saillie dans un angle aux étages supérieurs.

Ce tuyau vertical peut être prolongé jusqu'au bas de la pièce et être muni d'un foyer pour activer le tirage en été, ou être relié, dans les combles, avec une cheminée dans laquelle passe le tuyau de fumée de l'appareil de chauffage pour la ventilation d'hiver, et ayant à sa base un foyer spécial pour la ventilation d'été.

En été, les entrées d'air se font par les mêmes orifices qu'en hiver, elles peuvent aussi se faire par des vitres perforées.

Ce procédé de ventilation est celui que l'on applique, pour les classes, dans les collèges et lycées.

Dans ces établissements, il est nécessaire de renouveler l'air des dortoirs.

On a vu que l'on ne chauffait pas positivement ceux-ci, la ventilation sera donc la même en été et en hiver, il est absolument indispensable qu'il n'y ait pas de courants d'air.

L'admission pourra se faire comme il a été indiqué pour les hôpitaux par doubles fenêtres dont l'une extérieure, à chassis fixe, porte à sa partie supérieure des vitres perforées, et l'autre intérieure, à une distance de 0,04 à 0,06 m. de la première, à chassis ouvrant, est à vitres pleines.

L'air descend dans le vide le long des vitres, et, passant dans l'enveloppe en tôle du ruban de chaleur, il s'échappe par les orifices percés sur cette gaîne.

Dans l'axe longitudinal du dortoir est la conduite, suspendue au plafond, communiquant avec les gaines verticales d'évacuation, et portant un grand nombre d'orifices de passage pour l'air vicié.

Pour les classes, où il y a de petits amphithéâtres, avant que le chauffage à vapeur à basse pression n'ait subi les perfectionnements qui aujourd'hui, permettent de l'employer préférablement au calorifère à air chaud, on avait préconisé la ventilation renversée (fig. 476).

Celle-ci n'est employable que lorsqu'on ne peut pas faire autrement, car, partout où il y a agglomération, il y a production d'odeurs, de miasmes ayant une tendance à s'élever avec une vitesse relativement grande, il est donc inutile de les ramener en les mélangeant avec l'air pur qui est émis après avoir léché les appa-

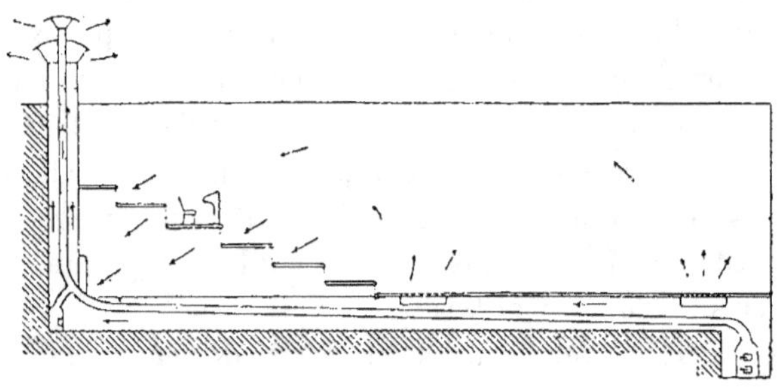

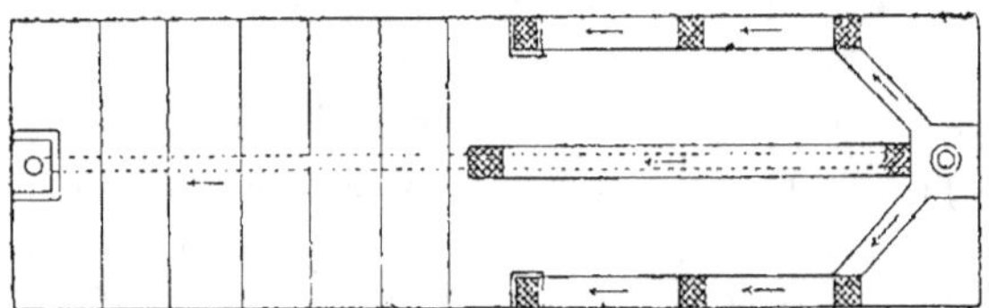

Fig. 476. — Ventilation des petits amphithéâtres.

reils de chauffage, de les diluer et de risquer de fournir pour la respiration un air, peut-être respirable, mais en tous cas gênant par les odeurs qu'il contient.

VENTILATION DES MAGASINS

Dans ces établissements comme dans ceux étudiés précédemment, la ventilation varie avec les modes de chauffage employés et elle doit être telle que l'installation d'hiver puisse être utilisée en été.

Dans les petites installations déjà existantes, le chauffage est ordinairement fait par des poëles ou calorifères à air chaud et l'on a complètement négligé la ventilation, comptant sur les ouvertures des portes et fenêtres pour le renouvellement de l'air et l'évacuation des gaz viciés.

Dans les grandes villes, où l'électricité tend à se répandre de plus en plus, on pourra apporter une atténuation à cet état de choses par l'emploi d'un ventilateur hélicoïdal électrique, qui prend peu de place, s'adapte facilement à la partie haute du local, contre un carreau, par exemple, pour rejeter l'air à l'extérieur.

Ce ventilateur peut avoir un fonctionnement continu ou discontinu, la mise en marche et l'arrêt se faisant en ouvrant ou fermant la porte du meuble renfermant tout l'appareil.

Tout l'air vicié peut ainsi être écoulé au dehors, le calorifère servant de chemin à l'air pur qui vient le remplacer.

Dans les locaux à installer, on peut employer le chauffage à vapeur à basse pression et ménager assez facilement, les prises d'air pur.

Toutefois, l'air pris au niveau des trottoirs étant généralement chargé de matières impures, il faut aller le chercher, par une gaine d'angle, par exemple, à un niveau un peu inférieur à celui de la bouche d'évacuation, mais à une certaine hauteur au-dessus du sol.

Pour l'évacuation, on peut utiliser le ventilateur électrique dont il vient d'être parlé, mais il est préférable de mettre en communication avec lui une gaine de plafond percée d'ouvertures pour le passage de l'air vicié.

On disposera de la place des surfaces chauffantes, des orifices tant d'émission que d'évacuation et des gaines correspondantes de façon que le mouvement de l'air se réalise en nappe malgré les obstacles formés par les articles amassés sur les comptoirs de vente et afin d'avoir l'encombrement minima.

Dans les grands magasins, on emploie plusieurs dispositions pour le chauffage.

Si celui-ci est fait par émission d'air légèrement chauffé et pulsé par des ventilateurs, il est nécessaire de chercher la meilleure répartition des bouches d'émission, l'orifice d'évacuation étant souvent unique par suite de la construction du bâtiment.

33

Il peut même être utile de mettre un ventilateur hélicoïdal dans la cheminée d'évacuation.

S'il n'y a pas pulsion d'air, le chauffage est ordinairement fait par des surfaces placées, pour le rez-chaussée, en caniveau et pour les étages, dans l'embrasure des fenêtres.

Le caniveau doit être en communication ou avec le sous-sol, ou avec l'extérieur ou mieux avec l'un et avec l'autre, l'une des communications servant pour la ventilation d'hiver, l'autre pour celle d'été.

Pour les étages, qui donnent sur le hall et communiquent entre eux, on assure l'évacuation de l'air vicié au moyen d'un ventilateur hélicoïdal placé dans une cheminée située au centre du hall vitré.

La charpente soutenant celui-ci peut être en poutres caissons qui servent alors de conduite afin de multiplier les orifices de passage de l'air vicié.

Pour les locaux particuliers, la ventilation est faite par des gaines munies de brûleurs à gaz ; la disposition de ces gaines doit toujours satisfaire à la condition de grande division de l'air tant à son arrivée qu'à son départ.

Avec la ventilation par insufflation, on a l'avantage de pouvoir, en été, rafraîchir l'air par des pulvérisations d'eau.

VENTILATION DES BANQUES

Ce qui vient d'être dit pour les petits magasins s'applique aux petites banques.

Pour les grands établissements, le chauffage de la grande salle du public est ordinairement réalisé au moyen d'une insufflation d'air légèrement chauffé.

La ventilation résulte donc de ce système de chauffage.

Il faut répartir les bouches d'émission autour de la salle afin que le chauffage et le renouvellement d'air se produisent là où ils sont nécessaires, c'est-à-dire au droit des guichets et vers les bancs d'attente desservant ceux-ci, l'évacuation de l'air vicié se fait par une cheminée placée à la partie haute du hall.

La ventilation d'été de la salle du public se fait par le même procédé, mais il faut rafraîchir l'air par une pulvérisation d'eau froide.

Pour les bureaux non en communication avec le hall et chauffés par des surfaces directes, on établit une ventilation par appel, soit naturelle, soit artificielle, et on réunit, s'il est possible, toutes les gaines dans une cheminée secondaire desservie par un ventilateur à hélice.

Si les services peuvent être divisés et que le chauffage de chacun soit fait par une chaudière ou un foyer spécial on peut, au point de vue du bon fonctionnement et de l'économie, grouper les gaines desservant les locaux d'un même foyer sur la même cheminée de ventilation dans l'axe de laquelle passe le tuyau de fumée du générateur de chauffage correspondant.

Avec la ventilation par insufflation, il est nécessaire d'avoir un excès de pression de l'air de la salle sur l'atmosphère extérieure, cet excès existera aussi dans les bureaux communiquant continuellement avec le hall, lesquels pourront être chauffés par le même procédé que ce hall ; la somme des sections de la cheminée d'évacuation du hall et des gaines des bureaux devra donc être insuffisante pour laisser passer tout l'air insufflé.

Dans les banques, la salle des titres et la salle des archives demandent une ventilation bien établie.

Ces locaux sont chauffés à faible température au moyen de surfaces chauffantes directes ; mais l'on utilise ordinairement l'insufflation d'air arrivant par le bas et s'évacuant par le haut. En été, on rafraîchit cet air par une pulvérisation d'eau froide.

La salle des titres peut être desservie par le ventilateur même de la grande salle du public, mais la conduite doit être prise en avant du calorifère, afin que jamais l'air envoyé ne puisse être chauffé.

Dans le cas cependant d'hydrocalorifères ou de calorifères à vapeur, on peut avoir un de ces appareils spécialement pour les titres, supprimer les surfaces directes et insuffler une grande quantité d'air à faible température.

Ce moyen n'est toutefois pas à préconiser, car si le ventilateur s'arrête, l'on risque d'avoir de l'air chauffé à haute température émis dans le local, ce qui est dangereux.

On peut employer, il est vrai, une valve automatique, placée entre l'hydrocalorifère et le local, qui ferme le conduit d'amenée d'air dès que le ventilateur s'arrête ; mais alors, comme il n'y a plus de surfaces chauffantes directes, on supprime le chauffage de la salle des titres, ce qui est défectueux, l'ennemi à combattre dans ce local étant l'humidité.

Il faut toujours diviser les entrées et les sorties d'air afin d'avoir une ventilation assurée partout.

VENTILATION DES ÉTABLISSEMENTS PUBLICS

Pour les établissements publics, qui sont très nombreux et très différents d'importance, d'après les villes où ils se trouvent, ce qui a été dit pour le chauffage, est vrai pour la ventilation.

Dans les petites installations où le calorifère à air chaud est employé, il faut prévoir une ventilation par aspiration, renversée pour l'hiver, afin de répartir la température dans toutes les parties des pièces chauffées.

Pour l'été, dans les bureaux, l'ouverture des fenêtres suffit généralement au renouvellement de l'air ; on peut, en tous cas, aux gaines servant à l'évacuation de l'air vicié, en hiver, ménager des bouches hautes pour la sortie de l'air vicié, en été.

Pour les salles de fête, d'assemblée, etc., on établit une ventilation par aspiration, les gaines étant dissimulées dans les murs et portant des grilles basses pour l'hiver et des grilles hautes pour l'été. Les différents conduits, qui doivent être en assez grand nombre, se réunissent, dans les combles, à une cheminée formant campanile, dans laquelle passe le tuyau de fumée du calorifère et est logé un foyer spécial qui sert en été.

Les gaines cachées dans les murs peuvent, pour l'été, communiquer avec la corniche creuse de la salle dans laquelle seront ménagées des ouvertures d'aspiration assurant les courants d'air pur dans toutes les parties du local et réalisant la grande division de ces courants.

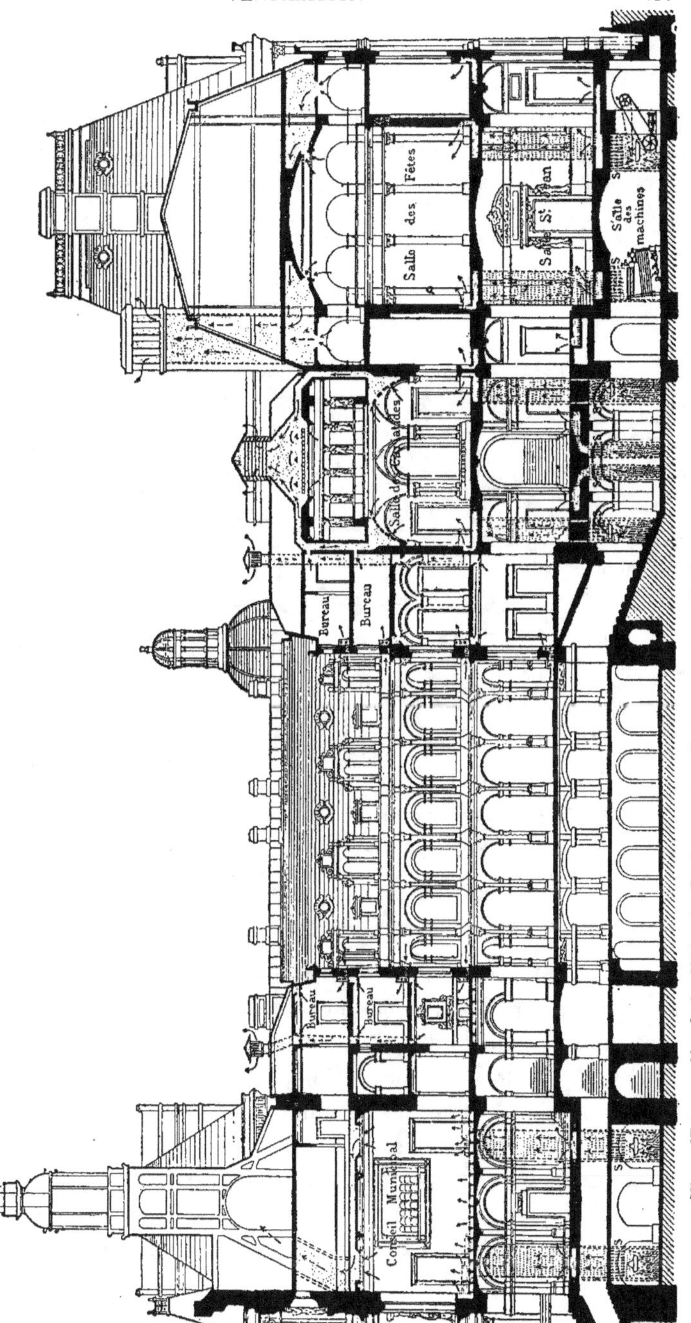

Fig. 477. — Hôtel de Ville de Paris. — Ventilation par insufflation. — (Geneste Herscher et Cie, à Paris).

Quand l'installation plus importante permet l'emploi d'un ventilateur, le renouvellement de l'air, dans les salles des fêtes, doit être fait par pulsion, l'évacuation se réalisant par le haut de la salle au moyen de la corniche creuse du plafond et des gaines verticales, et l'arrivée se faisant par des plinthes creuses au bas du local (fig. 477, 478).

Fig. 478. — Grand amphithéâtre de la Nouvelle Sorbonne.
(Geneste Hercher et Cie, à Paris).

En rafraîchissant l'air insufflé par une pulvérisation d'eau, on réalise une très bonne ventilation, l'été.

Quand on divise les services et que l'on peut desservir, par un même foyer, tous les locaux importants, c'est-à-dire où il peut y avoir agglomération de personnes, pour tous ces locaux, on se sert de la ventilation par insufflation d'air légèrement chauffé.

Pour les bureaux peu importants, la ventilation par appel sera toute indiquée en utilisant des cheminées chauffées, l'hiver, par les tuyaux de fumée des générateurs de chauffage, desservies, l'été, par des ventilateurs hélicoïdaux ; à moins que la complication des gaines n'entraîne à préférer la ventilation naturelle ou l'aération directe.

Celle-ci est applicable, en hiver, dans les bureaux occupés par une seule personne et d'une façon intermittente à la condition que l'espace cubique soit suffisant et que l'ouverture des fenêtres soit faite pendant les temps d'inoccupation du local.

Quand on emploie la ventilation par insufflation, la canalisation peut se composer de deux parties, l'une allant aux calorifères pour

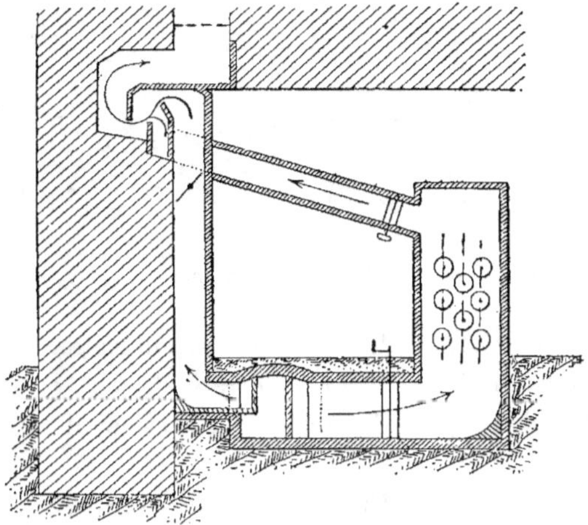

Fig. 479. — Chambre de mélange d'air chaud et d'air froid.

le chauffage à assez haute température d'une partie de l'air, l'autre les évitant et desservant des conduits d'air froid qui s'élèvent dans le sous-sol, de façon que le mélange d'air froid et d'air chaud s'effectue à chaque conduit muni d'une bouche d'émission (fig. 479).

Par ce moyen, on peut régler la température de l'air émis par chacune des bouches, chaque conduit d'air chaud et d'air froid possédant un registre manœuvrable par une clef.

En outre, comme on peut généralement grouper les services de façon à avoir des conduits d'air chaud de peu de longueur, chaque calorifère à vapeur ou à eau est alimenté d'air par un conduit pouvant être fermé, ce qui permet de l'isoler du chauffage et de la ventilation.

Dans chaque conduit d'air frais, on peut ajouter un pulvérisateur branché sur une conduite d'eau sous pression, afin d'avoir en été de l'air rafraîchi.

Comme le ventilateur est un appareil mécanique, sujet à des

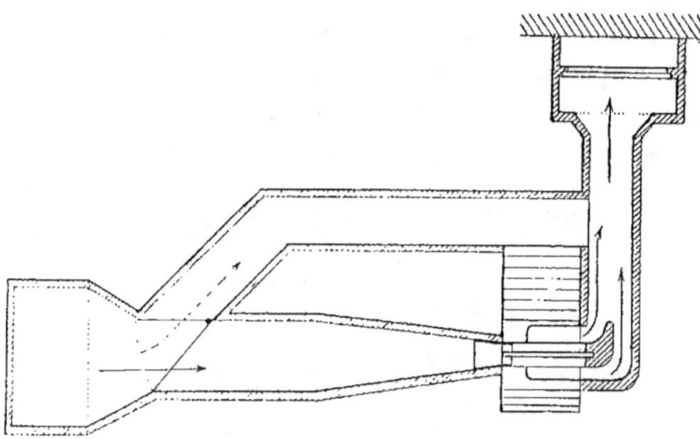

Fig. 480. — Disposition d'une prise d'air pour ventilation par ventilateur centrifuge.

accidents, il y a lieu d'établir une communication directe, sans passer par le ventilateur, entre l'air extérieur et la conduite générale d'amenée de l'air aux différentes surfaces chauffantes (fig. 480).

VENTILATION DES CAFÉS, RESTAURANTS, HOTELS, ETC.

Dans ces établissements, il y a, à certains moments, agglomération de personnes, production d'odeurs provenant des cuisines, et de la fumée du tabac, aussi la ventilation par pulsion n'est-elle pas à employer, car il y a intérêt à ne pas diluer ces odeurs et ces fumées, et à les enlever au fur et à mesure de leur production.

Le chauffage de ces établissements est fait ou par des calorifères de cave ou par des poêles calorifères placés dans les salles même à chauffer.

Il peut aussi bien se faire par des surfaces directes placées près des parois refroidissantes et dont une partie échauffe de l'air pris à l'extérieur à une certaine hauteur au-dessus du sol.

En hiver, ce qui contribue aussi au chauffage, ce sont les appareils d'éclairge qui fournissent un moteur d'aspiration tout trouvé et gratuit, en suspendant au plafond des gaines formant motifs d'ornementation, portant des ouvertures pour l'aspiration de l'air vicié, et recevant les produits de la combustion des appareils d'éclairage.

En été, la lumière électrique est ordinairement employée, et il faut mettre les gaines servant à la ventilation d'hiver, en communication avec un ventilateur hélicoïdal électrique rejetant l'air à l'extérieur, à la hauteur du plafond de la salle.

A cette époque, du reste, la rentrée de l'air pur est assurée par l'ouverture des portes et des fenêtres.

La difficulté de l'installation réside dans l'emplacement des arrivées d'air neuf pour l'hiver, arrivées dont on ne peut disposer à volonté.

On peut cependant, sous les banquettes placées ordinairement tout autour des salles, ménager une plinthe qui communique avec les prises d'air extérieur et porte des orifices d'émission pour l'air qui se sera au préalable chauffé le long de la surface de chauffe.

En disposant les ouvertures sur le dessus de la plinthe, l'air se dirigera naturellement vers le dessous de la banquette et les courants seront insensibles pour les consommateurs se trouvant sur celle-ci.

Si, cependant, l'on craint ces courants, on établit la gaine formant cymaise à une hauteur de 1 m. 25 à 1 m. 50 du sol et le courant qui se dirige vers les orifices d'évacuation passe au-dessus de la tête des consommateurs assis, en emportant directement l'air vicié et les fumées et en servant à la respiration.

Dans les hôtels, on ne chauffe ordinairement que les couloirs et les dégagements, ainsi que les locaux où il y a possibilité d'une agglomération de personnes.

Ce qui a été dit pour les salles de fête, de bal, de banquet, etc., des établissements publics s'applique ici.

Il faut employer la ventilation par insufflation avec calorifères à foyer, à eau ou mieux à vapeur, arrivées d'air légèrement chauffé au bas des locaux et évacuation d'air vicié à la partie haute.

Pour les chambres, si on les chauffe, on doit le faire par surfaces directes avec émission d'air, et généralement la ventilation naturelle suffit pour l'aération.

Afin d'éviter un trop grand nombre de conduits verticaux dans les murs, on peut, par une gaine horizontale suspendue au plafond, grouper plusieurs chambres sur un même conduit vertical.

Ordinairement, on ventile les chambres par les couloirs.

Au-dessus des portes, on ménage des grilles d'évacuation d'air vicié donnant sur le couloir, lequel est ventilé naturellement par les cheminées que forment les escaliers d'accès et physiquement par des gaines spéciales situées de place en place, montant dans les murs et portant à la base une rampe à gaz ou une hélice pour favoriser la ventilation d'été.

Jusqu'à présent, on a bien pensé à l'évacuation de l'air vicié, mais, pour les chambres, on a complètement oublié de ménager des orifices d'entrée d'air neuf ; on se fie pour cela sur les interstices des portes et des fenêtres.

On ne chauffe pas non plus les chambres qui n'ont pas de cheminée, car on compte sur le chauffage des couloirs, lequel est réalisé par des poêles à eau ou à vapeur, en communication ou non avec une prise d'air extérieur, recevant quelquefois de l'air insufflé par le ventilateur qui dessert les grands locaux.

VENTILATION DES MAISONS D'HABITATION

Jusqu'ici, la ventilation (fig. 481, 482), comme le chauffage des habitations, a été laissée complètement de côté, mais l'on a vu qu'avec le système de chauffage à vapeur à basse pression, il était possible de remédier à cet état de choses.

La ventilation n'est souvent que secondaire, car les pièces sont ordinairement occupées par un nombre très restreint de personnes et d'une façon intermittente, ce qui permet d'avoir recours à l'aération directe par l'ouverture des fenêtres.

Dans les chambres à coucher, il existe toujours une cheminée, ce qui, pour l'hiver, est un bon moyen de ventilation naturelle, à la condition toutefois que l'on ménage des entrées pour l'air neuf qui doit remplacer l'air vicié évacué.

Si l'on chauffe légèrement la chambre par un poêle à vapeur, on
peut placer celui-ci dans la cheminée même aménagée à cet effet
et on peut faire l'évacuation par une bouche placée au haut du
local et donnant accès dans le tuyau de fumée de la cheminée.

Cette même disposition est utilisable, même si le poêle à émission
d'air légèrement chauffé est placé ailleurs que dans l'âtre de la
cheminée de la chambre.

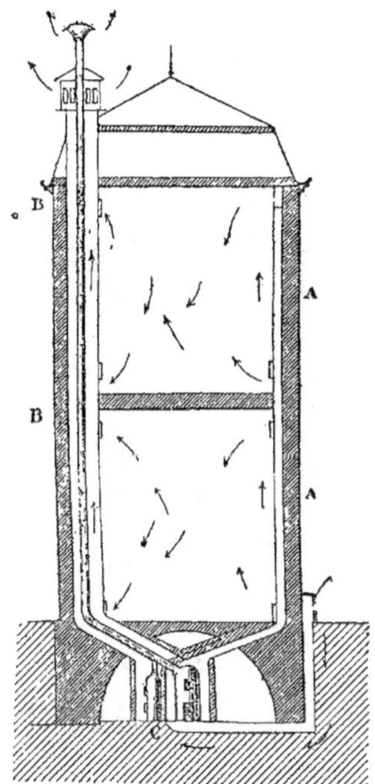

Fig. 481. — Ventilation d'une maison à loyer.

Il n'y a pas lieu, ici, de se préoccuper à outrance du renouvellement égal de l'air dans toutes les parties de la pièce, un espace
important de celle-ci étant occupé par l'ameublement.

Il n'en est pas de même dans les locaux où, à certains moments,
il peut y avoir agglomération de personnes, c'est-à-dire dans la salle
à manger et dans le salon, où il faut prévoir une ventilation, qui
se fait ordinairement par aspiration et est naturelle, car elle est

surtout nécessaire en hiver, alors que le froid empêche de recourir à l'aération directe.

La salle à manger et le salon donnant généralement sur l'antichambre, la ventilation peut se faire par cette antichambre.

Dans la salle à manger, le poêle qui est à émission d'air légèrement chauffé, est placé le plus souvent dans un angle et autant que possible dans celui le plus froid, par conséquent vers le mur extérieur.

Il n'y a donc ainsi qu'une seule arrivée d'air neuf et il est nécessaire de diviser les orifices d'évacuation d'air vicié.

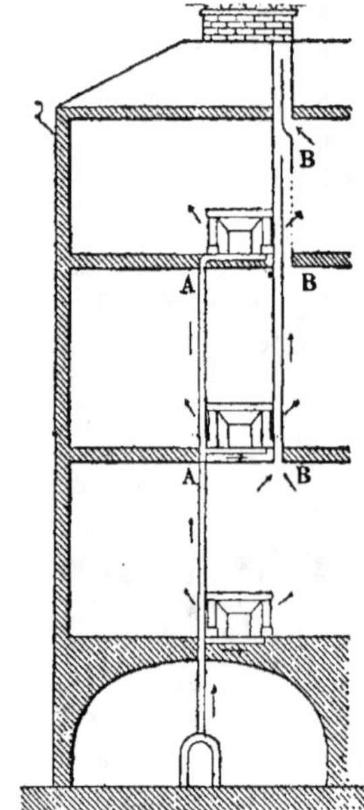

Fig. 482. — Ventilation par les bouches de cheminées.

Si le plafond est entouré d'une corniche moulurée, celle-ci devra être creuse, percée de trous répartis comme situation et section, et servira de gaine débouchant dans le couloir d'où l'air vicié sera repris par un conduit vertical montant dans un gros mur.

La corniche peut être en communication directe avec un pareil conduit si dans la salle à manger il existe un gros mur autre que celui extérieur.

S'il n'y a pas de corniche, on peut toujours, au moyen d'un panneau en bois, abattre les angles du plafond et former ainsi une gaine triangulaire pour évacuer l'air vicié.

Dans le salon, pour la décoration même de la pièce et afin de pouvoir fournir à la vue l'agrément du feu, il y a toujours des cheminées à foyer ouvert.

Il est toutefois utile d'ajouter un poêle à vapeur dissimulé, marchant à radiation ventilatrice et il faut installer une ventilation aspirante pouvant fonctionner en hiver et en été.

Le moyen indiqué pour les salles à manger, de la corniche creuse au plafond, est applicable, mais la gaine verticale d'évacuation d'air vicié doit être munie à sa base d'un foyer ou d'une rampe à gaz pour assurer son fonctionnement en été, car, dans un salon, pendant une soirée, on ne peut ordinairement pas avoir recours à l'aération directe.

Les moyens précédents, qui ne sont pas parfaits, mais sont économiques, peuvent s'appliquer aux maisons de rapport avec appartements et logements.

Dans une maison entière, un hôtel particulier, tout en se basant sur les mêmes principes et les mêmes moyens de réalisation pour obtenir la plus grande division des courants tant à l'entrée de l'air pur qu'à la sortie de l'air vicié, il est ordinairement tout indiqué de recourir à la ventilation mécanique, ou en cas d'impossibilité absolue, à cause du manque d'agents de puissance : eau sous pression, gaz ou électricité, à la ventilation complète et par aspiration de tous les locaux avec cheminée d'appel de bas en haut traversée par le tuyau de fumée du générateur de chauffage pour l'hiver, et foyer spécial à la base pour l'été.

Dans les grands hôtels où il y a des réceptions, la ventilation mécanique par insufflation devra être employée pour les grands salons.

Il faudra toujours éviter la ventilation produite par deux seuls orifices, l'un d'arrivée d'air, l'autre d'évacuation ; ce moyen ayant pour résultat de créer un courant direct d'un orifice à l'autre, mais ne ventilant aucunement.

Il faut diviser l'un et l'autre courant dans les plinthes et dans les corniches afin d'avoir partout un mouvement et un renouvellement de l'air, il faut disposer des registres et ménager les sections des grilles afin que le mouvement soit régulier et ne produise aucune gêne.

VENTILATION DES LABORATOIRES

Dans les laboratoires, on a à enlever des odeurs, des vapeurs et plus lourdes et plus légères que l'air, des gaz toxiques, etc., et par conséquent on ne peut pas employer la ventilation par insufflation qui produirait des remous et mélangerait à l'air respirable toutes les impuretés provenant des matières traitées dans le laboratoire.

Pour les vapeurs légères, la ventilation par aspiration et de bas en haut s'impose ; pour les vapeurs plus lourdes que l'air ambiant, on emploie la ventilation, *per descensum*, c'est-à-dire de haut en bas, par aspiration.

La table de laboratoire sur laquelle s'effectuent les expériences est surmontée d'une hotte communiquant avec la cheminée de ventilation, laquelle doit être munie d'un ventilateur aspirant en matière non attaquable par les gaz à évacuer.

Cette table porte un grillage sur lequel on fait les préparations donnant naissance à des gaz plus lourds que l'air. Ce grillage est en communication avec un conduit descendant qui remonte ensuite pour rejoindre la cheminée de ventilation, ce conduit porte un registre et une clef permettant de l'isoler à volonté de la cheminée.

Pour ventiler le local même, c'est-à-dire enlever l'air vicié produit par la respiration des personnes présentes dans le laboratoire, on répartit les entrées d'air neuf, chauffé en hiver, de façon que sous l'action de l'aspiration produite par une grille située à la partie haute de la salle et donnant accès dans la cheminée de ventilation, il se répartisse dans toute la pièce.

La ventilation renversée a l'inconvénient, lorsque l'on a affaire à certains gaz lourds dangereux, de laisser à leur contact possible les mains et les vêtements de l'opérateur ; aussi, quand on le peut, il est préférable d'organiser des entrées d'air telles que celui-ci vienne lécher les récipients dans lesquels se font les expériences, et sous l'effet de l'aspiration, entraîne avec lui les gaz lourds.

Une application de ce système a été faite en grand à la poudrerie de Saint-Chamas, dans les ateliers de fabrication où, à certains moments, il y a une grande production de produits nitreux (fig. 483).

Fig. 483. — Ventilation des ateliers à la poudrerie de Saint-Chamas.

Les parois de l'atelier sont formées par des cloisons en planches jointives descendant presque jusqu'au sol.

Les touries sont dans l'axe longitudinal de l'atelier, et au-dessous d'un collecteur horizontal relié à la cheminée verticale de ventilation en avant de laquelle est placé un ventilateur hélicoïdal en ébonite.

Sous l'effet de l'aspiration de ce ventilateur, l'air neuf, passant entre le sol et le bas de la cloison, vient lécher la partie supérieure des touries et entraîne dans le collecteur les vapeurs lourdes d'acide hypoazotique.

L'homme, placé à l'avant, est toujours dans un courant insensible d'air pur ainsi qu'on peut facilement le constater, les vapeurs nitreuses étant jaune orange.

Les ouvertures qui règnent tout le long et des cloisons et du collecteur, ouvertures qui sont de simples rainures, doivent être calculées de façon à fournir seulement au débit du ventilateur, si l'on veut être sûr que la circulation de l'air ait lieu sur toute la longueur du bâtiment et que les vapeurs soient attaquées en tous points de leur production.

A l'évacuation, il faut mettre des registres permettant le réglage de la rainure qui ne peut avoir une section constante, car l'aspiration se fait d'autant plus sentir que l'on est plus près du ventilateur.

Avec ce système, il est indispensable que les fenêtres soient des chassis fixes, que les portes ferment bien et restent toujours closes afin que l'air pur rentre seulement par le bas des parois jointives ; il faut donc munir les portes d'un ressort antagoniste les fermant automatiquement.

VENTILATION DES ATELIERS

La ventilation des ateliers est variable avec la nature des travaux que l'on y fait.

Certains, en effet, sont dangereux de par la matière traitée, les vapeurs et les poussières produites et nécessitent des moyens de ventilation spéciaux ; d'autres n'ont, par eux-mêmes, aucune action sur l'organisme et alors la nécessité de ventiler provient de l'agglomération même des individus qui travaillent, individus d'âges, de sexes et de tempéraments différents, chez lesquels le travail développe quelquefois une forte transpiration, où les soins du corps font presque complètement défaut, agglomération formant un milieu propre à l'éclosion de la maladie et des épidémies.

Dans les ateliers, la ventilation continue est ordinairement nécessaire, l'espace cubique étant restreint.

Le législateur s'est, du reste, occupé de la question d'hygiène pour les travailleurs, et par les loi et décret des 12 juin 1893 et 10

mars 1894, fixe l'espace cubique minimum à six mètres, ordonne
d'aérer largement les ateliers, oblige à évacuer directement au
dehors, au fur et à mesure de leur production, les poussières, gaz
incommodes, insalubres ou toxiques, indique la nécessité de hottes
avec cheminées d'appel pour les buées, vapeurs, gaz et poussières
légères, celle de tambours avec ventilation aspirante énergique autour des meules (fig. 484), batteurs, broyeurs, etc., impose la ven-

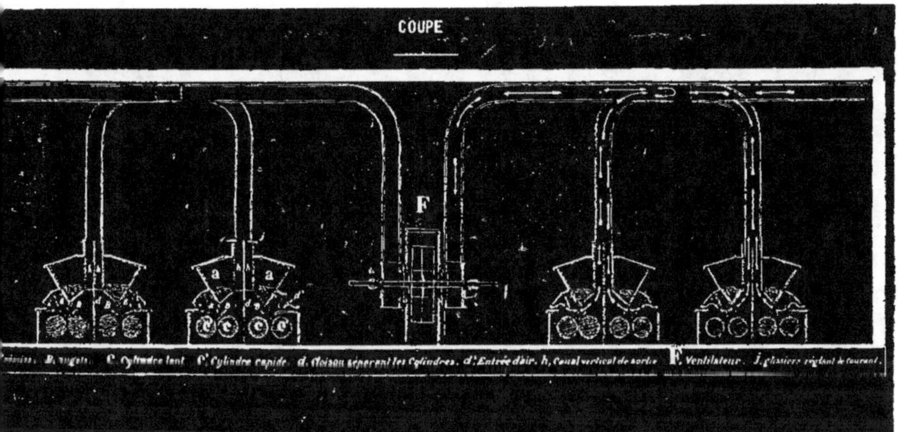

Fig. 484. — Aspiration des poussières autour des meules. (Procédé d'Anthonay)

tilation *per descensum* pour les gaz lourds tels que vapeurs de
mercure, de sulfure de carbone, etc., et l'obligation de renouveler
l'air de façon qu'il reste dans l'état de pureté nécessaire à la santé
des ouvriers.

Dans les ateliers ordinaires, la ventilation naturelle est généralement appliquée, il faut favoriser la circulation qui tend à s'établir,
dans une masse d'air, sous l'influence de deux températures inégales.

Il est nécessaire de répartir les orifices d'entrée et de sortie de façon que le mouvement de l'air ait lieu partout.

Les orifices d'entrée sont évidemment placés le long des parois
et disposés de façon qu'en hiver l'air neuf lèche les tuyaux de chauffage sans qu'on ait besoin d'envelopper ceux-ci.

Si la toiture est à pignon et vitrée, il faut un ruban de chaleur placé au bas du vitrage pour empêcher les tombées d'air froid.

L'évacuation se fait par un double vitrage dont l'un est en vitres perforées et l'autre en vitres pleines, ou bien encore par un lanterneau avec recouvrements tels que le vent ne risque pas d'empêcher l'évacuation qui se produit par l'intervalle compris entre le lanterneau et la toiture proprement dite.

Type vertical.   Type horizontal.

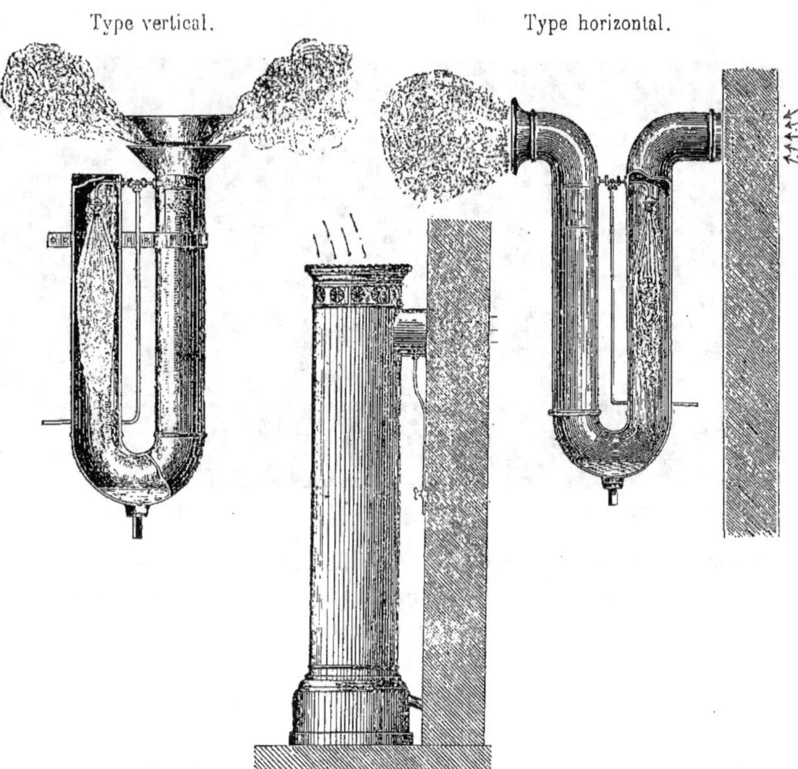

Fig. 485. — Aérotrompes (Sée à Lille).

Si la toiture est en forme de sheds, la disposition est semblable, il y a un ruban de chaleur à la base de chaque vitrage, à la partie haute de chaque shed il faut un lanterneau pour l'évacuation, mais il faut répartir les entrées d'air et peut-être même les surfaces de chauffe à chaque shed, les colonnes creuses non employées

comme tuyaux de descente pouvant être utilisées pour cette admission à moins que l'on ne préfère construire un caniveau d'amenée
d'air neuf.

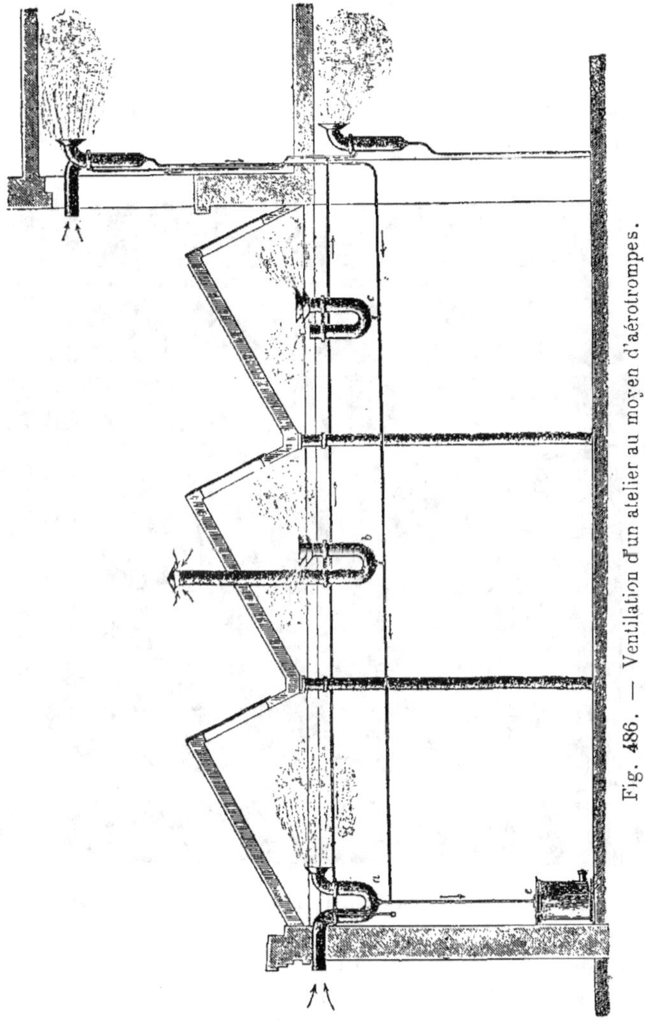

Fig. 486. — Ventilation d'un atelier au moyen d'aérotrompes.

On peut encore, si l'on dispose d'une conduite d'eau sous pression
de **20** m. en hauteur d'eau environ, employer pour l'évacuation

de l'air les aérotrompes, appareils dans lesquels une injection d'eau crée une dépression que l'on utilise pour servir à l'appel de l'air vicié (fig. 485-486).

Dans certains ateliers, bien qu'il n'y ait pas de productions de gaz et vapeurs nuisibles, de par les nécessités du travail même, on est obligé de faire de la ventilation mécanique.

C'est ainsi que dans les filatures et les tissages, il faut injecter de l'air humidifié (fig. 487 à 489).

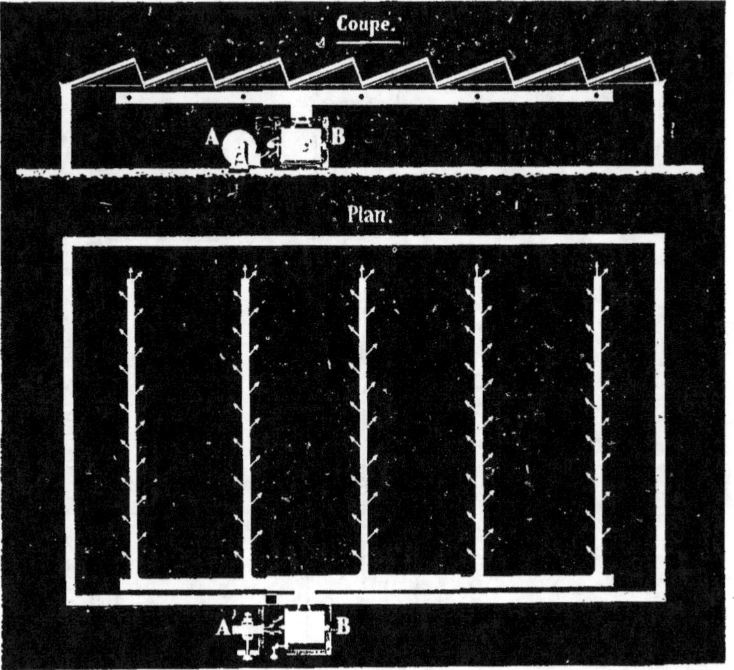

Fig. 487. — Aération et humidification. Filature et tissage (d'Anthonay à Paris).

Les tuyaux sont alors suspendus au plafond, généralement aux arêtes des sheds et ils sont munis de trous en très grand nombre par lesquels arrive l'air neuf préalablement chauffé et humidifié en hiver, seulement humidifié en été.

L'évacuation de l'air vicié se fait par des ouvertures placées à la partie basse des parois.

Il faut toujours maintenir un léger excès de pression de l'intérieur sur l'extérieur.

Une pareille installation se compose d'un ventilateur soufflant,

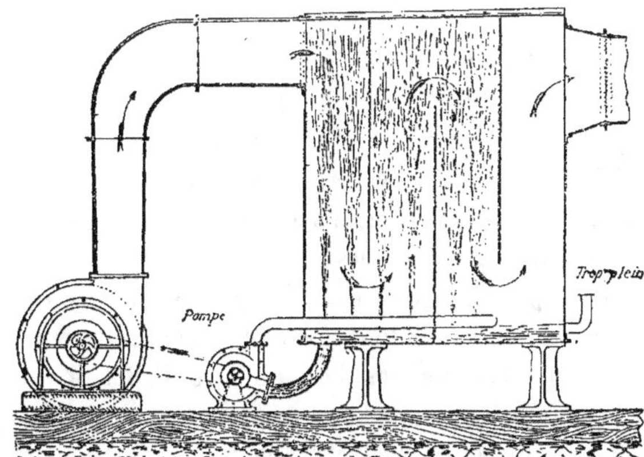

Fig. 488. — Humidificateur d'air Farcot.

d'un appareil de chauffage, d'un organe d'humidification, et de tuyaux en tôle percés à la demi-circonférence inférieure de petits trous pour l'émission de l'air humide.

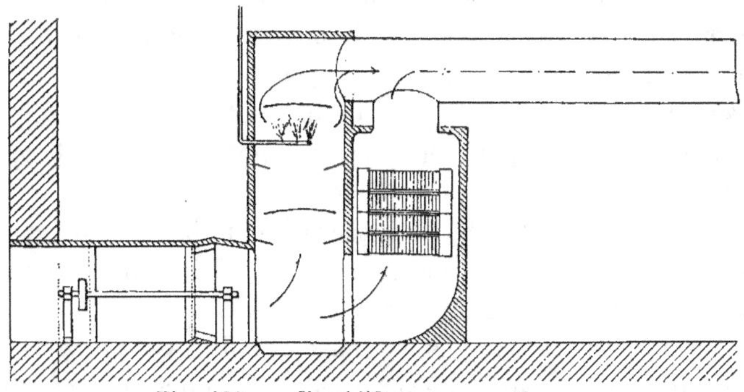

Fig. 489. — Humidificateur pour tissage.

Pour les ateliers soumis au décret du 10 mars 1894, les systèmes adoptés devront être conformes à ce décret.

Pour ceux où il y a production de poussières, gaz insalubres ou toxiques, il faut se reporter à ce qui a été dit pour les laboratoires ; la ventilation doit être faite par aspiration et avec un grand nombre d'orifices d'évacuation placés surtout aux endroits où il y a plus spécialement formation de ces poussières, gaz insalubres ou toxiques.

Avec une construction à pignon vitré, les gaines d'évacuation pourront être suspendues, soit à l'arête, soit aux côtés du pignon d'après la position des organes de travail et celle des entrées d'air neuf, car il faut à la fois enlever au fur et à mesure de leur production les matières dangereuses et n'aspirer l'air neuf qu'après qu'il a servi à la respiration des ouvriers.

En cherchant par l'emplacement des gaines, par celui des orifices et par la section variable de ceux-ci à réaliser ces conditions, on trouvera, dans chaque cas, la meilleure disposition à adopter d'après la forme du bâtiment, la nature du travail, l'emplacement des outils, la possibilité d'emplacement des entrées d'air neuf ; facteurs qui varient avec chaque industrie et dont la considération est indispensable pour réaliser une ventilation efficace, d'un bon fonctionnement et économique d'installation.

Il est évident que chaque fois que la nature des gaz ne s'y opposera pas, la cheminée de ventilation sera traversée par le collecteur des tuyaux de fumée existants dans l'atelier ou ses annexes, afin d'économiser, en hiver, la dépense de puissance mécanique que nécessite le ventilateur.

En été, dans les ateliers disposant d'un moteur, et c'est le plus grand nombre, il n'y a pas à hésiter, au point de vue économique, à préférer le ventilateur à la cheminée chauffée.

Si l'on utilise la ventilation renversée on a, dans beaucoup d'usines, un moyen rationnel à employer en faisant la cheminée de ventilation concentrique à la cheminée des chaudières.

La construction est toutefois onéreuse et limite assez l'emploi de ce moyen qui dispense de toute puissance mécanique, car les chaudières fonctionnent tout le temps.

A part les cas spéciaux, la ventilation renversée n'est du reste pas à employer parce qu'elle oblige à suspendre les tuyaux nécessaires au chauffage de l'air neuf, demande des caniveaux pour l'évacuation de l'air vicié, et coûte très cher d'installation.

VENTILATION DES PRISONS

Les prisons sont, après les hôpitaux, les constructions où un encombrement forcé peut amener les maladies les plus graves et où les détenus sont obligés de passer quelquefois beaucoup de temps dans des dispositions physiques et morales très défavorables.

Ce qu'il faut, c'est fournir à chaque prisonnier de l'air chaud ou

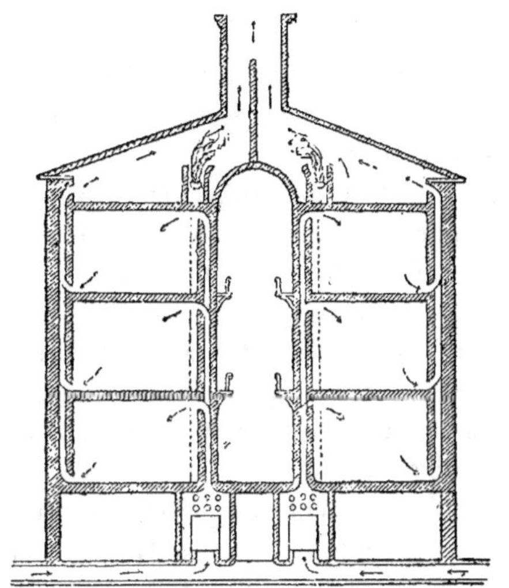

Fig. 490. — Ventilation de la prison de Pentonville.

froid en quantité suffisante, effectuer le déplacement d'une quantité égale d'air vicié, éviter dans les pavillons cellulaires tout rapport entre les prisonniers par la transmission du son.

On peut dire que dans chaque cas particulier, il y a à faire une étude spéciale.

Toutefois, il faut toujours employer l'appel et la ventilation mécanique est toujours à préférer.

Ce sera généralement une ventilation renversée (fig. 490), pour laquelle on pourra se servir avantageusement des tuyaux de chute, comme gaines d'aspiration.

Comme procédés de chauffage, on a employé l'eau chaude et la vapeur.

On a utilisé l'émission d'air chaud et les surfaces directement placées dans les locaux.

Dans les cellules, on peut suspendre celles-ci vers le plafond afin que les détenus ne puissent les atteindre, et ménager des entrées pour l'air se chauffant à leur contact.

VENTILATION DES TOURELLES

Dans les forts, on construit aujourd'hui des tourelles métalliques comportant à leur intérieur des pièces de canon et tournant continuellement autour d'un axe vertical.

Il est indispensable de ventiler ces tourelles dans lesquelles se trouvent les hommes chargés du tir et où il y a production, à chaque coup de canon, d'une grande quantité de fumées irritantes.

On a d'abord utilisé dans ce but des ventilateurs soufflants mus à la main, placés en dehors de la tourelle et munis d'une conduite de refoulement aménagée pour tourner avec la tourelle, le ventilateur conservant une place fixe.

Avec ce procédé, on ne chassait les fumées qu'après les avoir diluées dans toute l'enceinte et il en résultait une grande gêne pour les hommes.

On se servit aussi de ventilateurs aspirants placés encore à l'extérieur de la tourelle et prenant les gaz au niveau du plancher.

La complication mécanique des joints, les mauvais résultats donnés provenant de ce que l'on n'enlevait pas les fumées là où naturellement elles tendent à se cantonner ont aussi fait abandonner ce procédé.

Aujourd'hui on ventile au moyen d'un appareil à force centrifuge aspirant et soufflant, mû à bras et placé dans la tourelle même (fig. 491).

Le tuyau d'aspiration se compose d'une hotte continuée par un tuyau percé d'orifices et placé à la partie supérieure de la tourelle là où les fumées produites tendent à s'élever directement.

Le refoulement se fait par l'ouverture ménagée pour le passage de la gueule du canon, autour de celle-ci, où l'on met une tubulure avec languettes directrices pour que la sortie se fasse également tout autour de la bouche à feu.

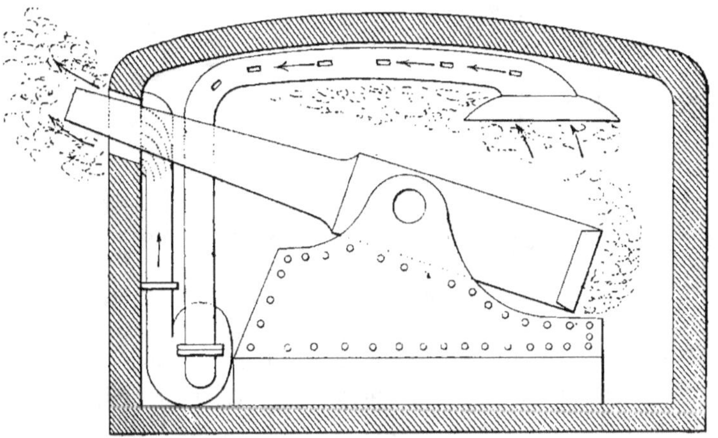

Fig. 491. — Ventilation d'une tourelle.

Cette tubulure est aménagée spécialement pour se prêter aux mouvements de recul du canon et reprendre naturellement sa position normale.

Avec cette disposition, on a une ventilation absolument efficace et on évite en même temps les rentrées de fumée s'échappant de la gueule du canon et que le vent pourrait ramener dans la tourelle même.

VENTILATION DES GALERIES DE MINES

Autour des forts, en cas d'investissement, on a souvent à faire des galeries souterraines de faible section et assez longues, qu'il est nécessaire de ventiler pendant l'exécution même des travaux d'avancement.

On emploie à cet effet des ventilateurs aspirants et soufflants, à force centrifuge et mus à bras (fig. **492**).

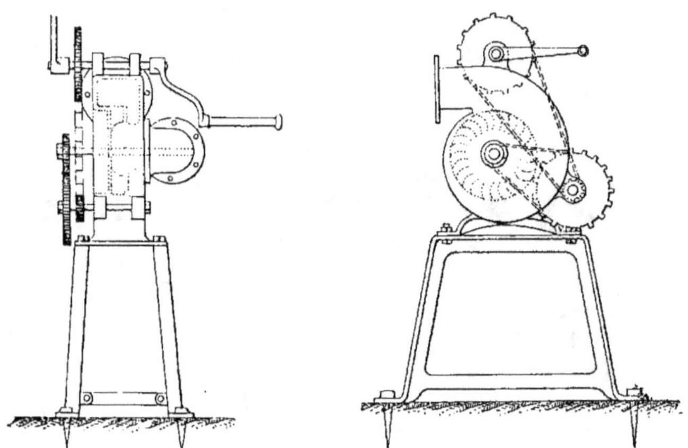

Fig. 492. — Ventilateur centrifuge pour aération de galeries de mines.

Il est important que la marche de ces appareils soit silencieuse, aussi ne peut-on employer comme organes de transmission que les chaînes de Gall, ou les cônes de friction et jamais d'engrenages.

Le ventilateur est placé dans la galerie, de façon à avoir la conduite d'aspiration de longueur minimum, il aspire directement

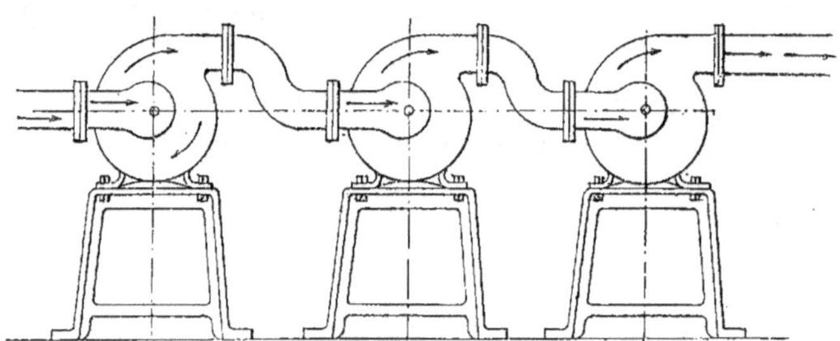

Fig. 493. — Ventilateurs conjugués pour refouler l'air à grande distance.

dans la galerie et refoule dans l'atmosphère même par la conduite de refoulement.

La conduite d'aspiration s'allonge au fur et à mesure de l'avancement des travaux, car elle prend toujours vers le chantier de percement afin que l'air neuf parcoure toute la longueur du souterrain et soit fourni pour la respiration à tous les postes d'ouvriers travaillant dans celui-ci.

Quand le conduit d'aspiration devient trop long pour que le ventilateur auquel il est adopté, soit de puissance suffisante, on ajoute un ventilateur que l'on conjugue avec le précédent en le faisant souffler dans les ouïes de celui-ci (fig. 493).

Ce qu'il faut dans ces sortes de travaux, ce sont donc des appareils légers, facilement transportables et manœuvrables par deux ou quatre hommes du chantier.

VENTILATION DES NAVIRES

De tout temps, on a ventilé les navires, mais, jusqu'à ces dernières années, cette ventilation était très imparfaite à cause du manque de moyens mécaniques peu encombrants pour la réaliser.

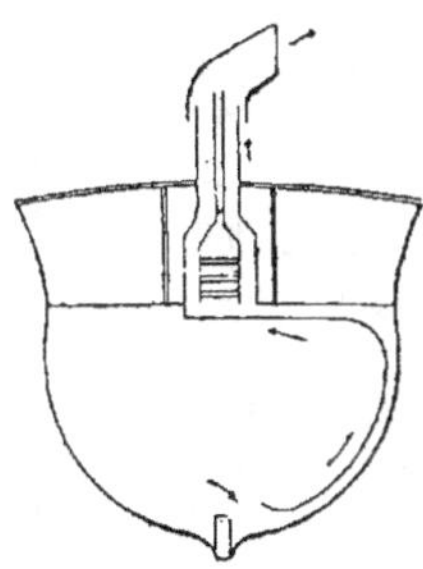

Fig. 494.

Hales, en 1741, Duhamel du Monceau, en 1748 et Sutton, en 1749, proposaient, pour réaliser la ventilation des navires, divers moyens, dont le principal consistait à utiliser la chaleur perdue des foyers de cuisine pour faire appel à l'air vicié des cales (fig. 494).

Au commencement du XIXᵉ siècle, le marquis de Chabannes propose d'appliquer des dispositions fondées sur les mêmes principes, c'est-à-dire des tuyaux partant des différentes parties du bâtiment et venant envelopper un conduit d'appel surmonté d'une gueule de loup utilisant la force du vent.

En résumé, on a eu recours :

1° Aux manches à vent en tôle ou en fer qui sont souvent insuffisantes, car, avec le temps calme, elles ne donnent aucune aération ; avec les mauvais temps qui forcent à boucher toutes les

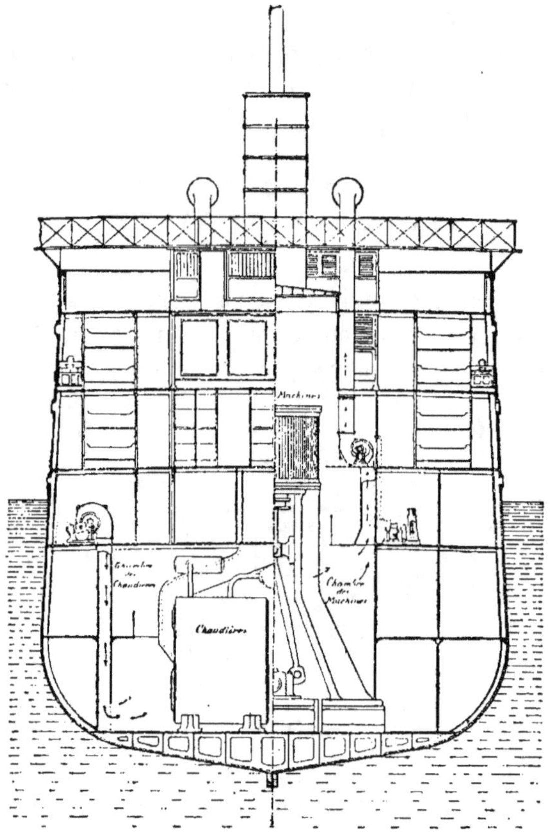

Fig. 495. — Ventilation mécanique d'un navire.

ouvertures, elles sont inutilisables ; qui sont de plus très irrégulières d'emploi, car elles agissent trop vivement sur un point, pas assez sur d'autres ;

2° Aux mâtures de fer creux transformées en cheminées d'appel, munies d'ouvertures à la hauteur des divers ponts. C'est encore un moyen qui ne peut être qu'accessoire, car il n'offre ni certitude, ni régularité ;

3° Aux feux des fourneaux de cuisine, en les alimentant par de l'air puisé dans les cales, ou bien en entourant la cheminée d'une double enveloppe, afin d'utiliser la chaleur des fumées pour l'appel de l'air vicié.

Pour que ce moyen soit efficace, il faudrait l'accompagner d'une distribution convenable de gaines ou tuyaux qui prennent beaucoup de place, et il serait nécessaire que les feux soient entretenus d'une manière constante ;

4° A des emprunts de force motrice pour faire agir des ventilateurs mécaniques (fig. 495).

Ce procédé est celui que l'on applique maintenant et il s'est beaucoup amélioré par suite de l'emploi de l'électricité qui permet de placer les ventilateurs là où l'on veut, là où on a la place nécessaire (fig. 496).

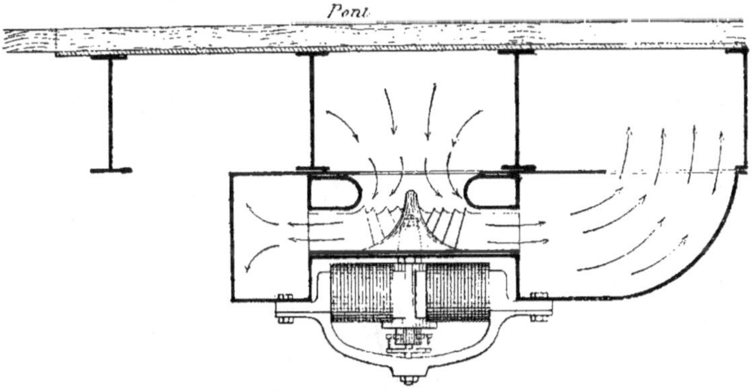

Fig. 496. — Ventilateur électrique suspendu au pont d'un navire

Plus de courroies, en effet, avec cette disposition ; le ventilateur peut être suspendu sous le pont et l'on utilise l'intervalle existant entre les poutrelles qui le portent pour former gaines d'aspiration et de refoulement.

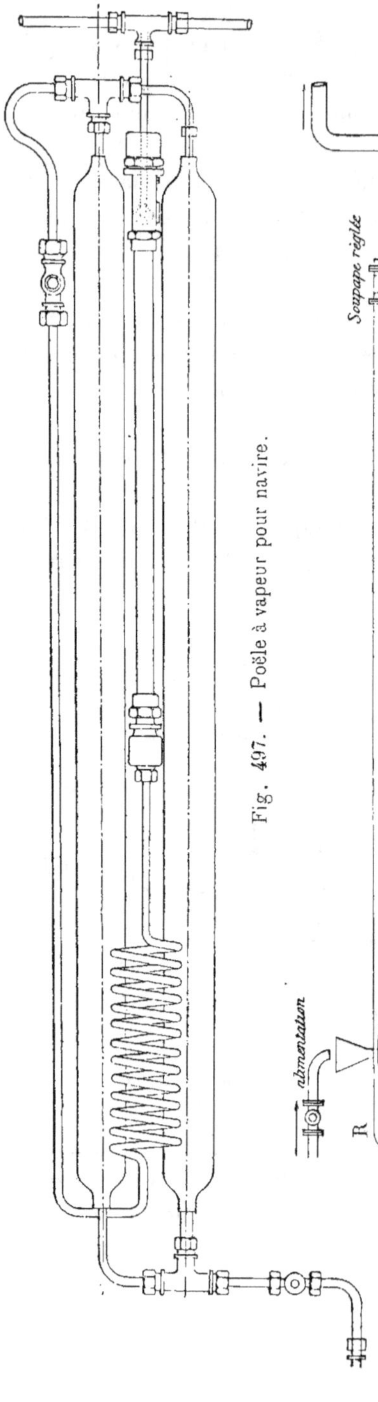

Fig. 497. — Poële à vapeur pour navire.

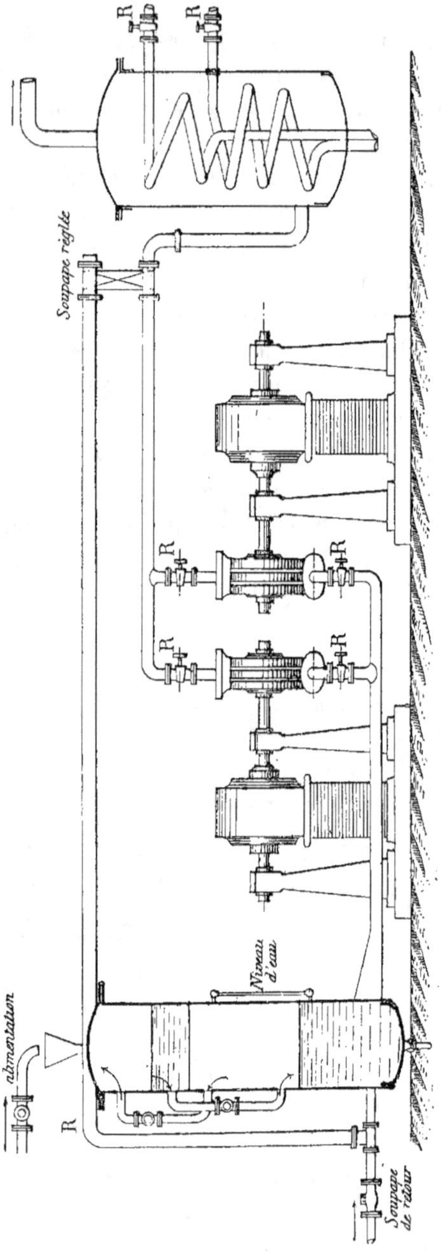

Fig. 498. — Chauffage à eau à circulation forcée, pour navire.

A cause des sinuosités forcées des conduites, du faible diamètre qui est nécessaire pour avoir l'encombrement minimum, on emploie le plus ordinairement la ventilation par insufflation.

La disposition des bouches d'émission dépendra évidemment de l'aménagement des enceintes à ventiler et du procédé de chauffage employé, lequel est, aujourd'hui, à vapeur (fig. 497) ou a eau chaude (fig. 498).

Dans ce dernier cas, on peut utiliser la grande transmission qui se produit entre la vapeur et l'eau en mouvement et l'on marche avec circulation forcée (fig. 498).

La chaudière est alors formée par une bâche cylindrique en tôle munie de deux serpentins recevant la vapeur des générateurs et chauffant l'eau du chauffage.

A la partie supérieure du cylindre est la tubulure de départ d'eau chaude, à la partie basse est le retour.

L'eau est envoyée dans la chaudière par des pompes centrifuges mues électriquement.

Avant l'arrivée aux pompes se trouvent, sur la conduite générale de retour, un clapet de retenue et la bâche d'alimentation spéciale.

Celle-ci est divisée en deux parties afin de permettre l'alimentation en marche.

Sur la conduite allant des pompes à la chaudière, en avant de celle-ci. est une soupape réglable qui permet de laisser établie une circulation continue en cas de fermeture des appareils de chauffage.

Comme les questions de poids et d'encombrement sont très importantes, dans les navires, les tuyauteries que l'on emploie, pour le chauffage, sont en cuivre, et, celles pour la ventilation, en tôle.

VENTILATION DES CUISINES, SOUS-SOLS, ETC.

Dans les cuisines, il y a surtout à enlever des odeurs.

Si le fourneau est allumé toute la journée, on peut utiliser la chaleur des fumées pour servir à créer l'appel, car la ventilation à employer est toujours celle par aspiration avec les bouches d'évacuation placées à la partie haute.

Pour l'arrivée d'air, en été, elle est toute indiquée par des vasistas et les fenêtres elles-mêmes. En hiver, il est nécessaire que l'air se chauffe au contact du fourneau avant de se répandre dans la pièce.

Il faut penser aussi qu'une partie de l'air introduit sert à la combustion pour le fourneau et il est nécessaire de prévoir des entrées d'air suffisantes, sans quoi le foyer lui-même fera aspiration et les odeurs, gaz délétères, etc., seront ramenés à l'avant du fourneau, là où il est nécessaire que la cuisinière ait un air pur.

Fig. 499. — Tuyaux ventilateurs à cloisons multiples utilisant la chaleur des fourneaux de cuisine.

Ces dispositions ne sont applicables qu'avec les fourneaux métalliques consommant de la houille, et que l'on peut utiliser même pour la ventilation des pièces voisines de la cuisine en établissant des tuyaux ventilateurs (fig. 499).

Dans les hôtels, il arrive souvent que les cuisines sont en soussol et quelquefois même sans communication, pour ainsi dire, avec l'extérieur, il faut alors créer une ventilation spéciale mécanique.

Pour les entrées d'air, on dispose généralement de quelques soupiraux que l'on utilise en les munissant de gaines descendantes.

Au sol, on met des plinthes percées de nombreux orifices répartis pour l'émission de cet air pur.

Au plafond, on aménage des gaines formant fausses poutres ou corniches et percées d'orifices pour l'évacuation de l'air vicié.

Ces gaines communiquent avec un ventilateur aspirant et soufflant rejetant au dehors les odeurs, fumées, miasmes, etc.

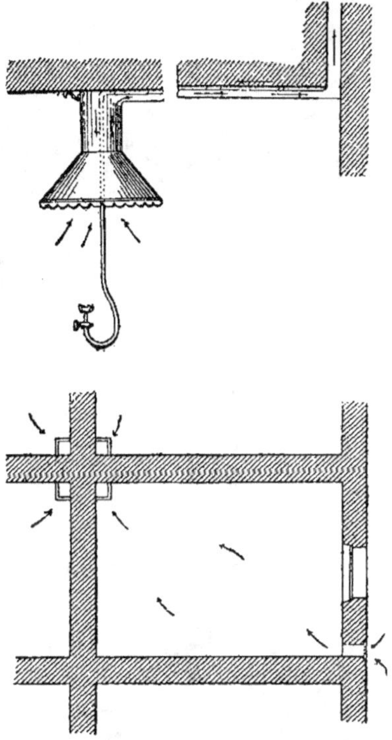

Fig. 500.

Les appareils d'éclairage utiles toute la journée sont aménagés de façon à aider à la ventilation et les gaz de leur combustion se rendent dans les gaines d'évacuation (fig. 500, 501).

En hiver, il est nécessaire de chauffer l'air émis ; on peut utiliser à cet effet un foyer spécial ou une rampe de brûleurs à gaz.

Les gaines de descente peuvent être disposées afin qu'à l'intérieur l'air neuf descende dans un conduit en tôle autour duquel est placée à la base la grille de chauffage ou la rampe à gaz.

La gaine entourant le conduit en tôle devient tuyau de fumée du foyer et déverse les produits de combustion dans les gaines d'évacuation en relation avec le ventilateur.

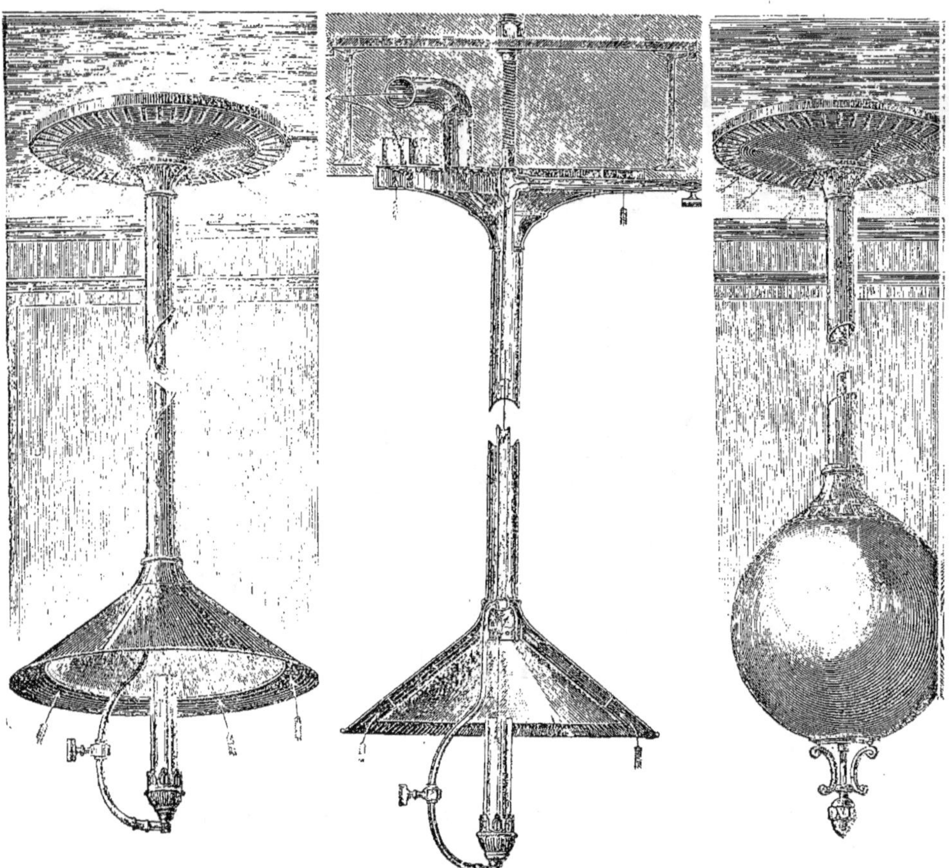

Fig. 501. — Appareils d'éclairage aménagés en vue de servir à la ventilation.

C'est ainsi que l'on a fait la ventilation du sous-sol, au local de la Compagnie parisienne du gaz, 28, rue du Quatre Septembre, à Paris, et les résultats obtenus sont des plus satisfaisants (fig. 502).

Dans n'importe quelle partie de ce sous-sol, qui est éclairé au gaz toute la journée, dans lequel il y a des moteurs à gaz, où l'on fait

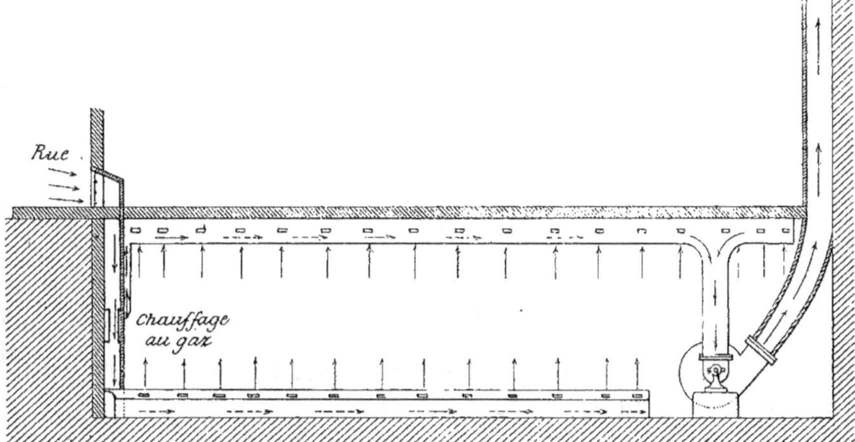

Fig. 502. — Schema de la ventilation du local de la Compagnie parisienne du gaz,
rue du 4 Septembre.

des conférences de cuisine, etc., il y a un renouvellement d'air tel que l'on ne sent aucune odeur, aucune gêne pour la respiration, aucun courant froid nuisible.

VENTILATION DES CHAMBRES D'OUVRIERS

Dans ces locaux très restreints de surface, vivent souvent, dans une même pièce, qui sert à la fois de cuisine, de salle à manger et de chambre à coucher, plusieurs personnes.

Combien de ces chambres servent la nuit de dortoir pour les enfants, tandis que dans le jour elles ont été utilisées, à cause du poêle qui les meuble, comme lieu de préparation des aliments.

Une ventilation y est donc indispensable.

En été, généralement, l'aération directe sera suffisante, mais, en hiver, pour la nuit surtout, il faut, sans dépense, produire un appel de l'air vicié.

Dans ce but, on utilise la chaleur du poêle. Pour l'agrément de la vue, celui-ci pourra être un poële cheminée à circulation d'air, à feu visible et à souffleur, muni d'un couvercle dissimulant à la vue les trous qui servent pour la cuisine, à certains moments seulement.

Le tuyau de ce poële (fig. 503) passera dans une gaine munie

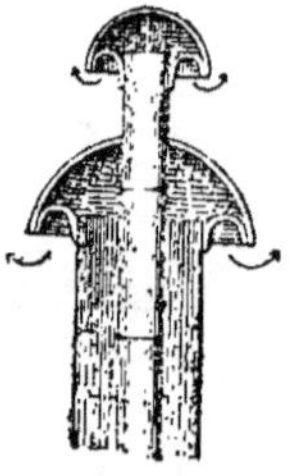

Fig. 503. — Cheminée ventilateur.

d'une grille permettant de l'obstruer lors de l'allumage du poële, gaine qui servira à l'évacuation de l'air vicié dont l'appel sera assuré par suite de la chaleur du tuyau de fumée qui la suit.

VENTILATION DES ÉCURIES

Pour les écuries, on compte sur un renouvellement d'air de 150 à 200 m³ par cheval et par heure.

Si l'on remarque que l'air sort des poumons des animaux à une température plus élevée que celle de l'atmosphère qui les environne, qu'il contient beaucoup de vapeur d'eau, que les gaz ammoniacaux émanant de l'urine sont très légers, on conclut que l'air vicié aura une assez forte tendance à s'élever et que par conséquent la ventilation devra toujours se faire par aspiration avec les bouches d'évacuation à la partie haute.

Ces bouches seront en communication avec des gaines verticales s'élevant jusqu'au-dessus des bâtiments voisins, ne communiquant pas avec les greniers dont elles infecteraient les fourrages, et couronnés par un aspirateur Flameng ou autre.

Pour l'été, un bec de gaz placé à la partie basse de chaque gaine facilitera la ventilation.

L'arrivée de l'air doit se faire à l'opposé des gaines d'évacuation et loin des animaux. A cet effet, on place des vasistas disposés de façon à diriger l'air de rentrée vers les plafonds.

Les gaines d'évacuation doivent être munies de grilles à coulisses permettant d'en faire varier la section utilisée avec les saisons.

Les entrées d'air, si elles sont au nord, pour tempérer l'action du vent, ou au midi, pour atténuer celle du soleil, seront grillagées avec des toiles métalliques très fines.

Les grilles d'évacuation ne doivent pas être verticales.

Les portes seront coupées horizontalement en deux parties, afin qu'en été on puisse augmenter l'entrée de l'air pur en utilisant la partie supérieure de la porte transformée en fenêtre.

VENTILATEUR APPLIQUÉ AU TIRAGE DES CHEMINÉES

Dans les châteaux, hôtels, etc., comme dans les grandes villes, du reste, les cheminées isolées desservant les chaudières, calorifères ou autres appareils, ont l'inconvénient de donner un aspect d'usine aux habitations, en même temps qu'elles en noircissent les murs, abîment souvent la végétation environnante et émanent des odeurs désagréables au moment surtout des fumées noires qui se produisent lors du chargement, sur la grille, du combustible neuf.

Dans plusieurs endroits, on a supprimé ces divers inconvénients en se servant de ventilateurs pour produire le tirage des foyers (fig. 504, 505).

A la suite de la chaudière, sur le carneau de départ de fumée, on branche les ouïes d'un ventilateur centrifuge aspirant et soufflant qui appelle les gaz de la combustion et les rejette à l'extérieur, au niveau du sol, après qu'ils ont parcouru un long carneau pour déposer leurs matières solides ou même qu'ils ont barbotté dans une bâche à eau pour se débarrasser des produits qui les colorent.

On réalise ainsi la fumivorité complète que l'on recherche depuis si longtemps par la disposition spéciale des foyers et que l'on n'est pas encore arrivé à obtenir.

Ce système pourrait être appliqué avec succès sur les navires où il supprimerait les cheminées et permettrait, pour les vaisseaux de marine de guerre, en particulier, d'obtenir un tirage très puissant dans un cas très pressant.

Un ventilateur Ser de **1,20** m. de diamètre suffirait pour un moteur de **4.000** chevaux.

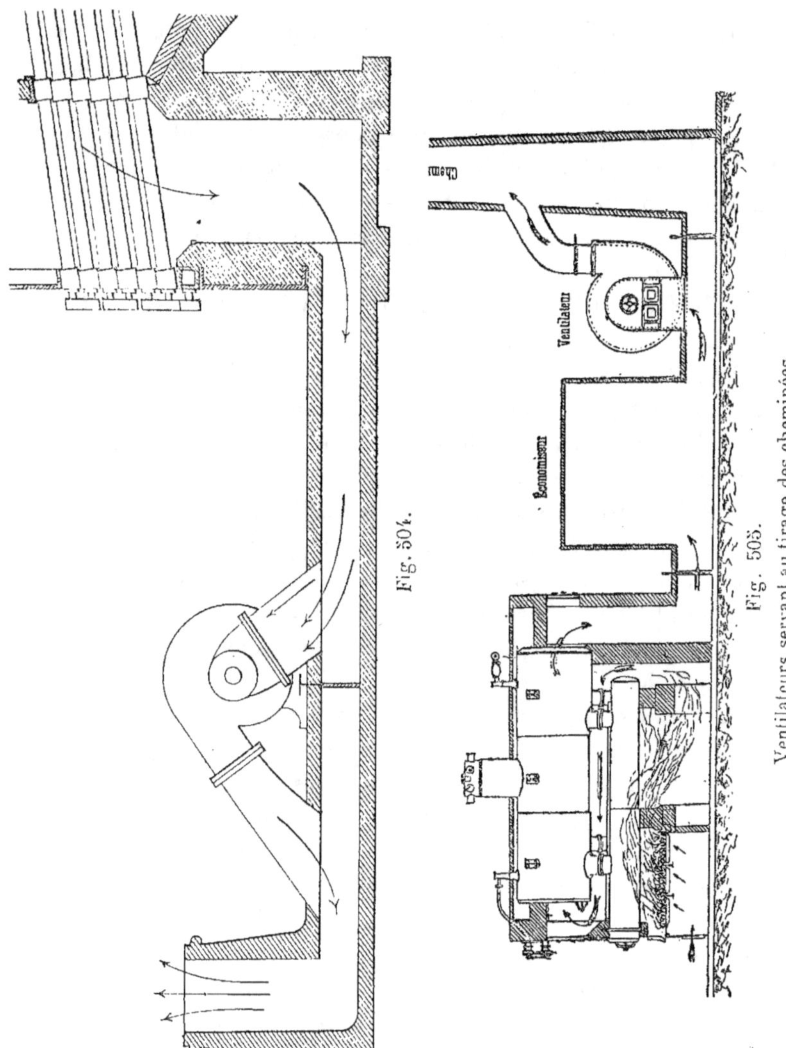

Fig. 504.

Fig. 505.

Ventilateurs servant au tirage des cheminées.

On supprimerait ainsi le panache de fumée qui dénonce, à très grande distance, la présence d'un vapeur, car on pourrait rejeter les gaz de combustion en les dirigeant sur la surface de l'eau ; enfin, on économiserait un poids considérable, ce qui a son importance.

CONCLUSIONS

Comme résumé de cette étude, il faut conclure qu'actuellement l'on a, en mains, les moyens d'assurer la salubrité absolue au point de vue du chauffage et de la ventilation, mais qu'il y a une quantité innombrable de dispositions variant et avec le budget dont on dispose et avec les conditions hygiéniques que l'on impose.

Il est donc désirable que les projets de chauffage et de ventilation soient étudiés par des hommes de métier dont c'est la spécialité, étudiés sur des conditions minima déterminées d'hygiène ou de prix, sauf à mettre ensuite en concurrence sur le prix fixé tous les constructeurs capables d'exécuter les travaux.

En s'adressant, pour l'étude des projets, à de simples constructeurs d'appareils, on risque d'avoir des chauffages économiques, peut-être d'installation, mais onéreux souvent comme exploitation, en tous cas ne répondant jamais à un programme défini, car ces constructeurs voient seulement l'affaire à traiter, les bénéfices qu'ils pourront en retirer, et ne s'occupent nullement de faire remplir à leur installation les exigences qu'on est en droit de lui demander, et que, par oubli, le client n'a pas suffisamment spécifiées.

APPENDICE

Tables pratiques

Tableau des valeurs du coefficient de conductibilité C, *(d'après Péclet).*

Désignation des matières	Densité	Coefficient C
Charbons des cornues à gaz	1,61	4,961
Marbre gris à grains fins	2,68	3,68
Marbre blanc saccharoïde à gros grains	2,77	2,78
Pierre calcaire à grains fins	2,17 à 2,34	1,69 à 2,08
Pierre de liais à bâtir à gros grains	2.22 à 2,24	1,27 à 1,32
Plâtre ordinaire gâché	»	0,33
Plâtre très fin gâché	1,25 à 1,73	0,44 à 0,63
Terre cuite	1,85 à 1.98	0,51 à 0,69
Bois de sapin, transmis, perpendiculaire aux fibres	0,48	0,093
» » parallèle »	»	0,170
Bois de noyer » perpendiculaire »	»	0,103
» » parallèle »	»	0,174
Bois de chêne » perpendiculaire »	»	0,211
Liège	0,22	0,143
Caoutchouc	»	0,170
Gutta percha	»	0,172
Colle d'amidon	0,017	0,425
Verre	2,44 à 2,55	0,75 à 0,88
Sable quartzeux	1,47	0,27
Brique pilée, gros grains	1.00	0,139
» passée au tamis de soie	1,76	0,165
Craie en poudre un peu humide	0,92	0,108
» lavée et séchée	0,85	0,086
» » et comprimée	1,02	0,103
Fécule de pommes de terre	0,74	0,098
Cendres de bois	0,45	0,06
Poudre de bois d'acajou	0,31	0,065
Charbon de bois ordinaire en poudre	0,41 à 0,49	0,079 à 0,081
Braise de boulanger en poudre	0,25	0,68
Coke pulvérisé	0,77	0,160
Limaille de fer	2,05	0,158
Bioxyde de manganèse	1,46	0,163
Coton cardé (quelle que soit la densité)	»	0,040
Laine cardée	»	0,044
Molleton de coton	»	0,040
» de laine	»	0,024
Edredon	»	0,039
Calicot neuf	»	0,050
Toile de chanvre neuve	0,54	0,052
» vieille	0,58	0,043
Papier blanc à écrire	0,85	0,043
Papier gris non collé	0,48	0,034
Paille hachée	»	0,07
Terre des fourneaux sèche	»	0,27
Son	»	0,20

Rapport des conductibilités.

	D'après M. Despretz	D'après MM. Wiedemann et Franz
Argent	97,3	100,0
Cuivre	89,7	73,6
Or	100,0	53,2
Laiton	»	23,6
Zinc	36,30	19,0
Etain	30,39	14,5
Fer	37,43	11,9
Acier	»	11,6
Plomb	17,96	8,5
Platine	98,10	8,4
Palladium	»	6,3
Bismuth	»	1,8
Marbre	2,340	»
Porcelaine	1,252	»
Terre des fourneaux	1,14	»

Conductibilité des métaux.

	Valeurs du coefficient C.		Valeurs du coefficient C.
Argent	493	Fer	58,82
Cuivre	362	Acier	57
Or	258	Plomb	41,8
Laiton	116	Platine	41,2
Zinc	93	Palladium	31
Etain	71,5	Bismuth	8,9

Coefficients de radiation r.

Argent poli	0,13	Plâtre	3,60
Cuivre rouge	0,16	Bois	3,60
Etain	0,215	Peinture à l'huile	3,74
Papier doré	0,23	Papier	3,77
Laiton poli	0,24	Calicot	3,65
Zinc	0,24	Etoffes de laine	3,68
Papier argenté	0,42	Etoffes de soie	3,74
Tôle polie	0,45	Craie en poudre	3,32
Tôle plombée	0,65	Charbon en poudre	3,42
Tôle ordinaire	2,77	Poussière de bois	3,53
Verre	2,91	Sable fin	3,62
Fonte neuve	3,17	Noir de fumée	4,01
Tôle oxydée	3,36	Eau	5,31
Fonte oxydée	3,36	Huile	7,24
Pierre à bâtir	3,60		

Coefficients de convection par l'eau.

Vitesse de l'eau	Coefficient	Vitesse de l'eau	Coefficient
0m,10	1510	0m,60	3600
0 15	2100	0 70	3840
0 20	2530	0 80	4050
0 30	2960	0 90	4300
0 40	3170	1 00	4520
0 50	3380	1 10	4800

Dans la transmission pour la vapeur d'eau, le coefficient de convection nf ne descend pas au-dessous de 10000 et pour une circulation active peut s'élever jusqu'à 50000 calories.

Pour l'air, la transmission par convection est telle que dans la formule :

$$M = K_1 S (t - \theta)$$

avec $\dfrac{K_1}{\sqrt{v}} = 16$ pour les surfaces lisses ; $\dfrac{K_1}{\sqrt{v}} = 8$; pour les surfaces lamées, v étant la vitesse de l'air.

$$m = a^\theta \times 124{,}72\,\frac{a^{t-\theta}-1}{t-\theta} \qquad\qquad n = 0{,}552\,(t-\theta)^{0,233}$$

t	a^t	$124{,}72\dfrac{a^{t}-1}{t}$	$0{,}552\,t^{0,233}$	t	a^t	$124{,}72\dfrac{a^{t}-1}{t}$	$0{,}552\,t^{0,233}$
5	1,039	0,973	0,800	510	49,907	11,982	2,352
10	1,080	0,994	0,941	520	53,983	12,709	2,363
15	1,122	1,010	1,034	530	58,354	13,495	2,372
20	1,166	1,034	1,105	540	63,078	14,343	2,382
25	1,212	1,058	1,164	550	68,029	15,203	2,393
30	1,259	1,075	1,215	560	73,368	16,114	2,403
35	1,309	1,101	1,265	570	79,217	17,112	2,412
40	1,359	1,120	1,299	580	85,532	18,172	2,422
45	1,414	1,147	1,335	590	92,351	19,307	2,432
50	1,468	1,166	1,368	600	99,714	20,316	2,442
55	1,527	1,195	1,399	610	107,063	21,804	2,451
60	1,584	1,215	1,428	620	116,247	23,185	2,460
65	1,649	1,245	1,455	630	125,315	24,645	2,470
70	1,711	1,266	1,480	640	135,521	26,216	2,479
75	1,781	1,299	1.504	650	146,340	27,887	2,487
80	1,847	1,321	1,527	660	158,255	29,721	2,496
85	1,923	1,354	1,549	670	170,783	31,604	2,505
90	1,994	1,378	1,569	680	183,186	33,600	2,514
95	2,077	1,414	1,589	690	198,868	35,770	2,522
100	2,153	1,438	1,608	700	214,725	38.070	2,531
110	2,325	1,502	1,644	710	231,843	40,547	2,539
120	2,510	1,569	1,678	720	250,327	43,191	2,547
130	2,711	1,640	1,709	730	270,284	46,009	2,556
140	2,927	1,716	1,739	740	291,832	49,015	2,564
150	3,160	1,796	1,768	750	315,097	52,220	2,572
160	3,412	1,880	1,794	760	340,218	55,663	2,580
170	3,684	1,969	1,820	770	367,342	59,318	2,588
180	3,978	2,063	1,844	780	396,627	63,258	2,596
190	4,295	2,163	1,868	790	428,248	65,877	2,603
200	4.637	2,269	1,890	800	462,389	71,026	2,611
210	5,007	2,370	1,911	810	499,252	76,715	2,619
220	5,406	2,494	1,933	820	539,054	81,841	2,626
230	5,837	2,623	1,951	830	582,029	87,317	2,633
240	6,302	2.755	1,972	840	628,430	93,153	2,641
250	6,813	2,900	1,980	850	678,533	99,414	2,648
260	7,347	3,044	2,009	860	732,624	106,099	2,655
270	7,933	3,203	2,027	870	791,036	113,258	2,663
280	8,566	3,370	2,044	880	854,094	120,904	2,669
290	9,248	3,547	2,062	890	922,189	129,085	2,676
300	9,986	3,735	2,077	900	995,713	137,841	2,684
310	10,782	3,935	2,093	910	1075,088	147,207	2,690
320	11,641	4,147	2,109	920	1160,79	157,222	2,697
330	12,570	4,373	2,124	930	1253,33	167,948	2,704
340	13,572	4,611	2,139	940	1353,25	179,422	2,711
350	14,654	4,864	2,153	950	1461,14	191,645	2,718
360	15,822	5,135	2,167	960	1577,62	204,828	2,724
370	17,083	5,422	2,181	970	1703,40	218,884	2,731
380	18,445	5,725	2,195	980	1839,21	233,937	2,737
390	19,916	6,049	2,208	990	1985,85	250,051	2,743
400	21,503	6,393	2,221	1000	2144,17	267,300	2,750
410	23,218	6,759	2,234	1020	2499,63	305,52	2,763
420	25,069	7,148	2,247	1040	2914,14	349,35	2,775
430	27,067	7,562	2,259	1060	3397,31	399,61	2,788
440	29,225	8,001	2,271	1080	3960,60	457,26	2,794
450	31,555	8,469	2,283	1100	4617,28	523,40	2,806
460	34,070	8,966	2,295	1120	5382,84	599,30	2,824
470	36,787	9,496	2,306	1140	6275,33	686,65	2,836
480	39,719	10,061	2,318	1160	7315,80	786,47	2,847
490	42,886	10,664	2,329	1180	8528,78	901,34	2,852
500	46,305	11,304	2,340	1200	9942,87	1033,30	2,870

Coefficients de transmission, entre une enceinte habitée et l'atmosphère, par mètre carré de surface.

$$M = Q\,(t - \theta);\ \frac{1}{Q} = \frac{1}{K} + \frac{1}{K'} + \frac{e}{c_1};\quad K = r + f;\quad K' = r' + f';\quad f = 4;\quad f' = 5.$$

1° Murs extérieurs en pierres calcaires avec une face nue ou enduite de plâtre et l'autre face enduite et peinte à l'huile ou recouverte de papier.

Épaisseur du mur en mètres e	Valeurs de Q	Écarts de température entre l'enceinte habitée et l'atmosphère																		
		12°	13°	14°	15°	16°	17°	18°	19°	20°	21°	22°	23°	24°	25°	26°	27°	28°	29°	30°
0,30	2,31	27,7	30,0	32,3	34,6	36,9	39,3	41,6	43,9	46,2	48,5	50,8	53,1	55,4	57,7	60,1	62,3	64,7	67,0	69,3
0,35	2,15	25,8	27,9	30,1	32,2	34,4	36,5	38,7	40,8	43,0	45,1	47,3	49,4	51,6	53,7	55,9	58,0	60,2	62,3	64,5
0,40	2,01	24,1	26,1	28,1	30,1	32,1	34,2	36,2	38,2	40,2	42,2	44,2	46,2	48,2	50,2	52,2	54,3	56,3	58,3	60,3
0,45	1,90	22,8	24,7	26,6	28,5	30,4	32,3	34,2	36,1	38,0	39,9	41,8	43,7	45,6	47,5	49,4	51,3	53,2	55,1	57,0
0,50	1,80	21,6	23,4	25,2	27,0	28,8	30,6	32,4	34,2	36,0	37,8	39,6	41,4	43,2	45,0	46,8	48,6	50,4	52,2	54,0
0,55	1,69	20,3	21,9	23,6	25,3	27,0	28,7	30,4	32,1	33,8	35,5	37,2	38,9	40,5	42,2	43,9	45,6	47,3	49,0	50,7
0,60	1,61	19,3	20,9	22,5	24,1	25,7	27,4	28,9	30,6	32,2	33,8	35,4	37,0	38,6	40,2	41,8	43,5	45,1	46,7	48,3
0,65	1,53	18,3	19,9	21,4	22,9	24,5	26,0	27,5	29,1	30,6	32,1	33,6	35,2	36,7	38,2	39,8	41,3	42,8	44,4	45,9
0,70	1,46	17,5	18,9	20,4	21,9	23,3	24,8	26,2	27,7	29,2	30,6	32,1	33,6	35,0	36,5	37,9	39,4	40,9	42,3	43,8
0,75	1,40	16,8	18,2	19,6	21,0	22,4	23,8	25,2	26,6	28,0	29,4	30,8	32,2	33,6	35,0	36,4	37,8	39,2	40,6	42,0
0,80	1,34	16,1	17,4	18,7	20,1	21,4	22,8	24,1	25,3	26,8	28,1	29,5	30,8	32,1	33,5	34,8	36,2	37,5	38,8	40,2
0,85	1,29	15,5	16,8	18,1	19,4	20,6	21,9	23,2	24,5	25,8	27,1	28,4	29,7	31,0	32,2	33,5	34,8	36,1	37,4	38,7
0,90	1,24	14,9	16,1	17,4	18,6	19,8	21,1	22,3	23,5	24,8	26,0	27,3	28,5	29,8	31,0	32,2	33,5	34,7	35,9	37,2
0,95	1,19	14,3	15,5	16,7	17,8	19,0	20,2	21,4	22,6	23,8	25,0	26,2	27,4	28,5	29,7	30,9	32,1	33,3	34,5	35,7
1,00	1,15	13,8	14,9	16,1	17,2	18,4	19,5	20,7	21,8	23,0	24,1	25,3	26,4	27,6	28,7	29,9	31,0	32,2	33,3	34,5
1,10	1,07	12,8	13,9	15,0	16,0	17,1	18,2	19,3	20,3	21,4	22,5	23,5	24,6	25,7	26,7	27,8	28,9	29,9	31,0	32,1
1,20	1,00	12,0	13,0	14,0	15,0	16,0	17,0	18,0	19,0	20,0	21,0	22,0	23,0	24,0	25,0	26,0	27,0	28,0	29,0	30,0
1,30	0,94	11,3	12,2	13,2	14,1	15,0	16,0	16,9	17,8	18,8	19,7	20,7	21,6	22,5	23,5	24,4	25,4	26,3	27,2	28,2
1,40	0,89	10,7	11,6	12,4	13,3	14,2	15,1	16,0	16,9	17,8	18,7	19,6	20,5	21,3	22,2	23,1	24,0	24,9	25,8	26,7
1,50	0,85	10,2	11,0	11,9	12,7	13,6	14,4	15,3	16,1	17,0	17,8	18,7	19,6	20,4	21,2	22,1	22,9	23,8	24,6	25,5
1,60	0,80	9,6	10,4	11,2	12,0	12,8	13,6	14,4	15,2	16,0	16,8	17,6	18,4	19,2	20,0	20,8	21,6	22,4	23,2	24,0
1,70	0,76	9,1	9,9	10,6	11,4	12,2	12,9	13,7	14,4	15,2	15,9	16,6	17,4	18,2	19,0	19,8	20,5	21,3	22,0	22,8
1,80	0,73	8,7	9,5	10,2	10,9	11,7	12,4	13,1	13,9	14,6	15,3	16,1	16,8	17,5	18,2	19,0	19,7	20,4	21,2	21,9
1,90	0,70	8,4	9,1	9,8	10,5	11,2	11,9	12,6	13,3	14,0	14,7	15,4	16,1	16,8	17,5	18,2	18,9	19,6	20,3	21,0
2,00	0,67	8,0	8,7	9,4	10,0	10,7	11,4	12,1	12,7	13,4	14,1	14,7	15,4	16,1	16,7	17,4	18,1	18,7	19,4	20,1
2,10	0,64	7,7	8,3	8,9	9,6	10,2	10,9	11,5	12,2	12,8	13,4	14,1	14,7	15,4	16,0	16,6	17,3	17,9	18,5	19,2
2,20	0,62	7,4	8,1	8,7	9,3	9,9	10,5	11,2	11,8	12,4	13,0	13,6	14,3	14,9	15,5	16,1	16,7	17,3	18,0	18,6

0,09	2,42	29,04	31,46	33,88	36,30	38,72	41,14	43,56	45,98	48,40	50,82	53,24	55,66	58,08	60,50	62,92	65,34	67,76	70,18	72,60
0,14	2,23	26,76	28,99	31,22	33,45	35,68	37,91	40,14	42,37	44,60	46,83	49,06	51,29	53,52	55,75	57,98	60,21	62,44	64,67	66,90
0,25	1,58	18,96	20,54	22,12	23,70	25,28	26,86	28,44	30,02	31,60	33,18	34,76	36,34	37,92	39,50	41,08	42,68	44,24	45,82	47,40
0,36	1,23	14,76	15,99	17,22	18,45	19,68	20,91	22,14	23,37	24,60	25,18	27,06	28,29	29,52	30,75	31,98	33,21	34,44	35,67	36,90
0,47	1,00	12,00	13,00	14,00	15,00	16,00	17,00	18,00	19,00	20,00	21,00	22,00	23,00	24,00	25,00	26,00	27,00	28,00	29,00	30,00
0,58	0,85	10,20	11,05	11,90	12,75	13,60	14,45	15,30	16,15	17,00	17,85	18,70	19,55	20,40	21,25	22,10	22,95	23,80	24,63	25,50

3o Vitres simples.

»	3,66	43,92	47,58	51,24	54,90	58,56	62,22	65,88	69,54	73,20	76,86	80,52	84,18	87,84	91,50	95,16	98,82	102,48	106,14	109,80

4o Vitres doubles séparées par un matelas d'air de 0 m. 02 d'épaisseur.

»	1,76	21,12	22,88	24,64	26,40	28,16	29,92	31,68	33,44	35,20	36,96	38,72	40,48	42,24	44,00	45,76	47,52	49,28	51,04	52,80

5o Vitre simple recouverte d'une mousseline légère.

»	3,00	36,00	39,00	42,00	45,00	48,00	51,00	54,00	57,00	60,00	63,00	66,00	69,00	72,00	75,00	78,00	81,00	84,00	87,00	90,00

6o Parois extérieures en bois peintes à l'huile sur les deux faces.

0,013	2,57	30,84	33,41	35,98	38,55	41,12	43,69	46,26	48,83	51,40	53,97	56,54	59,11	61,68	64,25	66,82	69,39	71,96	74,53	77,10
0,016	2,36	28,32	30,68	33,04	35,40	37,76	40,12	42,48	44,84	47,20	49,56	51,92	54,28	56,64	59,00	61,36	63,72	66,08	68,44	70,80
0,027	1,83	21,96	23,79	25,62	27,45	29,28	31,11	32,94	34,77	36,60	38,43	40,26	42,09	43,92	45,75	47,58	49,41	51,24	53,07	54,90
0,034	1,60	19,20	20,80	22,40	24,00	25,60	27,20	28,80	30,40	32,00	33,60	35,20	36,80	38,40	40,00	41,60	43,20	44,80	46,40	48,00
0,041	1,43	17,16	18,59	20,02	21,45	22,88	24,31	25,74	27,17	28,60	30,03	31,46	32,89	34,32	35,75	37,18	38,61	40,04	41,47	42,90
0,047	1,30	15,60	16,90	18,20	19,50	20,80	22,10	23,40	24,70	26,00	27,30	28,60	29,90	31,20	32,50	33,80	35,10	36,40	37,70	39,00

7° *Parois en tôle noire*

Epaisseur de la paroi (en mètres)	Valeur du coefficient Q	12°	13°	14°	15°	16°	17°	18°	19°	20°	21°	22°	23°	24°	25°	26°	27°	28°	29°	30°
		Ecarts de température entre l'enceinte habitée et l'atmosphère																		
»	2,38	28,56	30,94	33,32	35,70	38,08	40,46	42,84	45,22	47,60	49,98	52,36	54,74	57,12	59,50	61,88	64,26	66,64	69,02	71,40

8° *Plafonds voûtés entre supports en fer*

Epaisseur de la paroi (en mètres)	Valeur du coefficient Q	12°	13°	14°	15°	16°	17°	18°	19°	20°	21°	22°	23°	24°	25°	26°	27°	28°	29°	30°
0,13	1,62	19,44	21,06	22,68	24,30	25,92	27,54	29,16	30,78	32,40	34,02	35,64	37,26	38,88	40,50	42,12	43,74	45,36	46,98	48,60
0,25	1,23	14,76	15,99	17,22	18,45	19,68	20,91	22,14	23,37	24,60	25,83	27,06	28,29	29,52	30,75	31,98	33,21	34,44	35,67	36,90
0,30	1,19	14,28	15,47	16,66	17,85	19,04	20,23	21,42	22,61	23,80	24,99	26,18	27,37	28,56	29,75	30,94	32,13	33,32	34,51	35,70
0,40	0,98	11,76	12,74	13,72	14,70	15,68	16,66	17,64	18,62	19,60	20,58	21,56	22,54	23,52	24,50	25,48	26,46	27,44	28,42	29,40
0,50	0,85	10,20	11,05	11,90	12,75	13,60	14,45	15,30	16,15	17,00	17,85	18,70	19,55	20,40	21,25	22,10	22,95	23,80	24,65	25,50
0,60	0,74	8,88	9,62	10,36	11,10	11,84	12,58	13,32	14,06	14,80	15,54	16,28	17,02	17,76	18,50	19,24	19,98	20,72	21,46	22,20

9° *Plafonds ordinaires poutrés.*

Epaisseur de la paroi (en mètres)	Valeur du coefficient Q	12°	13°	14°	15°	16°	17°	18°	19°	20°	21°	22°	23°	24°	25°	26°	27°	28°	29°	30°
»	0,75	9,00	9,75	10,50	11,25	12,00	12,75	13,50	14,25	15,00	15,75	16,50	17,25	18,00	18,75	19,50	20,25	21,00	21,75	22,50

10° *Plafonds en lambris.*

Epaisseur de la paroi (en mètres)	Valeur du coefficient Q	12°	13°	14°	15°	16°	17°	18°	19°	20°	21°	22°	23°	24°	25°	26°	27°	28°	29°	30°
»	0,65	7,80	8,45	9,10	9,75	10,40	11,05	11,70	12,35	13,00	13,65	14,30	14,95	15,60	16,25	16,90	17,55	18,20	18,85	19,50

11° *Planchers en bois.*

Epaisseur de la paroi (en mètres)	Valeur du coefficient Q	12°	13°	14°	15°	16°	17°	18°	19°	20°	21°	22°	23°	24°	25°	26°	27°	28°	29°	30°
»	0,60	7,20	7,80	8,40	9,00	9,60	10,20	10,80	11,40	12,00	12,60	13,20	13,80	14,40	15,00	15,60	16,20	16,80	17,40	18,00

12° *Planchers massifs.*

14° Toits en zinc (sur voligeage).

»	2,12	25,44	27,56	29,68	31,80	33,92	36,04	38,16	40,28	42,40	44,52	46,64	48,76	50,88	53,00	55,12	57,24	59,36	61,48	63,60

15° Toits en tuile (sur lattis).

»	3,67	44,04	47,71	51,38	55,05	58,72	62,39	66,06	69,73	73,40	77,07	80,74	84,41	88,08	91,75	95,42	99,09	102,76	106,43	110,10

16° Toits en zinc, voligeage, et en dessous à 0 m. 15 de distance chevronnage avec revêtement sapin.

»	1,10	13,20	14,30	15,40	16,50	17,60	18,70	19,80	20,90	22,00	23,10	24,20	25,30	26,40	27,50	28,60	29,70	30,80	31,90	33,00

17° Toits en tuiles avec voligeage en dessous à 0 m. 15 de distance.

»	1,00	12	13	14	15	16	17	18	19	20	21	22	23	24	25	26	27	28	29	30

81° Paroi en carreaux de plâtre enduite et peinte à l'huile ou recouverte de papier sur les deux faces.

0,11	1,72	20,64	22,36	24,08	25,80	27,52	29,24	30,96	32,68	34,40	36,12	37,84	39,56	41,28	43,00	44,72	46,44	48,16	49,88	51,60

19° Paroi, 2 briques de 0 m. 11 espacées par un matelas d'air de 0 m. 06.

0,31	1,20	14,40	15,60	16,80	18,00	19,20	20,40	21,60	22,80	24,00	25,20	26,40	27,60	28,80	30,00	31,20	32,40	33,60	34,80	36,00

Calcul des appareils de chauffage.

T Température intérieure ____________

θ   id.   extérieure ____________

t   id.   de l'air introduit (*chauffage par calorifères*) ____________

Désignation des Pièces	Dimensions	Cubes	Surfaces de refroidissement			Coefficients	Produits	Pertes par les surfaces de refroidissement (A)	Nombre de calories utilisées par mètr. carré d'air chaud $0,307\,(t\text{-}T)$
			Désignation	Mesures	Surfaces				

Nombre d'individus dans chaque salle	Volume d'air à introduire par individu	Volume d'air à introduire dans chaque salle	Perte de calories par mètr. carré d'air de ventilation $0,307\,(T\text{-}θ)$	Perte de calories par l'air de ventilation (B)	Perte totale de calories (A+B)	Conduits d'air chaud		Conduits de ventilation		Importance en m² des surfaces chauffantes	
						Vitesse moyenne	Section moyenne	Vitesse moyenne	Section moyenne	tuyaux lisses de circulation	tuyaux lamés ou poêles

Ecoulement de l'eau dans les conduites.

Valeurs du frottement d'après M. Maurice Lévy.

Débit.......... $Q = \beta \sqrt{\bar{J}}$

Vitesse moyenne $V = \mu \sqrt{\bar{J}}$; $\mu = 20,5 \sqrt{R\,(1 + 3\sqrt{\bar{R}})}$ (fonte avec dépôts)

D	ω	$\mu = \dfrac{V}{\sqrt{\bar{J}}}$	Log μ	Différences log μ	$\beta = \dfrac{Q}{\sqrt{\bar{J}}}$	Log β	Différen. log β
0,010	0,0000785	1,5959	0,20301	2254	0,0001253	$\overline{4}$,09810	10533
11	950	6809	22555	2065	1597	20343	9622
12	1131	7628	24620	1904	1994	29965	8857
13	1327	8418	26524	1769	2445	38822	8206
14	1539	9184	28293	1650	2953	47028	7643
15	1767	9927	29943	1548	3321	54671	7153
16	2011	2,0649	31491	1457	4152	61824	6725
17	2270	1354	32948	1377	4847	68549	6340
18	2545	2042	34325	1306	5609	74889	6002
19	2835	2715	35631	1241	6440	80891	5696
20	3142	3373	36872	1183	7343	86587	5421
21	3464	4019	38055	1130	8319	92008	5170
22	3801	4652	39185	1081	9371	97178	4943
23	4155	5273	40266	1038	10500	$\overline{3}$,02121	4734
24	4524	5885	41304	997	11710	06855	4543
25	4900	6486	42301	960	13001	11398	4367
26	5309	7077	43261	924	14376	15765	4202
27	5726	7660	44185	893	15837	19967	4052
28	6158	8235	45078	862	17386	24019	3910
29	6605	8801	45940	834	19023	27929	3779
30	7609	9359	46774	809	20753	31708	3656
31	7548	9911	47583	783	22576	35364	3541
32	8042	3,0455	48366	761	24493	38905	3434
33	8553	0994	49127	739	26509	42339	3332
34	9079	1525	49866	718	28623	45671	3236
35	9621	2051	50584	699	30837	48907	3146
36	10179	2571	51283	681	33154	52053	3060
37	10752	3086	51964	664	35574	55113	2980
38	11341	3595	52628	647	38101	58093	2904
39	11946	4099	53275	631	40735	60997	2830
40	12566	3,4598	53906	616	43178	63827	2761
41	13202	5093	54522	603	46332	66588	2696
42	13834	5583	55125	589	49299	69284	2633
43	14522	6069	55714	575	52380	71917	2572
44	15205	6551	56289	563	55376	74489	2515
45	15904	7028	56852	552	58890	77004	2460
46	16619	7501	57404	540	62322	79464	2408
47	17349	7970	57944	530	65875	81872	2359
48	18096	8436	58474	519	69552	84231	2310
49	18857	8898	58993	509	73552	86541	2264
50	19635	9357	59502	499	77277	88805	2219
51	20428	9812	60001	490	81328	91024	2177
52	21237	4,0264	60491	482	85509	93201	2136
53	22062	0713	60973	473	89819	95337	2097
54	22902	1158	61446	464	94268	97434	2058

D	ω	$\mu = \dfrac{V}{\sqrt{J}}$	Log μ	Différences log μ	$=\beta\,\dfrac{\theta}{\sqrt{J}}$	Log β	Différen. log β
0,055	0,0023758	4,1601	0,61910	456	0,098837	$\overline{3}$,99492	2021
56	24630	2040	62366	449	10354	$\overline{2}$,01513	1986
57	25518	2477	62815	441	10839	03499	1952
58	26421	2910	63256	434	11337	05451	1918
59	27340	3341	63690	427	11849	07369	1887
60	28274	3769	64117	421	12376	09256	1857
61	29225	4195	64538	414	12916	11113	1826
62	30191	4619	64952	408	13471	12939	1798
63	31172	5040	65360	401	14040	14737	1769
64	32170	5458	65761	396	14624	16506	1743
65	33183	5874	66157	390	15223	18249	1716
66	34212	6288	66547	384	15836	19965	1690
67	35256	6699	66931	379	16465	21655	1666
68	36317	7108	67310	373	17108	23321	1641
69	37393	7515	67683	369	17767	24962	1619
70	38484	7920	68052	363	18442	26581	1595
71	39592	8323	68415	359	19132	28176	1573
72	40715	8724	68774	354	19838	29749	1553
73	41854	9123	69128	350	20560	31302	1531
74	43008	9519	69478	344	21298	32833	1510
75	44179	9914	69822	341	22051	34343	1492
76	45365	5,0307	70163	336	22822	35835	1471
77	46566	0698	70499	333	23608	37306	1454
78	47784	1088	70832	328	24412	38760	1434
79	49017	1475	71160	324	25231	40194	1417
80	59265	1861	71484	321	26068	41611	1400
81	51530	2245	71805	316	26922	43011	1382
82	52810	2628	72121	314	27793	44393	1367
83	54106	3008	72435	309	28681	45760	1349
84	55418	3388	72744	306	29586	47109	1334
85	56745	3765	73050	302	30509	48443	1318
86	58088	4141	73352	299	31449	49761	1303
87	59447	4515	73651	296	32407	51064	1288
88	60821	4887	73947	293	33383	52352	1275
89	62211	5258	74240	289	34377	53627	1260
90	63617	5628	74529	287	35389	54887	1246
91	65039	5996	74816	284	36419	56133	1233
92	66476	6363	75100	281	37468	57366	1220
93	67929	6729	75381	278	38536	58586	1207
94	69398	7093	75659	275	39622	59793	1195
95	70882	7456	75934	272	40727	60988	1184
96	72382	7818	76206	270	41850	62169	1170
97	73898	8178	76476	267	42992	63339	1158
98	75430	8537	76743	265	44154	64497	1147
99	76977	8895	77008	262	45336	65644	1135
100	78540	9251	77270	1273	46536	66779	5511
105	86590	6,1015	78543	1218	52833	72290	5259
110	95033	2750	79761	1166	59633	77549	5027
115	0,010387	4457	80927	1118	66951	82576	4814
120	11310	6138	82045	1076	74800	87390	4622

D	ω	$\mu = \dfrac{V}{\sqrt{J}}$	Log μ	Différences log μ	$\beta = \dfrac{\theta}{\sqrt{J}}$	Log β	Différen. log β
0,125	0,012272	6,7797	0,83121	1035	0,83199	$\overline{2}$,92012	4142
130	13273	9432	84156	998	92160	96454	4276
135	14314	7,1047	85154	964	0,10169	$\overline{1}$,00730	1123
140	15394	2640	86118	931	11182	04853	3979
145	16513	4215	87049	901	12255	08832	3846
150	17671	5770	87950	874	13390	12678	3721
155	18869	7310	88824	847	14588	16399	3605
160	20106	8833	89671	822	15850	20004	3495
165	21382	8,0340	90493	799	17179	23499	3394
170	22698	1832	91293	776	18575	26893	3292
175	24053	3307	92068	757	20038	30185	3204
180	25447	4772	92825	736	21572	33389	3115
185	26880	6221	93561	718	23176	36504	3035
190	28353	7658	94279	700	24853	39539	2956
195	29865	9082	94979	683	26604	42495	2882
200	31416	9,0494	95662	667	28429	45377	2812
205	33006	1895	96329	652	30332	48189	2745
210	34636	3284	96981	637	32310	50934	2681
215	36305	4662	97618	623	34368	53615	2620
220	38013	6031	98241	610	36505	56235	2562
225	39761	7391	98851	598	38723	58797	2507
230	41548	8740	99449	585	41024	61304	2452
235	43374	10,008	1,00034	573	43407	63756	2402
240	45239	141	00607	562	45876	66158	2353
245	47143	273	01169	552	48430	68511	2307
250	49087	404	01721	541	51071	70818	2261
255	51070	535	02262	531	53801	73079	2217
260	53093	664	02793	521	56619	75296	2176
265	55155	793	03314	512	59528	77472	2136
270	57256	921·	03826	503	62529	79608	2097
275	59396	11,048	04329	495	65622	81705	2060
280	61575	175	04824	486	68810	83765	2023
285	63794	300	05310	478	72091	85788	1988
290	66052	425	05788	470	75468	87776	1955
295	68349	550	06258	463	78943	89731	1923
300	70686	674	06721	456	82517	91654	1892
305	73062	797	07177	448	86191	93546	1860
310	75477	919	07625	442	89963	95406	1832
315	77931	12,041	08067	435	93838	97238	1803
320	80425	162	08502	428	97816	99041	1775
325	82958	283	08930	423	1,0190	0,00816	1749
330	85530	403	09353	416	0608	02565	1722
335	88141	523	09769	411	1038	04287	1698
340	90792	641	10180	405	1478	05985	1678
345	93482	760	10585	399	1928	07658	1649

Chauffage à eau chaude.

Détermination du diamètre des conduites par la méthode de Rietschel.

TABLE I

$$a = \dfrac{\gamma_0 - \gamma}{\dfrac{\gamma_0 + \gamma}{2}}$$

t	t_0	a
150	100	0.0446
140	90	0.0414
130	80	0.0385
90	60	0.0183
90	65	0.0156
90	70	0.0127
90	75	0.0097
85	60	0.0150
85	65	0.0123
85	70	0.0094
80	60	0.0117
80	65	0.0090
75	60	0.0086

TABLE II

Basse pression $\dfrac{\gamma + \gamma_0}{2} = 0{,}975$; $t = 70$ à 90^0 ; $t_0 = 60$ à 70^0

$$v = \frac{W}{10000} \; \frac{1}{275{,}67\, d^2\,(t - t_0)}$$

d	$\dfrac{1}{275{,}67\,d^2\,(t-t_0)}$ pour $t - t_0 =$				d	$\dfrac{1}{275{,}67\,d^2\,(t-t_0)}$ pour $t - t^0 =$			
	15^0	20^0	25^0	30^0		15^0	20^0	25^0	30^0
0.010	2.418	1.814	1.451	1.209	0.044	0.125	0.094	0.075	0.062
011	2.003	499	199	0.999	45	119	090	072	060
012	1.679	260	008	840	46	112	084	067	056
013	431	073	0.859	716	48	105	079	063	053
014	234	0.925	740	617	50	097	073	058	048
015	075	806	645	537	51	093	070	056	047
016	0.945	709	567	472	52	090	067	054	045
017	807	628	502	418	54	083	062	050	041
018	746	560	448	373	56	077	058	046	039
019	670	502	402	335	58	072	054	043	036
020	605	453	363	302	60	067	050	040	034
021	548	411	329	274	62	063	047	038	031
022	500	375	300	250	63	061	046	037	030
023	457	343	274	229	69	051	038	031	025
024	420	315	252	210	75	043	0.0322	0.0258	0.0215
025	387	290	232	193	82	036	0270	0216	0180
026	358	268	215	179	88	0.0312	0234	0187	0156
027	332	249	200	166	94	0274	0205	0164	0137
028	308	231	185	154	100	0252	0181	0145	0121
029	288	216	173	144	106	0215	0161	0129	0108
030	269	202	161	134	111	0196	0147	0118	0098
031	252	189	151	126	118	0174	0130	0104	0087
032	236	177	142	118	124	0157	0118	0094	0079
034	209	157	126	105	130	0143	0107	0086	0072
036	187	140	112	093	136	0131	0098	0078	0065
038	167	126	101	084	143	0118	0089	0071	0059
040	151	113	091	075	155	0096	0075	0060	0050
042	137	103	082	067	178	0076	0057	0046	0038

Moyenne pression : $\dfrac{\gamma + \gamma_0}{2} = 0{,}945$; $t = 140$ à 150° ; $t_0 = 80$ à 90

$$v = \frac{W}{10000}\ \frac{1}{267{,}18\, d^2\, (t - t_0)}$$

d	$\dfrac{1}{267{,}18\, d^2 (t - t_0)}$ pour $t - t_0 =$				d	$\dfrac{1}{267{,}18\, d^2 (t - t_0)}$ pour $t - t_0) =$			
	15°	20°	25°	30°		15°	20°	25°	30°
0,010	2,495	1,872	1,497	1,248	0,044	0,129	0,097	0,077	0,064
11	067	547	237	031	45	123	092	074	062
12	1,733	300	040	0,866	46	116	087	069	058
13	477	107	0,886	738	48	108	081	065	054
14	273	0,955	764	637	50	100	075	060	050
15	109	832	666	555	51	096	072	058	048
16	0,975	731	585	478	52	093	069	055	046
17	864	648	518	432	54	086	064	051	043
18	770	578	462	385	56	079	060	048	040
19	691	518	415	346	58	074	056	044	037
20	624	468	374	312	60	069	052	042	035
21	566	387	339	258	62	065	049	039	033
22	516	367	309	258	63	063	047	038	031
23	472	354	283	236	69	052	039	031	026
24	433	325	260	217	75	0,0444	0,0333	0,0266	0,0222
25	399	299	240	200	82	0371	0278	0223	0186
26	369	277	222	185	88	0322	0236	0193	0161
27	342	257	205	171	94	0282	0212	0162	0141
28	318	239	191	159	100	0250	0187	0150	0125
29	297	223	178	148	106	0222	0167	0133	0111
30	277	208	166	139	111	0203	0152	0122	0101
31	260	194	156	130	118	0179	0138	0108	0088
32	244	183	146	122	124	0162	0122	0097	0081
34	216	162	130	108	130	0147	0111	0089	0074
36	193	144	116	096	136	0185	0101	0081	0067
38	173	130	104	086	143	0122	0092	0073	0061
40	156	117	094	078	155	0103	0077	0062	0051
42	141	106	085	071	178	0097	0059	0047	0039

TABLE III.

v	ρ	$\dfrac{v^2}{2g}$	$\dfrac{\rho}{d}$ pour $d=$											
			0.010	0.013	0.019	0.025	0.032	0.038	0.045	0.051	0.063	0.069	0.075	0.082
0.025	0.074	0.000031	7.430	5.714	3.910	2.972	2.322	1.955	1.651	1.457	1.179	1.077	0.990	0.906
0.050	0.0568	0.00012	5.680	4.369	2.989	2.272	1.775	1.495	1.262	1.114	0.901	0.823	0.757	0.692
0.075	0.0490	0.00028	4.900	3.769	2.579	1.960	1.531	1.290	1.089	0.961	0.777	0.710	0.653	0.597
0.100	0.0443	0.000510	4.430	3.407	2.331	1.772	1.384	1.166	0.984	0.869	0.704	0.643	0.591	0.541
0.125	0.0412	0.000796	4.120	3.169	2.168	1.648	1.287	1.084	0.915	0.808	0.654	0.597	0.549	0.502
0.150	0.0388	0.001147	3.880	2.984	2.042	1.552	1.213	1.022	0.863	0.762	0.617	0.563	0.515	0.474
0.175	0.0370	0.00156	3.700	2.846	1.947	1.480	1.156	0.974	0.822	0.726	0.587	0.536	0.493	0.451
0.200	0.0356	0.00204	3.560	2.736	1.872	1.423	1.112	0.936	0.790	0.698	0.565	0.516	0.474	0.434
0.225	0.0334	0.00258	3.440	2.646	1.810	1.376	1.075	0.905	0.764	0.673	0.545	0.498	0.458	0.419
0.250	0.0333	0.00318	3.330	2.561	1.753	1.332	1.041	0.876	0.741	0.654	0.529	0.483	0.444	0.407
0.275	0.0325	0.00385	3.250	2.500	1.710	1.300	1.016	0.855	0.722	0.636	0.515	0.470	0.433	0.396
0.300	0.0317	0.00459	3.170	2.438	1.668	1.268	0.990	0.834	0.707	0.621	0.503	0.459	0.422	0.386

Transmission à travers les parois métalliques lisses de la chaleur de l'eau à l'air dans une enceinte à 15°

$$M = Q\,(t - \theta) \qquad Q = K' = m'\,r' + n'\,f\,;\, f = 4$$

Température de l'eau	FONTE		CUIVRE	
	Coefficient de transmission	Calories transmises par m²	Coefficient de transmission	Calories transmises par m²
50°	9.2	310	5.3	180
60	9.7	420	5.5	240
70	10.1	540	5.8	310
80	10.5	670	6.0	385
90	10.9	815	6.2	465
100	11.3	960	6.4	545

Transmission, à travers les parois métalliques lisses de la chaleur de la vapeur à l'air dans une enceinte à 15°

(En pratique on ne compte que sur une transmission de 80 0/0 de celle calculée)

$$M = Q\,(t - \theta)\,;\, Q = K' = m'\,r' + n'\,f\,;\, f = 4$$

Pression effective de la vapeur en kgs	Température de la vapeur	FONTE			CUIVRE			Vapeur condensée. Calories abandonnées par kg.
		Coefficient de transmission	Calories transmises par m²	Poids de vapeur condensée	Coefficient de transmission	Calories transmises par m²	Poids de vapeur condensée	
0.3	106°	11.56	1052	1k910	6.56	597	1k853	550
0.5	111	11.72	1120	2 135	6.64	630	1 190	529
1.0	120	12.04	1260	2 410	6.77	710	1 360	523
1.5	127	12.31	1370	2 645	6.87	770	1 485	518
2.0	133	12.55	1480	2 880	6.96	820	1 595	514
2.5	138	12.75	1570	3 080	7.04	860	1 685	510
3.0	143	12.94	1650	3 255	7.10	900	1 775	507
3.5	147	13.10	1730	3 430	7.16	940	1 865	504
4.0	151	13.27	1800	3 590	7.21	980	1 955	501
4.5	153	13.42	1870	3 755	7.26	1010	2 030	498
5.0	158	13.55	1930	3 880	7.30	1040	2 095	497
5.5	161	13.67	1990	4 020	7.34	1070	2 160	495
6.0	164	13.80	2050	4 165	7.38	1100	2 235	492
6.5	167	13.92	2110	4 305	7.41	1120	2 285	490
7.0	170	14.05	2170	4 445	7.46	1150	2 355	488
7.5	173	14.17	2230	4 590	7.48	1180	2 430	486
8.0	175	14.26	2280	4 700	7.51	1200	2 480	485
8.5	177	14.35	2320	4 805	7.53	1220	2 525	483
9.0	179	14.43	2360	4 895	7.56	1240	2 570	482
9.5	181	14.52	2410	5 010	7.58	1260	2 620	481
10.0	183	14.61	2450	5 115	7.61	1280	2 670	479

TRAITÉ DE CHAUFFAGE ET DE VENTILATION

Ecoulement de la vapeur d'eau

Vitesse d'écoulem. en mètres par seconde	Nombres, qui, multipliés par d^2 (d étant en m/m le diamètre de la conduite), donnent le poids de vapeur écoulée à l'heure.													
10	0.020	0.023	0.031	0.037	0.044	0.051	0.058	0.064	0.071	0.077	0.084	0.090	0.096	0.109
15	0.030	0.035	0.046	0.056	0.066	0.077	0.086	0.096	0.106	0.116	0.125	0.135	0.144	0.163
20	0.040	0.047	0.061	0.075	0.088	0.102	0.115	0.128	0.141	0.154	0.167	0.180	0.192	0.218
25	0.049	0.059	0.076	0.093	0.110	0.128	0.144	0.160	0.177	0.193	0.209	0.225	0.240	0.272
30	0.059	0.070	0.092	0.112	0.132	0.153	0.173	0.192	0.212	0.231	0.251	0.270	0.288	0.327
Pression de la vap. en kg. par cm².	0.025	0.5	1.0	1.5	2.0	2.5	3.0	3.5	4.0	4.5	5.0	5.5	6.0	7.0
Poids de 1 m³ de vapeur	0ᵏ 70	0 83	1 08	1 32	1 56	1 80	2 04	2 27	2 50	2 73	2 96	3 18	3 40	3 86

Poids de vapeur écoulée à l'heure par des tuyaux de différents diamètres avec une vitesse de 25 mètres.

Diamètres des tuyaux en millim.	Carré du diamètre intérieur	Section du tuyau en m/m²	Surface extérieure par m. et en m/m²	Pression de la vapeur en kilogs par cm².								
				0,025	0,5	1,0	1,5	2,0	2,5	3,0	3,5	4,0
20/27	400	314.16	848	20	23	31	37	44	51	58	65	71
26/34	676	530.93	1068	34	40	52	63	75	87	98	109	119
33/42	1089	855.30	1319	54	64	83	101	120	140	157	176	192
40/50	1600	1256.60	1571	79	93	122	147	175	203	230	257	282
50/60	2500	1963.50	1885	124	147	191	232	275	320	360	403	441
60/70	3600	2827.40	2199	177	210	275	333	395	460	515	580	636
66/76	4356	3421.20	2388	213	255	333	400	475	554	625	700	769
72/82	5184	4071.50	2513	257	305	395	480	570	665	750	840	915
80/90	6400	5026.50	2827	315	375	490	590	700	815	920	1025	1131
90/100	8100	6361.70	3142	402	475	615	745	885	1030	1168	1300	1430
100/112	10000	7854.00	3519	490	590	760	930	1100	1280	1440	1600	1770
110	12100	9503.3	»	602	710	925	1120	1330	1550	1745	1950	2138
115	13225	10386.9	»	656	775	1010	1225	1450	1700	1910	2140	2337
120	14400	11309.7	»	715	845	1100	1330	1580	1840	2080	2325	2545
125	15625	12271.9	»	775	920	1195	1450	1720	2000	2270	2525	2761
130	16900	13273.3	»	847	1000	1300	1580	1870	2180	2470	2750	2986
135	18225	14313.9	»	905	1070	1390	1690	2000	2330	2630	2930	3220
140	19600	15393.8	»	975	1150	1500	1820	2150	2520	2830	3170	3463
145	21025	16513.0	»	1050	1230	1610	1950	2300	2700	3040	3400	3745
150	22500	17671.5	»	1100	1310	1710	2075	2470	2880	3240	3625	3976

Ecoulement de la vapeur d'eau. Pertes de charge dans des tuyaux de divers diamètres et pour 100 mètres de long. Vitesse de la vapeur, 25 mètres.

Diamètre intérieur des tuyaux	Pression de la vapeur en mètres de hauteur d'eau							
	2^m5	5^m0	10^m	15^m	20^m	25^m	30^m	35^m
20	0m550	1m090	2m130	3m140	4m130	5m100	6m050	6m950
26	422	0 838	1 640	2 410	3 170	3 920	4 650	5 350
33	333	662	290	1 900	2 500	080	3 665	4 200
40	275	545	065	1 570	065	2 550	025	3 475
50	220	436	0 852	256	1 652	040	2 420	2 780
60	183	363	710	047	376	1 700	017	317
66	166	330	643	0 950	250	540	1 830	100
72	153	303	590	870	140	420	675	1 930
80	137	272	532	785	032	275	512	737
90	122	242	473	698	0 918	133	344	544
100	110	218	426	628	826	020	210	390
110	100	198	386	571	750	0 927	100	260
115	096	189	370	548	718	885	060	210
120	092	181	355	522	687	850	010	160
125	088	174	340	500	660	815	0 970	110
130	085	168	328	483	635	784	930	070
135	081	162	317	465	610	754	900	030
140	079	155	305	450	589	730	865	0 990
145	076	150	293	433	570	702	835	960
150	073	145	285	420	550	680	805	925

Chauffage à vapeur à pression. Sections des tuyaux de retour d'eau.

Poids d'eau à écouler à l'heure	Diamètres des tuyaux	Poids d'eau à écouler à l'heure	Diamètres des tuyaux
0 kgs	26 m/m	1000 kgs	90 m/m
50	33	1500	110
100	40	2000	130
200	50	3000	150
300	60	4000	170
400	70		
500	80		
1000			

Tableau donnant les vitesses de l'air correspondant aux diverses pressions, depuis 1 millimètre d'eau jusqu'à 700 millimètres.

Ce tableau a été calculé d'après la formule :

$$V^2 = 16\,H$$

H. — Pression en millimètres d'eau.

V. — Vitesse de l'air en mètres.

H	V	H	V	H	V	H	V	H	V	H	V
	m/m		m/m		m/m		m/m		m/m		m/m
1	4m00	51	28m57	101	40m20	151	49m15	201	56m72	251	63 38
2	5 66	52	28 84	102	40 40	152	49 32	202	56 85	252	63 50
3	6 93	53	29 12	103	40 60	153	49 48	203	56 95	253	63 64
4	8 00	54	29 39	104	40 80	154	49 64	204	57 15	254	63 75
5	8 94	55	29 67	105	41 00	155	49 80	205	57 28	255	63 87
6	9 78	56	29 93	106	41 20	156	49 97	206	57 45	256	64 00
7	10 58	57	30 20	107	41 40	157	50 12	207	57 58	257	64 13
8	11 31	58	30 46	108	41 58	158	50 30	208	57 70	258	64 25
9	12 00	59	30 72	109	41 77	159	50 44	209	57 85	259	64 37
10	12 65	60	30 98	110	41 99	160	50 60	210	57 96	260	64 50
11	13 27	61	31 24	111	42 12	161	50 76	211	58 12	261	64 65
12	13 86	62	31 50	112	42 35	162	50 92	212	58 27	262	64 78
13	14 42	63	31 70	113	42 50	163	51 05	213	58 38	263	64 85
14	14 97	64	32 00	114	42 70	164	51 24	214	58 52	264	64 99
15	15 49	65	32 30	115	42 90	165	51 40	215	58 65	265	65 12
16	16 00	66	32 50	116	43 10	166	51 55	216	58 79	266	65 25
17	16 49	67	32 80	117	43 30	167	51 70	217	58 92	267	65 35
18	16 97	68	33 00	118	43 42	168	51 87	218	59 08	268	65 48
19	17 44	69	33 25	119	43 65	169	52 00	219	59 20	269	65 60
20	17 89	70	33 50	120	43 80	170	52 15	220	59 33	270	65 72
21	18 33	71	33 70	121	44 00	171	52 31	221	59 45	271	65 85
22	18 76	72	33 95	122	44 20	172	52 45	222	59 60	272	65 95
23	19 18	73	34 10	123	44 35	173	52 63	223	59 75	273	66 09
24	19 60	74	34 40	124	44 55	174	52 75	224	59 85	274	66 22
25	20 00	75	34 70	125	44 80	175	53 00	225	60 00	275	66 37
26	20 40	76	34 90	126	44 90	176	53 08	226	60 12	276	66 45
27	20 79	77	35 10	127	45 08	177	53 22	227	60 24	277	66 54
28	21 17	78	35 30	128	45 27	178	53 37	228	60 40	278	66 70
29	21 54	79	35 60	129	45 40	179	53 52	229	60 55	279	66 82
30	21 91	80	35 80	130	45 60	180	53 68	230	60 64	280	66 95
31	22 27	81	36 00	131	45 80	181	53 82	231	60 80	281	67 08
32	22 63	82	36 25	132	46 00	182	53 95	232	60 92	282	67 17
33	22 98	83	36 45	133	46 15	183	54 12	233	61 07	283	67 20
34	23 32	84	36 68	134	46 30	184	54 23	234	61 19	284	67 42
35	23 66	85	36 90	135	46 50	185	54 41	235	61 38	285	67 56
36	24 00	86	37 10	136	46 65	186	54 55	236	61 45	286	67 65
37	24 33	87	37 30	137	46 83	187	54 70	237	61 58	287	67 78
38	24 66	88	37 50	138	47 00	188	54 82	238	61 72	288	67 88
39	24 98	89	37 75	139	47 17	189	54 95	239	61 83	289	68 00
40	25 30	90	38 00	140	47 45	190	55 15	240	61 92	290	68 13
41	25 61	91	38 15	141	47 50	191	55 28	241	62 10	291	68 25
42	25 92	92	38 35	142	47 65	192	55 43	242	62 23	292	68 35
43	26 23	93	38 59	143	47 84	193	55 58	243	62 37	293	68 46
44	26 53	94	38 80	144	48 00	194	55 72	244	62 49	294	68 59
45	26 83	95	39 00	145	48 18	195	55 83	245	62 62	295	68 71
46	27 13	96	39 20	146	48 34	196	56 00	246	62 74	296	68 82
47	27 42	97	39 40	147	48 50	197	56 15	247	62 88	297	68 94
48	27 71	98	39 60	148	48 68	198	56 29	248	62 93	298	69 04
49	28 00	99	39 80	149	48 83	199	56 44	249	63 13	299	69 15
50	28 28	100	40 00	150	49 00	200	56 56	250	63 30	300	69 28

H	V	H	V	H	V	H	V	H	V	H	V
m/m		m/m		m/m		m/m		m/m		m/m	
301	69m40	368	76m73	435	83m43	502	89m62	569	95m42	636	100m88
302	69 52	369	76 84	436	83 52	503	89 71	570	95 50	637	100 96
303	69 64	370	76 94	437	83 62	504	89 80	571	95 58	638	101 03
304	69 75	371	77 05	438	83 71	505	89 89	572	95 67	639	101 11
305	69 86	372	77 15	439	83 81	506	89 98	573	95 75	640	101 19
306	69 97	373	77 25	440	83 91	507	90 07	574	95 83	641	101 27
307	70 08	374	77 36	441	84 00	508	90 16	575	95 92	642	101 35
308	70 20	375	77 46	442	84 10	509	90 24	576	96 00	643	101 43
309	70 32	376	77 56	443	84 19	510	90 33	577	96 08	644	101 51
310	70 45	377	77 67	444	84 29	511	90 42	578	96 17	645	101 58
311	70 54	378	77 77	445	84 38	512	90 51	579	96 25	646	101 66
312	70 68	379	77 87	446	84 48	513	90 60	580	96 33	647	101 74
313	70 74	380	77 98	447	84 57	514	90 69	581	96 42	648	101 82
314	70 88	381	78 08	448	84 68	515	90 77	582	96 50	649	101 90
315	70 99	382	78 18	449	84 76	516	90 86	583	96 58	650	101 98
316	71 11	383	78 28	450	84 85	517	90 95	584	96 66	651	102 06
317	71 23	384	78 39	451	84 95	518	91 04	585	96 75	652	102 13
318	71 35	385	78 49	452	85 04	519	91 13	586	96 83	653	102 21
319	71 42	386	78 59	453	85 14	520	91 21	587	96 91	654	102 29
320	71 56	387	78 69	454	85 23	521	91 30	588	96 99	655	102 37
321	71 67	388	78 79	455	85 32	522	91 39	589	97 08	656	102 45
322	71 78	389	78 89	456	85 42	523	91 48	590	97 16	657	102 53
323	71 89	390	78 99	457	85 51	524	91 56	591	97 24	658	102 61
324	72 00	391	79 10	458	85 60	525	91 65	592	97 32	659	102 68
325	72 11	392	79 20	459	85 70	526	91 74	593	97 41	660	102 76
326	72 22	393	79 30	460	85 79	527	91 83	594	97 49	661	102 84
327	72 33	394	79 40	461	85 88	528	91 91	595	97 57	662	102 91
328	72 44	395	79 50	462	85 98	529	92 00	596	97 65	663	102 99
329	72 56	396	79 60	463	86 07	530	92 09	597	97 73	664	103 07
330	72 67	397	79 70	464	86 16	531	92 17	598	97 82	665	103 15
331	72 78	398	79 80	465	86 26	532	92 26	599	97 90	666	103 22
332	72 89	399	79 90	466	86 35	533	92 35	600	97 98	667	103 30
333	72 99	400	80 00	467	86 44	534	92 43	601	98 06	668	103 38
334	73 10	401	80 10	468	86 53	535	92 52	602	98 14	669	103 46
335	73 21	402	80 20	469	86 63	536	92 61	603	98 22	670	103 53
336	73 32	403	80 30	470	86 72	537	92 69	604	98 31	671	103 61
337	73 43	404	80 40	471	86 81	538	92 78	605	98 39	672	103 69
338	73 54	405	80 50	472	86 90	539	92 87	606	98 47	673	103 77
339	73 65	406	80 60	473	86 90	540	92 95	607	98 55	674	103 84
340	73 76	407	80 70	474	87 09	541	93 04	608	98 63	675	103 92
341	73 87	408	80 80	475	87 18	542	93 12	609	98 71	676	104 00
342	73 97	409	80 90	476	87 27	543	93 21	610	98 79	677	104 08
343	74 08	410	80 99	477	87 36	544	93 30	611	98 87	678	104 16
344	74 19	411	81 09	478	87 45	545	93 38	612	98 95	679	104 23
345	74 30	412	81 19	479	87 54	546	93 47	613	99 04	680	104 30
346	74 41	413	81 29	480	87 64	547	93 55	614	99 12	681	104 38
347	74 51	414	81 39	481	87 73	548	93 64	615	99 20	682	104 46
348	74 62	415	81 49	482	87 82	549	93 72	616	99 28	683	104 54
349	74 73	416	81 59	483	87 91	550	93 81	617	99 36	684	104 61
350	74 83	417	81 68	484	88 00	551	93 89	618	99 44	685	104 69
351	74 94	418	81 78	485	88 09	552	93 98	619	99 52	686	104 77
352	75 05	419	81 88	486	88 18	553	94 06	620	99 60	687	104 84
353	75 15	420	81 98	487	88 27	554	94 15	621	99 68	688	104 91
354	75 26	421	82 07	488	88 36	555	94 23	622	99 76	689	104 98
355	75 37	422	82 17	489	88 45	556	94 32	623	99 84	690	105 06
356	75 47	423	82 27	490	88 54	557	94 40	624	99 92	691	105 14
357	75 58	424	82 37	491	88 63	558	94 49	625	100 00	692	105 22
358	75 69	425	82 46	492	88 72	559	94 57	626	100 08	693	105 30
359	75 79	426	82 56	493	88 82	560	94 66	627	100 15	694	105 37
360	75 90	427	82 66	494	88 91	561	94 74	628	100 24	695	105 45
361	76 00	428	82 75	495	88 99	562	94 83	629	100 32	696	105 53
362	76 11	429	82 85	496	89 08	563	94 91	630	100 40	697	105 61
363	76 21	430	82 95	497	89 17	564	94 99	631	100 47	698	105 68
364	76 32	431	83 04	498	89 26	565	95 08	632	100 56	699	105 75
365	76 42	432	83 14	499	89 35	566	95 16	633	100 64	700	105 83
366	76 53	433	83 24	500	89 44	567	95 25	634	100 72		
367	76 63	434	83 33	501	89 53	568	95 33	635	100 80		

Pour calculer le travail théorique d'un ventilateur, lorsque l'on connaît le débit Q et la pression, il faut multiplier le débit Q exprimé en mètres cubes par seconde, par la pression H exprimée en millimètres d'eau ; le produit représente des kilogrammètres.

$$T = QH$$

Cette formule est suffisante, dans la pratique, pour toutes les pressions que l'on peut obtenir avec les ventilateurs à force centrifuge.

CATALOGUE DE LIVRES

SUR

LA CONSTRUCTION, LES TRAVAUX PUBLICS ET L'ARCHITECTURE

PUBLIÉS PAR

LA LIBRAIRIE POLYTECHNIQUE BAUDRY ET Cie

15, rue des Saints-Pères, à Paris

Le catalogue complet est envoyé franco sur demande

Annales de la construction.

Nouvelles Annales de la construction, fondées par Oppermann. — 12 livraisons par an, formant un beau volume de 50 à 60 planches et 200 colonnes de texte.

Abonnéments : Paris, 15 fr. — Départements et Belgique, 18 fr. — Union postale, 20 fr.

Prix de l'année parue, reliée, 20 fr.

Table des matières des années 1876 à 1887, 1 brochure in-12 . . . . . 50 c.

Agenda Oppermann.

Agenda Oppermann paraissant chaque année. Élégant carnet de poche contenant tous les chiffres et tous les renseignements techniques d'un usage journalier. Rapporteur d'angles, coupe géologique du globe terrestre, guide du métreur. — Résumé de géodésie. — Poids et mesures, monnaies françaises et étrangères. — Renseignements mathématiques et géométriques. — Renseignements physiques et chimiques. — Résistance des matériaux. — Électricité. — Règlements administratifs. — Dimensions du commerce. — Prix courants et séries de prix. — Tarifs des Postes et Télégraphes.

Relié en toile, 3 fr.; en cuir, 5 fr. — Pour l'envoi par la poste, 25 c. en plus.

Aide-mémoire de l'ingénieur.

Aide-mémoire de l'ingénieur. Mathématiques, mécanique, physique et chimie, résistance des matériaux, statique des constructions, éléments des machines, machines motrices, constructions navales, chemins de fer, machines-outils, machines élévatoires, technologie, métallurgie du fer, constructions civiles, législation industrielle. Troisième édition française du Manuel de la Société « Hütte », par Philippe Huguenin. 1 volume in-12, contenant plus de 1200 pages avec 500 figures dans le texte, solidement relié en maroquin . . . . 15 fr.

Aide-mémoire des conducteurs des ponts et chaussées.

Aide-mémoire des conducteurs et commis des ponts et chaussées, agents-voyers, chefs de section, conducteurs et piqueurs des chemins de fer, contrôleurs des mines, adjoints du génie, entrepreneurs et, en général, de toute personne s'occupant de travaux, par J. Eug. Petit, conducteur des ponts et chaussées. 1 volume in-12 avec de nombreuses figures dans le texte, solidement relié en maroquin . . . . 15 fr.

Traité de constructions civiles.

Traité de constructions civiles. Fondations, maçonneries, pavages et revêtements, marbrerie, vitrerie, charpente en bois et en fer, couverture, menuiserie et ferrures, escaliers, monte-plats, monte-charges et ascenseurs, plomberie d'eau et sanitaire, chauffage et ventilation, décoration, éclairage au gaz et à l'électricité, acoustique, matériaux de construction, résistance des matériaux. renseignements généraux. par E. Barberot, architecte. 1 volume in-8°, avec 1554 figures dans le texte dessinées par l'auteur. Relié . . . . 20 fr.

Cours de construction.

Cours pratique de construction, rédigé conformément au programme officiel des connaissances pratiques exigées pour devenir ingénieur, par Prud'homme.

Terrassements, — ouvrages d'art, — conduite des travaux, — matériel, — fondations, — dragage,— mortiers et bétons,— maçonnerie, — bois, — métaux,— peinture,—jaugeage des eaux, — règlement des usines,etc. 4° édition. 2 volumes in-8°, avec 363 figures dans le texte . . . . 16 fr.

Maçonnerie.

Architecture et constructions civiles. Maçonnerie : pierres et briques ; leur emploi dans les maçonneries ; proportions des murs ; fondations ; murs de cave et murs en élévation ; des moulures et des ordres ; décoration des murs extérieurs des édifices ; cloisons. planchers, voûtes ; escaliers en maçonnerie ; éléments de décoration intérieure ; revêtement des sols ; roches naturelles ; chaux et ciments : du plâtre, produits céramiques, par J. Denfer, architecte, professeur à l'Ecole centrale. 2 volumes grand in-8°, avec 794 figures dans le texte. . . . . 40 fr.

Charpente en bois et menuiserie.

Architecture et constructions civiles. Charpente en bois et menuiserie ; les bois, leurs assemblages ; résistance des bois ; tableaux, calculs faits ; linteaux et planchers ; pans de bois ; combles ; étaiements, échafaudages, appareils de levage ; travaux hydrauliques. cintres, ponts et passerelles en bois ; escaliers ; menuiserie en bois : parquets. lambris, portes, croisées, persiennes, devantures, décoration, par J. Denfer, architecte, professeur à l'Ecole centrale. 1 volume grand in-8°, avec 680 figures dans le texte . . . . 25 fr.

Terrassements, tunnels, etc.

Procédés généraux de construction. Travaux de terrassements, tunnels, dragages et dérochements, par Ernest Pontzen.1 volume grand in-8° avec 234 figures dans le texte . . . . 25 fr.

Mesurage et Métrage.

Traité pratique et complet de tous les mesurages, métrages, jaugeages de tous les corps. appliqué aux arts, aux métiers, à l'industrie, aux constructions, aux travaux hydrauliques, aux nivellements pour construction de routes, de canaux et de chemins de fer, drainage, etc., enfin à la rédaction de projets de toute espèce de travaux du ressort de l'architecture et du génie civil et militaire, terminé par une analyse et série de prix avec détails sur la nature, la qualité, la façon et la mise en œuvre des matériaux, par E. Sergent. 8° édition. 2 volumes grand in-8° et 1 atlas de 47 planches in-folio . . . . 50 fr.

Coupe des pierres.

Traité pratique de la coupe des pierres, précédé de toute la partie de la géométrie descriptive qui trouve son application dans la coupe des pierres, par Lejeune. 1 volume in-8° et 1 atlas in-4° de 59 planches, contenant 183 fig. 40 fr.

Coupe des pierres.

Coupe des pierres, précédée des principes du trait de stéréotomie, par Eugène Rouché, examinateur de sortie à l'Ecole Polytechnique, professeur au Conservatoire des Arts et Métiers, et Charles Brisse, professeur à l'Ecole centrale et à l'Ecole des Beaux-Arts, répétiteur à l'Ecole Polytechnique. 1 volume grand in-8° et 1 atlas in-4° de 33 planches . . . . 25 fr.

Matériaux de construction.

Connaissance, recherche et essais des matériaux de construction et de ballastage, par Em. Baudson, chef de section des travaux neufs au chemin de fer du Nord. 1 volume grand in-8º. . . . . 6 fr.

Chaux et sels de chaux.

Chaux et sels de chaux appliqués à l'art de l'ingénieur, par Grange, agent-voyer en chef du département de la Vienne. 1 volume grand in 8º, avec figures dans le texte . . . . 18 fr.

Murs de soutènement.

Études théoriques et pratiques sur les murs de soutènement et les ponts et viaducs en maçonnerie, par Dubosque, sous-ingénieur des ponts et chaussées, ancien chef de bureau des travaux neufs à la Compagnie du Nord. 5e édition, revue, corrigée et augmentée. 1 volume grand in-8º, avec 15 planches et 141 figures, relié . . . . 15 fr.

Statique graphique.

Éléments de statique graphique, par Eugène Rouché, examinateur de sortie à l'École Polytechnique, professeur de statique graphique au Conservatoire des Arts et Métiers. 1 volume grand in-8º, avec de nombreuses gravures dans le texte. . . . . 12 fr. 50

Statique graphique.

Applications de la statique graphique. Charges des ponts et des charpentes, poutres droites, courbes, pleines, à treillis, continues ; arcs métalliques ; fermes métalliques ; piles métalliques ; influence du vent sur les constructions ; déformations ; calcul des poutres pour le lançage et le montage ; piles en maçonnerie ; calcul des joints des poutres ; formules et tables usuelles, par Kœchlin, ingénieur de la maison Eiffel. 1 volume grand in-8º et 1 atlas de 30 planches. . . 30 fr.

Statique graphique.

Éléments de statique graphique appliquée aux constructions. 1re *partie* : Poutres droites, poussées des terres, voûtes, par Muller-Breslau (traduction par Seyrig). 2e *partie* : Poutres continues, applications numériques, par Seyrig, ingénieur-constructeur du pont du Douro. 1 volume grand in-8º et 1 atlas in-4º de 29 planches en 3 couleurs . . . . 20 fr.

Statique graphique.

Traité de statique graphique appliquée aux constructions, toitures, planchers, poutres, ponts, etc. — Éléments du calcul graphique ; des forces et de leur résultante, des moments fléchissants, des efforts tranchants, recherche des maxima, charge permanente, surcharge uniformément répartie, surcharge mobile, données pratiques sur le poids propre des toitures et sur leur surcharge accidentelle, poutres pleines, poutres à treillis simples et multiples, centre de gravité, moment d'inertie, exemples et applications, par Maurice Maurer. 2e édition. 1 volume grand in-8º, avec figures dans le texte, et 1 atlas de 20 planches in-4º. . . . . 12 fr. 50

Résumé des connaissances mathématiques.

Résumé des connaissances mathématiques nécessaires dans la pratique des travaux publics et de la construction, par E. Mussat, ingénieur des ponts et chaussées. 1 volume grand in-8º, avec figures dans le texte . . . . . . 10 fr.

Traité de topographie.

Traité de topographie. — Appareils d'optique, applications de la géodésie à la topographie, instruments de mesure, levé des plans de surface, levés souterrains, théorie des erreurs, par André Pelletan, ingénieur en chef des mines, professeur à l'École des mines. 1 volume grand in-8º, avec 235 figures dans le texte. Relié. . . . . 15 fr.

Levé des plans et nivellement.

Levé des plans et nivellement. Opérations sur le terrain, opérations souterraines, nivellement de haute précision, par Léon Durand-Claye, ingénieur en chef des ponts et chaussées, Pelletan et Lallemand, ingénieurs des mines. 1 volume grand in-8°, avec figures dans le texte . . . . 25 fr.

Levé des plans.

Traité du levé des plans et de l'arpentage, par Duplessis. 1 volume in-8°, avec 105 figures dans le texte . . . . 4 fr.

Nivellement.

Traité du nivellement, comprenant les principes généraux, la description et l'usage des instruments, les opérations et les applications, par Duplessis. 1 volume in-8°, contenant 112 figures. . . . . 8 fr.

Tables tachéométriques.

Tables tachéométriques, donnant aussi rapidement que la règle logarithmique tous les calculs nécessaires à l'emploi du tachéomètre, par Louis Pons, ingénieur d'études de chemins de fer. 1 volume in-8°, relié. . . . . 10 fr.

Mouvement des terres.

Théorie et pratique du mouvement des terres d'après le procédé Bruckner, par Ernest Henry, inspecteur général des ponts et chaussées. 1 volume grand in-8° . . . . 2 fr. 50

Construction des chemins de fer.

Instructions pour la préparation des projets et la surveillance des travaux de construction de la plate-forme des chemins de fer, suivies de tables pour le calcul des courbes et pour l'évaluation des volumes des déblais et des remblais, par L. Partiot, inspecteur général des ponts et chaussées. 1 volume petit in-4°, avec 8 planches et de nombreuses figures intercalées dans le texte, relié . . . 15 fr.

Tracé des chemins de fer.

Tracé des chemins de fer, routes, canaux, tramways, etc. Études préliminaires, études définitives, — recherche et choix des matériaux de construction et de ballastage, par Em. Baudson, chef de section des travaux neufs au chemin de fer du Nord. 1 volume grand in-8°, avec 4 planches et 95 figures intercalées dans le texte. . . . . 10 fr.

Cours de routes.

Cours de routes professé à l'Ecole des Ponts et Chaussées. Disposition d'une route, étude et rédaction des projets, construction, entretien, par Ch.-Léon Durand-Claye, inspecteur général des ponts et chaussées. 1 volume grand in-8°, avec figures dans le texte. . . . . 20 fr.

Pavage en bois.

Le bois et ses applications au pavage à Paris, en France et à l'étranger. Divers systèmes de pavage en bois ; bois employé au pavage ; étude des propriétés physiques, mécaniques, anatomiques et chimiques des bois ; conservation et préparation des bois, fabrication des pavés ; entretien et durée des pavages en bois ; pavage en bois dans les voies à tramways ; régime des sociétés de pavage en bois ; contrats et cahiers des charges ; fonctionnement du système de la régie, à Paris ; prix de revient, par Albert Petsche, ingénieur des ponts et chaussées, ancien ingénieur du service municipal de Paris. 1 volume in-8°, avec 223 figures dans le texte, relié . . . . 20 fr.

Traité complet des chemins de fer.

Traité complet des chemins de fer. Historique et organisation financière, construction de la plate-forme, ouvrages d'art, voie, stations, signaux, matériel roulant, traction, exploitation, chemins de fer à voie étroite, tramways, par G. Humbert, ingénieur des ponts et chaussées. 3 volumes grand in-8°, avec 708 figures dans le texte. . . . . 50 fr.

Chemins de fer. Notions générales et économiques.

Chemins de fer. Notions générales et économiques. Historique, formalités et règlements relatifs à l'exécution des travaux, régimes, développements, dépenses,

comparaison des voies ferrées avec les routes et les voies de navigation intérieure, prix de revient des transports sur rails, tarifs et leur application, recettes
d'exploitation, voie et traction, chemins de fer à voie étroite, considérations économiques, par Léon Leygue, ancien ingénieur des ponts et chaussées, ingénieur
civil. 1 volume grand in-8° . . . . 15 fr.

Chemins de fer. — Superstructure.

Chemins de fer. Superstructure : voie, gares et stations, signaux, par E. De-
harme, ingénieur du service central de la Compagnie du Midi, professeur du
cours de Chemins de fer à l'École centrale des Arts et Manufactures. 1 volume
grand in 8°, avec 310 figures dans le texte et 1 atlas in-4° de 73 planches doubles . . . . 50 fr.

Chemins de fer d'intérêt local.

Traité des chemins de fer d'intérêt local. Chemins de fer à voie étroite, tramways, chemins de fer à crémaillère et funiculaires, par G. Humbert, ingénieur
des ponts et chaussées. 1 volume grand in-8°, avec 212 figures dans le texte.
Relié. . . . . 20 fr.

Chemins de fer funiculaires.

Étude des chemins de fer funiculaires. Historique et classification, étude du
profil en long, résistance au mouvement des trains, engins spéciaux et voie,
construction et exploitation, par Alphonse Vauthier, ingénieur civil. 1 brochure
grand in-8°, avec figures dans le texte. . . . . 2 fr. 50

Chemins de fer funiculaires. — Transports aériens.

Chemins de fer funiculaires. Transports aériens, par A. Lévy-Lambert, ingénieur civil. 1 volume grand in-8°, avec figures dans le texte . . . . . . 15 fr.

Chemins de fer à crémaillère.

Chemins de fer à crémaillère, par A. Lévy-Lambert, ingénieur civil. 1 volume
grand in-8°, avec figures dans le texte . . . . 15 fr.

Tramways à air comprimé.

L'air comprimé appliqué à la traction des tramways. Description de la loco-
motive, compresseurs, chargement de voitures et canalisation, divers modes de
transport par l'air comprimé, prix de revient et conclusions, par L. A. Barbet.
1 volume grand in-8°, avec 96 figures dans le texte. . . . . 7 fr. 50

Tramways électriques.

Les tramways électriques. Dispositions générales ; voie ; tramways à conducteurs aériens, souterrains, établis au niveau du sol ; tramways à accumulateurs ;
matériel roulant ; stations centrales ; dépenses, par Henri Maréchal, ingénieur
des ponts et chaussées, ingénieur de la première section des Travaux de Paris
et du Secteur municipal d'électricité. 1 volume in-8°, avec 118 figures dans le
texte, relié. . . . . 7 fr. 50

Hydraulique agricole.

Hydraulique agricole. Aménagement des eaux ; irrigation des terres laboura-
bles, des cultures maraîchères, des jardins, des prairies, etc.; création et entretien des prairies ; dessèchements, dessalage, limonage et colmatage, curage ;
irrigations et drainages combinés ; renseignements complémentaires techniques et
administratifs, par J. Charpentier de Cossigny, ancien élève de l'École Polytechnique, lauréat de la Société des Agriculteurs de France, ingénieur civil.
2e édition revue et augmentée. 1 volume grand in-8°, avec de nombreuses figures
dans le texte. . . . . 15 fr.

Hydraulique fluviale.

Hydraulique fluviale. Météorologie et hydrologie ; les fleuves, grandes inonda-
tions, navigation ; conditions techniques d'un grand développement de la navigation fluviale ; conclusions, par M. C. Lechalas, inspecteur général des ponts et
chaussées. 1 volume grand in-8°, avec figures dans le texte. . . . . . 17 fr. 50

Navigation intérieure.

Guide officiel de la navigation intérieure avec itinéraires graphiques des principales lignes de navigation et carte générale des voies navigables de la France, dressé par les soins du Ministère des Travaux Publics. Documents réglementaires, nomenclature alphabétique et conditions de navigabilité, notices et tableaux des distances, itinéraires des principales lignes de navigation, itinéraires graphiques, carte au 1/1 500 000°. 5° édition, revue et augmentée 1 volume in-18 jésus, avec 3 planches en couleur et une carte en couleur de 0m,70 sur 0m,65.

Prix : le volume broché et la carte en feuille. . . . . 2 fr. 25

Le volume solidement relié et la carte montée sur toile, pliée et reliée comme le volume . . . . 5 fr.

Rivières et Canaux.

Navigation intérieure. Rivières et canaux, par Guillemain, inspecteur général des ponts et chaussées, professeur à l'Ecole des Ponts et Chaussées. 2 volumes grand in-8°, avec gravures dans le texte. . . . . 40 fr.

Barrages-réservoirs.

Étude théorique et pratique sur les barrages-réservoirs. Barrages en terre, barrages mixtes, barrages en maçonnerie, rupture des barrages-réservoirs, par A. Dumas, ingénieur des arts et manufactures. 1 volume grand in-8°, avec 107 figures dans le texte. . . . . 7 fr. 50

Travaux maritimes.

Travaux maritimes. Phénomènes marins ; accès des ports. Mouvements de la mer. — Régime des côtes. — Matériaux dans l'eau de mer. — Atterrage. Entrée des ports. Jetées, par Laroche, ingénieur en chef des ponts et chaussées, professeur à l'Ecole des Ponts et Chaussées. 1 volume grand in-8° et 1 atlas in-4° de 46 pages doubles . . . . 40 fr.

Ports maritimes.

Ports maritimes. Ports d'échouage. — Bassins à flot. — Ecluses des bassins à flot. — Portes d'écluses. — Ponts mobiles. — Moyens d'obtenir et d'entretenir la profondeur à l'entrée des ports. — Moyens d'obtenir et d'entretenir la profondeur dans les ports. Ouvrages et appareils pour la réparation des navires. Défense des côtes. Eclairage et balisage des côtes. Exploitation des ports. Canaux maritimes, par F. Laroche, inspecteur général des ponts et chaussées, professeur à l'Ecole nationale des Ponts et Chaussées. 2 volumes grand in-8°, avec figures dans le texte, et 2 atlas in-4° contenant 37 planches doubles. . . 50 fr.

Cours de ponts.

Cours de ponts de l'Ecole des Ponts et Chaussées. Emplacements, débouchés, fondations, ponts en maçonnerie, par Jean Résal, ingénieur en chef des ponts et chauss es. 1 volume grand in-8°, avec de nombreuses figures dans le texte . . . . 14 fr.

Ponts en maçonnerie.

Ponts en maçonnerie, par E. Degrand, inspecteur général des ponts et chaussées, et J. Résal, ingénieur des ponts et chaussées. 2 volumes grand in-8°, avec de nombreuses gravures dans le texte. . . . . 40 fr.

Barême des poutres métalliques.

Barême des poutres métalliques à âmes pleines et à treillis, par Pascal, ingénieur civil. 1 volume in-4°, avec figures dans le texte. Relié. . . . . . 12 fr. 50

Constructions métalliques.

Constructions métalliques. — Elasticité et résistance des matériaux : fonte, fer et acier, par Jean Résal, ingénieur des ponts et chaussées. 1 volume grand in-8°, avec figures dans le texte . . . . 20 fr.

Ponts métalliques.

Traité pratique des ponts métalliques ; calcul des poutres et des ponts par la méthode ordinaire et par la statique graphique, par M. Pascal, ingénieur, ancien élève de l'Ecole d'arts et métiers d'Aix. 1 volume grand in-8° et 1 atlas de 12 planches. . . . . 12 fr.

Ponts métalliques.

Pont métalliques, par Jean Résal, ingénieur des ponts et chaussées.

Tome premier. — Calcul des pièces prismatiques ; renseignements pratiques ; formules usuelles ; poutres droites à travées indépendantes; ponts suspendus; ponts en arc. 1 volume grand in-8° avec de nombreuses gravures dans le texte. . . . . 20 fr.

Tome second. — Poutres à travées solidaires : Théorie générale des poutres à section constante ; calcul des poutres symétriques; poutres continues à section variable ; théorie générale des poutres de hauteur variable ; montage des ponts par encorbellement ; ponts-grues ; calcul des systèmes articulés ; piles métalliques ; tables numériques. 1 volume grand in-8° avec de nombreuses figures dans le texte . . . . 20 fr.

Ponts métalliques.

Calcul des ponts métalliques à poutres droites, à une ou plusieurs travées par la méthode des lignes d'influence. Formules et tables servant au calcul rapide des moments fléchissants et des efforts tranchants maximums déterminés, en divers points des poutres, par des charges uniformément réparties et des charges concentrées mobiles, par Adrien Cart et Léon Portes, ingénieurs civils attachés au service des ponts métalliques de la Compagnie d'Orléans. 1 volume grand in-8° avec figures dans le texte et 2 planches, relié. . . . . 20 fr.

Emploi des pieux métalliques.

Etude sur l'emploi des pieux métalliques dans les fondations d'ouvrages d'art, par C. Grange, agent-voyer en chef du département de la Vienne. 1 volume grand in-8°, avec 51 figures dans le texte . . . . 7 fr. 50

Stabilité des constructions.

Traité de stabilité des constructions, précédé d'éléments de statique graphique et suivi de compléments de mathématiques. Leçons professées au Conservatoire national des Arts et-Métiers et à l'Ecole centrale d'Architecture par Jules Pillet, professeur au Conservatoire des Arts-et-Métiers, à l'Ecole nationale des Beaux-Arts, etc. 1 volume grand in-4° de 536 pages, imprimé sur très beau papier. Nombreux tableaux graphiques ; abaques et tables numériques ; 600 figures et épures dans le texte . . . . 25 fr.

Résistance des matériaux.

Stabilité des constructions et résistance des matériaux, par A. Flamant, ingénieur en chef des ponts et chaussées, professeur à l'Ecole des ponts et chaussées et à l'Ecole centrale. 1 volume grand in-8° avec 264 figures dans le texte. 25 fr.

Moment d'inertie.

Carnet du constructeur. Recueil de moments d'inertie relatifs à 3263 poutres composées à âme simple et double d'une hauteur variant de 20 centimètres à 1 mètre, par Chevalier et Brun, ingénieurs-contructeurs. 1 volume in-12. Relié . . . . 7 fr. 50

Serrurerie et constructions en fer.

Traité pratique de serrurerie. Constructions en fer et serrurerie d'art. — Planchers en fers, linteaux, filets, poutres ordinaires et armées. — Colonnes en fonte, consoles en fonte, colonnes en fer creux, dans de fer, montants en fer composés. — Charpentes en fer, combles, hangars, marchés couverts. — Passerelles et petits ponts. — Escalier en fer. — Châssis de couche, bâches, serres, jardins d'hiver, chauffage, vitrerie. — Volières, tonnelles, kiosques. — Auvents, mar-

quises, verandahs, bow-windows. — Grilles, panneaux de portes, rampes. —
— Eléments divers de serrurerie et de ferronnerie d'art. — Principaux assemblages employés en serrurerie, etc., etc., par E. Barberot, 2º édition 1 volume
grand in-8º avec 972 figures dans le texte. . . . . 25 fr.

Charpentes métalliques

Les principes de la construction des charpentes métalliques et leur application
aux ponts à poutres droites, combles, supports et chevalements. Cours professé
aux Ecoles spéciales des arts et manufactures et des mines annexées à l'Université
de Liége, par Henri Dechamps, professeur à la Faculté des sciences de Liége,
ancien ingénieur de la Société Cockerill, à Seraing. 1 volume grand in-8º avec
294 figures dans le texte. . . . . 12 fr. 50

Chauffage et ventilation.

Fumisterie, chauffage et ventilation, par J. Denfer, architecte, professeur du
cour d'architecture et de construction civile à l'Ecole centrale. 1 volume grand
in-8º, avec 375 figures dans le texte . . . . 25 fr.

Hygiène générale et industrielle.

Hygiène générale et hygiène industrielle, ouvrage rédigé conformément au
programme du cours d'hygiène industrielle de l'Ecole centrale, par le Docteur
Léon Duchesne, ancien interne des hôpitaux de Paris, ancien président de la Société de médecine pratique de Paris. 1 volume grand in-8º, avec de nombreuses
figures dans le texte. . . . . 15 fr.

Histoire des styles d'architecture.

Histoire des styles d'architecture dans tous les pays, depuis les temps les plus
anciens jusqu'à nos jours, par E. Barberot, architecte. 2 volumes grand in-8º
jésus, avec 928 gravures dans le texte. . . . . 40 fr.

Art architectural.

L'art architectural en France, depuis François Ier jusqu'à Louis XVI, par
Rouyer, architecte, avec texte par Alfred Darcel, directeur du Musée de Cluny.
Motifs de décoration intérieure et extérieure. dessinés d'après des modèles exécutés et inédits des principales époques de la Renaissance, comprenant : salons,
chambres à coucher. vestibules, cabinets de travail, bibliothèques, lambris, plafonds, voûtes, cheminées, portes, fenêtres, fontaines, grilles, stalles, chaires à
prêcher, tombeaux, vases, glaces, etc. 2 volumes grand in-4º contenant 200
planches et texte. . . . . 200 fr.

Architecture moderne.

L'architecture moderne en France. Plans, coupes, élévations, profils et détails
de construction et d'ornementation comprenant, outre les plans et les façades des
maisons, une quantité énorme de détails de portes, fenêtres, corniches, balcons,
vestibules, chapiteaux, entablements, etc., par F. Barqui, architecte. 1 volume
in-folio, contenant 120 planches et texte. . . . . 100 fr.

Théâtres

Traité de la construction des théâtres. Historique, principes généraux de la
construction des théâtres modernes, machinerie, éclairage, chauffage et ventilation, acoustique. précautions contre l'incendie, parallèle des thâtres, théâtres
de société, par Alphonse Gosset. architecte, 1 beau volume in-4º, avec gravures
dans le texte et 62 planches montées sur onglets. Prix, relié 75 fr.